专注于精品原创

让智慧散发出耀眼的光芒

谨以此书

献给那些在 MySQL 学习之路苦苦探索的人

李丙洋 著

中国水利水电出版社
www.waterpub.com.cn

内 容 提 要

本书不是一本逐个介绍 MySQL 命令的书，不是一本用户帮助手册，也不是这个功能讲完讲那个功能的书。因为在写作之初我就设定了一条主线，不是依次讲特性，而要依据用户接触和学习 MySQL 的脉络去把握内容的安排。

本书主要侧重于 MySQL 数据库从无到有及其安装、配置、管理、优化的过程，其中穿插介绍数据导入导出，性能/状态监控，备份恢复和优化方面等内容，同时还会谈一谈 MySQL 数据库服务从单台到多台，从单实例到多实例集群的部署方案。

本书主要面向 Web 应用的一线开发人员和对 MySQL 数据库较有兴趣，希望使用或正在使用的读者。对于有志从事数据库管理员相关职业的读者，相信本书能够帮助他们快速找到入门的路径；本书中提到的一些技巧类应用和扩展方案，即使对于具有一定技术实力的有经验的 MySQL DBA，相信也会有一定的启发；此外本书也可以作为大中专院校相关专业师生的参考工具书和相关培训机构的培训教材。

图书在版编目（CIP）数据

涂抹MySQL ：跟着三思一步一步学MySQL / 李丙洋著
. -- 北京 ：中国水利水电出版社，2014.4（2017.4 重印）
ISBN 978-7-5170-1867-4

Ⅰ. ①涂… Ⅱ. ①李… Ⅲ. ①关系数据库系统 Ⅳ.
①TP311.138

中国版本图书馆CIP数据核字(2014)第067636号

策划编辑：周春元　　责任编辑：李　炎　　加工编辑：刘晶平

书　名	涂抹 MySQL——跟着三思一步一步学 MySQL
作　者	李丙洋　著
出版发行	中国水利水电出版社 （北京市海淀区玉渊潭南路 1 号 D 座　100038） 网址：www.waterpub.com.cn E-mail：mchannel@263.net（万水） sales@waterpub.com.cn 电话：（010）68367658（发行部）、82562819（万水）
经　售	北京科水图书销售中心（零售） 电话：（010）88383994、63202643、68545874 全国各地新华书店和相关出版物销售网点
排　版	北京万水电子信息有限公司
印　刷	北京泽宇印刷有限公司
规　格	184mm×240mm　16 开本　34.5 印张　740 千字
版　次	2014 年 4 月第 1 版　2017 年 4 月第 2 次印刷
印　数	4001—6000 册
定　价	68.00 元

又见涂抹（推荐序）

去IOE,闹着玩的？

“谁是谁的谁”，一首唯美中透着幽怨的歌，却会莫名地电到心中的累。学习太累，工作太累，生活太累，连歌名听着都那么累。

曾经的《涂抹 Oracle》，从策划，到上市，到畅销，到经典，实现了一个个不敢梦的梦想。正如一句歌词唱的：你看窗外花开那么美。

但不幸的是，武林盟主阿里系带头发起了“去 IOE”运动（IBM，Oracle，EMC）。为毛去 IOE？都是金钱惹的祸，用不起啊用不起。连盟主阿里都快用不起了，江湖又如何？

所以搞数据库的大牛小虾不免心有戚戚，一颗红心，两手准备吧，早做打算为妙。

谁来接班？

所以，你得清楚了解阿里去了 Oracle 想让谁接班。

没错，就是 MySQL！

但樱桃好吃树难栽，由 Oracle 转战 MySQl，不是开车变换一条车道那么简单。这个你懂，我懂，天下人都懂，当然，经历了从 Oracel 车道往 MySQL 车道变换的三思更懂。

扫地僧

提起三思，真是小孩没娘，说来话长，请允许我再说一遍吧，保证长话短说。

孔老二有个观点，“知之者不如好知者，好知者不如乐知者”，意即“乐知是学习的最高境界”。我虽对老二的多数观点深恶痛绝，但对这一点却是深以为然。

某年某月某一天。

本人在 ITPUB 闲逛，偶然看到某标有“专家”字样的数据库类技术博客，衰名“君三思”。他的签名也引用了孔老二的这句话，觉得是个同道中人，不免在人群中多看了他几眼，却又瞥见了一句说明：我就是那个无名的扫地僧——手里的扫把。正是这句话，勾搭的我闯进了他的博客。

随便点开一篇名为《小记 pub08 年会三两事之三、打扑克~~~》（链接见 http://space.itpub.net/

7607759/viewspace-151194）的博文。我承认，虽未见其人，但一个洒脱、机智、幽默、才华横溢或许还有些坏坏的君三思已经活脱脱浮现于脑海。我开始浏览他的其他博文，基本都是Oracle学习笔记的系列博文，我带着些许的遗憾随便点阅了一篇，情不自禁的又点了一篇，又一篇……遗憾之感早已不翼而飞。他哪里只是一只扫把，其思想、其笔锋、其幽默、其技术、其功力，分明已至神光内敛返璞归真之境，他分明就是寺中的那个无名的扫地老僧。一种强烈的预感，这也许就是我要找的Oracle神灯吧。

Email，打电话，吃饭，约稿……

总之，我是死乞白赖地认识了君三思。也就有了曾经那本让读者大呼过瘾的《涂抹Oracle》。

而不久以后，三思开始玩MySQL了，到底是不是因为去IOE的运动，我就不清楚了。

涂抹

精彩就像天边的彩虹，所以，有时候形容精彩不免想用“抹”。我审阅稿子时，喜欢记录书稿中每一抹精彩。

初看到三思给我的第一本Oracle书稿时，我震惊于连“Oracle发展历史”这样的白开水内容，在三思的笔下都那么的精彩和酣畅（网上可见试读样章），更震惊于Oracle在Windows环境下和Linux环境下的安装与配置这样白开水般的内容在三思笔下竟然那么的具有深度，而三思对于RMAN、DG、FLASHBACK、SQL*LOADER、加载、备份恢复、迁移、体系结构等相关知识的研究和理解是如此的深刻，其表达又能如此的简单、风趣而幽默。书中的精彩，记下一抹又一抹，右手麻木的时候，我发现原来我基本上是在抄书稿。所以不得不放弃记录。当时，我突然想到，既然精彩已不可数，索性就把书名定为“涂抹”吧，以表达我审阅此书的心情。

所以，还是涂抹

三思从Oracle转战MySQL，转眼几年已经过去。

这本MySQL的稿子也已经交来三月有余。三思告诉我，这不是一本逐个介绍MySQL命令的书，不是讲完这个功能讲那个功能的书，更不是一本用户手册。叫个什么名好呢？

我一点都不担心为这本书起名字的问题，我最担心的，倒是三思的这本MySQL能否超越他的上一本Oralce，或者至少可以一样精彩。

但阅读完这本MySQL的稿子，才发现，我的担心是多么的多余。但我却无法为此书起一个更恰当的名字，只好还是叫《涂抹MySQL》吧，见谅，见谅。

周春元

轮扁斫轮（自序）

这些年一直坚持在博客上发表系列文章，也出版过技术方面的书，在业内积累了那么一点点知名度，就有很多朋友慕名而来跟我交流，要向我请教技术上的问题，咨询学习的技巧，让我推荐阅读的图书等。朋友们的热情让我感到很是忐忑，我虽然写过一些文章，但都是些通俗的东西，其实没什么学问，而且老实讲，有些朋友提出的问题真是不容易回答，比如有朋友上来就问我怎么优化数据库（这类问题恰恰是最多的），也有人问我看什么书能达到我现在的水平等等。

我知道这其中有些人确实是喜欢并且希望从事DBA这个职业的，他们当前只是没有经验才显得迷茫，其实我也是从这个阶段走过来的。多年以前我曾写过一篇文章《我想对初学 Oracle 的朋友说》（http://www.5ienet.com/note/html/stdstep/how-to-learn-in-oracle.shtml），其中的内容也是我有感而发。因为了解DBA成长道路上的艰辛，我不愿意随口敷衍他们几句，使他们走了弯路。可是因为自己的水平有限，我又难以简单几句话就说明白，有时候拉拉扯扯说了一堆，反倒是提问者自己不耐烦，甚至还有朋友直接了当地指责我不愿意分享（这个杀伤力太大，我的文章都白写了吗），整的我的心里也很受伤，对于这样的人，我当机立断大喝一声："你是猴子搬来的救兵吗？"。不过我知道，多数人还是希望通过不断学习获得提高，看到他们就像看到曾经的我，我真心想帮助这些朋友。

说起读书和学习，国内外不少前辈先贤都有论述的文章，先我们耳熟能详的："学而不思则罔，思而不学则殆；知之为知之，不知为不知……"等出自《论语》的至理名言就已流传千古，我一个刚及而立的后学晚辈，竟然也敢以《论》起谈，岂不是在自暴已丑，是要叫人笑掉大牙的嘛。但是我想，圣贤们的文章高瞻远瞩，高屋建瓴，高处不胜寒哪，以至于应者寥寥，我基于自身实力水平，也想借这个场合，站在稍低一层的层次，谈一谈这些年我学习过程中的一些感受。

先从一个典故开始吧。

春秋五霸之一的齐桓公，一次在堂上读书，堂下一名叫轮扁的技工师傅看到了，就放下手上的工作，走到堂上问桓公："请问桓公在看什么书？"

齐桓公回答他说："这是圣人的书。"

轮扁接着问："圣人在哪呢？"

齐桓公回答："圣人已经死了！"

轮扁说道："那桓公所读的，不过是古人留下来的糟粕罢了。"

齐桓公闻之怒道："寡人读书，岂是你这个做车轮的工匠可以议论的吗，今天你要是能说出道理还则罢了，要是说不出来，明年的今天就是你的忌日（好吧，我承认武侠片看多了，这台词管不住自己都往外蹦）。"

轮扁于是说道："我是通过我平常工作观察到的情况来理解的，给车做轱辘虽然不是高级岗位，但也是个技术工种。在做车轮的时候，如果轮孔弄的太宽，那么虽然车轮能做的很光滑但用起来并不牢固，如果轮孔弄的过紧，车轮又会很粗糙难以装配；因此只有得心应手，不紧不松才能做出高端大气上档次的车轮。可是要如何做到得心应手呢，我做轮子的时候知道存在这样一种境界，但用嘴又说不清楚，我甚至都没办法将这点技巧传授给我的儿子，我的儿子也没办法从我这儿学到这一点，所以虽然我都七十多了还得在这儿做轮子。因此我想说的是，古人和他们那些不能言传的东西想必也早一起都死去了，所以桓公所读的，不过是古人留下来的糟粕而已！"

提 示

这则典故出自《庄子外篇·天道十三》，叫做《轮扁斫轮》，原文如下："桓公读书于堂上，轮扁斫轮于堂下，释椎凿而上，问桓公曰："敢问：公之所读者，何言邪？"公曰："圣人之言也。"曰："圣人在乎？"公曰："已死矣。"曰："然则君之所读者，古人之糟粕已夫！"桓公曰："寡人读书，轮人安得议乎！有说则可，无说则死！"轮扁曰："臣也以臣之事观之。斫轮，徐则甘而不固，疾则苦而不入，不徐不疾，得之于手而应于心，口不能言，有数存焉于其间。臣不能以喻臣之子，臣之子亦不能受之于臣，是以行年七十而老斫轮。古之人与其不可传也死矣，然则君之所读者，古人之糟粕已夫！"

文中没有写明轮扁老师傅结局如何，但是想来老人家还是有极大的几率继续给桓公做车轮子的，轮扁（当然其实是庄子老人家借轮扁的口）讲的很有道理，找个熟练工不容易啊。

读到这里，我估摸着有些朋友已经在暗自嘀咕：看我这意思，似乎是在宣扬读书无用论了哟，出版社负责审校的同学，恐怕也已准备着把我这段序文删掉。都别着急，毛主席一直教导我们，要用辩证的眼光看待问题。古人说的不一定都对，我觉着问题的关键不在于看还是不看书，关键点首先是所阅读的图书质量，作者有没有把要表达的意思阐述清楚，其次是读者们有没有认真阅读，独立思考，真正领会作者想要表达的思想。

尽管时下写文字有种种限制，但是得益于近些年出版行业发达，现如今世面上讲经验、谈技巧、摆案例类的图书纷杂涌现，对于 IT 技术领域这类图书就更多了（因为 IT 行业本就是门实践性很强的技术）。在书中应对案例中出现的故障，作者们自己往往驾轻就熟，挥洒之间数千字，似乎也讲的透彻，但是初学者朋友可能看的云里雾里似懂非懂而不自知。仿佛学到了什么，但真正应对故障时却手忙脚乱，场景稍有变化甚至都不知道从何处着手处理。这种情况若对应到《轮扁斫轮》这则典故，说明操作者还没有达到"不徐不疾，得之于手而应于心"的境界。

读者朋友们认真看过书中的内容，可是实际工作中却不能很好的应用，这究竟是什么缘故呢，我想大概就是前面所说的两点关键因素，详细说来如下：

- 其一：可能作者没有（想或不想）把真正的精髓写出来。目前比较畅销的 IT 图书，其作者大都是来自一线的工程师，随着这些年图书出版门槛的降低，很多人有机会能将自己工作学习过程中积累的经验写出来（我认为这也是国内 IT 图书中少见思想类图书的原因）。优秀的 IT 工程师都是出色的实践者，他们技术掌握的比较扎实，接触面广，经验丰富，当遇到问题时，处理的方法往往都是下意识的选择，没有为什么，就是要这么做。在写作的时候也是下意识就将过程写了出来，而没能把思路阐释清楚。

- 其二：并非书写的不好，可能由于读者自身层次的原因，没能正确理解作者表达的精髓。对于读者来说，找到一本好书难，读透一本好书更难。过去有一种说法叫做："书读百遍，其意自现"，我觉着这点在 IT 技术领域的局限是很大的，虽然任谁也不能否认阅读的作用是巨大的，可是，正如我前面谈到的，IT 行业是一门实践性非常强的技术，按照过去的老话讲，IT 工程师也是个手艺人。因为行业的特点，看的懂和做的到是两码事，尽管每读一遍都会有新的理解，但是这种理解必须要与实践相结合才能发挥最大的威力。

对此，庄子老人家其实也早已高度抽象地概括为：视而可见者，形与色也；听而可闻者，名与声也。世人以形色名声为足以得彼之情。夫形色名声，果不足以得彼之情，则知者不言，言者不知，而世岂识之哉！

要想学的好，首先所读的书必须拥有比较高的质量，其次学习也必须能学到书中的精华，所以您瞧，有多种因素可能会给学习的质量造成干扰。再举这样一个案例，DBA 管理的系统出现响应慢的情况，通过分析发现是由于之前执行的某项操作，正是该操作占用了过多的资源才导致系统响应变慢，针对这种情况怎么处理呢。一定有些资料中提到，要杀掉占用过多资源的进程，以释放资源，提高系统的响应效率，并且有实际的案例佐证此方案的有效。于是在这个场景中，DBA 为了缓解系统负载压力，利用之前看过的材料中提到的方法，手动杀掉了持有该操作的进程。

若仅把所执行的操作为独立个体来看，这当然是个很好的案例，有可能系统负载立刻就得到了明显下降，但问题有没有得到真正解决呢？深层次的根源究竟又是什么呢？如果没有弄清楚这些情况，那么所做的操作有可能不起效果（这就算好消息了），甚至有可能充满了风险。因为不是所有占用较多资源的进程都是不正常的，也不是所有进程都能随便中止，不管遇到的是什么问题，能找出造成问题的关键所在最重要。元芳，你怎么看！

不管要学习哪方面的知识，在学习过程中可参考的资料会有很多，在互联网时代更是可以用浩瀚来形容，这种现状换个角度看反倒更令读者们无所适从，不知道该选择看哪些资料好。若让我来选择，首要推荐的仍然是官方提供的技术文档，对于 Oralce 数据库可以到 tahiti.oracle.com 浏览，对于 MySQL 数据库可以到 dev.mysql.com/doc 浏览，官方文档始终都是内容最权威、最全面的学习资料，恒久远永流传。对于有一定经验的朋友，可能会认为官方文档的深度不够，案例也少，对于这部分朋友，可以去看一些专门的文章和图书，在选择图书时只有一个准则，就是要读有口碑的书。目前各大网络商城都有评分和评论系统，购买前先看一下其他用户的意见作为参考会很有帮助。

我读过的很多图书，文章开篇总要吹些牛皮，吸引读者的眼球，把读者的胃口调起来，希望大家能有兴趣接着往后看（欢迎对号入座）。像三思这种开篇不仅自我贬低，且一枪打击一大片的，怕着实不多见，我想这跟我的性格有关——耿直（好吧！我承认其实是情商低），也跟我所从事的职业有关——技术，来不得半点儿虚假。

好了，讲到这里，是时候跟大家介绍下本书的内容了（分明是要开始王婆卖瓜自卖自夸），这并不是一本逐个介绍 MySQL 命令的书，不是一本用户帮助手册，不是这个功能讲完讲那个功能的书。在写作之初我就考虑要设定一条主线，不是依次讲特性，而是依据用户接触和学习 MySQL 的脉络去把握，介绍 MySQL 数据库从无到有，其安装、配置、管理、优化的过程，在这个过程中再穿插数据导入导出、性能/状态监控、备份恢复和优化方面的内容，最后再谈一谈 MySQL 数据库服务从单台到多台，从单实例到多实例集群的部署等稍显高阶的应用方案。

说起来，这其实是一本站在初学者的视角，描述他不断学习和提高的路径的图书，在这个过程中，我当然不可能面面俱到地讲到所有的技术特性，不过在介绍某些知识点时，会有意地忽略一些细节，是希望能让读者有思考的空间，既能看到优势同时也学会看到不足，找出更适合自己的解决方案，逐渐形成自己的操作思路，窥见“不徐不疾，得之于手而应于心”的境界。

最后，我想说的是，官方文档也好，技术图书也好，这些都是外在因素，最重要的因素仍然是自己，是否真正喜欢所要学习的技术，是否确实愿意花费时间和精力去深入研究，是否能够承受枯燥的应用和测试。只要打好了基础，看多了案例，精通了技能，学好了本领，明了方方面面前因后果，用不了多久，就可以成为大拿，升职加薪，当上技术总监，出任 CTO，迎娶白富美，登上人生顶峰！是不是想想都激动啊！小伙伴儿们，那就从现在开始吧，翻开第一页，MySQL 在向你招手。

目录

第 1 章
开源运动与开源软件 MySQL

20 世纪 80 年代，传奇人物 Richard Stallman 发起 GNU 和 Free Software（自由软件）运动时，应该不会想到，他所开创的这种全新的软件开发、使用、传播模式，会在之后的 20 多年里，为整个 IT 行业的发展注入强大的活力，并且在可预见的未来数十年中，仍将继续影响甚至颠覆 IT 行业的方方面面。

1.1 开源软件的故事

在 PC（Personal Computer，个人电脑）这个概念刚刚出现的 20 世纪六七十年代，也就是 Bill Gates 憋在自己家里开发他的 MS-DOS，Steve Jobs 则跟他的朋友们在车库打磨苹果 I 号的年代，尚没有开源软件或商业软件的概念，计算机的操作用户都还是非常小众的群体，就更别提软件的开发者们了。计算机的平台几乎都不通用，各种特定硬件上运行的软件，其使用者多数情况下也正是其开发者，都是为了特定需求在特定平台上实现的特定功能。有时候呢，运气好，使用相同硬件的“科研”爱好者们会凑到一起，呃，虽然没有亲身经历，但我想应该跟时下 IT 技术圈子聚会没有什么本质差异，大家相互间分享些心得，保不齐还会把自己写的，虽不成熟但自我感觉良好的程序拿出来吹一吹。

当时的潮流是提供整套服务，买硬件附带送软件（貌似现如今的大型机平台仍是如此，并且通用产品领域也有朝此发展的迹象，比如说 Oracle 正大力推广的 Exadata，难道这就是传说中的返祖）。对于用户来说，在使用过程中可以对软件进行修改，并且可能的情况下也会将其修改版发布共享出来，甚至会相互合作开发功能。

总之，软件使用时自由度非常之高，很多一流的开发者也热衷于分享，代表人物中有位当时还名不见经传的程序员——Richard Stallman，在他就职于 MIT（Massachusetts Institute of Technology，麻省理工学院）的人工智能实验室时，就曾于 20 世纪 70 年代发起过一项代码共享运动。Stallman 当时提出的观点就是希望常用的代码能够在程序员之间共享，这样开发人员可以在相当大的范围内彼此合作。这一理念初期贯彻得很不错，在此期间 Stallman 本人也开发出多种影响深远的软件，其中最著名的就是 Emacs，这是一款功能强大的文本编辑器软件，对 Linux/UNIX 较熟悉的朋友应该听说过它，因为通常来说，文件编辑工具若不是使用 Vim，有极大概率就是使用 Emacs。

可是，潮流总是在变化，软件产业也是如此，它要发展、要前进，在过程中对于旧的

体系自然会产生两种影响，即好的影响或坏的影响。

直到 20 世纪 80 年代初，虽然能够支持多平台的商业软件仍不多见，但也已经开始崭露头角。对于商业软件来说，爱好者之间的这种共享和复制各种软件的行为，简直就是在抢人饭碗、断人财路，这当然是不可被接受的，于是出现了各种各样的反对声音。在这里不能不被提及的是微软公司的 Bill Gates 在一封信中提到，“大多数爱好者之间，通过相互共享和复制来使用各种软件，并不在乎软件开发者的利益，但是好的软件必须得到应有的收入来保证质量”，这一观点微软秉持了数十年。多年来，微软引领了软件商业化潮流并且颇为成功，给许多软件开发者和软件开发企业树立了强大的标杆效应。加上 PC 这种通用平台的流行，不出售源代码的商业软件开始大量涌现。就连 MIT 人工智能实验室的许多工程师，也因为各种原因转投到商业软件公司就职，甚至其中某些人还组建公司，加入到商业软件大潮中。这股浪潮对于 IT 行业的影响如何暂且不论，起码对于擅长编程的工程师们来说，属于他们的春天来了，自己开发出的东西居然能卖钱（“优秀软件不仅值钱，而且很值钱” Bill Gates 深有体会地说），编程在当时可是很吃得开，就算没心思自己创业，加盟商业软件公司，饭碗那是不愁的。

提 示

其实如今也一样，优秀的程序员不管何时都不必发愁生计。唯一的区别在于，当初国外管这群人叫 nerd，现如今国内管这部分群体叫屌丝（我主动对号入座）。尽管前后隔了几十年，语种也不相同，但意思都差不多，多少一线奋战的 IT 民工们闻听这个消息泪流满面，激动万分又欢欣雀跃，这个“荣耀”属于他们，活生生的事实说明，中国的软件产业终于也和世界接上轨了。

不是每个人都认同这股潮流，每个时代都有“唐吉诃德”（此处为褒义），像商业软件采取闭源的方式，禁止随意修改和传播，在他们眼中就是在禁锢思想、阻碍自由。这里不得不又提 Richard Stallman，尽管如今他在软件开发领域拥有宗师的地位，在当年他却很是孤独，甚至连身边 AI 实验室的同事，基本都被挖去开发商业软件了，但 Stallman 没有随波逐流，而是与现状积极抗争。一开始他只是小打小闹，比如说某家公司说不开放源码了，Stallman 就会为它的竞争对手写程序，帮助他们加入新功能来打击那家公司，这种操作方式真的……很 nerd。

不过很快他自己也意识到这种方式不妥，Richard Stallman 是有坚定理想的，他想要改变这股潮流，他想要编写一套完全开放的操作系统和运行环境，让所有人都可以享受到软件自由，于是有了著名的 GNU 宣言。有些文章中提到这一节时，用了更辉煌的词汇来形容，说他是“出于对自由的崇尚和对软件商业化的痛恨，期望重现当年软件界合作互助的团结精神”。这个听起来是理想主义的调调，但是 Stallman 全身心地为之投入，此后他又发起成立了非盈利组织——自由软件基金会（Free Software Foundation，FSF）。

在开源软件的历史长河里，不能忽略以下这几个关键名词，通过对它们的解释和述说，就能折射出开源软件史上一个个闪光点，让我们更好地熟悉和理解开源软件的发展进程。

1.1.1　GNU 说，我代表着一个梦想

GNU 的全称是 Gnu's Not UNIX，看名称就知道与 UNIX 脱不开关系，事实也确实如此，GNU 不管是形式上还是实际上都与 UNIX 有很大的关联。

话说甭管什么样的设备，如大型机、中型机或小型机，对于终端用户来说，要想操作它都离不开操作系统。而且在当时，操作系统并不仅仅是内核，还包括编译器、电子邮件、各类常用工具等，那会儿 UNIX 占据着主流地位，可是当商业软件的浪潮袭来，UNIX 开始要收费了（而在之前则是免费发布甚至开放源码的，由此还产生众多 UNIX 发行版，比如著名的 BSD 系统）。

源码不再开放，大家不能再随意改写，使用也要受诸多许可限制。于是 Stallman 立下宏愿，要推出一套 Free 的系统（这里提到的 Free，意义可能跟大家的理解不同，后面会阐述这方面的背景）。

开发一套完整的操作系统是项极其宏大的工作，单单实现它就已经很不容易了，开发出来还要有人愿意用，这就更有难度了。君不见微软那么大势力，投入这么多资源搞了 Windows Phone，各大手机厂商还不是该用安卓用安卓，用 iOS 的是 iPhone。考虑到在当时 UNIX 系统占据的主流地位，为了能够让 UNIX 用户使用 GNU 时快速上手和平滑过渡，新系统不仅要 Free，还得尽可能地兼容 UNIX。当然这个兼容只是两者看起来像，实质还是有差异的，就如同 WPS 为了占领市场，也兼容微软 Office 的文件格式，但它跟 Microsoft Office 完全是两套系统一个道理。

Richard Stallman 是个理想主义者，但他同时也是个实干派，即使那会儿没有“总理”对他谆谆教诲，他也知道仰望星空，脚踏实地。为了发展这个类 UNIX 的操作系统，Richard Stallman 以及由他发起的 FSF，开始收集及开发组成系统的各种必备软件，包括库、编译器、调试工具、编辑器等，准备工作做了很多，输出的各类软件也不少，但是系统内核的开发较为缓慢。最初，他们开发出了一套内核，名叫 GNU HURD，但是并不太理想，直到一位芬兰的大学生——Linus Torvalds，开发出 Linux（最初名叫 Freax），他们才算具备一个基本可用的底层环境，等到 1.0 版本的 Linux 正式发布时，时间的指针已经指向了 1994 年。这期间波折很多，细节这里不详细阐述，推荐两部影片——代码和操作系统革命，从中可以看到一些有意思的故事。

那么 Linux 和 GNU 有什么关系呢？简单来讲，Linux 是操作系统内核（并不是一个完整的系统哟），上面运行着众多 GNU 程序（GNU 程序如今不仅运行在 Linux 环境上，UNIX/Windows 平台上也都有），它们共同组合出一套可用的系统，因此 FSF（尤其是 Richard Stallman 本人）将这套组合定义为 GNU/Linux。只是这个命名存在争议，有一部分 Linux 发行版，比如 Debian 采用了“GNU/Linux”的说法，但更多企业以及开发人员还是直接称其为 Linux。

关于名称，我个人觉着 GNU 项目发展到现在，无需再用什么来为其正名，它的存在

本身就已经代表着影响力和成功。提及这段历史，也是希望大家以后见到或者跟人说起 GNU/Linux 或是 Linux 时，心中明白它们指的都是同一个东西。

1.1.2 FSF 说，兄弟我顶你

FSF（Free Software Foundation，自由软件基金会）是个民间的非营利性组织，于 1985 年由 Richard Stallman 发起和创建，致力于推进和推广自由软件（Free Software）的发展和传播。

俗话说，钱不是万能的，但没钱是万万不能的。尽管高呼着自由的口号，但毕竟不比在中国做慈善项目来钱那么容易，宣传需要成本，推广需要费用，GNU 项目加入者逐渐增多后，项目的正常运作也是需要银子的，甚至某些 GNU 的开发者也需要资助。

为了寻求资金上的支持，成立基金会也就成为必然（总不能以 Richard Stallman 的名义直接要求捐款吧，实话实说，Stallman 的主要收入来源还是四处演讲的酬劳）。自由软件基金会接受捐助，不过也有一部分收入是来自销售与自由软件相关的物品，比如销售刻录有自由软件（源码及二进制程序）的光盘，提供技术服务的收入等。

1.1.3 兄弟，你是“自由软件”吗

注意，这里说的是“自由”软件，而非“免费”软件。有些朋友看到 Free Software 就直译为免费软件，这是不对的，也与 Richard Stallman 所倡导的 Free 本质相去甚远。同一个 Free，不一样的理念，大家要提高思想境界，不能动不动就想 money。

免费的软件不一定是自由的，自由软件也不一定都免费。这里所说的自由软件，必须开放源代码，可以被自由地使用，**不受限制**地复制、研究、修改和发布。之所以做这种设定，需要结合传统闭源的商业软件现状来谈起。

> **提 示**
> 自由软件是开源软件（Open Source）吗？先留个问号，后面再来阐述这个话题。

在 20 世纪 80 年代初期，就当时的情况来看，微软软件帝国的种子才刚发芽（当时仍是 UNIX 平台占主流，Intel x86 架构的普通 PC 尚属新生事物），但很多软件都已经是私有的，并不开放源代码，用户使用时还有诸多的限制。比如说一份软件只能在同一台计算机上使用，如果想在不同的计算机上使用，可能就得额外付费；有些软件的授权还限制了使用时间，到期后必须另缴费用；甚至有些软件连升级都是需要收费的；至于商业软件的源代码，这可是他们的核心资产，敢打他们的主意（逆向工程）就是犯罪。我所说的这些，大家应该并不陌生，因为这些直到现在我们也仍在亲身经历。

前面提到的几个问题还好处理，都是花钱就能解决的事。俗话说能用钱解决的都不是问题，如果花钱也解决不了，那才是麻烦大了。比如说，软件的某个功能与实际需求有异，想进行定制化开发，通用软件企业哪会管个体的需求，即便运气好，有大批用户都有此类

需求，那么商业软件最快也是在下个版本才会响应，想自己改改连门都没有啊！再者，商业软件都是逐利而为，当软件销售不畅，或者前景不佳时，开发者有可能放弃维护，甚至企业直接倒闭，届时软件的使用者再遇到问题，又能找谁去？

Richard Stallman 所倡导的自由软件，核心就在于程序必须开放源代码，同时授予用户各种权利（与此相反，闭源软件几乎不会授予用户任何权利，仅有的使用权还有限制条件），允许对软件进行修改和再次发布。任何人都可以根据实际需要改进程序，并且可以将修改后的程序再发布出来，供其他有需要的人下载和使用。不过在发布时，除了二进制程序，还必须提供源代码，甚至在发布时只需提供源代码，二进制程序都可以不提供（用户拿到源码后自行编译）。这种设定完全基于 Stallman 的理想，就是为了让用户在软件使用过程中完全自由。

可是，要怎么保证用户使用、修改和分发自由软件的自由呢？如何保证修改后的软件再次发布时，仍然遵守开放源码等各方面的要求？不仅 GNU 项目下的自由软件有这个问题，实际上在 20 世纪 80 年代初，并非只有 Stallman 独身反抗闭源的商业软件，还有其他“同路人”在做类似的事情，有些开发者会在开放自己的程序源代码时，进行相应的说明，以免由此衍生出的程序代码被封闭。但对于 GNU 项目来说，面临的不是几个软件，如前面介绍 GNU 时所说，这是一整套解决方案，包括各种各样的程序，每个程序各自声明相应权利，针对性太强，覆盖范围有限，具体执行也有问题。针对这些情况，Richard Stallman 为 GNU 项目撰写了 GPL 授权协议。

1.1.4　GPL 说，持证上岗光荣

GPL 全称为 GNU General Public License，即 GNU 通用公共许可证。协议的具体条款这里就不列出了，条款不算太长，如果有兴趣，大家可以到 GNU 的官网查看详细文本，链接为 http://www.gnu.org/licenses/gpl.html。

考虑到有些同学不能实时访问网络，下面简要给大家提示一些关键信息。其实不复杂，整个 GPL 许可证主要在说 3 点：

- 本软件可以随便用。
- 本软件可以随便改。
- 改完之后的软件发布出来的话，也得使用 GPL 许可证，也就是说必须允许人随便用、随便改。

前两点是为保护用户自由使用的权利，第三点就狠了，自由的“后代”也必须自由，确保“自由河山”永不变色！有些反对者常常引用这一特点，批评 GPL 是有“传染性”的“病毒”，当然这个就见仁见智了，支持者群体则认为 GPL 这一特点，恰是其具备自我保护能力和可持续发展的必要因素。

对于最终用户来说，看到支持 GPL 的软件，就可以放心大胆地用和改；而对于商业行为的团体来说，若采用 GPL 许可证，或基于采用 GPL 许可证的软件进行开发，就需要考

虑自己的商业策略，因为在发布应用程序时，必须将源码也公布出来。

GNU 项目下的所有软件，都必须基于 GPL 许可证，不过，并不是只有 GNU 项目才能使用 GPL。GPL 已成为开源软件授权协议的事实标准（潜台词是在告诉大家，还存在其他许可证。其实光 GPL 许可证就有 3 个版本，其他许可证的数量还不少，比如说 BSD/MPL/ISC 等），几乎所有的开源软件，都会基于 GPL 许可证发布，这也是 Richard Stallman 对开源世界的另一项重大贡献。

1.1.5 开源软件说，队长别开枪，咱们是一伙的

什么是开源（Open Source）软件呢？按照美国 Open Source Initiative 协会的定义，开源软件是指这类软件的源码可被用户任意获取，并且这类软件的使用、修改和再发行的权利都不受限制。

听起来貌似跟自由软件差不多，不过就现状来看，开源软件的名头比自由软件要大得多。从严格意义上来讲，自由软件属于开源软件中的一个分支，只是自由软件会比开源软件要求更加严格。针对这一点，Richard Stallman 专门写了篇文章阐述自己的观点——开源究竟差哪儿啦（Open Source misses the point）！详细可参考 http://www.gnu.org/philosophy/open-source-misses- the-point.html。这篇文章有中文版，鉴于文章的篇幅不短，考虑到有些同学可能懒得花那么长时间浏览，这里我也给大家简要总结一下，这篇文章主要说了下面 3 点：

（1）开源阵营里的都不是敌人，闭源软件才是。

（2）自由软件都是开源软件，绝大多数开源软件也是自由软件。

（3）但是，开源软件和自由软件的价值观不同。自由软件是基于一项运动（基于一种哲学思想，认为自由的才是道德的，闭源不道德），而开源则主要是为提升程序本身的质量。

个人感觉第 3 条是 Stallman 想要表达的重点，不过即便内在价值观不同，外在表现形式可能没啥区别，对于终端用户来说，就可以直接忽略。实际上，早在 20 世纪末，即使是在 GNU 项目内部，对于开源软件和自由软件的定义也存在争议。发展到如今，结果就是，GNU 工程继续延续着自由软件的术语，但业内则基本称呼它们为——开源软件。

下面提供两个链接，一个链接来自开源软件目录站，另一个链接来自 FSF 官网，内容为自由软件和开源软件的列表：

自由软件：http://directory.fsf.org/wiki/Main_Page

开源软件：http://www.opensourcesoftwaredirectory.com

有兴趣的同学不妨细心对比看一看，重合度貌似还是挺高的。对于普通用户来说，没啥可纠结的，管它分类属于开源软件还是自由软件，用着好才是真的好。GNU 计划成就了开源软件和自由软件在今日的繁荣昌盛，而且最重要的是，开源软件的大旗在互联网时代愈发招展，在未来可预见的很长一段时间内，将直接影响并左右着几乎所有现存知名软件企业的发展方向。

还有一点值得提及，自由软件也好，开源软件也罢，这类软件并不是不能收费，它们也可以是商业软件，因为 GPL 保护的是用户对软件使用/复制/修改/分布的自由，只要不限制这些权利，别的都可以。只不过，传统的闭源商业软件，靠卖软件副本发家致富这条路，对于开源软件来说是走不通了。当然“土”一点儿的话，企业可以考虑卖软件的存储介质（Red Hat 就曾这么干，连 FSF 也这么干过），挣的就是个光盘钱以及邮递费用，只是现如今越来越多依靠互联网获取资源，卖介质这条路也越走越窄。目前来看，开源软件（含自由软件）商业化，最可行的出路之一就是卖服务，软件免费使用。如果用户遇到自己解决不了的问题，可以支付一定费用，由软件的开发团队协助处理。

在这方面能够看到一堆的成功案例，挨个数的话，把手指、脚指搁一块都数不完。非要举出一个实例，那就是我们本书的主角，关系型数据库软件中的新星，开源软件的代表作之一——MySQL 数据库。

1.2　MySQL 的悄然而至

开源软件运动轰轰烈烈发展了 20 多年，成果斐然。如今在软件行业，开放源码的软件技术已经是国际软件行业的主旋律，即使像微软、Oracle 这类传统软件巨头，也不得不从原先强硬的反对阵营中，艰难、痛苦、纠结地悄然向开源靠拢。

这当然不是软件巨头们的施舍，而是开源软件们自身确实争气，其影响力早已无人质疑，市场份额也是逐年不断攀升。随着互联网及移动互联网的高速发展，开源软件在占据核心地位的操作系统、数据库、中间件、Web 服务器、移动操作系统几个方面，均已成为主流，总体形势不是小好，也不是中好，而是一片大好，而且会越来越好。

根据 Pingdom 公司近期发布的调查报告显示，在全球排名前 1 万位的网站中，开源软件的使用率超过 75%。近些年来最为流行的开源软件组合 LAMP（或 LNMP），其中的 M，指的就是本书要谈的主角“MySQL”，注意跟我读，标准发音：My Ess Que Ell，不念 My Sequal 的哟，虽然后者的读音更常听到。

我本想多谈一谈 MySQL 的历史典故，但是刚开头就遇到了疑难，一方面，MySQL 的历史真的并不久远，正式的 1.0 版本在 20 世纪 90 年代才发布，算来不过 10 余年时间，这即使是在更新换代极快的 IT 行业，要谈历史也还有点单薄；另一方面，关于“MySQL”这个名字的起源也是说法众多，充满了传奇意味。这是本技术书，毕竟不是小说故事，咱也不能空口瞎编，但略过不提吧又有所不甘，权且列几段搜索引擎贡献的材料给大家伙儿添几份谈资。

1.2.1　起源

让我们先把时间的指针拨回到 20 世纪 70 年代末，在商业软件企业即将迎来发展的黄金时期（话说 Oracle 公司的前身 RSI，也是在这个时期成立的），一位名叫 Michael Widenius

（后来大家都亲切地叫他 Monty）的年轻孩子（年岁不满 20）借了台计算机，开始学习编程，人家起步早不说，这孩子即聪明又勤奋，没多久就在 Tapio Laakso Inc 找到了工作。Monty 在这家公司除了练好技术，最大的收获就是结识了 Allan Larsson，俩人在 1985 年合伙成立了 TCX DataKonsult 公司（MySQL 公司的前身），专门给人做外包，主要从事数据挖掘方面的业务。

现如今提到数据挖掘，大家一准先想到了数据库。有数据处理经验的同学都知道，数据量小的时候一切都不是问题，随着数据量增大，不仅性能会出现问题，运算的复杂度等都呈几何级数增加。而且大家要知道，那可是 20 世纪 80 年代，那会儿服务器的处理能力还远不如现如今的智能手机。

俗话说有困难要上，没有困难制造困难也要上。在这样艰苦的环境下，Monty 决心给自己再制造些困难。背景是在此之前，Monty 开发了一款名为 UNIREG 的数据库管理工具，UNIREG 利用索引顺序读取数据，这种方式就是 ISAM（Indexed Sequential Access Method）存储引擎算法的前身。不过，UNIREG 是个数据库的内部系统，并不具备 SQL 接口。作为一个已经有多年开发经验的高手，Monty 深刻地理解没必要重复造轮子，他选择了一个较为流行的商用产品——mSQL 数据库，用于接收外部请求，同时使用自己开发的 ISAM 来处理数据，后来验证发现这套方式仍然不够快。Monty 也尝试过与 mSQL 的开发者联系，看看双方是否有可能合作，使 mSQL 与 ISAM 深度结合，更好地提升处理性能。由于双方沟通的邮件没有抄送给我，所以我并不了解过程，但是我知道结果——没谈成。

Monty 一咬牙，干脆重写了一套与 mSQL 功能类似，但性能更好的 SQL 接口，同时保持了一定兼容性，这样就方便原来那些使用 mSQL 的第三方代码，很容易就可以切换到使用新的 SQL 接口上，这套接口后来就演变成为 MySQL。

1996 年，Monty 与 David Axmark 一起协作，写出了 MySQL 的第一个版本，仅供小范围内的试用，几个月后就跳过 2.0 版本，直接发布了 3.11 版本。

提 示

David Axmark 是 MySQL 公司创始人之一，同时也是 MySQL 数据库的主要开发者之一。

MySQL 3.11 版本最初发布在 Solaris 平台下，不过很快就有了 Linux 平台的版本。接下来的两年里，MySQL 依次移植到各个平台下，到 1998 年时甚至开始支持 Windows 平台。

说到这儿，我们貌似忘了扒一个很有意思的八卦，MySQL 这个名字到底是怎么来的呢？关于“MySQL”这个名字，起源不是很明确。据 MySQL 公司创始人以及 MySQL 数据库软件的主要开发者 Monty 本人（全是 M 开头，继续往后读，会发现还有一堆的 M 等着亮相）所说，他也搞不清楚 MySQL 这个名字是哪来的（够晕的）。一方面，TCX Data Konsult 公司（MySQL 公司的前身）中已经有大量存在了 10 多年的库和工具，都带有前缀“my”；另一方面，他的女儿名字也叫 My，到底哪个因素才是促成 MySQL 这个名字的主因，这成了笔糊涂账，谁也说不清楚。不过，我个人倾向于后一个原因，来自他女儿 My 的名字。

作为TCX Data Konsult公司的创始人之一，众多工具或库的开发者，其中一部分没准就出自Monty本人之手，早年开发工具时，有意无意地借用女儿的名字来命名，这也完全说得过去。另外，如果把时间线拉长，会发现Monty以自己子女的名字来为自己开发的产品命名是有惯例的。除了MySQL以外，比如说MaxDB，一款由SAP提供的关系型数据库软件（但实际上由MySQL公司发布），名字据悉来自Monty的小儿子Max。Monty还有个小女儿名叫Maria，这个名字也没闲着，当前MySQL数据库软件最热门的分支之一就叫MariaDB，而这同样是由Monty负责的。由此也可以看出这其中的寓意，Monty对待自己开发的产品，就像对待自己的子女一样。

1.2.2 根据地成立

MySQL此时只是一款数据库产品的名字，还不是企业名称，根据多番查询的资料，Monty、Allan和David三个小伙伴应该是在1998年后，将TCX Data Konsult更名（或合并创建）为MySQL AB。这也有利于其商业策略的实施，MySQL AB负责MySQL软件的核心开发，并且拥有“MySQL”的商标和版权。同年MySQL对外发布了正式版本，之前一直是alpha或beta版本，www.mysql.com官网也建立起来了。

> 提 示
>
> 公司名中的“AB”，在瑞典语中表示“股份公司”，是“aktiebolag”的首字母缩写。

尽管MySQL这个名字的起源稀里糊涂闹不清楚，不过MySQL的标志，那只著名小海豚的名字出处都相当明确，它叫“Sakila”，名字很有爱，号称是从一堆用户提供的建议名称中选出来的，这也是MySQL自带的演示数据库的名字。

1.2.3 快速发展，大踏步向前

MySQL最初的版本非常简陋，只是实现了在表上进行增删改查的操作，没有其他更多的功能，不过随着版本演进，功能也在不断增强。MySQL 3.22应该是一个标志性的版本，提供了基本的SQL支持，优化器也有模有样（这也代表着性能已经达到一定水准），原生提供大量API，这样主流的开发语言都可以基于它来开发MySQL客户端，为该产品能够流行打下必要的基础。尽管此时的MySQL看起来仍然像个玩具（主要是功能仍然偏弱），不过功能基本可用，而且又是免费对外发布，因此还是受到不少人的关注和试用，甚至有些人开始尝试在自己的系统中应用它。

1999年，MySQL公司与Sleepycat公司开展合作，对方为MySQL提供了支持事务的Berkeley DB存储引擎，这个存储引擎也被简称为BDB。有了BDB后，MySQL数据库也可以支持事务的处理。尽管BDB也存在一些问题，呃，好吧，不是一些，而是很严重的问题（后来也一直没能解决掉，因此MySQL 5.1版本后就不再支持BDB了），不过，开发人员们付出的努力并没有白费。为了能够支持BDB，MySQL在源码中改进了设计，使得

它能够支持任何类型的存储引擎，这一点正是MySQL数据库独特的插件式存储引擎设计。关于插件式存储引擎的架构优越之处，会在后面介绍存储引擎的章节中详细阐述，这里不多做介绍。

2000年，ISAM引擎华丽变身为MyISAM存储引擎。MyISAM引擎一度是MySQL数据库中最为流行的存储引擎，即使到现有，MySQL数据库中仍有大量系统对象选择MyISAM存储引擎来存储表对象。同年，MySQL还开放了自己的源代码，并且基于GPL许可协议，成为开源软件大家庭中的一份子，从此，它不是一个人在战斗。

不过MySQL数据库并不是简单地选择GPL，而是采用了双许可证的方式，我觉得这种策略也体现着MySQL公司管理团队的智慧。早在MySQL最初发布正式版本时，选择的许可策略就显得与众不同，在Stallman自由软件大旗高举之时，MySQL也顺应着潮流，允许用户免费使用MySQL数据库，但是如果用户（通常都是商业公司）要基于（或绑定）MySQL发布自己的产品，则必须支付费用。这种设定说得更直白些，就是普通用户随便用，但要基于MySQL从事商用行为，就得留下买路钱——先向MySQL支付费用，以获取许可。这种商业策略在早期也为MySQL带来了一定的收入，同时MySQL公司（包括其前身TCX Data Konsult）对外提供商业支持，也能够获取一些收入，这为它的可持续发展打下了良好的基础。

MySQL公司的双许可证方式，仍然是基于原有的策略，也就是对普通用户免费（选择GPL许可协议），对商业用户收费（非GPL许可）的方式，从本质上来讲就是对外卖软件的许可。普通用户的免费许可，可以使MySQL数据库软件传播成本尽可能低，商业许可又使得其能够获得一定收入，从而更好地支撑企业发展。

2001年，MySQL公司找来具备市场和销售背景的Marten Mickos做CEO，时年已经做到200万的安装量。在2001年，MySQL数据库中的另外一个明星级存储引擎——InnoDB也闪亮登场，这回是InnoDB引擎的开发者Heikki Tuuri主动找上门来，希望能够被集成到MySQL发行版中。InnoDB支持事务，支持行级锁定，对于OLTP及读写高并发场景用户们来说，可谓及时雨。由于之前已有集成BDB的经验，支持InnoDB并没有技术上的难题。集成了InnoDB的MySQL 4.0 alpha版本于2000年9月发布，至此MySQL数据库中的MyISAM和InnoDB两大主力引擎均已就位，而他们的东风（互联网大潮）早就鼓荡起来了，万事俱备啊，看起来不发达不行了。

2002年，MySQL数据库达到300万的安装量，收入超过600万美元，有超过1000名付费客户；2003年，达到400万的安装量，每天下载量超过3万次，年收入达1200万美元。集成了InnoDB引擎的MySQL 4.0稳定版本，也于该年发布，实际上版本号的变更与InnoDB存储引擎没啥直接关系，想必彼时他们还没有意识到，InnoDB存储引擎对他们未来发展的重要性。不过，从MySQL数据库软件已有版本回顾，还没有因为增加某项存储引擎，而单独升级过版本号，所以呢，InnoDB也不算受到轻慢。

MySQL软件的版本号定义看起来较为随意，完全无规则可循。总的来看，4.0版本着

重增强功能，比如增加查询缓存的特性，以便加速相同查询的执行效率；增强复制特性，Slave 端分为两个独立的线程处理复制任务；客户端与服务端通信能够支持 SSL，以提升安全性等方面。

2004 年，考虑到收入的主要来源都是 OEM 双重许可模式，MySQL 公司决定深入耕耘企业市场，并且将焦点放在从最终用户中不断获取收入，而不是像原来那样，仅通过合作伙伴收取一次授权费用就完了。也是在当年，其收入突破了 2000 万美元大关。

当然光模式变更还不行，产品必须得给力，俗话说不怕神一样的对手，就怕猪一般的队友。MySQL 公司团队中是否有猪一样的队友，我不知道，但是神一样的对手已经盯上它了。

2005 年，MySQL 5.0 版本发布，这是个非常重要的版本，提供了众多的特性，比如说存储过程、触发器、视图、游标、分布式事务等，它也越来越不像是个小型数据库，而是真正能够适用于企业用户的需求，具备了较为全面的技术指标。当年从超过 3000 个客户中获得 3400 万美元的收入。

一切看起来仿佛都很美好，不过，那个神一样的对手不仅仅是盯上他，而且已经动上手了。2005 年，Oracle 收购了 Innobase 公司。不知道 Innobase 公司是哪路神仙？好吧，这家公司的创始人是 Heikki Tuuri，您应该对这个名字有些眼熟，因为前面咱们提到过，他正是 InnoDB 引擎的开发者，而 Innobase 公司拥有 InnoDB 引擎的版权。Heikki Tuuri 一直在为自己的公司找买家，并且与 MySQL 公司有过多次接触，只是谁也没想到，Oracle 抢在 MySQL 之前截了胡，坑爹呀！

提到 MySQL 数据库，一个不可回避的话题是 Oracle，不仅仅是因为 Oracle 数据库软件是 RDBMS 领域的霸主，占市场主导地位，更重要的因素是它与 MySQL 之间的关系。说起来，后面发生的一系列变故，可能就在 2005 年开始埋下了伏笔。

2006 年，MySQL 公司的 CEO，就是前文中提到过的 Marten Mickos，对外声称 Oracle 与其有过接触，尝试要购买 MySQL 公司，对此业内并不算太吃惊，毕竟一年前 Oracle 收购 Innobase 时，业内就有过诸多猜测。对此 Oracle 公司的 CEO，超有性格的 Larry Ellison（可参考本人另一部著作《涂抹 Oracle》中相关章节的内容）评论说，我们是跟他们提到过收购的意向，不过，大家回想一下，我们几乎对谁都这么说，但是我们是真有兴趣吗？孩子，醒醒吧！年收入才三四千万美元那么点儿个小公司，我们可是收入超过 150 亿美元的大企业。

有趣的是，Oracle 转眼又收购了 Sleepycat 公司，该公司与 Innobase 公司类似，提供 MySQL 数据库下支持事务的 BDB 存储引擎。所以，不管 Oracle 是不是真的要收购 MySQL，这些收购行为本身就足以表明，Oracle 感受到了 MySQL 数据库对其地位和市场份额的威胁，所进行的这些收购都是在布局，Larry Ellison 在下一盘大棋，你懂的。

2006 年 MySQL 的整体发展趋势依然迅猛，安装量达 800 万，收入达到 5000 万美元，在全球 25 个国家拥有 320 名员工。并且，CEO 也制订了收入目标和上市计划，预计在 2008 年达到 1 亿元的收入，并于当年 IPO。

MySQL 自打诞生就不是以功能全面见长，而是胜在灵活、轻量（好吧，还有免费）。若比功能，主流的大型商业数据库管理系统，轻轻松松能甩它几个街区，因此后面就不再着重强调 MySQL 新版本中的特性。换个角度来看，功能特性尽管也非常重要，但与企业和产品的发展比起来就差远了，MySQL 即将进入到企业发展的关键时期。

1.2.4 世事难料，不经历风雨怎能见彩虹

上市绝对不是企业的终点，因为“绝大部分企业”还没等到上市，就已经走到了终点。不过 MySQL 的发展趋势非常迅猛，看起来他们显然不属于“绝大部分企业”那个圈子，就上市来说，他们一度离这个目标非常接近。2007 年时总收入已达 7500 万美元，照此趋势发展的话，在 2008 年非常有希望达到收入 1 个亿的目标，进而上市，扩大知名度，挣更多的钱，进而丰富产品功能，占据更广阔的市场……呃，然而，世事难料，之后一段时间，MySQL 的发展路途充满了坎坷。太阳啊，Sun 公司出手了，它出价 10 亿美元，收购 MySQL 公司，及其所拥有的 MySQL 产品、商标及版本。

看得出来，Sun 公司是花了血本的，10 亿美元即使放到现在也是天价，在当时就更是惊人了。有 IT 评论家认为，这是一笔“现代软件史上最重要的并购案”，没有人能够未卜先知，否则考虑到后来 Sun 的并购案，他们一定会想为这句评语加上“之一”的。

我们还是把目光收回到主线。当时业内普遍比较看好这笔交易，一方面，Sun 公司一直都坚定地走在“开源”的康庄大道上，旗下看家立命的两大重量级产品——Solaris 和 Java 都是开源软件，MySQL 软件能够归属于这样一家既具备深厚开源基因，又具备“雄厚”实力的企业，业界对 MySQL 未来的发展也更有信心。

站在 Sun 公司的角度来说，收购 MySQL 属于企业级战略行为，意义非同小可，它使得 Sun 公司的产品线更加完整，使其能够在软件市场，给同级别的软件企业后院点上把火，展开更加白热化的竞争，抢占市场份额。

比如说，它可以打击某个以数据库软件为核心产品的软件巨头（咱不说是谁啊），该数据库软件巨头自打推出自己的 OEL（Oracle Enterprise Linux）后，对于 Solaris 的支持就有些三心二意了，甚至在 Oracle 11g 版本推出时一反常态，首发支持的操作系统平台改为 Linux，而非惯常的 Solaris 系统，这显然让 Sun 公司感受到自己的地盘受到威胁，如今有了 MySQL，它就可以在企业数据库软件市场中，与微软、Oracle、IBM 等企业展开竞争。

展望下未来，这笔交易就更划算了，当时 MySQL 的客户群体过千万，其中不乏知名的互联网企业，当然更多是各类草根、初创企业，这么大的用户群体充满了想象的空间。对于 MySQL 来说也并不全然被动，由于 Sun 公司的软、硬件产品主要面对大型企业，这正是 MySQL 之前市场推广方面的软肋，有了 Sun 公司的资源，相信对于 MySQL 进一步拓宽产品渠道会大有助益。

尽量业界大多看好，但是也存在不和谐的声音，甚至有人引申到 Sun 公司在过去 10 年间，收购产品的糟糕表现，质疑 Sun 公司是否有足够的能力为 MySQL 未来发展保驾护航。

俗话说，理想很丰满，现实很骨感。MySQL公司的创始人正体会着理想被照进现实，有人熬不住了。MySQL公司的创始人之一，David Axmark在辞职信中的说法比较具有代表性："我对自己在Sun公司的角色进行了评估，认为自己更适合于小公司。我痛恨每天都要遵守的各种规章制度，但我也不愿打破他们。对于我而言，退休比较合适……"。两位创始人Michael Widenius和David Axmark也先后向Sun公司提交了辞呈，离开了他们一手创立的企业。

提 示

人走心没走，一方面哥几个仍然作为顾问，为MySQL的发展及技术规划提供咨询服务。另一方面，他们没有离开他们缔造的MySQL生态圈。他们后来共同创立了MariaDB基金会，重心放在发展MySQL的衍生版本MariaDB上。

对于MySQL来说，创始人离开当然是个重大打击，但是此时Sun公司已经自顾不暇，关照不到MySQL的状况了。不久后，也就是在2009年，Oracle公司出价74亿美元收购Sun公司，这是场振动IT行业的大交易，就数据库领域来说，通过收购Sun公司，Oracle终于也将MySQL收入囊中。

从被Sun公司收购开始，期间MySQL可谓几经波折，此后相当长一段时间内，发展路径很不明确。体现在软件方面，就是版本更新速度变得极为迟缓。当然MySQL并非什么都没有做，MySQL 5.1版本就是在此期间推出的，尽管前头咱们谈过不再着重强调MySQL软件版本中新引入的特性，不过MySQL 5.1还是值得说道，比如它增加了对分区表的支持，复制特性引入了行级复制，提高主从复制环境中的数据安全性等，相较MySQL 5.0版本，都是非常实用的功能。

只是，之前就存在的MySQL软件版本混乱，发展方向不清晰等方面的问题，被Sun公司收购之后，非但没有如愿得以改进，反有被扩大化的趋势。在被Sun公司收购之前，版本就是多线并进，比如之前就曾有过4.0、4.1、5.0同时更新，被Sun公司收购之后，在官方提供的MySQL版本中，则演进为5.1、5.2、6.0并行出击，这让新手选择时一头雾水。

可能有朋友会说，同时提供多个版本并没什么关系呀，用户完全可以根据自己的实际情况，选择合适的软件版本。这话倒是说得漂亮，不过显然对MySQL这类开源项目的版本定义缺乏认知，要知道，它跟咱们传统的商业软件不同，并不是版本越高越好。拿Sun公司持有MySQL软件时的情况来说吧，6.0版本一定比5.1或5.0版本先进吗？并非如此哟，有可能5.1版本具备的特性，在6.0版本中甚至没有提供，人家那是起自不同的基线，功能朝向不同的方向。我猜测本意确实是为了让用户自主选择合适的版本，但初学者却很可能看傻了眼，依照惯例就冲着高版本的软件去了，咱倒不能说它有啥问题，但这种设定确实不合常理认知对吧！

提 示

貌似大型开源项目都有这个毛病，即使现在也不鲜见，拿时下声名甚隆的 Hadoop 项目来说，官网同时提供 1.0.x 以及 2.0.x 多个版本（甚至还包括 0.20.x、0.22.x、0.23.x 等）。但是 2.0 一定比 1.0 好吗，那真不一定，架构体系都有重大差异，演进的方向、包含的特性均不相同，关键要看使用者最看重的是什么功能。

MySQL 再度易手至 Oracle 公司之后，业界对于其未来的命运十分担忧，联想到 Oracle 公司之前对 MySQL 关联公司的收购行为，其对 MySQL 的戒备明眼人都看得出来，甚至早在 Sun 公司收购 MySQL 时，就有阴谋论一类的声音，宣称背后就是 Oracle 在主导，目地是搅乱 MySQL 的正常发展计划，在其未壮大之前即扼杀在摇篮。如果这并不是阴谋而是阳谋，如今 Oracle 自己成为看护摇篮的主人，他会怎么做呢？

所有人都知道 Oracle 公司对 MySQL 有所图谋，也都知道 MySQL 在关系型数据库领域已经是最有竞争力的对手（不仅针对 Oracle 数据库）。从收购 Innobase 公司开始算起，Oracle 布局这么久，如今 MySQL 的控制权已被 Oracle 公司操纵在手，这盘棋他们的选择很多，究竟会如何决策，我猜不到，但是有一点我确定一定以及肯定，他们不会轻易地放弃 MySQL 这款产品。

作为一款开源产品，假使 Oracle 将之雪藏，那么开源社区利用 MySQL 的已有代码，很快就可以推出兼容性的数据库产品。更何况不管在当时还是现在，MySQL 数据库的各类分支及衍生产品都已绵绵不绝，若 Oracle 公司真的做出雪藏的决策，就相当于将这份市场拱手让人，那对于 Larry Ellison 来说就是下了手臭棋。

1.2.5 向前向前向前

自从进入被收购的漩涡，MySQL 的发展虽然不至于完全停滞，可是也大受影响，Oracle 深知，当务之急必须先维稳。因此完成对 Sun 公司的收购案，将 MySQL 纳入囊中之后，将原有 MySQL 的版本划分和分支重新整理，6.0 版本被取消，5.1 和 5.5 版本不断进行 BUG 修复，并放出新的 beta 版本（不能否认，Sun 公司之前也在进行若干准备工作）。

Oracle 对着业界喊：我们会支持 MySQL，比 Sun 公司投入更多的精力，来开发和支持它。

Oracle 对着社区喊：老乡们，都出来吧，皇军是来送粮食的。

2010 年 12 月，MySQL 5.5 GA 版本正式对外发布，对此，MySQL 公司的前 CEO（就是那位 Marten Micko）曾评论说，5.5 版本可能是有史以来最好的版本。我以一个过来人的身份，尽量站在客观的角度来评价，我可以负责任地说，他说的是对的，在 MySQL 5.5 版本中，Oracle 完全像是在特性打包大放送。

提几个比较重量级的变更吧！首先，MySQL 默认的存储引擎变更为 InnoDB，尽管多少年前 InnoDB 就已经作为事实上的默认存储引擎，但是其默认地位获得官方承认，是从

5.5 版本开始的。此外，由于 InnoDB 引擎的开发商 Innobase 早已被 Oracle 公司收购，如今可算做同一家公司的内部项目，针对 InnoDB 引擎细节的提升相当的多，比如说对于适配 Hash 索引、I/O 子系统性能提升、引入多回滚段、提供分组提交（Group Commit）及对于多核的高效利用等。

针对复制特性，在 MySQL 5.5 版本中，官方的半同步复制特性千呼万唤始出来；分区特性方面，功能也得到较大增强，LIST 分区和 RANGE 分区增加，基于指定列的列值作为分区条件，这样就可以较为简单地基于日期及字符值进行分区了；删除记录时，可以通过 ALTER TABLE ... TRUNCATE PARTITION 语句快速删除指定分区的数据，这类改进对于熟悉 Oracle 数据库的朋友们来说会感到颇为亲切。没错！不管是语法还是功能，与 Oracle 数据库中的同类功能一脉相承，MySQL 5.5 版本对分区特性的功能提升，对于分区功能的深度用户来说，绝对是项重大喜讯。

此外，在字符集方面，有一个细节不得不提，MySQL 5.5 版本新引入了 UTF16、UTF32 和 UTF8MB4 字符集。同学们可能会想，新支持几个字符集有什么了不起，这也算重点特性吗？呃，这个，可以算，因为这些字符集的引入很有背景。

MySQL 数据库真正兴起，一个非常重要的原因是赶上了互联网的浪潮，其自身也在互联网企业中被广泛使用。而随着移动互联网的兴起，iPhone 等苹果设备的畅销，使用 MySQL 5.1 及之前版本来存储数据的企业可能会发现，他们遇到问题了。对于 iOS 的内置表情（emoji），MySQL 5.1 及之前版本中，不管字符集如何设置，保存时总会为乱码，即使设置为 UTF8 字符集也无用，因为即使是 UTF8 字符集，存储单个字符最大只有 3 个字节，但对于像 emoji 表情这样的特殊字符，需要用 4 个字符来存储，在 5.1 版本，对此毫无办法。

MySQL 5.5 版本新引入了 UTF8MB4 字符集，作为 UTF8 字符集的超集，它不仅能够支持所有 UTF8 能够支持的字符，而且还能够使用 4 个字节来保存字符，这下需要使用 emoji 字符的应用有救了。国外的情况咱不了解，单就国内来说，着实掀起一阵升级至 MySQL 5.5 的浪潮（没办法，不升级不行啊，瞅瞅身边智能移动终端有多普及、移动互联网有多火热，这部分用户的诉求老板说了必须满足，小小 DBA 哪敢忽视）。

2013 年 2 月，MySQL 5.6 GA 版本正式发布，毫无疑问，这是迄今为止最棒的一个版本。5.6 版本中都提供哪些激动人心的功能，这里不剧透了。同学们，本书中的所有操作，如非特别注明，正是基于最新的 MySQL 5.6.12 版本，后面有整整一本书的内容等待你们去发掘。

1.2.6　以开源的心态学开源

前面曾经提到过，MySQL 数据库得以兴起，一项重要的原因就是赶上了互联网的浪潮，切实满足互联网应用中的实际需求。

举例来说，早在 1996 年，当 PHP 在互联网开发中逐渐热门起来的时候，他们就开始

与 PHP 的创建人沟通联络，获得一线的实际需求，比如分页在网站中很常用，那么他们就加入了 LIMIT 子句（在标准 SQL 语法的基础之上扩展），这样就非常实用。所以一开始，即使 MySQL 的功能不多（好吧，是很少），但是他们距离最终用户非常近，提供了用户想要的东西，并得到了用户的认可。

开源，可视作帮助他们快速成长的另一大助力。他们从用户那里获取真实的需求，同时，他们也能从开发者那里得到众多的反馈。因为开源，它的每一行代码都是开放的，所有人都能看到，当软件出现 BUG，很快就会有人告诉你问题并协助解决，同样也有众多的工程师开发自己感兴趣的工具，并最终被集成到官方版本中，成为官方的产品。当然，大多数的工具不会被集成到官方产品中，但是这并不妨碍、也不会影响众多开发者持续提供新的工具或插件的热情。对于用户来说，可能会需要用到某项功能，但因为该功能应用场景极窄，官方没有可能进行针对性的开发，可是在开源生态圈中，就有机会遇到由第三方工程师开发的、提供相应功能的工具。

本书主题是讲 MySQL，不过并不限于 MySQL，内容中将出现众多第三方的开源工具（或脚本），这也是开源软件的特点之一。

传统关系型数据库软件如 Oracle/MSSQL 等，它们自身的功能就已足够强大，再加上软件厂商实力强悍，应用体系完整，由他们主导的情况下，恨不能所有东西都用他们自己的产品，这种模式并非绝对不好，只是某些情况下，用户可能会有上船容易、想下去时艰难的感受。

开源软件就是另一种风格了，以 MySQL 数据库为例，尽管官方仍在不断完善功能，但是相比其他大型数据库软件，仍然有明显的差距。可是这一点为什么没有成为制约它发展的要素呢？就是因为有大量第三方软件的支持。也许某项功能官方并未提供，或实现的并不优雅，没关系，总能找到合乎需求的第三方工具。对于一些小需求，自己写些小的脚本更是普遍，更何况 MySQL 是开源软件，对于技术功底深厚、动手能力强的朋友，还可以自己动手二次开发，实现自己专用的分支版本。

别人的东西可以直接拿来就用，不需要重复造轮子，同样，自己写出了得意的工具，也能够分享出去，方便他人，回馈社区。这，就是开源。

第 2 章 安装 MySQL 数据库软件

MySQL 数据库能够支持在多种操作系统上运行，包括 Solaris、Mac OS、FreeBSD；当然也包括群众基础最广泛的 Windows 系统；至于 Linux，不是咱（替 MySQL AB）跟您吹，不管是 Red Hat Linux（含 RHEL、CentOS、Oracle Enpterprise Linux），还是 Debian 或是 SuSE，统统都支持；而且，就算您整出个不知道是什么类型的操作系统，咱还有源码（Source Code）呢，自己编译绝对好使。有图作证（图 2-1）。

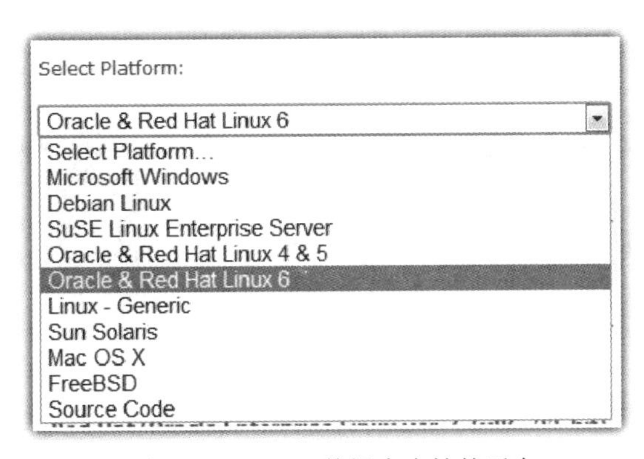

图 2-1 MySQL 数据库支持的平台

那么请问，这么好的产品，到哪里可以买得到呢？这位朋友问得好，MySQL 官方网站刚好就有的下，而且还免费哟，链接地址是 http://dev.mysql.com/downloads/mysql/，图 2-1 就是从其官网截的，保证原装，绝无做假。

肯定有很多刚接触 MySQL 的朋友冲到：http://www.mysql.com/downloads/mysql/ 下载 MySQL 数据库软件，这俩地方有啥不同呢？要我说……要我说没啥不同，只不过前者是社区版，后者是商业版。很多朋友又会有疑惑，社区版和商业版到底又有什么区别？在这里，三思可以毫不负责任地说，完全没有区别。我说的这个没有区别是指软件介质是相同的，也就是说功能相同，但是商业版能够享受到 MySQL AB 公司的技术服务。社区版不能说没有服务，用户可以到官网论坛提问题、看 BUG、找解决方案，要是运气好，还会有来自世界各地的热心肠（未知水平高低）给你支歪招指邪路，最重要的是，全程都免费，你幸福吗！

废话不多讲，赶紧把安装包下载回来吧！基于 Linux 平台的绝对主流地位，建议大家在搭建测试环境时选择 Linux 平台。不过考虑到多数兄弟 PC（或可用测试环境）仍是 Windows 占主角，因此本章在介绍安装时，将分别阐述 Windows/Linux 两种平台下的安装和配置步骤。

实际上，也就是安装环节略有差异，实际使用时，不管是 Linux 平台还是 Windows 平台，命令、步骤、思路基本都是一样的。本书在后面章节的示例均会以 Linux 平台为例来演示，不过用 Windows 平台的兄弟也不要怕，操作基本都是一样的，相信自己，你能学会。

2.1 Windows 平台安装

先来说说 Windows 平台下的安装吧！同学们，安装包都下载好了吧！怎么，页面打开后不知道下载哪一个？好吧，那我们就一块来看看吧，同学们看到的应该是类似图 2-2 这样的页面。

图 2-2　下载 Windows 版本的 MySQL 安装软件

在我看来，官网提供的下载包可以分为两类：

（1）官方推荐下载包。即出现在图 2-2 最醒目位置的下载链接，专用于 Windows 平台的 MySQL Installer，包含“所有”MySQL 产品，一个包适用所有 Windows 平台。这个可是官方建议下载的，你敢信吗，身在天朝，下意识会对官方信息进行评估，到底信还是不信呢？还好啦，这个软件来自自由开放的国度，所以还是可信的，对于 Windows 平台来说，这种安装包称得上是个好的选择，因此三思建议初学者朋友选择这个安装包。

（2）其他下载。这种类型可能称不上是个安装包，而是个压缩包，而且确实也无需安装，解压缩后就可以使用（类似 Linux 平台的二进制包）。压缩包分 32 位和 64 位两个版

本，对于有一定经验的朋友来说（最起码得知道要操作的命令、文件在什么路径下），可以选择这种下载包。

那么到底下载哪个包呢？两个都下载了备好吧！本节以前者为例来重点演示，主要：一个是考虑到前者更接近"安装"这个概念，另一个是界面比较友好，操作也简单，初学者朋友的接受度会更高；而后者跟 Linux 环境的安装方式（包括用法）比较接近，我们只简单演示，并不会着重介绍，感兴趣的朋友可以参照后面 Linux 章节的内容，想必也能理解用法。

2.1.1　安装包方式安装

好了，讲到这里，咱们终于进入到真正的安装环节了（扯到这里刚进入正题），双击刚刚下载好的安装文件"mysql-installer-community-5.6.12.2.msi"（图 2-3）。

图 2-3　MySQL 软件安装包

提示 1

安装 MySQL 5.6 需要 Microsoft .Net Framework 4.0 组件包的支持。如果本地未安装的话，需要首先安装 Framework，有需要的朋友可以到 Microsoft 官网下载，地址如下：http://www.microsoft.com/zh-cn/download/details.aspx? id=17718。

提示 2

下载页面提供的安装包是 32 位的，不过没关系，它可以工作在 32 位和 64 位系统上。

稍等"片刻"，它需要先检查系统环境，而后将弹出界面（图 2-4）。

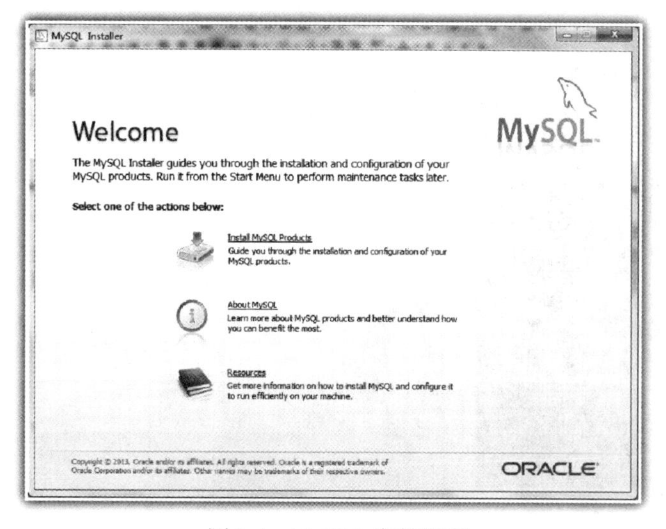

图 2-4　MySQL 安装界面

选择安装 MySQL 产品，单击 Install MySQL Products，会显示许可信息，必须接受才能进行下一步（图 2-5）。

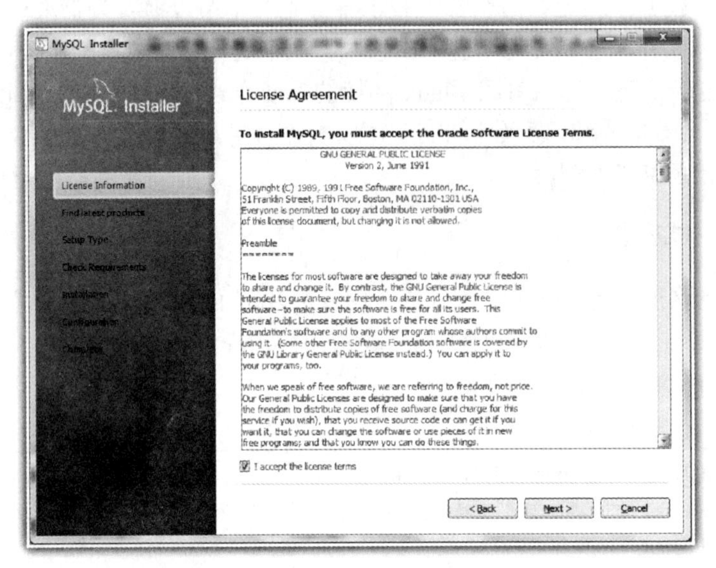

图 2-5　许可信息

在 MySQL 5.6 的安装过程中，它能够联网检查软件版本，如果需要的话，可以选择让它获取更新信息。这里考虑到测试环境，以演示为目地，就不让它检查了，勾选 Skip the check for updates 复选框，然后继续（图 2-6）。

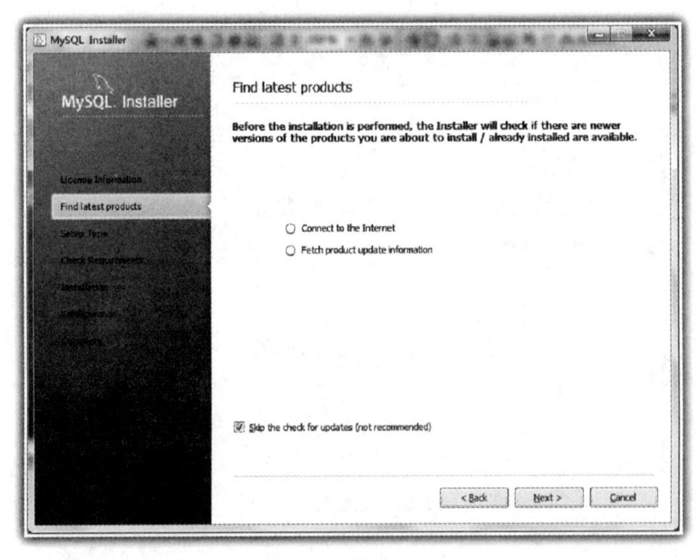

图 2-6　检查版本

选择安装类型和软件的安装路径（图 2-7）。

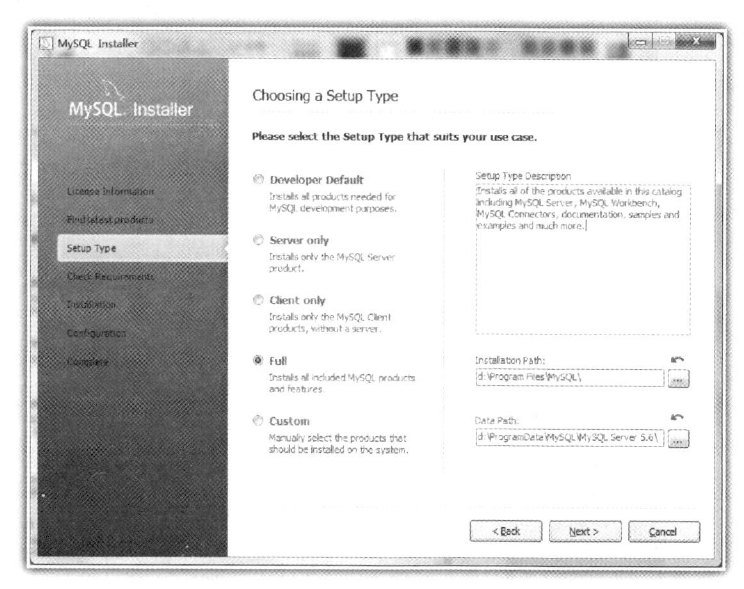

图 2-7 选择安装类型

这里有 5 种类型可供选择，选择不同的安装类型会直接影响后面的安装步骤：

- Developer Default：用于开发目的，主要包括 MySQL 数据库的服务端、Workbench（一款界面化的管理工具，后面会介绍）、VS 插件、连接器以及开发示例等，考虑到本书不是讲开发，这一类型显然不适合我们，PASS。
- Server only：安装 MySQL 数据库的服务端，如果准备部署一套 MySQL 数据库服务，那么应该选择这个选项。
- Client only：安装 MySQL 数据库的客户端，它其实也包括 Workbench、VS 插件等，如果在本地安装这种类型，那么本机将具有连接其他 MySQL 数据库服务器的能力，但是它自己无法作为一个 MySQL 服务端存在。
- Full：完全安装，上面提到的全都有。
- Custom：自定义安装，手动选择要安装的产品。

我知道对于初学朋友来说，最喜欢简单，恨不能全点 Next 按钮就能完成所有工作，一旦遇到选择项就发懵，而在这一环节不仅有选项，而且一下就来了 5 个，如若感到心里没底患得患失也是正常的。

我来给个建议嘛，如果决定要以 Windows 平台作为测试环境，就选中 Server only 单选按钮安装服务端吧，话说装了服务端也是可以连接其他 MySQL 服务器的哟。对于熟悉 Oracle 数据库的朋友，可以将之视为选择安装 Oracle 客户端、或是服务端、又或者是 Gateway 等，但是多数人还是直接上来就装服务端，一样的道理。

其实不止是 Windows 平台，Linux 平台 RPM 包方式安装，也有可能碰到这种选择，只不过 Linux 平台并不是放在一个包中，而是分别对应不同的 RPM 包，后面会讲到。

选择好类型就单击“下一步”按钮，弹出界面检查安装需求，看看是否有额外组件需要安装（图 2-8）。

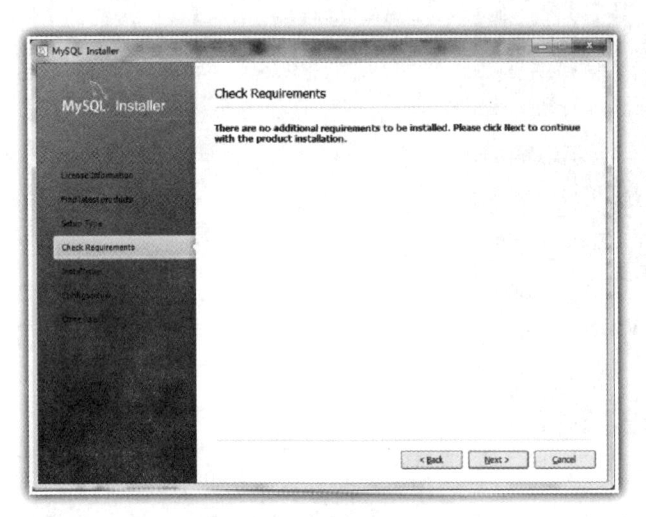

图 2-8　检查安装需求

根据选择的安装类型，检查项也有可能不同。这里尽管选择的是完整安装，不过看起来非常顺利，没有什么额外需要安装的组件。如果您选择的是其他安装类型，进行到这一项时会出现一堆提示信息，要求安装额外的组件包，那么，听它的，让装什么装什么。

准备工作都完成后单击“下一步”按钮，弹出界面提示要执行安装的内容（图 2-9）。

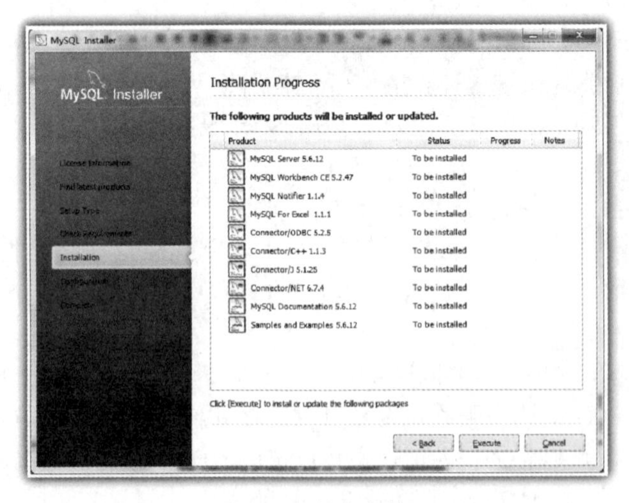

图 2-9　执行安装

单击 Execute 按钮执行安装，然后就等着呗，如果要安装的产品很多，那么可能是要花点儿时间的。这里选择的是完整安装，东西确实有点儿多，因此操作时间较长，只好慢慢等着了。如果安装过程一切顺利，随后会提示如图 2-10 所示信息。

The following products will be installed or updated.

Product	Status
MySQL Server 5.6.12	Install success
MySQL Workbench CE 5.2.47	Install success
MySQL Notifier 1.1.4	Install success
MySQL For Excel 1.1.1	Install success
Connector/ODBC 5.2.5	Install success
Connector/C++ 1.1.3	Install success
Connector/J 5.1.25	Install success
Connector/NET 6.7.4	Install success
MySQL Documentation 5.6.12	Install success
Samples and Examples 5.6.12	Install success

图 2-10　安装成功

然后单击 Next 按钮，进入配置环节。呃，其概述界面如图 2-11 所示。哎，早知道只装客户端就好了，还能免配置呢。现在后悔也晚了，服务器端装都装完了，也只好对它做配置了（图 2-11）。

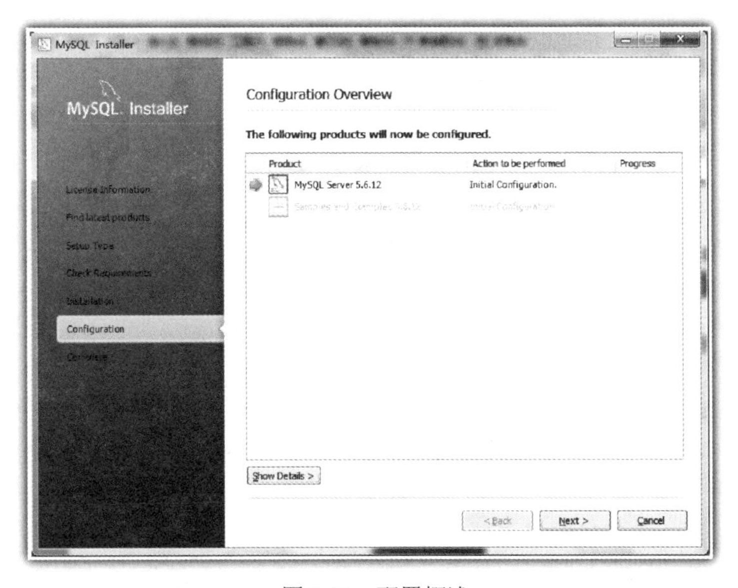

图 2-11　配置概述

单击 Next 按钮，进入真正的配置页面（图 2-12）。

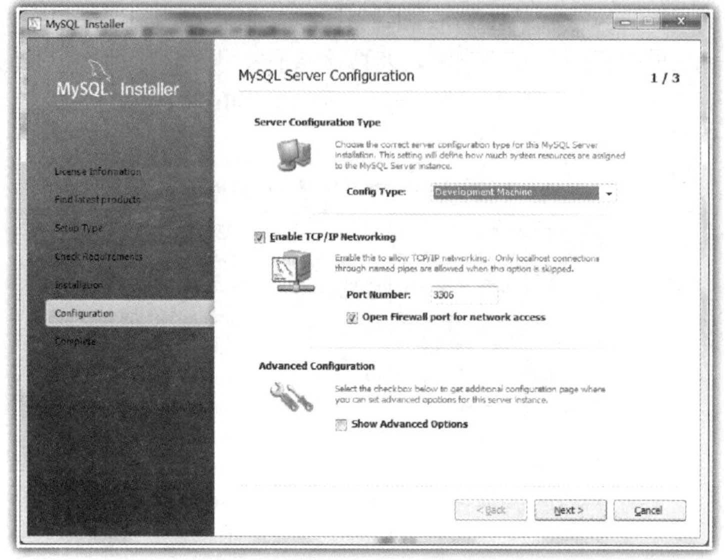

图 2-12　MySQL 服务器配置 1

MySQL 服务可配置项巨多，在官方文档中专门有一个章节，多达数十页内容进行介绍，尽管不是所有的参数都必须要配置，但是仅常用的参数也有数十个之多，安装过程中出现的配置环境实际上就是为“超级常用”参数进行配置。

默认设定当然可用，因此在这一步中，如果读者朋友希望省事儿的话，一步步单击 Next 按钮亦可。我想说的是，这些配置项在后期是可以进行修改的，因此即使此处设定不当也没关系，大家可以放心大胆的整，不要怕。

当然啦，肯定有求知若渴的朋友等不及到下一章，那么针对安装过程中出现的可配置项，这里也简单说一说。在这一页中用户可设定的共有 3 项。

- Server Configuration Type：指定服务的类型，主要影响与内存、连接数等资源占用相关的参数，默认有 3 种类型：
  - Developement Machine：如果本机是个人的开发测试计算机，那么最好使用这一选项。这种类型对应的 MySQL 参数都比较保守，仅是为了使其服务可用，而不会为了追求 MySQL 数据库性能而使 PC 超负荷运行。
  - Server Machine：如果读者所使用的计算机性能较强，能够承担多任务并行操作，比如又作为 DB Server，又作为 Web Server，那么可以使用这一选项。这种类型对应的 MySQL 参数相对也保守，但相比第一种又要强大一些，这种环境下 MySQL 数据库服务的性能会比第一种要好一些。
  - Dedicated Machine：专用服务器可以使用这一选项，它的内存、连接等相关参数设定均非常高，以求最大化地利用系统资源。

需要说明的是，此处设置本质上是打包确定 my.cnf 文件中的内容，如果指定的类型不

符合实际，比如在 PC 上选择 Dedicated Machine 类型，可能会“拖累”整个 PC 的运行性能，导致操作体验下降，比如说打开网页半天都无响应，编译代码很久都没完成，数据库服务也慢得不行了。

- Enable TCP/IP Networking：指定本地数据库服务的连接端口，默认是 3306。
- Advanced Configuration：是否指定高级配置，可以更灵活地定义 MySQL 数据库服务器的参数，考虑到本章更多是介绍安装，参数设定后面有章节专门介绍，这里暂略。

单击 Next 按钮后，进入配置项的第二页（图 2-13）。

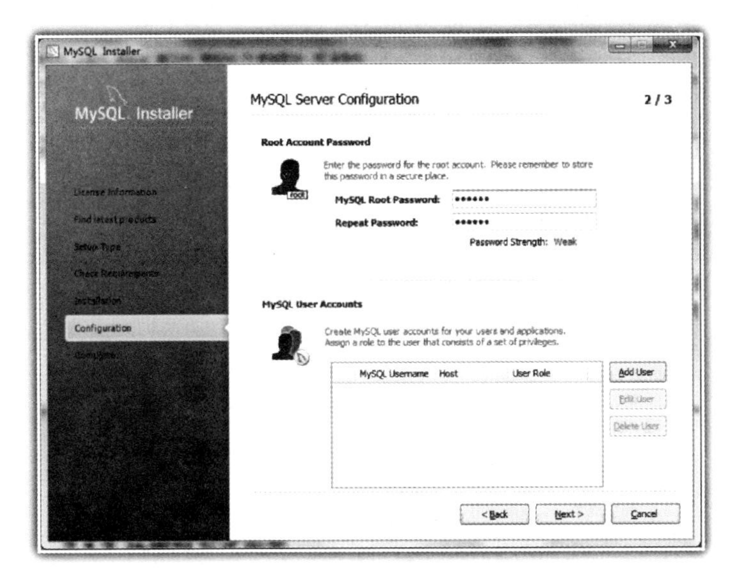

图 2-13　MySQL 服务器配置 2

在这一页有两项可以配置，其一是设置 root 用户（即 MySQL 数据库的管理员账户，等同于 Oracle 数据库中的 sys，或 Windows 平台的 administrator）口令；其二是创建数据库账户。前者是必需的，后者是可选的。

单击 Next 按钮后，进入配置项的第三页（图 2-14）。

在这一页是要将刚刚创建的 MySQL 服务器配置为 Windows 服务，需要给它定义一个名称，方便用户在“管理工具”→“Windows 服务”中找到它，定义服务的启动用户。

> **提 示**
>
> 如果前面在图 2-12 中选中了 Show Advanced Options 复选框，那么还会持续到配置项的第四页，在第四页会提示你指定日志文件（包括通用日志、错误日志、慢查询日志、二进制日志等）的存储路径和文件名。

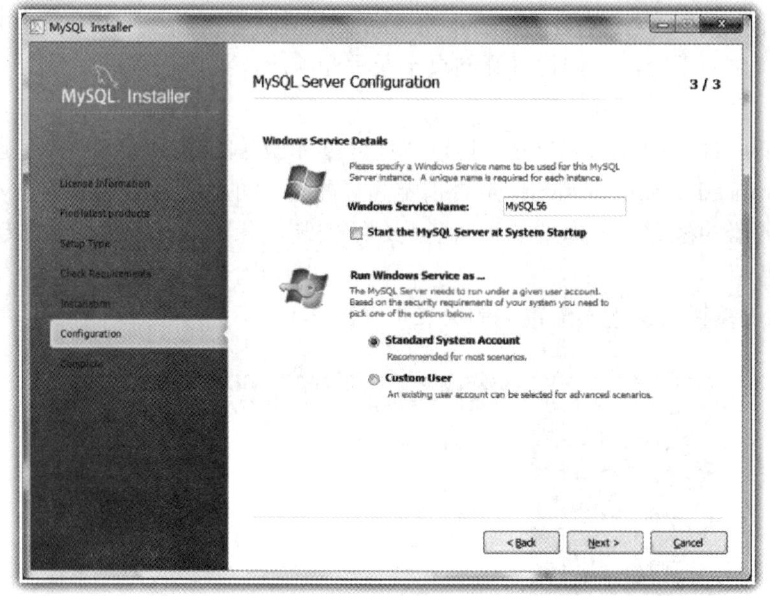

图 2-14　MySQL 服务器配置 3

全部设定好以后，单击 Next 按钮，它会按照设定配置服务（图 2-15）。

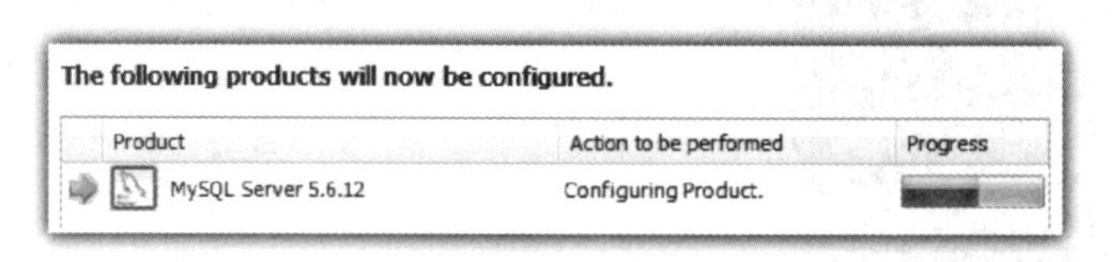

图 2-15　执行配置

等 MySQL 服务配置成功后，如果你跟我一样，选择了 Full 安装类型的话，接下来还要初始化官方提供的示例，这个操作倒不需要做什么配置，只要稍稍等待一会儿，全部完成之后，单击 Next 按钮，终于：

如果一切顺利的话，安装就完成了，然后单击 Finish 按钮退出安装即可（图 2-16）。接下来，用户就可以在"开始"→"所有程序"里找到它。

激动人心的时刻到了，第一次连接 MySQL 数据库哟。在 MySQL Server 5.6 菜单项中有两个 Cmd 快捷方式（图 2-17），单击任意一个均可（只是命令行模式的字符集不同，前者是 UTF-8 编码，后者是默认编码），弹出的命令行窗口如图 2-18 所示。

输入 root 用户的密码，就进入到 MySQL 数据库中了，当然此刻连接的是本地的数据库，可以执行 show databases 命令，看看当前默认自带的数据库，并通过 select 语句查询其中的数据了。

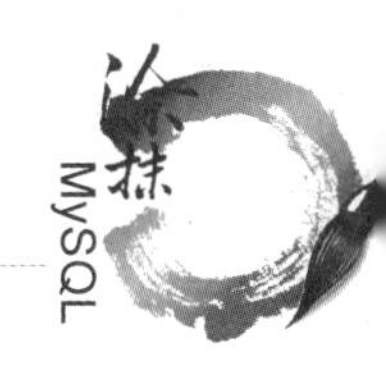

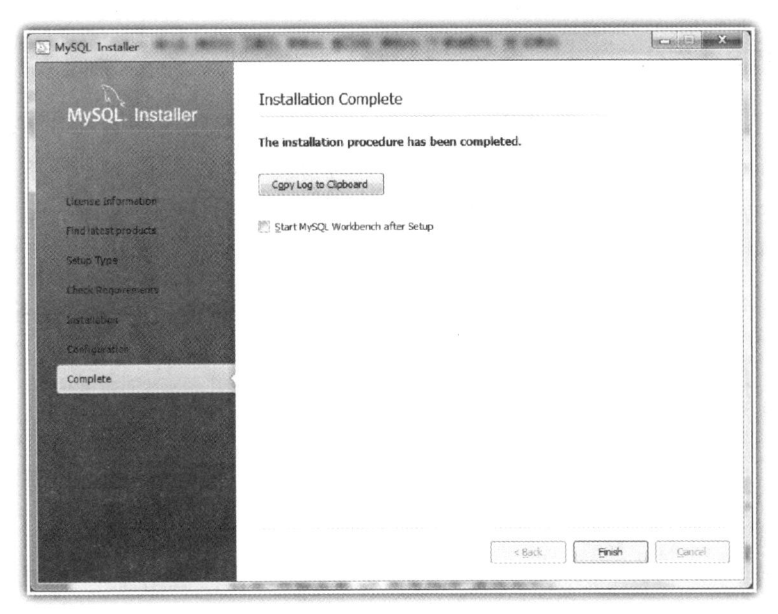

图 2-16　安装完成

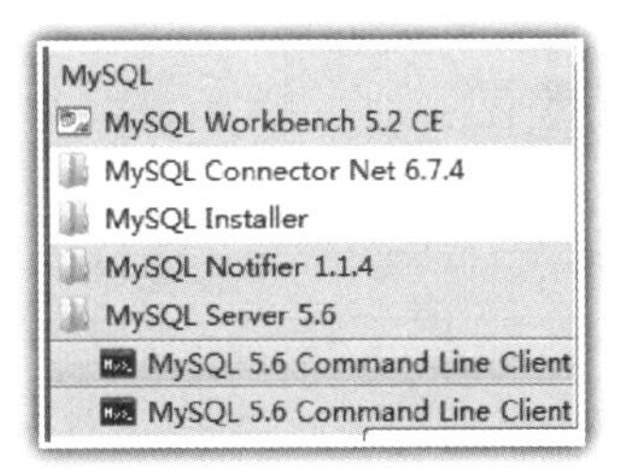

图 2-17　MySQL 菜单命令

```
MySQL 5.6 Command Line Client - Unicode
Your MySQL connection id is 3
Server version: 5.6.12 MySQL Community Server (GPL)

Copyright (c) 2000, 2013, Oracle and/or its affiliates. All rights reserved.

Oracle is a registered trademark of Oracle Corporation and/or its
affiliates. Other names may be trademarks of their respective
owners.

Type 'help;' or '\h' for help. Type '\c' to clear the current input statement.

mysql> show databases;
+--------------------+
| Database           |
+--------------------+
| information_schema |
| mysql              |
| performance_schema |
| sakila             |
| test               |
| world              |
+--------------------+
6 rows in set (0.00 sec)

mysql> _
```

图 2-18　连接 MySQL 数据库

2.1.2 压缩包方式安装

相比传统的安装包，压缩包用起来就要简单多了，直接解压缩就可以用，比如，使用解压缩软件打开我们下载到的mysql-5.6.12-winx64.zip（因为三思这里使用的是64位系统，因此下载了 mysql-5.6.12-winx64.zip，如果是 32 位系统，则要下载 mysql-5.6.12-win32.zip）文件，将其解压缩到 d:\tools 目录下（图 2-19）。

图 2-19 解压缩 MySQL 安装文件

然后呢，然后就可以用了！小伙伴都惊呆了没有？不信自己去看吧！路径 d:\tools\mysql-5.6.12-win64，文件都在那里呢！比如说，我们可以连接前面以界面方式安装时创建的 MySQL 服务，打开一个命令行窗口，执行 mysql 命令如下：

```
C:\Users\junsansi.Thinkpad-PC>d:\tools\mysql-5.6.12-win64\bin\mysql -uroot -p
Enter password: ******
Welcome to the MySQL monitor.  Commands end with ; or \g.
Your MySQL connection id is 4
Server version: 5.6.12 MySQL Community Server (GPL)

Copyright (c) 2000, 2013, Oracle and/or its affiliates. All rights reserved.

Oracle is a registered trademark of Oracle Corporation and/or its
affiliates. Other names may be trademarks of their respective
owners.

Type 'help;' or '\h' for help. Type '\c' to clear the current input statement.

mysql>
```

您瞧，成功连接进去喽！

2.1.3 Windows 平台的一些限制

生产环境的数据库运行在 Windows 平台下的不多见，当然 MSSQL 除外，MSSQL 这种完全不支持多平台的咱们就不提它了。其他主流的数据库软件，在 Windows 平台运行或多或少都有些限制，对于 MySQL 数据库来说，在 Windows 平台使用也有不少的限制条件，有些可能没有关系，因为永远也不会碰到，有些必须被重视，一不注意就会产生重大影响，下面从几个方面逐一描述。

1. 最大可用内存

运行在 32 位的 Windows 平台中的程序，默认情况下单个进程最大只能使用 2GB 内存，MySQL 也不能例外，这是因为 32 位 Windows 系统自身的物理地址限制。因此，如果物理内存超过 4GB（如今家用机起步都 4GB 内存了），建议选择 64 位系统。话说以时下计算机的发展态势，怕是办公机还在采用 32 位系统的都不多了。

2. 端口限制

Windows 系统拥有大概 4000 个端口可用于客户端的连接，对于数据库服务来说这足够了，但是 Windows 下端口重用的特点是，当一个端口关闭后，需要 2～4 分钟后才能被重用。对于会频繁创建和关闭连接的场景（比如像 PHP 这种默认没有连接池的开发环境），就可能会碰到数据库服务器所有可用端口均被占用，而已关闭的端口当前尚无法重用的现象，当出现这种情况时，MySQL 服务看起来就像出现了故障无法连接。如果当前服务器不止运行了 MySQL 服务，那么端口争用想必就更激烈了。当然这种情况比较极端，一般环境是遇不到的，若是单实例的 MySQL 数据库并发连接达数千个，那恐怕在操作系统的网络端口达到瓶颈前，MySQL 就先已挂起了。

3. DATA 目录和 INDEX 目录

对于 MyISAM 存储引擎表来说，创建表对象时可以通过 DATA DIRECTORY 和 INDEX DIRECTORY 两个选项来指定该表的数据/索引文件的存储路径。但是这两个选项在 Windows 平台下无效，因为 Windows 平台不支持符号链接（Symbolic links）。也就是说，在 Windows 平台，无法使用别名的方式将 MyISAM 引擎表的数据文件或索引文件存储在非 datadir 路径下。

4. 文件名大小写

Windows 平台是不区分大小写的，因此 Windows 平台下运行的 MySQL 库名和表名也不区分大小写，对于那种必须区分大小写的场景就必然不适用了。

5. 目录和文件名

Windows 平台下目录和文件名只支持当前 ANSI 代码页兼容的字符，比如说一些多字符的文件名在西文编码环境时就无法访问了。如果存在这样的文件，那么 LOAD DATA INFILE 语句无法执行，数据加载功能将受局限。

6. 目录的分隔符

Windows 平台使用'\'符号作为分隔符，但是这个符号在 MySQL 中对应的是转义符，那么当需要执行 LOAD DATA INFILE 或 SELECT ... INTO OUTFILE 等访问文件路径的语句时，要么使用 UNIX 样式的'/'作为分隔符，例如：

```
mysql> LOAD DATA INFILE 'D:/5ienet.com/junsansi.txt' INTO TABLE skr;
mysql> SELECT * INTO OUTFILE 'D:/5ienet.com/junsansi.txt' FROM skr;
```

或者，先指定'\'进行转义，例如：

```
mysql> LOAD DATA INFILE 'C:\\5ienet.com\\junsansi.txt' INTO TABLE skr;
mysql> SELECT * INTO OUTFILE 'C:\\5ienet.com\\junsansi.txt' FROM skr;
```

7. 管道操作的隐患

Windows 的命令行模式下使用管道可能存在隐患。因为管道包括字符^Z / CHAR（24），Windows 将其识别为中止程序。

那么当执行类似这样的命令时就会遇到问题：

```
C:\> mysqlbinlog binary_log_file | mysql --user=root
```

对于这种情况，就不得不分别执行了，例如：

```
C:\> mysqlbinlog binary_log_file --result-file=/tmp/bin.sql
C:\> mysql --user=root --execute "source /tmp/bin.sql"
```

后者适应性更强，只是操作时繁琐一些。

8. 文件系统

对于仍在使用 FAT32 文件系统（FAT16 应该肯定没人用了吧）的朋友要注意了，由于该文件系统自身的限制，FAT32 文件系统中单个文件最大不能超过 4GB，在当前这种数据爆炸式增长的时代，4GB 空间转眼就没，因此务必不要将 MySQL 的数据文件放在该文件系统之上，以免埋下隐患。如果确定要在 Windows 平台上部署 MySQL 服务，推荐使用 NTFS 文件系统。

2.2 Linux 平台安装

作为 LAMP 架构中一个重要的组成部分，MySQL 更多被部署在 Linux 平台。虽说 Linux 系统的发行版众多，最常见的如 Debian、Red Hat、SUSE 等，还有 Oracle 公司自己的钢铁企鹅：Oracle Enterprise Linux（就是穿了钢铁盔甲的 Red Hat Linux，以下简称 OEM）。不过 MySQL 在各种平台上都能运行得很好。不仅如此，对于流行的 Linux 发行版，MySQL 甚至直接提供了对应的安装包，极大地简化用户在安装环节的操作。本段就花些笔墨，向大家展示一下 Linux 环境下安装 MySQL 数据库软件的过程。

熟悉 Linux 的朋友都知道，Linux 下安装软件有多种方式：

- 通过 RPM 包方式安装，这是最简单易用的安装方式。
- 直接使用编译好的二进制文件，通常是个 tar 包（.tar 或.tar.gz 格式的文件），解压后即可使用。

- 下载源代码，采用自定义编译选项的方式安装，安装步骤最繁琐，但编译选项配置得当，则能够提升性能，而且这也是最灵活的一种方式。

不管用户习惯哪种操作，对于这几种方式，MySQL 的网站均提供了对应的安装包。

几种方式各有应用场景，要问哪种方式最好，恐怕是找不到正确答案的。就三思看来，如果仅是偶尔部署一套 MySQL 用于测试，那么首选 RPM 包方式安装，用户不必过多关注安装细节，以免把时间浪费在琢磨安装、配置参数上；如果是从事或立志从事 DBA 职业的朋友，那么建议选择源码编译方式，可以更灵活地调整参数，并且能够在同一个服务器上部署多个不同版本的 MySQL 数据库系统。对于生产环境，就需要根据实际情况做选择了，对于需要大批量部署数据库服务器的环境，可以在一台机器上源码编译后，打包成 RPM 格式，发布至软件仓库服务器，而后其他服务器就可以直接使用这个定制化编译过的版本进行快速安装，这样能够在高性能和快速部署上取得一个平衡。

基于本书的定位，目标受众群体常用的操作环境，同时考虑到二进制版本与源码编译在配置方面有很多相似度，本节会将重心放在介绍 RPM 包和源码编译两种安装方式上。

> **提 示**
> 二进制版本相当于指定平台下，使用源码编译的版本！

2.2.1 RPM 包方式安装

MySQL 的官方网站目前针对 Debian、SuSE、Red Hat 4/5/6、Oracle Enterprise Linux 4/5/6 这几个 Linux 的发行版均提供有对应版本的安装包，如若所用的操作系统是上述之一，可以直接下载对应的安装包，下载链接还没忘记吧，若真忘了就到本章第一页去找找。

除了针对主流操作系统提供专用软件包之外，MySQL 也提供有通用的 RPM 包，可用于其他 Linux 发行版的安装。

说到 RPM，在 MySQL 官网的下载页面，大家在会找到好多个 RPM 文件（不仅是 32 位或 64 位的版本分类），初次接触的朋友很容易犯糊涂，首先不知道该选哪个，其次不知道一个够不够。我先给大家交个底，若用 RPM 软件包的话，一个真不够，最常用到的就有下列 3 个：

- MySQL-server-*VERSION.PLATFORM-cpu*.rpm：包含 MySQL 数据库服务相关文件，类似于 Windows 平台安装时的 Server only 模式。
- MySQL-client-*VERSION.PLATFORM-cpu*.rpm：包含多个 MySQL 客户端工具，类似 Windows 平台安装时的 Client only 模式。
- MySQL-devel-*VERSION.PLATFORM-cpu*.rpm：开发工具包，内含 MySQL 相关的链接库文件，用于编译其他开发工具（如 Perl）的 MySQL 客户端模块，类似 Windows 平台安装时的 Developer Default 模式。

这几个包的安装顺序没什么讲究，先装哪个后装哪个完全取决于操作者的心情，至于说要装哪（几）个，就得看实际需求了。对于要提供 MySQL 数据库服务的服务器，MySQL-Server 必须安装，这个是 MySQL 的服务端，没它就启动不了 MySQL；MySQL-Client 建议安装，否则操作会有些许不便，它包含了许多常用的客户端工具，包括最为常用的 MySQL 命令工具。对于要连接其他 MySQL 数据库的机器，MySQL-Client 必须安装，MySQL-devel 视需要选择安装，如果该服务器上还计划运行一些访问数据库的依赖脚本（或后台任务），比如 perl/php 这一类，那么 MySQL-devel 也必须安装。

除了上面提到的 3 个软件包外，还包括：

- MySQL-shared-*VERSION.PLATFORM-cpu*.rpm：包含某些语句和应用动态加载的共享链接库（libmysqlclient.so*）文件。
- MySQL-shared-compat-*VERSION.PLATFORM-cpu*.rpm：包含服务端动态链接库 libmysqlclient 文件。
- MySQL-embeded-*VERSION.PLATFORM-cpu*.rpm：嵌入式的 MySQL 服务端。
- MySQL-test-*VERSION.PLATFORM-cpu*.rpm：MySQL 测试套件。
- MySQL-*VERSION.PLATFORM-cpu*.rpm：包括上面所有组件的完整包。

所以你瞧，一个文件是真不够，进到官网的下载页面后会发现，下载列表都很长很长。

另外前面提到的这些 RPM 包名中，斜体后缀有些人也看不明白，没关系，接着往下读，这些关键字所代表的意义如下：

```
VERSION.PLATFORM-cpu
```

- VERSION：代表当前的 MySQL 版本，通常都是数字。
- PLATFORM：代表适用的操作系统，具体形式有下面几种：
  - rhel4,rhel5：Red Hat Enterprise Linux 4 或 5。
  - el5：Enterprise Linux 5。
  - sles10,sles11：SuSE Linux Enterprise Server 10 或 11。
  - glibc23：指运行的 Linux 发行版支持 glibc2.3。
- CPU：代表当前的处理器类型，具体有下面 3 种形式：
  - i386、i586、i686：指 32 位的奔腾或兼容处理器。
  - x86_64：指定 64 位 x86 处理器。
  - ia64：特指 64 位的安腾（Itaninum）处理器。

有朋友可能还是会有疑虑，说我的这个命名规则可靠吗，其实这些规则不是我定的，是 MySQL 制订的，只要是从 MySQL 官网下载，其文件的命名就会遵循上面的规则，大家可以根据自己的实际情况选择适合的版本。

以我们当前下载的 MySQL-server-5.6.12-2.el6.x86_64.rpm 为例，VERSION 就不说了吧，el6 代表用于 Linux 6，x86_64 表示这是 64 位版本。

MySQL 服务端和客户端都下载好了没有？如果没有赶紧去下，我本来是想把最终下载链接直接提供，不过考虑到 MySQL 数据库的版本更新也比较快，链接失效的概率比较

高，这里就不提供最终下载地址了，大家自己到 http://dev.mysql.com/downloads/mysql/#downloads 选择合适的版本下载吧！

> **提 示**
> 本书所有示例均是基于 5.6.12 这一版本。

具体安装就比较简单了，RPM 一条命令就搞定了。

比如说，咱们通过 RPM 包方式，安装 MySQL 数据库的服务端，执行以下命令：

```
[root@localhost ~]# rpm -ivh /data/software/MySQL-server-5.6.12-2.el6.x86_64.rpm
Preparing...                ########################################### [100%]
   1:MySQL-server           ########################################### [100%]
..............................
..............................
A RANDOM PASSWORD HAS BEEN SET FOR THE MySQL root USER !
You will find that password in '/root/.mysql_secret'.

You must change that password on your first connect,
no other statement but 'SET PASSWORD' will be accepted.
See the manual for the semantics of the 'password expired' flag.

Also, the account for the anonymous user has been removed.

In addition, you can run:

  /usr/bin/mysql_secure_installation

which will also give you the option of removing the test database.
This is strongly recommended for production servers.

See the manual for more instructions.

Please report any problems with the /usr/bin/mysqlbug script!

The latest information about MySQL is available on the web at

  http://www.mysql.com

Support MySQL by buying support/licenses at http://shop.mysql.com

New default config file was created as /usr/my.cnf and
will be used by default by the server when you start it.
You may edit this file to change server settings
```

这就安装好了，简单吧。实际执行输出的信息较多，上面做了节选，建议读者朋友认真阅读本地输出的内容，一定会有收获。

提 示

Red Hat 6.3 版本安装 MySQL-server-5.6 版本的 RPM 包时，可能提示安装文件冲突，类似下列信息：

file /usr/share/mysql/ 34 zech/errmsg.sys from install of MySQL-server-5.6.12 -2.el6.x86_64 conflicts with file from package mysql-libs-5.1.61-4.el6.x86_64

……

……

根据错误的提示信息得知，这是由于 MySQL-server 安装包与系统中已安装的 mysql-libs 包中文件冲突，若读者朋友在安装 MySQL 时也遇到这类错误，解决时有两种思路：

（1）卸载 mysql-libs 包。考虑当前系统中 mysql-libs 包与其他软件包之间也有依赖关系，直接使用 rpm -e mysql-libs 卸载有可能失败，这时候可以执行 rpm --nodeps -e mysql-libs 忽略依赖关系，强制卸载该包，而后再通过 rpm 命令安装 MySQL-server 就不会提示冲突了。

（2）安装 MySQL-shared-compat 软件包。下载好匹配版本的 MySQL-shared- compat 文件，执行命令 rpm -Uvh MySQL-shared-compat-5.6.12-2.el6.x86_ 64.rpm 进行升级安装，而后再次通过 rpm 命令安装 MySQL-server 就不会再提示冲突了。

通过 RPM 包方式安装 MySQL，在安装过程中，系统会自动调用 useradd/groupadd 命令，在操作系统层，创建名为 mysql 的用户和用户组，并自动创建一个 MySQL 数据库，相关数据文件将保存在/var/lib/mysql，即 datadir 系统参数的默认路径。

安装包同时会将 MySQL 服务加入到自启动服务中，但是 MySQL 服务却不会在安装完成后自动启动。这也没关系，手动启动就是，启动 MySQL 数据库服务可以通过下列命令：

```
[root@localhost ~]# service mysql start
Starting MySQL. SUCCESS!
```

然后就可以登录数据库了，可是，拿什么登录呢？MySQL 倒是提供有专用的命令行管理工具——mysql，可是这个命令行工具没在 MySQL-server 包，而是在 MySQL-client 包内，这就是前面三思所说的，一般 MySQL-client 都是得装的，要不数据库都连不上啊。俗话说工欲善其事必先利其器，那么，火速安装 MySQL-client 吧！

```
[root@localhost ~]# rpm -ivh /data/software/MySQL-client-5.6.12-2.el6.x86_64.rpm
Preparing...                ########################################### [100%]
   1:MySQL-client           ########################################### [100%]
```

利器到位，然后就真的可以登录数据库了，直接执行 mysql 命令，指定以 root 用户登录：

```
[root@localhost ~]# mysql -uroot -p
Enter password:
```

输入密码，什么，您不知道登录密码是什么？这个这个，同学，说明您肯定没有认真阅读前面安装时输出的信息中这样两行字符：

```
A RANDOM PASSWORD HAS BEEN SET FOR THE MySQL root USER !
You will find that password in '/root/.mysql_secret'.
```

明明白白地告诉了我们，系统自动为MySQL的root用户生成了一个随机串作为密码，保存在/root/.mysql_secret 文件中，查查你的/root/.mysql_secret 文件吧！密码就在里面。找到正确的密码并输入，就能进入到 MySQL 命令行界面了：

```
Welcome to the MySQL monitor.  Commands end with ; or \g.
Your MySQL connection id is 4
Server version: 5.6.12

Copyright (c) 2000, 2013, Oracle and/or its affiliates. All rights reserved.

Oracle is a registered trademark of Oracle Corporation and/or its
affiliates. Other names may be trademarks of their respective
owners.

Type 'help;' or '\h' for help. Type '\c' to clear the current input statement.

mysql>
```

注意了，Linux 环境下，在 MySQL 5.6 版本中，第一次以 root 用户登录后，必须首先修改用户密码，否则其他任何操作都做不了，不管执行什么都会抛出 1820 错误信息，具体如下：

```
mysql> show databases;
ERROR 1820 (HY000): You must SET PASSWORD before executing this statement
```

在 MySQL 5.6 版本之前，默认安装的数据库是可以直接连接，无需密码的，而进入 5.6 版本，建库后数据库管理员账户（即 root）默认就会有密码保护，并且初始密码设置也很严格，这也说明进入 5.6 版本之后，在安全性设定方面有一定提高。

那么就给它设置密码呗，根据提示执行 SET PASSWORD 命令，将 root 用户的口令修改为 safe2013，执行命令如下（注意哟，执行后口令就变了，再次登录时就得用这次设定的口令喽）：

```
mysql> set password for root@'localhost'=password("safe2013");
Query OK, 0 rows affected (0.00 sec)
```

然后再执行其他命令就能得到正常的返回了：

```
mysql> show databases;
+--------------------+
| Database           |
+--------------------+
| information_schema |
| mysql              |
| performance_schema |
| test               |
+--------------------+
4 rows in set (0.00 sec)
```

RPM 包方式安装数据库很简单吧，我再顺道普及点 RPM 包安装的基础信息。使用 RPM 包安装时，系统会按照文件的类型，将与 MySQL 相关的文件分别存储到不同的系统目录下，大概有这么几个分类，各自存储路径如表 2-1 所列。

表 2-1　MySQL 相关文件存储路径

存储路径	存储内容
/usr/bin	客户端命令和脚本等
/usr/sbin	mysqld 服务
/var/lib/mysql	默认创建的与 MySQL 数据库相关的文件，包括日志文件和数据文件等
/usr/include/mysql	头文件
/usr/lib/mysql	链接库文件，对于 64 位系统则在/usr/lib64/mysql 目录下
/usr/share/mysql	其他支持文件，比如字符集、配置文件示例、初始化 SQL 脚本等
/usr/share/man	UNIX 手册相关文件

此外还有一些其他类型的文件，有可能保存在另外的目录中，要查询 RPM 包详细的安装文件列表及每个文件的实际存储路径，可以通过 rpm -ql 命令来查询。例如，查看 MySQL-client 包安装后各文件的路径，执行命令如下：

```
[root@localhost ~]# rpm -ql MySQL-client
/usr/bin/msql2mysql
/usr/bin/mysql
/usr/bin/mysql_config_editor
/usr/bin/mysql_find_rows
/usr/bin/mysql_waitpid
/usr/bin/mysqlaccess
/usr/bin/mysqlaccess.conf
/usr/bin/mysqladmin
/usr/bin/mysqlbinlog
/usr/bin/mysqlcheck
/usr/bin/mysqldump
/usr/bin/mysqlimport
/usr/bin/mysqlshow
/usr/bin/mysqlslap
............
............
/usr/share/man/man1/mysqlimport.1.gz
/usr/share/man/man1/mysqlshow.1.gz
/usr/share/man/man1/mysqlslap.1.gz
```

对于已安装的 RPM 包，要卸载也很方便（咦，刚装好还没用两回呢咋就要卸载），仍然是使用 RPM 命令，只需要执行时指定要卸载的包名并附加-e 参数即可。例如，卸载 MySQL-client 和 MySQL-server 两个包，执行命令如下：

```
# rpm -e MySQL-client MySQL-server
```

卸载 MySQL-server 时，如果当前 MySQL 服务正在运行，那么会首先停止 MySQL 服务，而后再执行卸载操作。卸载的只是 MySQL 软件，之前创建的数据库、表对象等都会保留，操作系统层的 mysql 用户和 mysql 用户组也仍然保留。

综述：

RPM 方式安装的优点非常明显，就算我不说想必大家也都看出来了，用两个字形容：

简单。不过其实缺点也很突出，这个我要不说，一般人都猜不出来，因为这个必须得是用过，有过经历之后才有的体会。在我看来，RPM 方式安装最大的问题在于，升级、维护方面会遇到种种限制，这些限制的核心因素是由于，RPM 管理的单个系统中只能安装一套 MySQL，这就使得执行一些维护操作时，灵活性的定制方案无从实施。

如果希望拥有更加灵活的可定制的数据库环境，试试自己源码编译吧！

> 提 示
>
> 使用 RPM 升级版本时，如果当前 MySQL 服务仍在运行，则会首先停止 MySQL 服务，而后再执行升级，等完成升级后，MySQL 服务会被重新启动；如果升级时 MySQL 服务没在运行，那升级后 MySQL 服务也不会自动启动。

2.2.2　源码编译方式安装

使用 RPM 安装包方式安装 MySQL 非常简单，操作步骤少（其实如果要装全了，步骤也就不少了，毕竟 RPM 包就好几个呢），初学者也很容易掌握，可是，为什么我们还要学习源码编译方式安装呢？因为我们还有更高的要求。比如说，我们希望能对安装路径进行更灵活的定制（而不是这个目录下放几个，那个路径下存几个），我们希望能控制 MySQL 支持的特性和默认的设定（RPM 包中设置不符合实际需求），希望能够编译一个符合自身需求的特别版本（恨不能打上自己的标志）等。

MySQL 的源码包是一个名为 mysql-*VERSION*.tar.gz 的压缩包，其下载链接位于官网下载页面的 Source Code 下拉列表框内，选中该下拉列表后，实际上能看到的不止.tar.gz 文件，还有一系列适用于 Red Hat/SuSE 等平台不同版本的 RPM 版本，如图 2-20 所示。

Linux - Generic (glibc 2.5) (Architecture Independent), RPM Package
(MySQL-5.6.12-2.linux_glibc2.5.src.rpm)

Red Hat/Oracle Enterprise Linux ver. 6 (Architecture Independent), RPM Package
(MySQL-5.6.12-2.el6.src.rpm)

SuSE Linux Enterprise Server ver. 11 (Architecture Independent), RPM Package
(MySQL-5.6.12-2.sles11.src.rpm)

Red Hat & Oracle Linux 5 (Architecture Independent), RPM Package
(MySQL-5.6.12-2.rhel5.src.rpm)

Windows (Architecture Independent), ZIP Archive
(mysql-5.6.12.zip)

Generic Linux (Architecture Independent), Compressed TAR Archive
(mysql-5.6.12.tar.gz)

图 2-20　MySQL 源码包

注意，上面出现的.zip文件不需要我多解释了吧！至于.src.rpm文件，这个是定制化的源码编译安装包，它是由一个 mysql 源码包和一个.spec 的编译文件组成，用户可以使用 rpmbuild 命令直接对.src.rpm源码包进行编译，生成相应的RPM安装包。这里我们的目的当然不是为了获得RPM安装包，因此还是直接下载tar.gz格式的源码压缩包好了，就是被灰度选中的那一个。

> **提 示**
>
> 对于下载到的RPM包，使用rpm命令安装或解包后，就能得到mysql-*VERSION*.tar.gz这个源码包（还额外包括一个.spec的编译配置文件）。例如，对于Red Hat系统，安装RPM后，会把源码文件存储在/usr/src/redhat/SOURCES/目录下。三思个人感觉还是直接下载Generic Linux的tar包好了，还能节省一个安装RPM的步骤。

MySQL数据库的源码安装包从5.5版本开始，源码编译配置工具换成了CMake，编译方式及加载的参数较之前版本都有不小的变化，本节尽可能细致地描述RHEL 6环境下，源码编译安装MySQL 5.6版本的各个步骤。

所谓工欲善其事，必先利其器。除了刚刚提到的 CMake，在编译过程中还需要 make 和gcc两个程序用于源码编译。后两者一般系统都会自带，唯有CMake，如果当前系统配置了yum，那么直接执行yum install cmake即可。如果当前系统既无yum也没有cmake命令，那就需要先编译安装CMake，这个工具编译安装也比较简单，先到下列网址下载源码安装包：http://www.cmake.org/cmake/resources/software.html。

CMake的安装步骤如下（下列5项操作均在root账户下执行）：

```
# wget http://www.cmake.org/files/v2.8/cmake-2.8.4.tar.gz
# tar xvfz cmake-2.8.4.tar.gz
# cd cmake-2.8.4
# ./configure
# gmake && make install
```

只要不报错，CMake就装好了。

准备工作就绪，接下来要看仔细了，尽管目前我们的水平还很初级，但对自己的要求标准应该是顶级的，既然确定要做，就要按照自己能够达到的最高标准去实施。以下不做无用功，所执行的每一步操作均有意义，下列安装步骤甚至可以直接拿至生产环境用于产品平台的安装和部署，诸位，瞅好啦！

> **提 示**
>
> 下列执行的操作中，前缀为#表示以Root身份执行，前缀为$表示以mysql用户身份执行。

创建操作系统层的MySQL专用账户和用户组，均命名为mysql：

```
# groupadd mysql
# useradd -g mysql mysql
```

设置用户操作系统资源的限制，使用vi编辑器打开limits文件，执行命令如下：

```
# vi /etc/security/limits.conf
```

在文件的最后增加下列内容：

```
mysql                 soft    nproc    2047
mysql                 hard    nproc    16384
mysql                 soft    nofile   1024
mysql                 hard    nofile   65536
```

输入：

```
:wq
```

保存退出。

执行 tar 命令，解压缩下载好的 mysql 源码包，并进入解压缩目录内：

```
# tar xvfz mysql-5.6.12.tar.gz
# cd mysql-5.6.12
```

执行 cmake 命令，生成编译配置文件：

```
# cmake . -DCMAKE_INSTALL_PREFIX=/usr/local/mysql \
   -DDEFAULT_CHARSET=utf8 \
   -DDEFAULT_COLLATION=utf8_general_ci \
   -DENABLED_LOCAL_INFILE=ON \
   -DWITH_INNOBASE_STORAGE_ENGINE=1 \
   -DWITH_FEDERATED_STORAGE_ENGINE=1 \
   -DWITH_BLACKHOLE_STORAGE_ENGINE=1 \
   -DWITHOUT_EXAMPLE_STORAGE_ENGINE=1 \
   -DWITH_PARTITION_STORAGE_ENGINE=1 \
   -DWITH_PERFSCHEMA_STORAGE_ENGINE=1 \
   -DCOMPILATION_COMMENT='JSS for mysqltest' \
   -DWITH_READLINE=ON \
   -DSYSCONFDIR=/data/mysqldata/3306 \
   -DMYSQL_UNIX_ADDR=/data/mysqldata/3306/mysql.sock
```

上面有些参数看不懂是吧，其实我也不敢说很熟，因为这里能够指定的参数实在太多了，想全记住真不容易，也没必要，了解常用的若干参数和功能就可以了，本章最后会附上 cmake 能够支持的参数以及各参数的功能，供有心者查阅。

cmake 命令执行成功的话，则最后输出信息类似：

```
................
-- Configuring done
-- Generating done
-- Build files have been written to: /data/software/mysql-5.6.12
```

如果编译过程中出现错误，或者参数变更要重新配置，可以通过 rm 命令，删除源码包目录下的 Cmakecache.txt 文件，而后重新执行 cmake 命令，或者干脆将 mysql 源码目录删除，再重新解压缩并进行编译配置。

接下来执行编译和安装，这一步骤依赖机器性能，可能耗时较长：

```
# make && make install
```

在等待的过程中稍感不耐的朋友可以考虑翻到本章的最后一小节，查看 cmake 命令的诸项参数。

提示 1

在 Linux 下源码编译软件包时，make 和 make install 极为常用，那么这两个命令是做什么用的呢？简单来讲：

- make 是用来编译的，它从 Makefile 中读取指令，然后编译。
- make install 是用来安装的，它也是从 Makefile 中读取指令，将软件安装到指定的位置。

提示 2

将/usr/local/mysql 目录打包压缩，得到的文件就相当于是一套二进制版本的 MySQL 了，解压至同配置的服务器上就可以直接使用。MySQL 官网提供的二进制版本，相当于在一套通用性比较强的系统中源码编译后的版本。

如果前面一步操作没有碰到错误的话，源码编译方式安装 MySQL 就成功了。接下来还要对编译好的 MySQL 软件做些初始化工作，以便我们能够更方便地调用，比如授予目录权限、修改环境变量等。

首先修改 MySQL 软件所在目录的拥有者为 mysql 用户，执行命令如下：

```
# chown -R mysql:mysql /usr/local/mysql
```

修改 mysql 用户环境变量，编译.bash_profile 文件：

```
# vi /home/mysql/.bash_profile
```

在该文件的最后增加下面两行：

```
export LANG=zh_CN.GB18030
export PATH=/usr/local/mysql/bin:$PATH
```

这样 mysql 用户就可在任意路径下，轻松调用 MySQL 数据库相关的命令行工具了。前面那行指定操作系统字符集，主要是为了修正在命令行模式下无法输入中文的问题。

2.2.3　二进制包方式安装

MySQL 官网也提供了二进制包，在下载页面的 Linux - Generic 选项下，打开会发现既有 rpm 格式的文件，也有 tar.gz 格式的文件，看起来仿佛跟前面两个小节的安装包文件很类似，其实也确实很类似，因为不管安装形式怎么变化，它也跳不出 Linux 操作系统定义的规划不是？

官方下载到的二进制包文件名类似：mysql-VERSION-OS-PLATFORM.tar.gz。

选择二进制版本的优点在于，它是针对特定平台专门优化过的，安装时也不需要考虑环境是否符合要求（比如说不用单独安装 CMake），安装非常简单，直接解压缩就可以，比如我们从官网下载了 mysql-5.6.12-linux-glibc2.5-x86_64.tar.gz，若要安装，则可以直接执行：

```
# tar xvfz mysql-5.6.12-linux-glibc2.5-x86_64.tar.gz -C /usr/local/mysql56
```

而后跟操作源码编译完的版本就没有区别了。由此也可以看出二进制包具有很强的可移植性。基于这一点，我们完全可以在源码安装包的基础上，创建自己的二进制包，充分利用源码包的定制性和二进制包的可移植性。

比如说将前面编译好的/usr/local/mysql 目录下的文件打包，执行命令如下：

```
# tar cvfz /data/mysql-5.6.tar.gz /usr/local/mysql
```

这样就会创建一份 mysql-5.6.tar.gz 文件，这个文件就是我们这套环境中的二进制安装包了，如果有其他服务器需要安装 MySQL，我们只要将这个文件复制到其他环境相同的服务器端，解压缩到指定目录后就可以使用了（创建用户等步骤还须手动处理）。

综述

注意了，MySQL 数据库的安装虽然简单（不管是 Windows 平台或是 Linux 平台，不管是 rpm、msi 还是二进制包，安装过程真的都不算复杂——相对于 Oracle 数据库来说，对于这点大家应该没有异议吧），可工作并没有完成，恰恰相反，这时才称得上刚刚开始。

因为安装完成，仅是代表 MySQL 可用，但要想用得好、用着爽，还需要进行适当并且必要的配置，至于要做哪些配置，就是完全因人而异，因环境而异，视需求而定的了。配置环节的内容将贯穿本书后面的各个章节，下一章会是一个引子，我们会详细介绍与初始化环境相关的内容。同学们，如果此刻仍然兴致盎然，准备好就翻页吧！

附：MySQL 源码编译时支持的参数

执行 cmake 命令时可以指定很多参数，这些参数多用来配置 MySQL 的编译环境，如果想查看所有支持的参数，可以执行 cmake . -LAH，或者浏览官方技术文档中关于配置选项页面，链接 http://dev.mysql.com/doc/refman/5.6/en/source-configuration-options.html，该页面有这些参数的详细描述。如果英文的官方文档阅读困难，或者看到满屏参数顿时眼花，找不到需要的，那么下面罗列一些三思认为常用以及可能会用到的参数供参考。

首先要强调的是，下面提到的参数（也包括未提到的），大部分都有默认值，不指定某参数不代表就缺少某项功能，而是说编译时会按照默认的设定进行编译，如果指定了参数但没有指定参数值，则 CMake 还是会按照该参数的默认值进行配置（等同于不指定该参数）；另外对于布尔类型的参数，其参数值可以通过 1 或 ON 来表示启用，通过 0 或 OFF 来表示禁用；最后要说明的是，下列参数中有一些直接关系到 MySQL 数据库的运行状态，使用前注意力务必集中，考虑好你到底想要做什么，一旦设置不当的话就……，呃，别害怕，设置不当也没关系，因为在 MySQL 数据库启动甚至运行过程中，也可以通过 MySQL 自身的环境变量进行修改。

那么，听到这里，好奇心重的朋友肯定会疑惑，如果是这样，那编译时设置这些参数还有什么意义呢？我的个人看法，其根本目的是为了简化以后的操作，因为默认的设定可能并不符合应用层的实际需求，尽管在 MySQL 服务运行时也可以进行设定，毕竟还是需要在运行时去“设定”嘛。那么编译配置环境，就是针对常用的需求进行配置，在之后的维护操作时，就不需要考虑这些影响 MySQL 运行环境的“变量”。

所以，综上所述，个人感觉多数参数的设定影响并不大，您就放心大胆的可劲玩吧！不过，玩之前还是有必要对可设置的参数有些了解的，接下来进入主题，先说说常用的参数：

- -DCMAKE_INSTALL_PREFIX：用于指定软件的安装路径，默认是安装到/usr/local/mysql 目录，编译安装完之后感觉路径不合适也没关系，只要 MySQL 进程没有启动，随时都可以修改这个目录的名称和存储路径。
- -DDEFAULT_CHARSET：指定 MySQL 服务的默认字符集，本参数的默认值为 latin1，MySQL 能够支持的字符集非常多，详细可以参考 MySQL 源码目录下，cmake/character_sets.cmake 文件中 SET（CHARSETS_AVAILABLE）变量的值，这一选项在 MySQL 服务启动时也可以通过 character_set_server 参数进行设置。
- -DDEFAULT_COLLATION：指定 MySQL 服务的默认校对规则，本参数的默认值为 latin1_swedish_ci，这一选项在 MySQL 服务启动时也可以通过 collation_server 参数进行设置。
- -DENABLED_LOCAL_INFILE：是否允许从客户端本地加载数据到 MySQL 服务端，专用于 LOAD DATA INFILE 语句，默认是不允许的。
- -DENABLED_PROFILING：是否启动 query profiling，专用于 SHOW PROFILE 和 SHOW PROFILES 语句，默认是启用的。
- -DMYSQL_DATADIR：指定 MySQL 数据库数据文件的存储路径，这一选项在 MySQL 服务启动时可以通过 datadir 参数进行设置。
- -DSYSCONFDIR：指定 MySQL 参数文件的默认路径，这一选项可以在 MySQL 服务启动时通过 defaults-file 参数进行设置。
- -DWITH_xxx_STORAGE_ENGINE：静态编译某存储引擎，可选的存储引擎关键字有 ARCHIVE、BLACKHOLE、EXAMPLE、FEDERATED、INNOBASE、PARTITION、PERFSCHEMA，其实 MySQL 支持的存储引擎不止这些，但像 MyISAM、MERGE、MEMORY 及 CSV 四种存储引擎默认就会被编译至服务端，无需指定。另外，上面列举的若干关键字也并非都是存储引擎，比如 PARTITION 就是指是否允许支持分区，PERFSCHEMA 则是 Performance_schema 库。
- -DWITHOUT_xxx_STORAGE_ENGINE：与前面参数的功能正好相反，本参数用于指定不编译的存储引擎。例如，当不需要编译 example 存储引擎时，则可以指定-DWITHOUT_EXAMPLE_STORAGE_ENGINE=1。
- -DWITH_EXTRA_CHARSETS：指定附加支持的字符集，默认是 all，即全部。

可能用到的参数如下：

- -DINSTALL_BINDIR：指定 MySQL 各项命令的存储路径，默认在 CMAKE_INSTALL_PREFIX/bin 目录下。
- -DINSTALL_DOCDIR：指定 MySQL 文档的存储路径，默认在 CMAKE_INSTALL_

PREFIX/docs 目录下。

- -DINSTALL_INCLUDEDIR：指定头文件的存储路径，默认是保存于 CMAKE_INSTALL_PREFIX/include 目录下。
- -DINSTALL_LIBDIR：指定链接文件的存储路径，默认是保存于 CMAKE_INSTALL_PREFIX/lib 目录下。
- -DINSTALL_MANDIR：指定用户手册的存储路径，默认是保存于 CMAKE_INSTALL_PREFIX/man 目录下。
- -DINSTALL_PLUGINDIR：指定 Plugin 的存储路径，默认是保存于 CMAKE_INSTALL_PREFIX/lib/plugin 目录下。
- -DINSTALL_SBINDIR：指定服务端执行脚本的存储路径，默认是保存于 CMAKE_INSTALL_PREFIX/bin 目录下。
- -DINSTALL_SCRIPTDIR：指定 MySQL 自带的 mysql_install_db 脚本的存储路径，默认是保存于 CMAKE_INSTALL_PREFIX/scripts 目录下。
- -DINSTALL_SQLBENCHDIR：指定 sql-bench 的存储路径，默认是保存于 CMAKE_INSTALL_PREFIX 目录下。
- -DINSTALL_SUPPORTFILESDIR 指定 MySQL 自带的附加支持类文件的存储路径，默认是保存于 CMAKE_INSTALL_PREFIX/support-files 目录下。
- -DMYSQL_TCP_PORT：指定 MySQL 数据库提供服务的 TCP/IP 端口，默认为 3306，这一选项可以在 MySQL 服务启动时通过 port 参数进行设置。
- -DMYSQL_UNIX_ADDR：指定套接字文件的存储路径，默认是在/tmp/mysql.sock 目录下，这一选项可以在 MySQL 服务启动时通过 socket 参数进行设置。
- -DWITH_COMMENT：指定编译信息，这个参数在 5.1 及之前版本有效，对于 5.5 及以后版本无效，如果需要指定编译信息，可以使用-DCOMPILATION_COMMENT 参数来替代。
- -DWITH_READLINE：指定输入输出的处理方式，在 5.1 及之前版本无需单独处理，默认就是使用 readline 方式，不过进入 5.5 版本后，MySQL 编译时默认使用 libedit 处理输入和输出，可能导致当前环境登录 mysql 命令行模式后，无法输入中文（仅针对当前编译环境，其他客户端不受影响），因此编译时需要指定其以 readline 方式处理。

提 示

关于-DWITH_READLINE 参数，在 5.6.10 版本中，即使指定-DWITH_READLINE，默认仍然使用 libedit 处理输入输出，这种情况下即使安装成功，全程未报错，但输入中文时可能会遇到出现“Segmentation fault”错误提示，导致本地连接的 mysql 命令行出错中止，官方将之定义为 BUG，详细情况可以参考 http://bugs.mysql.com/bug.php?id=68231。

上面提到的诸多参数，就是我个人认为较为常用的参数，至于其他参数就自己去看官方文档吧。除此之外，CMake 自身也可以通过一些环境变量编译环境，详细也请参考官方文档 http://dev.mysql.com/doc/refman/5.6/en/environment-variables.html。

第3章 管理 MySQL 数据库服务

开源软件的一大特点就是灵活性（随意性）很强，MySQL 数据库软件作为开源软件领域风头正劲的代表性产品，在这方面也体现得淋漓尽致，仅就 MySQL 这个最知名的关键字可能代表的含义就有多重，这对于追求严谨的 DBA 来说天然就是种考验，对于我们描述问题也会带来若干不必要的歧义。

为了减少后面介绍时的困扰，在本章开始之前，首先必须要明确几个定义，这些定义并不见得都出自官方，但我个人是这么理解的，本书在阐述时也将遵照这些准则，为了各位读者不受困扰和阅读本书过程中不产生歧义，强烈建议您务必牢记这几个定义，具体如下：

- MySQL 数据库服务：是 MySQL 软件、MySQL 实例和 MySQL 数据库几部分的总称，以下简称 **MySQL 服务**，官方的技术文档中对应的称谓有 MySQL Service、MySQL Server 或 MySQL Database Server。
- MySQL 实例：指 mysqld 进程（MySQL 服务有且仅有这一个进程，不像 Oracle 这类数据库，一个实例对应一堆的进程），以及该进程持有的内存资源，以下称 **MySQL 实例**，在官方的技术文档某些小节中尽管也有 MySQL instance 的叫法，但多数还是以 mysqld 进程来描述。
- MySQL 数据库：在官方的技术文档中通常会称为 MySQL data 目录（默认情况下创建的与数据库相关的各类文件均位于该路径下）或 MySQL database 文件，这里三思将其定义为一个物理概念，即一系列物理文件的集合。一个 MySQL 数据库下可以创建很多个 DB，默认情况下至少会有 4 个 DB（test、mysql、information_schema、performance_schema），这些 DB 及其关联的磁盘上的一系列物理文件构成 MySQL 数据库，以下简称 **MySQL 数据库**。之所以要单提这个概念，是为了与下面紧跟着出现的名称有所区分，另外本书中提到的 **data 目录**，若无特别说明，就是指存储 MySQL 数据文件的目录，在本书中如果没有特殊注明，默认是指/data/mysqldata/3306/data 目录。
- mysql 数据库：这个呀，说的是 MySQL 数据库中的一个 DB 的名称，这个 DB 的名称就叫 mysql，是创建 MySQL 数据库时自动创建的，主要存储一些系统对象，比如用户、权限、对象列表等字典信息，类似 Oracle 数据库中的 system/sysaux 表空间的作用。你说 MySQL 这不添乱嘛，就算是自己用的系统库吧，叫什么名字不好，非要起个这么容易混淆视听的关键字，为了有所区分，

以下简称 **mysql** 库。

- mysql：这个说的是连接 MySQL 数据库的命令行方式交互工具 **mysql**，位于 [mysql_software]/bin 目录下，这应该是 MySQL DBA 最常用到的工具了，我们通过它连接数据库，查询修改对象，执行维护操作，在本书中的后续章节，它无处不在。

正如你们所看到的，上面出现的这几项关键字的相似度太高，名称极容易混淆，请同学们务必要把这几个定义所代表的含义理解清楚，连字符的大小写也必须记牢，尤其是“MySQL 数据库”和“mysql 数据库”、“mysql 库”和“mysql”，避免阅读后面章节的内容时，因为概念歧义的因素产生误解。

以 Windows 平台下的安装和 Linux 平台中 RPM 方式安装来说，安装软件和创建数据库服务是一体的，在安装数据库软件的过程中就会自动创建数据库，不过建库只是开始，也就相当于学车刚学会起步，像倒车入库这种稍有技术含量的技巧都没开始练呢。不过也还算比源码编译方式的环境要好一点儿，后者属于刚过了理论，还没上过车。

这里考虑到源码编译方式建库要稍稍复杂一些，前面没有演示，本章从头讲起，不仅要讲起步，还要谈入库。

3.1 Windows 平台下的 MySQL 服务

作为以易用性著名的 Windows 平台，运行于其下的 MySQL 数据库服务管理，相较其他平台有着明显的上手优势，首先界面化的管理方式就更适合新手操作，其次是自动化方面做的也相对 Linux 平台更加完善，尤其是当 MySQL 被 Oracle 间接收购之后，在 Windows 平台的易用性方面很是下了一番功夫。相比之前简陋的操作界面和管理方式，进入 MySQL 5.5 版本之后，操作体验明显提升。

在前面介绍安装的章节，想必大家都看到了安装 MySQL 的过程，用两个字形容：简单。创建的 MySQL 服务要如何管理呢，用 7 个字形容：那是相当的简单。

打开“管理工具”→“服务”，找到刚刚创建的 MySQL 服务，双击打开如下：

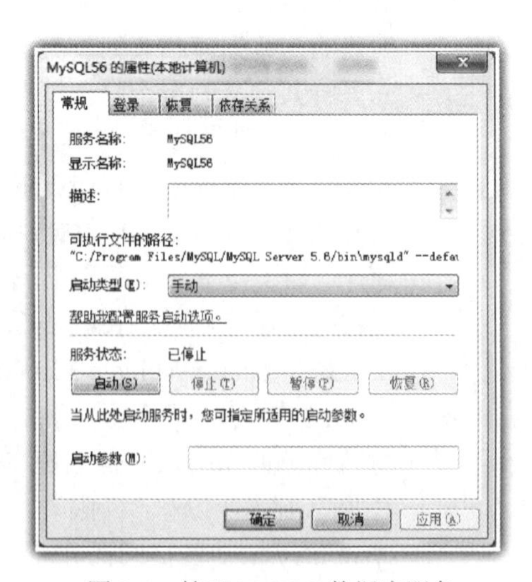

图 3-1　管理 MySQL 数据库服务

如图 3-1 所示，该服务的启动或停止都在这里。我个人对 Windows 只**使**用，不**会**用，认识着实有限，挖掘不出更新鲜的玩法（主要是从未在生产环境的 Windows 服务器中安装过 MySQL）。若您主要使用环境都是 Windows 平台，我觉得服

务层的管理也就这样了，简单易用，没别的。

若您日常所用都是 Linux 平台，那玩法可就多了，继续往下看吧！

3.2　Linux 平台下的 MySQL 服务

使用 RPM 包方式安装 MySQL 服务端，会自动创建一个默认的 MySQL 数据库，相关数据文件被保存在/var/lib/mysql 目录下，这个数据库简单的测试是没什么问题的，但是如果想作为产品平台，线上部署使用的话，就需要先大动干戈地改动改动才能胜任了。

本节的内容着重针对的是源码安装的 MySQL 环境，一步步创建和配置 MySQL 数据库服务的过程，不过对于 RPM 方式安装的 MySQL 环境也有很好的帮助和参考作用。

3.2.1　创建数据库服务

首先特别说明一下，在前面安装 MySQL 数据库软件时在操作系统层创建的专用的 mysql 用户（注意哟，我说的是操作系统的 mysql 用户），这里就要派上用场。还没有创建 mysql 用户的话，现在创建正好赶趟儿，如果前面已经创建好了的话，呃，惭愧，没能让您在前头就派上用场，不过现在用也赶趟儿，哈！

在我们的设定中，跟 MySQL 服务相关的操作（数据库服务启动、关闭、维护）均在 mysql 用户下执行（我知道有不少企业 mysql 仍以 root 账户运行，甚至 RPM 包方式安装也是 root 身份调用启动命令），这样一来对提高服务器的安全性会有帮助，更重要的是对于系统迁移或数据库环境的批量部署都会更加容易实施。

> **提 示**
> 下列执行的操作中，前缀为#表示以 root 身份执行，前缀为$表示以 mysql 用户身份执行。

接下来咱们先为将要创建的 MySQL 数据库做准备性工作，比如创建文件目录、修改所有者等。如果您的环境是按照前面章节中，源码编译的内容一步一步跟着操作的话，接下来最好也保持跟进，最起码保持文件路径相同，能节省些脑细胞；如果您不是源码编译的，好吧！也可以，不过我建议您最好还是使用源码编译的环境，后面真的能节省不少脑细胞。

考虑到我们前面编译安装 MySQL 时，指定的数据文件默认存储路径为/data/mysqldata/3306，因此这里我们就要将相应的目录都创建好，执行操作如下：

```
# cd /data/
# mkdir -p /data/mysqldata/{3306/{data,tmp,binlog},backup,scripts}
# chown -R mysql:mysql mysqldata
# su - mysql
$ cd /usr/local/mysql
```

接下来需要配置 MySQL 的参数文件，这个参数文件非常类似 Oracle 数据库中的客户

端初始化参数文件 pfile，对于熟悉 Oracle 数据库的朋友，我这么一说想必就理解了，不熟悉也没关系，您现在只需要明白，MySQL 数据库在启动或进行操作时需要这个文件。

MySQL 数据库服务支持的参数和选项众多，别说是刚接触 MySQL 的新手，就算是有一定经验的 DBA 也不敢说熟悉所有的参数，手写出数十甚至上百项参数还是有困难的。MySQL 5.6.8 版本以前，在 MySQL 数据库软件根路径下的 support-files 目录内，提供有若干个参数文件的示例可供参考，具体如下：

```
$ ll support-files/my*.cnf
-rw-r--r-- 1 mysql mysql  4723 Apr 28 17:39 support-files/my-huge.cnf
-rw-r--r-- 1 mysql mysql 19791 Apr 28 17:39 support-files/my-innodb-heavy-4G.cnf
-rw-r--r-- 1 mysql mysql  4697 Apr 28 17:39 support-files/my-large.cnf
-rw-r--r-- 1 mysql mysql  4708 Apr 28 17:39 support-files/my-medium.cnf
-rw-r--r-- 1 mysql mysql  2872 Apr 28 17:39 support-files/my-small.cnf
```

上面提供了 5 个配置文件，分别适用于小、中、大、超大、繁忙几种应用环境，不过号称应对最繁忙数据库环境的示例文件，其参数设置也仍然比较保守，但是这仍然能够提供一种参考，我们可以在此基础上根据实际情况对参数进行配置。

遗憾的是，进入 5.6.8 版本之后，MySQL 决定不再这样玩了，它只保留了一个 support-files/my-default.cnf 文件作为模板，旧的那几个全都不再提供。不过对初学者应该无所谓啦，只是 M 大爷不再提供更多选择更多欢笑，咱也没法再偷懒，只能完全手动创建了。

执行命令创建一个 my.cnf 文件：

```
$ touch /data/mysqldata/3306/my.cnf
```

因为前面配置编译环境时，已经指定了初始化参数文件，默认路径为/data/mysqldata/3306，因此这里建议（不是必须）将 my.cnf 参数文件创建至该路径下。注意若您选择的路径与此不同，那么后面所有出现该路径的地方也要做匹配修改的哟。

接下来我们要在其中配置参数喽，由于 MySQL 初始化参数相关的内容很多，一一介绍颇占篇幅，也并非本节的内容重点，因此这里我们暂且忽略这个重要但不相关的内容，先设置几项必要的参数，使数据库能够顺利创建和启动，并能够支撑起后续章节中的各项操作。

使用 vi 文件编辑工具，秒速打开刚刚创建的 my.cnf 文件：

```
$ vi /data/mysqldata/3306/my.cnf
```

编辑该文件（输入 a/A/i/I/o/O 等任意字符均可），添加下列参数：

```
[client]
port = 3306
socket = /data/mysqldata/3306/mysql.sock

# The MySQL server
[mysqld]
port     = 3306
user     = mysql
socket   = /data/mysqldata/3306/mysql.sock
pid-file = /data/mysqldata/3306/mysql.pid
```

```
basedir  = /usr/local/mysql
datadir  = /data/mysqldata/3306/data
tmpdir   = /data/mysqldata/3306/tmp
open_files_limit    = 10240
explicit_defaults_for_timestamp
sql_mode = NO_ENGINE_SUBSTITUTION,STRICT_TRANS_TABLES

# Buffer
max_allowed_packet = 256M
max_heap_table_size = 256M
net_buffer_length = 8K
sort_buffer_size = 2M
join_buffer_size = 4M
read_buffer_size = 2M
read_rnd_buffer_size = 16M

# Log
log-bin  = /data/mysqldata/3306/binlog/mysql-bin
binlog_cache_size = 32m
max_binlog_cache_size = 512m
max_binlog_size = 512m
binlog_format = mixed
log_output = FILE
log-error =  ../mysql-error.log
slow_query_log = 1
slow_query_log_file = ../slow_query.log
general_log = 0
general_log_file = ../general_query.log
expire-logs-days = 14

# InnoDB
innodb_data_file_path = ibdata1:2048M:autoextend
innodb_log_file_size = 256M
innodb_log_files_in_group = 3
innodb_buffer_pool_size = 1024M

[mysql]
no-auto-rehash
prompt          = (\u@\h) [\d]>\_
default-character-set = gbk
```

如果您的环境路径有所差异，请根据实际情况进行修改，其他参数也可以根据实际情况添加或调整，设置完毕后，先按 Esc 键，然后输入：wq，保存并退出文件编辑器。

那么接下来执行最重要的一步，初始化 MySQL 数据库。MySQL 提供了相应的命令：mysql_install_db，位于 MySQL 软件安装目录下的 scripts 目录内，直接执行即可：

```
$ /usr/local/mysql/scripts/mysql_install_db --datadir=/data/mysqldata/3306/data --basedir=/usr/
      local/mysql
Installing MySQL system tables...OK
```

```
Filling help tables...OK

To start mysqld at boot time you have to copy
support-files/mysql.server to the right place for your system

PLEASE REMEMBER TO SET A PASSWORD FOR THE MySQL root USER !
To do so, start the server, then issue the following commands:

  /usr/local/mysql/bin/mysqladmin -u root password 'new-password'
  /usr/local/mysql/bin/mysqladmin -u root -h localhost.localdomain password 'new-password'

Alternatively you can run:

  /usr/local/mysql/bin/mysql_secure_installation

which will also give you the option of removing the test
databases and anonymous user created by default.  This is
strongly recommended for production servers.

See the manual for more instructions.

You can start the MySQL daemon with:

  cd . ; /usr/local/mysql/bin/mysqld_safe &

You can test the MySQL daemon with mysql-test-run.pl

  cd mysql-test ; perl mysql-test-run.pl

Please report any problems with the ./bin/mysqlbug script!

The latest information about MySQL is available on the web at

  http://www.mysql.com

Support MySQL by buying support/licenses at http://shop.mysql.com

New default config file was created as /usr/local/mysql/my.cnf and
will be used by default by the server when you start it.
You may edit this file to change server settings
```

这段提示看着眼熟不？没错，看起来跟 RPM 包安装后，最后输出的提示信息是一样的，因为 RPM 包安装后也是调用这个命令来创建数据库。这些输出的信息值得关注，因为这部分信息是在告诉我们，接下来建议做什么，并且还体贴地指明了要怎么做（给出了命令）。

归纳一下，总的来说有 5 项：

- 配置 MySQL 服务自启动（support-files/mysql.server）。
- 修改 MySQL 数据库中的管理员 root 用户口令（mysqladmin）。
- 手动启动数据库服务（mysqld_safe）。

- 测试数据库（mysql-test-run.pl）。
- 创建了配置文件位于/usr/local/mysql/my.cnf（这个文件我们不用，可以删除它）。

另外，还有一部分信息被输出到 log_error 参数指定的路径，在我们当前的设定中，即输出到了/data/mysqldata/3306/mysql-error.log 文件中，输出的信息较多，其中包括了 InnoDB 数据文件和日志文件创建和分配段的过程，建议通读一遍。

3.2.2 启动数据库服务

数据库成功创建，然后就可以启动 MySQL 服务了。尽管在成功创建数据库后输出的信息中，提示使用 support-files/mysql.server 脚本配置 MySQL 数据库服务的启停，但是这里三思却并不准备使用这个脚本（尽管它确实可用），主要是因为 mysql.server 仍然不够灵活（定制性不够强，启停服务也不友好）。mysqld_safe 命令行方式才是 Linux/UNIX 平台下更被推荐的 MySQL 服务启动方式，执行命令如下：

```
$ mysqld_safe --defaults-file=/data/mysqldata/3306/my.cnf &
[1] 1218
130305 14:45:18 mysqld_safe Logging to '/data/mysqldata/3306/data/../mysql-error.log'.
130305 14:45:18 mysqld_safe Starting mysqld daemon with databases from /data/mysqldata/3306/data
```

看到屏幕上输出类似的信息，就说明 MySQL 服务已经被成功启动，接下来还可以通过查看 3306 端口是否已分配，或检查 mysqld 相关进程是否存在的方式进行确认，执行命令如下：

```
[mysql@mysqldb ~]$ netstat -lnt | grep 3306
tcp        0      0 :::3306                     :::*                        LISTEN
[mysql@mysqldb ~]$ ps -ef | grep bin/mysql | grep -v grep
mysql       1218     1  0 14:45 pts/0    00:00:00 /bin/sh /usr/local/mysql/bin/mysqld_safe
--defaults-file=/data/mysqldata/3306/my.cnf
mysql       1642  1218  0 14:45 pts/0    00:00:00 /usr/local/mysql/bin/mysqld --defaults-
file=/data/mysqldata/3306/my.cnf --basedir=/usr/local/mysql --datadir=/data/mysqldata/3306/data -plugin
-dir=/usr/local/mysql/lib/plugin --log-error=/data/mysqldata/3306/data/../mysql-error.log --open-files-
limit=10240 --pid-file=/data/mysqldata/3306/mysql.pid --socket=/data/mysqldata/3306/mysql.sock --port=3306
```

此时，这套 MySQL 数据库就可以被其他 mysql 客户端连接访问了。

3.2.3 配置 MySQL 数据库

MySQL 数据库创建之后自动创建一个名为 root 的系统账户，拥有最大权限。不过，此时 MySQL 数据库中的用户，表面看起来是一个，实际上是有多个的（还包括若干没有用户名的用户）。MySQL 中的权限认证方式，与其他数据库产品略有差异，后面章节会有详细的描述，这里先跳过不提。

> **提 示**
>
> 看到 root 这个账户，很多人下意识就会很警觉（这是个好习惯），也有不少同学问过我，说 MySQL 数据库中的 root 用户跟操作系统中的 root 有关系吗，对此三思确定、肯定以及一定并且负责任地告诉大家，一毛钱关系都木有。

不知道大家是否还记得，在前面创建数据库时输出的信息中，MySQL 提示要记得修改 root 用户的密码，因为即使是最新的 MySQL 5.6 版本，手动创建的数据库（非 RPM 包方式），默认情况下 root 用户都是不设密码的，这就存在一定的安全隐患。那么在这里呢，基于安全方面因素的考虑，当然要第一时间修改用户的口令，另外为了做得更加安全更加彻底，我们不仅要改密码，连用户名也改掉。

尽管 MySQL 提示了可以使用 mysqladmin 命令修改用户的密码(这种方式绝对可行)，但是考虑到我们对安全有更多及更高要求,因此直接到数据库中操作与用户相关的字典表，执行操作如下。

mysql 命令行工具又出场了，直接执行该命令，并且无需附带任何参数（甚至连用户名和密码也不需要指定）即可连接至数据库：

```
[mysql@mysqldb ~]$ mysql
Welcome to the MySQL monitor.  Commands end with ; or \g.
Your MySQL connection id is 1
Server version: 5.6.12-log JSS for mysqltest

Copyright (c) 2000, 2013, Oracle and/or its affiliates. All rights reserved.

Oracle is a registered trademark of Oracle Corporation and/or its
affiliates. Other names may be trademarks of their respective
owners.

Type 'help;' or '\h' for help. Type '\c' to clear the current input statement.

(root@localhost) [(none)]>
```

激动不，敲了这么些字符，做了这么多操作，终于进来了！而且您注意到没有，当前的命令行提示符似乎也有特点哟。没错，这个就是我们前面在 my.cnf 参数文件中，通过 prompt 参数配置的效果了。别看配置文件写了好几十行，个个都有讲究，还有一大堆更有讲究的参数我都等不及想讲，不过我忍住后面再说，接下来还是先说正事儿，怎么增强安全性的话题。

我们先来查询一下当前系统中存在的用户，可以通过系统提供的字典表——mysql.user 表来获取这些信息，执行 SQL 语句如下：

```
(root@localhost) [(none)]> select user,host from mysql.user;
+------+-----------------------+
| user | host                  |
+------+-----------------------+
| root | 127.0.0.1             |
| root | ::1                   |
|      | localhost             |
| root | localhost             |
|      | localhost.localdomain |
| root | localhost.localdomain |
+------+-----------------------+
6 rows in set (0.00 sec)
```

看到了吧，6 条记录就代表着有 6 个账户，还有 2 个用户名为空的记录，这也是我们前面之所以直接执行 mysql 命令，不需要指定用户名就可以进入的原因。

从安全和易于管理方面的因素考虑，除保留一条允许 root 用户从本地连接的记录外，其他用户全部删除，执行语句如下：

```
(root@localhost) [(none)]> delete from mysql.user where (user,host) not in (select 'root','localhost');
Query OK, 5 rows affected (0.00 sec)
```

从没接触过 MySQL 的朋友看到返回信息中输出的“Query OK...”等不要惊讶，这就是 MySQL 的设计特点，不管什么语句，修改也好，删除也好，执行都被视作 Query，因此返回的信息也可能包含这类关键字，正常的。

接下来我们想将 root 用户名，修改为 system（这也是为了安全性嘛。然后我还想补充一下，后面章节中如果我不小心再提到 root 用户，意指具有管理员权限的用户，您能理解吧，亲），并将密码修改为 5ienet.com，执行 update 语句如下：

```
(root@localhost) [(none)]> update mysql.user set user='system', password=password('5ienet.com');
Query OK, 1 row affected (0.00 sec)
Rows matched: 1  Changed: 1  Warnings: 0
```

如若对比官方的提示，到这儿我们做的已经全面得多了，不仅修改了用户的密码，连用户名也一并改动了，甚至还删除了若干条与用户相关的记录。但是注意，操作还没完，从严谨的角度看，此时还存在一个对 test 库的权限隐患（详细情况在第 5 章会有描述），好奇心重的朋友可以先通过 SELECT 命令查询，查询 mysql.db 表中的记录，并尝试自己分析看看能否有些收获。

我们这里不管三七得多少，都执行下列语句将隐患消灭在萌芽状态：

```
(root@localhost) [(none)]> truncate table mysql.db;
Query OK, 0 rows affected (0.00 sec)
```

尽管提示 0 rows affected（MySQL 中的 DDL 语句就这德性，与 Query OK 这类返回信息是同理的），但是记录妥妥地删掉了。

最后执行下列语句使所做的操作生效：

```
(root@localhost) [(none)]> flush privileges;
Query OK, 0 rows affected (0.00 sec)
```

这下应该是真的安全了，至于我管理过的生产环境数据库，管理员用户及密码是否也设置为“system”和“5ienet.com”这种事儿我会告诉你吗！

有兴趣的朋友可以先退出，并重新登录，验证一下刚才所做的修改是否生效。这次直接执行 mysql 命令，不指定用户名的情况下就进不去了，它会提示访问被拒绝，具体如下：

```
(root@localhost) [(none)]> exit
Bye
[mysql@mysqldb ~]$ mysql
ERROR 1045 (28000): Access denied for user 'root'@'localhost' (using password: NO)
```

再次执行 mysql 命令，这次使用 system 用户连接并指定密码，能够顺利登录至 MySQL：

```
[mysql@mysqldb ~]$ mysql -usystem -p'5ienet.com'
Warning: Using a password on the command line interface can be insecure.
Welcome to the MySQL monitor.  Commands end with ; or \g.
Your MySQL connection id is 3
Server version: 5.6.12-log JSS for mysqltest

Copyright (c) 2000, 2013, Oracle and/or its affiliates. All rights reserved.

Oracle is a registered trademark of Oracle Corporation and/or its
affiliates. Other names may be trademarks of their respective
owners.

Type 'help;' or '\h' for help. Type '\c' to clear the current input statement.

(system@localhost) [(none)]>
```

果然得通过正确的用户名和密码才能够登录，不过注意哟，命令行上直接把密码也敲上去了，因此抛出一条警告信息，提示这样不安全。那应该怎么做才好呢？正常情况下，应该是指定-p 参数就可以，密码等它提示输入时再输入，这样别人就算站在你的身后，也看不到明文密码了。

3.3 MySQL 服务管理配置

作为一款开源软件，尽管 MySQL 长期以来在易用性方面不断努力，但是给我的感觉仍然不够给力，在易用性方面无疑还有很大的空间可以提升。当然对于这方面我觉着也有必要给予理解，众所周知，这几年 MySQL 的路走得崎岖啊，早在 2005 年，Oracle 宣布收购 InnoDB 存储引擎的提供方——芬兰公司 Innobase Oy 后，MySQL 即便仍未明确 Oracle 公司的最终意图，但最起码也应该是感受到了威胁，之后不久，拥有 MySQL 产品的 MySQL AB 公司就被 Sun 公司收购，又之后不久，Sun 公司又被 Oracle 公司收购，最终 MySQL 还是并入 Oracle 的怀抱。

不管有心还是抗拒，反正他们走到一起了，这应该是个好消息，该来的还是来了，由曾经的潜在对手，变成了产品线交错定位的同一个战壕内的兄弟，接下来就好好干吧！但实际情况还是不容乐观，即使他们一家人内部统一思想，形成共识、凝聚力量、一致行动之后，我们也不能抱有太高的指望，不管是版本号中不断变化的数字，还是其他各种可见迹象都表明，MySQL 目前的重点仍放在加强稳定性、提高负载能力、丰富特性等方面，产品易用性方面还得我们自己想办法呀！

自己动手丰衣足食，那么接下来三思根据以往的经验，参照 Oracle 数据库中的设定，创建 3 个文件，以方便日常操作。

3.3.1　创建管理脚本

创建中间定义文件，目的是提高脚本的复用性：

```
$ vi /data/mysqldata/scripts/mysql_env.ini
```

增加下列内容：

```
# set env
MYSQL_USER=system
MYSQL_PASS='5ienet.com'

# check parameter
if [ $# -ne 1 ]
then
        HOST_PORT=3306
else
        HOST_PORT=$1
fi
```

修改该文件在操作系统层的权限：

```
$ chmod 600 /data/mysqldata/scripts/mysql_env.ini
```

创建 mysql_db_startup.sh 脚本，用于启动 MySQL 服务：

```
$ vi /data/mysqldata/scripts/mysql_db_startup.sh
```

增加下列内容：

```
#!/bin/sh
# Created by junsansi 20130303

source /data/mysqldata/scripts/mysql_env.ini

echo "Startup MySQL Service: localhost_"${HOST_PORT}
/usr/local/mysql/bin/mysqld_safe --defaults-file=/data/mysqldata/${HOST_PORT}/my.cnf &
```

创建 mysql_db_shutdown.sh 脚本，用于关闭 MySQL 服务：

```
$ vi /data/mysqldata/scripts/mysql_db_shutdown.sh
```

增加下列内容：

```
#!/bin/sh
# Created by junsansi 20130303

source /data/mysqldata/scripts/mysql_env.ini

echo "Shutdown MySQL Service: localhost_"${HOST_PORT}
/usr/local/mysql/bin/mysqladmin -u${MYSQL_USER} -p${MYSQL_PASS} -S /data/mysqldata/${HOST_PORT}/mysql.sock shutdown
```

创建 mysqlplus.sh 脚本文件用于快速登录：

```
$ vi /data/mysqldata/scripts/mysqlplus.sh
```

增加下列内容：

```
#!/bin/sh
# Created by junsansi 20130303
```

```
source /data/mysqldata/scripts/mysql_env.ini

echo "Login MySQL Service: localhost_"${HOST_PORT}
/usr/local/mysql/bin/mysql -u${MYSQL_USER} -p${MYSQL_PASS} -S /data/mysqldata/${HOST_PORT}/mysql.sock $2
```

授予上面几个脚本执行权限，以方便调用：

```
[mysql@mysqldb ~]$ chmod +x /data/mysqldata/scripts/*.sh
```

编辑 mysql 用户的环境变量，将上述路径加入到 PATH 中，执行命令如下：

```
[mysql@mysqldb ~]$ echo "export PATH=/data/mysqldata/scripts:\$PATH" >> ~/.bash_profile
[mysql@mysqldb ~]$ source ~/.bash_profile
```

之后，本地连接 MySQL 服务，就可以直接执行 mysqlplus 脚本，省去输入用户名和密码等参数：

```
[mysql@mysqldb ~]$ mysqlplus.sh
Login MySQL Service: localhost_3306
Warning: Using a password on the command line interface can be insecure.
Welcome to the MySQL monitor.  Commands end with ; or \g.
Your MySQL connection id is 4
Server version: 5.6.12-log JSS for mysqltest

Copyright (c) 2000, 2013, Oracle and/or its affiliates. All rights reserved.

Oracle is a registered trademark of Oracle Corporation and/or its
affiliates. Other names may be trademarks of their respective
owners.

Type 'help;' or '\h' for help. Type '\c' to clear the current input statement.

(system@localhost) [(none)]>
```

即使当前服务器中运行有多个 MySQL 实例，分别绑定在不同的端口上，也只需要在执行 mysqlplus 时指定对应端口即可。如果没有指定，默认连接 3306 端口。此外，大家也可以尝试执行另外两个脚本来停止或启动 MySQL 服务。

3.3.2 开机自动启动

通过前面的配置，我们目前已经能够比较简易地启动、停止或连接 MySQL 数据库服务，若希望 MySQL 服务能够开机自动启动，那么最简单的方式，就是将前面创建的启动脚本加入到系统启动脚本文件中就可以了。

编辑/etc/rc.local 文件，需要在 root 用户下执行：

```
# vi /etc/rc.local
```

增加下列内容到最后一行：

```
# autostart mysql , added by junsansi at 2013-03-03
sudo -i -u mysql /data/mysqldata/scripts/mysql_db_startup.sh 3306 > /home/mysql/mysql_db_startup.log 2>&1
```

提 示

执行 sudo 命令时可能遇到下列错误：

sudo: sorry, you must have a tty to run sudo

遇到这种情况，可以通过修改 sudo 的配置来避免错误的发生，比如执行 visudo 命令，或者用文本编辑工具打开/etc/sudoers 文件，注释掉第 56 行，如下：

#Defaults   requiretty

而后保存退出，再次执行就一切正常了。

一切都已筹备就绪，准备好迎接我们的 MySQL 数据库之旅吧！

第4章
管理 MySQL 库与表

数据库的核心功能（没有之一）就是处理数据，其中提供空间供数据存储又是其主要功能（这个可以有之一），当然数据库一般也不直接面向数据存储，存储的活是交给表/索引这类对象完成的。本章的内容正是关于数据库（database）和表（table）对象。

在正式开始之前，我先表个态，本章所有段落中，不管是操作数据库还是操作表对象，都不会将重点放在描述语法细节上（尤其是针对表对象），毕竟这不是一本参考手册，本书的受众是那些具备一定的 SQL 基础知识（SELECT 语句总得会呀），只是未接触过 MySQL 数据库，或对 MySQL 管理方面不是很熟悉的技术业者。三思的侧重点将会放在通过实践操作结合一些典型的例子，向读者朋友们展示 MySQL 数据库中库和表的常用管理操作，使大家认识 MySQL 数据库中对象的特点，能够快速地上手操作，敢于去操作，至于详细的语法信息，看看官方的技术文档或者找篇专门的文章即可一目了然。

听到本章内容是介绍数据库和表对象，有一定数据库软件（非 MySQL）操作经验的朋友也不要得意或轻视，MySQL 数据库有它自己的特点，原有的一些观念定义有必要重新认识。比如说，MySQL 中的表对象是基于库维护的，也就是说它属于某个库，不管对象是由谁创建的，只要库在，表就在，天地之间还有真爱。这点跟 Oracle 有很大不同，Oracle 中的表对象是基于用户的，属于创建该对象的用户所有，用户在，表就在，天地之间还有真爱，如果用户被删除了，则表对象也会被级联删除。

再比如尽管现下大多数关系型数据库软件，都能支持 SQL-92/99 标准，但是它们中的大多数又都在此基础上对 SQL 语法甚至功能进行扩充，Oracle/MySQL/SQL Server 都属于这个路数，新增加的功能主要用于改进性能或增强易用性，但是如果代码中也有大量应用，而自己又不了解各数据库在语句层增强的特性，那么当需要在多个 RDBMS 产品之间进行移植时，就会遇到问题了，这点是必须引起重视的。

放到更大粒度来谈的话，尽管都叫数据库，可是 MySQL 数据库的定义，与 Oracle 或 SQL Server 中的数据库定义都不相同，特别是与 Oracle 相比，差异相当巨大，若这些特点激起了你的好奇心，那咱就趁热打铁，接下来我们一起快速入个门吧！

4.1 上帝说，要有库

说起来，MySQL 数据库中的数据库也还是比较特殊的，在第 3 章开篇段落中三思提到

的几个概念想必给大家留下了深厚的印象，这里继续概念连连看，希望能够加深大家的理解。

我刚刚接触 MySQL 时就听到不少人说 MySQL 做的越来越像 Oracle（的确有这种趋势），但是接触的时间较长以后，我就意识到，尽管同样是叫数据库，可是 MySQL 数据库中数据库（database，以下简称库）的概念跟 Oracle 数据库中的数据库是完全不同的。每个 MySQL 数据库都是由多个数据库组成（一经创建，默认至少就得有 4 个）的，而 Oracle 中的数据库则是一个整体。

横向对比来看的话，MySQL 数据库中的库像是 Oracle 数据库中的表空间，但又有明显的差异，因为后者是个逻辑概念，而 MySQL 中的库则是有物理实体的。从逻辑层面来看，MySQL 数据库中的库更像是 Oracle 数据库中的 schema（模式），有意思的是，MySQL 数据库中也有 schema 的概念。Oracle 数据库中的 schema 是个逻辑概念，对应的是某个用户的模式这么一个很抽象的含义，而 MySQL 数据库中的 schema 则是数据库的同义词，数据库就比较好理解了，它就是个物理对象，可以直接对应到操作系统中某个同名文件夹目录。

列举了几个常见概念的对比，也不知道大家看懂了没有，其实前面看没看懂都没关系，接下来这句总结绝对能让你看明白：结论是两者差异巨大，几乎不具备可比性。

我个人倒是觉着，从结构上来看，MySQL 与 SQL Server 倒是挺像的，不过这方面话题就不再引申了，我实在没信心，自己能够仅通过简单的对比，就把不同产品的优劣展示出来，再加上前面那个结论的概括性和适用性都是挺强的，因此……还是多说说 MySQL 自己吧！

当配置好一套 MySQL 数据库服务后，系统默认就会创建 4 个库，具体如下：

- information_schema：记录用户、表、视图等元数据信息，提供类似 Oracle 数据字典的功能，类似于 Oracle 数据库中的 SYSTEM 表空间。值得关注的是，这个库是个特例，它是虚拟出来的库，是由 MySQL 实例构建和维护的，其对象都保存在内存中，也就是说在磁盘上找不到对应的物理存在，因为它是虚拟的。那么，用户也无法在该库下创建对象，甚至是 root 身份用户也不行，对于该库，用户唯一能做的事情就是查询，而且该库中的对象在用户权限上面也非常特别，后面章节介绍权限时会对此有专门描述。
- mysql：记录用户权限、帮助、日志等信息，提供类似 Oracle 数据字典的功能，类似于 Oracle 数据库中的 SYSTEM 和 SYSAUX 表空间。
- performance_schema：MySQL 服务性能指标库，提供类似 Oracle 数据库中 v$类视图和数据字典的功能，这个库是从 MySQL 5.5 版本才开始引入的。
- test：基本上从名字就能看出来了，测试库，它最不重要，因此也留到最后才说它，其实也没啥可说的，直接删除都行，你们信不信？我反正是信了，一会儿就把它删掉。

查看**当前“存在”**的数据库，可以通过 SHOW DATABASES 命令，例如：

```
(system@localhost) [(none)]> show databases;
```

```
+--------------------+
| Database           |
+--------------------+
| information_schema |
| mysql              |
| performance_schema |
| test               |
+--------------------+
4 rows in set (0.01 sec)
```

如果读的足够认真，应该会注意到我提到的“存在”两个字加了引号，这个当然是有原因的。作为一套数据库软件系统，MySQL 是非常严谨的，作为操作者，我们也必须要严谨地对待。

SHOW DATABASES 命令实际显示的是，当前连接的用户拥有访问权限的数据库，三思登录数据库时默认使用拥有最高权限的用户，因此能够查看到所有存在的数据库，不过对于那些只拥有一定权限的用户，就只会看到它拥有访问权限的库和对象。关于权限方面的内容会在下个章节详细介绍，这里只是先大致跟读者们透露这中间的某个细节差异。

上面显示的 4 个数据库是由 MySQL 数据库创建时自动初始化的，前面已经介绍过每个库的主要作用，对于最后一个提到的 test，确实没有什么用，那么下面就把它删掉吧。

4.1.1 说删咱就删

删除一个数据库，使用 DROP 命令，操作非常简单，**详细**语法格式如下：

```
DROP {DATABASE | SCHEMA} [IF EXISTS] db_name
```

前面刚刚说完不会详细介绍语法，这就要失言了，其实不是三思有意要出尔反尔，主要是因为 DROP 的语法实在是太简单了，简单到不列全了我自己都不好意思，怕人家会说我偷工减料咧。

考虑到语法都列出来了，内容也确实不多，趁此机会就详细描述一下，上面语法中几个关键字含义如下：

- DROP：DROP 关键字，固定语法，没啥说头。
- DATABASE | SCHEMA：前面已经说过了，schema 是 database 的同义词，此处指定任意一个关键字均可，功能是相同的。
- IF EXISTS：可选参数，指定该关键字后，如果要删除的库不存在，那么语句的执行并不会报错，只是记录一条警告信息，这样提示信息看起来更友好一些。
- db_name：指定要删除的库名。

全讲明白了，下面开干，说走咱就走，风风火火删个够：

```
(system@localhost) [(none)]> drop database test;
Query OK, 0 rows affected (0.01 sec)
```

再次查看当前拥有的数据库，test 库肯定不见了：

```
(system@localhost) [(none)]> show databases;
+--------------------+
```

```
| Database           |
+--------------------+
| information_schema |
| mysql              |
| performance_schema |
+--------------------+
3 rows in set (0.00 sec)
```

有兴趣的朋友可以再尝试一下 IF EXISTS 关键字的功能，直接删除不存在的数据库，操作会报异常，指定了 IF EXISTS 关键字后就友好多了，示例如下：

```
(system@localhost) [(none)]> drop database test;
ERROR 1008 (HY000): Can't drop database 'test'; database doesn't exist
(system@localhost) [(none)]> drop database if exists test;
Query OK, 0 rows affected, 1 warning (0.00 sec)
```

确实不再报错，而是变成了条警告信息，我们可以通过 SHOW WARNINGS 语句来查询警告信息，如下：

```
(system@localhost) [(none)]> show warnings;
+-------+------+---------------------------------------------------+
| Level | Code | Message                                           |
+-------+------+---------------------------------------------------+
| Note  | 1008 | Can't drop database 'test'; database doesn't exist |
+-------+------+---------------------------------------------------+
1 row in set (0.00 sec)
```

提示的信息还是那个信息，只是级别变成警告了，这也友好一些，毕竟警告相比错误，严重程度降低了一级。

如上所示，DROP 命令执行是很简单的，不过有句大家耳熟能详的话这里也需要再次强调：删除有风险，执行需谨慎。

看到这句话后有的朋友可能回过味了，test 库真的说删就给删了啊，这也太不谨慎了，虽然它的名字叫测试，那咱也不能那么轻视，做的这么野蛮吧，刚也没有仔细看看，万一三思的理解错了，里头真有数据可怎么办啊。这个，呃，放心吧，真的没事儿，就这个案例来说，里头保准没数据。为啥三思敢说的这么肯定呢，翻回去仔细看看执行 DROP 命令时返回的提示信息："0 rows affected"，这个就是明证，如果里面有对象，那么返回的结果就一定不会是"0 rows"了。

> **提　示**
>
> 运行于 Linux/UNIX 环境中的 MySQL 服务，对于库名是大小写敏感的，比如前面接触到的"test"库，我们操作（创建、修改、删除）时也必须是完全小写形式的"test"，不能是"Test"或"TEST"又或其他大小写不一的形式。操作时务必注意，否则就会抛出找不到数据库的错误信息。

4.1.2　说建咱就建

肯定还是有同学不肯死心，测试库也是库啊，咱们这本书才刚开个头，后头要做的测试还多着呢，有了测试库这不正好能用上吗。哎，好吧，那咱们接下来谈谈创建的事儿吧！

尽管数据库这个概念非常重要，但实际上 MySQL 中管理数据库的方法都是非常轻量级的，前面小节刚刚介绍的删除数据库的方法就是最好的说明，创建数据库其实同样简单，先来看一下语法格式：

```
CREATE {DATABASE | SCHEMA} [IF NOT EXISTS] db_name
[create_specification] ...
create_specification:
[DEFAULT] CHARACTER SET [=] charset_name
| [DEFAULT] COLLATE [=] collation_name
```

从语法结构来看，与前面的 DROP 几无差异，只是多了两个非强制指定的创建选项：CHARACTER SET 和 COLLATE，这两个选项用来指定数据库的字符集。字符集对于我们这种多字节的语言环境当然非常重要，但非本章的重点，因此这里不会着重描述，后续章节中会有详细的介绍。

先来执行 CREATE DATABASE 命令，创建数据库：

```
(system@localhost) [(none)]> create database jssdb;
Query OK, 1 row affected (0.00 sec)
```

查看：

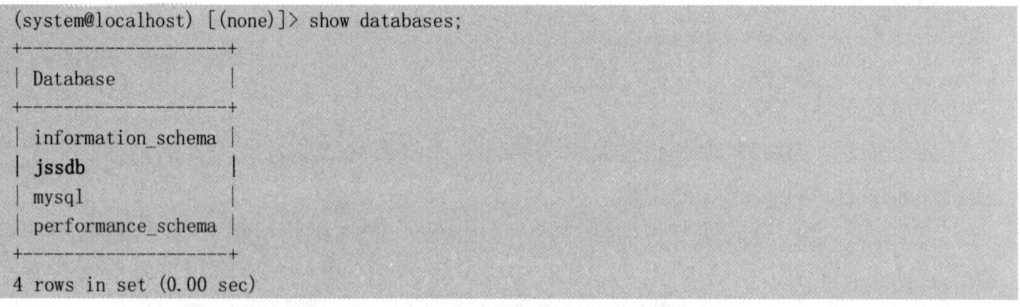

```
(system@localhost) [(none)]> show databases;
+--------------------+
| Database           |
+--------------------+
| information_schema |
| jssdb              |
| mysql              |
| performance_schema |
+--------------------+
4 rows in set (0.00 sec)
```

在 MySQL 中创建数据库就是这么简单，直接执行 CREATE DATABASE 并指定一个 db_name 即可。其实对比来看的话，别的数据库咱不了解，起码在 Oracle 数据库中也是可以这样做的，启动到 nomount 状态，执行 CREATE DATABASE 命令并指定一个 db_name，它会自动调用默认的建库脚本，并创建出一系列文件出来。只不过多数 Oracle DBA 整个职业生涯中可能都没这么用过。

关键还在于实际情况不同，一个 Oracle 服务不管有多少个实例运行，它也只对应一个数据库，而对于一个 MySQL 服务，它自身不限制所拥有的数据库个数，每个数据库实际上就仅只是一个操作系统层的目录，位于 MySQL 数据库的 data 目录下。

提 示

MySQL 数据库的 data 目录指的是，MySQL 系统变量 datadir 所指定的路径。

比如我们刚刚创建的 jssdb 库，就可以在/data/mysqldata/3306/data 下找到它对应的目录：

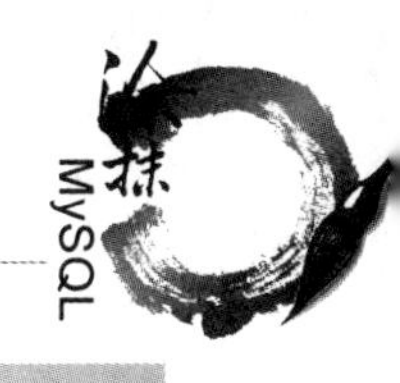

```
[mysql@mysqldb ~]$ ll /data/mysqldata/3306/data/
.............
drwx------. 2 mysql mysql 4096 Mar  5 22:36 jssdb
```

当前没有在 jssdb 库中创建任何对象，因此 jssdb 在物理层看起来就是一个目录（内含 db.opt 文件一枚）。爱思考的朋友看到这里可能会有疑问，如果手动在 MySQL 数据库的 data 路径下创建一个目录，MySQL 会怎么理解它呢。这是个好想法，让我们通过实际操作来验证一下呗！

通过操作系统层的 mkdir 命令，在 MySQL 数据库的 data 路径下创建一个目录：

```
[mysql@mysqldb ~]$ cd /data/mysqldata/3306/data
[mysql@mysqldb data]$ mkdir jssdb_mc
```

切换到 mysql 命令行中查看：

```
(system@localhost) [(none)]> show databases;
+--------------------+
| Database           |
+--------------------+
| information_schema |
| jssdb              |
| jssdb_mc           |
| mysql              |
| performance_schema |
+--------------------+
5 rows in set (0.00 sec)
```

结果显示，操作实时生效，MySQL 居然也将其视为一个数据库。没错，其实 MySQL 中的数据库就是个操作系统层的目录，不管是用 MySQL 中的 CREATE DATABASE 命令创建，还是在操作系统层手动执行命令创建目录，其效果是相同的，这也是 MySQL 数据库非常灵活的一个体现。再往深层次想一想，既然可以在操作系统层创建目录的方式建库，自然也可以在操作系统层删除目录的方式删除数据库，大家可以自己构造环境测试一下，这里就不举例了。

如果说要在语句创建和 OS 命令行方式创建之间找差异的话，确实还是有一点不同，使用 CREATE DATABASE 命令创建的数据库，不仅仅创建一个同名目录，该目录下还包含一个名为 db.opt 的文件，内容如下：

```
[mysql@mysqldb ~]$ more /data/mysqldata/3306/data/jssdb/db.opt
default-character-set=utf8
default-collation=utf8_general_ci
```

该文件中仅有两行内容，分别指定该数据库默认的字符集和校对规则，字符集关联的知识点很多，我们后面会有章节专门介绍“字符集”相关的内容，这里只是简要提及。

朋友们都看到了，我们前面在创建 jssdb 库时并没有指定字符集的参数，默认情况下，它会继承 character_set_database 系统变量和 collation_database 系统变量所设定的值，并保存到 db.opt 文件中。那么对于 jssdb_mc 库又会怎么样呢？我们只是手动创建了目录，该目录下甚至根本没有 db.opt 文件，其实 MySQL 仍是相同的处理逻辑，如果没有指定，那么

就会默认继承 character_set_database 系统变量和 collation_database 系统变量所设定的值。

当然啦，我们也可以手动创建或复制一份 db.opt 文件至 jssdb_mc 目录下，甚至可以直接修改该文件中的内容来指定字符集。比如说，我们手动为 jssdb_mc 库指定字符集为 gbk，创建文件内容如下：

```
[mysql@mysqldb ~]$ more /data/mysqldata/3306/data/jssdb_mc/db.opt
default-character-set=gbk
default-collation=gbk_chinese_ci
```

如何查看某个数据库设置的字符集呢，方法非常多，这里介绍两种比较常用的，第一种是通过 SHOW CREATE DATABASE 命令，这个命令可以生成创建时的脚本，例如：

```
(system@localhost) [(none)]> show create database jssdb;
+----------+-----------------------------------------------------------------+
| Database | Create Database                                                 |
+----------+-----------------------------------------------------------------+
| jssdb    | CREATE DATABASE `jssdb` /*!40100 DEFAULT CHARACTER SET utf8 */ |
+----------+-----------------------------------------------------------------+
```

另一种方式是查询 MySQL 中的字典表，位于 information_schema 库中的 schemata 对象，具体如下：

```
(system@localhost) [(none)]> select * from information_schema.schemata;
+--------------+--------------------+----------------------------+------------------------+----------+
| CATALOG_NAME | SCHEMA_NAME        | DEFAULT_CHARACTER_SET_NAME | DEFAULT_COLLATION_NAME | SQL_PATH |
+--------------+--------------------+----------------------------+------------------------+----------+
| def          | information_schema | utf8                       | utf8_general_ci        | NULL     |
| def          | jssdb              | utf8                       | utf8_general_ci        | NULL     |
| def          | jssdb_mc           | gbk                        | gbk_chinese_ci         | NULL     |
| def          | mysql              | utf8                       | utf8_general_ci        | NULL     |
| def          | performance_schema | utf8                       | utf8_general_ci        | NULL     |
+--------------+--------------------+----------------------------+------------------------+----------+
5 rows in set (0.00 sec)
```

这样就可以查看到当前存在的数据库及其字符集信息了。

4.2 上帝说，要有表

作为具体承载数据的对象，表（Table）的作用是毋庸置疑的。在 MySQL 数据库环境里，用户操作的数据必然保存在某个数据库中的表对象中，注意我说的是“数据库中”，这也表明每个表对象都必须隶属于一个（并且只能是一个）数据库。不管针对表做何操作，都是先选定数据库，而后再操作表。

在 mysql 命令行中，使用 use 命令选定数据库，以明确操作的对象所属的数据库。例如，选定进入 mysql 库，操作如下：

```
(system@localhost) [(none)]> use mysql
Database changed
(system@localhost) [mysql]>
```

正常情况下我们在 mysql 命令行工具中执行操作，都要以分号（;）或\G 做结束符，但 use 语句是少数的几个例外之一。

提 示

mysql 命令行支持很多参数，善加使用能够有效简化操作。比如在调用 mysql 时在最后附加数据库名，即可直接连入指定的库，而不需要再使用 use 命令选择数据库，例如：

```
[mysql@mysqldb data]$ mysql -usystem -p'5ienet.com' mysql
Warning: Using a password on the command line interface can be insecure.
Welcome to the MySQL monitor.  Commands end with ; or \g.
Your MySQL connection id is 7
Server version: 5.6.12-log JSS for mysqltest

Copyright (c) 2000, 2013, Oracle and/or its affiliates. All rights reserved.

Oracle is a registered trademark of Oracle Corporation and/or its
affiliates. Other names may be trademarks of their respective
owners.

Type 'help;' or '\h' for help. Type '\c' to clear the current input statement.

(system@localhost) [mysql]>
```

其实我们编写的 mysqlplus 也是能够附加参数的，不信你执行“mysqlplus.sh 3306 mysql”，功能与上面的语句是一样的。

MySQL 数据库创建后，默认情况下就有 4 个数据库，表的话就更多了，除 test 库中为空（且已经被我们删除）外，其他 3 个库中均有各类表对象数十个。查看某个库中拥有的表对象，最简便的方式是通过 SHOW TABLES 命令。例如，查看 mysql 库中的表对象，执行操作如下：

```
(system@localhost) [mysql]> show tables;
+---------------------------+
| Tables_in_mysql           |
+---------------------------+
| columns_priv              |
| db                        |
| event                     |
| func                      |
| general_log               |
| help_category             |
| help_keyword              |
| help_relation             |
| help_topic                |
| innodb_index_stats        |
| innodb_table_stats        |
| ndb_binlog_index          |
| plugin                    |
```

```
| proc                      |
| procs_priv                |
| proxies_priv              |
| servers                   |
| slave_master_info         |
| slave_relay_log_info      |
| slave_worker_info         |
| slow_log                  |
| tables_priv               |
| time_zone                 |
| time_zone_leap_second     |
| time_zone_name            |
| time_zone_transition      |
| time_zone_transition_type |
| user                      |
+---------------------------+
28 rows in set (0.00 sec)
```

4.2.1 想建咱就建

创建数据库是非常简单的，但创建表就不一定如此了，首先是建表的语法非常复杂，而且居然还有多种形式，详细语法如下：

```
CREATE [TEMPORARY] TABLE [IF NOT EXISTS] tbl_name
    (create_definition,...)
    [table_options]
    [partition_options]

Or:

CREATE [TEMPORARY] TABLE [IF NOT EXISTS] tbl_name
    [(create_definition,...)]
    [table_options]
    [partition_options]
    select_statement

Or:

CREATE [TEMPORARY] TABLE [IF NOT EXISTS] tbl_name
    { LIKE old_tbl_name | (LIKE old_tbl_name) }

create_definition:
    col_name column_definition
  | [CONSTRAINT [symbol]] PRIMARY KEY [index_type] (index_col_name,...)
      [index_option] ...
  | {INDEX|KEY} [index_name] [index_type] (index_col_name,...)
      [index_option] ...
  | [CONSTRAINT [symbol]] UNIQUE [INDEX|KEY]
      [index_name] [index_type] (index_col_name,...)
      [index_option] ...
```

```
  | {FULLTEXT|SPATIAL} [INDEX|KEY] [index_name] (index_col_name,...)
      [index_option] ...
  | [CONSTRAINT [symbol]] FOREIGN KEY
      [index_name] (index_col_name,...) reference_definition
  | CHECK (expr)

column_definition:
    data_type [NOT NULL | NULL] [DEFAULT default_value]
      [AUTO_INCREMENT] [UNIQUE [KEY] | [PRIMARY] KEY]
      [COMMENT 'string']
      [COLUMN_FORMAT {FIXED|DYNAMIC|DEFAULT}]
      [reference_definition]

data_type:
    BIT[(length)]
  | TINYINT[(length)] [UNSIGNED] [ZEROFILL]
  | SMALLINT[(length)] [UNSIGNED] [ZEROFILL]
  | MEDIUMINT[(length)] [UNSIGNED] [ZEROFILL]
  | INT[(length)] [UNSIGNED] [ZEROFILL]
  | INTEGER[(length)] [UNSIGNED] [ZEROFILL]
  | BIGINT[(length)] [UNSIGNED] [ZEROFILL]
  | REAL[(length,decimals)] [UNSIGNED] [ZEROFILL]
  | DOUBLE[(length,decimals)] [UNSIGNED] [ZEROFILL]
  | FLOAT[(length,decimals)] [UNSIGNED] [ZEROFILL]
  | DECIMAL[(length[,decimals])] [UNSIGNED] [ZEROFILL]
  | NUMERIC[(length[,decimals])] [UNSIGNED] [ZEROFILL]
  | DATE
  | TIME
  | TIMESTAMP
  | DATETIME
  | YEAR
  | CHAR[(length)]
      [CHARACTER SET charset_name] [COLLATE collation_name]
  | VARCHAR(length)
      [CHARACTER SET charset_name] [COLLATE collation_name]
  | BINARY[(length)]
  | VARBINARY(length)
  | TINYBLOB
  | BLOB
  | MEDIUMBLOB
  | LONGBLOB
  | TINYTEXT [BINARY]
      [CHARACTER SET charset_name] [COLLATE collation_name]
  | TEXT [BINARY]
      [CHARACTER SET charset_name] [COLLATE collation_name]
  | MEDIUMTEXT [BINARY]
      [CHARACTER SET charset_name] [COLLATE collation_name]
  | LONGTEXT [BINARY]
      [CHARACTER SET charset_name] [COLLATE collation_name]
```

```
  | ENUM(value1,value2,value3,...)
      [CHARACTER SET charset_name] [COLLATE collation_name]
  | SET(value1,value2,value3,...)
      [CHARACTER SET charset_name] [COLLATE collation_name]
  | spatial_type

index_col_name:
    col_name [(length)] [ASC | DESC]

index_type:
    USING {BTREE | HASH}

index_option:
    KEY_BLOCK_SIZE [=] value
  | index_type
  | WITH PARSER parser_name
  | COMMENT 'string'

reference_definition:
    REFERENCES tbl_name (index_col_name,...)
      [MATCH FULL | MATCH PARTIAL | MATCH SIMPLE]
      [ON DELETE reference_option]
      [ON UPDATE reference_option]

reference_option:
    RESTRICT | CASCADE | SET NULL | NO ACTION

table_options:
    table_option [[,] table_option] ...

table_option:
    ENGINE [=] engine_name
  | AUTO_INCREMENT [=] value
  | AVG_ROW_LENGTH [=] value
  | [DEFAULT] CHARACTER SET [=] charset_name
  | CHECKSUM [=] {0 | 1}
  | [DEFAULT] COLLATE [=] collation_name
  | COMMENT [=] 'string'
  | CONNECTION [=] 'connect_string'
  | DATA DIRECTORY [=] 'absolute path to directory'
  | DELAY_KEY_WRITE [=] {0 | 1}
  | INDEX DIRECTORY [=] 'absolute path to directory'
  | INSERT_METHOD [=] { NO | FIRST | LAST }
  | KEY_BLOCK_SIZE [=] value
  | MAX_ROWS [=] value
  | MIN_ROWS [=] value
  | PACK_KEYS [=] {0 | 1 | DEFAULT}
  | PASSWORD [=] 'string'
  | ROW_FORMAT [=] {DEFAULT|DYNAMIC|FIXED|COMPRESSED|REDUNDANT|COMPACT}
```

```
  | UNION [=] (tbl_name[,tbl_name]...)

partition_options:
    PARTITION BY
        { [LINEAR] HASH(expr)
        | [LINEAR] KEY(column_list)
        | RANGE{(expr) | COLUMNS(column_list)}
        | LIST{(expr) | COLUMNS(column_list)} }
    [PARTITIONS num]
    [SUBPARTITION BY
        { [LINEAR] HASH(expr)
        | [LINEAR] KEY(column_list) }
      [SUBPARTITIONS num]
    ]
    [(partition_definition [, partition_definition] ...)]

partition_definition:
    PARTITION partition_name
        [VALUES
            {LESS THAN {(expr | value_list) | MAXVALUE}
            |
            IN (value_list)}]
        [[STORAGE] ENGINE [=] engine_name]
        [COMMENT [=] 'comment_text' ]
        [DATA DIRECTORY [=] 'data_dir']
        [INDEX DIRECTORY [=] 'index_dir']
        [MAX_ROWS [=] max_number_of_rows]
        [MIN_ROWS [=] min_number_of_rows]
        [(subpartition_definition [, subpartition_definition] ...)]

subpartition_definition:
    SUBPARTITION logical_name
        [[STORAGE] ENGINE [=] engine_name]
        [COMMENT [=] 'comment_text' ]
        [DATA DIRECTORY [=] 'data_dir']
        [INDEX DIRECTORY [=] 'index_dir']
        [MAX_ROWS [=] max_number_of_rows]
        [MIN_ROWS [=] min_number_of_rows]

select_statement:
    [IGNORE | REPLACE] [AS] SELECT ...   (Some valid select statement)
```

仅一个语法就让诸位翻了好几页，真是对不住，但其实语法长并不是最难的，因为很多选项都并不常用，我们实际所需要关注和记忆的语法部分有限。

另一个富有挑战性的因素，是 MySQL 数据库特殊的存储引擎机制，创建表对象时可以指定不同的存储引擎。不同存储引擎的表对象也各有特点，某些存储引擎的对象甚至在创建时有特别的选项，这需要读者多做了解。这方面的困难其实还好克服，因为最常见的存储引擎也就那么两三种（后面章节中将有相关内容的介绍），实际关联的选项也没几个。

最困难的是确定表对象的结构，比如说为每个表对象创建哪些列、为每个列选择什么类型、为每种类型指定什么选项、在哪些列上创建索引等，仅对象结构设计这个话题就能花数个章节的内容，还不见得就能讲明白。

这些其实都还不算什么，如果再加上“匹配业务需求”这几个字，那就不仅仅是书本上的内容能教会你的了（主要我也不敢说懂，咱就不扯了）。

说这么长一段的意思就是，这方面内容非本章重点，不会着重提及，甚至在整本书中都没有规划太多这方面的内容，大家感兴趣的话需要自行查找相应资料。本节主要目标是通过几个实用的例子，让大家理解 MySQL 数据库中如何建库建表，修改对象结构。

朋友们不要看到前面建表语法很长就内心发怵，红军不怕远征难，万水千山只等闲。要说创建一个表对象，最重要的是什么，其实就关注两方面，即表名称和列的数据类型，因此建表的基本语法就可以概括为：

```
CREATE TABLE tab_name (col_name1 col_type1,col_name2 col_type2 ......);
```

例如，我们要创建一个用户基础信息表，表中要保存用户名称、性别、出生日期、家庭住址、联系方式几方面内容，这个对象计划放在 jssdb 库下，执行建表操作如下：

首先选定 jssdb 库：

```
(system@localhost) [mysql]> use jssdb;
Database changed
```

随后创建表对象：

```
(system@localhost) [jssdb]> create table users(
    -> username varchar(10),
    -> sex tinyint,
    -> birth date,
    -> address varchar(50),
    -> phoneno varchar(15));
Query OK, 0 rows affected (0.01 sec)
```

这就创建成功了。需要提示大家一下，创建或访问表对象时，权限才是第一位的，只要拥有目标对象的权限，如何操作是非常灵活的，至于是否需要先选定目标数据库，这个完全是个人的使用习惯，用户也可以通过在对象名称前附加库名的形式指定对象。比如说要在 jssdb_mc 库下创建对象（只要拥有操作权限），不管当前选定的是哪个库，直接在表名前指定库名即可。例如，要在 jssdb_mc 下也创建 users 表对象，直接执行语句如下：

```
(system@localhost) [jssdb]> create table jssdb_mc.users(
    -> username varchar(10),
    -> sex tinyint,
    -> birth date,
    -> address varchar(50),
    -> phoneno varchar(15));
Query OK, 0 rows affected (0.02 sec)
```

你看这不也成功了嘛。

```
(system@localhost) [jssdb]> select database();
```

```
+-------------+
| database()  |
+-------------+
| jssdb       |
+-------------+
1 row in set (0.00 sec)
```

表创建完之后，执行 SHOW TABLES 语句，可以查看当前库下所有的表对象，如：

```
(system@localhost) [jssdb]> show tables;
+-----------------+
| Tables_in_jssdb |
+-----------------+
| users           |
+-----------------+
1 row in set (0.00 sec)
```

而后就可以使用标准的 DML 语句向该表存取数据了。

4.2.2　想看咱就看

MySQL 数据库中的 DDL/DML 语法也是继承自 ANSI SQL 标准，对于有一定数据库使用经验的技术工程师来说，上手并不困难，多数挑战实际上来自于 MySQL 在 SQL 标准之上扩充的部分，对于没有接触过 MySQL 的朋友来说，这部分语法可能会让人困惑，在不了解具体情况的前提下，甚至也有可能导致出现意外情况。

不过事物都有利有弊，MySQL 也不会胡乱引入新语法，新引入的功能其目的首先也是为了简化操作，当我们的知识积累达到一定的深度，就能高效、灵活地应用了。事实上，我个人感觉，MySQL 在某些细节方面的设计非常出色，这方面不需要什么积累，越是新手越容易感受得到。

因为创建表对象语法部分的内容较多，很多新手在操作时可能会担心记不清（这完全有可能，CREATE TABLE 支持的选项非常多），不过这点完全不是问题，作为一款重视用户需求的软件，mysql 命令行中对此有专门的应对方案，说来也简单，就是提供了帮助，在 mysql 库中有数个表对象保存了各类语法的服务信息，不管何时，只要有需求，help 一下，你就知道。

比如说，忘记建表的语法啦，赶紧 help 请求帮助啊：

```
(system@localhost) [(none)]> help create table;
Name: 'CREATE TABLE'
Description:
Syntax:
CREATE [TEMPORARY] TABLE [IF NOT EXISTS] tbl_name
    (create_definition,...)
    [table_options]
...............
............
.........
CREATE TABLE creates a table with the given name. You must have the
```

```
CREATE privilege for the table.

Rules for permissible table names are given in
http://dev.mysql.com/doc/refman/5.6/en/identifiers.html. By default,
the table is created in the default database, using the InnoDB storage
engine. An error occurs if the table exists, if there is no default
database, or if the database does not exist.

URL: http://dev.mysql.com/doc/refman/5.6/en/create-table.html
```

help，真的很有帮助，您也来试试呗。

很多时候，我们对系统当前已创建的表对象感兴趣，希望知道它的表结构信息，怎么查看呢？最简便的方式是通过DESC命令，也就是DESCRIBE的简写形式，比如我们想了解之前清空过记录的mysql库下的db对象结构，执行DESC命令如下：

```
+-----------------------+---------------+------+-----+---------+-------+
| Field                 | Type          | Null | Key | Default | Extra |
+-----------------------+---------------+------+-----+---------+-------+
| Host                  | char(60)      | NO   | PRI |         |       |
| Db                    | char(64)      | NO   | PRI |         |       |
| User                  | char(16)      | NO   | PRI |         |       |
| Select_priv           | enum('N','Y') | NO   |     | N       |       |
| Insert_priv           | enum('N','Y') | NO   |     | N       |       |
| Update_priv           | enum('N','Y') | NO   |     | N       |       |
| Delete_priv           | enum('N','Y') | NO   |     | N       |       |
| Create_priv           | enum('N','Y') | NO   |     | N       |       |
| Drop_priv             | enum('N','Y') | NO   |     | N       |       |
| Grant_priv            | enum('N','Y') | NO   |     | N       |       |
| References_priv       | enum('N','Y') | NO   |     | N       |       |
| Index_priv            | enum('N','Y') | NO   |     | N       |       |
| Alter_priv            | enum('N','Y') | NO   |     | N       |       |
| Create_tmp_table_priv | enum('N','Y') | NO   |     | N       |       |
| Lock_tables_priv      | enum('N','Y') | NO   |     | N       |       |
| Create_view_priv      | enum('N','Y') | NO   |     | N       |       |
| Show_view_priv        | enum('N','Y') | NO   |     | N       |       |
| Create_routine_priv   | enum('N','Y') | NO   |     | N       |       |
| Alter_routine_priv    | enum('N','Y') | NO   |     | N       |       |
| Execute_priv          | enum('N','Y') | NO   |     | N       |       |
| Event_priv            | enum('N','Y') | NO   |     | N       |       |
| Trigger_priv          | enum('N','Y') | NO   |     | N       |       |
+-----------------------+---------------+------+-----+---------+-------+
22 rows in set (0.00 sec)
```

DESC命令输出的结果共有6列：

- Field：显示列名。
- Type：显示列的数据类型。
- Null：标识该列是否可以为空，显示NO表示不能为空，否则就是允许为空。
- Key：标识该列是主键列或索引列，为空的话表示该列上没有创建任何索引。

- Default：用于显示该列的默认值，为空表示没有默认值。
- Extra：用于显示一些额外的附加信息，比如说该列如果定义为自增列，则会显示为“AUTO_INCREMENT”；对于 timestamp 列如果定义了 on update 选项，则此处也会显示相应的关键字。

提 示

DESC tbl_name 语句和 SHOW COLUMNS FROM tbl_name 语句的功能完全相同。

你看，根据显示结果，我们对表对象的结构就比较清晰了，但是有时候显示的信息仍然不够完整，比如说索引的信息就没有包括在内，如果希望查看某个表对象下创建的索引，可以通过 SHOW INDEX 命令。例如，查看 mysql.db 表对象中创建的索引，执行命令如下：

```
(system@localhost) [jssdb]> show index from mysql.db;
+-------+------------+----------+--------------+-------------+-----------+-------------+----------+--------+------+------------+---------+---------------+
| Table | Non_unique | Key_name | Seq_in_index | Column_name | Collation | Cardinality | Sub_part | Packed | Null | Index_type | Comment | Index_comment |
+-------+------------+----------+--------------+-------------+-----------+-------------+----------+--------+------+------------+---------+---------------+
| db    |          0 | PRIMARY  |            1 | Host        | A         |        NULL |     NULL | NULL   |      | BTREE      |         |               |
| db    |          0 | PRIMARY  |            2 | Db          | A         |        NULL |     NULL | NULL   |      | BTREE      |         |               |
| db    |          0 | PRIMARY  |            3 | User        | A         | 0           |     NULL | NULL   |      | BTREE      |         |               |
| db    | 1          | User     |            1 | User        | A         |        NULL |     NULL | NULL   |      | BTREE      |         |               |
+-------+------------+----------+--------------+-------------+-----------+-------------+----------+--------+------+------------+---------+---------------+
4 rows in set (0.00 sec)
```

从结果可以看到，mysql.db 表中通过 Host+Db+User 创建了复合主键，同时也在 User 列上创建了 BTREE 索引。

如果想要了解关于表对象的完整信息，不仅仅是结构和索引，还想知道存储引擎啦、字符集设置啦等，有过其他数据库软件操作经验的朋友可能会说，那就查看对象的创建脚本吧！没错，这确实是比较有效的方式。一般数据库中也都提供了对象创建脚本的预览功能，比如 Oracle 中我们知道可以通过 DBMS_METADATA 包来获取，或者通过数据字典来查询表的详细信息，但不管哪种方式都是比较麻烦的。

MySQL 数据库应对此类需求就非常简单了，它直接提供了超级给力的 SHOW CREATE TABLE 命令，可以轻松获取到对象的创建语法（当然，通过查询数据字典获取对象信息的方式仍然可用，表的列、索引等字典信息均在 information_schema 中的对应字典表中）。

例如，获取 mysql.db 对象的创建脚本，执行 SHOW 语句如下：

```
(system@localhost) [jssdb]> show create table mysql.db\G
*************************** 1. row ***************************
       Table: db
Create Table: CREATE TABLE 'db' (
  'Host' char(60) COLLATE utf8_bin NOT NULL DEFAULT '',
  'Db' char(64) COLLATE utf8_bin NOT NULL DEFAULT '',
  'User' char(16) COLLATE utf8_bin NOT NULL DEFAULT '',
```

```
  'Select_priv' enum('N','Y') CHARACTER SET utf8 NOT NULL DEFAULT 'N',
  'Insert_priv' enum('N','Y') CHARACTER SET utf8 NOT NULL DEFAULT 'N',
  'Update_priv' enum('N','Y') CHARACTER SET utf8 NOT NULL DEFAULT 'N',
  'Delete_priv' enum('N','Y') CHARACTER SET utf8 NOT NULL DEFAULT 'N',
  'Create_priv' enum('N','Y') CHARACTER SET utf8 NOT NULL DEFAULT 'N',
  'Drop_priv' enum('N','Y') CHARACTER SET utf8 NOT NULL DEFAULT 'N',
  'Grant_priv' enum('N','Y') CHARACTER SET utf8 NOT NULL DEFAULT 'N',
  'References_priv' enum('N','Y') CHARACTER SET utf8 NOT NULL DEFAULT 'N',
  'Index_priv' enum('N','Y') CHARACTER SET utf8 NOT NULL DEFAULT 'N',
  'Alter_priv' enum('N','Y') CHARACTER SET utf8 NOT NULL DEFAULT 'N',
  'Create_tmp_table_priv' enum('N','Y') CHARACTER SET utf8 NOT NULL DEFAULT 'N',
  'Lock_tables_priv' enum('N','Y') CHARACTER SET utf8 NOT NULL DEFAULT 'N',
  'Create_view_priv' enum('N','Y') CHARACTER SET utf8 NOT NULL DEFAULT 'N',
  'Show_view_priv' enum('N','Y') CHARACTER SET utf8 NOT NULL DEFAULT 'N',
  'Create_routine_priv' enum('N','Y') CHARACTER SET utf8 NOT NULL DEFAULT 'N',
  'Alter_routine_priv' enum('N','Y') CHARACTER SET utf8 NOT NULL DEFAULT 'N',
  'Execute_priv' enum('N','Y') CHARACTER SET utf8 NOT NULL DEFAULT 'N',
  'Event_priv' enum('N','Y') CHARACTER SET utf8 NOT NULL DEFAULT 'N',
  'Trigger_priv' enum('N','Y') CHARACTER SET utf8 NOT NULL DEFAULT 'N',
  PRIMARY KEY ('Host', 'Db', 'User'),
  KEY 'User' ('User')
) ENGINE=MyISAM DEFAULT CHARSET=utf8 COLLATE=utf8_bin COMMENT='Database privileges'
1 row in set (0.00 sec)
```

创建语法这就有了。细心的朋友应该注意到了，我在执行这个命令时也没有使用分号（;）结束，而是指定了\G。在 mysql 命令行中，\G 也是结束符的一种，它会将命令提交到服务端，并且将返回的结果以列的方式显示（默认都是以行的形式显示，每条记录输出为一行），对于列中存储的内容比较多的记录，这种显示方式可读性更强一些。

4.2.3 想改咱就改

对于当前已经存在的表对象，比较常见的需求就是修改对象结构，比如说加列、删列或者修改列的定义等。应对这类需求当然是使用标准的 ALTER TABLE 命令，我想应该不会有人土到用先把表删除，再重新创建的方式来达到修改结构的目的吧！尽管这样确实可以实现，可是，真的太土了。另外必须声明一下，我自己从未这样做过，我自己都没整明白这个想法是怎么从我脑袋里蹦出来的，不过十有八九是跟 InnoDB 引擎有关。先不谈它了，太土了，咱们还是聊聊 ALTER TABLE 的语法吧！

说起 ALTER TABLE 的语法，可以聊的内容太多了，你就看它的语法长度吧，不比 CREATE TABLE 短多少。噢对了，大家还没见到过 ALTER TABLE 的语法呢。没关系，不用翻阅文档了，还记的前面提到过的 help 命令吗？我们通过它来查看一下吧！

```
(system@localhost) [jssdb]> help alter table;
Name: 'ALTER TABLE'
Description:
Syntax:
ALTER [IGNORE] TABLE tbl_name
```

```
    [alter_specification [, alter_specification] ...]
    [partition_options]

ALTER [IGNORE] TABLE tbl_name
    partition_options

alter_specification:
    table_options
  | ADD [COLUMN] col_name column_definition
        [FIRST | AFTER col_name ]
  | ADD [COLUMN] (col_name column_definition,...)
  | ADD {INDEX|KEY} [index_name]
        [index_type] (index_col_name,...) [index_option] ...
  | ADD [CONSTRAINT [symbol]] PRIMARY KEY
        [index_type] (index_col_name,...) [index_option] ...
  | ADD [CONSTRAINT [symbol]]
        UNIQUE [INDEX|KEY] [index_name]
        [index_type] (index_col_name,...) [index_option] ...
  | ADD FULLTEXT [INDEX|KEY] [index_name]
        (index_col_name,...) [index_option] ...
  | ADD SPATIAL [INDEX|KEY] [index_name]
        (index_col_name,...) [index_option] ...
  | ADD [CONSTRAINT [symbol]]
        FOREIGN KEY [index_name] (index_col_name,...)
        reference_definition
  | ALTER [COLUMN] col_name {SET DEFAULT literal | DROP DEFAULT}
  | CHANGE [COLUMN] old_col_name new_col_name column_definition
        [FIRST|AFTER col_name]
  | MODIFY [COLUMN] col_name column_definition
        [FIRST | AFTER col_name]
  | DROP [COLUMN] col_name
  | DROP PRIMARY KEY
  | DROP {INDEX|KEY} index_name
  | DROP FOREIGN KEY fk_symbol
  | DISABLE KEYS
  | ENABLE KEYS
  | RENAME [TO] new_tbl_name
  | ORDER BY col_name [, col_name] ...
  | CONVERT TO CHARACTER SET charset_name [COLLATE collation_name]
  | [DEFAULT] CHARACTER SET [=] charset_name [COLLATE [=] collation_name]
  | DISCARD TABLESPACE
  | IMPORT TABLESPACE
  | FORCE
  | ADD PARTITION (partition_definition)
  | DROP PARTITION partition_names
  | TRUNCATE PARTITION {partition_names | ALL }
  | COALESCE PARTITION number
  | REORGANIZE PARTITION partition_names INTO (partition_definitions)
  | EXCHANGE PARTITION partition_name WITH TABLE tbl_name
```

```
  | ANALYZE PARTITION  {partition_names | ALL }
  | CHECK PARTITION  {partition_names | ALL }
  | OPTIMIZE PARTITION  {partition_names | ALL }
  | REBUILD PARTITION  {partition_names | ALL }
  | REPAIR PARTITION  {partition_names | ALL }
  | REMOVE PARTITIONING

index_col_name:
    col_name [(length)] [ASC | DESC]

index_type:
    USING {BTREE | HASH}

index_option:
    KEY_BLOCK_SIZE [=] value
  | index_type
  | WITH PARSER parser_name
  | COMMENT 'string'

table_options:
    table_option [[,] table_option] ...  (see CREATE TABLE options)

partition_options:
    (see CREATE TABLE options)
```

语法看起来也不短，不过多数子句的语法跟 CREATE TABLE 语句是相同的。

仍以前面创建的 jssdb.users 表为例，该表设计时未考虑到记录用户邮箱和收入两方面信息，现在有此需求了，新加列应对，加列的语法可以抽象为：

```
ALTER TABLE tab_name ADD (col1 col_definition, col2 col_definition ...);
```

实际执行操作如下：

```
(system@localhost) [jssdb]> alter table users add (email varchar(50),salary smallint);
Query OK, 0 rows affected (0.02 sec)
Records: 0  Duplicates: 0  Warnings: 0

(system@localhost) [jssdb]> desc users;
+----------+-------------+------+-----+---------+-------+
| Field    | Type        | Null | Key | Default | Extra |
+----------+-------------+------+-----+---------+-------+
| username | varchar(10) | YES  |     | NULL    |       |
| sex      | tinyint(4)  | YES  |     | NULL    |       |
| birth    | date        | YES  |     | NULL    |       |
| address  | varchar(50) | YES  |     | NULL    |       |
| phoneno  | varchar(15) | YES  |     | NULL    |       |
| email    | varchar(50) | YES  |     | NULL    |       |
| salary   | smallint(6) | YES  |     | NULL    |       |
+----------+-------------+------+-----+---------+-------+
7 rows in set (0.01 sec)
```

不过运行一段时间以后，发现又有不妥，这个用户的收入涉及隐私，不方便在表内保

存，因此又有需求得删除该列。删除列的语法可以抽象为：

```
ALTER TABLE tab_name DROP col_name;
```

实际执行操作如下：

```
(system@localhost) [jssdb]> alter table users drop salary;
Query OK, 0 rows affected (0.03 sec)
Records: 0  Duplicates: 0  Warnings: 0
```

又过了一段时间，有用户反映可指定的用户名长度不够，这个年月流行名字一定要长，10 个**字符**长度根本不够用，改成 20 可能会更符合实际情况。

注意我这里说的字符不是字节，一定要正确理解哟。此处涉及 MySQL 中的一个很细节的知识点。在 MySQL 数据库中，碰到字符类型列，如 CHAR/VARCHAR 这一类，在定义长度时，长度声明的是**字符长度**，不是字节长度。

举例来说，GBK 字符集下的 VARCHAR(30)列中，能够保存多少个汉字呢？15 个？不，是 30 个；占用多少字节空间呢？30 字节？不，是 60 字节。UTF8 字符集下的 VARCHAR(30)又能保存多少个汉字呢？10、15？不，还是 30 个；那么又占用多少空间呢？如果保存汉字的话，那就是 90 个字节。这就是字符长度的概念，不管保存的字符占多少字节，它是按照字符数计算的，跟其他常见数据库中默认定义长度为字节长度有所不同，大家在使用时务必注意。

提 示

如果你仿佛明白了什么，那么不妨更深入地去想一想和试一试，CHAR(10)又能保存些什么呢？它还算是静态字符类型吗？

回到正题，修改表对象的列定义稍复杂一点儿，有两种方式可以实现，抽象后的语法分别如下：

```
ALTER TABLE tab_name CHANGE col_name new_col col_definition;
```

或：

```
ALTER TABLE tab_name MODIFY col_name col_definition;
```

前者的功能更强，不仅可以修改当前列的定义，甚至可以同时修改列名。这种语法是在 ANSI SQL 标准之上的扩展，并非所有数据库软件均能支持；后者则只能修改当前列的定义，属于 ANSI SQL 标准写法。

两种操作我们都演示一下，实际执行操作如下：

```
(system@localhost) [jssdb]> alter table users change username username varchar(10);
Query OK, 0 rows affected (0.01 sec)
Records: 0  Duplicates: 0  Warnings: 0

(system@localhost) [jssdb]> alter table users modify username varchar(20);
Query OK, 0 rows affected (0.01 sec)
Records: 0  Duplicates: 0  Warnings: 0

(system@localhost) [jssdb]> desc users;
```

```
+----------+-------------+------+-----+---------+-------+
| Field    | Type        | Null | Key | Default | Extra |
+----------+-------------+------+-----+---------+-------+
| username | varchar(20) | YES  |     | NULL    |       |
| sex      | tinyint(4)  | YES  |     | NULL    |       |
| birth    | date        | YES  |     | NULL    |       |
| address  | varchar(50) | YES  |     | NULL    |       |
| phoneno  | varchar(15) | YES  |     | NULL    |       |
| email    | varchar(50) | YES  |     | NULL    |       |
+----------+-------------+------+-----+---------+-------+
6 rows in set (0.00 sec)
```

MySQL 数据库中的对象结构变更语法，具体执行时是非常灵活的，这个灵活怎么体现呢？举个例子来说，前面执行的多次操作，实际上通过一条 SQL 语句就能够完成。下面就通过一条语句，将 jssdb_mc.users 表的结构修改为与 jssdb.users 一模一样，操作如下：

```
(system@localhost) [jssdb]> alter table jssdb_mc.users add email varchar(50), modify username varchar(20);
Query OK, 0 rows affected (0.02 sec)
Records: 0  Duplicates: 0  Warnings: 0

(system@localhost) [jssdb]> desc jssdb_mc.users;
+----------+-------------+------+-----+---------+-------+
| Field    | Type        | Null | Key | Default | Extra |
+----------+-------------+------+-----+---------+-------+
| username | varchar(20) | YES  |     | NULL    |       |
| sex      | tinyint(4)  | YES  |     | NULL    |       |
| birth    | date        | YES  |     | NULL    |       |
| address  | varchar(50) | YES  |     | NULL    |       |
| phoneno  | varchar(15) | YES  |     | NULL    |       |
| email    | varchar(50) | YES  |     | NULL    |       |
+----------+-------------+------+-----+---------+-------+
6 rows in set (0.01 sec)
```

事实上，我们也建议大家尽可能减少 SQL 语句的执行次数，尤其是针对 InnoDB 存储引擎的表对象，这是因为使用 InnoDB 引擎的表对象，每次执行结构的变更都相当于整表重建（就把它理解为 CREATE+DROP 吧）。对于大表来说，这种操作的代价无疑是巨大的（进入 5.6 版本后，对象重建增加了若干策略，具体内容会在后面章节中进行介绍），因此，如果能将多次结构变更需求，通过写法上的调整，转变成单条语句，无疑能减少操作，提高效率。

4.2.4 想删咱就删

当表对象不再需要时，就可以将其删除，MySQL 数据库中删除表对象的语法较为简练，具体如下：

```
DROP [TEMPORARY] TABLE [IF EXISTS]
    tbl_name [, tbl_name] ...
    [RESTRICT | CASCADE]
```

比如说删除jssdb库下的users表对象，执行命令如下：

```
(system@localhost) [jssdb]> drop table users;
Query OK, 0 rows affected (0.00 sec)
```

在前面介绍数据库的操作时，我们曾经提到过可以在操作系统层删除目录的方式删除数据库，那么对于表对象，能否像管理数据库那样，在操作系统层删除文件的方式来处理对象呢？这个，具体要看操作的对象使用的存储引擎，对于MyISAM存储引擎的表对象，完全可以通过删除操作系统层物理文件的方式删除表。如果是InnoDB引擎的话，稍稍复杂一些，因为InnoDB引擎中的表对象又分共享表空间方式存储和独立表空间方式存储，如果是前者，那么是确定不能以删除文件的方式删表的，如果是后者的话，尽管能够这样操作，但也不建议选择这种方式，可能会埋下一些隐患，因为InnoDB引擎的表对象，某些信息是必定会写在数据字典中的，只在操作系统层删除文件并不会清除数据字典中的信息，也许会在某些场景下触发异常。

无论如何，删除操作都是项危险的举动，一旦操作不慎就可能造成难以挽回的损失，因此通常情况下我们都应慎重对待删除行为，最好的方式是不删。那么对于明确无用的表对象，不删的话又该怎么处理它呢，其实也简单，移走就是。

MySQL数据库提供了重命名表对象名称的语句RENAME TABLE，该语句不仅能够对表重命名，而且可以用来移动表，比如说从一个库移动至另一个库。RENAME TABLE的语法也不复杂，具体如下：

```
RENAME TABLE tbl_name TO new_tbl_name
    [, tbl_name2 TO new_tbl_name2] ...
```

比如说，现在想将jssdb_mc下的users表移动至jssdb库下保存，就可以执行下列命令：

```
(system@localhost) [jssdb]> rename table jssdb_mc.users to jssdb.users;
Query OK, 0 rows affected (0.03 sec)
```

再比如说，想将information_schema下的tables表移动至jssdb_mc库中保存，执行以下命令：

```
(system@localhost) [jssdb]> rename table information_schema.tables to jssdb_mc.tables;
ERROR 1044 (42000): Access denied for user 'system'@'localhost' to database 'information_schema'
```

哎哟，报错了，仔细看看报错的信息，居然是因为没有权限。前面的操作都执行得太顺利了，完全没有预料到会碰到这种情况，想我当前使用的系统账户是号称拥有最大权限的管理员账户来着，那还不是想改啥改啥，想删谁删谁，要把数据库搞崩溃……呃，这个还是有难度的，MySQL目前已经比较健壮，想把它搞崩还得有一定的技术含量。这方面暂不提它，先看眼前的状况，怎么连移个对象都移不动呢？这个，MySQL的提示是对的，确实跟权限有关。

不过话说回来，截止到目前的所有操作，都是使用拥有最大权限的系统账户来执行的，这无疑是有隐患的，使用最大权限操作MySQL数据库本身就是不对的，作为数据库的管理员，总不能允许前端应用也使用系统账户连接数据库执行操作吧。当然啦，也没必要过于羞愧和自责，这真不怪大家。不管你们意识到了没有，其实用系统账户连接数据库都是

没有选择的事情，因为在前面初始化数据库环境时，在三思的一步步指导下，当前数据库中已经被清理到只剩下系统账户可供使用了。

不过权限控制是必需的，也是最好的方案，数据库管理员也好，前端应用也罢，最佳的设置都是只允许其执行指定范围内的操作，这样的话，数据的安全相对就更加有保障一些。下一章就着重来谈谈权限方面的话题吧！

第 5 章

MySQL 数据库中的权限体系

提到权限，通常都是用户 A 拥有对象 B 的权限，很多朋友想必已经对此形成了思维定势，毕竟像 Oracle 或 SQL Server 这类大型数据库软件中的权限验证，也都是如此设定，指定甲用户拥有操作乙对象的权限。

而 MySQL 数据库的权限验证在设计阶段就体现的有所不同，它在这中间又加了一级维度，变成从丙处来的那个甲拥有访问乙的权限。可能有些同学一下子转不过弯来，那我换一个角度来描述：甲只有从丙处连接过来，才能够访问对象乙。这样对比的话，是否又跟 Oracle/SQL Server 这类数据库的身份验证机制比较相似了呢，只是如 Oracle 这类数据库软件，默认是不加丙这一层的（如果想加当然也可以支持），而在 MySQL 中，丙（来源）成了一个必选项，也就是说，对于 MySQL 数据库，甲的身份当然重要，但甲从哪儿来的也同样重要，即使同样叫“甲”，从 A 处来和从 B 处来的甲的权限可以不同，甚至应该视作是两个不同的用户。

在本章正式开始前先描述这样一段，并不是想说 MySQL 有多么高级或先进，只是想表达这样一种看法，MySQL 确实有所不同。OK，接下来，跟随三思一起，进入 MySQL 的权限世界吧！

5.1 谈谈权限处理逻辑

所有权限认证的根本目的，都是为了让用户只能做允许它做的事情，MySQL 也不例外，大家（泛指数据库产品）实现的原理也都差不多，只不过机制上稍有差异，在权限粒度控制上有所不同。

MySQL 数据库服务采用的是白名单的权限策略，也就是说，明确指定了哪些用户能够做什么，但没法明确地指定某些用户不能做什么，对权限的验证主要是通过 mysql 库下的几个数据字典表，来实现不同粒度的权限需求，关于这几个字典表后面会有章节详细介绍。这里简要介绍其处理逻辑，MySQL 在检查用户连接时可以分为两个阶段。

5.1.1 能不能连接

当用户发出请求尝试连接 MySQL 服务时，MySQL 首先是检查登录用户的相关信息，比如发起登录请求的主机名是否匹配、登录使用的用户名或密码是否正确，如果这一关过

不去，那连接就直接被拒绝了，常见的登录失败信息“ERROR 1045 (28000): Access denied for user '...'”，就是在这个阶段的验证未通过抛出的错误提示。

MySQL 数据库验证权限有 3 个维度：我是谁、从哪儿来、到哪儿去（真像哲学家探讨人生的终极命题呀）。这 3 个维度中，前两个决定能不能连接，就是说验证用户的身份是否合法，本步通过之后，才会涉及能不能访问目标对象的环节。

在 MySQL 数据库中验证用户，需要检查 3 项值：用户名、用户密码和来源主机，这 3 项信息的正确值（创建用户时指定），保存在 mysql 库中的 user 表对象内，分别对应 user 表对象中的 user、password 和 host 三列。如果事先看过 user 表中这几列的定义，会发现 MySQL 的设计非常有意思，这 3 列居然都可以为空（注意不是 NULL 值），这也是某些场景里登录 MySQL 数据库不需要输入用户名或不需要输入密码的原因。

5.1.2 能不能执行操作

连接到数据库之后，能不能执行操作，比如说建库、建表、改表，查询或修改数据等，这个阶段涉及的因素（对象）要复杂一点点，除了上面提到的 mysql.user 字典表起作用外，另外还有 mysql.db、mysql.tables_priv、mysql.columns_priv、mysql.proc_priv（事实上在 5.6.10 版本以前，还有 mysql.host 表，不过之后版本中，host 表已经明确被废弃，其实在之前版本里它也没什么用，原本就是被判了死缓，现在缓期过完了，不过没有转为无期，而是直接执行死刑）几个字典表来对数据库，或针对对象甚至是对象列做更细粒度的控制。

这些字典表虽说各有分工，但相互之间在权限分配上还是会有一定的重合，比如说 tables_priv 字典表一看就知道是专门针对表对象的权限明细，不过 user 表和 db 表中也可以授予用户操作表对象的权限。那么 MySQL 服务是怎么来区分这些权限的呢？我的个人理解，总的原则仍然是按照粒度。

比如要执行对整个数据库服务的管理操作，那么一定是根据 user 表中的记录验证权限是否匹配，因为只有这个表是针对 MySQL 服务全局的；如果请求某个明确的数据库对象，比如更新某个表中记录，那么 MySQL 服务也仍然会按照粒度从粗到细的方式，先检查 user 字典表中全局的设置，找不到匹配的话，则继续检查 db 字典表这样的方式；一旦在某个粒度匹配到合适的权限，就允许用户执行，否则继续查询更细的粒度表；如果所有的粒度滤过一遍，还是没能匹配到合适的权限，那么用户的操作就会被拒绝了。

通过上述逻辑还可以明确一点，就是粒度控制越细，权限验证上的步骤就会越多，相应对性能必然会有影响，这一点在进行权限分配时务必考虑在内。

5.1.3 权限变更何时生效

向用户分配的权限，哪些情况下会生效呢？一般来说，MySQL 数据库在启动时就会将前面提到的几个权限字典表中的内容读到内存里，当有用户连接或执行操作时，根据内存中的数据来检查用户是否有权限执行相应的操作。

注意，如果你读的足够认真并且大脑持续在进行思考，这会儿应该会产生这样的一个疑问：如果用户连接上数据库后，管理员对该用户的权限进行了修改操作，是否即时生效呢？针对这个问题，答案是：看情况！

- 如果是通过 GRANT、REVOKE、SET PASSWORD、RENAME USER 等 MySQL 提供的命令执行修改，那么权限将马上生效，因为这些命令将触发系统重新载入授权表（GRANT TABLES）到内存。
- 如果是手动修改字典表方式（INSERT、UPDATE、DELETE），没错，MySQL 中可以手动修改字典表中的记录达到变更用户权限的目的，但这种情况下权限并不会马上生效，除非重启 MySQL 服务，或者 DBA 主动触发授权表的重新装载。

问题又来了，授权表被重新加载后，对当前已连接的客户端又会产生哪些影响呢？具体如下：

- 表或列粒度的权限将在客户端下次执行操作时生效。
- 数据库级的权限将在客户端执行 USE db_name 语句，切换数据库时生效。
- 全局权限和密码修改，对当前已连接的客户端无效，下次连接时才会生效。

5.2　权限授予与回收

当前 MySQL 就剩 system 一个系统管理员账户了，完全不符合业务需求啊，怎么办呢，本节就来着重演示 MySQL 数据库中如何创建用户、分配权限及回收权限。

在 MySQL 数据库里对于用户权限的授予和解除比较灵活，既可以通过专用命令，也可以通过直接操作字典表来实现，正所谓条条道路通目标。不过话说回来，修的马路多不叫奇迹，何况在这片神奇的土地，奇迹这个词本身就是奇迹，因此三思真是不好意思用奇迹这样的词来形容：这样想象不到的不平凡的事（注：该段描述为现代汉语词典中关于奇迹一词的解释），因此，我决定用一种加强的语气来描述我的感受：

比奇迹更神奇的是，这条条大路居然都修成了高速路。

比神奇的奇迹更神奇的是，这些高速路居然都是免费的。

比神奇的神奇奇迹更神奇，那就是神迹啊，额地神哪，免费的高速路居然也不堵车，这肯定不是二环、三环和四环，当然跟 G6/G8 线应该也没啥关系，至少也是十八环外了，弟兄们，走吧，跟着三思去溜达溜达~~~

再次提示

很多 Linux/UNIX 下管理 MySQL 数据库服务的 DBA，初看到数据库的管理账户 root 就发蒙了，以为这是什么重要的征兆，其实是大可不必的。此 root 非彼 root，MySQL 数据库里的 root 账户跟操作系统中的 root 没有丝毫的关联，只是数据库初始化时自动创建的一个名称而已。在本书第 3 章初始化数据库时，三思已经手动将该用户更名为了 system，我们的操作能够成功，并且未对后续数据库的正常管理带来任何异常，也说明 root 这个账户名不具备什么特殊的含义，完全可以随意处理。

> 基于合适的用户做符合其权限的事的目的，执行与权限相关操作的用户当然也得有权限，默认我们使用的是系统管理员账户，就是system用户了，本例中所做的用户管理操作，如非特别注明，均是使用mysql中的system用户执行。

5.2.1 创建用户

在创建用户之前，首先说明两点：

- 用户名的长度不能超过16个字符。
- 用户名和密码对大小写敏感，也就是说，Jss和jss是两个不同的用户，密码也是如此。

1. 传统方式创建

MySQL中专用的创建用户的命令是CREATE USER，该命令语法如下：

```
CREATE USER user_specification
    [, user_specification] ...

user_specification:
    user
    [
        IDENTIFIED BY [PASSWORD] 'password'
      | IDENTIFIED WITH auth_plugin [AS 'auth_string']
    ]
```

CREATE USER命令是最传统的创建用户方式，语法看起来还是挺简单的，不过事实上与用户权限相关的细节非常有讲究，因为简单，所以灵活，因为灵活，所以可配置性强，因为可配置性强，所以细节很重要。

不过，刚开始接触时，大家倒是不用关注太多，从易到难嘛，咱们先按照最简单的方式创建一个名为jss的用户吧，执行操作如下：

```
(system@localhost) [mysql]> create user jss;
Query OK, 0 rows affected (0.01 sec)
```

你猜怎么着，成功了！不要担心“0 rows affected”那个提示，对于操作用户这类SQL语句，它的返回就是这个样子，只要不是返回什么ERROR之类提示，就是成功了，如果想看到明确的结果，可以通过查询mysql.user字典表中的记录验证一下：

```
(system@localhost) [mysql]> select user,host,password from mysql.user where user='jss';
+------+------+----------+
| user | host | password |
+------+------+----------+
| jss  | %    |          |
+------+------+----------+
1 row in set (0.00 sec)
```

当然啦！最好的验证方式仍然是登录测试，我们刚刚创建的用户，既没有设置登录的密码，也没有指定来源主机，因此该用户可以从任意安装了MySQL客户端，并能够访问

目标服务器的机器上创建连接。

换台装有 MySQL 客户端的服务器登录试试，例如：

```
[mysql@mysqldb02 ~]$ mysql -ujss -h 192.168.30.243
Welcome to the MySQL monitor.  Commands end with ; or \g.
Your MySQL connection id is 8
Server version: 5.6.12-log JSS for mysqltest

Copyright (c) 2000, 2013, Oracle and/or its affiliates. All rights reserved.

Oracle is a registered trademark of Oracle Corporation and/or its
affiliates. Other names may be trademarks of their respective
owners.

Type 'help;' or '\h' for help. Type '\c' to clear the current input statement.

(jss@192.168.30.243) [(none)]>
```

可以看到当前就是以 jss 身份连接到 30.243 服务器。由于前面创建用户时并没有指定任何密码，因此连接时无需指定密码即可顺利登录数据库。

2. 修改用户密码

想必读者朋友也都看出来了，这样登录很不安全，密码可以有。那么怎么给用户设置密码呢？ALTER USER？NONONO，我们一般都不会这样干，甚至在 **MySQL 5.6.6** 版本之前，根本就没有提供 ALTER USER 这样的语法。“怎么会这样”，您是否在心里暗自问自己这个问题，其实若对 MySQL 的用户与权限体系有全面的认识，就会明白这种设计，对于 MySQL 数据库来说是合乎逻辑的。

MySQL 数据库中的用户没有太多属性，从前面的 CREATE USER 语法就能看得出来，与用户相关的选项，除了必须指定的用户名外，就是一个密码选项（唯一一个选项居然还不是必选项）。至于用户权限的授予，则是由单独的 SQL 命令操作（后面会介绍这些命令）。因此对于用户来说，可能变更的就是用户的密码，针对这一点需求，MySQL 没必要整出一个 ALTER USER 语法，它只需要单独针对修改密码的操作，提供一条命令即可，于是就有了 SET PASSWORD 命令，该命令语法如下：

```
SET PASSWORD [FOR user] =
    {
        PASSWORD('some password')
      | OLD_PASSWORD('some password')
      | 'encrypted password'
    }
```

比如，修改 jss 用户的密码为 5ienet.com，执行命令如下：

```
(jss@192.168.30.243) [(none)]> set password for jss=password('5ienet.com');
Query OK, 0 rows affected (0.00 sec)
```

SET PASSWORD 命令会自动更新系统授权表，之后再使用 jss 用户连接 MySQL 数据库，就必须输入密码才行，否则就会抛出：

```
ERROR 1045 (28000): Access denied for user 'jss'@'192.168.30.203' (using password: NO)
```

说一下 SET PASSWORD 命令中各选项的功能：

（1）SET PASSWORD：固定的语法格式，照着抄即可。

（2）[FOR user]：FOR 选项用于指定要修改密码的用户，如果是修改当前用户的密码，可以不用指定这个选项，如果要修改其他用户（前提是操作者确实有权限），那么必须通过 FOR 选项指定要修改的目标用户，格式为 user@host。

（3）PASSWORD/OLD_PASSWORD：这是两个密码专用函数。MySQL 数据库中用户密码当然不会是以明文的形式保存，它可不像国内某些专业 IT 社区那样，打着专业旗号却干出很不专业的事情。MySQL 中能够查询到的用户密码是按照它自己的加密逻辑处理后的字符串形式。在修改密码时，也必须指定加密后的字符形式保存，否则登录验证就会碰到异常。可是，都说了是加密后的形式，那我们又怎么能知道字符被加密后是什么形式呢？这里就要分两点来看：

①第一种是用户确实知道，甭管它是通过什么方式获得的（确实有多种方式），那么在指定密码时就可以直接指定其加密后的形式。

②第二种是用户不知道加密后的字符是什么，那么就可以由 MySQL 来帮助我们生成，MySQL 数据库提供了相应的函数 PASSWORD()，直接调用该函数即可，这种方式是最常见的调用方式，我们前面的示例中也是采用这种方式。

提示：关于 OLD_PASSWORD()函数

这个函数的命名容易产生误解，看起来仿佛是跟用户的旧密码有什么关系，其实不是这样，它只是为了应对 MySQL 的版本兼容性才出现的。在 4.1 之前的版本中，PASSWORD()函数生成 16 位长度的加密字符串，而在之后的版本中，为了提高安全性，MySQL 改进了密码的生成算法，现在生成的为 41 位长度的加密字符串，那么就会出现一个兼容性方面的问题，当用户使用 4.1 之前的客户端连接 MySQL 服务时，就会出现由于加密格式不统一造成的登录失败。为了提高兼容性，MySQL 新增加了 OLD_PASSWORD()函数，仍然采用原始的加密策略生成 16 位长度的加密字符串，管理员在设置用户口令时，就可以使用这个函数生成密码，使其能够兼容 4.1 之前版本的 MySQL 客户端。

两个函数处理相同字符串的输出如下：

```
(jss@192.168.30.243) [(none)]> select password('123456'),old_password('123456');
+-------------------------------------------+------------------------+
| password('123456')                        | old_password('123456') |
+-------------------------------------------+------------------------+
| *6BB4837EB74329105EE4568DDA7DC67ED2CA2AD9 | 565491d704013245       |
+-------------------------------------------+------------------------+
```

前面提到，在 5.6.6 版本之前，MySQL 数据库都没有 ALTER USER 语法，那么为什么后来又增加了 ALTER USER，这个语法又能用来做什么呢？为什么增加这个语句我也没想明白，不过这个语句的功能可能要让很多人打死都猜不到。新增的 ALTER USER 语句的功能，与其他数据库软件中的 ALTER USER 功能差异巨大，一言以蔽之，就是让用户的密码

过期。注意一定要正确理解，是密码过期，而不是用户过期哟。用户仍然可以用（登录），只是密码过期后，无法做任何操作。

比如说，我们先将 jss 用户密码设置为过期，执行操作如下：

```
(system@localhost) [mysql]> alter user jss password expire;
Query OK, 0 rows affected (0.00 sec)
```

而后再以 jss 用户登录，用原始密码仍然能够登录成功，但是执行操作就不行喽：

```
(jss@192.168.30.243) [(none)]> show databases;
ERROR 1820 (HY000): You must SET PASSWORD before executing this statement
```

实践过之后，您是否回忆起了什么，或者说您现在应该知道，第 2 章 RPM 包方式安装后连接数据库，必须先修改用户密码才能执行操作，是如何实现的了吧！

3. 通过登录主机验证用户

话说 MySQL 数据库中，用户登录除了验证用户名和密码外，不是号称还要检查来源主机呢嘛，怎么前面的登录操作，似乎并未感到有对主机层的验证呢？这个嘛，因为创建用户时就没有指定登录主机啊，没指定，默认就是不限制。不过这个“不限制”指的是不做限制，实际上字典表中还是会有对应的标识，查询一下 mysql.user 字典表中的信息：

```
(system@localhost) [(mysql)]> select user,host from mysql.user where user='jss';
+------+------+
| user | host |
+------+------+
| jss  | %    |
+------+------+
1 rows in set (0.00 sec)
```

注意到这条记录中 host 列的值了没，显示一个%（百分号）。熟悉 SQL 语法的朋友都知道，%在 SQL 语法中是作为通配符，代表任意字符串，在这里出现则代表任意主机，这个才是前面所说的不限制登录主机的真正原因。

没错，主机名可以指定通配符，规则与标准的 SQL 语法中定义完全相同：

- %：对应任意长度的任意字符。
- _：对应一位长度的任意字符。

如果 user 字典表中的 host 列值为空或%，均代表任意主机。因此，如果希望创建的用户只能从某个主机或某个 IP 段访问，那么在创建用户时，就必须明确指定 host，指定的 host 既可以是 IP，也可以是主机名，或者是可正确解析至 IP 地址的其他自定义名称。

接下来我们尝试创建一个名为 jss_ip 的用户，并且该用户仅允许从 192.168.30.203 的主机连接至 MySQL 服务端，执行命令如下：

```
(system@localhost) [(mysql)]> create user jss_ip@'192.168.30.203' identified by 'jss';
Query OK, 0 rows affected (0.00 sec)
```

这样使用 jss_ip 用户登录时，只有从 192.168.30.203 主机发出登录请求才能成功，从非 192.168.30.203 的主机上，使用 jss_ip 用户连接时，不管密码是否正确，都会抛出“ERROR 1045 (28000): Access denied”错误信息：

```
$ mysql -ujss_ip -pjss -h 192.168.30.243
```

```
ERROR 1045 (28000): Access denied for user 'jss_ip'@'192.168.10.113' (using password: YES)
```

如果希望 192.168.30.%网段的主机均能够使用 jss_ip 用户连接，又该如何设置呢？这种情况下就该通配符出马了：

```
(system@localhost) [(none)]> create user jss_ip@'192.168.30.%' identified by 'jss';
Query OK, 0 rows affected (0.00 sec)
```

而后从 192. 168. 30.%网段的任意主机上尝试连接 MySQL 服务器，都能够顺利登录：

```
$ mysql -ujss_ip -pjss -h 192.168.30.243
Welcome to the MySQL monitor.  Commands end with ; or \g.
```

其他大型数据库软件，直接指定用户即可登录数据库，但在 MySQL 数据库中，则额外还需要有主机这一维度，用户和主机（'user'@'host'）组成一个唯一**账户**，登录 MySQL 数据库时，实际上是**通过账户**进行验证。

由于 host 能够支持通配符，使得登录验证时来源主机的部分更加灵活，表 5-1 列举了一些 user 和 host 的常见组合，希望能够有助于大家理解。

表 5-1　用户与主机组合示例

user 列	host 列	对应连接情况
'jss'	'192.168.1.2'	使用 jss 用户登录时，只有从 192.168.1.2 主机发出登录请求才能成功创建连接
'jss'	'www.5ienet.%'	使用 jss 用户登录时，可以从主机名为 www.5ienet.(net/com/cn....)的任意主机创建连接
'jss'	'www.5ienet.com'	使用 jss 用户登录时，只能从主机名为 www.5ienet.com 的主机发出请求才能成功创建连接
'jss'	'%'	可以从任意主机使用 jss 用户连接
''	'10.0.0.%'	可以从 10.0.0.%网段内的任意主机创建连接，并且无需输入任何用户信息
''	'%'	任意主机均可以创建连接，并且连接过程中无需用户信息

大家是否注意到表 5-1 中前几行记录中的用户名都叫 jss，不过实际上它们不仅不是同一条记录，甚至不是一个用户。因为 MySQL 数据库是根据'user'@'host'来确认记录是否唯一，user 表中每一条记录都是一个独立的账户，每一个独立的账户都可以拥有各自的权限设置。

这种设计对于初接触 MySQL 数据库的朋友的确可能带来困扰，因为大家一般都只听过有 user，谁能想到这中间还夹着一层 host，不过我举个例子大家应该就明白了。比如说您有两位同事，都叫杨伟（user），一个从山东（host）来，另一个从山西（host）来，您就知道他们肯定不是一个人，这种情况搁现实生活中叫**重名**，两个确实是各自独立的个体。

“重名”说尽管能够帮助大家理解 user+host 的组合，不过朋友们可能还是会有疑问，就是重名所带来的现实尴尬，比方说有可能碰到你喊一声“美女”，结果一堆人答应的场景，那 MySQL 数据库中会不会出现这种情况呢？它又怎么保证一定是那个你想搭讪的姑娘回应呢？按照我的理解，拿这个问题拷问 MySQL 的智商实在太难为它了，别说 MySQL 搞

不清楚，就是换个活生生的人也搞不定啊，因此，肯定的答复就是，MySQL 保证不了。

不过放心啦，MySQL 不会返回一堆记录让人无所适从的，因为规矩是限定死的嘛，只能有一条回应，当然啦，它也不会随随便便挑一个给你。作为一款数据库软件，“严谨”是烙印在它的基因中的，MySQL 遇到这种情况，会按照既定的规则来处理，处理的规则归根结底就两个字：排序，而后从排好序的结果中取第一条记录。

MySQL 在排序时会将最明确的 host 值放在前面，比如说某个具体的主机名或 IP 地址就非常明确，而像通配符“%”就是最不明确的代表（它代表任意主机），排序时会放在后面，空字符串''尽管也表示任意主机，但排序的优先级比'%'更低，它会放在最后。对于 host 相同的记录，MySQL 会再按照 user 列中的值排序，规则与 host 完全相同，都是最明确的值放在最前面。

举例来说，user 字典表中有下列的记录：

```
+-----------+----------+-
| Host      | User     | ...
+-----------+----------+-
| %         | system   | ...
| %         | jss      | ...
| localhost | system   | ...
| localhost |          | ...
+-----------+----------+-
```

按照 MySQL 数据库的规则，排序好之后的结果类似这样：

```
+-----------+----------+-
| Host      | User     | ...
+-----------+----------+-
| localhost | system   | ...
| localhost |          | ...
| %         | jss      | ...
| %         | system   | ...
+-----------+----------+-
```

提 示

排序是什么时候做的呢？要知道，MySQL 在服务启动时就会将 user 表读取到内存中，在读取的过程中就会排序。MySQL 服务运行过程中，修改用户权限触发权限更新时，会刷新内存中的字典表，这期间又会进行排序，也就是内存中的字典表永远都是排好序的。

客户端创建连接时使用的用户名和主机，有可能同时匹配 user 表中的多条记录。在上面给出的例子中，使用 system 用户登录就有可能既匹配 system@'localhost'，又匹配 system@'%'两条记录。按照前面介绍的规则，如果是在 localhost 本地执行登录，那么一定会匹配为 system@'localhost'这个用户，否则的话，则会是 system@'%'这个用户了。

再给一个例子，user 表中有以下两条记录：

```
+----------------+----------+-
| Host           | User     | ...
```

```
+---------------+----------+-
| www.5ienet.com |          | ...
| %             | jss      | ...
+---------------+----------+-
```

当用户使用 jss 用户并且从 www.5ienet.com 主机登录 MySQL 数据库时，会匹配第一条记录，如果是从其他主机登录的话则是匹配第二条记录。实际上，从 www.5ienet.com 主机登录 MySQL 的话，是否指定用户根本就**没有区别**，因为 www.5ienet.com 已经非常明确，并且 user 列值为空字串，也就代表着只要是从 www.5ienet.com 主机发出的登录请求，不管指定的用户是什么（甚至可以是 user 表中不存在的用户），均会匹配为这条记录。

4. GRANT 方式创建用户

CREATE USER 只是创建用户的高速路之一，如果你觉得这条道路实在太过平坦，路边风景太过平淡，行程太过平常，不妨在抵达目的地之前，拐弯开上 GRANT 大道，饱览不一样的风景。

GRANT 命令并非本小节重点，这里仅简要描述一下其语句中与用户相关的部分：

```
GRANT priv_clause TO user [IDENTIFIED BY [PASSWORD] 'password'] ...
```

与创建用户相关的语法，看起来跟 CREATE USER 是差不多的嘛，事实上当然不是差不多，根本就是一模一样嘛，下面举个例子，操作如下：

```
(system@localhost) [(mysql)]> grant select on jssdb.* to jss_grant@192.168.30.203 identified by 'jss';
Query OK, 0 rows affected (0.00 sec)

(system@localhost) [(mysql)]> select user,host,password from mysql.user where user ='jss_grant';
+-----------+----------------+-------------------------------------------+
| user      | host           | password                                  |
+-----------+----------------+-------------------------------------------+
| jss_grant | 192.168.30.203 | *284578888014774CC4EF4C5C292F694CEDBB5457 |
+-----------+----------------+-------------------------------------------+
1 row in set (0.00 sec)
```

上述语句在实现了前面第 3 个例子（创建用户 jss_ip）的功能外，还额外授予了 jss_grant 用户查询 mysql.user 表的权限。MySQL 的开发团队靠着永不屈服、永不放弃、永不退缩、永不言败的奋争精神，用智慧和巧妙的构思完美复制了 ORACLE GRANT 语句的功能，这是全世界默默无闻的 MySQL 开发人员长期以来内生品格的自然流露，是全世界默默无闻的 MySQL 开发人员开拓前进的不竭动力，这就是传说中的“瑞典梦”。

5. 另类方式创建用户

如果说觉得上述方式都不顺手，或者，大脑短路导致短暂忘记了命令的语法，那也没关系，mysql.user 表还记得吧，直接向该字典表中插入记录（一般 INSERT 语法想忘不容易），也是靠谱的，例如：

```
(system@localhost) [(none)]> insert into mysql.user (host,user,password,ssl_cipher,x509_issuer,
x509_subject) values ('192.168.30.203','jss_insert',password('jss'),'','','');
Query OK, 1 row affected (0.00 sec)
```

```
(system@localhost) [(none)]> select user,host,password from mysql.user where user ='jss_insert';
+------------+----------------+-------------------------------------------+
| user       | host           | password                                  |
+------------+----------------+-------------------------------------------+
| jss_insert | 192.168.30.203 | *284578888014774CC4EF4C5C292F694CEDBB5457 |
+------------+----------------+-------------------------------------------+
1 row in set (0.00 sec)
```

手动修改权限字典表后，需要执行 FLUSH PRIVILEGES 语句，重新加载授权信息到内存中，否则手动修改的权限不会生效，执行操作如下：

```
(system@localhost) [none]> flush privileges;
Query OK, 0 rows affected (0.00 sec)
```

接下来可以尝试从 192.168.30.203 主机，分别使用 jss_insert 和 jss_ip 登录，对比看看效果，不仅看起来相同，实际表现也是一模一样。

这点跟 Oracle 数据库就截然不同了，Oracle 这类数据库是绝对不建议用户修改数据字典表的，而且一般情况下也不知道都应该改**哪些**地方（没错，完全可能不止一处需要修改），因此对于 Oracle 数据库，最安全、最稳妥也最快捷的方式，还是老老实实按照 Oracle 提供的命令进行操作。而 MySQL 则完全不同，官方不仅完全不介意用户通过操作字典表的方式进行功能修改（想想也是，连软件都是开源的，在这种地方设什么障碍也没有意义），甚至鼓励通过这种方式。话说回来，截止到 MySQL5.6.12 版本，都还没有提供修改“用户属性”的 ALTER USER 的语法，因此如果想对用户属性做修改，直接 UPDATE mysql.user 表就算是比较便捷的方式了。

当然啦，MySQL 中的用户其实也没什么属性可供修改，大多都是权限，唯一称得上属性又有修改可能的，就是用户的密码信息了。前面介绍过 SET PASSWORD 语句，用于修改用户密码非常专业，但并不是唯一的方法，在 MySQL 数据库中，我们可以使用更加直接的方式。实际上之前就这么干过，还记得第 3 章中修改 root 用户密码时所做的操作吗？没错，用户的信息保存在 mysql.user 字典表中，我们直接修改该表也是一样的。

例如，直接修改字典表，将 jss 用户的密码变更为 123456，执行操作如下：

```
(system@localhost) [(none)]> update mysql.user set password=password('123456') where user='jss' and host='%';
Query OK, 1 row affected (0.00 sec)
Rows matched: 1  Changed: 1  Warnings: 0
```

5.2.2　授予权限

用户管理的核心就是权限分配，MySQL 数据库中授予权限有专用命令 GRANT，它不仅能够授予权限，甚至还能创建用户（前面小节中演示过）。严谨些描述，它能在创建用户的同时授予权限，看起来授权操作倒像是顺带的功能一样。

GRANT 命令的语法看起来可是相当复杂的呐：

```
GRANT
    priv_type [(column_list)]
```

```
    [, priv_type [(column_list)]] ...
  ON [object_type] priv_level
  TO user [IDENTIFIED BY [PASSWORD] 'password'] ...
  [REQUIRE {NONE | ssl_option [[AND] ssl_option] ...}]
  [WITH with_option ...]
```

除了 priv_type，其他几个加粗的子项详细语法如下：

- object_type:

```
  TABLE
| FUNCTION
| PROCEDURE
```

- priv_level:

```
  *
| *.*
| db_name.*
| db_name.tbl_name
| tbl_name
| db_name.routine_name
```

- ssl_option:

```
  SSL
| X509
| CIPHER 'cipher'
| ISSUER 'issuer'
| SUBJECT 'subject'
```

- with_option:

```
  GRANT OPTION
| MAX_QUERIES_PER_HOUR count
| MAX_UPDATES_PER_HOUR count
| MAX_CONNECTIONS_PER_HOUR count
| MAX_USER_CONNECTIONS count
```

貌似漏掉了 priv_type 选项，放心我没忘，最重要的 priv_type 需要放在最显著的地方解说。它看起来最简单，但可选项也最多，用于指定可授予（或收回）的权限类型，对此官方文档中，针对可授予的权限，专门列了个表罗列的很清晰（表 5-2）。

表 5-2　MySQL 用户权限

权限类型	简要说明
ALL [PRIVILEGES]	授予除 GRANT OPTION 外的所有权限
ALTER	允许执行 ALTER TABLE 操作
ALTER ROUTINE	允许修改或删除存储过程和函数
CREATE	允许创建数据库和创建表对象
CREATE ROUTINE	允许创建存储过程和函数
CREATE TABLESPACE	允许创建、修改或删除表空间及日志文件组
CREATE TEMPORARY TABLES	允许执行 CREATE TEMPORARY TABLE 语句创建临时表

续表

权限类型	简要说明
CREATE USER	允许执行 CREATE USER、DROP USER、RENAME USER 和 REVOKE ALL PRIVILEGES 语句
CREATE VIEW	允许创建/修改视图
DELETE	允许执行 DELETE 语句
DROP	允许删除数据库/表或视图
EVENT	允许使用 Event 对象
EXECUTE	允许用户执行存储程序
FILE	允许用户读写文件
GRANT OPTION	允许将授予的权限再由该用户授予其他用户
INDEX	允许创建/删除索引
INSERT	允许执行 INSERT 语句
LOCK TABLES	允许对拥有 SELECT 权限的表对象执行 LOCK TABLES
PROCESS	允许用户执行 SHOW PROCESSLIST 命令查看当前所有连接
PROXY	允许使用 PROXY
REFERENCES	尚未应用
RELOAD	允许执行 FLUSH 操作
REPLICATION CLIENT	允许用户连接复制环境中的 Master/Slave
REPLICATION SLAVE	允许复制环境的 Slave 端从 Master 端读取数据
SELECT	允许执行 SELECT 语句
SHOW DATABASES	允许执行 SHOW DATABASES 语句显示所有数据库
SHOW VIEW	允许执行 SHOW CREATE VIEW 查看视图定义
SHUTDOWN	允许通过 mysqladmin 命令关闭数据库
SUPER	允许执行管理操作，比如 CHANGE MASTER TO、KILL、PURGE BINARY LOGS、SET GLOBAL 等语句
TRIGGER	允许创建或删除触发器
UPDATE	允许执行 UPDATE 操作
USAGE	意指没有权限（no privileges）

这个表罗列了所有可授予用户的权限，不管针对什么用户，授予哪个对象，授予什么粒度的权限，都是从表 5-2 中的关键字中选择。

以上几段加一块基本上就是 GRANT 语句的语法，看起来呢是复杂了一点点，不过不懂也没关系，再说就算懂了也不一定记得住，就算记住了也不一定真能理解它在说什么。

就像现在人人都知道要先感谢国家，你懂的，人人都明白那不过就是说说（不过海外各种二代及二代亲戚们说这话时应该是真心的），关键时刻得动真格的，得会用才行，三思争取后面多弄几个例子，让大家伙都搞明白这个事儿。

下面先举个最简单的例子帮助大家理解，我们要授予jss_grant@'192.168.30.203'用户查询mysql.user表的权限，执行语句如下：

```
(system@localhost) [(none)]> grant select on mysql.user to jss_grant@'192.168.30.203';
Query OK, 0 rows affected (0.00 sec)
```

其中 select 对应的就是 priv_type 中的权限，mysql.user 对应 priv_level 中的 db_name.tbl_name，这是一个最简单的示例，当然啦，不使用GRANT语句，而通过INSERT、UPDATE方式修改字典表也是靠谱的！

话说MySQL数据库中有些权限的设计也很有意思，值得说道几句。

首先是关于CREATE/DROP这类权限，这是个很有意思的设定，拿CREATE权限来说，如果一个用户拥有了建库的权限，那么它也一定能创建表（但不能创建视图），此处的粒度设计没有那么细，MySQL数据库并没有将建库和建表设计成两种权限，而是合二为一。DROP权限也是类似的设计，不过与CREATE权限有所不同的是，DROP权限也能删除视图对象。其实其他数据库中也有类似的设定，比如Oracle数据库环境，某个用户拥有创建对象的权限的话，那么它就一定拥有删除这个对象的权限。在Oracle看来，能创建就应该能删除，这两者是一体的，无法单独剥离。就我个人看来，Oracle的设定明显更为老道，而且符合逻辑，MySQL在这方面的设计还是显得规划有些不够清晰。

其次关于ALL [PRIVILEGES]和GRANT OPTION权限，这是两种比较特殊的权限，甚至在授予或收回这两类权限时都不能与其他权限同时操作，并且这两个权限并不像它们名字显示的那样是“全部”的权限，后面的示例中会演示这一点。

最后关于USAGE权限，按照表5-2的描述中所示，这个权限的功能就是“没有权限”，但其实它不是完全没有权限，至少它还有一项权限，就是“登录权限”。对于使用CREATE USER语句创建的用户，该用户默认就会拥有USAGE权限，但是，又的确像描述中所说的那样，这个用户除了能够登录数据库，别的什么也做不了，因此就像是“没有权限”。

另外，还得再简要说一下with_option的几个选项：

- GRANT OPTION：允许用户再将该权限授予其他用户。
- MAX_QUERIES_PER_HOUR：允许用户每小时执行的查询语句数量。
- MAX_UPDATES_PER_HOUR：允许用户每小时执行的更新语句数量。
- MAX_CONNECTIONS_PER_HOUR：允许用户每小时连接的次数。
- MAX_USER_CONNECTIONS：允许用户同时连接服务器的数量。

这块的内容一看就是给用户设限制用的，我个人认为意义不大，不是说没有这类需求，而是这些选项的粒度仍然不够细致，不易碰到适合的应用场景。不过简单了解一下也是有必要的，万一哪天对某用户看着不爽，DBAer心里应该明白，还是有法子限制该用户能够

使用的资源的。

其他部分就先不多说了，何况这个事儿也不能说得太细，主要是太细的东西三思也不懂，不懂装懂这个事儿俺脸皮虽然已经很厚，但做这类事儿的时候表情总是不够自然，不过请同学们放心，俺一定会继续努力，争取早日复制粘贴那谁的成功，用俺的真诚蒙到别人，蒙到所有的人……。

5.2.3 查看和收回用户权限

不管是授予还是收回用户的权限，通常首先需要知道用户当前都拥有什么权限。查询用户权限可以使用 SHOW GRANTS 语句，SHOW GRANTS 的语法比较简单，就一行：

```
SHOW GRANTS [FOR user]
```

其中 FOR user 还是个可选项，用于指定要查询的目标用户，如果不指定的话，则默认显示当前用户拥有的权限，效果等同于 SHOW GRANTS FOR CURRENT_USER()。

如果之前从未用过，那么 SHOW GRANTS 语句显示的结果可能会出乎意料，它返回的结果并不是某个权限类型的关键字，而是授权语句。

例如，查看用户 jss_grant@192.168.30.203 都拥有哪些权限，执行语句如下：

```
(system@localhost) [(none)]> show grants for jss_grant@192.168.30.203;
+----------------------------------------------------------------------------------------+
| Grants for jss_grant@192.168.30.203                                                    |
+----------------------------------------------------------------------------------------+
| GRANT USAGE ON *.* TO 'jss_grant'@'192.168.30.203' IDENTIFIED BY PASSWORD '*284578888014774
CC4EF4C5C292F694CEDBB5457' |
| GRANT SELECT ON 'jssdb'.* TO 'jss_grant'@'192.168.30.203'                              |
| GRANT SELECT ON 'mysql'. 'user' TO 'jss_grant'@'192.168.30.203'                        |
+----------------------------------------------------------------------------------------+
3 rows in set (0.00 sec)
```

从上述返回的结果可以看到，用户 jss_grant@192.168.30.203 拥有 3 项权限：查询 mysql.user 表、查询 jssdb 数据库下所有对象的权限以及登录 MySQL 数据库的权限。要我说，MySQL 数据库 SHOW GRANTS 语法最喜人之处在于，创建用户和授权语法都列出来了。

尽管前面我已经无数次提到过，直接查询 mysql 库中的数据字典表来修改或查看用户的权限信息，但我觉着如果是要查看某个用户的权限，使用 SHOW GRANTS 语句才是最好的方式，功能超强而且易用。

要收回用户权限，与之对应的命令是 REVOKE，它的语法从定义上分为两种：

```
REVOKE priv_type [(column_list) ] [, priv_type [(column_list) ]] ...
    ON [object_type] priv_level FROM user [, user] ...
REVOKE ALL PRIVILEGES, GRANT OPTION FROM user [, user] ...
```

前者用来处理指定的权限，有很多选项，这些选项的定义与 GRANT 中同名选项定义一模一样，这里不再赘述。后者功能较为独立，可以理解成专用于**清除**用户权限。

我们先来尝试收回 jss_grant@'192.168.30.203'用户，拥有的 mysql.user 表对象的 SELECT 权限，执行 REVOKE 命令如下：

```
(system@localhost) [(none)]> revoke select on mysql.user from jss_grant@192.168.30.203;
Query OK, 0 rows affected (0.00 sec)

(system@localhost) [(none)]> show grants for jss_grant@192.168.30.203;
+------------------------------------------------------------------------------------------+
| Grants for jss_grant@192.168.30.203                                                      |
+------------------------------------------------------------------------------------------+
| GRANT USAGE ON *.* TO 'jss_grant'@'192.168.30.203' IDENTIFIED BY PASSWORD '*284578888014774
CC4EF4C5C292F694CEDBB5457' |
| GRANT SELECT ON `jssdb`.* TO 'jss_grant'@'192.168.30.203'                                |
+------------------------------------------------------------------------------------------+
2 rows in set (0.00 sec)
```

收回某个**普通**的指定权限立竿见影。注意，我说的是普通权限。有哪些权限不普通呢？如果此刻你的内心浮现出这个问题，说明看书不认真啊！在前面介绍 GRANT 语句时就曾提到过的，比如说 USAGE 权限，这个权限用户一经创建就会拥有，并且无法通过 REVOKE 语句收回。你要不相信哪，咱们来看一看：

```
(system@localhost) [(none)]> revoke usage on *.* from 'jss_grant'@'192.168.30.203';
Query OK, 0 rows affected (0.00 sec)
```

操作提示成功，但这是个假象，可以通过查看 jss_grant 用户拥有的权限来验证：

```
(system@localhost) [(none)]> show grants for jss_grant@192.168.30.203;
+------------------------------------------------------------------------------------------+
| Grants for jss_grant@192.168.30.203                                                      |
+------------------------------------------------------------------------------------------+
| GRANT USAGE ON *.* TO 'jss_grant'@'192.168.30.203' IDENTIFIED BY PASSWORD '*284578888014774
CC4EF4C5C292F694CEDBB5457' |
| GRANT SELECT ON `jssdb`.* TO 'jss_grant'@'192.168.30.203'                                |
+------------------------------------------------------------------------------------------+
2 rows in set (0.00 sec)
```

毫无变化。前面 revoke 之所以没有报错，也跟 MySQL 在语句执行上的设定有关系。比方说，您可以尝试 revoke 任意权限 from user，它都不会报错的。之前曾提到过，MySQL 的返回就是这个德性：Query OK, 0 rows affected。

此外前面三思还提到过特殊的 ALL PRIVILEGES，这个权限也不像字面意义那么简单，所谓“所有权限”指的不是所有哟。你要不相信呀，咱们再来看一看，对 jss_grant@'192.168.30.203'用户执行 REVOKE ALL PRIVILEGES：

```
(system@localhost) [(none)]> revoke all privileges on *.* from jss_grant@'192.168.30.203';
Query OK, 0 rows affected (0.00 sec)
```

提示信息总是这样，我们能猜得到开头，不过能猜得对结局不？还是实际验证一下吧：

```
(system@localhost) [(none)]> show grants for jss_grant@192.168.30.203;
+------------------------------------------------------------------------------------------+
| Grants for jss_grant@192.168.30.203                                                      |
+------------------------------------------------------------------------------------------+
```

```
| GRANT USAGE ON *.* TO 'jss_grant'@'192.168.10.203' IDENTIFIED BY PASSWORD
'*284578888014774CC4EF4C5C292F694CEDBB5457' |
| GRANT SELECT ON `jssdb`.* TO 'jss_grant'@'192.168.30.203'                  |
+----------------------------------------------------------------------------+
2 rows in set (0.00 sec)
```

又是毫无作用。那个特殊的 USAGE 权限就不说了，可是 ALL PRIVILEGES 居然连小小的普通的 SELECT 权限都没能收回，这还称得上 ALL 吗？呃，这个，称得上，它只是功能的设计并不像我们想象的那样而已。这几个知识点是 MySQL 数据库的权限体系设计上的细节，如不注意就有可能错误理解。

前后两个操作尽管看起来结果相同，但结论是完全不同的，前者是由于 USAGE 在 MySQL 权限体系中对于用户的特殊意义，后者是由于系统设计层的因素。MySQL 数据库中的权限，操作时授予和收回的权限级别（priv_level）必须对应，否则无法成功回收。

就上面这个例子中，授予 jss_grant@'192.168.30.203'用户 SELECT 权限时，是基于 jssdb 这样一个库级授予的，那么回收时，也必须明确指定是基于库级回收，如果指定 all on *.*，则无法收回 jssdb.*的权限，这也正是 MySQL 数据库权限粒度**分级**的特点。

因此，如果要让 REVOKE ALL PRIVILEGES 语句正确、有效地执行，就应该明确指定 on jssdb.*，例如：

```
(system@localhost) [(none)]> revoke all privileges on jssdb.* from jss_grant@'192.168.30.203';
Query OK, 0 rows affected (0.00 sec)

(system@localhost) [(none)]> show grants for jss_grant@192.168.30.203;
+----------------------------------------------------------------------------+
| Grants for jss_grant@192.168.30.203                                        |
+----------------------------------------------------------------------------+
| GRANT USAGE ON *.* TO 'jss_grant'@'192.168.30.203' IDENTIFIED BY PASSWORD
'*284578888014774CC4EF4C5C292F694CEDBB5457' |
+----------------------------------------------------------------------------+
1 row in set (0.00 sec)
```

这下终于成功将权限收回了。

三思有过多年的 Oracle 数据库使用经验，在尝试使用和学习 MySQL 数据库期间感触很深，MySQL 数据库设计的确实很有特点，我想对于初学者，只要小脑袋瓜没有停止思考，一定会持续不断冒出各种各样的问题。对于用户的权限回收，经过前面一些演示，想必朋友们又会有新的疑问：若用户拥有各种不同级别、不同粒度、不同的权限，回收时难道也必须一一指定回收吗？这岂不是太过繁琐了。关于这一点，我可以负责任地说，把心踏踏实实搁肚子里头吧，MySQL 数据库就跟繁琐俩字不沾边，作为一款开源的轻量级数据库，MySQL 就没有什么复杂的特性，自然也不会有繁琐的操作。

对于前面这个疑问，如果确定要干净利索地清除某个用户的所有权限，并且还要保留这个用户（这是什么变态需求），那么，REVOKE 语句的第二种语法派上用场了：

```
REVOKE ALL PRIVILEGES, GRANT OPTION FROM user
```

这是个固定语法，功能正是用于收回用户的所有权限，不管授予用户的是什么权限级别什么对象的什么权限，一条语句执行下去，直接将用户恢复至裸身（USAGE）状态。

当前，jss_grant@'192.168.30.203'用户有各类权限如下：

```
(system@localhost) [(none)]> show grants for jss_grant@'192.168.30.203';
+----------------------------------------------------------------------------------------------+
| Grants for jss_grant@192.168.30.203                                                          |
+----------------------------------------------------------------------------------------------+
| GRANT USAGE ON *.* TO 'jss_grant'@'192.168.30.203' IDENTIFIED BY PASSWORD '*284578888014774
CC4EF4C5C292F694CEDBB5457' |
| GRANT UPDATE, DELETE ON `jssdb`.* TO 'jss_grant'@'192.168.30.203'                            |
| GRANT ALTER ON `jssdb_mc`.* TO 'jss_grant'@'192.168.30.203'                                  |
| GRANT SELECT ON `mysql`.`user` TO 'jss_grant'@'192.168.30.203'                               |
+----------------------------------------------------------------------------------------------+
4 rows in set (0.00 sec)
```

怎么一次性收回所有权限呢？执行 REVOKE 语句如下：

```
(system@localhost) [(none)]> revoke all,grant option from jss_grant@'192.168.30.203';
Query OK, 0 rows affected (0.00 sec)

(system@localhost) [(none)]> show grants for jss_grant@192.168.30.203;
+----------------------------------------------------------------------------------------------+
| Grants for jss_grant@192.168.30.203                                                          |
+----------------------------------------------------------------------------------------------+
| GRANT USAGE ON *.* TO 'jss_grant'@'192.168.30.203' IDENTIFIED BY PASSWORD '*284578888014774
CC4EF4C5C292F694CEDBB5457' |
+----------------------------------------------------------------------------------------------+
1 row in set (0.00 sec)
```

你看，你看，用户的权限悄悄地在改变。

5.2.4 删除用户

我想不出一个仅拥有 USAGE 权限的用户存在的意义，干脆，删了它吧！怎么，您担心会丢失数据、影响系统稳定，放心吧！一个失势的人对组织是没什么危险的，只要权利被收回，它就立刻什么都不是。

很多人之所以担心删用户会丢数据，主要是受其他数据库产品的影响，比如说 Oracle 中删除用户（或其他对象，比如表空间），如果该用户下有很多的对象，那么删除用户的同时也会把这些对象及关联的数据统统删除，尽管 Oracle 会人性化地提醒你删除的用户下仍然存在数据，但如果强制级联删除（附加 CASCADE 选项），那么该删就还是删了。

MySQL 的删除用户语法中就不存在 CASCADE 的选项，为什么不存在呢？并不是 MySQL 对数据的保护不如 Oracle 那么上心，而是由最重要的一条与 Oracle 不同的机制决定。MySQL 数据库中的对象保存并不是依赖于用户，而是依赖于库（database），用户被删除没有任何关系，对象仍在，好好地保存在存储它的数据库中。

因此，MySQL 数据库中的用户删了就删了，如果外部应用不使用该用户的话，那么

我们可以认为该用户被删除无影响。即使发现真的删错了，想给它恢复身份的话也很简单，这不就是一句话的事儿嘛，只要重新向 mysql.user 表插入记录（注册建档），并授予所需权限即可（授予官阶），至于底层数据的意见那是完全可以忽视的。

看我说的这么笃定，下面就实际删个试试吧！MySQL 中删除用户的语法非常简单：

```
DROP USER user [, user] ...
```

从语法上大家想必也都看出来了，可以一次性删除多个用户，这里三思就准备一步删除之前创建的 jss_grant、jss_insert 和 jss_ip 几个用户，执行 DROP USER 命令如下：

```
    (system@localhost)  [(none)]>  drop  user  jss_grant@192.168.30.203,  jss_insert@192.168.30.203, jss_ip@192.168.30.203;
    Query OK, 0 rows affected (0.00 sec)
```

需要说明的一点是，DROP USER 不会自动中止已连接的用户会话，也就是说被删的用户如果在删前已经连接上了服务器，并且连接尚未中断，那它此时还能继续执行一定的操作，只是它的身份已经变成了黑户。

5.3 权限级别

总的来说，MySQL 数据库的权限从大的粒度上可以分成 5 类：全局、数据库、表、列、程序。通过对这 5 个大类权限的细分，可以精确地为**某个**用户分配从**某台**机器连接进来访问**某个**数据库下**某个**表的**某个**列的**某部分**记录权限。

授权主要是通过 GRANT 命令（或手动向字典表中插入或修改记录），对应的权限关键字，就是 5.2 节中所列的 priv_type，相对于 Oracle 数据库来说，我个人认为，MySQL 数据库中权限设定真简单。注意，简单不是一个贬义词，三思曾经无数次在无数个场合强调过这样一种观点：简单意味着灵活，而灵活在有心人的手上能实现的功能非常之强大。

本章尽可能多的通过示例，帮助大家理解 GRANT 语句的用法，当然，最重要的是理解 MySQL 数据库的权限体系，考虑到 MySQL 中的各级权限主要基于若干个字典表，因此本段介绍时会将这几个字典表的结构列为重要参照。

> **提 示**
>
> user/db/host 几个字典表中，host 列的值对大小写不敏感。User、Password、Db 和 Table_name 几个列值对大小写敏感。Column_name 列值对大小写不敏感。

5.3.1 全局

全局这个词儿一听就知道层次很高，宏观的事物都很重要，你看播音员每当提到宏观（经济数据）都是一脸的肃穆，连那个号称 60 年没出过一条假新闻的著名报纸，发表宏观经济数据时都兴奋得跟打了鸡血似的，不是喊保 8 就是喊超 9，虽然我怎么也闹不明白 8

和 9 到底是什么情况。

具体到 MySQL 这样一款小软件，全局这个级别也差不到哪儿去，我就说一条，与全局相关的权限信息记在 mysql.user 表中。这下大家知道厉害了吧，mysql.user 表对象里是等闲数据能待的地方吗？前面提到过，这个表管**登录**，控制用户能不能连接这样一等一的最重要的事情，闲杂记录能保存在这里吗？但是我们也要注意了，这个全局权限可不一定就能拥有所有的权限，它具体指的是能够拥有该 MySQL 服务器**所有**数据库的[**所有**]对象的[**所有**]权限（注：[]表示可选）。

下面新创建一个用户，并授予它 CREATE 权限，代码如下：

```
(system@localhost) [(none)]> grant create on *.* to jss_global;
Query OK, 0 rows affected (0.00 sec)

system@localhost) [(none)]> select * from mysql.user where user='jss_global'\G
*************************** 1. row ***************************
                  Host: %
                  User: jss_global
              Password:
           Select_priv: N
           Insert_priv: N
           Update_priv: N
           Delete_priv: N
           Create_priv: Y
             Drop_priv: N
           Reload_priv: N
..........
..........
..........
1 row in set (0.00 sec)
```

查看返回的 mysql.user 表中记录的信息，所有与权限相关列的列值多为'N'，表示没有权限，只有被授予了全局操作权限，mysql.user 表中权限对应列值才是'Y'，这种情况下，该用户就拥有在所连接的 MySQL 服务器下所有数据库中执行相应操作的权限。

以前面创建的 jss_global 用户为例，授予了 CREATE 权限之后，该用户即可轻松**查看**（没错，不仅能创建，还能查看）当前连接的 MySQL 数据库中创建的所有数据库，并能够在任意数据库中创建表对象（information_schema 库除外，该库具有一定特殊性，后面章节详述）。

找台客户端，以 jss_global 用户登录，由于创建时没有指定主机和密码信息，因此可以从任意主机并且无需输入任何密码登录：

```
[mysql@mysqldb02 ~]$ mysql -ujss_global -h 192.168.30.243
Welcome to the MySQL monitor.  Commands end with ; or \g.
Your MySQL connection id is 17
Server version: 5.6.12-log JSS for mysqltest
..........
..........
(jss_global@192.168.30.243) [(none)]>
```

执行 SHOW DATABASES 命令，可以查看当前存在的所有数据库：

```
(jss_global@192.168.30.243) [(none)]> show databases;
+--------------------+
| Database           |
+--------------------+
| information_schema |
| jssdb              |
| jssdb_mc           |
| mysql              |
| performance_schema |
+--------------------+
5 rows in set (0.00 sec)
```

创建表对象，也没有问题，如在 jssdb 库中创建一个名为 test1 的表对象：

```
(jss_global@192.168.30.243) [(none)]> use jssdb;
Database changed
(jss_global@192.168.30.243) [(jssdb)]> create table test1 (v1 varchar(20));
Query OK, 0 rows affected (0.00 sec)
```

创建成功，大家可以通过SHOW TABLES命令或DESC命令查看验证，这里不演示了。

MySQL 数据库中权限的设计自有其逻辑，有些设定符合人们（谨代表我个人）的常规思维，有些则跟我们下意识的认知有较大差距。

就拿刚刚演示的这个 CREATE 权限来说，当用户拥有全局的 CREATE 权限，那么它同时也级联拥有了查看所有数据库（SHOW DATABASES）和数据库下所有对象的权限，能建就能看，这点容易理解；但是，明确授予的 CREATE 权限，又确实只拥有“创建”的权限，想删除对象是不行的，哪怕这个对象就是它刚刚创建的：

```
(jss_global@192.168.30.243) [jssdb]> drop table test1;
ERROR 1142 (42000): DROP command denied to user 'jss_global'@'192.168.30.203' for table 'test1'
```

修改也不行：

```
(jss_global@192.168.30.243) [jssdb]> alter table test1 add (v1 varchar(20));
ERROR 1142 (42000): ALTER command denied to user 'jss_global'@'192.168.30.203' for table 'test1'
```

甚至连查询都不行：

```
(jss_global@192.168.30.243) [jssdb]> select * from test1;
ERROR 1142 (42000): SELECT command denied to user 'jss_global'@'192.168.30.203' for table 'test1'
```

现在您明白了吧，他授予的仅仅只是 CREATE 权限，想删除是不行的，连查看都是肯定不行的。对对，即使要删除的对象是自己刚刚创建的也不行。不不，多贵的计算机都不行。

全局这么重要的粒度，能够在这一级授予的权限自然不少，在 5.2.2 小节中提到的权限大部分都可以在全局级授予，与 MySQL 服务管理相关的权限则全部是在全局级进行设置。表 5-3 罗列了可在全局粒度授予的权限，以及该权限与 mysql.user 字典表列的对应关系。

表 5-3　全局权限列表

user 字典表列名	对应权限名
select_priv	SELECT
insert_priv	INSERT
update_priv	UPDATE
delete_priv	DELETE
create_priv	CREATE
drop_priv	DROP
reload_priv	RELOAD
shutdown_priv	SHUTDOWN
process_priv	PROCESS
file_priv	FILE
grant_priv	GRANT OPTION
references_priv	REFERENCES
index_priv	INDEX
alter_priv	ALTER
show_db_priv	SHOW DATABASES
super_priv	SUPER
create_tmp_table_priv	CREATE TEMPORARY TABLES
lock_tables_priv	LOCK TABLES
execute_priv	EXECUTE
repl_slave_priv	REPLICATION SLAVE
repl_client_priv	REPLICATION CLIENT
create_view_priv	CREATE VIEW
show_view_priv	SHOW VIEW
create_routine_priv	CREATE ROUTINE
alter_routine_priv	ALTER ROUTINE
create_user_priv	CREATE USER
event_priv	EVENT
trigger_priv	TRIGGER
create_tablespace_priv	CREATE TABLESPACE

提 示

默认情况下，使用 CREATE USER 创建的用户，能够登录 MySQL 数据库，并且还具有操作 test 库中对象的权限，这是 MySQL 数据库的默认设定，关于 test 数据库的权限问题，将在后面章节中专门描述。

5.3.2 数据库

数据库级别的权限，主要用于控制账户（'user'@'host'）操作某个数据库的权限，在这一粒度对用户做了授权后，用户就拥有了该数据库下[所有]对象的[所有]权限。

数据库级别的权限信息记录在 mysql.db 表。在介绍 mysql.db 表之前，三思想先特别提一下 mysql.host 表，这个表也与数据库粒度的权限有关联，它的功能相对奇特，是用于控制某些主机（host）是否拥有操作某个数据库的权限，在可设置的权限方面跟 mysql.db 几乎一模一样。

mysql.host 表在 MySQL 5.5 及之前版本中的处境很特别，默认情况下 GRANT/REVOKE 语句并不触发对该表数据的读、写，因此多数情况下该表都没啥用，极易被忽略。不过在应对某些特定场景下，DBA 可以手动操作（insert、update、delete）该表来实现某些特殊的需求。比如说只希望某些主机拥有操作某个数据库的权限时，mysql.user 完全派不上用场（它是针对全局的嘛，管不到 db 这么细的粒度），那么使用 mysql.host 就可以轻松实现，因为该表对权限的验证正是使用 host 这个维度。

当然啦，这个需求使用 mysql.db 表也可以实现，mysql.db 表是通过 user+host 两个维度来验证权限，比 mysql.host 多了一个维度，不过由于 MySQL 数据库的权限字典表能够支持通配符，并且 user 列可以为空（代表所有用户），通过灵活设置也可以实现 mysql.host 表的功能。我想也正是基于此，从 5.6 版本开始，mysql.host 表已被明确废弃。不过如果您在使用之前版本的数据库，恰好场景适当，倒是仍可以用用 mysql.host 表。

还是回到 mysql.db 表吧，功能前头已经说过了，不过出于加深印象的目的，我再重复说一遍大家没什么意见吧，有意见也不要紧，我的邮箱地址网上都写着哪，有啥抱怨的话尽管发，Gmail 邮箱，空间有好个 G 哪。

我个人感觉将数据库级权限与全局级权限对比起来更好理解，全局级权限大家都知道了吧，用来控制用户操作所有数据库的权限（以及管理 MySQL 服务的权限），数据都是保存在 mysql.user 字典表中。若只希望授予用户操作某个数据库的权限，该怎么办呢？那就该 mysql.db 出马啦！你要问 mysql.user 和 mysql.db 差在哪儿，对比一下两个字典表的表结构您就明白啦（表 5-4）。

表 5-4　全局和库级权限对应表

mysql.user 表	mysql.db 表
Host	Host
User	User
Password	
	Db
Select_priv	Select_priv
Insert_priv	Insert_priv
Update_priv	Update_priv
Delete_priv	Delete_priv
Create_priv	Create_priv
Drop_priv	Drop_priv
Reload_priv	Grant_priv
References_priv	References_priv
Index_priv	Index_priv
Alter_priv	Alter_priv
Create_tmp_table_priv	Create_tmp_table_priv
Lock_tables_priv	Lock_tables_priv
Create_view_priv	Create_view_priv
Show_view_priv	Show_view_priv
Create_routine_priv	Create_routine_priv
Alter_routine_priv	Alter_routine_priv
Execute_priv	Execute_priv
Event_priv	Event_priv
Trigger_priv	Trigger_priv
Shutdown_priv	
Process_priv	
....	

你看，mysql.db 表中有的列，在 mysql.user 中几乎全都有，而 mysql.user 中有的列则有一堆 mysql.db 表中都不存在呀。看看前面章节中介绍的权限说明，多出的列正是 MySQL 服务级的管理权限，说 mysql.db 是 mysql.user 表的子集都不为过。mysql.db 与 mysql.user 相比多出的 Db 列，不正是用来指定要管理的目标数据库嘛！

授予用户某个数据库的管理权限，执行 GRANT 语句时，相比全局就得缩小授权范围，把全局时指定的*.*改成 dbname.*就行啦！例如，创建 jss_database 用户，并授予 jssdb 库下创建对象的权限，执行命令如下：

```
(system@localhost) [(none)]> grant create on jssdb.* to jss_db;
Query OK, 0 rows affected (0.00 sec)
```

创建成功，查看 jss_db 用户在各字典表的记录明细，以便我们能够更清晰地理解权限字典表在用户权限环境所起到的作用。

先来看看刚刚创建的用户，在 mysql.user 全局权限表中的信息：

```
(system@localhost) [(none)]> select * from mysql.user where user='jss_database'\G
*************************** 1. row ***************************
                  Host: %
                  User: jss_database
              Password:
           Select_priv: N
           Insert_priv: N
           Update_priv: N
           Delete_priv: N
           Create_priv: N
             Drop_priv: N
           Reload_priv: N
         Shutdown_priv: N
.............
...........
```

操作类权限都是 N（相当于仅拥有 USAGE 权限），这就对了，允许该用户登录 MySQL 数据库。那么操作 jssdb 数据库的权限写在哪了呢？再看看 mysql.db 库级权限字典表吧：

```
(system@localhost) [(none)]> select * from mysql.db where user='jss_db'\G
*************************** 1. row ***************************
                 Host: %
                   Db: jssdb
                 User: jss_db
          Select_priv: N
          Insert_priv: N
          Update_priv: N
          Delete_priv: N
          Create_priv: Y
            Drop_priv: N
           Grant_priv: N
      References_priv: N
           Index_priv: N
           Alter_priv: N
Create_tmp_table_priv: N
     Lock_tables_priv: N
     Create_view_priv: N
       Show_view_priv: N
  Create_routine_priv: N
   Alter_routine_priv: N
```

```
            Execute_priv: N
              Event_priv: N
            Trigger_priv: N
1 row in set (0.00 sec)
```

这下就比较清晰了，Db 表显示了可操作的库名，Create_priv 列值显示 Y，表示这个用户拥有指定库中对象的创建权限。

下面再通过该用户连接到 MySQL 数据库中看一下吧！使用 jss_db 用户登录，查看当前可访问的数据库：

```
(jss_db@192.168.30.243) [(none)]> show databases;
+--------------------+
| Database           |
+--------------------+
| information_schema |
| jssdb              |
+--------------------+
2 rows in set (0.00 sec)
```

jssdb 库倒是列出来了，但是，好奇怪呀！不是说只授予了 jssdb 库的权限吗，怎么还能看到 information_schema 库呢？别急，咱们马上就会提到这一点。

1. 并不存在的 INFORMATION_SCHEMA 库

熟悉 Oracle 数据库的朋友想必知道，在 Oracle 数据库中有一堆 v$*视图、user_*、all_*等字典表，所有能够成功连接数据库的用户都可以访问这些对象（无需额外授权）。MySQL 数据库中也存在一系列这样的对象，比如 TABLES、VIEWS、COLUMNS 等等，所有能够成功登录到 MySQL 数据库的用户都能访问。

想一想，这些对象在哪呢？没错，正是在 INFORMATION_SCHEMA 数据库下。既然这类对象能够被访问，那么 INFORMATION_SCHEMA 库自然也就能被所有用户看到啦，这样才符合逻辑。

需要注意的是，MySQL 中的 INFORMATION_SCHEMA 并不是真正的数据库，在操作系统层并没有与之对应的物理文件，这个数据库及库中的对象全是由 MySQL 自动维护的一系列虚拟对象，这些对象用户能看却不能改（不能直接改），并且与 Oracle 数据库中的数据字典表类似，用户查询这些对象中的记录时，看到的都是自己有权限看到的对象。比如说拥有 jssdb 库创建权限的 jss_db 用户，能够在 INFORMATION_SCHEMA 数据库的 TABLES/COLUMNS 等对象中，查看 jssdb 库中所有表和列的信息，但是因为没有视图、过程这类对象的操作权限，访问 VIEWS 字典表时，就查看不到记录啦！

INFORMATION_SCHEMA 库中对象的另一特殊之处在于，用户不能对 INFORMATION_SCHEMA 数据库中的对象做授权。比如将 information_schema.tables 表对象的 SELECT 权限授予某个用户，这样操作肯定会失败，即使是管理员用户也不行。

2. 有趣的 test 库

除了 INFORMATION_SCHEMA 这样的虚拟库外，MySQL 数据库中的 test 库的默认权

限也需要引起 DBA 们注意。

新建 MySQL 数据库后，默认创建的 test 数据库权限比较怪异，所有可连接的用户都能够拥有权限访问该库，并操作其中的对象。这是怎么实现的呢？其实很简单，查看库级权限字典表 mysql.db，您就明白了：

```
mysql> select * from mysql.db where db like 'test%'\G;
*************************** 1. row ***************************
                 Host: %
                   Db: test
                 User:
          Select_priv: Y
          Insert_priv: Y
          Update_priv: Y
          Delete_priv: Y
          Create_priv: Y
            Drop_priv: Y
           Grant_priv: N
      References_priv: Y
           Index_priv: Y
           Alter_priv: Y
Create_tmp_table_priv: Y
     Lock_tables_priv: Y
     Create_view_priv: Y
       Show_view_priv: Y
  Create_routine_priv: Y
   Alter_routine_priv: N
         Execute_priv: N
           Event_priv: Y
         Trigger_priv: Y
*************************** 2. row ***************************
                 Host: %
                   Db: test\_%
                 User:
          Select_priv: Y
          Insert_priv: Y
          Update_priv: Y
          Delete_priv: Y
          Create_priv: Y
            Drop_priv: Y
           Grant_priv: N
      References_priv: Y
           Index_priv: Y
           Alter_priv: Y
Create_tmp_table_priv: Y
     Lock_tables_priv: Y
     Create_view_priv: Y
       Show_view_priv: Y
  Create_routine_priv: Y
   Alter_routine_priv: N
```

```
         Execute_priv: N
           Event_priv: Y
         Trigger_priv: Y
2 rows in set (0.00 sec)
```

你看，从权限上来看，Host 为%，User 为空，这就说明了不限制的，所有能连接到 MySQL 的用户，全都拥有 test 及 test 开头的数据库的几乎所有权限。

这无疑存在安全上的隐患，先不说在其中创建的重要对象可被任何人访问，就算该库中没有任何对象，假如有人想恶意破坏 DB 服务，只要登录数据库后，在该库创建一个超大对象，把空闲空间全部占满，就相当于变相达到了破坏 DB 服务的目的。对于这类权限没啥好客气的，该咋处理就咋处理吧！

不过如果读者朋友是按照三思在本书中介绍的步骤创建数据库，那就不会存在这种隐患了，还记得第 3 章中配置数据库环境时我们做过的操作吗：

```
(root@localhost) [(none)]> truncate table mysql.db;
Query OK, 0 rows affected (0.00 sec)
```

直接清空 mysql.db 表中记录，这两个权限已被删除，隐患早已经被排除啦！

顺便提出一个问题，如果想让所有用户都拥有访问 jssdb 库中对象的权限，GRANT 语句应该怎么写呢？有兴趣的朋友不妨在自己的测试环境中模拟一下吧！

5.3.3 表

表作为具体的对象，当我们谈论到对某个对象授权时，已经进入到一个相对细粒度的权限级别了，表对象的授权信息保存在 mysql.tables_priv 字典表中。

我知道很多初学者在学习 MySQL 权限操作时，由于对权限体系了解有限不够熟悉，甚至可能不清楚究竟有哪些权限可供授权。这个问题解决起来也很简单，直接看官方文档，文档中的表 5-2 罗列了所有可授予的权限。当然啦看本书也靠谱，前面 5.2.2 节中列的表就是抄（提起这个字儿我脸就红了）自官方文档的权限列表，里面各种权限明细写得清清楚楚明明白白，看完后记住就不会再迷茫啦！

还有些朋友文档也没少看，可就是记不住，一方面由于权限类型多（其实 MySQL 中的权限相比 Oracle 已经少太多了），另一方面权限还分了多个粒度，谁能记得清哪个粒度都有哪些权限哪。针对这种情况也很好解决，用 desc 查看相关表对象的结构即可。

比方说，现在咱们都不知道在表一级，究竟能够授予用户什么样的权限（或者说用户有什么样的选择），那么直接使用 desc mysql.tables_priv 查看，例如：

```
(system@localhost) [(none)]> desc mysql.tables_priv;
+-------------+-----------+------+-----+---------+-------+
| Field       | Type      | Null | Key | Default | Extra |
+-------------+-----------+------+-----+---------+-------+
| Host        | char(60)  | NO   | PRI |         |       |
| Db          | char(64)  | NO   | PRI |         |       |
| User        | char(16)  | NO   | PRI |         |       |
| Table_name  | char(64)  | NO   | PRI |         |       |
```

```
| Grantor     | char(77)     | NO   | MUL |          |           |
| Timestamp   | timestamp    | NO   |     | CURRENT_TIMESTAMP | on update CURRENT_TIMESTAMP |
| Table_priv  | set('Select','Insert','Update','Delete','Create','Drop','Grant','References',
  'Index','Alter','Create View','Show view','Trigger') | NO  |         |         |
| Column_priv | set('Select','Insert','Update','References')         | NO  |    |    |    |
+-------------+--------------+------+-----+---------+-----------+
8 rows in set (0.00 sec)
```

直接输出的信息较长，这里做了些删减。简要说一下 tables_priv 字典表的结构：

- Host：来源主机。
- Db：对象所属数据库。
- User：用户名。
- Table_name：表对象名称。
- Grantor：执行权限授予的用户。
- Timestamp：授予权限的时间。
- Table_priv：能够授予的表粒度的权限，也就是我们最关注的信息。
- Column_priv：能够授予的列粒度的权限。

Host+Db+User+Table_name 四个维度的共同作用成就一条权限，粒度够细。

注意看 Table_priv、Column_priv 两列对应的列值，这些列值就是表对象能够授予的权限。这下知道权限关键字怎么写了吧？三思老早就表达过这样一种观点，学习是有技巧的，死记硬背（SJYB）是技巧之一，但不一定是最好的，随机应变（SJYB）才是……。

知道了关键字，就可以根据需求进行授权了。比如说，向 jss_tables 用户授予 users 表的全部权限，该怎么写 GRANT 语句呢：

```
(system@localhost) [(none)]> grant all on jssdb.users to jss_tables;
Query OK, 0 rows affected (0.02 sec)
```

哎哟哟，咋没写前面 desc 里看到的权限关键字呢？这样写也能成功授权吗？嘿嘿，三思都说了要 SJYB 的嘛，让事实来说话吧：

```
(system@localhost) [(none)]> select * from mysql.tables_priv where user='jss_tables' and table_
name='users'\G
*************************** 1. row ***************************
       Host: %
         Db: jssdb
       User: jss_tables
 Table_name: users
    Grantor: system@localhost
  Timestamp: 0000-00-00 00:00:00
 Table_priv:    Select,Insert,Update,Delete,Create,Drop,References,Index,Alter,Create    View,Show
view,Trigger
Column_priv:
1 row in set (0.00 sec)
```

这下理解了吧，ALL 就是所有权限嘛！

不过细心的朋友想必早已注意到 tables_priv 表中的 Columns_priv 列了吧？你说表粒度

的权限怎么会出现在对列级权限的指定中呢？这点在我看来其实正是体现 MySQL 细节设计上的特点，作为一款开源软件，它在整体设计上有时确实让人感觉摸不着头脑，说的更直白些就是它自己都没想清楚啊！这一点不仅仅体现在权限设计上，在其他设计比如初始化参数、管理功能等都有体现。

总之就是 Column_priv 列在声明表级权限时没用，但在授予列级权限时就有反应了，继续往下看吧！

5.3.4 列

列级权限是 MySQL 权限体系中的最细粒度，属于权限认证体系中的高精尖武器。通过对表中列的授权，可以实现只允许从某主机来的某用户访问某库的某表的某列。

列级权限保存在 mysql.columns_priv 字典中，该字典结构如下：

```
(system@localhost) [(none)]> desc mysql.columns_priv;
+-------------+---------------+------+-----+----------+-----------+
| Field       | Type          | Null | Key | Default  | Extra     |
+-------------+---------------+------+-----+----------+-----------+
| Host        | char(60)      | NO   | PRI |          |           |
| Db          | char(64)      | NO   | PRI |          |           |
| User        | char(16)      | NO   | PRI |          |           |
| Table_name  | char(64)      | NO   | PRI |          |           |
| Column_name | char(64)      | NO   | PRI |          |           |
| Timestamp   | timestamp     | NO   |     | CURRENT_TIMESTAMP | on update CURRENT_TIMESTAMP |
| Column_priv | set('Select','Insert','Update','References') | NO |     |          |           |
+-------------+---------------+------+-----+----------+-----------+
7 rows in set (0.00 sec)
```

列级权限需要 Host+Db+User+Table_name+Column_name 五个粒度，另外从上面的对象结构可以看出，对于列级权限可授予的共有 4 项，其中只有前 3 项有实际意义：

- Select：查询权限。
- Insert：插入权限。
- Update：修改权限。
- References：尚未应用，直接无视。

授予列级权限，在执行 GRANT 语句时，语法上稍有不同，主要体现在指定列级的粒度语法并不在 ON 子句，而是在指定 priv_type 时顺道附带列名的方式。例如，授予 jss_cols 用户查询 jssdb.users 表 phoneno 列的权限，执行语句如下：

```
(system@localhost) [(none)]> grant select (phoneno) on jssdb.users to jss_cols;
Query OK, 0 rows affected (0.00 sec)
```

查看字典表中存储的信息：

```
(system@localhost) [(none)]> select * from mysql.columns_priv;
+------+-------+----------+------------+-------------+---------------------+-------------+
| Host | Db    | User     | Table_name | Column_name | Timestamp           | Column_priv |
+------+-------+----------+------------+-------------+---------------------+-------------+
```

```
| %      | jssdb | jss_cols | users      | phoneno     | 0000-00-00 00:00:00 | Select      |
+------+-------+----------+------------+-------------+---------------------+-------------+
1 row in set (0.00 sec)

(system@localhost) [(none)]> select * from mysql.tables_priv where user='jss_cols';
+------+-------+----------+------------+------------------+---------------------+------------+-------------+
| Host | Db    | User     | Table_name | Grantor          | Timestamp           | Table_priv | Column_priv |
+------+-------+----------+------------+------------------+---------------------+------------+-------------+
| %    | jssdb | jss_cols | users      | system@localhost | 0000-00-00 00:00:00 |            | Select      |
+------+-------+----------+------------+------------------+---------------------+------------+-------------+
1 row in set (0.00 sec)
```

列级字典表中是有数据的，表级字典表中也是有记录存在的，就目前的实际情况来看，column_priv 表控制具体的权限，table_priv 表中的数据则是用来标记该条授权的一些基础信息，比如授予者、操作时间等。

对同一个表对象再授权另一个权限，看看字典表中如何存储就更加明确了：

```
(system@localhost) [(none)]> grant insert (address) on jssdb.users to jss_cols;
Query OK, 0 rows affected (0.00 sec)

(system@localhost) [(none)]> select * from mysql.columns_priv;
+------+-------+----------+------------+-------------+---------------------+-------------+
| Host | Db    | User     | Table_name | Column_name | Timestamp           | Column_priv |
+------+-------+----------+------------+-------------+---------------------+-------------+
| %    | jssdb | jss_cols | users      | phoneno     | 0000-00-00 00:00:00 | Select      |
| %    | jssdb | jss_cols | users      | address     | 0000-00-00 00:00:00 | Insert      |
+------+-------+----------+------------+-------------+---------------------+-------------+
2 rows in set (0.00 sec)

(system@localhost) [(none)]> select * from mysql.tables_priv where user='jss_cols';
+------+-------+----------+------------+------------------+---------------------+------------+---------------+
| Host | Db    | User     | Table_name | Grantor          | Timestamp           | Table_priv | Column_priv   |
+------+-------+----------+------------+------------------+---------------------+------------+---------------+
| %    | jssdb | jss_cols | users      | system@localhost | 0000-00-00 00:00:00 |            | Select,Insert |
+------+-------+----------+------------+------------------+---------------------+------------+---------------+
1 row in set (0.00 sec)
```

注意到差别了吧！tables_priv 只是表级粗粒度的记录，columns_priv 才是决定列级权限粒度的核心。

下面使用刚刚创建的 jss_cols 用户连接到数据库查看一下：

```
[mysql@mysqldb02 ~]$ mysql -ujss_cols -h 192.168.30.243
Welcome to the MySQL monitor.  Commands end with ; or \g.
..........
..........
(jss_cols@192.168.30.243) [(none)]> show databases;
+--------------------+
| Database           |
+--------------------+
| information_schema |
```

```
| jssdb              |
+--------------------+
2 rows in set (0.00 sec)

(jss_cols@192.168.30.243) [(none)]> use jssdb;
Database changed
(jss_cols@192.168.30.243) [jssdb]> show tables;
+-----------------+
| Tables_in_jssdb |
+-----------------+
| users           |
+-----------------+
1 row in set (0.00 sec)

(jss_cols@192.168.30.243) [jssdb]> desc users;
+---------+-------------+------+-----+---------+-------+
| Field   | Type        | Null | Key | Default | Extra |
+---------+-------------+------+-----+---------+-------+
| address | varchar(50) | YES  |     | NULL    |       |
| phoneno | varchar(15) | YES  |     | NULL    |       |
+---------+-------------+------+-----+---------+-------+
2 rows in set (0.02 sec)
```

能看，且仅能查看授权了的表的指定列，看起来该表似乎只有这两个列，其实是因为它只能看到这两列，实际操作时也将发现，这两列的权限都是不一样的。

问：怎么查看当前用户拥有的权限呢？

答：朋友，可还记得 5.2.3 节讲过的 SHOW GRANTS 命令。

这里需要注意的一点是，尽管通过查看表结构，或者是使用 SELECT 语句查询表数据时只能查到被授予权限的列，但是，该用户查询 information_schema.tables 或其他相关字典表时，看到的表的信息仍然是完整的，比如表的大小、索引大小、平均列长度等，这也是 information_schema 库比较特殊的另一个体现吧！

5.3.5 程序

MySQL 中的程序（ROUTINE）主要是指 procedure 和 function 两类对象，这两类对象的权限与前面描述的 4 种基本无关联（如果说有的话，也只是用户是否拥有连接数据库的权限），相对比较独立。

对于已存在的 Procedure/Function，DBA 可以对用户授予执行（EXECUTE）、修改（ALTER ROUTINE）、授予（GRANT）权限，这部分权限体现在 mysql.procs_priv 表中，例如：

```
(system@localhost) [(none)]> desc mysql.procs_priv;
+--------------+------------------------------------------------------+------+-----+---------+-------+
| Field        | Type                                                 | Null | Key | Default | Extra |
+--------------+------------------------------------------------------+------+-----+---------+-------+
| Host         | char(60)                                             | NO   | PRI |         |       |
| Db           | char(64)                                             | NO   | PRI |         |       |
```

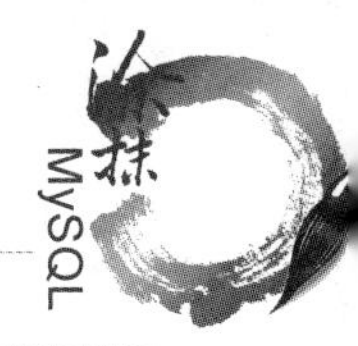


```
| User          | char(16)                            | NO   | PRI |      |     |
| Routine_name  | char(64)                            | NO   | PRI |      |     |
| Routine_type  | enum('FUNCTION','PROCEDURE')        | NO   | PRI | NULL |     |
| Grantor       | char(77)                            | NO   | MUL |      |     |
| Proc_priv     | set('Execute','Alter Routine','Grant') | NO |     |      |     |
| Timestamp     | timestamp            | NO  |      | CURRENT_TIMESTAMP | on update CURRENT_TIMESTAMP |
+---------------+-------------------------------------+------+-----+------+-----+
8 rows in set (0.00 sec)
```

此外，还可以授予用户创建（CREATE ROUTINE）权限，这个权限在user、db、host几个表中都有体现。拥有CREATE ROUTINE权限的用户能够创建procedure、function对象。这个权限是用户/库一级权限，而EXECUTE、ALTER ROUTINE、GRANT这3个权限则是对象级，都是针对某个指定的procedure、function做授权。

关于"程序"对象的权限操作就不演示了，实在是跟之前的权限授予、收回操作没啥区别，重复的事情做起来实在没意思，还浪费纸张，很不低碳，咱们还是接着做点对全人类有益的事情，少说点儿废话，多做点儿实事儿吧！

5.4 账户安全管理

提到账户安全，我想即使是从没有接触过MySQL软件的朋友，只要使用过计算机，畅游过互联网就都会有自己的理解，甚至对于那些从没接触过计算机的人也有自己的心得。毕竟当下就是信息时代，不管是作为普通人到银行办理业务，还是网民在网上购物消费，都少不得要管理一系列的账户和口令，因此可以说人人都对此早有接触，并且积累下深厚的账户管理经验。

因为关于账户安全的一般性原则是通用的，因此这里三思并不想再去强调什么密码设置原则、口令保护指南等陈词滥调。本章着重谈到的几方面内容更多可以视为一些小技巧，希望能够真正为大家在运维MySQL数据库的过程中，提供一些参考，减少一些隐患。

5.4.1 用户与权限设定原则

看完前面的内容，我想大家已经对如何创建用户、如何管理用户的权限有了认识。不过，要知道想炒出一盘可口的佳肴，只有原料可还不行，厨艺的高低更加重要。

创建出一个数据库账户，权限是给大还是给小；前端的应用服务很多，是共用同一个账户，还是分开独立操作；每一种选择都有它的优点，相应也会有它的弊端。究竟怎么设定才对，有时候我觉着这就像问大厨炒菜时放多少盐合适，它的回答可能是：适量就好。这个答案听起来很虚，但实际上有时候就是这么微妙，它确实不是一个定量，需要大家根据实际情况调整。

本节的内容并不一定都对，更多是三思个人的理解，不过，我可以负责任地告诉大家，

我所管理的数据库的账户，也正是按照这些原则在维护。

总体规划目标：

- 考虑实际情况及使用习惯，权限的设定应该是在尽可能不增加应用端开发工作量的前提下，尽可能缩小权限分配的粒度。
- 做到业务级的账户分离，不同应用（项目）分别使用不同的账户执行操作。
- 使操作者执行 SQL 时所使用的账户，与其能够执行的操作相对应。
- 降低误操作的几率，保障数据库系统安全。

权限按照可控程度分级设定。如何定义级别要根据实际业务规模，我们目前的环境综合考虑了团队规模和业务数据规模，最终确定以库为单位创建账户，在达到安全设定目标的前提下，尽可能简化流程，将权限级别设为 3 级：

- {user}_oper：定义为操作用户，拥有指定库下所有对象的操作权限，授予增加（INSERT）、删除（DELETE）、修改（UPDATE）、查询（SELECT）记录的权限，主要用于前端应用程序，连接数据库读写数据。
- {user}_read：定义为只读用户，拥有指定库下对象的读取权限，授予查询（SELECT）记录的权限，可用于数据查询、SQL 调试、数据验证、数据导出等操作，对于做了读写分离的应用，只读访问也使用本账户。
- {user}_mgr：定义为管理账户，拥有多个库下对象操作权限，用于各项目负责人实时操作对象数据。

上述的 3 类用户主要用于应用端的业务，对于 DB 层维护的账户，首先按功能区分，其次在授予权限时也是按照最小粒度权限的原则授予，此外，所有系统维护的账户还会遵循下列两个原则。

- MySQL 数据库的管理员账户改名，不允许出现 root 名称的用户。
- 用户访问域设定为服务器所在 IP 段。

5.4.2 小心历史文件泄密

对特性掌握得越全面，对系统了解得越深入，在执行具体的运维工作时就越能够得心应手，做到有备无患。但是要达到这项要求难度极高、极大，因为向上提升永无极限，我们总能够做得更好。这就要求我们态度上谦虚审慎，同时还要时刻抓紧学习，不忘补充新的知识点。

就以 MySQL 数据库来说，即使当前的密码设置得极为规范，口令保护措施也很到位，但是，如果对 MySQL 的某些特性不了解，就还是有可能留下巨大的系统漏洞。

你们信不信，我反正是信了，执行下列命令看一看吧：

```
$ tail -20 ~/.mysql_history
...............
...............
grant select (phoneno) on jssdb.users to jss_col;
```

```
select * from mysql.columns_priv;
select * from mysql.tables_priv where user='jss_cols';
...............
```

惊讶了吧，前面所做的操作居然都保存在这里，如果一页页去翻开这个文件的内容，你会发现我们执行过的所有操作，包括最初重命名 root 用户和修改 system 系统账户的口令均在其中，嘿嘿，小伙伴儿们当场就震惊了吧！

在 Linux/UNIX 系统下，使用 mysql 命令行工具执行的所有操作，都会被记录到一个名为.mysql_history 的文件中，该文件默认保存在当前用户的根目录下（也可以通过 MYSQL_HISTFILE 环境变量修改保存路径）。

这个设定本意是为了提升 mysql 命令行工具操作体验的，有了它，我们在 mysql 命令行界面就能够方便地使用方向键，上下翻看执行过的命令，但是，又因为它记录了所有执行过的操作，某些情况下又会成为巨大的安全隐患。

基于安全性方面的考虑，对服务端的.mysql_history 文件有必要进行保护，以避免操作被外泄，特别是对于像创建用户、修改密码这类管理操作，如果没有防护，那数据库对某些有心人士来说就是不设防的状态。

如何消除这种隐患呢（也相当于禁用）？有两种方案：

- 一种方案是彻底清除，修改操作系统层的 MYSQL_HISTFILE 环境变量，将其值改为/dev/null，这样所有操作都会被输出到空，操作的历史自然不会被保留。
- 另一个是仍然保留.mysql_history 文件，但是该文件实际上为/dev/null 的软链接，这样所有操作也是会被输出到空，操作的历史不会被保留。

两种方式功能基本相同，原理也一样，只不过一种是在 MySQL 的 DB 层操作，另一种则是在 OS 层实施，究竟选择哪种方式，完全可以由 DBA 自行决定。

这里以第二种方式为例，操作最为简单，在操作系统的命令行界面执行下列命令：

```
$ ln -f -s /dev/null ~/.mysql_history
```

之后再通过 mysql 命令行登录到数据库，方向键上下翻则仅针对当前会话有效，不过退出会话后再次登录，就看不到上次执行过的操作了。

5.4.3　管理员口令丢失怎么办

用户的口令很重要，大家对其重视程度都不低，读过前面小节中的内容后，想必在设置密码时也会花些心思，设定一个不那么有规律的口令。这种设定有时候真是挺矛盾，设置得太简单吧不安全，设置得太复杂又真不容易记，更何况忘记口令这种事儿并不稀奇，看看各大网站的用户登录页面吧，显著位置都留有“找回密码”的链接，就知道这类需求实在太过稀松平常了。这位仁兄，今天，你密码忘了没？

对于数据库软件来说，要是普通用户的口令忘记了倒还好处理，拿系统账户登录进去后简单的一条命令就改了，但是如果系统管理员账户的口令也忘了（这事儿也不稀奇），别担心，照样有方法处理，尽管方法用的非常规，但是：正能量，无所畏。

在操作前必须要首先强调，非常规方式重置系统管理员账户的密码，对 MySQL 服务的正常运行是有影响的，因为操作过程中必须多次重启 MySQL 服务。

MySQL 官方给出的非常规方式重置系统管理员账户有两种方法：

（1）启动 MySQL 服务时附加参数（--init-file），使其执行含有密码重置的脚本，达到修改账户密码的目的。

（2）启动 MySQL 服务时通过附加特殊的参数，使其跳过权限验证，而后登录数据库中重置密码后，再按照正常的方式重启 MySQL 服务。

前一种方式安全性更强，操作的步骤稍多一些，而且不同平台执行的命令也稍有差异，后一种方法通用性强，适用范围广（Windows、Linux、UNIX 平台均适用），因此这里我们重点介绍第二种方式，具体步骤如下：

首先，停止当前的 MySQL 服务，因为没有管理员账户密码，常规关停方法无法使用，只好直接杀进程了，对于 Windows 平台可以在“服务”中停止 MySQL 服务，Linux、UNIX 平台则查找到 mysqld 主进程后杀掉该进程：

```
[mysql@mysqldb01 ~]$ kill `cat /data/mysqldata/3306/mysql.pid`
```

接下来又重新启动 mysqld 服务，启动时在启动命令后附加--skip-grant-tables 选项。该选项的功能正是当有用户连接时跳过检查授权表，直接授予所有登录用户最大权限（相当于所有登录的用户都是系统管理员）。执行 mysqld_safe 命令启动数据库，操作如下（Windows 平台没有 mysqld_safe 脚本，直接执行 mysqld 命令即可）：

```
$ mysqld_safe --defaults-file=/data/mysqldata/3306/my.cnf --skip-grant-tables --skip-networking&
```

大家注意到三思这里还另外指定了--skip-networking 选项，这主要是考虑到附加--skip-grant-tables 选项启动后，连接数据库时不再有权限验证，在此期间如果有其他用户创建连接的话可能存在安全隐患，那么我们可以在启动服务器同时附加--skip-networking 选项，这样该 MySQL 服务不会监听来自 TCP/IP 的连接，相当于禁用了网络上其他主机发出的登录请求，只允许 MySQL 服务本地创建连接，安全性方面更加可靠。

而后就可以无需用户验证，直接登录到 MySQL 数据库服务里：

```
[mysql@mysqldb01 ~]$ mysql
Welcome to the MySQL monitor.  Commands end with ; or \g.
Your MySQL connection id is 1
........
........
(root@localhost) [(none)]>
```

所有连接进来的用户现在都是系统用户，默认就是 root，想做啥都可以，对于我们来说，接下来就执行 UPDATE 语句，修改系统管理员账户的密码：

```
(root@localhost)  [(none)]>  update  mysql.user  set  password=password('5ienet.com')  where user='system';
Query OK, 0 rows affected (0.00 sec)
Rows matched: 1  Changed: 0  Warnings: 0
```

关闭 MySQL 服务，这次不用杀进程了，就用常规的 mysqladmin 命令关闭吧：

```
[mysql@mysqldb01 ~]$ mysqladmin shutdown
```

然后按照正常的方式重新启动 MySQL 服务：

```
$ mysqld_safe --defaults-file=/data/mysqldata/3306/my.cnf &
```

系统管理员账户的密码重置完毕，接下来就可以用刚刚设定的新密码来管理你的 MySQL 数据库了。

第6章
字符，还有个集

字符集这个东西对于数据库中存储的数据来说非常之重要，特别是对于中文环境这类多字节编码的字符尤其特殊，设置不当就极有可能遇到乱码的情况。基于此，尽管我完全理解大家恨不能马上就进入到 MySQL 数据库中施展拳脚的急迫心情，不过在此之前，我觉着还是有必要先让大家认识 MySQL 中的字符集设定。下面三思简单通过三五个（十/百/千/万）字跟大家阐述一下 MySQL 数据库中的字符集概念和应用。

本章文字内容较多，对于有失眠、多动症、拖延症、强迫症等症状的朋友应有所帮助，欢迎大家对号入座，走过路过不错过。另外，为了更好地促进您中午的睡眠，友情推荐大家可以在午饭后阅读，根据三思本人在营养学方面的造诣，饭后肠胃蠕动所耗费的大量能量，会使得大脑供氧有明显下降，值此大脑昏沉之际研讨枯燥文字，哎呀，想不睡着都难呐！

6.1 基础扫盲

提到**字符集（Character Set）**，我们首先一定要搞明白，“字符集”到底是针对什么，应该怎么理解，我觉着很多人对这个问题模模糊糊的根本原因，实际上就是没能正确理解“字符集”的根本含义。

从最简单的语法上分析，字符集针对的是什么，这个时候一定要注意了，接下来面对的是实际问题，千万不要想得过于复杂，就从最简单的字面意思理解就好。

那么所谓字符集，针对的是“字符”，这样说对不对呢？绝对没有问题。但是也要正确地理解“字符”的概念，提到字符很多人会想什么不是字符呢，“abc”是字符，“123”也是字符，本书中出现的每个符号都是字符。MySQL 中的所谓字符集设置，是针对这些字符吗，我可以负责任地告诉大家，不是，绝对不是。字符集中所谓的“字符”并不是指字符这个形容词，实际上说的是**“字符”类型**。

MySQL 数据库提供了多种数据类型的支持，什么数值型、日期型、二进制类型等都不需要设置字符集，MySQL 数据库中所谓字符集设置，主要是指针对字符类型的设定，比如 char、varchar、text 这类字符型的数据类型。读者朋友们，注意了，本章中当我们再提到字符集时（这里并不仅仅局限于 MySQL 数据库，其他如 Oracle、MSSQL、DB2 等都是同理），如非特别注明，所说的均是指字符类型保存字符的格式。

MySQL 数据库中对字符集设定的支持非常全面，即使相比 Oracle 这种大型数据库软

件也毫不逊色，甚至更为灵活，它提供了多种粒度，适应不同的场合和需求，用户可以在服务器、数据库、表甚至列一级进行设置，同时登录到 MySQL 数据库的会话及应用程序连接中也可以进行个性化设定，MySQL 中的 MyISAM、MEMORY 以及 InnoDB 等常用存储引擎均能支持。

大家必须要认识到，字符集并不仅仅对存储的数据有效，在客户端连接服务器端时也与字符集有关。这好像是废话，你想，既然存储的数据有字符集的因素，那么不管客户端准备查询还是保存这些数据，肯定也会与字符集有关系的。话是这么说对吧，但对于很多数据库管理员，他们其实更多是“数据库软件”的管理者，对其中存储的数据介入程度并不深，这种情况下呢，一般默认字符集就能够满足其操作需求。如果环境特殊，不能使用默认的字符集，MySQL 也提供了相应的方式，可以单独设置当前会话的字符集，后面具体小节中会讲到这一点。

好了，基本情况大家已经都了解了，接下来就让三思多花些笔墨描述，主动帮助大家 kick 到下一层梦镜，好让大家能够睡得更深沉。

6.1.1 关于字符集

先来明确最核心的概念性问题，数据库中的**字符集**究竟是什么？还是问字符集的问题，但是角度有所不同。其实简单讲在数据库看来，字符集就是各种字符编码的一个集合。对于数据库来说，即使是同一个字符，不同的字符集在处理时它的编码格式都有可能不同（废话啊，如果相同，那就没必要搞多种字符集了），那么问题紧跟着就来了，为什么要搞多种字符集呢？此事就说来话长了，不过考虑到咱这本书毕竟不是在做历史考据，太无关的事情扯进来，搞不好就把读者朋友们直接 kick 到 Limbo，那得坐多少站才能回得来啊，所以长话短说吧！

举个例子描述：同样是黑白肤色的大熊猫科动物，搁在大陆叫大熊猫，到台湾就说猫熊，到了美国又改叫 Panda，你要是跑非洲去，没有这种动物，可能都找不出对应的形容词（于是乱码了），对于熊猫来说它自身没发生什么变化，所产生的不同称谓的变化，实际上与地域有很大关联，那么如果把当地拥有的各种词汇集合组成一本字典，对应过来的话，这个字典就是所谓的字符集了（此说并不严谨，本例仅为帮助理解）。

如果要下一个更书面化的定义，那么，**字符集就是指符号和字符编码的集合**。

不同地方的字典当然有可能是不同的，甚至每本字典中的词汇量都不一致，找一本适合的字典非常重要，比如说你给不懂中文的美国朋友看熊猫俩字，它绝对不可能关联到那个毛茸茸的可爱的永远挂着黑眼圈的珍稀动物。

在数据库中应用字符集时，对于具体字符集的设置同样也非常的重要，为了能让字符正确地被保存，同时还能正确地被读取出来，到最终正确地显示给用户，这中间每一个环节都涉及字符集（以及可能发生的转换），只有读和写时，会话所用字符集相互匹配（或者说兼容），最终显示的结果才会正确无误；否则，就会出现不希望看到，但可能又确实常见的现象：乱码。但是，不要怕，只要将本章的内容认真阅读，深入理解，您就可以跟乱码说拜拜。

6.1.2 关于校对规则

MySQL 数据库中提到字符集，有一个关联的关键词是绝对不可被忽略的，那就是**校对规则（Collation）**，官方文档中对此所做的解释如下：顾名思义，校对规则就是指定义的一种比较字符集中字符的规则。也有些资料中将其称为排序规则。

字符集想必大家已经理解，那么校对规则又是怎么一回事儿呢？上面提到的这些概念听起来比较抽象，那么三思还是通过示例来描述吧！应该能够更加清晰一些。

比如我们保存了下列字符到对象的某列中，有“A、B、a、b”四个字符，然后再为上述的每个字符都定义一个数值：A 以 0 表示，B 以 1 表示，a 以 2 表示，b 以 3 表示。

就这个例子来说，A 作为一个符号，与其对应的 0 就是 A 的编码后的形式，上述这 4 个字符以及其编码形式的组合，就是前面所说的**字符集**。那么哪部分指的是校对规则呢？其实脑袋瓜稍灵活一点儿的此时应该也能猜出来，下面就让三思来揭晓谜底吧！

仍以上面的例子来说明，如果我们希望比较多个字符的值，最简单的方式当然就是按照定义好的规则直接对比其编码，按照前面定义的规则，由于 0 比 1 要小，因此我们说 A 比 B 小，应用比较的这个规则，就是所谓的**校对规则**，说得简单点，校对规则的核心就是比较字符编码的方式。

前例中只应用了一项比较的规则，我们将这类最简单的比较所有可能性的校对规则，称为**二元（Binary）校对规则**。还有些比较复杂的校对规则，比如说大小写等同的规则，在比较时，就需要首先将 a、b 视为等同于 A、B，而后再比较编码（相当于应用了两项规则），这种规则称为**大小写不敏感（Case-insensitive）校对规则**，与之相对应，当然也会有大小写敏感的校对规则，这类规则相对来说要比二元校对规则复杂。

上面所提到的这两种规则，只是字符集的校对规则的最常见形式，实际上排序的规则很多、很复杂，因为我们平常接触到的字符并不仅是 abcd 这类单字节的英文字母，还包括单词、各种符号以及多字节的字符（更加复杂）等，很多的校对规则都拥有一堆的规则，不仅仅是大小写不敏感，还有像汉字中的多音字等。在真正的现实生活中，即使是声称具有高等智慧的人类处理这些时也会晕头转向啊！像三思这种普通话堪称媲美某 AV 台播音员的人物，要是给扔到广东也立马变聋哑，您要是把我扔到美国……亲，我都准备好了，您什么时候扔。

6.2 支持的字符集和校对规则

如前文中所说，字符集有很多很多种，那么，很多初接触 MySQL 数据库的朋友看到这里可能都会想问，MySQL 数据库都支持哪些字符集？这些字符集的校对规则又是什么

呢？如何查询当前所使用的字符集？又如何修改当前的字符集呢？不要急，你挨个问，三思可能不会挨个答，因为这些问题有的不是很复杂，有的则很是不简单，我先捡答的上的答！

问：怎么知道数据库当前都支持哪些字符集？

答：可以使用 SHOW CHARACTER SET 语句，例如：

```
(system@localhost) [(none)]> show character set;
+----------+-----------------------------+---------------------+--------+
| Charset  | Description                 | Default collation   | Maxlen |
+----------+-----------------------------+---------------------+--------+
| big5     | Big5 Traditional Chinese    | big5_chinese_ci     |      2 |
| dec8     | DEC West European           | dec8_swedish_ci     |      1 |
| cp850    | DOS West European           | cp850_general_ci    |      1 |
| hp8      | HP West European            | hp8_english_ci      |      1 |
| koi8r    | KOI8-R Relcom Russian       | koi8r_general_ci    |      1 |
| latin1   | cp1252 West European        | latin1_swedish_ci   |      1 |
| latin2   | ISO 8859-2 Central European | latin2_general_ci   |      1 |
| swe7     | 7bit Swedish                | swe7_swedish_ci     |      1 |
| ascii    | US ASCII                    | ascii_general_ci    |      1 |
| ujis     | EUC-JP Japanese             | ujis_japanese_ci    |      3 |
| sjis     | Shift-JIS Japanese          | sjis_japanese_ci    |      2 |
| hebrew   | ISO 8859-8 Hebrew           | hebrew_general_ci   |      1 |
| tis620   | TIS620 Thai                 | tis620_thai_ci      |      1 |
| euckr    | EUC-KR Korean               | euckr_korean_ci     |      2 |
| koi8u    | KOI8-U Ukrainian            | koi8u_general_ci    |      1 |
| gb2312   | GB2312 Simplified Chinese   | gb2312_chinese_ci   |      2 |
| greek    | ISO 8859-7 Greek            | greek_general_ci    |      1 |
| cp1250   | Windows Central European    | cp1250_general_ci   |      1 |
| gbk      | GBK Simplified Chinese      | gbk_chinese_ci      |      2 |
| latin5   | ISO 8859-9 Turkish          | latin5_turkish_ci   |      1 |
| armscii8 | ARMSCII-8 Armenian          | armscii8_general_ci |      1 |
| utf8     | UTF-8 Unicode               | utf8_general_ci     |      3 |
| ucs2     | UCS-2 Unicode               | ucs2_general_ci     |      2 |
| cp866    | DOS Russian                 | cp866_general_ci    |      1 |
| keybcs2  | DOS Kamenicky Czech-Slovak  | keybcs2_general_ci  |      1 |
| macce    | Mac Central European        | macce_general_ci    |      1 |
| macroman | Mac West European           | macroman_general_ci |      1 |
| cp852    | DOS Central European        | cp852_general_ci    |      1 |
| latin7   | ISO 8859-13 Baltic          | latin7_general_ci   |      1 |
| utf8mb4  | UTF-8 Unicode               | utf8mb4_general_ci  |      4 |
| cp1251   | Windows Cyrillic            | cp1251_general_ci   |      1 |
| utf16    | UTF-16 Unicode              | utf16_general_ci    |      4 |
| cp1256   | Windows Arabic              | cp1256_general_ci   |      1 |
| cp1257   | Windows Baltic              | cp1257_general_ci   |      1 |
| utf32    | UTF-32 Unicode              | utf32_general_ci    |      4 |
| binary   | Binary pseudo charset       | binary              |      1 |
| geostd8  | GEOSTD8 Georgian            | geostd8_general_ci  |      1 |
| cp932    | SJIS for Windows Japanese   | cp932_japanese_ci   |      2 |
```

```
| eucjpms  | UJIS for Windows Japanese  | eucjpms_japanese_ci |        3 |
+----------+----------------------------+---------------------+----------+
```

就中文环境来说，最常用的字符集有下面几种：

- GB2312：主要包含简体中文字符及常用符号，这种字符集对于中文字符采用双字节编码的格式，也就是说一个汉字字符在存储时会占两个字节。
- GBK：包括有中、日、韩字符的大字符集，GB2312 也是 GBK 的一个子集，就是说 GB2312 中的所有字符，GBK 中全都有，这种情况下，我们也会将 GBK 称为 GB2312 的超集，GBK 也是双字节编码的格式。将子集中的字符转换成超集中保存不会丢失信息（不会乱码）；但反之则不一定。因此对于超集字符集降级转换成某个子集的操作，需要务必慎重，并反复检验结果，确认不出现丢失字符信息导致乱码的情况。

> **提 示**
> 此外，还有专门对应繁体中文的 BIG5 字符集，话说 BIG5 也是 GBK 的子集。

- UTF8：它对于英文字符使用一个字节编码，而对于多字节字符（如中文）则使用 3 个字节编码，UTF8 能够支持大部分常见字符，包括西、中、日、韩、法、俄等各种文字，因此可以将上面提到的几种字符集都视为 UTF8 的子集。
- UTF8MB4：前头介绍 UTF8 字符集时，我们知道它能支持西、中、日、韩、法、俄等各种文字，那么接下来要讲的这个字符集就更厉害了，因为它是 UTF8 字符集的超集，UTF8 能够支持的字符，它全都能支持，UTF8 不能支持的字符，它也能支持。这是自 MySQL 5.5 版本才开始新引入的字符集，其引入是为了处理像 emoji 这类表情字符。UTF8MB4 字符集中，一个字符使用 4 个字节编码，能够支持的字符最广，但是相应占用的空间也最大。

问，如何确定某个字符集支持哪些校对规则？

答：一个字符集至少会拥有一个校对规则，显示字符集的校对规则可以使用 SHOW COLLATION 语句，比如说，查看 latin1 字符集所拥有的校对规则：

```
(system@localhost) [(none)]> show collation like 'latin1%';
+-------------------+---------+----+---------+----------+---------+
| Collation         | Charset | Id | Default | Compiled | Sortlen |
+-------------------+---------+----+---------+----------+---------+
| latin1_german1_ci | latin1  |  5 |         | Yes      |       1 |
| latin1_swedish_ci | latin1  |  8 | Yes     | Yes      |       1 |
| latin1_danish_ci  | latin1  | 15 |         | Yes      |       1 |
| latin1_german2_ci | latin1  | 31 |         | Yes      |       2 |
| latin1_bin        | latin1  | 47 |         | Yes      |       1 |
| latin1_general_ci | latin1  | 48 |         | Yes      |       1 |
| latin1_general_cs | latin1  | 49 |         | Yes      |       1 |
| latin1_spanish_ci | latin1  | 94 |         | Yes      |       1 |
+-------------------+---------+----+---------+----------+---------+
```

Default 列显示了校对规则是否是该字符集的默认规则。上述结果中各个校对规则不做详细说明，感兴趣的朋友可以自行参考官方文档等相关资料查阅，不过，MySQL 数据库中字符集的校对规则都有一些共同的特点：

- 每种校对规则只能属于一种字符集，也就是说，不同字符集不可能拥有同一个校对规则。
- 每种字符集都拥有一个默认的校对规则（default collation），SHOW CHARACTER SET 语句显示的结果中，也指明了字符集的默认校对规则。
- 校对规则的名称也有规则，通常开头的字符是校对规则所属的字符集，而后是其所属语言，最后则是校对规则类型的简写形式，有下列 3 种格式：
  - _ci：全称为 case insensitive，表示这是大小写不敏感的规则。
  - _cs：全称为 case sensitive，表示这是大小写敏感的规则。
  - _bin：即 binary，表示这是一个二元校对规则，话说二元校对规则也一定是大小写敏感规则。

接下来，最后一个问题，请问如何查询当前使用的字符集以及如何设置字符集？

答：这个，真不好说。不是这个问题有多难，关键在于 MySQL 此处设定太过于灵活，一句两句说不清楚，下面我们单开一节，详细说说 MySQL 中如何使用字符集和校对规则。

6.3　指定字符集和校对规则

前面提到过，MySQL 数据库能够支持多种字符集，并且每种字符集都拥有一个或多个校对规则，那么为应用端选择一个合适的字符集和校对规则就需要 DBA 把握。当前，选择哪种字符集更好，这个问题咱们暂且放一放，本章重点先说说如何指定吧！

在上一节最后还留下了一个问题："如何查看当前使用的字符集和校对规则"，为什么说这个问题不好回答呢，就是因为此处 MySQL 数据库的设定呀非常之灵活，当问题不够明确的时候，真是不知道该如何回答。

字符集和校对规则的设定，从大的维度上来说，有两个层次：

- 首先是连接数据库，执行操作时所使用的字符集。
- 其次保存数据时所使用的字符集。

连接时的字符集和保存时的字符集完全有可能不一样，这点倒也容易理解，关键在于不管是连接时，还是保存时，又各有多个粒度，可以精确地为连接时的会话/客户端/操作结果、保存时库/表/列等指定不同的字符集。你看，这种设定够灵活吗？再回头看看问题，当问的不够具体的时候，谁知道亲到底想查看哪个粒度的字符集呀。

因此对于前面的问题，我难以明确回答，不过，换一个角度，本章的内容将从多角度立体式覆盖字符集设定时的方方面面，我想，看完之后，读者朋友们应该能够自己回答这

个问题。

6.3.1 服务端设置默认字符集

字符集这么重要的属性，当然不会等到我们实际存储数据时才进行指定。MySQL 服务启动过程中，字符集的设定就已经生效，系统会确定默认所使用的字符集和校对规则，并且，在启动时指定的字符集和校对规则，对应整个 MySQL 服务的全局有效。也就是说，如果没有在更细的粒度对字符集和校对规则进行设置，那么接下来做的所有操作，其字符集的设定都会继承全局粒度所设定的默认字符集和校对规则。

朋友们可能会感到疑惑，我们从安装 MySQL 软件到现在，一步步操作执行下来，印象中似乎没有在何处设置过字符集呀，其实是有的，还记得第 2 章编译 MySQL 软件时指定的两个参数嘛：

```
-DDEFAULT_CHARSET=utf8 \
-DDEFAULT_COLLATION=utf8_general_ci \
```

这两个参数决定了本机所运行的 MySQL 服务，在没有做任何其他字符集相关设定的情况下默认时的字符集和校对规则。听仔细了，我说的是**没做其他设定**的情况下，因为，MySQL 中指定字符集的方式太灵活了，即使是全局粒度的设置，方法也不止一种：

- 在编译安装 MySQL（仅限源码编译安装方式）时指定。
- 启动 MySQL 服务时通过参数指定。
- 在参数文件中配置，启动 MySQL 服务时加载参数文件的方式使之生效。
- 在 MySQL 服务运行期间实时修改。

下面逐一介绍。

1. 编译 MySQL 软件时指定

正如前面所描述的那样，编译 MySQL 数据库时，就可以通过 default_charset 和 default_collation 两个编译参数，指定默认的字符集和校对规则，如上所示，我们之前设定的字符集为 utf8。而且即使不明确指定，这两个参数也仍然有值，默认情况下将使用 latin1 字符集和 latin1_swedish_ci 校对规则。

2. 在启动 MySQL 服务时指定

启动 MySQL 数据库服务时（mysqld 命令或 mysqld_safe 命令）有一堆的参数可以设定，其中与字符集相关的是下面两项系统参数：

- --character_set_server：指定全局粒度的默认字符集。
- --collation_server：指定全局粒度的默认校对规则。

启动时完全没注意过这两个参数？那也没关系，它们是有默认值的，它们的默认值会继承编译 MySQL 软件时 DEFAULT_CHARSET 和 DEFAULT_COLLATION 两个参数所指定的值。噢，你说你管理的 MySQL 数据库并非源码编译安装是吗？那它们的默认值就会是 latin1 字符集和 latin1_swedish_ci 校对规则（并不绝对，某些类型的安装包也可能设定其

他字符集）。

3. 参数文件中配置

MySQL 服务在启动时，可以通过指定一个参数文件的形式（也就是前面创建的 my.cnf 文件），来简化启动命令行中指定的选项，那么，同样可以将字符集和校对规则的参数设置放在参数文件中。这两项参数放到参数文件中时，参数名与命令行的选项名相同，不过指定参数时不需要"--"字符了，例如：

```
character_set_server=utf8
collation_server=utf8_general_ci
```

下面是道抢答题，我们前面在配置 my.cnf 时有没有指定这两行？为什么？

4. MySQL 服务运行期间修改

前面 3 种方式均可用来指定字符集和校对规则，但若想要变更字符集设置时，动静就太大了，最轻量的变更，想要生效都得重启 MySQL 服务。实际上大可不必如此周折，这两项参数，在 MySQL 服务运行期间作为系统变量存在，而系统变量在 MySQL 服务运行期间，多数都是可以被实时修改的，控制字符集和校对规则的系统变量就属于可被修改那一类。

我们可以通过 SHOW VARIABLES 命令查看当前的系统变量及其变量值，比如说，执行 SHOW VARIABLES 语句查看字符集和校对规则这两项系统变量的值：

```
(system@localhost) [(none)]> show global variables like '%server';
+----------------------+-----------------+
| Variable_name        | Value           |
+----------------------+-----------------+
| character_set_server | utf8            |
| collation_server     | utf8_general_ci |
+----------------------+-----------------+
2 rows in set (0.00 sec)
```

若要将全局粒度默认的字符集改为 gbk，那么执行下列命令即可：

```
(system@localhost) [(none)]> set global character_set_server=gbk;
Query OK, 0 rows affected (0.00 sec)

(system@localhost) [(none)]> show global variables like '%server';
+----------------------+----------------+
| Variable_name        | Value          |
+----------------------+----------------+
| character_set_server | gbk            |
| collation_server     | gbk_chinese_ci |
+----------------------+----------------+
2 rows in set (0.00 sec)
```

注意看 collation_server 参数的值，它的值也发生了变化，这是因为校对规则是基于字符集的，因此尽管我们没有显式地修改校对规则，但是它的值也自动被修改为所设定的 gbk 字符集的默认校对规则。

也正是基于这一点，在后面小节所做的示例，我们更多地会将演示的重心放在操作字符集上，不会着重介绍“校对规则”方面的内容，因为校对规则是基于字符集的，因此后面段落的内容中，再出现“字符集”这样的字符时，大家也可以认为三思实际要说的是：字符集+校对规则。

提示：全局粒度是什么意思？

在 MySQL 服务运行期间，修改系统变量的值也有作用域的。MySQL 中的系统变量的作用域分为全局（global）和当前会话（session）两类。

对于全局的修改，作用于修改成功后新创建的会话，但对当前执行修改的会话无效，如果是会话级的修改（执行 SET 命令并且未指定 global 选项就是会话级修改），则只作用于当前会话，本次会话结束后，所做修改也自动结束。

此外，需要注意 MySQL 中即使是全局的参数修改，其作用域最多也只在当前 MySQL 服务的生命周期内，MySQL 服务一旦重启，那么之前的设置也全部无效（不管是全局还是会话）。因此要是希望所做的设置永久生效，那么除了在全局粒度修改外，还必须手动修改初始化参数文件，或者是在启动 MySQL 服务时，在命令行中显式指定相关选项值。

6.3.2 连接时指定

客户端连接到 MySQL 数据库服务后所使用的字符集，与 MySQL 服务中设定的若干系统变量有关，前面的小节中也谈到过这方面的内容，就是说默认会继承和使用 MySQL 服务中设置的字符集，也就是全局系统变量 character_set_server 和 collation_server 中指定的字符集和校对规则。

按理说这样不是挺好嘛，所有环节的字符集设置都相同，理论上就不会出现乱码的情况了。理论确实是这样，但实际操作时会面临两方面的挑战。一个是需要它不一致，不要问我怎么会有这种需求，需求从来都是千奇百怪，有时候默认字符集确实不能满足需求（就比如当前字符集设置的是 latin1，但我们实际环境中使用的是 gb2312/gbk 字符集），就是得改，你能怎么样，再说，各个环节的字符集都能被随意设定，这不也是机制灵活的体现嘛！第二，请参考第一点。

总之，确实出现了不一致，那我们能怎么办呢？作为执行者，我们不仅是确保字符被正确地存储，还要确保它能被正确地显示。因此，还是需要多了解机制，搞清楚不同环节对字符集的处理。

字符集并不仅仅只有当存储字符数据时才需要，在客户端与 MySQL 服务器端通信时，字符集同样起着重要的作用，很多情况下，显示的字符出现乱码，也有可能是因为客户端当前的字符集设置与 MySQL 服务器端保存字符时所用的字符集不相符所致。

举一个例子，大家可以先忽略语法，重点看示例中的演示过程，注意看字符集哟。我首先创建一个会话插入一条记录：

```
(system@localhost) [jssdb]> show variables like 'character_set_client';
```

```
+----------------------+-------+
| Variable_name        | Value |
+----------------------+-------+
| character_set_client | gbk   |
+----------------------+-------+
1 row in set (0.00 sec)

(system@localhost) [jssdb]> insert into test1 values ('我爱我的祖国');
Query OK, 1 row affected (0.08 sec)

(system@localhost) [jssdb]> select * from test1;
+--------------------+
| v1                 |
+--------------------+
| 我爱我的祖国       |
+--------------------+
1 row in set (0.00 sec)
```

而后在另一个会话中读取这条记录，显示的结果却有所不同：

```
(jss_db@192.168.30.243) [jssdb]> show variables like 'character_set_client';
+----------------------+-------+
| Variable_name        | Value |
+----------------------+-------+
| character_set_client | utf8  |
+----------------------+-------+
1 row in set (0.00 sec)

(jss_db@192.168.30.243) [jssdb]> select * from test1;
+--------------------+
| v1                 |
+--------------------+
| 鎴戠埍鎴戠殑绁栧浗         |
+--------------------+
1 row in set (0.00 sec)
```

我勒个去，乱码啦，怎么办怎么办。别着急，咱们试试对这个客户端所使用的字符集进行设置，执行操作如下：

```
(jss_db@192.168.30.243) [(jssdb)]> set character_set_results=gbk;
Query OK, 0 rows affected (0.00 sec)

(jss_db@192.168.30.243) [(jssdb)]> use jssdb;
Database changed
(jss_db@192.168.30.243) [jssdb]> select * from test1;
+--------------+
| v1           |
+--------------+
| 我爱我的祖国         |
+--------------+
1 row in set (0.01 sec)
```

您瞧，这回字符被正确地显示出来了，而我们所做的不过就是修改了客户端会话中

的某个变量值。这就是我们前面所说的，DBAer 不仅只管存储，还得管显示，得一管到底才行。

那么，MySQL 服务是如何响应客户端操作的字符的字符集呢？连接创建后，用户发出的 SQL 语句，MySQL 服务又是如何响应发送查询的结果集或错误信息的字符集呢？

基本上，通过前面这个例子，大家想必也看出来了，还是与系统变量的设定有关。不过，与连接相关的字符集变量可不是 character_set_server 了哟，而是另有参考，并且，还不止一个。客户端信息大致的处理过程如下：

- 客户端发出的 SQL 语句，所使用的字符集由系统变量 **character_set_client** 来指定。
- MySQL 服务端接收到语句后，会用到 **character_set_connection** 和 collation_connection 两个系统变量中的设置，并且会将客户端发送的语句字符集由 character_set_client 转换到 character_set_connection（除非用户执行语句时，已对字符列明确指定了字符集）。对于语句中指定的字符串的比较或排序，还需要应用 collation_connection 中指定的校对规则处理，而对于语句中指定的列的比较则无关 collation_connection 的设置了，因为对象的表列拥有自己的校对规则，它们拥有更高的优先级。
- MySQL 服务端执行完语句后，会按照 **character_set_results** 系统变量设定的字符集返回结果集（或错误信息）到客户端。

你也许会想看看当前这些系统变量的值，没问题，仍然是使用 SHOW VARIABLES 语句：

```
(system@localhost) [jssdb]> show global variables like 'character_set\_%';
+--------------------------+--------+
| Variable_name            | Value  |
+--------------------------+--------+
| character_set_client     | utf8   |
| character_set_connection | utf8   |
| character_set_database   | utf8   |
| character_set_filesystem | binary |
| character_set_results    | utf8   |
| character_set_server     | gbk    |
| character_set_system     | utf8   |
+--------------------------+--------+
7 rows in set (0.00 sec)
```

这几个系统变量的值，默认继承自服务端启动时默认的字符集设置，也就是我们编译时指定的 utf8。不过你看，有一项例外，那是因为前面我们将 character_set_server 的值设置为了 gbk。

从这个输出结果看到的是全局的设置。当前，每个连接到 MySQL 服务的会话，均可以单独设置连接时的字符集，而且针对这几个系统变量，一般也都只设置会话级的变量值，那么我们再来看一下会话级的系统变量值又是什么呢：

```
(system@localhost) [jssdb]> show variables like 'character_set\_%';
```

```
+--------------------------+--------+
| Variable_name            | Value  |
+--------------------------+--------+
| character_set_client     | gbk    |
| character_set_connection | gbk    |
| character_set_database   | utf8   |
| character_set_filesystem | binary |
| character_set_results    | gbk    |
| character_set_server     | utf8   |
| character_set_system     | utf8   |
+--------------------------+--------+
7 rows in set (0.00 sec)
```

标粗的几项变量值被设置为了 gbk，也正是这几项在控制客户端连接和返回信息时，默认使用的字符集。

哟，看起来与全局时的有所不同，怎么弄成这样的呢？在执行 INSERT 语句前，又做了什么呢？接下来，注意了，因为我们就要讲到，如何在创建会话连接后，修改与字符集相关的设定。首先提醒一句，若确实需要修改客户端连接相关的字符集（这种情况很常见），那么并不需要一个个修改这几项系统变量的值，MySQL 提供了专用的方法（还不止一种），可以一次性地修改所有与连接相关的字符集变量设置。

1. SET NAMES

SET NAMES 命令的功能是指定客户端当前会话使用的字符集，语法如下：

```
SET NAMES 'charset_name' [COLLATE 'collation_name']
```

例如，设置当前会话字符集为 utf8，执行命令如下：

```
(system@localhost) [(none)]> set names gbk;
Query OK, 0 rows affected (0.00 sec)

(system@localhost) [(none)]> show variables like 'character%';
+--------------------------+----------------------------------+
| Variable_name            | Value                            |
+--------------------------+----------------------------------+
| character_set_client     | gbk                              |
| character_set_connection | gbk                              |
| character_set_database   | utf8                             |
| character_set_filesystem | binary                           |
| character_set_results    | gbk                              |
| character_set_server     | utf8                             |
| character_set_system     | utf8                             |
| character_sets_dir       | /usr/local/mysql/share/charsets/ |
+--------------------------+----------------------------------+
8 rows in set (0.00 sec)
```

从功能上理解的话，SET NAMES n 相当于同时执行了下列设置：

```
SET character_set_client = n;
SET character_set_results = n;
SET character_set_connection = n;
```

一条命令全搞定，简单且好用，如丝般细致优雅，悠长余韵。

2. SET CHARACTER SET

除了 SET NAMES 命令外，还有 SET CHARACTER SET 命令可以实现类似的功能，该语句的语法也与之类似，具体如下：

```
SET CHARACTER SET 'charset_name'
```

执行 SET CHARACTER SET 命令，相当于设置了下列系统变量：

```
SET character_set_client = x;
SET character_set_results = x;
SET character_set_connection = @@character_set_database;
SET collation_connection = @@collation_database;
```

@@character_set_database 表示全局变量。

下面实际执行看看效果。例如，设置当前会话的字符集为 latin1，执行命令如下：

```
(system@localhost) [(none)]> set character set latin1;
Query OK, 0 rows affected (0.00 sec)

(system@localhost) [(none)]> show variables like 'character_set\_%';
+--------------------------+----------------------------------+
| Variable_name            | Value                            |
+--------------------------+----------------------------------+
| character_set_client     | latin1                           |
| character_set_connection | utf8                             |
| character_set_database   | utf8                             |
| character_set_filesystem | binary                           |
| character_set_results    | latin1                           |
| character_set_server     | utf8                             |
| character_set_system     | utf8                             |
+--------------------------+----------------------------------+
7 rows in set (0.00 sec)
```

提示 1

ucs2、utf16、utf16le 和 utf32 不能被作为客户端字符集使用，也就是说使用 SET NAMES 或 SET CHARACTER SET 命令设置这类字符集无效。

3. 固化连接时的字符集设置

正如前面多次提到的，SET NAMES 命令和 SET CHARACTER SET 命令都是基于会话设定的，也就是说，仅作用于当前会话，退出登录后所做设置也就失效了。如果希望设置长期有效，一方面，可以在启动 MySQL 服务时，通过设置相关系统变量，达到永久生效的目的（当然这种方式欠缺灵活性）；另一方面，就是在客户端进行设置，使得与 MySQL 相关的客户端命令在连接时，能够自动使用我们设定好的字符集，避免每次在会话操作前再单独设定。

MySQL 数据库的客户端程序，包括 mysql、mysqladmin、mysqldump、mysqlimport 等

命令行工具，都是按照下列规则，读取连接时的默认字符集设定，优先级也是依次递增：

- 默认情况下，使用编译时指定的默认字符集，在本环境中当然就是 utf8 了。
- 程序能够自动检查当前操作系统环境变量中设置的字符集，比如像本地操作系统环境变量 LANG 或 LC_ALL 设置的语言，因此用户也可以配置操作系统的环境变量，来修改客户端连接后的默认字符集，但是这里需要注意的一点是，一般来说操作系统能够支持的字符集要比 MySQL 多，极有可能 OS 层指定的字符集在 DB 层没有对应，这种情况下，MySQL 仍然会设置编译时指定的字符集为默认字符集了。
- 对于支持 default_character_set 选项的命令行工具（常用的命令全都能够支持），可以通过该参数设置连接后的默认字符集。为了简化操作，甚至可以将"default_character_set"系统变量放在 my.cnf 文件的[mysql]或[client]区块，这样当 mysql 客户端连接到服务器后，它就能按照前面指定的字符集自动设置 character_set_client、character_set_results 以及 character_set_connection 几个系统变量。

比如说，我们当前有一套网站系统，号称面向全球用户提供服务，当然啦，实际上主要用户还是以中文群体为主，不过为了保证字符能被正确地识别和存储，默认字符集还是需要设置为 utf8（或 utf8mb4），以支持更多的语言，而不仅仅只是中文。可是作为维护者，由于我们的日常操作环境仍是中文占主导，平时更新或维护的数据也都是中文字符，因此在操作时，就需要字符集保持为 gb2312 或 gbk，我们又不希望每次连接到 MySQL 服务后都通过 SET NAMES 进行修改，那么，就可以考虑在参数文件 my.cnf 中的[mysql]区块，增加一行：

```
[mysql]
default-character-set=gbk
```

这样，只要我们使用 mysql 命令行工具连接到服务器后，连接的默认字符集（即 character_set_client、character_set_results 和 character_set_connection 几个系统变量）就都会是设定好的 GBK 字符集了。

不过，必须意识到的一个现状是，说到底，DBA 再优秀，一个人的力量毕竟有限，不可能他所接触的每台服务器都由他安装配置，或者按照他的风格去设置。尽管前面提到的一些方法配置得当时，用于提高工作效率着实有效，但是，就我看来，养成一个良好的习惯更重要，只有把正确的习惯深深地烙印在脑海中，形成操作 DB 时的本能，才能更好地适应环境，在实际工作中，不管应对什么样的工作环境，才能够确保所做操作安全、可靠，才能赢得同事和领导对你的信任和肯定。

前面说的这段话您听明白什么意思了吗？确实有点儿隐晦，好吧，那我换个说法，涉及字符操作时，先执行 SHOW VARIABLES LIKE 'charact%'看一看当前的字符集到底是什么吧，不要因为想当然而导致操作数据出现错误。

6.3.3 保存时指定

连接时指定的字符集是确保在交互过程中，字符数据被正确编码，此外，作为数据库的主要功能——存储，更要确保数据在保存时也使用正确的字符集。

在 MySQL 数据库中，提供 4 种不同的粒度，用以指定存储时数据使用的字符集：

（1）server，全局级，本领最大就是 only you，这个在前面 6.3.1 节已经说得够多了。

（2）database，数据库级。

（3）table，表级。

（4）column，列级。

这 4 种级别作用域依次递减，不过优先级是依次递增。怎么理解呢？举例来说，当在 server 级别指定字符集后，如果在 database/table/column 级未设置字符集，那么默认就会继承 server 级别的设定，不过如果在低一级别中明确指定，比如创建表时明确指定了字符集，那么该表的字符集又会以表级指定的为准。

看起来很灵活是吧！这里又不得不再次提及三思的这种观点：灵活意味着可以很复杂。你看看，任意一个级别都可以设定不同的字符集和校对规则设定，你倒是说说，要是被人问起“当前”设置是什么，该怎么回答。这个到底说的是服务器呢，还是数据库呢，这还没算上用户对当前连接的会话进行的字符集设置呢。正是因为有如此灵活的设定，才在面对前面小节最后提出的问题时难以给出简明的回答，因为在没有明确“当前”这个字符定义的情况下，实在无法确定查询哪个参数的哪个值。

当然啦，上面这段描述只是为了帮读者朋友加深印象，千万不要产生畏难情绪，这个情况在三思看来并不算复杂，它只是灵活，非常的灵活，因此在介绍本小节内容时会尽可能多通过示例来说明，示例说明不了的，三思尽可能就不说了。

1．在数据库级指定

每个 MySQL 服务中的数据库都可以单独设置字符集和校对规则，这种设置既可以在创建数据库时指定，也可以在创建之后通过 ALTER DATABASE 语句进行修改，指定字符集和校对规则的语法特别简单，具体如下：

```
[[DEFAULT] CHARACTER SET charset_name]
[[DEFAULT] COLLATE collation_name]
```

其中[DEFAULT]关键字是可选项，就实际效果来说，指定或不指定都没有区别，大家直接忽略它也行。

另外需要提示一点的就是，在 MySQL 中指定字符集，完整句法是“CHARACTER SET n”，这个写法也可以简化为“**CHARSET** n”，功能完全相同，后者可视作前者的同义词。我通常都是使用后一种写法，不要小看这少敲的几个字符，累积起来能提高不小的效率呐，你们信不信，我说的我自己都快信了。

下面，我们创建一个名为“5ienet”的数据库，并指定该库的默认字符集为 latin1，执

行语句如下：

```
(system@localhost) [(none)]> create database 5ienet charset latin1;
Query OK, 1 row affected (0.00 sec)
```

修改数据库的字符集也非常简单，比如说修改 5ienet 库的字符集为 utf8，执行命令如下：

```
(system@localhost) [(none)]> alter database 5ienet charset utf8;
Query OK, 1 row affected (0.00 sec)
```

前面执行了两项操作，不管是创建还是修改，都只指定了字符集，而没有指定校对规则，这是因为字符集和校对规则都是可选参数，大家也可以只指定校对规则而不指定字符集，或者两个都指定，甚至两个都不指定也行，它就继承全局粒度设定的默认值呗。

不过，考虑到字符集和校对规则两个都可选的情况下，实际应用时可能存在多种情况，下面简要说一说。一般来讲，MySQL 会按照下列规则来设置默认的字符集和校对规则：

- 如果同时指定 CHARACTER SET 和 COLLATE 选项，那没说的，就按指定的值处理。
- 如果仅指定了 CHARACTER SET，那么 COLLATE 会继承指定字符集的默认校对规则（还记得如何查看字符集的默认校对规则吗？要是忘记了就再回去看看 6.2 节吧）。
- 如果仅指定了 COLLATE 选项，那么 COLLATE 所属的字符集就是该数据库的默认字符集了。
- 如果两参数均未指定，那么就是前面所说的，该数据库将会继承全局粒度所设定的字符集和校对规则，不过继承并不是说直接应用 character_set_server，而是另有变量：character_set_database 和 collation_database。

数据库级的字符集设置，是保存在数据库同名的操作系统目录下的 db.opt 文件中：

```
$ more /data/mysqldata/3306/data/5ienet/db.opt
default-character-set=utf8
default-collation=utf8_general_ci
```

直接修改该文件也可以达到修改库级字符集设定的目的，但是一般不需要这么干，而且操作系统层修改并不是实时生效的，需要重启 MySQL 服务才能看到。

要在 MySQL 中查看某数据库的字符集和校对规则，最简单的方式就是直接 SHOW 它：

```
(system@localhost) [(none)]> show create database 5ienet;
+----------+------------------------------------------------------------------+
| Database | Create Database                                                  |
+----------+------------------------------------------------------------------+
| 5ienet   | CREATE DATABASE `5ienet` /*!40100 DEFAULT CHARACTER SET utf8 */ |
+----------+------------------------------------------------------------------+
1 row in set (0.00 sec)
```

数据库的字符集作用域包括在该库下创建的表和列，因此，该库下所有表默认均会继承该库所设置的字符集，甚至于使用 LOAD DATA INFILE 向该库下对象加载数据，如无明确指定，默认也会继承库一级的字符集。

2. 在表级指定

在创建表对象时，可以明确地给表对象指定字符集和校对规则，如果没有指定的话，它就会继承所在数据库粒度设定的字符集。建表或修改表时与字符集相关的语法，和在数据库级操作的语法完全相同：

```
[[DEFAULT] CHARACTER SET charset_name]
[[DEFAULT] COLLATE collation_name]
```

下面创建一个名为 t1 的表对象，先不指定字符集，执行语句如下：

```
(system@localhost) [5ienet]> create table t1 (id int);
Query OK, 0 rows affected (0.00 sec)
```

再创建一个名为 t2 的表对象，指定该表默认字符集为 latin1，执行语句如下：

```
(system@localhost) [5ienet]> create table t2 (id int) charset latin1;
Query OK, 0 rows affected (0.01 sec)
```

分别来查看这两个对象的字符集：

```
(system@localhost) [5ienet]> show create table t1;
+-------+---------------------------------------+
| Table | Create Table                          |
+-------+---------------------------------------+
| t1    | CREATE TABLE `t1` (
  `id` int(11) DEFAULT NULL
) ENGINE=InnoDB DEFAULT CHARSET=utf8 |
+-------+---------------------------------------+
1 row in set (0.00 sec)

(system@localhost) [5ienet]> show create table t2;
+-------+---------------------------------------+
| Table | Create Table                          |
+-------+---------------------------------------+
| t2    | CREATE TABLE `t2` (
  `id` int(11) DEFAULT NULL
) ENGINE=InnoDB DEFAULT CHARSET=latin1 |
+-------+---------------------------------------+
1 row in set (0.00 sec)
```

如结果中所示，当创建对象时，没有指定字符集，那么它就会继承数据库粒度的字符集，如果明确指定了字符集，那么该表对象的字符集就是我们指定的字符集。

这里列出的两个示例同样没有涉及校对规则，在表粒度的校对规则继承与数据库粒度时基本相同，唯一的区别是数据库粒度时字符集是继承自全局粒度，而在表粒度默认的字符集和校对规则继承自数据库粒度的设置。

3. 在列级指定

所有**字符类型**的列（即列的数据类型为 CHAR/VARCHAR 或 TEXT，另外 ENUM 和 SET 类型也适用）均可以在创建时指定字符集和校对规则，当然也可以通过 ALTER TABLE 命令对字符集进行修改。在通过 ALTER TABLE 语句定义列类型时，指定字符集和校对规则的语法如下：

```
col_name {CHAR | VARCHAR | TEXT} (col_length)
    [CHARACTER SET charset_name]
    [COLLATE collation_name]
col_name {ENUM | SET} (val_list)
    [CHARACTER SET charset_name]
    [COLLATE collation_name]
```

从语法上大家应该也看出来了，跟前面讲过的库级粒度和表级粒度一样，只不过列级的粒度最小，它能直接定义某个字符类型列的字符集。具体处理时，列粒度的字符集和校对规则的处理跟前面库级和表级也都差不多，唯一的差别就是，列粒度的字符集和校对规则默认会继承表级粒度的设置。

列粒度的知识点跟前面的内容重合度很高，这里既不重复举例也不准备多谈了，本小段前面的内容大家三两眼就能看完，接下来我想趁此时机简单说一下修改字符集设置对已有数据的影响。

前面讲过存储相关的字符集粒度分为 4 级：全局、库、表、列。可以说，全局和库级粒度的字符级设置可任意修改，它们不会对现有数据造成影响，最多所能影响到的也是修改设置后新增的数据。不过对于表粒度和列粒度中字符集的修改就需要慎重处理了，因为表和列中真正保存着数据，对现有数据的字符集进行变更，如果操作不慎，是会**丢失**数据的。

当我们执行 ALTER TABLE 语句，修改表对象或表中某个字符类型列的字符集时，MySQL 都要尝试，将字符从原有字符集转换成新指定的字符集进行编码保存，在这个过程中，如果字符集之间不兼容，就会丢失数据。这部分数据如果是在转换过程中丢失的，那么就没有回滚的可能，也就是说在没有备份的情况下，丢失的数据就永远丢失了，而不是说你再把字符集修改回原样，它就还能回去。

怎么，你想问什么情况下会丢失数据，这个细说起来就复杂了，简单概括就两句话：子集到超集的转换没有问题，但超级转换成子集会有问题。

举例来说，latin1 字符集中的西方字符在 gb2312 字符集中都有对应（支持），那么将字符集从 latin1 转换到 gb2312 就是安全的，同理，gb2312 到 gbk 也是安全的，gbk 到 utf8 也是安全的，当然 latin1 到 utf8 更是安全的了。

反之，utf8 转换到 gbk 就**不一定**，比如说 utf8 字符集中能够支持俄文字符，但是 gbk 不支持呀，这种情况下，将 utf8 字符集的表或列转换成 gbk 字符集，就有可能会丢失数据。可是既然并不能完全支持，为什么这里又说有可能呢，这因为尽管不是完全支持，但必须还是有能够支持的字符嘛，比如表或列的字符集尽管是 utf8，但是如果其中存储的都是 gbk 能够支持的中文字符，并没有不被支持的字符，这种情况超集到子集的转换也是安全的。

6.4 字符集操作示例

前面说了不少与字符集相关的内容，尽管也有示例辅助理解，但还是不够形象、具体，下面三思想通过一个最简单的示例："向某测试表插入记录，确保写入的记录能被正确地保存，并能被正常地读取"。这是再正常不过的需求，三思尽可能使这个示例保持简单，并在操作过程中，为大家演示 MySQL 连接和存储这两个层面和多个粒度中，字符的不同字符集应用和实际效果。

先来创建一个测试表 t3，拥有 3 个列，并为每个列分别指定不同的字符集，所指定的 3 种字符集，也是目前 MySQL 环境最为常见的字符集，执行操作如下：

```
(system@localhost) [5ienet]> create table t3 (
    -> v1 varchar(20) charset latin1,
    -> v2 varchar(20) charset gbk,
    -> v3 varchar(20) charset utf8);
Query OK, 0 rows affected (0.01 sec)
```

设置当前客户端连接会话的字符集为 utf8：

```
(system@localhost) [5ienet]> set names utf8;
Query OK, 0 rows affected (0.00 sec)

(system@localhost) [5ienet]> show variables like 'character%';
+--------------------------+--------------------------------+
| Variable_name            | Value                          |
+--------------------------+--------------------------------+
| character_set_client     | utf8                           |
| character_set_connection | utf8                           |
| character_set_database   | utf8                           |
| character_set_filesystem | binary                         |
| character_set_results    | utf8                           |
......................
```

向这个表中插入一条记录，每个列都指定相同的值，中英文字符混合：

```
(system@localhost) [5ienet]> insert into t3 values ('cn 中国','cn 中国','cn 中国');
ERROR 1366 (HY000): Incorrect string value: '\xD6\xD0\xB9\xFA' for column 'v1' at row 1
```

返回 1366 号错误信息，细看提示就能明白，原来在提示 v1 列指定了错误的字符串值，导致插入失败。这个错误提示可以理解，因为前面说过，latin1 是西文字符集，并不支持中文这样的多字节字符，因此插入时就报错了。

不过，考虑到 MySQL 5.6 正式版本刚出不久，大部分用户仍在使用 5.6 之前的版本，需要提醒大家的是，在 MySQL 5.6 之前版本，1366 号信息并非错误，而是一条警告，也就是说在之前版本中，出现这种情况只会抛出一条警告，但插入操作仍能成功。但是，都出现警告了，实际插入的数据出现异常的概率也就相当的高了，若是以为插入成功，但查询时才发现信息错误，那就麻烦了。因此这就需要大家更加慎重地对待，因为有时候操作失

败报错，要比操作（同样）失败报警更合理一些呐。进入 5.6 版本后，MySQL 修改 1366 号的错误级别，想必也是认识到了这一点，我个人对这类改动非常认同。

提示：此处 1366 错误级别由系统变量 sql_mode 来控制

sql_mode 系统变量，顾名思义用来控制 SQL 模式，MySQL 提供的模式众多，不同模式提供了不同的功能或限制条件。在 MySQL 5.6 版本之前，sql_mode 默认为空，而进入到 5.6 版本后，sql_mode 默认值改为 STRICT_TRANS_TABLES，这个变量值的功能是对于支持事务的存储引擎对象，启动严格限制模式，这种情况下，就会出现插入值非法则直接报错，而非警告。

若仍然希望像 5.6 版本之前，插入字符串值不匹配抛出警告而非错误，则将 sql_mode 值改为空，如果该系统变量拥有多个值，则去除 STRICT_TRANS_TABLES 值即可。

下面修改一下 col1 待插入的值，而后再次执行 INSERT 语句：

```
(system@localhost) [5ienet]> insert into t3 values ('china','cn 中国','cn 中国');
ERROR 1366 (HY000): Incorrect string value: '\xAD\xE5\x9B\xBD' for column 'v3' at row 1
```

又报了几乎一模一样的错误，不过这回变成 v2 列字符串，即使我们继续尝试，把 v2 列值改一下，再次尝试插入时又会抛出错误，提示 v3 列的字符有误。

您说像 v1 这种 latin1 编码的列，插入中文字符出现错误还可以理解，因为它确实不支持中文编码，但为什么 v2 和 v3 这两列也会是乱码呢？这两个一个使用 gbk 编码，一个基于 utf8 编码，应该是都能够支持中文字符的呀！

既然存储阶段的字符集设置没有问题，我们输入的字符也没有问题，那就只有一个可能：连接阶段的字符集编码不对。可是，回想一下，在操作之前，我们已经显式地指定了当前连接会话的字符集为 utf8 了呀，utf8 能够支持中文的不是嘛？

你看，这就是一处新手极容易陷入的理解误区，utf8 编码能够支持中文不假，但是，谁说 utf8 编码格式下的"中国"，就是我们输入的"中国"这两个字符呢？这明明是 gb2312 或者说 gbk 编码的字符形式。

插入时报错，不是我们输入的不对，或者表列的字符集设置不对，而是客户端的字符集和存储所用字符集不匹配的结果。您若还没想通，咱们通过实际操作验证一下，先把当前客户端会话的字符集改为 gbk，然后再执行相同的 INSERT 操作看一看：

```
(system@localhost) [5ienet]> set names gbk;
Query OK, 0 rows affected (0.00 sec)

(system@localhost) [5ienet]> insert into t3 values ('china','cn 中国','cn 中国');
Query OK, 1 row affected (0.03 sec)
```

语句居然成功执行。

查询一下 t3 表对象中的数据，刚刚插入的记录是否能正常显示，执行 SELECT 语句：

```
(system@localhost) [5ienet]> select * from t3;
+--------+---------+---------+
| v1     | v2      | v3      |
+--------+---------+---------+
```

```
| china | cn 中国     | cn 中国     |
+-------+-----------+-----------+
1 row in set (0.00 sec)
```

v1 列不说了，单字节的西文字符想乱码很难的。包含中文的 v2 和 v3 两列的显示结果也完全正常。这就是我们在 6.3 节中反复说的，连接时字符集和存储时的字符集一致，结果才能正常显示。

您是否想问 utf8 字符集的 v3 列为什么也能正常显示？这可不就是 character_result 系统变量的功劳了嘛，它被转换成了 gbk 字符集形式嘛。

而后，我们再把连接会话的字符集改为 utf8，看看表中的记录又会变成什么样呢：

```
(system@localhost) [5ienet]> set names utf8;
Query OK, 0 rows affected (0.00 sec)

(system@localhost) [5ienet]> select v1,v2,v3,length(v1),length(v2),length(v3) from t3;
+-------+-----------+-----------+------------+------------+------------+
| v1    | v2        | v3        | length(v1) | length(v2) | length(v3) |
+-------+-----------+-----------+------------+------------+------------+
| china | cn 涓   湋 | cn 涓   湋 |          5 |          6 |          8 |
+-------+-----------+-----------+------------+------------+------------+
1 row in set (0.00 sec)
```

大家首先注意看每列值的长度（跟你想的一样不？如果不一样，再想想能想明白不？如果想不明白，知道我邮件地址不？如果不知道……呃，太好了）。

而后再来看 v2、v3 两列的列值，字符倒是显示出来了，可是这回显示的字符比较怪。难道使用 utf8 字符集时，“中国”的编码会是“涓　湋”这种都不知道怎么读的字符形式，让我们试一试吧，实践出真知，怎么试呢？方法太多了，我们选个复杂的，INSERT 看看呢：

```
(system@localhost) [5ienet]> insert into t3 values ('cn','cn 涓   湋','cn 涓   湋');
Query OK, 1 row affected (0.03 sec)
```

修改客户端会话的字符集为 gbk，再次查询 t3 表中的记录，看看刚刚插入记录中的字符能否正常显示：

```
(system@localhost) [5ienet]> set names gbk;
Query OK, 0 rows affected (0.00 sec)

(system@localhost) [5ienet]> select * from t3;
+-------+--------+--------+
| v1    | v2     | v3     |
+-------+--------+--------+
| china | cn 中国 | cn 中国 |
| cn    | cn 中国 | cn 中国 |
+-------+--------+--------+
2 rows in set (0.00 sec)
```

结果告诉我们，记录没有任何问题。看来，UTF8 编码中的“涓　湋”正是 GBK 编码中的“中国”，我想看到这里，大家应该能够明白，为何我们第一次、第二次及第三次的 INSERT 会失败，以及后续的查询结果中，字符变来变去的原因了吧！

现在我想把 v3 列的字符集转换成 gb2312，大家说能行吗：

```
(system@localhost) [5ienet]> alter table t3 modify v3 varchar(20) charset gb2312;
Query OK, 2 rows affected (0.02 sec)
Records: 2  Duplicates: 0  Warnings: 0
```

改当然能改，ALTER TABLE 的语法只要没敲错，执行是没问题的，但是修改后列中存储的数据是否仍然正确，就要看字符集的转换过程中是否有不兼容的情况发生。

就我们这个例子，大家说会有不兼容吗？不会，“cn 中国”这个字符在 gb2312 字符集中完全能够正确编码，不会丢失数据。我这个论断可是在没执行查询之前给出的，大家要是也都像我这么自信，那对字符集的理解应该就没问题了，可以跳过本章，阅读下面的内容了：

```
(system@localhost) [5ienet]> select * from t3;
+-------+--------+--------+
| v1    | v2     | v3     |
+-------+--------+--------+
| china | cn 中国   | cn 中国   |
| cn    | cn 中国   | cn 中国   |
+-------+--------+--------+
2 rows in set (0.00 sec)
```

您还想继续往下看是吗，好吧，再来一个问题，要是我把 v3 列的字符集改为 latin1，您说数据能正常操作不，别看结果，先自己给个答案，然后跟结果对比一下：

```
(system@localhost) [5ienet]> alter table t3 modify v3 varchar(20) charset latin1;
ERROR 1366 (HY000): Incorrect string value: '\xD6\xD0\xB9\xFA' for column 'v3' at row 1
```

答对了没，要是答对了就继续往下看，没答对就翻到本章第一页从头看起！

6.5　角落里的字符集设置

有人的地方，就有江湖，有字符的地方，就有字符集。在 DB 层的角落，隐藏着一群与我们的操作息息相关的提示信息，它们默默地工作呢，并且被我们理所当然的忽略了，其实它们也有自己的空间，它们也有字符集。

6.5.1　字符串的字符集

前面我们提到，字符集是针对 MySQL 数据库中的字符类型，我们一般设置字符集，都是对存储对象进行设置，这里还有一个很细节的问题，不知道大家有没有想到过，对于那些并非保存在数据库对象里的字符是否拥有字符集呢？比如下面这个语句：

```
Select 'cn 中国';
```

这个语句中的字符串有字符集吗？这点毋庸置疑，必须有啊，字符类型都有字符集。不过出现在 SQL 语句中某个角落的字符串，多数情况下我们都是理所当然地就用了，它们的字符集却被我们忽视。

前面小节中的示例跟这个也有关联，执行的 INSERT 语句，为什么有时候读出来会是乱码，可不就是因为输出的字符，其默认字符集与保存时字符集不匹配嘛，因此当我们通过 SET NAMES 命令修改了字符集后，操作结果就能够正常显示。所以你看，每个字符串都有对应的字符集和校对规则，不管它从哪儿来，在哪儿出现。

MySQL 数据库在字符集的设置方面想得比较全面，针对字符串，用户可以在使用时，通过相应语句来显式地设置字符集及校对规则，其基础语法如下：

```
[_charset_name]'string' [COLLATE collation_name]
```

这其中：

- [_charset_name]：指定字符集，其中_符号是固定格式，后面跟字符集名称，由于是可选项，因此一般都忽略了。
- 'string'：列或列值。
- [collation_name]：指定校对规则。

有了“_charset_name”这样的表达式，就应该想到，SET NAMES 其实也并不是必需的，不管做什么操作，我们的核心目标都是希望输入输出时的字符集兼容匹配，这也是字符数据得以正确显示的前提。

例如，紧接前面的示例，下面 SQL 语句中选择的几个字符串的列值结果是相同的：

```
(system@localhost) [5ienet]> SELECT 'cn 中国', _gbk'cn 中国', _utf8'cn 涓  浗' COLLATE utf8_general_ci;
+--------+--------+----------------------------------------+
| cn 中国 | cn 中国 | _utf8'cn 涓?浗' COLLATE utf8_general_ci |
+--------+--------+----------------------------------------+
| cn 中国 | cn 中国 | cn 中国                                 |
+--------+--------+----------------------------------------+
1 row in set (0.00 sec)
```

这就是_charset_name 表达式的作用，它会告诉解析器使用其后的字符串作为字符集。

大多数情况下，我们都忽略了指定字符串的字符集，不管指定不指定，字符串都是有字符集的，那么 MySQL 是采用何种策略确定该字符串的字符集呢？这其中有一定的规则，取决于当前的系统环境设置：

- 如果同时指定了字符集和校对规则，则按照指定的设置。
- 如果仅指定了校对规则，那么采用校对规则所属的字符集作为默认字符集。
- 如果均未指定（通常都是这样），那么会按照系统变量 character_set_connection 和 collation_connection 的设置作为默认的字符集和校对规则。

6.5.2 错误提示的字符集

服务端返回的错误或警告信息也是字符，当然也有字符集，前面的示例操作时就碰到过一些警告信息，大家想必也注意到返回的信息跟我们想象中的不太一样，本小节就跟大家说道说道 MySQL 在这方面的设计。

对于 MySQL 服务来说，服务端固定使用 utf8 字符集组织错误信息，返回到客户端时，转换成 character_set_results 系统变量指定的字符集。

服务端在组织错误或警告信息时，按照下列的方式处理信息的几个组成部分：

- 首先消息模板使用 utf8 字符集。
- 而后，消息模板中的参数替换成指定的错误事件，包括几个子项：
  - 标识符，比如表名或者列名这类内部即使用 utf8 字符集的仍然用该字符集输出。
  - 字符串值（不含二进制）则从原始字符集转换成 utf8。
  - 二进制字符串转换成字节方式表示，范围在 0x20～0x7e 之间，超出该范围则使用\x 十六进制编码。比如说一个键复制错误，尝试插入 0x41CF9F 到 VARBINARY 唯一列时，返回的错误信息如下：

```
Duplicate entry 'A\xC3\x9F' for key 1
```

这些信息被组合后返回消息到客户端，服务器将其从 utf8 转换成 character_set_results 系统变量所指定的字符集，如果 character_set_results 变量值为空或 binary，那么就不会发生转换操作，当然如果该变量设置的值就是 utf8 也不会发生转换。

如果信息中的字符串，不能被以 character_set_results 变量中所指定的字符集展示，那么转换过程中可能就会触发另外的编码方案：

- 字符在基本多文种平面（Basic Multilingual Plane、BMP，也即 Unicode 编码的 0 号平面）范围 0x0000～0xFFFF 区间的使用"\nnnn"标记输出。
- 字符不在 BMP 范围 0x01000～0x10FFFF 区间的使用"\+nnnnnn"标识输出。

设置错误信息的语言

默认情况下，mysqld 进程会使用英文返回错误信息，这当然不代表它只能以英文显示，实现上它还支持其他很多种语言，包括 Czech、Danish、Dutch、Estonian、French、German、Greek、Hungarian、Italian、Japanese、Korean、Norwegian、Norwegian-ny、Polish、Portuguese、Romanian、Russian、Slovak、Spanish 或者 Swedish，用户可以选择上面提到的任意一种语言来显示错误信息，遗憾的是目前还不支持中文。

有的朋友可能又有问题了，如何设置错误信息的显示语言呢？这个问题不复杂，不过咱们得从头说起。MySQL 服务在启动时，会读取--lc_messages_dir 选项的值，并会在该选项指定的路径下查找错误信息对应的语言文件。该选项的默认路径是 MySQL 软件安装目录下的 share 目录，本环境中，就是在/usr/local/mysql/share/目录下：

```
[root@mysqldb01 ~]# ll /usr/local/mysql/share/
total 1408
drwxr-xr-x. 2 mysql mysql   4096 Mar  6 09:27 aclocal
drwxr-xr-x. 2 mysql mysql   4096 Mar  6 09:27 bulgarian
drwxr-xr-x. 2 mysql mysql   4096 Mar  6 09:27 charsets
drwxr-xr-x. 2 mysql mysql   4096 Mar  6 09:27 czech
drwxr-xr-x. 2 mysql mysql   4096 Mar  6 09:27 danish
-rw-r--r--. 1 mysql mysql  25575 Jan 23 00:54 dictionary.txt
drwxr-xr-x. 2 mysql mysql   4096 Mar  6 09:27 dutch
drwxr-xr-x. 2 mysql mysql   4096 Mar  6 09:27 english
```

```
-rw-r--r--. 1 mysql mysql 501829 Jan 23 00:54 errmsg-utf8.txt
..............
..............
drwxr-xr-x. 2 mysql mysql   4096 Mar  6 09:27 spanish
drwxr-xr-x. 2 mysql mysql   4096 Mar  6 09:27 swedish
drwxr-xr-x. 2 mysql mysql   4096 Mar  6 09:27 ukrainian
```

找到错误消息对应语言的目录了，接下来怎么办呢，它还有一个选项--lc_messages，这个选项就是用来指定错误信息的语言。

lc_messages_dir 是个只读的系统变量，MySQL 服务启动后就无法修改，不过这没关系，它只是指定路径而已，决定语言的 lc_messages 系统变量则可以在 MySQL 服务运行时随意修改，并且既可以在全局粒度修改，也可以在会话粒度修改。

下面咱们就试一下，修改当前错误信息的语言为法文，即修改当前会话中 lc_messages 系统变量的值，执行命令如下：

```
(system@localhost) [5ienet]> set lc_messages=fr_FR;
Query OK, 0 rows affected (0.00 sec)
```

触发个错误看看：

```
(system@localhost) [5ienet]> select abc;
ERROR 1054 (42S22): Champ 'abc' inconnu dans field list
```

懂法文的给翻译翻译，这说的到底是嘛意思呐。

提示一点，本节提到的两个系统变量 lc_messages_dir 和 lc_messages 是从 MySQL 5.5 版本才开始引入的，在之前的版本中，要设置语言是通过--language 选项，该参数相当于—lc_messages_dir 和—lc_messages 的集合，比如说，仍然设置法语显示，则在 MySQL 5.5 之前的版本中，需要在启动时加载--language 选项，执行命令如下：

```
$ mysqld_safe --language=/usr/local/mysql55/share/french
```

6.5.3 国家字符集

熟悉 MySQL 数据类型的朋友都知道，MySQL 中还存在 NCHAR、NVARCHAR 这样的字符类型，这其中的 N 代表的就是 NATIONAL，这类字符类型在 MySQL 数据库中拥有固定的字符集设置，在 MySQL 5.6 版本中，使用 utf8 作为这种类型在存储时的字符集。

也就是说，在 MySQL 5.6 版本中，不管如何设置字符集，当使用 N[char/varchar/text] 数据类型时，这些列的字符集均为 utf8。这也是它被称为“国家字符集”的原因，拥有更好的兼容性，不管所使用的字符究竟是何种，均能够被正确支持和保存。

基于这一点，下面几种列的字义在功能上是完全相同的：

```
CHAR(10) CHARACTER SET utf8
NATIONAL CHARACTER(10)
NCHAR(10)
```

在通过 SQL 语句操作字符串时，也可以简化的形式创建字符类型为国家字符集，例如：

```
(system@localhost) [5ienet]> select N'涓  浗', n'涓  浗', _utf8'涓  浗';
+------+------+-------+
| 中国 | 中国 | 中国 |
```

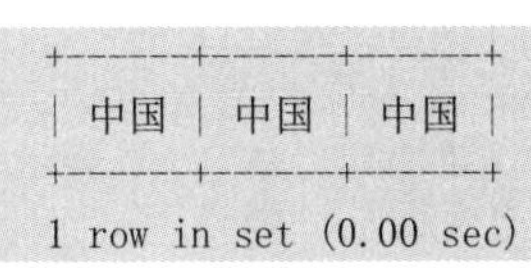

```
+------+------+------+
| 中国 | 中国 | 中国 |
+------+------+------+
1 row in set (0.00 sec)
```

关于字符集的内容还有很多，不仅仅是指某些设置上的细节，而是说 MySQL 数据库提供很丰富的与字符集相关的功能。前面的段落尽管也花了不少篇幅，但其实只是浅显地向大家表明了 MySQL 中常见的字符集处理方法。

其他还包括时区啦、元数据啦、UNICODE 编码支持啦等与字符集相关的内容，我们甚至可以自已增加新的字符集或校对规则，基于本书的定位及篇幅，这些内容在本书中没有体现，但是希望大家明白，即便是“字符集”这么一个看起来如此简单的知识点，在 MySQL 的知识体系中都有多处与之关联，还有很多的内容，需要大家花时间去揣摩和尝试。我们才刚刚起步，不能自满，继续努力吧！

看完本章，对字符集的设定应该有个大致了解了，那么接下来你是否在想，现在可以去数据库中创建或操作对象了吧！当然可以，其实创建对象随时都可以，前面讲字符集时不是也创建过对象嘛。不过我想很多朋友应当也听说过，MySQL 数据库中极具特色的插件式存储引擎的设置，怎么前面的创建表对象示例中没有体现呢？这个嘛，我想先多问一句，知道创建表对象时要为它指定什么存储引擎不？怎么，你不知道都有哪些存储引擎，嘿嘿，没关系，继续往下翻吧，咱们马上就要讲到这个主题。

第7章 选择对象的存储引擎

MySQL 数据库的开发者们，大胆而且巧妙，开创性地设计出一种“插件式存储引擎（Pluggable Storage Engines）”机制，使得 MySQL 的功能和适用场景都得到极大的扩展。话说什么是存储引擎呐，初次听到这个概念的朋友肯定会提出此类疑问。这个问题可真不好回答，本章一半的篇幅都计划用来阐释相关内容，希望能帮助大家理解这个问题，现在一行都没写哪，您就让我先回答这个问题，我感到压力很大。我试着尽可能简单地回答，按照我的理解，它就是一种数据存取和处理方式。这句高度抽象后的总结，尽管从回答的角度已经立于不败，但是，抹掉所有细节信息的答案，无助于大家深入理解“存储引擎”的功能，想要真正理解这个概念，还是需要大家阅读本章的内容，自己寻找答案才是。

MySQL 数据库自带了多种存储引擎，每种存储引擎都拥有独特的特性，当我们在 MySQL 数据库中创建表对象时，就可以根据实际需求，为不同访问特点的表对象指定不同的存储引擎，以获取更高的性能和数据处理的灵活性。当然啦！也不是说每回创建表对象都得指定存储引擎，如果业务的存取需求是确定的，那么可以在系统启动时设置好默认存储引擎，这样在创建表对象时，不必指定，它就会自动使用默认的存储引擎。

那么，“插件式”这个形容词对应的功能又体现在哪儿呢？这个说的是，当您需要的某个特性当前您用到的存储引擎都不支持，但是，您听说有一款存储引擎能够支持它，那么您就可以找到与该存储引擎相关的文件（通常会是.so 文件）复制到指定路径，而后在 MySQL 命令行中加载它，甚至不需要重装或重启 MySQL 数据库软件，就可以用到这个新插入的存储引擎了。听起来很神奇对吧！这也从某个侧面证实 MySQL 数据库的存储引擎设计确有其独到之处。

按理说留着悬念去阅读，理论上会看得更加仔细，可是，当下社会的现状大家都清楚：浮躁啊！对于这种概念性的问题，大家重视程度不仅仅是较低的问题，基本上已经是负数了，个个恨不能上来就冲到正式环境开始操作，建库建表、导入导出、备份恢复啥的。

尽管跳过本章的内容，直接阅读后面的章节，初期也不会对您后续的操作造成太大困扰，不过考虑到“存储引擎”（还是插件式的）的确是 MySQL 数据库中一项非常独特又重要的设计，理解这项设计不仅对于您的成长，而且对于非常现实（很多时候也是迫在眉睫）的性能优化、架构设计等方面的能力也影响深远，因此，强烈建议大家认真阅读本章的内容。

我想，读过三思的文章，并认同三思的行文理念的朋友，也应该是真正有意愿从事 DBA

职位，会花心思和精力学习枯燥的知识，进行重复性的操作和测试，使自己的积累能够消化和沉淀的更深入、更厚重，基于对这部分读者朋友负责的心态，这里我想先简要地吐槽一下，呃，不不，不是要回答啥是存储引擎，我水平有限，没法三言两语就白话清楚上面那个问题，这里我要说的是另一个问题：为什么要使用插件式存储引擎（其实这本来是本章另一半篇幅计划阐释的问题）。

举个与大家日常生活息息相关的事物来做类比吧。即便是身为纯正屌丝，我们依然也有自己的追求。就拿穿衣来说，朋友们到商场买衣服，大小适中是个前提，衣服的款式也很重要，有适合平常穿的休闲款，有适合正式场合穿的工作服，您在买的时候也一定是会根据需求选购，再普通不过的场景了对吧。

如果我告诉你，在某个时期，首先这个衣服根本不用挑，它就只有一种款式和尺寸大小，根本没有选择的机会，其次人们甚至根本意识不到需要买这个过程，您会怎么想呢？是否会惊诧地疑问：怎么可能，会有这样的事情吗？有的，而且也并不遥远，回想一下 20 世纪改革前的那些年代吧，家家户户出门都是一身绿军装，父母穿完子女穿的影像，想必已经跃然于脑海了吧，那可真是亿万同胞同声唱响：同一个大小同一种款式。

选择存储引擎就像在挑选衣服，用惯了 SQL Server/Oracle 这类传统的数据库软件，习惯于使用系统提供的、仅有的一种数据处理方式，甚至会认为这种没有选择的机制才是正统，因此，当我们遇到 MySQL 数据库，这样一款全新设计理念，给了用户丰富的选择，可以由用户自主决定数据怎么用最适合的软件时，才会有“为什么要有选择”这种正常思维看起来再普通不过的疑惑。

没关系，这不怪你，不用过于自责和愧疚，这是社会负能量的强大辐射干扰了人的正常思维，更何况，即便已身处号称信息时代的 21 世纪，仍然有高唱“同一款样式”的土壤，怎么不相信吗，嘿嘿，中小学生们的校服不就仍旧一个款嘛！

当然啦，选择太多如果找缺点也不是没有（其实是很多），比如可管理性、维护成本、DBA/开发人员的学习成本、兼容性、全局资源整合（以下省略 5000 个省略号）等方面，都有可能带来隐患。不过这里并不是开批判会，毕竟改革开放都 30 年了，那套过时的玩意儿早已被埋在历史的最深处。

还是让我们回到主题吧！MySQL 这款开源的数据库软件系统，开创性地引入了存储引擎的设定，因此具体在保存数据时，选择什么样的存储引擎，DBA 完全可以根据业务实际情况，在满足操作需求的前提下，自主选择最适合自己的数据处理方式。

7.1　存储引擎体系结构

现在大家想必已对存储引擎有了些许兴趣，那么紧接着，下一个问题跟着就来了，MySQL 数据库都支持哪些存储引擎呢？这个不好说呀，为什么呢，这就不得不提 MySQL 存储引擎的另一项设计：“插件式”的设计方案。

我们先来看一下 MySQL 数据库的体系结构图（图 7-1）。

这张图的知名度很高，网上也多有流传，这是 MySQL 数据库的体系结构，图片里表现的内容很丰富，信息量相当大，在这里我们重点看红框中的部分，这部分是 MySQL 服务的存储引擎层。

如图 7-1 所示，有一堆长相一样的立方体的小图标，每个图标都代表着一种存储引擎，确实不少吧，大家注意看图标的右下角，还有一个像插头（反正我是这么理解的）一样的图例，这是表示存储引擎都是可插拔的吗？恭喜你，答对了。

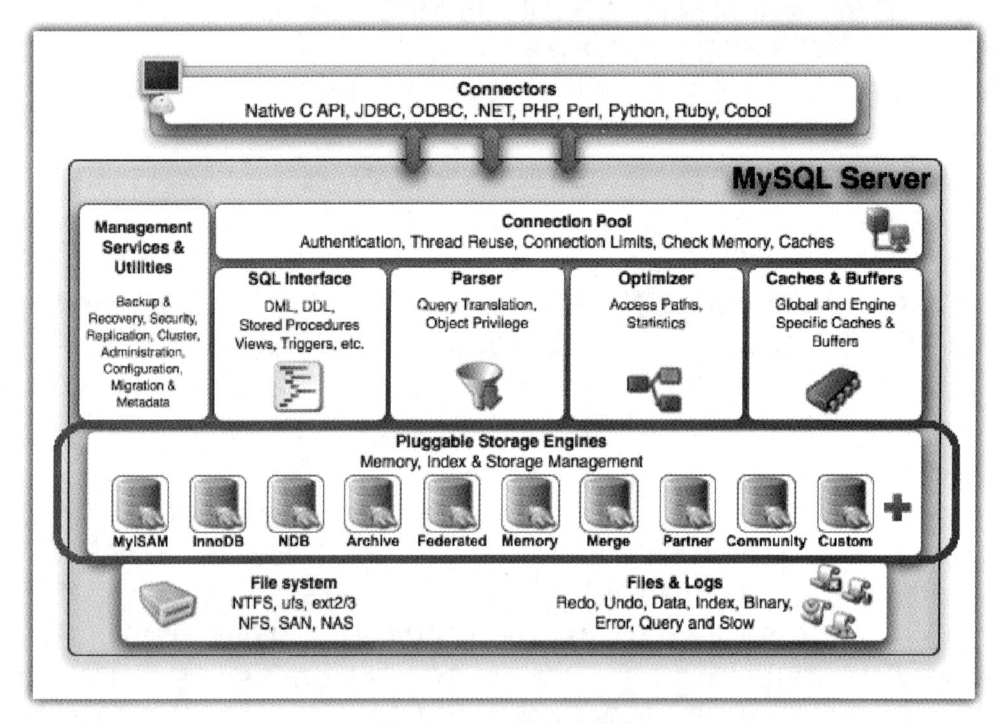

图 7-1　MySQL 体系结构

在 MySQL 数据库里，用户选择哪种存储引擎是灵活的，存储引擎本身在 MySQL 数据库中也是灵活的。对于存储引擎来说，MySQL 是默认提供的，你不想用，可以卸载（拔）下来，想使用但当前没提供的，可以安装（插）进去。

另外，大家注意到最右侧的“+”（加号）图标了吗，这代表什么呢，说明这是个可扩展的系统啊。用户甚至可以根据需要，开发出自己的存储引擎插件。因此，MySQL 都能支持哪些存储引擎，这个问题恐怕没有答案，不过，我能告诉你，当前的 MySQL 数据库服务都支持什么存储引擎。

要查看当前 MySQL 数据库都支持什么存储引擎，可以通过 SHOW ENGINES 命令获取相应信息，具体如下：

```
(system@localhost) [(none)]> show engines\G
*************************** 1. row ***************************
      Engine: InnoDB
     Support: DEFAULT
     Comment: Supports transactions, row-level locking, and foreign keys
Transactions: YES
          XA: YES
  Savepoints: YES
*************************** 2. row ***************************
      Engine: CSV
     Support: YES
     Comment: CSV storage engine
Transactions: NO
          XA: NO
  Savepoints: NO
*************************** 3. row ***************************
      Engine: MyISAM
     Support: YES
     Comment: MyISAM storage engine
Transactions: NO
          XA: NO
  Savepoints: NO
*************************** 4. row ***************************
      Engine: BLACKHOLE
     Support: YES
     Comment: /dev/null storage engine (anything you write to it disappears)
Transactions: NO
          XA: NO
  Savepoints: NO
*************************** 5. row ***************************
      Engine: MEMORY
     Support: YES
     Comment: Hash based, stored in memory, useful for temporary tables
Transactions: NO
          XA: NO
  Savepoints: NO
*************************** 6. row ***************************
      Engine: MRG_MYISAM
     Support: YES
     Comment: Collection of identical MyISAM tables
Transactions: NO
          XA: NO
  Savepoints: NO
*************************** 7. row ***************************
      Engine: ARCHIVE
     Support: YES
     Comment: Archive storage engine
Transactions: NO
          XA: NO
```

```
  Savepoints: NO
*************************** 8. row ***************************
      Engine: FEDERATED
     Support: NO
     Comment: Federated MySQL storage engine
Transactions: NULL
          XA: NULL
  Savepoints: NULL
*************************** 9. row ***************************
      Engine: PERFORMANCE_SCHEMA
     Support: YES
     Comment: Performance Schema
Transactions: NO
          XA: NO
  Savepoints: NO
9 rows in set (0.00 sec)
```

视环境的不同，返回的记录数也会有所不同，三思这套环境在编译时，明确指定了支持的存储引擎，结果显示当前共有 9 行相关记录，每条记录有 6 列，分别代表含义如下：

- Engine：存储引擎名称。
- Support：当前是否支持，有下面 4 个可选值：
  - YES：当前支持该存储引擎，并且处于可用状态。
  - DEFAULT：当前支持该存储引擎，并且为默认存储引擎。
  - NO：当前不支持该存储引擎，说明该存储引擎尽管被编译了，但没被支持，因此当前不可用。
  - DISABLED：支持该存储引擎，但是当前被禁用。
- Comment：注释信息，一般是该存储引擎的简要说明。
- Transactions：是否支持事务。
- XA：是否支持分布式事务。
- Savepoints：是否支持保存点。

> 提 示
> MySQL 数据库默认支持的存储引擎，在源码编译安装 MySQL 时，与指定的参数有很大关系，具体参考本书第 2 章。

7.2 常见存储引擎

MySQL 提供了一套统一的应用模型和核心 API，因此，尽管不同存储引擎拥有不同的特性，不过对于前端的开发人员（甚至于 DBA），应用端操作都是完全透明的。如图 7-1 所示，应用层的连接并不直接访问存储引擎层，而是访问 MySQL 提供的 API，也就是说，

不管所操作的表对象使用什么存储引擎，读写数据时执行的 DDL/DML 语句并没有不同。

对于前端的使用者来说，甚至完全不用考虑存储引擎的细节，不过对于数据库的管理或维护人员，各存储引擎的特点还是需要熟练掌握的。前面也提到过，MySQL 支持的存储引擎很多，而且说不定在您阅读的过程中就有第三方爱好者，发布了新的存储引擎插件（好吧我承认好像夸张了点儿，应该没有这么快），因此即使对于专业的 DBA 来说，要熟悉所有存储引擎也是件不可能完成的任务（Mission Impossible），幸好也不会这样要求 MySQL DBA。

对于有上进心的 IT 业者，要“高标准、严要求、对自己狠一点”，对于各类存储引擎的知识也是了解的越多越细致越好，了解的越多，可选择的余地就越多，在使用时也会更灵活。

MySQL 数据库中常见（因为自带，所以常见）存储引擎包括 MyISAM、Innodb、NDB Cluster、Memory、Archive、Merge、Federated 等，其中最著名而且使用最为广泛的是 MyISAM 和 Innodb 两种存储引擎。下面就来一一介绍 MySQL 自带的各种存储引擎，当然，使用最广泛的会着重介绍。

7.2.1　MEMORY 存储引擎

内存表的概念大家听说过吧，这个概念尤其在近几年是非常火热的，一方面是同类型产品的渲染，另一方面是内存相比磁盘的高效能，即使是对技术再小白的人也知道内存比磁盘快。MySQL 数据库中也可以创建内存表，这种支持就是基于本小节的主角——MEMORY 存储引擎实现的。不过我也得注明一句，MySQL 数据库中支持内存表的实现不止一种，MEMORY 引擎只是其中之一罢了。

要创建一个 MEMORY 表，只需要在执行 CREATE TABLE 语句时指定 ENGINE 选项为 MEMORY 即可，例如：

```
(system@localhost) [5ienet]> create table t_mem1 (id int) engine=memory;
Query OK, 0 rows affected (0.00 sec)
```

MEMORY 存储引擎的表只拥有一个独立的磁盘文件，扩展名为.frm，用来存储表结构的定义，MEMORY 引擎郑重承诺，只有定义，绝不包括数据。

正如引擎名称所代表的那样，MEMORY 引擎表的数据当然是保存在内存中的，一方面，MySQL 服务端需要单独分配内存区域，以维持当前正使用的 MEMORY 引擎表；另一方面，当 MySQL 服务关闭时，所有 MEMORY 引擎表中的数据都会丢失，当然，表结构会保留的。

分配给 MEMORY 引擎表的内存正常状态下不会释放，而是由该 MEMORY 引擎表一直持有，即使删除 MEMORY 引擎表中的数据，所占用的内存也不会被 MySQL 服务收回，当然啦，删除记录释放的内存会被该表新插入的记录使用，但是不能被其他对象或线程使用。只有当整个 MEMORY 表被删除或重建时才会回收相关内存。如要释放某个 MEMORY

表占用的内存，只能通过 DROP、CREATE、ALTER 语句重建对象的方式。

那么接下来这个问题就很关键了，MEMORY 引擎表到底**占用多少内存空间**呢？这一点由两个因素决定。首先 MEMORY 引擎表能够使用的最大内存空间不能超过 max_heap_table_size 系统变量设定的值，该变量默认情况下是 16MB。这个值能够作用于 CREATE TABLE 或 ALTER TABLE 以及 TRUNCATE TABLE 语句。

前面提到过的 max_heap_table_size 系统变量，设置的是 MEMORY 引擎表能够使用的最大内存空间，如若要为不同的 MEMORY 引擎表分别指定不同大小的内存空间，那么，就可以在创建表对象前，先在会话级设置 max_heap_table_size 变量值，这样该 MEMORY 表的最大可用空间就将是我们设定的值了。

例如，创建两个 MEMORY 表，一个 1MB 空间，另一个 2MB，那么，在创建表之前，先在会话中设置 max_heap_table_size 变量的值（注意是在会话级设置，而非全局级）：

```
(system@localhost) [5ienet]> set max_heap_table_size=1024*1024;
Query OK, 0 rows affected (0.00 sec)

(system@localhost) [5ienet]> create table t_mem_1m (v1 varchar(10000)) engine=memory;
Query OK, 0 rows affected (0.00 sec)

(system@localhost) [5ienet]> set max_heap_table_size=1024*1024*2;
Query OK, 0 rows affected (0.00 sec)

(system@localhost) [5ienet]> create table t_mem_2m (v1 varchar(10000)) engine=memory;
Query OK, 0 rows affected (0.01 sec)
```

接下来，好玩的来了，找不同哟同学们，对比看看前面创建的 3 个 MEMORY 表的状态：

```
(system@localhost) [5ienet]> show table status like 't_mem%'\G
*************************** 1. row ***************************
           Name: t_mem1
         Engine: MEMORY
        Version: 10
     Row_format: Fixed
           Rows: 0
 Avg_row_length: 8
    Data_length: 0
Max_data_length: 16777216
..................
..................
*************************** 2. row ***************************
           Name: t_mem_1m
         Engine: MEMORY
        Version: 10
     Row_format: Fixed
           Rows: 0
 Avg_row_length: 30003
    Data_length: 0
Max_data_length: 1020102
```

```
..................
..................
*************************** 3. row ***************************
           Name: t_mem_2m
         Engine: MEMORY
        Version: 10
     Row_format: Fixed
           Rows: 0
 Avg_row_length: 30003
    Data_length: 0
Max_data_length: 2070207
..................
..................
```

从结果可以看出，Max_data_length 标识的最大数据长度是不同的，最初创建的表是 16MB，后面分别是 1MB 和 2MB。不过，在 MySQL 服务重启后，所有表会自动继承全局 max_heap_table_size 的值，也就是会变成一样的 16MB。

提 示

关于 Max_data_length 和 Avg_row_length 的值，这里有几个细节不知道大家是否注意到了。

当前显示的 1020102 或 2070207 并不是 1024 的整数倍，而是 Avg_row_length 的整数倍，为什么会这样呢，这与 MEMORY 引擎表中数据类型的设定有关，对于 MEMORY 引擎来说，变长类型如 VARCHAR 类型也被当作定长类型来处理（基于同样的原因，MEMORY 引擎就不能支持 BLOB/TEXT 这类大字段了，因为，真的存不下呀），也就是说行平均长度其实也正是行实际长度。

在分配实际的内存空间时要兼顾两方面的因素。首先分配的空间不能超过 max_heap_table_size 变量的值；其次它会在这个基础上最大化地利用内存以保存更多记录。因此实际分配的内存空间就应该是满足 max（Avg_row_length*rownum）<max_heap_table_size 公式的值。以 t_mem_1m 表为例，每行记录占用 30003B，如果存储 35 行记录的话，实际占用内存就会是 1050105，超出了 1024×1024 的范围值，因此实际分配的内存空间就是 30003×34 即 1020102。

另一个细节是为什么这里的 Avg_row_length 平均列长度显示会是 30003B 呢，首先 3 个字节是行头占用的空间，剩下的 30000 又是什么情况呢，我可以提示一下，这与当前表对象的字符集有关，大家想明白了吗，创建一个 latin1 或 gbk 字符集的表再对比一下吧！

除了通过 max_heap_table_size 系统变量的值限制 MEMORY 引擎表的大小外，也可以在创建时通过 CREATE TABLE 语句的 MAX_ROWS 选项，指定表中最大记录数的方式来限制表最大能够使用的内存空间，这个就不再拿具体示例演示了，若不明白的话大家可以自己尝试进行对比。

MEMORY 存储引擎这类内存表相比普通的磁盘表，效率当然非常好，不过，由于其内容是保存在内存中，数据也可能会由于硬件故障、断电或者系统崩溃而丢失，因此，为 MEMORY 引擎的对象选择合适的场景就显得特别重要，既要能最大化地发挥内存中高效操作数据的优势，又需要规避数据丢失带来的风险。朋友们可能会问，那到底什么场景下

应用 MEMORY 引擎比较适合呢？哎呀同学，要开动脑筋才行啊，如果自己也不努力的话，靠什么拼赢官/富二代呐。如果让我来选择，我会考虑应用在数据临时保存（比如论坛中常见的用户当前位置、在线列表之类），或者数据来自于其他表，即使丢失也可以通过一些手段快速重建的场景。

7.2.2 CSV 存储引擎

熟悉 Excel 的朋友应该接触过 CSV（Comma Separated Values，逗号分隔）格式的文件，MySQL 数据库中的 CSV 存储引擎与 CSV 格式之间存在着巨大的关联，实际上吧，CSV 存储引擎正是基于 CSV 格式文件存储数据。

创建 CSV 引擎表，需要指定 ENGINE 选项值为 CSV，例如：

```
(system@localhost) [5ienet]> create table t_csv1 (id int not null default 0,v1 varchar(20) not null default '') engine=csv;
Query OK, 0 rows affected (0.00 sec)

(system@localhost) [5ienet]> insert into t_csv1 values (1,'a');
Query OK, 1 row affected (0.00 sec)

(system@localhost) [5ienet]> insert into t_csv1 values (2,'b');
Query OK, 1 row affected (0.00 sec)

(system@localhost) [5ienet]> select * from t_csv1;
+----+----+
| id | v1 |
+----+----+
|  1 | a  |
|  2 | b  |
+----+----+
2 rows in set (0.00 sec)
```

通过上面的示例来看，跟操作普通表没啥区别。不过需要注意的是，CSV 存储引擎因为自身文件格式的原因，所有列均必须强制指定 NOT NULL，另外 CSV 引擎也不支持索引，不支持分区。

与其他类型的存储引擎相同，CSV 引擎表也会包含一个表的结构定义文件，扩展名为.frm，此外还要创建一个扩展名为.CSV 的数据文件。您没猜错，这个文件就是 CSV 格式的平面文本文件，该文件保存表中的实际数据。这种文件当然也可以在 Excel 中直接打开，或者在操作系统层利用任意文本编辑工具查看内容，例如：

```
[mysql@localhost ~]$ more /data/mysqldata/3306/data/5ienet/t_csv1.CSV
1,"a"
2,"b"
```

此外，还有一个同名的元信息文件，该文件的扩展名为.CSM，用来保存表的状态及表中保存的数据量。

因为 CSV 文件可被直接编辑，保不齐就有不按规则出牌（不通过 SQL 语句，而是直

接修改 CSV 文件中内容，其实如果操作得当，这种方式完全可行），或者其他意外情况，导致 CSV 表无法访问，如果 CSV 文件中的内容损坏了，也可以使用 CHECK TABLE 或 REPAIR TABLE 命令进行检查和修复。

CHECK 语句会检查 CSV 文件中分隔符是否合法，分隔列的数量与表定义中是否相同。发现不合法的行，就会抛出错误。用 REPAIR 语句执行修复时，会尝试从当前 CSV 中复制合法数据，清除不合法的数据。但是要注意，修复时只要发现文件中有损坏的记录行，那么之后的数据也就全部丢失了，不管这中间是否会有合法的数据。

从某个角度来看，CSV 引擎表对象很像 Oracle 中的外部表，但是用法比外部表要简单，操作也要灵活，当然严谨性相较外部表会差一些，这可能就是所谓有利就有弊，但无论如何，若能善加利用，CSV 引擎对象能够在很多场景下帮助我们减少操作，简化工作。

7.2.3　ARCHIVE 存储引擎

ARCHIVE 存储引擎适用的场景恰如其名——归档，大部分存储引擎都能做存储的工作（注意我说的大部分而非全部，因为很快三思就会讲到，还有只管入不管存的“存储”引擎），为什么需要 ARCHIVE 引擎呢？因为基于这种存储引擎的对象，能够将大量数据压缩存储，插入的列会被压缩，ARCHIVE 引擎使用 zlib 无损数据压缩算法，并且还可以使用 OPTIMIZE TABLE 分析表并使其打包成更小的格式。压缩比究竟有多高呢，我们可以测试一下。

创建 MyISAM 引擎的表对象，向其中插入若干条记录：

```
(system@localhost) [5ienet]> create table t_myd1 engine=myisam as select table_catalog,table_schema,table_name,column_name from information_schema.columns;
Query OK, 1732 rows affected (0.08 sec)
Records: 1732  Duplicates: 0  Warnings: 0

(system@localhost) [5ienet]> insert into t_myd1 select * from t_myd1;
Query OK, 1732 rows affected (0.01 sec)
Records: 1732  Duplicates: 0  Warnings: 0

(system@localhost) [5ienet]> insert into t_myd1 select * from t_myd1;
Query OK, 3464 rows affected (0.01 sec)
Records: 3464  Duplicates: 0  Warnings: 0

(system@localhost) [5ienet]> insert into t_myd1 select * from t_myd1;
Query OK, 6928 rows affected (0.03 sec)
Records: 6928  Duplicates: 0  Warnings: 0
```

查看 t_myd1 表对象的大小：

```
(system@localhost) [5ienet]> show table status like 't_myd1'\G
*************************** 1. row ***************************
           Name: t_myd1
```

```
           Engine: MyISAM
          Version: 10
       Row_format: Dynamic
             Rows: 13856
   Avg_row_length: 59
      Data_length: 831040
.........
.........
```

当前有 13856 条记录，占用了约 840KB 空间。下面再创建一个相同结构，拥有相同记录数，但是存储引擎为 ARCHIVE 的表对象看一看，执行创建语句如下：

```
(system@localhost) [5ienet]> create table t_arc1 engine=archive as select * from t_mydl;
Query OK, 13856 rows affected (0.04 sec)
Records: 13856  Duplicates: 0  Warnings: 0
```

我们来看一看，这个表有多大呢：

```
(system@localhost) [5ienet]> show table status like 't_arc1'\G
*************************** 1. row ***************************
             Name: t_arc1
           Engine: ARCHIVE
          Version: 10
       Row_format: Compressed
             Rows: 13856
   Avg_row_length: 8
      Data_length: 112775
.........
.........
```

使用 ARCHIVE 引擎的表对象，大小仅有 110KB，相比 MyISAM 引擎表对象小了近 8 倍，在节省空间方面成效极为显著。看起来相当理想是吧，但是 ARCHIVE 引擎的不足也相当明显，目前 ARCHIVE 引擎仅能够支持 INSERT 和 SELECT 语句，而不能支持 DELETE、REPLACE、UPDATE 语句；能够支持 ORDER BY 操作、BLOB 列等常规类型，也能够使用行级锁定，但是不支持索引；最出众的就是插入效率很高，数据保存时占空间又小。从上面这几个特点来看，这货就是为极少访问的归档数据准备的。如果我们有大量的历史数据（极少访问又不能删除）需要保存，那么 ARCHIVE 引擎可能是个不错的选择哟。

ARCHIVE 引擎表除了拥有标准的.frm 结构定义文件外，还有一个扩展名为.arz 的数据文件，执行优化操作时可能还会出现一个扩展名为.arn 的文件。

7.2.4 BLACKHOLE 存储引擎

刚才提到有些“存储”引擎只管入不管存，说曹操曹操就到，BLACKHOLE 低调出场，这个存储引擎的功能正像它的名字那样：“黑洞”。

尽管它也是像其他存储引擎一样接收数据，但是，注意，所有插入的数据并不会保存，BLACKHOLE 引擎表永远保持为空。

创建一个 BLACKHOLE 引擎表 t_bh1，并向其中插入两条记录：

```
(system@localhost) [5ienet]> create table t_bh1 (i int, c char(10)) engine=BLACKHOLE;
Query OK, 0 rows affected (0.07 sec)

(system@localhost) [5ienet]> INSERT INTO t_bh1 VALUES(1,'record one'),(2,'record two');
Query OK, 2 rows affected (0.00 sec)
Records: 2  Duplicates: 0  Warnings: 0
```

提示 2 条记录被成功插入了有没有，那么赶紧的我们再查一下 t_bh1 表里的数据：

```
(system@localhost) [5ienet]> select * from t_bh1;
Empty set (0.00 sec)
```

没有了！不是看不见，是真的没有，前头我就说了，BLACKHOLE 引擎，它压根儿就没有保存，BLACKHOLE 存储引擎表对应的物理文件也只有.frm 文件，也就是说只有表的定义。

尽管不存储实际数据，但该引擎的对象仍能支持各种索引，这真的很有意思，外表光鲜人模狗样，其实里头啥都没有，你要真敢给它点儿什么东西保准转眼就没。虽然就这样的吧，但是你还真别说，如果应用得好，在某些场景下还是能发挥大作用的。

尽管 BLACKHOLE 引擎对象不会保存任何数据，但是如果启用了 binlog，那么执行的 SQL 语句实际上是被记录的了（也就是说能够被复制到 Slave 端），通过这种机制可以实现在 Slave 端很有意思的应用。示例如图 7-2 所示。

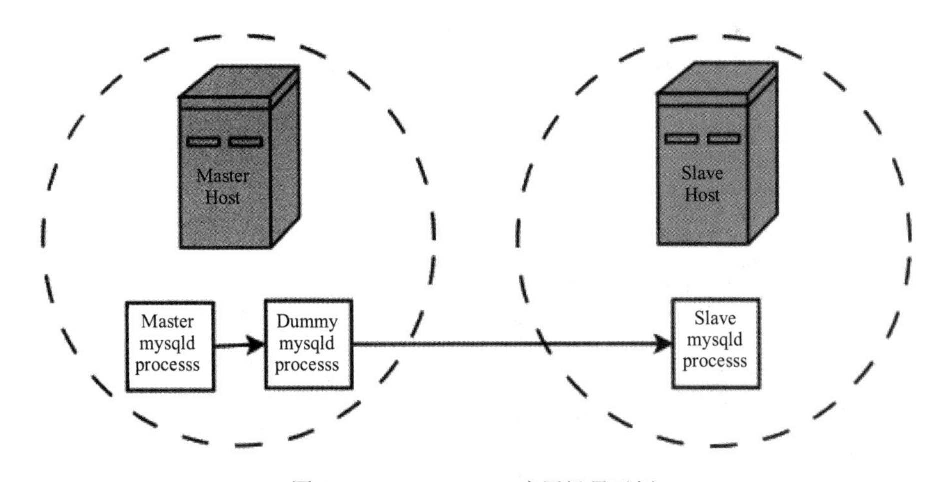

图 7-2　BLACKHOLE 应用场景示例

结合复制特性中的 replicate-do-*或 replicate-ignore-*规则，可以实现对日志的过滤，通过一些巧妙的设计，就可以实现相同的写入操作，但在 Master 和 Slave 中产生不同的数据。

提 示

关于 MySQL 的复制特性，后面会有章节专门介绍，这里先不多做描述。

BLACKHOLE 对象中 INSERT 触发器仍会按照标准方式触发，不过由于 BLACKHOLE

对象为空，UPDATE、DELETE 触发器实际上也没什么意义，因为表中不会有数据，因此 UPDATE、DELETE 绝对不可能被触发，对于触发器中 FOR EACH ROW 语句并不会有任何效果。

其他应用 BLACKHOLE 存储引擎的场景包括：

- 验证 dump 文件语法。
- 通过对比启用及禁用二进制日志文件时的性能，来评估二进制日志对负载的影响。
- 再深入想一想，BLACKHOLE 实际上是 no-op（无操作）引擎，因此可以用于发现与存储引擎无关的性能瓶颈。

BLACKHOLE 引擎支持事务，提交事务会写入二进制日志，但回滚则不会。

BLACKHOLE 引擎与自增列

BLACKHOLE 是 no-op 无操作引擎。所有在 BLACKHOLE 对象上的操作都没有效果，那么就需要考虑主键自增列的行为。该引擎不会自动增加自增列值，实际上也不会保存自增字段的状态，对于复制来说，这一点其实非常的关键。

考虑下面的复制场景：

①Master 端的 BLACKHOLE 表拥有一个自增的主键列。

②Slave 端同名表存储引擎为 MyISAM。

③Master 端对该表对象的插入操作没有明确指定自增列的列值。

那么在这一场景中，Slave 端就会出现主键列的重复键错误，在基于语句的复制（SBR）模式下，每次插入事件的 INSERT_ID 都是相同的，因此复制会触发插入的重复键错误。

在基于行的复制模式下，该引擎返回的列值总是相同的，那么在 Slave 端就会出现尝试插入相同值的记录，也是会导致复制失败。

列过滤

当使用 RBR 基于行的复制模式时（binlog_format=ROW），Slave 端最后一列如果不存在也能支持（可参考主从节点结构不同场景下的复制）。这种过滤在 Slave 端就会有效，即该列会在填充值前复制到 Slave 端。如果希望在数据发送到 Slave 前对数据过滤的话，那么 BLACKHOLE 还是能够起到一定的作用，而且确实也会有这种需要，比如说：

①数据比较机密，Slave 端不能拥有这部分数据。

②master 端有多个 Slave，在发送前过滤能够降低网络负载。

Master 端使用 BLACKHOLE 引擎过滤数据，是一种近似于配置--replicate-[do|ignore]-table 参数的方案，只是应用场景不同。

下面是一个示例，首先主端创建对象：

```
CREATE TABLE t1 (public_col_1, ..., public_col_N,
                 secret_col_1, ..., secret_col_M) ENGINE=MyISAM;
```

在中转 Slave 端创建表结构如下：

```
CREATE TABLE t1 (public_col_1, ..., public_col_N) ENGINE=BLACKHOLE;
```

而目标 Slave 端的表结构则是：

```
CREATE TABLE t1 (public_col_1, ..., public_col_N) ENGINE=MyISAM;
```

通过这样的设定，t1 表对象中的敏感数据就不会被发送到目标 Slave 端。这里不仅谈到了 BLOCKHOLE 引擎，还引申出若干与 MySQL 复制特性相关的内容，这部分知识点此时即便看不明白也没有关系，后面我们会有章节专门介绍 MySQL 的复制特性，届时可以再回顾本小节的内容，更有助于加深理解。

7.2.5　MERGE 存储引擎

MERGE 存储引擎也被称为 MGR_MyISAM 存储引擎，它实际上是将**一组 MyISAM 表**聚合在一起，使用时就像一张表，以此来简化查询操作，这听起来有点儿类似 Oracle 中的聚簇表，不过还是不太一样。

MERGE 存储引擎的表，要求基表拥有相同的列和索引信息，甚至于列的定义和顺序，索引的顺序都必须完全一样。对于列虽然相同但结构顺序不同，或者是拥有不同的列，又或者拥有的索引顺序不等同的表是不能聚合（MERGE）在一起的。

下面举个简单的示例，由于 MERGE 引擎表是基于 MyISAM 表的，因此这里先创建两个结构完全相同的 MyISAM 引擎表，并分别插入数条记录，操作如下：

```
    (system@localhost) [5ienet]> create table t_mys1 (id int not null auto_increment primary key,vl
varchar(20)) engine=myisam;
    Query OK, 0 rows affected (0.00 sec)

    (system@localhost) [5ienet]> create table t_mys2 (id int not null auto_increment primary key,vl
varchar(20)) engine=myisam;
    Query OK, 0 rows affected (0.00 sec)

    (system@localhost) [5ienet]> insert into t_mys1 (vl) values ('This'),('Is'),('mys1');
    Query OK, 3 rows affected (0.00 sec)
    Records: 3  Duplicates: 0  Warnings: 0

    (system@localhost) [5ienet]> insert into t_mys2 (vl) values ('This'),('Is'),('mys2');
    Query OK, 3 rows affected (0.00 sec)
    Records: 3  Duplicates: 0  Warnings: 0
```

然后就可以创建 MERGE 引擎表，注意其中的 UNION 子句：

```
    (system@localhost) [5ienet]> create table t_mer1 (id int not null auto_increment primary key, vl
varchar(20))
        -> engine=merge union=(t_mys1,t_mys2);
    Query OK, 0 rows affected (0.01 sec)
```

对象创建成功后，查询该对象看一看吧：

```
    (system@localhost) [5ienet]> select * from t_mer1;
    +----+------+
    | id | vl   |
    +----+------+
    |  1 | This |
    |  2 | Is   |
    |  3 | mys1 |
```

```
|  1 | This |
|  2 | Is   |
|  3 | mys2 |
+----+------+
6 rows in set (0.00 sec)
```

通过这个具体的示例，相信有助于大家更好地理解 MERGE 引擎表的功能。大家是否看出点门道来了，t_mer1 表的结果就像是执行 SELECT * FROM t_mys1 UNION ALL SELECT * FROM t_mys2 语句一样。

每个 MERGE 引擎表除了拥有存储表结构定义的.frm 文件以外，还有一个扩展名为.mgr 的文件，注意这个文件里不保存数据，而是数据的来源地，即引用的 MyISAM 引擎表的列表，大概就像这样：

```
[mysql@localhost ~]$ more /data/mysqldata/3306/data/5ienet/t_mer1.MRG
t_mys1
t_mys2
```

注意了，MERGE 引擎表本身并不存储数据，它只起一个汇总作用。不过，这并不代表 MERGE 引擎表只能支持查询操作，实际上也可以向 MERGE 引擎表插入、修改、删除记录。对 MERGE 引擎表执行 UPDATE、DELETE 语句，就像操作普通的 MyISAM 表一样。

不过若要向 MERGE 引擎表中插入记录，就需要一些配置了。默认情况下，是不能向 MERGE 引擎表中插入记录的，因为 MERGE 是个集合，它不知道应该把记录写到哪个具体的 MyISAM 表中。除非，在创建 MERGE 表时，通过 INSERT_METHOD 选项指定了插入的记录写到哪个表。

INSERT_METHOD 选项共有 3 个可选值：

- NO：不允许插入，这也是默认值。
- FIRST：插入到第一个表中。
- LAST：插入到最后一个表中。

例如，修改 t_mer1 表的 INSERT_METHOD 选项，改为 INSERT 记录到第一个 MyISAM 表：

```
(system@localhost) [5ienet]> alter table t_mer1 insert_method=first;
Query OK, 0 rows affected (0.02 sec)
Records: 0  Duplicates: 0  Warnings: 0
```

而后向 MERGE 引擎表中插入一条记录看看吧：

```
(system@localhost) [5ienet]> insert into t_mer1 (v1) values ('first');
Query OK, 1 row affected (0.00 sec)

(system@localhost) [5ienet]> select * from t_mer1;
+----+-------+
| id | v1    |
+----+-------+
|  1 | This  |
|  2 | Is    |
|  3 | mys1  |
|  4 | first |
|  1 | This  |
|  2 | Is    |
```

```
|  3 | mys2  |
+----+-------+
7 rows in set (0.00 sec)
```

记录被插入到 mys1 表中。

如果您实在理解不了 INSERT_METHOD 选项，那没关系，直接向 MERGE 表的基表插入数据好了，这个是不受任何限制的，可以随时进行。比如说，向 t_mys2 表中插入记录：

```
(system@localhost) [5ienet]> insert into t_mys2(vl) values ('mys2 record');
Query OK, 1 row affected (0.00 sec)

(system@localhost) [5ienet]> select * from t_mer1;
+----+-------------+
| id | vl          |
+----+-------------+
|  1 | This        |
|  2 | Is          |
|  3 | mys1        |
|  4 | first       |
|  1 | This        |
|  2 | Is          |
|  3 | mys2        |
|  4 | mys2 record |
+----+-------------+
8 rows in set (0.00 sec)
```

就是这个意思喽，实际使用起来还是挺好玩的，大家有兴趣的话可以自己多做些测试。

7.2.6　FEDERATED 存储引擎

在 MySQL 中，能否从 a 库访问 b 库中的对象呢？答案是确定的：当然可以，只要访问 a 库的用户拥有 b 库中对象的访问权限，就可以通过 b.objname 的方式访问。那么，再想一想，能否从某个 MySQL 实例访问另一个 MySQL 实例中 b 库的对象呢，答案还那么确定吗？是的，必须肯定地说，答案从来都是确定的，不确定的是该答“是”还是“否”。

MySQL 数据库当然可以跨 MySQL 实例访问对象，听起来这很像 Oracle 数据库中的数据库链（database link）实现的功能，但 MySQL 中可没有数据库链这种对象。要访问远端的 MySQL 数据库实例中的对象，在 MySQL 中也是通过一种特殊的存储引擎实现的（看到这里，大家应该能越来越深刻地认识到，插件式存储引擎的设计，有多么牛叉了吧），这个存储引擎的名字叫 FEDERATED。

听起来很有趣儿的样子，同学们已经迫不及待想要创建对象尝试使用了吧，对不起，您可能一时半会儿还用不上，这是因为，FEDERATED 存储引擎默认情况下是不安装的，也就是说默认 MySQL 不支持该存储引擎，如果希望使用这个存储引擎，那么在源码编译 MySQL 时，就需要在执行 CMake 时附加-DWITH_FEDERATED_STORAGE_ENGINE 选项，如果是按照本书中的步骤安装，那么编译时是附加了该选项，能够支持 FEDERATED

引擎的。

不过，注意即使编译时指定了选项，安装了 FEDERATED 引擎，照样不一定就能使用，因为启动 MySQL 服务时，默认仍然是不启用该存储引擎的，这一点从 MySQL 自身错误文件的启动日志中也能看到一些信息：

```
[Note] Plugin 'FEDERATED' is disabled.
```

也可以执行 SHOW ENGINES 语句，查看 FEDERATED 引擎的支持情况，当前应该是 NO。

这种情况就是，当前 MySQL 环境对于 FEDERATED 引擎是支持的，但是没有启用，如果希望启用 FEDERATED 引擎，那么还必须在启动 MySQL 服务时附加--federated 选项，或者把 federated 选项保存在初始化参数的[mysqld]区块内，以启用对该存储引擎的支持。

因为 federated 选项并不是个系统变量，因此没办法在联机情况下进行修改。下面听我口令，用任意文本编辑工具打开 my.cnf 文件（您该不会已经忘了它在哪儿了吧，回去翻翻第 3 章），这里使用 vi 打开：

```
[mysql@localhost ~]$ vi /data/mysqldata/3306/my.cnf
```

在[mysqld]区块中增加一行：

```
federated
```

按 Esc 键，输入 **:wq**，保存退出，然后需要重新启动 MySQL 服务使设置生效。

MySQL 重启完成后，重新登录至 mysql 命令行界面下，执行 SHOW ENGINES 语句，就会看到能够支持 FEDERATED 存储引擎并已经启用，然后就可以创建 FEDERATED 引擎对象了。不过在执行创建之前，我想先跟大家介绍一下 FEDERATED 存储引擎对象的结构，这会有助于大家更好地理解和应用。

创建普通存储引擎表（比如 CSV/InnoDB/MyISAM 等），这类对象表会包含表结构和数据，不过如果创建的是 FEDERATED 表，那么就只有表结构，其物理的数据是来自于远端 MySQL 服务器。

每个 FEDERATED 引擎表都包括两个元素：

- 一个远端的 MySQL 数据库表，这个表可以是目标端支持的任意类型的表。这里大家可以先引申想一想，能是目标端的 FEDERATED 表吗？
- 一个本地的数据库表，该表结构应与目标端的表完全相同，当然本地只有.frm 文件，不会保存具体的数据，另外表的定义信息中还会包括到目标端的连接信息。

FEDERATED 表的基础结构如图 7-3 所示。

当有客户端访问 FEDERATED 表时，信息将会按照下列方式在本地端（接收 SQL 请求的服务器）和远程端（实际存储物理数据的服务器）间流动：

- 存储引擎检查 FEDERATED 表列以及关联的目标端对象的 SQL 语句。
- 使用 MySQL 客户端 API 发送语句到远程端。

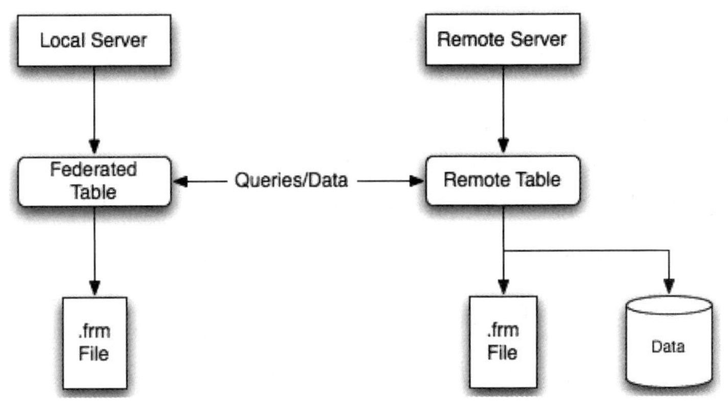

图 7-3　FEDERATED 引擎表基础结构

- 远程端处理完语句，由本地端接收该语句生成的结果集（符合条件的记录数或结果集）。
- 如果语句返回的是一个结果集，那么每一列都会被转换成 FEDERATED 引擎期望的内部存储引擎，以便能够将结果正确地返回给客户端。

看起来挺简单的是吧，有几个注意事项，你是想现在听呢，还是现在听呢，还是现在听呢。好吧，虽然我给出的选择不多，不过其实最终选择权还是在读者朋友自己手上的，实在不行您把这页翻过去就成了嘛。如果您确实下定了决心看，那么还是看得仔细点，下面有几条还是很关键的。当然最关键的其实是 FEDERATED 是一种用得上的存储引擎，海燕哪，你可长点儿心啊：

- 查询 FEDERATED 表时需要先将数据从远端拉回本地，但并不会在本地保存，也就是说客户端每次查询数据，实际上都需要传输数据。
- 还记得前面提出过的一点引申：是否可以指向目标端的 FEDERATED 表？实际上，是可以的，FEDERATED 表能够指向另一个 FEDERATED 表，但是这么用时一定要注意不要造成了循环。
- 可以通过在 FEDERATED 表所引用的基表上，创建适当的索引以提高性能。如果索引比较合理的话，能够在很大程度上降低返回到本地的数据量，这样就能降低网络负载，提高响应速度，否则的话则可能需要将远端整个表的数据都拿到本地进行处理了。
- FEDERATED 表上尽管能够有索引，但本质上还是不支持索引的，因为表的读取是在远程端进行的，远程端对象上可以有索引，因此在创建 FEDERATED 表时，列上有索引时就需要注意了，特别是当对 VARCHAR、TEXT、BLOB 列创建前缀索引时（或者说当创建操作需要在本地产生数据时），创建语句执行会失败。
- 对于配置了 Replication 的复制环境，FEDERATED 表可能被复制到其他 Slave 端，那么一定要注意该 Slave 端能够成功连接至远端服务器。

- 本地的FEDERATED表无法感知到远程表的变更，如果远程端对象发生结构修改，可能会影响本地表的完整性。
- 在 FEDERATED 表上执行批量插入（居然还能插入！）的性能会比其他引擎表稍差，这是因为实际上还是以每条记录单独插入的方式处理。
- FEDERATED 表不支持查询缓存，不支持分区，不支持事务，insert_id 和 timestamp 选项不会传送到数据提供方。
- 远程端必须是 MySQL 服务器，远程端的对象必须存在（这不废话嘛），DROP TABLE 语句操作 FEDERATED 只是删除本地表，不会影响远程对象。
- 虽然能够对本地的 FEDERATED 表执行 SELECT、INSERT、UPDATE、DELETE 语句（原来不止是支持插入），但只是执行，并非处理（handler），处理是目标端的事情。
- FEDERATED 存储引擎支持 SELECT、INSERT、UPDATE、DELETE、TRUNCATE TABLE 及索引，但是不支持 ALTER TABLE 以及其他 DDL 语句对表结构的变更，DROP TABLE 除外，INSERT、UPDATE、DELETE 操作本地的表实际上都是要将数据发送至远端。
- FEDERATED 能够接受 INSERT ... ON DUPLICATE KEY UPDATE 语句，不过如果违反复制键的原则，语句执行就会失败。
- 当使用 CONNECTION 语句时，密码中不能包含有'@'字符，因为这个字符在连接语句时是关键字。

我要说的注意事项基本就这些，下面终于到了一试身手的时候了。

FEDERATED 表在创建上跟 MERGE 表有些类似，本地的表对象只是个空壳子，实际数据来源于基表，但是，本地表的结构又必须与基表相同，因此，第一步，我们都是获取建表语句。

在 MySQL 数据库中获取建表语句太简单了，前面第 4 章也介绍过，通过 SHOW CREATE TABLE 语句即可。例如，目标端 hddoc 库下有表对象名为 poll_vote，获取该对象结构如下：

```
mysql> show create table poll_vote\G
*************************** 1. row ***************************
       Table: poll_vote
Create Table: CREATE TABLE `poll_vote` (
  `id` int(10) NOT NULL AUTO_INCREMENT,
  `parents_id` int(10) NOT NULL,
  `vote_count` mediumint(10) NOT NULL DEFAULT '0',
  `vote_month_count` mediumint(10) NOT NULL DEFAULT '0',
  `vote_month` mediumint(10) NOT NULL,
  PRIMARY KEY (`id`),
  UNIQUE KEY `ind_poll_vote_baike` (`parents_id`,`vote_month`)
) ENGINE=InnoDB AUTO_INCREMENT=26020 DEFAULT CHARSET=latin1
1 row in set (0.00 sec)
```

那么接下来，就是要按照相同的结构，在本地创建 FEDERATED 引擎表，在执行建表语句时，需要附加 CONNECTION 选项指定**连接信息**，以及数据来源的基表。这里，又要面临选择了，CONNECTION 选项虽然是固定的，但该选项在指定连接串时有**两种写法**：既可以在 CONNECTION 子句中指定远端的连接字符串（包括服务名，登录用户及密码信息），也可以使用当前由 CREATE SERVER 语句创建好的连接信息。

下面就分别举例说明吧。

1. 使用 CONNECTION 子句创建 FEDERATED 表

这种方式是指在建表时指定 CONNECTION 子句，下面是个例子：

```
(system@localhost) [jssdb]> CREATE TABLE `poll_vote` (
    ->   `id` int(10) NOT NULL AUTO_INCREMENT,
    ->   `parents_id` int(10) NOT NULL,
    ->   `vote_count` mediumint(10) NOT NULL DEFAULT '0',
    ->   `vote_month_count` mediumint(10) NOT NULL DEFAULT '0',
    ->   `vote_month` mediumint(10) NOT NULL,
    ->   PRIMARY KEY (`id`),
    ->   UNIQUE KEY `ind_poll_vote_baike` (`parents_id`,`vote_month`)
    -> ) ENGINE=FEDERATED AUTO_INCREMENT=26020 DEFAULT CHARSET=latin1
    -> CONNECTION='mysql://jss:jss@172.16.1.110/hddoc/poll_vote';
Query OK, 0 rows affected (0.00 sec)
```

这样就创建好了，不妨 SELECT 一下 poll_vote 表对象，看看能否查询到记录呢。

当然，你现在还不明白 CONNECTION 选项中各项值所代表的含义是吧，没关系，听我慢慢道来。CONNECTION 连接串就是用来指定连接远端服务器的必要信息，标准参数应该包括服务器地址、用户登录信息、端口以及目标端数据库和表对象名称。其格式如下：

```
scheme://user_name[:password]@host_name[:port_num]/db_name/tbl_name
```

其中：

- scheme：连接所用的接口，目前只支持 mysql。
- user_name：连接的用户名，该用户必须有操作远端服务器目标对象的权限。
- password（可选）：与连接用户对应的密码。
- host_name：远端的主机名或 IP 地址。
- port_num（可选）：指定远端服务的连接端口，如不指定则默认是 3306。
- db_name：指定远端目标对象所属的数据库名。
- tbl_name：指定远端目标对象的名称，这个名称可以与本地并不相同，重要的是列要对应。

下面再给几个连接的示例：

```
CONNECTION='mysql://username:password@hostname:port/database/tablename'
CONNECTION='mysql://username@hostname/database/tablename'
CONNECTION='mysql://username:password@hostname/database/tablename'
```

2. 利用 CREATE SERVER 创建 FEDERATED 表

如果当前环境中有一堆的 FEDERATED 表，引用自同一个 MySQL 实例，传统的 CONNECTION 选项就会遇到挑战，一旦目标数据库的连接方式发生变化，那么就需要挨

个对所有关联的FEDERATED进行重建，这个工程量倒不一定有多大，关键是繁琐。那么，有没有什么方案，能够在目标端连接方式发生变更时，快速地进行修改，而不需要挨个对象处理这么大动干戈呢，当然是有的，这时候，利用CREATE SERVER语句预先创建好的服务名就能派上用场了。

CREATE SERVER的语法如下：

```
CREATE SERVER server_name
FOREIGN DATA WRAPPER wrapper_name
OPTIONS (option [, option] ...)
```

其中 server_name 为自定义名称，将会在创建 FEDERATED 引擎表时引用。创建SERVER时重点在于指定的OPTIONS，我们仍以前面操作过的连接串做演示吧。

例如，有下列CONNECTION字符串：

```
CONNECTION='mysql://jss:jss@172.16.1.110/hddoc/poll_vote';
```

那么，创建具备相同功能的SERVER如下：

```
CREATE SERVER hddoc110
FOREIGN DATA WRAPPER mysql
OPTIONS (USER 'jss', PASSWORD 'jss', HOST '172.16.1.110', PORT 3306, DATABASE 'hddoc');
```

然后再创建FEDERATED表时就可以简化CONNECTION串了，例如：

```
(system@localhost) [jssdb]> CREATE TABLE `poll_vote_s` (
    ->   `id` int(10) NOT NULL AUTO_INCREMENT,
    ->   `parents_id` int(10) NOT NULL,
    ->   `vote_count` mediumint(10) NOT NULL DEFAULT '0',
    ->   `vote_month_count` mediumint(10) NOT NULL DEFAULT '0',
    ->   `vote_month` mediumint(10) NOT NULL,
    ->   PRIMARY KEY (`id`),
    ->   UNIQUE KEY `ind_poll_vote_baike` (`parents_id`,`vote_month`)
    -> ) ENGINE=FEDERATED AUTO_INCREMENT=26020 DEFAULT CHARSET=latin1
    -> CONNECTION='hddoc110/poll_vote';
Query OK, 0 rows affected (0.01 sec)
```

再查询一下poll_vote_s表中的记录，看看数据都出来没有。

有朋友会说，我当前的系统就只有一个FEDERATED表，还是临时用用，完全没必要使用 CREATE SERVER 了吧。其实也不是这样，有些情况下，用户没有选择，必须借助CREATE SERVER 才能创建 FEDERATED 表。比如说碰到用户的密码中包含'@'字符的情况，因为 CONNECTION 字符串中密码中不能包含'@'符号，这种情况下，就只能通过CREATE SERVER语句来配置连接串。

通过CREATE SERVER语句创建的server信息，都会被保存在mysql.servers表中。表中的列和CREATE SERVER的语法，以及CONNECTION语句的参数相似度较高（因为功能相同嘛）。

前面介绍了数种存储引擎，它们功能不同且各有特色，不过这些都只能算是开味小菜，此外还有很多设计优秀、应用场景更为广泛（或独特）的产品，建议大家稍做休息，马上，将给大家介绍存储引擎中的重量级选手。

7.3 MyISAM 存储引擎

MyISAM 引擎是 MySQL 数据库中知名度最高、使用率最高的、当之无愧的双 A 级存储引擎，在 MySQL 5.5 版本之前，MyISAM 一直都是 MySQL 数据库表对象的默认引擎，就是说创建表对象时，如果没有明确指定存储引擎，那么创建的表对象就会保存为 MyISAM 引擎表。

MyISAM 的拼写比较特别，一般人都不知道该怎么读，有些朋友是按字母挨个拼，这听起来显得很不专业，其实我也没闹明白官方读法（官方文档中就没写），不过在我和我接触到的圈子中，都管它读做：My-eye-sam，如果读者朋友觉着这个读法还算顺口，也可以这样读，放心，没有版权问题。

> **提 示**
>
> 在 MySQL 官方论坛中有个帖子专门谈到 MyISAM 和 InnoDB 的发音，一些回贴中提到的发音很有意思，感兴趣的朋友浏览下列网址：http://lists.mysql.com/mysql/204267。

MyISAM 引擎的前身是 ISAM 存储引擎，实际上在那会儿还没有存储引擎的概念，ISAM 也只是种算法，或者说数据的处理方式。如同 SQL Server/Oracle 这类产品一样，MySQL 最初对表对象的管理方式默认有且只能有一种。随着 MySQL 架构的不断发展和演进，最终才引入插件式存储引擎的概念，ISAM 也进化为 MyISAM 并一直作为 MySQL 数据库的默认存储引擎，直到 MySQL 5.5 版本中被 InnoDB 引擎取代了默认存储引擎的地位。

看到这儿，大家可能对 InnoDB 也来了兴趣，它有何才能竟然取代了默认多年的 MyISAM。能把大家的好奇心勾起来我觉着是好现象，不过不要着急，在对 MyISAM 引擎不了解的情况下，我就算把 InnoDB 吹成朵花，大家可能还是没什么深刻认识，难以产生认同，因此我们还是先了解一下 MyISAM 引擎的特点，至于 InnoDB，它既然能够取代 MyISAM 自有其独特之处，我前头也说过了，重点内容会重点介绍，大家继续往下看就是。

创建表对象的语法在第 4 章已经操作过多次，大家应当还有印象，第 4 章的内容尽管并没有涉及到存储引擎，但我们也提到过，所有的表对象实际上都是有存储引擎的，当创建时没有指定的话，它不是没有存储引擎，而是采用默认的存储引擎。

自从进入到 5.5 版本，MyISAM 默认存储引擎的地位被拿下，这种情况下，如果我们要创建一个 MyISAM 引擎的对象，就必须在创建表对象时，通过 ENGINE 选项，明确指定对象存储引擎为 MyISAM。比如说，创建一个名为 t_myd2 的 MyISAM 引擎表，执行命令如下：

```
(system@localhost) [5ienet]> create table t_myd2 (id int) engine=myisam;
Query OK, 0 rows affected (0.01 sec)
```

对象创建后，在物理层面，每个MyISAM表对象都是由3个独立的操作系统文件组成，文件名与表对象名相同，文件的扩展名有下面3个类型（注意大小写）：

- .frm：对象结构定义文件，用于存储表对象的结构。
- .MYD：数据文件，用于存储表数据。
- .MYI：索引文件，用于存储表的索引信息。

例如，刚刚创建的t_myd2表对象，在操作系统层则对应下列3个文件：

```
[mysql@localhost ~]$ ll /data/mysqldata/3306/data/5ienet/t_myd2.*
-rw-rw---- 1 mysql mysql 8556 Aug  1 10:02 /data/mysqldata/3306/data/5ienet/t_myd2.frm
-rw-rw---- 1 mysql mysql    0 Aug  1 10:02 /data/mysqldata/3306/data/5ienet/t_myd2.MYD
-rw-rw---- 1 mysql mysql 1024 Aug  1 10:02 /data/mysqldata/3306/data/5ienet/t_myd2.MYI
```

MyISAM引擎的表，其物理文件默认是保存在所属的DB所在目录下，如果需要的话，可以在创建时自定义数据文件和索引文件的**实际**存储路径。CREATE TABLE语句提供了下列两个选项：

- DATA DIRECTORY [=] 'absolute path to directory'
- INDEX DIRECTORY [=] 'absolute path to directory'

两个选项分别用来指定数据文件和索引文件的实际存储路径。之所以特别注明“实际”两个字，是因为无论如何指定，表对象所在db目录下，都会有同名的.MYD和.MYI文件存在。只不过，指定了DATA DIRECTORY或INDEX DIRECTORY参数后，MYD/MYI文件就会是个软链接文件，指向实际的存储路径。

DATA DIRECTORY和INDEX DIRECTORY两个选项是MyISAM引擎对象的专用选项，不过创建其他存储引擎类型的对象时，也可以指定这两个选项，只是不会生效罢了。

当前MyISAM单表最多支持18446744073709551616条（2^{64}）记录，每个表最多能够创建64个索引，如果是复合索引，那么每个复合索引最多可以包含16个列，索引键值长度可以达到1000B（这么长的索引键是否有意义咱们另谈），甚至像BLOB/TEXT这种大字段类型也能创建索引（创建为前缀索引）。

MySQL中的CHAR类型在定义长度时，最大可以达255B，VARCHAR类型的最大长度可以到65535B。不过注意了，在实际使用时，可定义的列长度还与当前所使用的字符集、创建（或修改）的表对象中字符类型列的总长度有关。

首先MySQL中创建表对象时，定义的字符类型长度指的是字符长度，而非常见的字节长度，这一点在第4章时介绍过。这里举例来说明一下，创建一个t_myd3，仅拥有一个vl列，列长度定义为10：

```
(system@localhost) [5ienet]> create table t_myd3 (vl char(10)) engine=myisam;
Query OK, 0 rows affected (0.04 sec)
```

插入一串汉字值和数字值，看看能否成功，若能成功再看看实际占用的长度：

```
(system@localhost) [5ienet]> insert into t_myd3 values ('一二三四五六七八九十');
Query OK, 1 row affected (0.01 sec)

(system@localhost) [5ienet]> insert into t_myd3 values ('1234567890');
```

```
Query OK, 1 row affected (0.06 sec)
```

查询一下每条记录的长度看看：

```
(system@localhost) [5ienet]> select length(v1) from t_myd3;
+------------+
| length(v1) |
+------------+
|         30 |
|         10 |
+------------+
2 row in set (0.00 sec)
```

这里定义的是 CHAR 类型列，与 VARCHAR 类型是同理的，只不过对于 VARCHAR 类型来说，最大长度可以到 65535，但是注意了，在 MyISAM 引擎表中，不管包括多少个 CHAR/VARCHAR 类型列，这些列的长度加到一起也不能超过 65535B，而且在定义时，还受当前所使用的字符集和最大行大小限制。总的来说，单表（注意不是单列）字符列最大长度不能超过 65532B，这一点与 Oracle 数据库中列字段定义不同。

比如，我们定义一个长度为 65533B 的列，创建就会报错：

```
(system@localhost) [5ienet]> create table t_myd4 (v1 varchar(65533)) engine=myisam charset=latin1;
ERROR 1118 (42000): Row size too large. The maximum row size for the used table type, not counting BLOBs, is 65535. This includes storage overhead, check the manual. You have to change some columns to TEXT or BLOBs
```

改为 65532 则可以：

```
(system@localhost) [5ienet]> create table t_myd4 (v1 varchar(65532)) engine=myisam charset=latin1;
Query OK, 0 rows affected (0.00 sec)
```

务必要理解前面所说的，单表字符列长度相加后，最大长度不能超过 65532B，举例来说，要创建一个表，包括两个 varchar 列，其中一个长度 60000B，另一个长度 5533B，创建也是会报错的：

```
(system@localhost) [5ienet]> create table t_myd5 (c1 varchar(60000),c2 varchar(5533)) engine=myisam charset=latin1;
ERROR 1118 (42000): Row size too large. The maximum row size for the used table type, not counting BLOBs, is 65535. This includes storage overhead, check the manual. You have to change some columns to TEXT or BLOBs
```

而且这个设定其实不仅仅作用于 MyISAM 引擎，而是作用于整个 MySQL 数据库，不管用什么引擎，对于像 CHAR、VARCHAR、BINARY、VARBINARY 这些字符类型，在定义时，这些列的长度加一起不能超过 65532B。

7.3.1　MyISAM 引擎特性

话说 MyISAM 能在默认引擎的位置上一坐就是十数年，自然有它的道理，官方技术文档中有个表格，列举了 MyISAM 引擎的一些特性（表 7-1）。

表 7-1　MyISAM 引擎的特性

选项	指标
最大存储能力	256TB
MVCC	No
B-tree 索引	Yes
Clustered 索引	No
Hash 索引	No
全文检索索引	Yes
索引缓存	Yes
数据压缩	Yes
复制	Yes
查询缓存	Yes
事务	No
地理（三维）数据类型支持	Yes
地理数据索引支持	Yes
数据缓存	No
数据加密	Yes
外键约束	No
统计信息	Yes
锁粒度	Table
集群数据库	No
备份/时间点恢复	Yes

从这个表格中的信息来看，MyISAM 并非全能，有不少选项都不支持，不过想想这也是正常的，如果 MyISAM 引擎表现全能，也不会被 InnoDB 引擎取代默认存储引擎的地位了，更何况，即使是 InnoDB 引擎也不是全能的，它只是适用场景更广而已。

MySQL 服务自带的 mysql 和 information_schema 两个系统数据库，其内部表对象就是使用 MyISAM 引擎（并且用户不能将其转换成其他引擎类型），这也从某些侧面表明了 MyISAM 引擎的实力。不过缺点也较为明显：锁粒度太粗（表级锁），使得其在应对 OLTP 中读写并重的场景时，整体响应速度不甚理想；不支持事务，关键特性上不给力，使得其在有相关需求的场景中会被一票否决。

不过也不能太悲观，从实际应用的角度来看，MyISAM 引擎还是很不错的，在其最佳应用场景下表现较为优良，主要优点就是快：查询快，写入快。有道是天下武功，无坚不摧，唯快不破，MyISAM 占着一个“快”字，笑傲 MySQL 十数载也就不足为奇了。

尽管 MyISAM 默认存储引擎地位不在，不过考虑到 MyISAM 仍有不少适用场景，接下来我们简要介绍一些 MyISAM 存储引擎的基础设定，以帮助大家更好地应用这种存储引擎。

7.3.2 MyISAM 引擎存储格式

在存储数据时，MyISAM 支持 3 种不同的存储格式：定长（FIXED，也称静态）、动态（DYNAMIC）和压缩（COMPRESSED）。其中前两种不需要单独指定，会在创建对象时根据列的类型自动适配（如果表中没有 BLOB 或 TEXT 类型列的话），也可以在执行 CREATE TABLE 或 ALTER TABLE 语句时，通过 ROW_FORMAT 选项强制指定表对象为定长或动态格式。第三种的话，就必须通过专用工具——myisampack 创建了。

所谓**静态格式表**，是指表中不包含变长类型的列（varchar/varbinary/blob/text），所定义的每一列保存的均是固定的字节数。就 MyISAM 存储引擎所支持的 3 种格式而言，静态格式是最简单也最安全的格式（至少就崩溃而言），同样也是最快的查找数据的方式。

下面咱们创建个静态表看一看：

```
(system@localhost) [5ienet]> create table t_myd5 (id int,vl char(10)) engine=myisam;
Query OK, 0 rows affected (0.00 sec)
```

那么，怎么知道我们创建的是不是静态表呢，表的状态中包含这个信息，例如：

```
(system@localhost) [5ienet]> show table status like 't_myd5'\G
*************************** 1. row ***************************
           Name: t_myd5
         Engine: MyISAM
        Version: 10
     Row_format: Fixed
           Rows: 0
 Avg_row_length: 0
    Data_length: 0
............
............
```

大家还记得我们之前创建的 t_myd1 表么，该表是个普通的 MyISAM 引擎表，其中拥有的列全是变长字符类型，下面我们基于该表创建一个新的 MyISAM 表对象，通过附加 ROW_FORMAT 选项，可以强制指定新创建的表对象为静态表（即使其中包含有变长列）：

```
(system@localhost) [5ienet]> create table t_myd6 ROW_FORMAT=FIXED engine=myisam as select * from t_myd1;
Query OK, 13856 rows affected (0.09 sec)
Records: 13856  Duplicates: 0  Warnings: 0
```

查看一下表的状态：

```
(system@localhost) [5ienet]> show table status like 't_myd6'\G
*************************** 1. row ***************************
           Name: t_myd6
         Engine: MyISAM
        Version: 10
     Row_format: Fixed
           Rows: 13856
 Avg_row_length: 2118
```

```
Data_length: 29347008
.............
.............
```

果然也静态了有木有，有木有。至于说由于强制转换拥有变长列的表变成动态后，表空间扩大了近10倍这种事儿我会说出来吗。

使用静态表，很容易就可以到磁盘中的数据文件中定位和查找记录，因为每一行记录的长度都是固定的，因此根据索引中的行号，然后乘以行的长度即可得到该行的具体位置；同样，扫描表的时候因为记录的长度确定，也很容易得到指定数量的记录。

在向静态表中写数据时，如果 MySQL 服务崩溃，那么数据的安全相对较有保障，在这种情况下，通过专用的 myisamchk 命令行工具，就可以很方便地判断出每行的起始和终止位置，然后就可以修复正确的记录，丢弃那些未完整写入的部分。

静态格式表有下列特点：

- 对于 CHAR、VARCHAR 类型的列会自动填充空格以达到定义的列长度，对于 BINARY、VARBINARY 二进制类型的列则会附加 0x00 字符以达到列长度。
- 较快，易于缓存。
- 易于崩溃后重建，因为记录保存的位置是固定的。
- 一般不需要重建，除非删除了大量记录，而后希望释放相应的磁盘空间。
- 通常会比动态格式的表占用更多磁盘空间。

与静态表正好相反，**动态表**是指表中包含有变长字符类型的列（如 VARCHAR、VARBINARY、BLOB、TEXT），或者创建表时明确指定了 ROW_FORMAT=DYNAMIC 选项，那么该表就会被创建成动态存储格式，就像咱们前面演示的 t_myd4 表对象。

> **提 示**
>
> 并不是说含有 VARCHAR、VARBINARY 类型的表，就只能创建为动态表，只要表中不包含 BLOB、TEXT 类型，就可以通过 ROW_FORMAT=FIXED 选项，强制指定表的存储格式为静态，这种情况下，表中的 VARCHAR 变长类型，实际上会以定长处理（所以占用空间会增大），当列中保存的数据未达指定长度时，会以空格补足。不过，如果表中含有 BLOB、TEXT 类型，那么强制指定的 ROW_FORMAT=FIXED 选项无效，这个表就只能是动态类型表了。

相比静态表，动态表的处理是要复杂一些的，每行都需要有个行头来记录该行的长度，而且由于长度不定，在不定期的更新操作后，也有可能产生存储上的碎片（虽说也有 OPTIMIZE TABLE 语句和 myisamchk -r 命令用来消除碎片）。从性能上来讲，静态表的处理性能会高于动态表，但是占用的存储空间也会高于动态表，这就是所谓牺牲空间换取时间的设计思路。

动态表拥有下列特点：

- 除了字符串长度小于 4 的列外，其他字符列的长度都是动态的。
- 每行记录的行头都有一个 bitmap，标识该行哪些列包含空字串（对于字符类型的列）或 0（对于数值类型的列），注意这不包含 NULL 值的列。如果字符类型的列

截取掉空格后长度为 0，或者数值类型的列值为 0，那么这类列的列值只需要在 bitmap 中标注即可，并不需要向磁盘中列实际对应的位置写任何值，如果是非空的字符列的话，则按照实际字符长度去保存。

- 相比静态表而言，相同列长定义的情况下，有可能会节省一定空间。
- 每行仅需要存储字符实际需要的空间，如果之后记录变大，则该条记录可能会分片保存，这也是行碎片产生的主因。比如说修改一条记录附加更多信息，则该条记录的长度必然会扩展，当原始分配的空间无法存储新增的数据时，只能将新数据保存在另外的位置，这即产生了碎片。更新一行记录产生碎片的同时就会生成一个链接。一个新链接至少 20 个字节，以便能够满足扩展需求。myisamchk -ei 可以用来查询表的统计信息，通过 myisamchk -ed 命令可以查询表对象的链接数，同时也可以通过定期执行 OPTIMIZE TABLE 或者是 myisamchk -r 命令消除碎片和链接。
- 相比静态类型表，遇到崩溃时恢复操作会更加复杂，这也是因为记录可能存在碎片，其中某些链接（碎片）有可能丢失，一旦出现这种情况，那么基本上这行记录的数据也就丢失了。

动态类型表的行长度可以通过下列公式进行计算：

```
3 + (number of columns + 7) / 8
+ (number of char columns)
+ (packed size of numeric columns)
+ (length of strings)
+ (number of NULL columns + 7) / 8
```

除了通过计算公式这种老土的方式查询列长度之外，也可以通过 SHOW TABLE STATUS LIKE 命令查看表对象的状态，其中 Avg_row_length 列的值是大致估算的记录平均长度，尽管值不够精确，但比您按照上面的公式自己计算，还是简化了不少，可供参考。

与上面两种格式相比，**压缩格式**的表就显得特殊一些：首先创建方式特殊，只能使用 myisampack 命令创建，解压缩则用另外的 myisamchk 命令；其次使用方式特殊，压缩表是只读的，不支持添加或修改记录。压缩表是基于静态或动态格式表的，优点在于更加小，更节省空间，相对理论上也会更快。不过个人感觉压缩表的应用场景着实有限，这里就不多说它了。

7.4 InnoDB 存储引擎

前面介绍了数种存储引擎，它们的特点和功能各有侧重，有些是为了保存数据，有些是为了实现功能，还有的一看就是来打酱油的（比如 EXAMPLE 引擎，我都懒的提它），这也体现出 MySQL 插件式存储引擎设计的灵活之处。

此外，还有大量的第三方团队开发的存储引擎，这里我就不一一说了（也说不完），总之，你想到的全都有，这话对于 MySQL 也许略显夸张，不过，这种追求并不仅仅是个梦想，因为 MySQL 是款开源软件，存储引擎层的接口也都开放，用户甚至可以写一套适

合自己的存储引擎（可参考 http://dev.mysql.com/doc/internals/en/custom-engine.html）。

对于普通用户来说当然没必要如此大费周章，前面章节中提供的若干存储引擎只要能够活学活用，已经能够应对大部分场景需求，何况，前面介绍的还只是浮云，真正的神马这才准备要闪亮登场，睁大您的钛合金眼，瞅仔细了！

只见炫目的光华凭空闪现，霎时金花乱坠，地涌仙莲，枯木逢春，暖泉喷涌，紫气东来，天女曼妙，飞舞九天，仙蕊花瓣，飘飘荡荡，落英缤纷！

"升级啦，升级啦"，无数 DBA 在大声的传唱！

Innobase Oy（InnoDB 存储引擎开发商）饱含着热泪，他的面孔年轻而且依然稚嫩，但皱纹似已浮现，他的身世几经轮转，但目光依旧清澈。多年的打拼和坚持，今朝终于有所回报，这个回报是来自于官方的认可，来自于用户的拥戴，来自于持续不断提升的产品质量。

尽管，从某个层面上讲，这只是一个名誉性质的褒奖，可，这是，这是实至名归的最好诠释。InnoDB 存储引擎作为知名度最高、使用率最高、适用场景最广泛的当之无愧的三 A 级存储引擎，在进入到 MySQL 5.5 版本之后，终于被认定为**默认**的存储引擎。

作为一款兼具高性能和可靠性的存储引擎，相比另一款传统但常用的 MyISAM 引擎，InnoDB 有下列关键特性：

- 设计遵循 ACID 模型，支持事务，拥有从服务崩溃中恢复的能力，能够最大限度地保护用户的数据。

> **提示：什么是 ACID？**
>
> 即事务的 4 个特性：原子性（Atomiocity）、一致性（Consistency）、隔离性（Isolation）和持久性（Durability），这 4 个特性合称 ACID 模型。

- 支持行级锁（Row-level Locking），并且引入类似 Oracle 数据库中的一致性读特性，以提升多用户并发时的读写性能。
- InnoDB 引擎表组织数据时按照主键（Primary Keys）聚簇，通过主键查找数据时性能极为优异。
- 在维护数据完整性方面，InnoDB 支持外键（FOREIGN-KEY）约束。
- 对于服务器软、硬件问题导致的宕机，不管当时数据库在做什么，都不必担心，也不必进行任何特殊操作，MySQL 服务在启动时能够自动进行故障恢复（原理同 Oracle 数据库中的实例恢复），而且在 MySQL 5.6 版本中，这个过程据说比之前版本还要更快一些。
- InnoDB 拥有自己独立的缓存池（对应 innodb_buffer_pool_size 系统变量，类似 Oracle 数据库中的 SGA_TARGET），常用数据（含索引）都在缓存中。
- 对于 INSERT、UPDATE、DELETE 操作，会被一种称为 change buffering 的机制自动优化。InnoDB 不仅仅提供了一致性读，而且还能够缓存变更的数据，以减少磁盘 I/O。

作为当前最常用的存储引擎，我们日常必然也是频繁地用到和提到，因此这里也简单介绍一下 InnoDB 的发音，可要了亲命了，该引擎的讲法居然也不统一，官方文档中也没给个正确答案，不过还好，一般读法就两种：In-oh-dee-bee 或 In-no-dee-bee，我偏向于后者。

7.4.1 默认的存储引擎

InnoDB 就是以满足大数据量环境下高性能为目标而设计，尽管在 MySQL 5.5 之前的版本中，MyISAM 才是默认的存储引擎，不过对于很多用户来说，他们早已经修改过默认的存储引擎配置，使用 InnoDB 取代 MyISAM 成为表对象的默认存储引擎。

呃，现如今，也没必要再修改了，因为 InnoDB 已经成为了 MySQL 数据库中的默认存储引擎。您要是不确定，那就执行 SHOW ENGINES 语句查看一下，InnoDB 所在的那条记录，其 Support 列值应为 DEFAULT。

如果不是，也没关系，启动 MySQL 服务时，指定 default-storage-engine 选项值为 InnoDB 即可。此外，表的存储引擎可以在执行 CREATE TABLE 时通过 ENGINE 选项指定，就像前面各小节中演示的那样，指定 ENGINE 选项值为目标存储引擎即可。例如，创建一个使用 InnoDB 引擎的 t_idb1 表，执行语句如下：

```
(system@localhost) [5ienet]> create table t_idb1 (id int not null auto_increment primary key, v1 varchar(20)) engine=innodb auto_increment=1;
Query OK, 0 rows affected (0.01 sec)
```

简要罗列 InnoDB 存储引擎的技术特点列于表 7-2 中。

表 7-2　InnoDB 存储引擎特点

选项	指标
存储能力	64TB
MVCC	Yes
B-tree 索引	Yes
Clustered 索引	Yes
Hash 索引	No
全文检索索引	No
外键约束	Yes
查询缓存	Yes
索引缓存	Yes
数据缓存	Yes
事务	Yes
地理（三维）数据类型支持	Yes
地理数据索引支持	No
数据加密	Yes

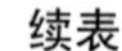

续表

选项	指标
数据压缩	Yes
统计信息	Yes
锁粒度	Row
复制	Yes
集群数据库	No
备份/时间点恢复	Yes

从 5.5 版本开始，内置的 InnoDB 存储引擎包含一些，原来仅以 InnoDB 插件方式安装（没错，InnoDB 也是插件，也可以安装）才有的性能方面的改进，最新版本的 InnoDB 引擎提供了新的特性以提升性能和伸缩性，增强可靠性，并且更加灵活易用。新增的特性包括索引快速创建（Fast Index Creation），表和索引的压缩，文件格式的管理（默认每个表对象就是独立表空间），INFORMATION_SCHEMA 库下新增部分表，多个后台 I/O 线程支持，多个缓存池的设计及分组提交等，这方面的内容三言两语说不清楚，后面会有章节详谈。

在早期，受制于互联网规模，很多用户并不关注一致性和可用性方面的因素，不过现如今的态势大家都明了，数据存储都以 TB 计、用户都以亿万计、带宽都以 GB 计的年代，性能问题就成为所有 IT 工程师必须面临的考验。MySQL 数据库也是经过这么多年的发展，从一个小型开源数据库，一步步成长为中、大型，能够应对复杂的、繁重的任务，甚至具备分布式能力的流行数据库产品。这中间当然是有很多因素，不过 InnoDB 引擎在其中所起到的作用绝对不可抹杀。

如果已经使用过 InnoDB 引擎，那么应该了解到其外键、事务等特性，如果还不清楚的话，那先快速浏览下面的内容：

- 所有的表都要创建主键，最好选择常作为查询条件的列，如果没有合适的列，那么就创建到 auto-increment 列上。
- 如果数据是通过多表关联获取，那么使用 join，为提高 join 性能，最好在 join 列上创建索引，并且 join 条件的这些列最好使用相同的数据类型和定义。
- 综合考虑磁盘的 I/O 能力，必要时可以禁用 autocommit 自动提交功能。
- 相互关联的 DML 操作放到同一个事务中处理。
- 停止使用 LOCK TABLE 语句，InnoDB 能够处理多会话并发读写同一个表对象，如果是希望执行排它的记录更新，那么可以尝试使用 SELECT ... FOR UPDATE 语句。
- 启动 innodb_file_per_table 选项，以使表中数据和索引保存在单独的文件中，而不是保存到系统表空间（System Tablespace）。
- 评估数据和读写行为是否适用新的压缩（compression）特性，如果可以，建议在执行 CREATE TABLE 时指定 ROW_FORMAT=COMPRESSED 选项，以提高读写性能。

- 启动 MySQL 服务时附加--sql_mode=NO_ENGINE_SUBSTITUTION，以防止表被创建成其他存储引擎。
- 在新版本中，删除或创建索引性能有所提升，对系统的冲击也有所降低。
- 清空（truncate）表，现在非常的快，并且释放的空间能够被操作系统重用。
- 使用 DYNAMIC 格式保存大数据类型（如 BLOB 或 TEXT）将更有效率。
- 在 INFORMATION_SCHEMA 库中提供了若干新的表对象，可用于监控存储引擎的工作和负载情况。
- 新增了 PERFORMANCE_SCHEMA 库，可以用来查看存储引擎的性能统计数据。

7.4.2 InnoDB 引擎配置

要说配置 InnoDB 存储引擎，首要面临的选择有两项：①数据文件放哪儿；②内存给多少。其实这个问题从根儿上看，就是 DBA 愿意给 InnoDB 引擎多少资源支持的问题。一台服务器总的资源是有限的，这有限的资源中操作系统自身需要的那部分肯定是要优先考虑的——这属于特贡，一般势力无资格享有。剩下的资源才轮的到 MySQL 数据库及该服务器上运行的其他应用来分，具体到 MySQL 数据库，其中可能还会存在多种引擎，那么又面临更细粒度的资源分配和调度，如何合理地分配这些资源确实是件颇费思量的事情。

处理复杂的情形有时候就必须有简化的思维模式，具体到 MySQL 数据库的话就是尽可能减少干扰因素。比如说以 InnoDB 引擎为主，那么在分配资源时就有个主线。其实我知道有不少 MySQL 数据库服务器，都不是 InnoDB 唱主角的问题，而是整出剧只有 InnoDB 一个演员，MyISAM 等知名角色统统靠边站。你想，这支持的力度得有多大，真正是要钱有钱，要粮有粮，有钱有粮这事儿就好办了，再加上 InnoDB 自己也争气，数据库的性能自然就嗷嗷的。

听着很心动是吧，那究竟要怎么去支持 InnoDB 引擎，InnoDB 自己又有哪些高招，来高效地分配和使用这些资源，莫急，接下来咱们先谈谈数据存储那些事。

1. 指定 InnoDB 引擎数据文件保存路径

尽管前面也演示创建了一个 InnoDB 引擎表，不过我们只是在 DB 层看到了这个对象，物理层并没有展示出来，如果大家像前面查看 MyISAM 那类存储引擎对象那样，查看 InnoDB 引擎表对象的物理文件的话，有可能会发现 InnoDB 引擎表在操作系统 db 目录下只有一个与对象同名的.frm 结构定义文件（如果您用的 MySQL 5.6 之前版本），数据到底存在哪儿了呢？这是个好问题。

InnoDB 引擎对象的数据存储，很像 Oracle 数据库中表空间的概念，实际上 InnoDB 也确实将其命名为表空间（Tablespace）。表空间只是个逻辑上的概念，物理上可以对应多个数据文件，并且还可以为不同的数据文件定义不同的路径及文件大小，至于说如何指定数据文件咱们后面讲。

不过与 Oracle 数据库设计不同的是，Oracle 数据库中是可以同时拥有多个表空间的，而 MySQL 数据库中，默认情况下 InnoDB 引擎只对应一个表空间，即系统表空间，所有 InnoDB 引擎表的数据（含索引）都存储在该表空间中，注意仅仅是保存数据，表对象的结构则仍然需要保存在与表对象同名的.frm 文件中。

熟悉 Oracle 数据库的朋友可能会想到 Bigfile Tablespaces 特性，其实 InnoDB 的表空间与 Bigfile Tablespaces 还不太一样，主要区别在于，Oracle 数据库中的 Bigfile Tablespace 仅支持一个数据文件，而 InnoDB 的表空间则支持多个数据文件（具体支持的文件数量未知，官方文档上是没写的）。

InnoDB 系统表空间都对应哪些物理的数据文件，是通过系统变量 innodb_data_file_path 来设置的，该变量语法如下：

```
innodb_data_file_path=datafile_spec1[;datafile_spec2]...
```

每个 datafile_spec 对应一个数据文件，在具体设置时可以指定文件名、文件大小和扩展支持，其完整语法格式如下：

```
file_name:file_size[:autoextend[:max:max_file_size]]
```

如上所示，实际参数设置时分成了 4 个部分：

- file_name：指定文件名。
- file_size：指定文件大小。
- autoextend：指定是否可扩展，可选参数。
- :max:max_file_size：指定该数据文件最大可占用空间，可选参数。

在具体设置文件大小时，支持 K、M、G 的后缀，来表示 KB、MB、GB 的容量单位。

> 提 示
>
> autoextend 选项默认一次扩展 8MB 的空间，这个大小可以通过 innodb_autoextend_increment 系统变量进行设置。

例如，设置数据文件 ibdata01.df，文件大小初始为 2GB，允许自动扩展，最大可扩展至 100GB，则指定 innodb_data_file_path 参数值如下：

```
innodb_data_file_path = ibdata01.df:2048M:autoextend:max:100G
```

需要注意的是，虽说 InnoDB 不会限制数据文件的大小，但操作系统自身可能会对此有所限制，比如 FAT16 文件系统中，单个文件最大仅为 2GB。在设置数据文件初始大小及最大扩展空间时，必须考虑到文件系统支持的最大文件大小，不要出现由于达到了操作系统最大值而造成数据文件扩展报错，这种错误可能直接导致 MySQL 数据库崩溃。

如果有多个数据文件需要设置，那么在为 innodb_data_file_path 指定参数值时，相互之间以;（分号）分隔即可。

说了那么多，那 InnoDB 系统表空间对应的数据文件到底在哪儿呢？当然有地方存储，默认情况下 InnoDB 数据文件会保存在 MySQL 的 data 目录中，如果要变更文件的保存路径，可以通过系统变量 innodb_data_home_dir 设置，例如：

```
innodb_data_home_dir = /data/mysqldata/3306/innodb_ts
```

实际上，也可以直接在 innodb_data_file_path 中进行设置，例如：

```
innodb_data_file_path = /data/mysqldata/3306/innodb_ts/ibdata01.df:2048M:autoextend:max:100G
```

两种写法完全等效。注意 innodb_data_file_path 只是设定系统表空间的存储路径，难道 InnoDB 中还有非系统表空间？你猜对了。

2. 选择吃大锅饭还是单干呐

与 MyISAM 引擎不同，默认情况下，InnoDB 引擎的表和索引都保存在系统表空间对应的数据文件中，这种方式的优点是便于管理，只需要关注系统表空间对应的少数几个文件即可，不过缺点也是挺明显的，当数据量很大的时候，DBA 的管理成本可能就会上升。另外，系统表空间的数据文件扩展后无法回缩，就是说，即使表被删除或 TRUNCATE，甚至该表空间内实际已经没有存储任何数据，已分配的空间仍然仅是相对于 InnoDB 数据可用，而不能被操作系统再分配给其他文件使用。

如果必须要收回这部分空间，怎么办呢？基本上，没有什么好办法，只能用最传统的方式，先导出数据，删除数据文件并重新配置 innodb_data_file_path 参数，重新启动 MySQL 服务后，再重新导入数据。

这种方式效率差、代价高，某些场景下甚至完全不具可实施性。针对这种情况，可以考虑应用 InnoDB 数据存储的另一项设定，InnoDB 将其定义为多重表空间（multiple tablespaces），说的是每个表对象拥有一个独享的.ibd 为扩展名的数据文件，这个文件就是一个独立的表空间，相当于 MyISAM 中的.MYI 和.MYD 配合施展“合体技”。

相比系统表空间，多重表空间有下列优点：

- 各表对象的数据独立存储至不同的文件，可以更灵活地分散 I/O、执行备份及恢复操作。
- 能够支持 compressed row format 压缩存储数据。
- 当执行 TRUNCATE/DROP 删除表对象时，空间可以即时释放回操作系统层。
- 空间自动扩展，无需额外配置。

是否启用多重表空间是由系统变量 innodb_file_per_table 来控制的，该参数的设置较为简单，将参数值置为 1（或 ON）表示启用多重表空间，置为 0（或 OFF）则表示不启用。例如，启用多重表空间：

```
(system@localhost) [(none)]> set global innodb_file_per_table=1;
Query OK, 0 rows affected (0.00 sec)

(system@localhost) [none]> show variables like 'innodb_file_per_table';
+-----------------------+-------+
| Variable_name         | Value |
+-----------------------+-------+
| innodb_file_per_table | ON    |
+-----------------------+-------+
1 row in set (0.00 sec)
```

在 MySQL 5.6 版本中，innodb_file_per_table 默认为启用状态，因此如果你看到前面创建的 t_idb1 表对象的物理文件，就会发现除了有同名的.frm 表结构定义文件外，还有一个同名的.ibd 文件，这个文件就是表空间文件。

如果在使用 MySQL 5.6 之前版本，也没关系，innodb_file_per_table 参数是个动态参数，可以无需重启 MySQL 服务直接修改。不过注意了，不管是否动态修改，作用范围仅限该参数修改后新创建的对象，并不会影响当前已经存在的表对象。

不过，对于已经存在的当前保存在系统表空间中的对象，如果希望其使用独立表空间，那么，可以首先修改 innodb_file_per_table 系统变量的值，启用独立表空间，然后执行 alter table tbl_name engine=InnoDB 语句转换表对象（或者用导入导出的方式重建相关的表对象亦可），因为 ALTER TABLE 命令会触发表对象的重建，重建后数据就会保存在独立表空间中了。

不管是使用系统表空间，还是独立表空间存储数据，在 DB 层是看不出来的，那怎么判断某个 InnoDB 引擎的表空间到底是使用独立表空间，还是使用系统表空间呢？可以在操作系统层查看对应的物理文件来判断，如果目标对象拥有同名.ibd 文件，那么就表明该对象使用了独立表空间，否则就是使用的系统表空间。

> **提 示**
>
> 不管 innodb_file_per_table 如何设置，系统表空间都是必须要有的，InnoDB 自身需要使用系统表空间，存储内部数据字典及 UNDO 日志等。

另外需要注意的是，即使是独立表空间，对象同名的.ibd 文件不能被随意移动，因为表结构、所属数据库等信息存在于 InnoDB 的系统表空间，直接移动 ibd 不仅无法实现快速迁移数据的目的，反倒可能造成对象无法访问。

不过想在同一个 MySQL 服务下的不同数据库之间移动 InnoDB 表就容易多了，最简单的方式是通过 RENAME TABLE 命令。例如，将 5ienet.t_idb1 表对象移动到 jssdb 库中，执行命令如下：

```
(system@localhost) [jssdb]> rename table 5ienet.t_idb1 to jssdb.t_idb1;
Query OK, 0 rows affected (0.24 sec)
```

RENAME TABLE 命令本质上只是修改数据字典中的记录，并不需要真的移动实际保存的数据，因此如果 InnoDB 表对象原本保存在系统表空间中，那么即使迁移至其他 DB 下，也仍然是保存在系统表空间，反之亦然。

3. 配置 InnoDB 日志文件

除了表空间，InnoDB 引擎还有自己专用的日志文件，即 REDOLOG 日志文件，对于熟悉 Oracle 数据库的朋友来说，看到这类文件应该颇感亲切，因为 MySQL 的这个日志文件从名称到用途，都与 Oracle 数据库中的 Online Redo Log Files 极为相似，并且同样也有日志文件组的概念。只不过，Oracle 数据库中的 REDOLOG 文件全局有效，而 InnoDB 的

REDOLOG 文件则仅针对 InnoDB 引擎，MySQL 数据库的其他引擎是用不到的。

> **提 示**
> 除了专用日志文件外，还有通用日志文件，即 MySQL 的 BINLOG 二进制日志文件，相关内容在后面介绍文件结构的章节中会进行描述。

默认情况下，InnoDB 引擎会创建两组大小均为 5MB 的日志文件，分别命名为 ib_logfile0 和 ib_logfile1，日志文件保存在 datadir 变量指定的路径下。在我们这个环境中，InnoDB 的日志文件就是保存在默认路径下，即/data/mysqldata/3306/data 目录。不过用户也可以通过 InnoDB 的专用参数，修改日志文件保存路径、日志文件的大小以及日志文件组数量，具体的参数有下列几个：

- innodb_log_group_home_dir：指定 InnoDB 的 REDOLOG 日志文件保存路径，默认是在 datadir 变量指定的路径下。
- innodb_log_file_size：用于指定日志文件的大小，默认是 5MB，每个日志文件最大不能超过 512GB。本参数会影响检查点（checkpoint）的执行频率，以及故障恢复的时间，因此本参数值的设定也有些讲究。一般来说，日志文件设置得越大，检查点执行的频繁就越低，从缓存池刷新数据到磁盘的次数就相对要少，因此能够减少 I/O 操作，但是如果在这个期间出现故障，那么重新启动 MySQL 服务时，灾难恢复的时间也会越长。综合来看，还是那个词儿形容得好：适量。
- innodb_log_files_in_group：用于指定日志文件组的数量，默认（最少）是 2 个，最多不超过 100 个，建议也根据实际情况进行设置。

本书中这 3 个参数是这样设置的：

```
innodb_log_file_size = 256M
innodb_log_files_in_group = 3
```

貌似只有两个呢，这个，前面说了，innodb_log_group_home_dir 变量值为默认的嘛。

咱们还是把目光集中在进行了设置的参数吧。日志文件的大小或者文件组的数量，如果配置不当，极有可能影响 InnoDB 引擎的效率，尽管日志文件是由几个参数控制，可是调整起来却不容易，因为与 InnoDB 日志文件相关的这 3 个参数均不支持动态修改（可以改，但改的步骤也有讲究，操作不好的话 MySQL 就启动不起来了）。如果要调整 InnoDB 日志文件配置的话，步骤还是稍稍有些繁琐，并且，调整时还依赖 innodb_fast_shutdown 参数的值。

说到 innodb_fast_shutdown 参数，这个系统参数是用来控制 InnoDB 的关闭模式，共有 0、1、2 三种。默认值是 1，这种模式下，InnoDB 将关闭会话中止连接，将已提交的数据刷新至数据文件，未提前的事务则进行回滚，这种方式也被称为快速关闭（Fast Shutdown），非常类似 Oracle 数据库中关闭数据库时的 SHUTDOWN IMMEDIATE；若指定为 0 模式，则要等到会话关闭、所有事务结束、缓存区中的数据刷新到磁盘等，类似 Oracle 数据库中

的 SHUTDOWN NORMAL；最后一种则是值为 2 时的模式，这种模式将忽略当前执行的所有操作，直接关闭，类似 Oracle 数据库中的 SHUTDOWN ABORT，这种情况下，下次启动时 InnoDB 需要执行故障恢复，重新读取日志文件中的数据，回滚未提交事务等。

若要修改日志文件配置，那么首先检查 innodb_fast_shutdown 系统参数的值：

```
(system@localhost) [(none)]> show global variables like 'innodb_fast_shutdown';
+----------------------+-------+
| Variable_name        | Value |
+----------------------+-------+
| innodb_fast_shutdown | 1     |
+----------------------+-------+
1 row in set (0.00 sec)
```

若当前值为 2，则必须先将其修改为 1。能想明白这是为什么吗？

而后按照下列步骤操作，比如我们当前想把所有日志文件大小修改为 128MB，执行步骤如下：

停止 MySQL 服务：

```
$ mysql_db_shutdown.sh
Shutdown MySQL Service: localhost_3306
```

移动旧的日志文件到备份路径下：

```
$ mv /data/mysqldata/3306/data/ib_logfile* /data/mysqldata/backup/
```

修改 my.cnf 中控制日志文件大小的参数，即 innodb_log_file_size，将其值改为 128MB：

```
$ vi /data/mysqldata/3306/my.cnf
.....
innodb_log_file_size = 128M
```

修改好参数文件后，保存退出，并重新启动 MySQL 数据库服务：

```
$ mysql_db_startup.sh
Startup MySQL Service: localhost_3306
```

查看日志文件路径下新创建的文件，日志文件大小就修改为 128MB：

```
$ ll /data/mysqldata/3306/data/
total 2886440
.......
-rw-rw---- 1 mysql mysql 134217728 Aug 12 20:32 ib_logfile0
-rw-rw---- 1 mysql mysql 134217728 Aug 12 20:31 ib_logfile1
-rw-rw---- 1 mysql mysql 134217728 Aug 12 20:31 ib_logfile2
```

修改日志文件大小就是这样，若要修改存储路径或日志文件组个数，步骤相同，只是修改的系统变量不同，这里就不演示了。

4. 设置独立 UNDO 表空间

作为一款支持事务的存储引擎，必不可少会有回滚操作，那么保存回滚数据（UNDO 日志，即被修改数据的前映像）的回滚段（rollback segments）就非常重要，接触过 Oracle 数据库的朋友对此都应深有体会，回滚段设置不当极有可能会影响整个系统性能。

扫盲：什么是 UNDO 日志？

对于事务操作来说，有提交（Commit）就必然会有回滚（Rollback），提交比较好理解，就是确定保存写入的数据，那么回滚就要麻烦一些，因为它代表着两步操作：首先撤销刚刚做的修改，而后将数据恢复至修改前的状态。那么，数据一经写入，怎么恢复到修改前的状态呢？最简单的方式，当然就是在修改前先将旧数据保存下来，保存下的这部分数据用专业术语形容，就是 UNDO 日志，存储在系统分配好的回滚段中。

在 MySQL 数据库中，回滚段默认都是保存在系统表空间内，不过从 MySQL 5.6 版本开始，InnoDB 引擎中的 UNDO 日志也可以单独设置表空间（要不说 InnoDB 跟 Oracle 越来越像了呢，真是 Oracle DBAer 们的福音呀，学习成本越来越低了哟），将 InnoDB 的 UNDO 日志从系统表空间中移出，转移至一个独立的表空间内保存，于是就有了 UNDO 表空间，DBA 还可以选择将 UNDO 表空间放置于 SSD 存储设备上以获得更好的性能。

想要使用独立的 UNDO 表空间，配置并不繁琐，只需要设置下面两个参数即可：

- innodb_undo_directory：用于指定保存 UNDO 日志的物理文件的位置。
- innodb_undo_tablespaces：用于指定 UNDO 表空间的数量，每个 UNDO 表空间都是独立的.idb 文件，因此这里也可以理解为 UNDO 数据文件的数量。

此外，还增加了一个名为 innodb_undo_logs 的系统参数，用于指定 UNDO 表空间中回滚段的数量，这其实不是一个新功能，因为在之前版本中也有类似功能的参数，名为 innodb_rollback_segments，新的参数在我看来更像是统一命名规则，当前旧的参数仍然有效，以保持兼容性。

使用独立的 UNDO 表空间，按说是个很不错的功能改进，但是很遗憾，目前来看这块做的仍然不够完善，UNDO 表空间必须得在数据库创建之前指定，就我们现在这个环境来说，想配已经晚了，除非重新建库。我这里只是说明在 5.6 版本中有这个功能了，大家可以根据需要进行配置，当然，配置必须是在建库之前。

需要提醒大家的是，UNDO 表空间一旦创建就不能删除，因为这其中包含一些当前或以后需要使用的数据，UNDO 表空间会在该 MySQL 实例的生命周期中有效，无法变更，这同时也意味着，一旦使用了 UNDO 表空间，该数据库就无法被降级到 5.6 之前的版本。

关于 InnoDB 物理文件的配置，我最后再补充两句，不管是数据文件还是日志文件，当然也包括 UNDO 日志文件，在给 InnoDB 引擎的相关文件指定存储路径时可要注意了，InnoDB 属于典型的无产阶级盲从派，对组织有无比的信任和依赖，基本上 D 说是啥就是啥（括弧，D 是 DBA 的简写，不要引申，不要多想），既不怀疑也不验证。最要命的是什么呢，如果 D 给指定的目录实际上并不存在，InnoDB 即使发现了也并不会尝试去创建，它不管目录，只管文件，按照现在的话讲：做自己份内的事，其他的事情不要管。

目录有没有只是一方面，另外一方面，就算有，轻易它也不敢动，群众都是很朴实的，它一定要看到 D 的授权，最好是明确指定 MySQL 进程拥有相关目录和文件的读写权限，

这样才敢去执行本来就要去并且必须去执行的操作。因此，作为DBA，面对这种情况一定要慎之又慎，一定要时刻高标准、严要求地对待自己，不要辜负了 MySQL 数据库此项设定下的良苦用心哪。

7.4.3 创建和使用 InnoDB 表对象

如何创建 InnoDB 表？其实我觉着这个问题我不说大家应该也会了，一方面是前面在介绍其他存储引擎时，已经数次强调了 CREATE TABLE 语句中的 ENGINE 选项，大家想必自己都总结出规律来了，再一个前面小节已经创建过多个 InnoDB 表，我连带着将 InnoDB 引擎表的物理文件结构都说好几遍了，因此在本小节中，关于 InnoDB 引擎表的创建就不多说什么了，下面花些篇幅跟大家描述使用上的一些技巧。

1. 要/不要，用事务

如果之前接触过 MySQL 数据库，使用过 InnoDB 引擎表，可能会有些许疑惑：InnoDB 中的事务到底是个什么情况，怎么从来都没感受到过。这很正常，这一方面说明您接触不深；另一方面，这也与 MySQL 的设置有关。

默认情况下，连接到 MySQL 服务的客户端处于自动提交模式，也就是说每条 DML 执行即提交，至于说什么事务功能，要那玩意儿嘛用，根本就不符合国情嘛。啥叫特色，这就叫特色，“My 死(S)翘(Q)了(L)”之所以这样设定，主要是为兼顾其他不支持事务的存储引擎：别人都没有，就你有，你这不是逞能吗，你这不是破坏团结的大好局面嘛，你这么干，工作还怎么继续往下开展，于是就把“支持”的变成跟“不支持”的一样，到了最后，你要还敢说“支持”那你都不好意思执行 DML。

不过，好的制度其优越性就在于，不管原来错成什么样，只要有决心，弯的还能给掰直了，MySQL 就是这样，不是没有，也不是不能用，关键还在于愿不愿意用。好的东西就搁在那里，要想用上是真真不容易，您要真敢顶着压力上，可能出师未捷，就先被人送了顶所谓“破坏团结大好局面”的高帽子了，可能有些人不明白，这顶帽子是怎么个说法呢，且听三思慢慢道来。

MySQL 中常用的存储引擎 MyISAM、InnoDB（前面介绍的一堆我就不一一罗列了）等，除 InnoDB 引擎外，其他都不支持事务，可是由于 MySQL 数据库又支持多存储引擎对象混用，当执行的一个事务中既有对 InnoDB 对象的更新操作，也有对 MyISAM 的更新操作时，这就可能带来一丝的混乱和隐患。

如果所有语句都成功执行并提交事务，自然是皆大欢喜，但是一旦事务执行失败或逻辑有问题，需要回滚，那问题就来了。InnoDB 这种支持事务的对象所做的操作能够撤销，但 MyISAM 这类不支持事务的对象所做的操作已然保存到数据文件中了，回滚对其是无效的。因此，对于这种复杂的多引擎混杂的对象更新，必须要考虑到数据回滚失败的因素（严谨地讲不是失败，而是压根儿没执行），还需要有额外的逻辑，处理不支持事务的对象的数据清理，只是这样的话，应用事务不仅体现不出方便的一面，反倒

更费事儿了。

不能因为一个 InnoDB 事务的问题，影响其他存储引擎表的应用，这就是所谓的“维护团结大好局面”嘛。照此说法，起码在逻辑上是讲得通的。而且如果从这个角度去解析，会发现很难推翻既定结论，对方的逻辑是很严谨的，按照它的方式去解析必然推导出这样的结果，所以如果想推翻这个定式，就要跳出它画好的逻辑圈圈，不要只看将会产生 XX 重点问题这类假设性的，而实际未发生的问题，而是回到问题的核心——需求，用户最需要的是什么，哪个更重要。一旦确定了事务更重要，那就好办，不是放弃支持的事务功能，而要废弃不支持事务的对象，或将其转换成支持事务的对象。

所以，现在你可能需要问自己一个问题，需要事务吗？若希望启用事务支持，有两种方式：

- 禁用事务的自动提交。MySQL 中默认提交功能由系统变量 autocommit 控制，将该变量值置为 0（或 OFF）即可禁用自动提交，将事务的提交与回滚控制权交由前端用户来控制。语句成功执行后，由用户明确发出指令，提交或是回滚。

下面举例演示，首先禁用事务的自动提交：

```
(system@localhost) [jssdb]> set autocommit=off;
Query OK, 0 rows affected (0.00 sec)

(system@localhost) [jssdb]> show variables like 'autocommit';
```

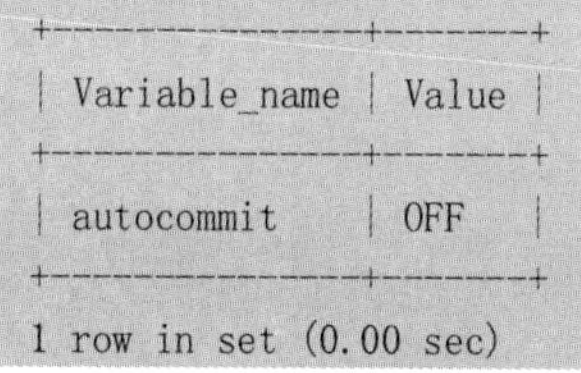

```
+---------------+-------+
| Variable_name | Value |
+---------------+-------+
| autocommit    | OFF   |
+---------------+-------+
1 row in set (0.00 sec)
```

注意 autocommit 是会话级变量，仅针对当前会话，无法设置全局有效。

提示：如何在全局禁用自动提交？

MySQL 默认开启自动提交（autocommit)，我们可以通过系统变量来动态控制 session 级别 autocommit，即（set autocommit = 0|1)，可是怎么从全局禁用 autocommit 呢？也许有时候我们不想让 MySQL 自动提交。

MySQL 有一个 Cmd-Line&Option file&System Var 可以帮助我们实现这样的功能，它就是 init_connect。

这个参数用来定义每个 session 建立时自动执行的 query，即初始化会话。

利用这个变量，可以有以下 3 种方式禁用 autocommit：

方式 1：mysql>SET GLOBAL init_connect='SET autocommit=0';

方式 2：在初始化参数文件中设置

[mysqld]

```
init_connect='SET autocommit=0'
方式3:
启动mysql时带上命令行参数 - init_connect='SET autocommit=0'
```

现在已经关闭了自动提交功能，接下来我们执行一条插入语句：

```
(system@localhost) [jssdb]> insert into t_idb1 values (null,'a');
Query OK, 1 row affected (0.00 sec)

(system@localhost) [jssdb]> rollback;
Query OK, 0 rows affected (0.00 sec)

(system@localhost) [jssdb]> select * from t_idb1;
Empty set (0.00 sec)
```

回滚后，插入操作就被撤销了，若希望保存插入的结果，则用户必须明确地执行COMMIT指令。

- 显式声明事务。执行DML语句前，先通过start transaction语句启动一个事务，执行SQL语句后，就可以通过commit或rollback语句来控制事务的提交或回滚了。

再次举例演示，这次先启用自动提交，正常情况下执行的语句就会自动提交了，不过如果我们明确声明一个事务，那么表现就不一样喽：

```
(system@localhost) [jssdb]> set autocommit=on;
Query OK, 0 rows affected (0.00 sec)

(system@localhost) [jssdb]> start transaction;
Query OK, 0 rows affected (0.00 sec)

(system@localhost) [jssdb]> insert into t_idb1 values (null,'b');
Query OK, 1 row affected (0.00 sec)

(system@localhost) [jssdb]> rollback;
Query OK, 0 rows affected (0.00 sec)

(system@localhost) [jssdb]> select * from t_idb1;
Empty set (0.00 sec)
```

您瞧，即便处于自动提交状态，不过当用户显式地启动事务后，事务的控制权就在用户手中了，若用户决定回滚，插入操作就会被撤销。

2. 转换其他引擎表为InnoDB引擎

表对象的存储引擎如果在创建时设计不当，选择了不适合的存储引擎，那么后期可以通过ALTER TABLE语句进行修改。修改表对象的存储引擎是通过ALTER TABLE语句中的ENGINE选项。例如，转换成InnoDB存储引擎：

```
ALTER TABLE table_name ENGINE=InnoDB;
```

注意，不要将 MySQL 的系统表（mysql 数据库下的表，默认均为 MyISAM 引擎表）转换成 InnoDB 引擎表或其他引擎，这些系统表目前还必须为 MyISAM 引擎。

修改表对象存储引擎的操作，语法上尽管非常简单，不过需要注意的是，执行引擎转换操作时对系统的影响。因为变更表对象的存储引擎相当于对象重建（重建结构和数据），因此对于大表进行转换时，要考虑到操作执行的时间和系统的当前负载，可能的话，适当加大 InnoDB 的缓存池（可加到物理内存的 80%）能在一定程度上减少磁盘 I/O，同时还可以调整 InnoDB 日志文件的大小，其次就是尽量选择在系统非繁忙的时候执行。

另外，还需要评估好磁盘的空闲空间，由于存储结构不同，同等数据规模的情况下，InnoDB 表会比 MyISAM 表占用更多的磁盘空间，因此要确保磁盘和 InnoDB 表空间有充裕的空闲空间，否则一旦空间不足，ALTER TABLE 的操作即告失败，并自动开始回滚操作，这可能将花费更长时间。

要查看表对象中的记录数、占用空间大小等基础信息时，通常最简单的方式，是使用 SHOW TABLE STATUS 语句（或查询 information_schema.tables 表）。不过对于 InnoDB 引擎表，需要注意，SHOW TABLE STATUS 返回的表的记录行数、行长度等状态信息并不精确，这只是一个估算值，也就是说，对同一个表多次执行 SHOW TABLE STATUS 语句，每次返回的结果都不同。如果希望获取精确的记录行数，只能 count(pk)查询。

7.4.4　逻辑存储结构

在系统变量 innodb_data_file_path 中定义了一系列文件（可能是多个），组成了 InnoDB 的系统表空间。这些文件在使用时不会被 striping（不能指望靠这么个小参数实现 Oracle ASM 的功能），而且在使用时，用户不能指定数据被保存在哪个数据文件上，对于刚刚创建的表空间，InnoDB 会从第一个数据文件开始分配空间。

为了避免所有的表和索引都被保存在系统表空间，导致出现严重的 I/O 争用，一般建议大家启用 innodb_file_per_table 选项，这样创建的每个表会独立存储（创建与表同名的.ibd 文件）。这种方式创建的表会减少磁盘文件的碎片，并且当表被 truncate 时，也能将占用的空间释放回操作系统层，而不是像系统表空间那样，一旦占用就无法释放。

不过即使有了独立表空间，也不能每次操作数据都以表空间为单位吧，对于那些动辄以 G 为单位的表对象，就算是存储全用 SSD 也不赶趟儿啊，因此，InnoDB 在具体操作数据时，必须分成多个粒度，这是现实的需求，也是明智的做法。

当前，InnoDB 的逻辑存储结构，从小到大分成了 4 种粒度：

- 页（Pages，也叫块）。页是 InnoDB 中的最小管理单位，同一个 MySQL 数据库，不管它分成多少个表空间，所有表空间都拥有相同的页大小。默认情况下，Page size 的大小为 16KB，不过可以在创建 MySQL 实例（即初始化数据库）时通过 innodb_page_size 变量进行配置，可选值有 4KB、8KB、16KB 三种。
- 扩展（Extents，也叫区）。每个扩展固定 1MB 大小，由 64 个 16KB 的页组成（页大小为 8KB 时则由 128 个页组成，页大小为 4KB 时由 256 个页组成）。

- 段（Segments）。段本身有很多种，比如像数据段、索引段，还有前面提到过的回滚段，不过对于 InnoDB 来说，这里说的段实际上指的是独立表空间对应的数据文件。
- 表空间（Tablespaces）。InnoDB 逻辑存储单元中的最高粒度。

InnoDB 的官网有张图，用以描述页、区、段、表空间之间的关联（图 7-4）。

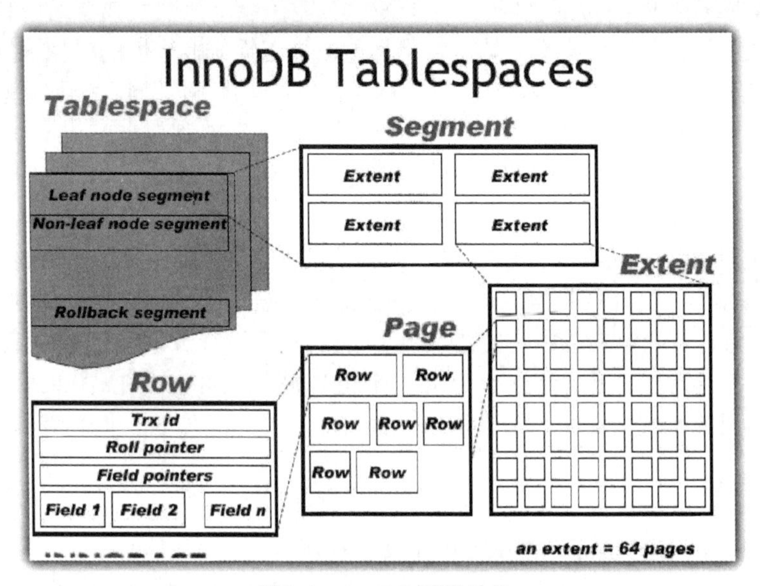

图 7-4　InnoDB 逻辑结构

熟悉 Oracle 数据库存储层逻辑结构的朋友，再来看 MySQL 很容易就能够理解，从层次上来看，两者几乎是等同的，唯一的差别就是对于最细粒度存储结构的定义不同，MySQL 中最细粒度的存储单元叫做页，Oracle 中则叫块（Blocks）。

提 示

以下描述可能会中英文关键字交替出现，不是兄弟拽文，而是我感觉某些语境下用中文关键字描述，容易产生混淆，英文表达其本意更为明确。

从图 7-4 中看，Segment 由无数个 Extent 组成，那么当表空间的空闲空间即将用尽，需要扩展时，会直接分配新的 Extent 吗，这个还真不是，也得看情况。对于需要扩展的表空间，InnoDB 第一次是分配 32 个 Pages，之后，每次扩展会分配一个完整的 Extent 给 Segment，最大能够同时向 Segment 中增加 4 个 Extent，以确保数据的连续性。

InnoDB 表也比较特殊，它不是传统的堆组织（Heap Orgainzed）表，而是个索引组织（Index Organized）表，因此对于 InnoDB 表来说，数据就是索引，索引正是数据。InnoDB 表的索引就需要两个段，其中一个用于 B 树的非页节点，另一个则用于 B 树的页节点。如

能保持页节点存储在磁盘上的连续性，则能够获得更好的 I/O 性能，因为这些节点包含的正是表中实际的数据。

提 示

表空间中还有些页存储了其他页的位图信息，因此这部分 Extent 不能被完整地分配给 Segment，而只能分配部分页。

当通过 SHOW TABLE STATUS 语句查看当前可用的空闲空间时，InnoDB 会显示表空间中空闲的 Extent。InnoDB 会保留一些 Extent，用于内部操作，这些 Extent 不会被包含在空闲空间中。

当从表中删除数据时，InnoDB 会访问关联的 B 树索引。释放的空闲空间能否被其他用户使用，要看表空间中的 Page 或 Extent 是被什么操作释放的。删除一个或者表中所有记录能够释放空间给其他用户。不过要记住，删除的列只会被 purge 线程物理删除，而不是 delete 操作本身，purge 会自动运行，当不再需要相关 Page 构造回滚段或一致读时就会将这部分被标记删除的数据物理移除，这种设定与 InnoDB 的多版本特性有关，后面会进行介绍。

执行 SHOW ENGINE INNODB STATUS 语句可以查看 InnoDB 的基础状态信息，返回信息较长，不过这也正说明其信息量很大，有效利用该语句输出的信息，能够加深我们对 InnoDB 引擎状态的了解。

前面说了，Page 是 InnoDB 分配的最小逻辑单位，那么用户插入的记录与 Page 又是如何关联的呢？这就涉及 InnoDB 对于记录的细节处理了。

一条记录的长度（变长列除外，含 VARBINARY、VARCHAR、BLOB、TEXT 等类型），一般都会小于一个数据库页的一半。就是说，单条记录的最大长度不超过 8000B。

如果一条记录的长度小于 Page 的一半，那么它能被完整地存储在一个 Page 内。当它增长到 Page 的一半时，变长列将选择在另外的 Page 保存，直到满足记录长度不超过 Page 一半的条件。对于选择 Page 外存储的列，InnoDB 会在行头部前 768 个字节保存相关信息。每一个列都拥有自己的溢出页列表。这个 768B 前缀是一个 20B 长的值，保存着列实际的长度，以及指向其溢出列表。

表对象中的数据经过一段时间的增删改操作，极有可能出现存储上的碎片，也就是说，数据在磁盘上的物理顺序并不相连或相邻，各记录之间存在着或大或小的空闲空间。

对象存在着碎片的一个表象，就是它占用的空间比其“应该”占用的要多，那怎么知道它“应该”占用多少空间呢，这个其实也挺简单，不用特别精确，就简单估算嘛。假设当前有个表平均记录长度是 1KB，当前共有 2 万条记录，那么给该表 20MB 左右空间应该就足够存储下所有数据了，考虑到 InnoDB 数据和索引都以 B 树形式保存，其因子数从 50%～100%，如果当前竟然占用了 200MB 的空间，那显然就很不正常，说明一定有存储上的碎片产生。

去除碎片可以通过重建表的方式，对于 InnoDB 表来说，任意 ALTER TABLE 的操作都有可能导致表的重建，从而消除碎片。另外，也可以通过 mysqldump 先备份再导入的方式去除碎片，反正方式多多，大家可以开动脑筋。

清除碎片不仅仅是为了提高资源利用率，存储现在很便宜，多占点儿空间并不算事儿，但是碎片过多的话，可能会对性能造成不利影响，因此对于频繁删改的表空间，大家还是需要想想办法，将对象的存储利用率监控起来，超过阈值的对象，应该定期清理。

7.4.5 多版本机制

作为一款支持多版本（Multi-versioned）的存储引擎，InnoDB 能够保存一定数量的记录修改的历史版本，以支持事务的特性，比如一致性和回滚等。这部分信息保存在系统表空间中被称为回滚段（rollback segment）的数据结构中，与 Oracle 数据库的实现机制类似。InnoDB 使用回滚段中的信息来执行事务的回滚，同样还可以用这些信息构造一致性读（Consisten Read）所需要的数据。

InnoDB 引擎内部在保存数据到数据库时，每一行都有 3 个自动生成的内部列：

- DB_TRX_IDG：占用 6B，用来标记事务的标识符，记录下最后一个事务的操作类型（更新或修改），注意哟，删除操作会被当成 update 处理，只是在其中设置特殊的位置指出实际操作为 delete。
- DB_ROLL_PRT：占用 7B，被称为回滚标记，用来指定 UNDO 日志记录写到回滚段中的位置。如果记录被更新，那么 UNDO 日志会包含用于构造记录更新前状态的所有必要信息。
- DB_ROW_ID：占用 6B，这个从本质上来说，就是该记录行的行 ID，如果是由 InnoDB 自动生成的聚簇索引（隐式主键），那么该索引中就会包含记录行的行 ID 值，否则，DB_ROW_ID 不会出现在任何索引中。

回滚段中的 UNDO 日志分为 insert UNDO 日志和 update UNDO 日志两种：

- insert UNDO 日志仅在事务回滚时需要，事务提交后即可被废弃。
- update UNDO 日志则用于构造一致性读，这部分数据只有当没有任何事务需要用到相关信息构造记录行的之前版本，以提供一致性读的快照时才会被废弃。

考虑到 InnoDB 的回滚段，一致性读这类特性，建议事务尽早提交，不要长期持有，即使事务中仅是执行一致性读操作。因为读操作有可能访问的是 UNDO 日志中的数据，这就使得 InnoDB 无法丢弃 update UNDO 日志的数据，可能会造成回滚段过大，占满整个系统表空间，从而拖累整个 InnoDB 引擎的运行。当然我这个说法稍稍夸张了一些，大家正常理解，允许联想，比如说想到干脆启用 autocommit。

回滚段中的 UNDO 日志记录大小，一般情况下都小于实际插入或修改的记录大小，用户可以通过这个特点大致计算回滚段所需的空间。在多版本模式下，记录被 DELETE 语句删除时，并不会立刻在物理上彻底删除。只有当 InnoDB 废弃了 update UNDO 日志后，才

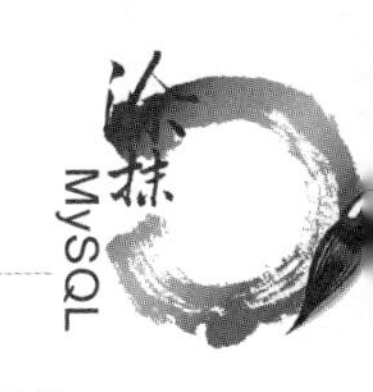

会从物理上移除关联的列和索引记录，这种移除操作被称为 purge，它的执行速度很快。

如果以相同的比率批量插入和删除表中的列，purge 线程可能会出现延迟的情况，这样表就会不断增大，因为那些被（标识）删除的列实际上仍然存在，此时磁盘操作可能会变慢，对于这种情况，考虑减少新增记录，并且为 purge 线程分配更多的资源。控制 purge 线程延迟可以通过系统变量 innodb_max_purge_lag 进行设置。

7.4.6 联机修改表对象结构

对于 MySQL 数据库来说，即使是目前风头正劲的 InnoDB 引擎，在执行 DDL 时也令人颇感头疼，按说作为一个开源软件，存在各种不足很正常，令 DBA 们头疼的问题也很多，不过，若管理过大数据量的 MySQL 服务，就会理解，其中最感痛苦的就是修改对象结构。

在 MySQL 5.6 之前的版本中，对 InnoDB 引擎表对象执行 DDL（加列、删列、建索引、修改列定义等均包含在内），MySQL 的处理流程大致有下列几个步骤：

①创建一个结构与原表对象完全相同的临时表（隐式操作，该对象用户不可见），并将该表的结构修改为期望的结构。

②锁定原表，只许查询，不许修改。

③将原表数据复制到新创建的临时表，类似 INSERT INTO new_tbl SELECT * FROM old_tbl。

④将原表重命名，新创建的临时表名称修改为正式表名，之后释放锁定，删除原表。

从上可以看出，每次 DDL 基本上就相当于对象重建。这个动静确实大了点儿，若是小表也就算了，重建也花不了多少时间，即使重建过程中有短暂锁表也可接受。不过，如果需要修改的表对象非常大，那么在对它进行 DDL 操作时，由于第三步操作需要耗费大量的时间，有时候这个时间甚至长到无法接受，以至于令人觉得超级大表没有办法进行 DDL。

当然也不是完全没有办法，只是说操作起来会比较纠结，因为确实没有一套省心、省力、安全、可靠的方案。一般来讲，对大表执行 DDL 操作有两种思路：

（1）尽量不要搞太大的表（囧）。这就得通过合理和有效的对象设计，通过逻辑或物理分表的方式，使每个表的记录量维持在一个设定的范围内，使 DBA 们不至于面临**超级大**表对象结构变更的场景。当然一般大的表还是会有，只不过因为总体量级有限，使得操作时间尚在可接受的范围内。不过这种方式也有不小的缺点，比如说分表后，原本用一个对象保存数据，现如今变成用（很）多个对象保存数据，如何合理切分数据暂且不提，造成的数据存取不便咱也不论，单只是维护成本，由原来维护一个变成了维护多个。也就是说，原来一个对象的结构变更，分表后就变成了多个对象需要（同时）变更，对于 DBA 们来说，维护成本直线提高，若有遗漏，麻烦大大地有。

（2）通过 MySQL 的复制特性（关于复制后面章节会讲）。先在 Slave 端对大表做变更，而后执行主从切换，这种方式步骤的繁琐就不提了，初学的朋友们目前可能也没体会，看完复制章节的内容应该就了解，动静那是相当大，最关键的因素是，某些增删字段的场景，真不适合在 Slave 端执行，搞不好可能导致复制环境中主从不同步。

还有一种特别的思路，就是在表对象设计时，预留出若干字段，不过这种方式在真实场景中应用的到底如何就不好说了，可能有些场景适用，有些场景却极不可用，毕竟像 RDBMS 这种高度结构化的数据，预留字段这种方式本身就不够结构化，因为数据库管理员也没有办法完全预知到底需要多少列，需要什么样的数据类型。

开源社区针对这个问题也提供了应对方案，其中最知名的是由 Facebook 提供的一个 PHP 工具 Online Schema Change，其大致原理实现上也是借助临时表，只不过通过在原表上创建触发器，使得 DDL 操作时对 DML 阻塞的时间被大大缩短，是一种切实有效并经过实践验证的方案。

可是管理员们还是很纠结，必须得这么复杂嘛，我们只是执行一条 DDL 语句而已，能否操作更简单一些，能否执行更透明一些，能否对中间的干预更少一些呢？就算这是个梦想吧，可是，真的，DBA 们也是人，也会做梦啊！

1. 关于联机 DDL

信息爆炸的年代，消息满天飞，有时候我们不知道即将到来的消息是好是坏，不过这回听到的真是个好消息，进入 MySQL 5.6 版本后，DBAer 们美梦要成真了，官方终于对在线 DDL 修改 InnoDB 引擎表提供（有限）支持。

为啥这里要注明**有限**呢，这是因为当前还没有做到，对所有 DDL 操作都支持联机执行（严格说来，即使是 RDBMS 市场中的领头羊 Oracle 也做不到），某些情况下还是需要复制整个表，或者 DDL 操作时，不允许 DML 同时修改表中记录等，同时某些场景下还有限制条件。官方提供了一份汇总表，罗列不同操作对应的场景。

表 7-3 中各列所代表的含义如下：

- 就地进行（In-Place）：用于标识该操作是否允许附加 ALGORITHM=INPLACE 子句，如果允许的话则表示修改操作可以直接在该表对象上执行（也就是 In-Place，就地），最好是 Yes。
- 复制表（Copies Tables）：用于标识该操作是否需要复制整个表，最好是 No，多数情况下跟 In-Place 的列值相反。
- 允许同时执行 DML（Allows Concurrent DML）：用于标识该操作是否允许联机进行，最好是 Yes，可以通过指定 LOCK=NONE 来允许 DDL 操作进行过程中仍然接受 DML，而且某些情况下 MySQL 也会自动允许某些粒度的 DML/DDL 同时执行，如果同时 DML 语句被允许，那么同时执行查询必然也是可以的。
- 允许同时执行查询（Allows Concurrent Queries）：用于标识当 DDL 执行时，是否允许同时查询对象中的数据，最好是 Yes。正常情况下，所有联机 DDL 都是允许同时进行查询的，因此表 7-3 中本列都应该是 Yes。
- 备注（Notes）：用于标识例外的情况或其他补充信息，主要用于描述含*号标记的行。

表 7-3　联机 DDL 的场景描述

DDL 操作	是否就地操作	是否复制表	是否允许同时更新/删除	是否允许同时查询	备注
创建索引或增加索引	Yes*	No*	Yes	Yes	对于全文索引有些限制，具体参考下一行中的信息。注意操作时若要创建的索引在同一个语句的前面子句中注明要被删除，那么本项操作就不是完全的就地进行，而是仍然需要复制表
增加全文索引	Yes	No*	No	Yes	除非用户提供 FTS_DOC_ID 列，否则创建第一个全文索引时仍然需要复制全表
删除索引	Yes	No	Yes	Yes	
修改列的默认值	Yes	No	Yes	Yes	本操作仅需要修改表对象定义文件.frm
修改列的自增值	Yes	No	Yes	Yes	本操作仅需要修改内存中的相关值
增加一个外键约束	Yes*	No*	Yes	Yes	为避免复制表，建议在创建外键约束时先禁用外键检查
删除一个外键约束	Yes	No	Yes	Yes	
重命名列	Yes*	No*	Yes*	Yes	若希望修改时不影响 DML 语句的并行执行，那只能改列名，不能改数据类型
增加列	Yes	Yes	Yes*	Yes	当增加的是个自增列时，是不允许同时执行 DML 的。即使附加了 ALGORITHM=INPLACE 子句，但数据仍然需要重组，因此这类操作依旧代价高昂
删除列	Yes	Yes	Yes	Yes	与上同理
修改列的顺序	Yes	Yes	Yes	Yes	与上同理
修改 ROW_FORMAT 属性	Yes	Yes	Yes	Yes	与上同理
修改 KEY_BLOCK_SIZE 属性	Yes	Yes	Yes	Yes	与上同理
标记列为 NULL	Yes	Yes	Yes	Yes	与上同理
标记列为 NOT NULL	Yes*	Yes	Yes	Yes	操作成本高昂，原理与上相同。另外需要注意，若 SQL_MODE 中的值包括 strict_all_tables，那么当修改的列中包含为 NULL 的列时，操作会失败的哟

续表

DDL 操作	是否就地操作	是否复制表	是否允许同时更新/删除	是否允许同时查询	备注
修改列的数据类型	No	Yes	No	Yes	
增加主键	Yes*	Yes	Yes	Yes	由于数据需要重新组织，因此成本高昂
修改另一列为主键	Yes	Yes	Yes	Yes	与上同理
删除主键	No	Yes	No	Yes	
转换字符集	No	Yes	No	Yes	若字符的编码格式发生变化，那么整个表被重建就不可避免，代价高昂
指定字符集	No	Yes	No	Yes	与上同理
通过 FORCE 选项强制重建	No	Yes	No	Yes	表现类似指定 ALGORITHM=COPY 语句，或者设置 old_alter_table=1

建议大家把关注点放在“是否就地操作”和“是否复制表”两列值上，这两列值的是与否，直接影响联机 DDL 的操作性能。一般来说，就地操作，而且不用复制表的性能是最好的；某些情况下尽管是就地操作，但仍然需要复制数据，不过即使是这种情况也会比表对象重建要高效一些。

这个表格内容还是比较清晰，对于单项操作来说如果认真看还是能看得懂，不过现实情况有时候要更复杂，比如说我们有可能在增加列的同时删除索引，或者修改列定义的同时还增加索引之类，就是说执行的 DDL 语句中复合了多项修改。在有联机 DDL 之前，不管复合多少项修改，其实对于 MySQL 的处理逻辑来说没有影响，反正表对象要重建，就按照新的定义创建对象并复制数据就好了。如今引入联机 DDL，情况就会复杂一些，表 7-3 中的内容能够提供一些参考。如果不确定所做的操作，究竟会产生什么样的影响，那么可以换种思路，考虑将一条 DDL 拆分成多条 DDL 分别执行修改。

2. 联机 DDL 相关语句的语法

对于 InnoDB 引擎表来说，执行 ALTER TABLE 时，并不需要特别指定是否使用联机 DDL，MySQL 会自动进行选择，是否就地（In-Place）执行，是否允许并行 DML 等。不过，用户也可以通过 ALTER TABLE 语句中的 LOCK 和 ALGORITHM 两个子句，来明确控制联机 DDL 时的操作行为。其中，LOCK 子句对于表并行度控制的微调比较有效，而 ALGORITHM 子句则对于操作时的性能和操作策略有较大影响。

前面提到，LOCK 子句用于控制表变更期间读写并发粒度，它有 4 个选项值：

- DEFAULT：默认处理策略，等同于不指定 LOCK 子句。
- NONE：不使用锁定策略，这种情况下其他会话既能读也能写。
- SHARED：采取共享锁定策略，这种情况下其他会话可读但不可写。
- EXCLUSIVE：采取排他锁定，这种情况下其他会话既不能读也不能写。

ALGORITHM 子句有 3 个选项值：

- DEFAULT：由 MySQL 按照默认方式处理，相当于不指定 ALGORITHM 子句，如果指定了 ALGORITHM 子句值为 DEFAULT，则跟不指定没有区别，一是因为该子句默认值就是 DEFAULT，另外即使指定了也还是默认处理逻辑。
- INPLACE：如果支持直接对当前表对象做修改，则直接就地修改，对于联机 DDL 语句，咱们前面也说过了，最好是能够 INPLACE，但是前提是操作确实支持 INPLACE，如果对于不支持 INPLACE 的操作或引擎指定 ALGORITHM 值为 INPLACE，则语句执行就会报错。
- COPY：不管是否支持就地修改，都采取将表对象中数据新复制一份的方式修改，这是在联机 DDL 被引入前的操作方式。毫无疑问，这种方式成本高、代价大、执行时间长，应尽可能避免此类情况的发生，不过某些情况下，可能必须采取 COPY 方式，比如说，重定义主键的情况等。

看到这两个子句所提供的几个选项值，我们就能理解，如果希望并发粒度最高，那么就要指定 LOCK=NONE（可读可写），若希望操作的成本最低，则最好指定 ALGORITHM=INPLACE（直接对对象进行操作，涉及读写的数据量最小）。不过并不是说，我们指定了什么值，实际执行就一定进行对应的操作，我们也需要考虑实际情况，比如说，即使明确指定 LOCK=NONE，但实际执行的操作是创建或删除表对象的主键，那怎么可能会不加锁呢，甚至语句的执行都会直接报错。这其实也正是前面表格中内容所要表达的，不同操作有其对应的场景，大家一定要正确理解。

若只从理想的角度来阐述，那么当指定 LOCK=NONE 时，对表对象的 DDL 操作不会影响其他会话对该表对象的查询或记录修改；当指定 LOCK=SHARED，对表对象的 DDL 操作执行过程中，其他会话只能查询该表数据，而无法修改，若指定 LOCK=EXCLUSIVE，那就是查询和修改记录都不行喽。

3. 联机 DDL 测试

前面介绍了不少理论，俗话说得好，光说不练那是嘴把式。下面我们通过一些实例演练，来加深或加强以及帮助大家理解，联机 DDL 执行不同类型操作，在性能、并发处理方面的增强。

首先构建测试对象，我们创建一个记录数较多的大表。之所以要创建大对象，主要是为了进行性能对比。因为对小表来说，不管是否联机 DDL，其操作执行效率都很高，耗时通常都较少，ALGORITHM 对其的影响并不显著。对于大表来说，则不同方式的时间消耗，都可以让我们比较直观地对比得出结论，可以通过观察不同操作方式影响的行数，来理解 ALGORITHM 子句的作用。

登录到 mysql 命令行模式，执行对象创建脚本如下；

```
use jssdb;
set autocommit=0;
create table t_idb_big as select * from information_schema.columns;
```

```
insert into t_idb_big select * from t_idb_big ;
insert into t_idb_big select * from t_idb_big ;
insert into t_idb_big select * from t_idb_big ;
insert into t_idb_big select * from t_idb_big ;
insert into t_idb_big select * from t_idb_big ;
insert into t_idb_big select * from t_idb_big ;
insert into t_idb_big select * from t_idb_big ;
alter table t_idb_big add id int unsigned not null primary key auto_increment;
```

是否在疑惑没有 commit？不需要啦同学，最后一个 DDL 语句会做隐式提交啦。

操作完后，查询一下对象中的记录数如下：

```
(system@localhost) [jssdb]> select count(0) from t_idb_big;
+----------+
| count(0) |
+----------+
|   229760 |
+----------+
1 row in set (0.05 sec)
```

环境就绪，接下来可以开始测试了。

（1）测试增/删索引。

我们先来查看一下操作前，表对象数据文件占用的物理空间：

```
(system@localhost) [jssdb]> \! du -k /data/mysqldata/3306/data/jssdb/t_idb_big.ibd
41004   /data/mysqldata/3306/data/jssdb/t_idb_big.ibd
```

当前占用了约 41MB 磁盘空间，接下来执行创建索引的命令（通过 CREATE INDEX 语句亦可），明确指定 ALGORITHM 参数，使其执行就地操作，以减少 I/O 量：

```
(system@localhost) [jssdb]> alter table t_idb_big add index ind_data_type (data_type), algorithm=inplace;
Query OK, 0 rows affected (0.64 sec)
Records: 0  Duplicates: 0  Warnings: 0
```

从语句执行返回的结果看，没有影响任何记录条目，而且在不足 1 秒的时间内，即完成了对拥有超过 22 万条记录的表索引创建，速度尚可。

进一步查看该对象数据文件占用的物理空间：

```
(system@localhost) [jssdb]> \! du -k /data/mysqldata/3306/data/jssdb/t_idb_big.ibd
49204   /data/mysqldata/3306/data/jssdb/t_idb_big.ibd
```

体积有所增大，接近 50MB 了，这主要是索引占用的空间。接下来我们再将该索引删除，执行命令如下：

```
(system@localhost) [jssdb]> alter table t_idb_big drop index ind_data_type, algorithm=inplace;
Query OK, 0 rows affected (0.06 sec)
Records: 0  Duplicates: 0  Warnings: 0
```

可以看到，使用 INPLACE 这种方式效率是非常高的。如果你注意观察 t_idb_big.ibd 物理文件的大小，会发现即使索引已被删除，但空间并没有释放，这是由于 InnoDB 机制决定的。除非表被删除或重建，否则已分配给它的空间不会释放回操作系统层。

接下来再对比测试一下 COPY 方式。继续创建索引，这次换种写法，改用 CREATE INDEX 语句创建索引：

```
(system@localhost) [jssdb]> create index ind_data_type on t_idb_big(data_type) algorithm=copy;
Query OK, 229760 rows affected (3.92 sec)
Records: 229760  Duplicates: 0  Warnings: 0
```

这次操作时间就要长得多了，从返回的结果想必大家也注意到了，20 几万的数据全部处理个遍，开销当然就大呀。

查看物理文件大小：

```
(system@localhost) [jssdb]> \! du -k /data/mysqldata/3306/data/jssdb/t_idb_big.ibd
53304   /data/mysqldata/3306/data/jssdb/t_idb_big.ibd
```

体积也有所增大，而且比用 INPLACE 方式增加的索引还大，这跟整个表被重建也有一定关系。而后我们再以重建方式删除索引，执行语句如下：

```
(system@localhost) [jssdb]> drop index ind_data_type on t_idb_big algorithm=copy;
Query OK, 229760 rows affected (2.48 sec)
Records: 229760  Duplicates: 0  Warnings: 0
```

与前者相比，仍然代价不小，因为又是所有记录都需要处理的嘛。不过优点在于，COPY 方式相当于表对象重建，原有删除记录占用的磁盘空间，重建后就将还回操作系统层，可以在一定程度上实现提高空间利用率的目的。

（2）测试增/删索引过程中 DML 操作。

前面提到过，某些操作下执行 DDL，不会影响其他会话对该对象同时进行 DML 操作，这个对于高并发的业务来说，听起来还是很诱人的，那么接下来咱们就实测一下，是否真的如此呢？

考虑到前面测试对象的数据量仍然偏小，重建方式修改也就 2～3 秒结束，就地修改消耗时间以毫秒计，要在这么短的时间内测试并发 DML 操作，那考察的不是 MySQL，而是操作的 DBA 了。因此在测试前，我们首先继续增加 t_idb_big 表对象的记录量，使之操作的执行时间能够更长一些。

执行操作如下：

```
alter table t_idb_big drop id;
insert into t_idb_big select * from t_idb_big;
insert into t_idb_big select * from t_idb_big;
alter table t_idb_big add id int unsigned not null primary key auto_increment;
```

要进行这个测试，我们需要至少两个会话。第一个会话执行 DDL 语句，第二个会话在第一个会话操作过程中执行 DML 语句。

首先测试传统方式修改表结构，在第一个会话中执行 DDL 语句，执行命令如下：

```
set old_alter_table=1;
create index ind_tablename on t_idb_big(table_name);
```

在此过程中，另一个会话执行下列操作：

```
set autocommit = 0;
use jssdb;
select count(0) from t_idb_big where table_name='FILES';
delete from t_idb_big where table_name='FILES';
rollback;
```

在这个实验过程中，大家会发现操作执行到DELETE语句时被阻塞，因为表对象正被重建，此时另一个会话居然要来DELETE其中记录，DELETE语句就会抛出死锁的异常。这就是之前版本应对此类场景时的现状。下面再来看看引入联机DDL后的情况。

仍是在第一个会话执行DDL语句如下：

```
set old_alter_table=0;
create index ind_tablename on t_idb_big(table_name) algorithm=inplace;
```

而后在第二个会话中执行下列DML语句：

```
(system@localhost) [jssdb]> select count(0) from t_idb_big where table_name='FILES';
+----------+
| count(0) |
+----------+
|    19456 |
+----------+
1 row in set (1.27 sec)

(system@localhost) [jssdb]> delete from t_idb_big where table_name='FILES';
Query OK, 19456 rows affected (1.63 sec)

(system@localhost) [jssdb]> rollback;
Query OK, 0 rows affected (0.32 sec)
```

居然都成功了，此时第一个会话的DDL语句还没有执行完，就地联机DDL，果然好使。

（3）测试修改列。

增加或修改列的需求极为常见，那么引入了联机DDL之后，在修改列方面，会有哪些提升呢？通过测试来对比对比吧！

通过COPY机制修改列，这种方式比较类似传统的处理机制，执行语句如下：

```
(system@localhost) [jssdb]> alter table t_idb_big change nullable is_nullable varchar(3), algorithm=copy;
Query OK, 919040 rows affected (19.30 sec)
Records: 919040  Duplicates: 0  Warnings: 0
```

从操作时间来看10余秒倒是不长，可是我们知道以这种方式操作时会锁表，DDL语句执行过程中，其他会话无法修改表中数据，这将影响并发性能，当然也是很多高并发的系统最不能接受的。

再来看看联机DDL就地方式修改又是什么表现呢：

```
(system@localhost) [jssdb]> alter table t_idb_big change is_nullable nullable varchar(3), algorithm=inplace;
Query OK, 0 rows affected (1.51 sec)
Records: 0  Duplicates: 0  Warnings: 0
```

时间得到极明显的缩短，最关键的是操作过程中，DML语句可以同时读写表中数据，并行性能不会受到影响。

注意哟，不是说所有列的变更都不影响DML语句并行读写，而只有当修改列时只修改了列名，数据类型定义未发生改变的情况下才能实现同时执行DML语句读写该对象。

（4）测试修改自增列。

同样是修改列，但当修改的是自增列时，情况又有所不同。

我们首先尝试联机 DDL，以就地方式修改自增列的值，执行语句如下：

```
(system@localhost) [jssdb]> alter table t_idb_big auto_increment=1000000, algorithm=inplace;
Query OK, 0 rows affected (0.00 sec)
Records: 0  Duplicates: 0  Warnings: 0
```

大家注意看返回信息中的加粗部分，这个不是快，这是超级快呀。就是因为，它不仅不需要重建对象，而且只需要修改.frm 文件中的标记和内存中的自增值就可以啦，完全不需要动到表中的数据。

再来看看另外一种方式修改自增列会是什么表现呢，执行语句如下：

```
(system@localhost) [jssdb]> alter table t_idb_big auto_increment=1000000, algorithm=copy;
Query OK, 919040 rows affected (18.96 sec)
Records: 919040  Duplicates: 0  Warnings: 0
```

结果一目了然，相当说明问题，亲，不用我再解释了吧！

（5）测试 LOCK 子句控制并行 DML。

修改表对象结构时，指定 LOCK 子句可以控制 DML 语句的并行粒度，有 3 种设定：

- LOCK=NONE：允许同时对表进行查询和更新操作。
- LOCK=SHARED：仅允许同时查询表中数据，不允许更新记录。
- LOCK=EXCLUSIVE：不允许同时查询和更新表中数据。

这个子句在粒度控制上与 ALGORITHM 子句有一定关联，但优先级更高，举例来说，不管 ALGORITHM 是否允许 DML 读写，当指定 LOCK=EXCLUSIVE 时，该对象就会是既不允许同时查询，也不允许更新。

由于 LOCK 子句有多项值，ALGORITHM 的值尽管有限，但对表对象可做的修改操作就太多了，可组合的场景就更多，针对所有可组合场景一一测试，尽管从内容上来说更为全面，不过我个人感觉意义并不大，关键是浪费纸张篇幅，这可不符合低碳环保理念。

所以呢，我就仅举少量示例对比，关键是大家要理解它的操作模式。有道是万变不离其宗，理解了原理，不管场景怎么变，大家都能灵活应对，关键时刻能 HOLD 住。

在前面的测试中，我们使用两个会话，其中一个会话执行 DDL 语句，另一个会话执行 DML 语句，在本小节的测试中，我们还需要再创建第三和第四个会话。

在我们构造的测试环境中：

- 会话 1 尝试对 t_idb_big 表的 table_name 列创建索引（建完就删掉）。
- 会话 2 则在会话 1 执行过程中，执行查询语句。
- 会话 3 在会话 1 执行过程中，执行更新语句。
- 会话 4 则用于显示会话 1～3 的状态，怎么显示呢？这里使用 MySQL 提供的 SHOW PROCESSLIST 命令，该命令在后面章节中会进行详细介绍，这里大家直接使用即可，重点关注输出信息中的 State 和 Info 两列的列值。
- 共进行 3 次测试，分别测试 LOCK 子句值为 NONE、SHARED、EXCLUSIVE 时，

对并发执行 DML 语句的影响。

①LOCK 子句指定为 NONE 时的情况。

各会话执行操作如表 7-4 所示。

表 7-4 各会话执行操作（一）

	执行操作
会话 1	Create index ind_tablename on t_idb_big(table_name) **lock=none**;
会话 2	Set autocommit=0; Select count(0) from t_idb_big where table_name='TABLES';
会话 3	Set autocommit=0; Update t_idb_big set table_name='NEWTABLES' where table_name='TABLES';

在上面 3 个会话执行过程中，我们在会话 4 中通过 SHOW PROCESSLIST 命令查看上面 3 个会话的执行情况：

```
session4> show processlist;
+----+--------+-----------+-------+---------+------+----------------+----------------------+
| Id | User   | Host      | db    | Command | Time | State          | Info                 |
+----+--------+-----------+-------+---------+------+----------------+----------------------+
| 10 | system | localhost | jssdb | Query   |    4 | altering table | Create index ind_tablename
     on t_idb_big(table_name) lock=none                                |
| 11 | system | localhost | jssdb | Sleep   |    3 |               | NULL                 |
| 12 | system | localhost | jssdb | Query   |    2 | updating      | Update t_idb_big set table_
     name='NEWTABLES' where table_name='TABLES' |
| 13 | system | localhost | NULL  | Query   |    0 | init          | show processlist     |
+----+--------+-----------+-------+---------+------+----------------+----------------------+
4 rows in set (0.07 sec)
```

对于初次接触 SHOW PROCESSLIST 命令的朋友，可能对它的输出结果比较陌生，没关系，简要说明一下，ID 列用于标识会话，Command 列用于标识该会话执行的命令类型（比如说查询、空闲等），State 列标识该会话当前的状态，Info 列标识该会话当前执行的操作，如果为 NULL，则说明该会话当前是空闲状态，大家重点关注 State 和 Info 两列。

上面返回的结果表示，创建索引的 DDL 语句还在执行中，不过执行查询的会话 2 当前已经处于 Sleep（空闲）状态，查询执行的是真快，此时切换到会话 2 的窗口界面，会发现确实已经返回了结果：

```
session2> Select count(0) from t_idb_big where table_name='TABLES';
+----------+
| count(0) |
+----------+
|    10752 |
+----------+
1 row in set (0.37 sec)
```

这也说明 LOCK 子句执行时不会阻塞查询请求。而会话 3 的 UPDATE 语句仍在执行过程中，这当然不是因为阻塞的缘故，因为 LOCK=NONE 并不阻塞 DML 更新语句，应该

是因为 UPDATE 语句执行的时间确实要稍长。我们尝试重复执行 SHOW PROCESSLIST 命令，而后会发现返回结果又变了：

```
session4> show processlist;
+----+--------+-----------+-------+---------+------+----------------+------------------------+
| Id | User   | Host      | db    | Command | Time | State          | Info                   |
+----+--------+-----------+-------+---------+------+----------------+------------------------+
| 10 | system | localhost | jssdb | Query   |    5 | altering table | Create index ind_tablename on
     t_idb_big(table_name) lock=none |
| 11 | system | localhost | jssdb | Sleep   |    4 |                | NULL                   |
| 12 | system | localhost | jssdb | Sleep   |    3 |                | NULL                   |
| 13 | system | localhost | NULL  | Query   |    0 | init           | show processlist       |
+----+--------+-----------+-------+---------+------+----------------+------------------------+
4 rows in set (0.15 sec)
```

UPDATE 语句也执行完了，当前就只有会话 1 的 DDL 语句仍在执行，继续刷新：

```
session4> show processlist;
+----+--------+-----------+-------+---------+------+---------------------------------+------------------+
| Id | User   | Host      | db    | Command | Time | State                           | Info             |
+----+--------+-----------+-------+---------+------+---------------------------------+------------------+
| 10 | system | localhost | jssdb | Query   |    8 | Waiting for table metadata lock | Create index
     ind_tablename on t_idb_big(table_name) lock=none |
| 11 | system | localhost | jssdb | Sleep   |    7 |                                 | NULL             |
| 12 | system | localhost | jssdb | Sleep   |    6 |                                 | NULL             |
| 13 | system | localhost | NULL  | Query   |    0 | init                            | show processlist |
+----+--------+-----------+-------+---------+------+---------------------------------+------------------+
4 rows in set (0.00 sec)
```

返回的信息显示会话 1 的状态又有新变化，此时是在等待表对象元数据锁定，需要会话 2 和会话 3 结束事务（提交或回滚，这里选择回滚），会话 1 的 DDL 操作才能顺利结束。这也说明 DDL 并不阻塞 DML 的操作，反倒是 DML 操作过程中有可能阻塞到 DDL。这一点其实也好理解，主要是 DML 更新操作会对表加锁，在已有会话锁定表的前提下，另外的会话当然就只能等待喽。

提 示

得出结论后，就把上述操作回滚吧，这几个表后头咱们还得用呢。

②LOCK 子句指定为 SHARED 时的情况（表 7-5）。

表 7-5 各会话执行操作（二）

	执行操作
会话 1	Create index ind_tablename on t_idb_big(table_name) **lock=shared**;
会话 2	Set autocommit=1; Select count(0) from t_idb_big where table_name='TABLES';
会话 3	Set autocommit=0; Update t_idb_big set table_name='NEWTABLES' where table_name='TABLES';

会话 4 中执行 SHOW PROCESSLIST 命令，查看当前状态：

```
session4> show processlist;
+----+--------+-----------+-------+---------+------+-------------------+---------------------+
| Id | User   | Host      | db    | Command | Time | State             | Info                |
+----+--------+-----------+-------+---------+------+-------------------+---------------------+
| 10 | system | localhost | jssdb | Query   |    4 | altering table    | Create index ind_
tablename on t_idb_big(table_name) lock=shared                                              |
| 11 | system | localhost | jssdb | Sleep   |    4 |                   | NULL                |
| 12 | system | localhost | jssdb | Query   |    3 | Waiting for table metadata lock | Update
t_idb_big set table_name='NEWTABLES' where table_name='TABLES'                              |
| 13 | system | localhost | NULL  | Query   |    0 | init              | show processlist    |
+----+--------+-----------+-------+---------+------+-------------------+---------------------+
4 rows in set (0.03 sec)
```

从返回的结果来看，查询仍然执行极快，我们甚至在 SHOW PROCESSLIST 中采集不到它执行时的状态，因为早已经执行完了。但是，大家注意看会话 3 的 UPDATE 操作，显示更新操作在等待表的元数据锁定，此时会话 1 仍在执行中。

再刷新 PROCESSLIST：

```
session4> show processlist;
+----+--------+-----------+-------+---------+------+-------------------+---------------------+
| Id | User   | Host      | db    | Command | Time | State             | Info                |
+----+--------+-----------+-------+---------+------+-------------------+---------------------+
| 10 | system | localhost | jssdb | Sleep   |    5 |                   | NULL                |
| 11 | system | localhost | jssdb | Sleep   |    5 |                   | NULL                |
| 12 | system | localhost | jssdb | Query   |    4 | updating | Update t_idb_big set table_name
='NEWTABLES' where table_name='TABLES' |
| 13 | system | localhost | NULL  | Query   |    0 | init     | show processlist             |
+----+--------+-----------+-------+---------+------+-------------------+---------------------+
4 rows in set (0.02 sec)
```

会话 1 的 DDL 语句执行完成后，会话 3 的更新语句终于开始 updating 了。这时，大家是否理解了，LOCK=SHARED 时，只许查询，不许修改的设定（DDL 持有了表锁）。

③LOCK 子句指定为 EXCLUSIVE 时的情况（表 7-6）。

表 7-6　各会话执行操作（三）

	执行操作
会话 1	Create index ind_tablename on t_idb_big(table_name) **lock=exclusive**;
会话 2	Set autocommit=1; Select count(0) from t_idb_big where table_name='TABLES';
会话 3	Set autocommit=0; Update t_idb_big set table_name='NEWTABLES' where table_name='TABLES';

会话 4 中执行 SHOW PROCESSLIST 命令，查看当前状态：

```
session4> show processlist;
+----+--------+-----------+-------+---------+------+-------------------+---------------------+
| Id | User   | Host      | db    | Command | Time | State             | Info                |
+----+--------+-----------+-------+---------+------+-------------------+---------------------+
```

```
| 10 | system | localhost | jssdb | Query |    3 | altering table | Create index ind_tablename
     on t_idb_big(table_name) lock=exclusive                                                    |
| 11 | system | localhost | jssdb | Query |    2 | Waiting for table metadata lock | Select
     count(0) from t_idb_big where table_name='TABLES'                    |
| 12 | system | localhost | jssdb | Query |   2 | Waiting for table metadata lock | Update t_idb_big
     set table_name='NEWTABLES' where table_name='TABLES'                 |
| 13 | system | localhost | NULL  | Query |    0 | init           | show processlist          |
+----+--------+-----------+-------+-------+------+----------------+---------------------------+
4 rows in set (0.00 sec)
```

这次测试，通过返回结果中的信息可以看到，连 SELECT 语句都被阻塞，提示等待表的元数据锁定，这就相当说明问题，这个测试的结论也验证了前面说的，LOCK=EXCLUSIVE 时，不仅不允许更新操作，也不允许同时进行查询。

对于用户来说，在修改对象的结构时，就可以根据实际情况，灵活设定 LOCK 子句的参数值，实现更细粒度控制并发度。

7.4.7　InnoDB 表对象的限制条件

1. 最大和最小

- 单表最多不超过 1020 列，在 5.6.9 版本之前最多不超过 1000 列，最多能够创建 64 个辅助索引。
- 默认情况下，单列索引（含前缀索引）的键值长度不超过 767B。注意这个还跟字符集有关系。举例来说，在 TEXT/VARCHAR 类型列上创建前缀索引，假设当前是 utf8 字符集，因为每个字符占用 3 个字节，那么对于长度超过 255 个字符的列就可能会遭遇这种限制。不过，当启用了 innodb_large_prefix 配置选项时，最大长度就能提高到 3072B。如果创建的前缀索引长度超出了最大值时会怎么样呢，也得看情况，对于非唯一索引，会自动缩减到最大长度，而对于唯一索引则会抛出错误。
- InnoDB 内部最大键值长度是 3500B，不过 MySQL 自身的限制是 3072B，这一限制同样作用于多列的复合索引。
- 如果通过 innodb_page_size 选项将 InnoDB 的 page size 降低至 8KB 或 4KB，那么索引键的最大长度也要成比例下降，3072B 是相对于 16KB 的 page size 而言，对于 8KB 的 page size，最大长度应为 1536B，对于 4K 则是 768B。
- 每条记录的最大长度（所有数据类型列长度相加，变长类型列如 VARBINARY、VARCHAR、BLOB、TEXT 除外），要小于数据页（database page）的一半，即最大列长度不能超过 8000B，这也是相对于 16KB 的 page size 而言。如果 page size 被降低，那么最大列长度也要适当减小。对于 LONGBLOB、LONGTEXT 这种类型的列长度不能超过 4GB，同时，所有数据类型（含 CLOB/TEXT）的列长度加一起，不能超过 4GB。如果说一条记录的长度小于一个 page 的一半，那么该记录会被完整地保存在一个 page 中，否则变长类型的列会保存在另外的 page 中。
- 尽管 InnoDB 引擎支持列长度超过 65535B，不过创建表时，仍然不能创建包含

VARBINARY/VARCHAR 列的复合长度超过 65535B，例如，下面创建时就会报错：

```
mysql> CREATE TABLE t (a VARCHAR(8000), b VARCHAR(10000),
    -> c VARCHAR(10000), d VARCHAR(10000), e VARCHAR(10000),
    -> f VARCHAR(10000), g VARCHAR(10000)) ENGINE=InnoDB;
ERROR 1118 (42000): Row size too large. The maximum row size for the
used table type, not counting BLOBs, is 65535. You have to change some
columns to TEXT or BLOBs
```

- 一些老的文件系统，最大支持的文件大小不能超过 2GB，对于这种系统上运行的 InnoDB，创建数据文件时需要注意了，可以通过创建多个数据文件的方式来突破这一限制，如果使用独立表空间，那么就需要控制表对象中的记录量了。
- InnoDB 日志文件最大不超过 512GB。
- InnoDB 系统表空间最少需要 10MB 空间，最大则能够支持到 64TB（four billion database pages），这同时也表示单个表最大不能超过 64TB。
- 默认的数据库中数据页的大小为 16K，可以在创建 MySQL 实例时通过 innodb_page_size 选项指定为 16K/8K/4K 三种。目前暂不支持增加数据页的大小，因为当前 InnoDB 没有处理超过 16k 大小 page size 的函数，如果指定了超过这个值的 page size，启动 InnoDB 时可能报错。另外，在同一个 MySQL 实例中的数据文件和日志文件的数据页大小必须相同。

2. 制约因素

- ANALYZE TABLE 语句收集索引统计信息（显示在 SHOW INDEX 输出中的 Cardinality 列），通过随机访问每个索引树，并更新相应的索引统计信息。由于这只是个预估值，因此重复执行 ANALYZE TABLE 语句可能生成不同的数值，这种差异使 ANALYZE TABLE 语句在 InnoDB 引擎表上执行更快（相比其他引擎如 MyISAM），但不能做到 100%准确，因为并非所有列都被统计。如果由于 ANALYZE TABLE 生成的统计信息不正确，导致执行计划不理想（这种情况完全有可能出现），那么对于用户来说，恐怕就得通过 FORCE INDEX 强制指定索引。
- SHOW TABLE STATUS 语句不能列出 InnoDB 引擎表的实际统计数据（除了物理大小），记录行数、平均记录长度等信息都仅是预估值。
- InnoDB 引擎并不会将表的记录量保存在内部的某处（对于事务引擎这也确实较难实现），因此执行 SELECT COUNT(*) FROM tbl 语句时，InnoDB 必须检索全表（也可能是该表主键），这可能造成效率和性能上的问题。如果该表不是经常查询，那么应用查询缓存技术会比较有效，如果是经常查询总记录数，MySQL 建议对于 InnoDB 引擎表的这类需求，考虑通过创建中间表专门记录表记录行数方式来处理。当然如果您只是想得到一个大致的数据量，那么 SHOW TABLE STATUS 中显示的信息还是能够有些帮助。
- 在 Windows 系统上，InnoDB 使用小写名称保存数据库和表名。因此对于 Windows/UNIX 平台迁移的数据库，建议创建对象时都使用小写规则。

- 对于 AUTO_INCREMENT 列，建议创建单列索引，如果是复合索引，那么最好定义为第一列。
- 当初始化表上之前指定了 AUTO_INCREMENT 列，InnoDB 会加载一个独占锁在 AUTO_INCREMENT 列的索引的最大值上。在访问自增长计数时，InnoDB 使用特殊的表锁 AUTO-INC，该锁只作用于当前的 SQL 语句，而非整个事务，其他会话或事务仍可在 AUTO-INC 表锁被持有时执行插入。
- 当重启 MySQL 服务时，InnoDB 可能会重用之前 AUTO_INCREMENT 列生成但未保存的值（即由之前的事务生成的值，不过 rolled back 了）。
- 当 AUTO_INCREMENT 整数列超出范围时，INSERT 操作会返回复制键错误的消息，这是 MySQL 层的行为。不过一般不用在意这个问题，MySQL 支持多种整型，其中 BIGINT 类型有 64 位长度，支持的范围从-9223372036854775808～9223372036854775807，就算每秒插入 1 百万条记录，BIGINT 至少也能坚持 100 年不动摇。
- DELETE FROM tbl 并非重建表，而是逐条删记录，因此，清空表中记录还是首推 TRUNCATE TABLE tbl。
- 目前级联的外键行为并不会触发 triggers，如果应用有触发器，那么需要考虑关联数据的更新。
- 在创建表时，注意列名不能与 InnoDB 内部列相同（如 DB_ROW_ID, DB_TRX_ID、DB_ROLL_PTR、DB_MIX_ID），否则 MySQL 服务会抛出 1005 或 error -1 错误。本错误仅适用于名称大写的情况。

3. 锁和事务

- 当系统变量 innodb_table_locks=1 时（默认即是如此），LOCK TABLES 会在表上持有两个锁，一个是 MySQL 层持有的锁，另外 InnoDB 层也需要持有一个锁。在 MySQL 4.1.2 版本之前并不会持有 InnoDB 层锁。如果要恢复旧版本时的特性，可以考虑将 innodb_table_locks 参数值设置为 0。不过注意如果没持有 InnoDB 层锁的话，LOCK TABLES 语句有可能会在仍有其他事务锁定表中记录时依然返回锁定成功的信息。在 5.6 版本中，设置 innodb_table_locks=0 对于 LOCK TABLES ... WRITE 语句无效。不过对于隐式的 LOCK TABLES ... WRITE（比如 triggers）或 LOCK TABLES ... READ 语句仍然有效。
- InnoDB 引擎在事务中持有的锁会在事务提交或回滚时释放，因此当 autocommit=1 时执行 LOCK TABLES 并没有意义，因为持有的锁会马上被释放。
- 事务过程中不能显式地去锁定其他表，因为 LOCK TABLES 会隐式执行 COMMIT 和 UNLOCK TABLES。
- 在 5.5 之前的版本中，InnoDB 引擎并发数据修改事务的总数量，不能超过 1023，从 5.5 版本开始并发事务数可以达到 128×1023 个。

第8章 MySQL 数据库文件结构

尽管 MySQL 数据库从目前来看，仍然称不上是个大型数据库系统，不过其所包含的文件类型已然不少，虽然没到一拍脑袋就出来一个的地步（要是算上存储引擎的话就差不多了），常见的也有 10 余种文件类型。当然咱们通过前面章节的学习，也已经认识了不少文件，可是还有不少文件没打过交道，接触 MySQL 不久的新同学们，眼瞅着各色文件，心里想必也在一阵阵的闹嘀咕，它们，什么地干活。

尽管每个文件和目录都各有用途，不过也并不是每个文件都需要 DBA 关注。本章中三思就尽可能简单、快速、抽象地为大家描述一下 MySQL 数据库中各类重点文件的特点和用途。先给大家宽宽心，本章要描述的这些内容就是层薄纸片，一点就透，要是不透，兄弟，用针扎吧。

8.1 初始化选项文件

MySQL 中的命令行选项众多，多数命令行（包括 MySQL 服务的主进程 mysqld 命令）在启动时都可以通过读取各种选项，控制命令行要执行的功能、内存占用、执行方式等。不过由于可被指定的选项非常多，常被用到的也有不少，如果每次调用命令行都单独指定各种选项，那就费老劲了，不仅操作繁琐、影响执行效率、容易出现错误，关键指头也受不了啊，这得多敲多少个字符呐。因此，MySQL 也提供了专用的选项文件（Option Files，有时也叫参数文件或配置文件），只要咱们预先将常用的选项放入其中，而后执行程序时就不必每次逐个指定选项，只要指定一个选项文件的位置就行了。

> **提 示**
>
> 熟悉 Oracle 数据库的同学们也有福了，MySQL 中的初始化选项文件类似于 Oracle 数据库中的初始化参数文件，不过接触过 Oracle 的朋友都知道，Oracle 的初始化参数文件实际上有两类，分别是客户端初始化参数文件（pfile）和服务端初始化参数文件（spfile）。MySQL 的初始化参数文件从功能上来说还比较初级，更像 Oracle 中的客户端初始化参数文件，至于 MySQL 的 spfile，大哥，这个真没有。

各位看官可能要问了，选项文件放哪儿呢，MySQL 说，随便放哪儿都行，你只要执行命令时告诉它在哪儿，它自己会去找去。MySQL 是开源软件，这方面给予用户的自主

度是非常高的，不过有时候是用户自己受不了，习惯了当孙子转脸儿被人捧成大爷（ye，二声），这观念确实一时扭转不过来。

当然啦，也有当惯了大爷的，再加上人的欲望无穷嘛，肯定会有用户每次执行 MySQL 命令时，选项文件路径也懒的指定，这也没问题，MySQL 已经预见到会有人有此需求，因此它的程序执行前会首先在一些默认的路径下查找my.cnf文件，如果您不知道放哪儿好，或者不想每次执行 MySQL 命令都指定选项文件，那就把它保存在默认路径下吧。不过要注意哟，不同平台的默认路径是不一样的。

对于 Windows 平台，MySQL 的命令行工具默认会按照以下顺序，扫描以下路径中的文件，并使用找到的第一个匹配的选项文件：

- WINDIR\my.ini：WINDIR 指的是 Windows 的目录，一般是 C:\WINDOWS，可以通过 echo $WINDIR$查看该变量的实际值。
- 系统盘的根目录保存的文件，即 C:\my.ini。
- INSTALLDIR\my.ini：INSTALLDIR 指的是 MySQL 安装目录，一般是在 C:\Program Files\MySQL\MySQL 5.6 Server 目录。

> **提 示**
> Windows 平台的选项文件扩展名既可以是.ini 也可以是.cnf。

对于 UNIX/Linux 平台，MySQL 程序默认会按照以下顺序扫描下列路径，并使用找到的第一个匹配的选项文件：

- /etc/my.cnf。
- /etc/mysql/my.cnf。
- SYSCONFDIR/my.cnf：通过 CMake 源码编译时指定的 SYSCONFDIR 参数指定的路径。
- $MYSQL_HOME/my.cnf：到 MYSQL_HOME 环境变量所在的路径。
- ~/.my.cnf：~表示到当前用户根目录下寻找。

如果就想把选项文件保存在自己中意的路径下，那也可以，前面说了，my.cnf 爱放哪儿放哪儿，甚至连文件名/扩展名都可以随意命名，只不过，放在自己定义的路径下的选项文件，MySQL 命令行在启动时默认读不到，需要 DBA 在执行 MySQL 命令行时，主动告诉它文件在哪儿。如何将文件路径告知它呢？就是通过下面两个参数来指定详细的文件路径：

- defaults-file：从本参数指定的文件中读取选项。
- defaults-extra-file：在加载其他方式指定的选项后，再读取本参数指定的文件中的选项。

文件存哪儿搞明白了，接下来有不少朋友会想到，选项文件内的选项该怎么配置，这又包括两重意思，第一是得知道配置选项的语法是什么，第二是想知道都指定哪些配置项。后一个问题相当不好回答，MySQL 如今可用参数有数百项，大部分参数的取值范围是个区间值，不同场景应指定的选项值也不相同，要想把它说清楚可真就难了，三思会在本书各章节中，见缝插针地就常用选项进行说明，这里就先不讨论。前面那个问题倒是可以跟大家解释清楚。

MySQL 数据库的选项文件，就是个文本格式的文件，也就是说大家可以用任意文本编辑工具进行创建和编辑，而且指定选项时的语法跟 MySQL 命令行中类似，只不过不需要“-”了。实际上在早期版本 MySQL 软件（5.6 版本之前）中就提供了好几种预设的选项文件，保存在 MySQL 安装目录内的 support-files 目录下：

- my-small.cnf
- my-medium.cnf
- my-large.cnf
- my-huge.cnf

对于普通用户，可以直接将上述文件复制一份出来拿来用即可。如果对初始文件中某些参数的设置不满足，也可以根据需要在此基础之上进行修改。

下面就以 MySQL 曾经提供的选项文件来做示例说明，前面提供的 4 个文件对应小、中、大、巨大这 4 个级别，分别适用于不同规模的 MySQL 数据库场景，对于立志要从事 MySQL DBA 的朋友来说，肯定也是希望从事有挑战性的工作，就选项文件中的配置来说，要看就看最大的，这里就以 my-huge.cnf 为例加以讲解。

```
$ more /usr/local/mysql/support-files/my-huge.cnf
```

MySQL 提供的选项文件中有大量注释性信息，以帮助用户快速理解不同区块选项的作用，碍于篇幅，各选项的作用后面描述，这里仅提供去掉注释后实际有效参数，具体如下：

```
[client]
port            = 3306
socket          = /data/mysqldata/3306/mysql.sock

# The MySQL server
[mysqld]
port            = 3306
socket          = /data/mysqldata/3306/mysql.sock
skip-external-locking
key_buffer_size = 384M
max_allowed_packet = 1M
table_open_cache = 512
sort_buffer_size = 2M
read_buffer_size = 2M
read_rnd_buffer_size = 8M
myisam_sort_buffer_size = 64M
thread_cache_size = 8
query_cache_size = 32M
thread_concurrency = 8

log-bin=mysql-bin
```

```
server-id        = 1

[mysqldump]
quick
max_allowed_packet = 16M

[mysql]
no-auto-rehash

[myisamchk]
key_buffer_size = 256M
sort_buffer_size = 256M
read_buffer = 2M
write_buffer = 2M

[mysqlhotcopy]
interactive-timeout
```

可以看到，在这个选项文件中，出现的内容可以归纳为下面几种类型：

- #：注释符，这个没啥说的，描述性信息，若已经知道选项是做啥的，那么注释信息忽略亦可。
- [group_name]：这个区块用于定义对应命令行的选项，以上面的选项文件为例，我们可以看到有[client]、[mysqld]、[mysqldump]、[mysqlhotcopy]等，名称看起来眼熟，其实就是 mysql 命令行工具的名称。要知道 MySQL 中的命令行工具是比较多的（后面会有章节介绍常用的命令行工具），可是因为功能不同，因此每个命令行所支持的参数也会有差异，那么单个 my.cnf 选项文件中怎么去指定呢？就是通过[group_name]这个区块，其实相当于指定了一个作用域。当然啦，有心的朋友看完前面的内容，记住了 defaults-file 参数，可能就想，干脆就给每个命令建个对应的参数文件不就得了嘛。那当然没问题，如果你愿意为每个命令行工具各创建不同的选项文件的话，区块确实没什么意义，可以直接忽略掉它。

细心读的朋友也许会另有疑问，[mysqld]或[mysql]等都可找到对应的命令，但[client]对应哪个命令呢，这是个好问题。其实说起来也简单，所有客户端命令都属于[client]区块作用域范围，包括 mysqldump/mysqlhotcopy/mysqladmin 等，哪个不属于客户端命令呢，只有一个：mysqld。由于[client]块能够作用于所有命令行程序，因此注意了，该区块中指定的选项要确保能被所有调用的命令行支持，否则可能会导致命令行执行报错的哟。

- Option_name：指定具体的选项，MySQL 支持的选项可真不少，这里就不一一拎出来讲了，三思会在介绍某块内容时，穿插介绍配置相关功能的选项，详细信息大家也可以参考 MySQL 的官方文档。
- Option_value：指定选项值。很多选项值都有范围和默认值，如果指定了选项而未指定值，那么该选项就继承默认值，当然这种情况下指不指定选项都没区别。另外就是 MySQL 中的选项值非常灵活，对于布尔型选项，指定值是既可以为 1 或

0，也可以为 ON 或 OFF。

MySQL 的这些参数选项除了在启动时进行指定外，其中有相当一部分还可以在 MySQL 服务运行过程中实时进行修改，运行过程中修改也有两个作用域，既可以作用于当前会话（session），也可以在设置时指定全局（global）有效。但是，不管哪个作用域，如果没有同步修改 my.cnf 的话，MySQL 服务一旦重启，运行过程中所做的修改就自动撤销掉了，因此一般设置的全局有效的选项，还需要同时修改 my.cnf 初始化参数文件，以使它能永久有效。对于熟悉 Oracle 数据库的朋友这会儿明白过味来了吧，没错，这货就是 MySQL 的 pfile。

8.2 错误日志文件

错误日志，顾名思义，应该是记录错误信息的日志，不过本节中要提到的错误日志文件，并不仅仅是记录错误信息，MySQL 服务进程即 mysqld 启动或关闭的信息也会被记录进来。另外，也不是说什么错误都会记录，只有服务进程运行过程中发生的关键（critical）错误会被记录；还有当 mysqld 进程发现某些表需要自动检查或修复的时候，也会抛出相关信息到该日志文件。

> 提 示
>
> 对于熟悉 Oracle 数据库的朋友们来说，MySQL 数据库中的 error log 错误日志文件，其实功能跟 Oracle 中的 alert 极为相似，不过由名称也看得出 MySQL 果然还是嫩了点儿，因为 error logs 中既不全是 error 信息，也并非所有 error 都被记入 log，这名称就有点儿名不副实了。还是 Oracle 高明，alert，就是提示你要注意，咋理解都没毛病。

在某些操作系统上运行的 MySQL 服务崩溃时，会将堆栈的跟踪信息（stack trace）抛出到错误日志文件中，这些跟踪信息比较有利于故障排查。

错误日志文件是在启用 mysqld 时，通过 log-error 选项（或配置 log-error 系统参数）指定错误日志的路径及文件名，如果没有指定文件名的话，则默认文件名为[host_name].err，保存在 mysql 的%datadir%文件夹下。

> 提 示
>
> Windows 环境中，事件和错误消息也会被写入 Windows 的事件日志中，标记为警告（Warning）或注意（Note），不过附加信息类（比如说语句指定存储引擎）的信息不会写入事件日志。用户无法禁止向 Windows 事件日志中写数据。

错误日志中记录的信息分为 3 类：[Note]、[Warning]、[Error]。一般[Note]对应的是正常的 MySQL 服务启动或关闭信息，[Error]对应的是错误的信息，[Warning]则属于警告性质。

警告这类设定比较有意思，比如说当前日志设置的不合适，可能影响功能，但是又未

实际影响功能，那么就会抛出一条 Warning 的信息。用户也可以根据情况选择不记录 Warning 信息，MySQL 提供了--log-warnings 参数（或 log-warnings 系统环境变量）可用来控制警告信息是否记录，默认值为 1 即启用，指定该选项值为 0 时表示禁用。如果指定该参数值大于 1，那么对于连接失败、新连接拒绝等类型的消息也会写入错误日志。

前面咱们提到，Windows 平台下的 MySQL 服务，一些信息也会被记入系统事件日志，其实对于 Linux/UNIX 系统也是一样的，错误日志也可以被写入到系统日志 syslog 中，在执行 mysqld_safe 命令启动 MySQL 服务时，可以附加--syslog 参数，使 MySQL 的日志信息也被输出到系统日志中。对于记录到系统日志里的消息，来自 mysqld_safe 和 mysqld 的消息会分别打上"mysqld_safe"或"mysqld"的标签。当然啦，用户也可以通过--syslog-tag=[tag]参数指定标签的名称，修改后实际记录的标签形式会变成"mysql_safe-[tag]"和"mysqld-[tag]"。

8.3 查询日志文件

接触过或想接触 MySQL 数据库的朋友应该都听过，MySQL 中提供的难得的一项易用而且有效的特性，就是慢查询日志，设定好执行时间（之前只能以秒为单位，5.5 版本后可以定义到毫秒精度），MySQL 会自动将所有执行时间超过指定阈值的 SQL 语句都记录下来，保存在文件里，这个文件就是慢查询日志文件。

这里，三思首先想说两点：

（1）MySQL 的查询日志有两种，一种是前面提到的慢查询日志（Slow Query Log），还有一种通用查询日志（General Query Log），后者不仅仅记录执行慢的查询，而是所有执行的查询语句都会被记录下来。

（2）MySQL 的查询日志不仅能记录到文件，还能自动保存到 MySQL 数据库中的表对象里。

下面我们分别进行介绍。

8.3.1 慢查询日志

很多立志于从事 DBA 职业的朋友最关注的问题之一，就是数据库的性能优化，相对于其他大型的、传统的数据库系统来说，MySQL 数据库中原生的优化工具和方法不多，慢查询日志就是其中少有的，独具特色，又切实有效的方法（勉强加个之一吧）。

所谓慢查询日志，指的是所有查询语句**执行时间**超过系统变量 long_query_time（默认值为 10 秒）指定的参数值，并且访问的记录数超过系统变量 min_examined_row_limit（默认值为 0 条）的数量的语句。注意 SQL 语句执行时间不包含初始化表锁的开销。

SQL 语句执行完毕并且完成对其锁定资源的释放后，mysqld 进程会将符合条件的 SQL 语句写入慢查询日志，因此慢查询日志中语句记录和顺序有可能跟执行顺序不同（因为每条语句执行时间也不同）。

默认情况下慢查询日志功能是被禁用的，启用和禁用慢查询日志文件都是通过 MySQL 的系统参数控制，主要有下面两个：

- slow_query_log：指定是否输出慢查询日志，指定为 1 表示输出，指定为 0 则表示不输出，默认值为 0。
- slow_query_log_file：指定日志文件存储路径和文件名，如果没有指定的话，则默认文件名为[host_name]-slow.log，保存在 MySQL 数据库 data 目录下。

> **提 示**
>
> 在 MySQL 5.1.6 之前版本，是通过--log-slow-queries 控制慢查询日志文件的输出路径，在之后的版本中引入 slow_query_log 参数后，该参数即被废弃。
>
> 在系统参数这方面 MySQL 尽显开源软件的特点，名不副实、词不达意或功能交叉/重复的现象还是比较多见的，而且新增参数和旧参数过期的情况也较为常见，尤其是较早版本的 MySQL 软件，同学们在使用时要多注意版本间的差异。

上面两个参数可以在 MySQL 服务运行时实时修改，而不需要重启服务。例如，禁用或启用输出慢查询日志，可以执行下列语句：

```
SET GLOBAL slow_query_log = 'OFF';
SET GLOBAL slow_query_log = 'ON';
```

除了上面两个参数后，还有另外几个参数与慢查询日志相关：

- long_query_time：指定慢查询执行时间的阈值，以秒为单位，但最小可以指定到微秒，默认是 10 秒。
- log_short_format：用来控制输出到慢查询日志文件的信息，指定该选项后，会减少向慢查询日志中输出的信息。
- log_slow_admin_statements：用来控制是否将一些执行时间较长的管理类型语句，如 OPTIMIZE TABLE、ANALYZE TABLE、ALTER TABLE 语句输出到慢查询日志中。
- log_queries_not_using_indexes：用来控制是否将未使用索引的语句输出到慢查询日志文件。
- log_throttle_queries_not_using_indexes：一般会与 log_queries_not_using_indexes 参数组合使用，它的功能是控制每分钟输出到慢查询日志的未使用索引的记录条数，默认值是 0，这个 0 不是说不输出，而是说不限制。
- log_slow_slave_statements：MySQL 复制环境专用的参数，用来控制是否将复制的查询语句输出到慢查询日志。

因为与慢查询配置相关联的参数有好几个，那么 MySQL 在处理慢查询日志输出时就会有逻辑。注意看了，下面的顺序决定了所执行的语句是否被输出到慢查询日志文件中：

（1）执行的必须是查询语句，而非管理性语句（除非启用了 log_slow_admin_statements）。

（2）查询语句执行的时间达到或超过了 long_query_time 参数指定的值，或者是符合 log_queries_not_using_indexes 条件。

（3）查询的记录量达到了 min_examined_row_limit 参数指定的值。

（4）查询语句不违反 log_throttle_queries_not_using_indexes 参数设置。

当然，这些其实都是依赖于一个最重要的前提：当前 MySQL 服务启用了慢查询日志输出。

需要注意的是，慢查询日志中有可能记录到与用户权限或密码相关的语句，比如更改 mysql.user 表中的数据时，如果执行速度慢，该语句也会被记录到慢查询日志中，因此慢查询日志文件的保存也要注意安全。只不过一般来说 mysql.user 表非常小，了不得也就百十条记录，一般更新或查询都很快，只有极低的概率才会出现在慢查询日志中（除非将 long_query_time 参数值指定的极小），因此一般人就都给忽略过去了。

总的来说，通过慢查询日志调优 SQL 语句是项非常有效的手段，不过，查看一个较大的慢查询日志极为不便，可以考虑使用 MySQL 自带的 mysqldumpslow 命令，或者其他第三方工具，对慢查询日志进行抽象分析，便于阅读。本书后续章节将对慢查询日志文件的分析进行详细介绍。

8.3.2　普通查询日志

普通查询日志（General Query Log）可不像它的名字看起来那么普通，称呼它为**查询日志**真是有点儿委屈它了，因为这个日志文件可不仅仅记录查询语句，而是能够记录 mysqld 进程所做的几乎所有操作，不仅仅是客户端发出的 SQL 语句会被记录到普通查询日志中，对于数据库或对象的管理操作也会记录下来，甚至连客户端连接或断开连接，服务器都会向该文件中写入相应信息。

因此，启用普通查询日志最大的功能点会是什么呢？**审计**！通过浏览这个日志文件中的信息，可以了解客户端都做了什么，这点对 DBA 会很有帮助。举例来说，DBA 怀疑客户端执行的操作有问题，就可以通过普通查询日志确定客户端究竟执行的是什么。

默认情况下，普通查询日志不会被启用，因为它记录的信息太过详尽，安全性是一方面，效率方面的影响也是值得评估的因素。不过，启用或禁用普通查询日志都很简单，也是通过 MySQL 的系统参数控制，主要有下面两个：

- general_log：可选的参数值有 0 和 1 两种（指定为 OFF 或 ON 亦可），设置为 0 表示禁用，这也是默认值，设置为 1 时表示启用。
- general_log_file：默认情况下，普通查询日志是保存在 MySQL 数据库的 data 目录下，如果没有明确指定文件名，则默认文件名为[host_name].log，通过本参数可以明确定义普通查询日志文件的存储路径和文件名。

除了在启动 MySQL 服务时指定外，这两个参数还都可以在 MySQL 服务运行时动态进行修改，而不需要重启 MySQL 服务。例如，禁用或启用普通查询日志，可以执行下列语句：

```
SET GLOBAL general_log = 'OFF';
SET GLOBAL general_log = 'ON';
```

如果要启用或禁用某个会话产生的普通查询日志，那么就在会话级设置 sql_log_off 参数的值为 OFF/ON 来控制，sql_log_off 仅作用于当前会话：

```
SET sql_log_off = 'OFF';
SET sql_log_off = 'ON';
```

前面说了，普通查询日志就是记录客户端发出的语句，那么更新用户密码这样的操作当然也会被记录到普通查询日志中，而且普通查询日志跟慢查询还不太一样。在前面小节的内容中三思提到过，一般 mysql.user 表由于很小，极少会出现慢的情况，但对于普通查询日志，不管执行时间是多长，一定会到这个里面，因此用户权限的变更语句就会有一定安全性方面的隐患。

不过还好，一般情况下，产品库不会（长期）启用普通查询日志。而且进入到 5.6 版本之后，MySQL 在设计层面进行了修改，凡是关系到数据库用户的语句，在记录时将会被自动重写，涉及用户密码的部分会自动处理成编码加密后的形式。

例如，客户端执行下列创建用户的语句：

```
(system@localhost) [(none)]> grant select on jssdb.* to tmpuser identified by "666666";
Query OK, 0 rows affected (0.01 sec)
```

那么在普通查询日志文件中，该事件记录的信息如下：

```
120615 10:53:04     1 Query     GRANT SELECT ON 'jssdb'.* TO 'tmpuser'@'%' IDENTIFIED BY PASSWORD
'*B2B366CA5C4697F31D4C55D61F0B17E70E5664EC'
```

这种方式在一定程度上可以起到加固用户账户安全性的作用。不过话说回来，如果想看到密码怎么办呢，很有意思，MySQL 又提供了--log-raw 选项，只要在启动 MySQL 服务时时指定了--log-raw 选项，密码就以原有形式记录，当然基于安全方面的原因，这个选项是不建议在生产平台上使用的。

注意，普通查询日志文件中语句出现的顺序，是按照 mysqld 接收的顺序（注意不是执行顺序），这个跟慢查询日志文件正好相反。有朋友会问，先接收难道不是先执行吗？没错，一般是先接收的先执行，但并不是说一定如此，比如当接收到的语句被当前其他语句持有的锁阻塞住了，那么，原来在它后面，但是没被阻塞的语句当然就有可能会先于它执行了。毕竟，MySQL 是个多线程并行执行的数据库系统，又不是串行。

8.3.3 配置查询日志

前面我们提到，MySQL 的查询日志（即 general_log 和 slow_log）不仅仅可以被保存在文件里，同时也能够以表的形式保存在数据库 mysql 中的同名表内。

但是要注意了，将查询日志输出到系统的专用日志表中，要比输出到文件耗费更多的系统资源，因此对于需要启用查询日志，并希望获得更高的系统性能，那么建议优先输出到文件。

不过，记录到系统表当然也有它的好处，比如说这类表可以通过简单的授权，既可让

所有连接到 MySQL 数据库的用户查看到日志中记录的内容，而且日志表又可以通过 SQL 语句访问，这样也能够比较便捷地通过 SQL 语句的强大功能进行数据过滤，这都是日志文件不易做到的功能。因此两种方式各有利弊，究竟输出到哪儿完全由 DBA 自主决定。这里三思重点想谈的是方法和注意事项。

如何设置查询日志的输出位置呢？MySQL 中提供有相应的功能选项 log_output。该选项有多个可选值，功能各有不同，并且既可以在启动 MySQL 服务时设置，也可以在 MySQL 服务运行时设置，下面分别描述。

1. MySQL 服务启动时配置

在 MySQL 服务启动时指定--log-output 选项，可以用来控制查询日志的输出方式，注意，说的是输出方式，而不是输出路径。这个参数是用来决定查询日志保存在操作系统中的文件，还是保存在数据库系统中的专用表。

--log-output 选项可选值有 3 个：

- TABLE：输出信息到数据库中的日志表，对应 general_log 和 slow_log 两个表。
- FILE：输出信息到日志文件，默认值即为 FILE。
- NONE：不输出查询日志。

上述参数值在设置时可以同时指定多个，相互之间以“,”逗号分隔即可，也就是说可以让它既输出到文件，同时又输出到 MySQL 中的日志表。

文字描述如果觉着不够清晰，那就看下面几个例子再强化一下吧，比如说：

仅启用普通查询日志，并记录到日志文件和日志表，那么启动 MySQL 服务时设置参数如下：

```
--log-output=TABLE,FILE --general_log
```

启用普通查询日志和慢查询日志，日志记录到数据库中的日志表，启动 MySQL 服务时设置参数如下：

```
--log-output=TABLE --general_log --slow_query_log
```

仅启用慢查询日志，记录到日志文件，设置参数如下：

```
--log-output=FILE --slow_query_log
```

仅启用慢查询日志，记录到日志文件，并指定输出路径，设置参数如下：

```
--log-output=FILE --slow_query_log --slow_query_log_file=/data/mysql/logs/slow.log
```

注意了，当--log-output 选项指定为 NONE 时，那么不管 general_log 和 slow_log 两个参数值是什么，都不会再输出查询日志了。只有在指定--log-output 参数值不为 NONE 的基础上，才有可能继续日志文件输出路径的设置，要控制普通查询日志或是慢查询日志的生成，则是通过前面小节中提到的几个参数。

注意，在之前的 MySQL 版本中，日志文件输出这块设定比较混乱：

在 5.1.29 版本之前，没有--general_log_file 和--slow_query_log_file 这两个参数，控制文件名及输出路径是通过--log 和--log-slow_queries 两个参数。

- --log：指定普通查询日志的输出路径，并启用日志输出功能，默认文件名为

[host_name].log，该参数在 5.1.29 版本后废弃。

- --log-slow_queries：指定慢查询日志的输出路径，并启用日志输出功能，默认文件名为[host_name]-slow.log，该参数在 5.1.29 版本后废弃。

2. MySQL 服务运行中实时修改

与查询日志配置相关的选项，可以在 MySQL 服务运行过程中，实时进行修改，因为这些选项都有对应的同名的系统变量，如下：

- log_output。
- general_log&slow_query_log。
- general_log_file&slow_query_log_file。

这几个参数都支持全局动态修改，修改即时生效，参数的功能与前面命令行中同名参数完全相同，就不多说了，着重为大家引见下面这个变量：

- sql_log_off：可选参数值为 1 或 0（ON/OFF 亦可），前面小节中大家已经应用过，应该不会陌生。该变量用来指定是否启用/禁用当前会话执行的语句记录到通用查询日志，默认值为 0 即禁用。该参数是个会话级参数，用户必须要拥有 super 权限才能够设置该选项。

3. 查询日志表的特点

查询日志表 slow_log 和 general_log 两个表对象尽管也是表，不过在 MySQL 中由于定位特殊，因此与普通的表对象有些不同。查询日志表有下列特点：

（1）日志表能够支持 CREATE TABLE、ALTER TABLE、DROP TABLE、TRUNCATE TABLE 操作。

（2）默认情况下，日志表使用 CSV 存储引擎（可以通过 SHOW CREATE TABLE slow_log/general_log 查看），因此可以直接复制这个文件到其他位置，或者轻松导入其他数据库。从 5.1.12 版本开始，日志表也可以修改成 MyISAM 引擎。如果要执行 ALTER、DROP 等操作，需要首先禁用日志功能，而后修改对象，最后再重新启用日志功能。例如，将普通查询日志表 general_log 变更存储引擎为 MyISAM，操作步骤如下：

```
SET @old_log_state = @@global.general_log;
SET GLOBAL general_log = 'OFF';
ALTER TABLE mysql.general_log ENGINE = MyISAM;
SET GLOBAL general_log = @old_log_state;
```

（3）日志表能支持 RENAME、TRUNCATE/CHECK 操作。

（4）日志表不支持 LOCK TABLES，并且也不允许用户在其上进行 INSERT、UPDATE、DELETE 操作，该表的增、删、改、查都是由 MySQL 服务内部操作的。

（5）FLUSH TABLES WITH READ LOCK 以及设置全局系统变量 read_only，均对日志表无效，在此期间 MySQL 仍能向其中写入数据。

（6）日志表的写操作不会记入二进制日志，同样，如果有复制环境的话，日志表的内容也不会被复制到其他 Slaves 节点。

（7）刷新日志表或日志文件，可以使用 FLUSH TABLES 或 FLUSH LOGS。注意在 5.1.12～5.1.20 版本时，FLUSH TABLES 语句忽略日志表，而 FLUSH LOGS 则会刷新日志表及其文件。

（8）不允许在日志表创建分区。

（9）MySQL 5.6 版本之前，mysqldump 命令行工具在处理数据时，会自动忽略 general_log 和 slow_query_log 两表，不过从 5.6.6 版本开始，mysqldump 命令能够自动查询日志表，不过导出的数据中只有结构，不包含数据。

8.4　二进制日志文件

尽管前头已经说了好几类日志文件，不过那才刚开个头而已，重量级日志文件又来了，它就是二进制日志文件。在开始本小节的内容之前，**首先声明两个术语：**

二进制日志（Binary Log）：记录数据库中的修改事件。

二进制日志文件（Binary Log File）：保存数据库中修改事件的文件。

8.4.1　这个必须有

如果说前面提到的几类日志文件都属于“这个可以有”的范畴，接下来要谈的这类文件，对于 MySQL 数据库，尤其是对于 Replication 特性，就是“这个必须有”的级别了。你还别不服，虽然看名字不起眼，“二进制日志文件”，听起来像个小角色，但是缺了它真不行，为啥呢，这个是由 MySQL 数据库的实现机制决定的。

大家可以联想一下我们小时候看的各类战争题材电影中的情节，当战争打响的时候，交战双方死命争夺巴掌大的几座无名小山，山上没风景，山下没石油，山里面也没埋啥宝藏，可是交战双方你争我抢都不肯相让，啥原因呢？就是因为这几座不起眼的无名小山恰属于战略要地，拿下或丢弃都是影响整个战局的事情。

对于数据库来说，二进制日志就在整个 MySQL 的复杂逻辑中占据着重要的战略位置，这一环也是不可或缺的一环。那么，这一环究竟起着什么作用，不要离开，“走进科学”马上揭晓，噢对不起，眼花了没看清，应该是走近二进制日志。

二进制日志中记录对数据库的修改事件。听起来好像跟普通查询日志有些像，但其实区别较大。普通查询日志是文本格式文件，里面可以理解为用户实际执行的操作，而二进制日志文件，说了是二进制，没法直接查看文件中的内容，而且其实里面记录的是数据库实际执行的操作，比如建表操作、数据修改操作等，也就是说针对的受众是不同的。另外，不是说一定有数据被修改才会被记入二进制日志，某些操作，比如像 DELETE 语句，即使未匹配删除任何数据，也有可能被记录（视日志记录格式而定），同时，二进制日志还包含事件执行花费的时间。

通过二进制日志，能够实现两个重要的功能：

- 用于复制。将 MySQL Master 端的二进制日志发送至 Slave 端，Slave 端即可根据二进制日志中的内容，在本地重做，以达到主从同步的目的。
- 用于恢复。二进制日志可用于数据恢复，当使用备份恢复了数据库后，通过应用二进制日志文件，能够实现将数据库恢复到故障发生前的状态。

熟悉 Oracle 数据库的朋友可能回过味来了，这货不就是归档日志嘛，没错，对于熟悉 Oracle 的朋友们来说，可以将 MySQL 中的二进制日志视作 MySQL 数据库的“归档日志文件”。运行于生产环境的 Oracle 数据库，通常都建议启用归档，这一点对于 MySQL 数据库同样有效，因此，尽管启用二进制日志可能会对性能有一定影响，不过，考虑到二进制日志在数据安全和数据恢复方面的巨大作用，DBA 需要在效率和安全之间做选择的话，肯定安全仍将是第一位的。更何况，对于 MySQL 数据库，应用 Replication 特性构建 Master-Slave 高可用架构的核心要素之一，就是二进制日志文件，没有二进制日志文件，Replication 环境就无从部署。

针对二进制日志文件，官方文档上是这么说的：为了确保你能睡好觉，请确保已经配置了 log-bin 选项！这个 log-bin 又是何方神圣，不要着急，下面让我逐个为大家揭晓二进制日志文件的方方面面。

8.4.2 它不是随便的人

关于二进制日志文件，值得说的内容真是太多了，但是不能都说，说的多了怕读者朋友都不知道我到底在说什么，可是它又非常重要，也不能不说，那么下面就挑几个简单并且好说的说一说。

首先要说的是，尽管咱们给它的定义就是记录，但二进制也不是什么都记，比如说，跟前面提到的其他日志文件不同，二进制日志文件就不会记录 SELECT/SHOW 这类不产生修改数据的语句。

甚至于，默认情况下，它什么都不记，因为二进制日志是项功能，默认是不启用的。若要启用二进制日志，需要在启动 MySQL 服务时附加--log-bin[=base_name]选项，该选项就是用来控制 MySQL 服务端要将数据库的修改操作写入二进制日志文件，而--log-bin 选项值就是用于指定二进制文件的存储路径和文件名，如果不指定选项值，那么二进制日志文件的默认文件名就是[hostname]-bin.[num]，文件会保存在 MySQL 数据库的 data 路径下。

二进制日志文件只有一个吗？当然不是，注意到文件名格式中的[num]了吗？这个就是文件序号，mysqld 进程会自动附加日志序号到生成的二进制日志文件。序号是以递增方式生成的，初始文件是[hostname]-bin.000001。每次启动 MySQL 服务或者刷新日志时，都会创建新的日志文件。

单个日志文件不可能无限增长，它的最大空间是由系统变量 max_binlog_size 进行控制，当日志文件大小达到 max_binlog_size 指定的大小时，就会创建新的二进制日志文件。不过，即使有了 max_binlog_size 参数在控制，生成的日志文件仍有可能超出 max_binlog_size 参

数指定的值，这也是有背景原因的，比如当二进制日志文件快要写满时，执行一个超大事务，由于事务特性决定相关事件必须连续，这种情况下，该事件必须写到同一日志文件，这就有可能造成日志文件超出参数指定的最大值的现象。

为了能够跟踪二进制日志文件的状态，MySQL 服务会创建一个与二进制日志文件同名（但扩展名为.index）的二进制日志索引文件，用户也可以通过--log-bin-index[=file_name]参数指定该文件的名称和存储路径，该文件中包含所有可供使用的二进制日志文件。这个文件是一个文本格式文件，可以通过任意文本编辑工具打开查看，但注意不要在 MySQL 服务运行过程中手动修改该文件。

> **提 示**
>
> 启用了二进制日志后，还能取消吗？回答是肯定的，当然能，只需要注释掉 log-bin 参数（如果还指定了 log-slave-updates、binlog_format 参数，也建议注释掉，否则可能会在错误日志中记录一条警告），而后重启 mysqld 服务即可。至于已经生成的那些二进制日志文件，如果确定不想要了，那么直接在操作系统层删除就可以（注意复制环境不建议如此）。MySQL 当然也提供了命令，RESET MASTER 语句将清空所有二进制日志文件，而 PURGE BINARY LOGS 语句可以用来删除指定的某个或某些日志文件。为安全起见，建议删前先备份。

话说回来，启用了二进制日志功能后，所有的修改操作都会被记录吗？也不是的。首先来说，对于拥有 super 权限的数据库账户，可以在执行操作前，首先执行 set sql_log_bin=0，禁用其执行的语句生成二进制日志，这属于隐蔽的方式，完全无法察觉。

其次，MySQL 也提供了--binlog-do-db 和--binlog-ignore-db 两个选项，可以指定某数据库的修改行为，记录（或不记录）二进制日志，这属于阳谋，明确指定某些 DB 下的修改行为就不会产生二进制日志。

> **提 示**
>
> --binlog-do-db 或--binlog-ignore-db 参数一次只能指定一个值，如果有多个库需要指定，那么可以附加多个这类参数，每个参数分别指定不同的库名即可。

另外，不知道大家联想到没有，那几个特殊的 db 库（如 mysql/information_schema 等），其中所做的操作会被记录到二进制日志中吗？这个得看情况，对于 mysql 库来说，会的，因为它实质上跟普通的数据库没有区别，只是库中的对象是由 MySQL 服务来维护而已（当然用户也可以操作）；对于 information_schema 这类没有物理实体的库，不会。

8.4.3 想说懂你不容易

所谓二进制，说的是文件格式是二进制的，而不是像前面几类日志文件那样的平面文件，如果想查看二进制日志文件中记录的内容，必须用专用的工具，不过这个工具 MySQL 直接提供了，它就是传说中的 mysqlbinlog 命令行工具。有机会的话，后面章节再详细跟大

家展示它的功能，这里先简单介绍一下。

DBA 可以通过 mysqlbinlog 命令查看二进制日志中记录的内容。对于恢复操作，这个工具也非常有用。例如，可以通过二进制日志更新 mysql 服务器，执行语句如下：

```
mysqlbinlog log_file | mysql -h server_name
```

这样，指定的 log_file 中的内容，就会被 MySQL 服务重新执行。

> **提 示**
>
> mysqlbinlog 命令不仅能读 bin log，还可以用来查看 Slave 端的 relay log 中记录的内容，因为其日志记录的格式都是相同的。怎么，你还不懂什么叫 relay log，没关系，马上你就会见到它的。

有一个知识点值得注意，二进制日志与二进制日志之间也可能有区别，因为记录事件的格式可能不同，从 MySQL 5.1 版本开始，记录事件时的格式有 3 种：基于行格式记录（row-based logging）、基于语句记录（statement-based logging）和混合模式记录（mixed-based logging）。关于日志记录格式，出于篇幅和本章节主题方面因素的考虑，这里就不过多阐述，会在后面介绍 MySQL Replication 特性时再详细描述。这里大家只要明白，不同格式记录时，写入的内容都不相同，在通过 mysqlbinlog 命令解析时，应指定的参数也不相同。

因为 MySQL 中既有支持事务的存储引擎，也有不支持事务的存储引擎，因此在操作基于不同存储引擎对象时，二进制日志的处理也会有所不同。

对于非事务表来说，语句执行后就会立刻写入二进制日志中，而对于事务表，则要等到当前没有任何锁定或未提交的信息才会写入二进制日志，以此来确保日志被记录的始终是其执行的顺序。

对于暂未提交的事务，事务中的更新操作（如 UPDATE、DELETE、INSERT 支持事务的表对象）会被缓存起来，直到收到 COMMIT 语句，而后，mysqld 进程就会将整个事务在 COMMIT 执行前全部写到二进制日志。

当线程开始处理事务时，它会按照 binlog_cache_size 系统变量指定的值分配内存空间，缓存 SQL 语句，如果语句所需要的空间比分配的缓存区要大，那么该线程将打开一个临时文件保存这个事务，直到事务结束时再自动删除临时文件。

binlog_cache_use **状态变量**显示了使用 binlog_cache_size 系统变量的事务数（含临时文件），binlog_cache_disk_use 状态变量则显示了使用临时文件的事务数，这两个参数组合起来可用于 binlog_cache_size 系统变量设置的调整和优化，以尽可能避免使用磁盘临时文件。

max_binlog_cache_size 系统变量（默认为 4GB，也是最大值）用来限制事务能够使用的最大缓存区，如果某个事务超出了这个限制，则执行将出错，事务会回滚。该变量最小值为 4096。

> **提 示**
>
> 注意看关键字，系统变量和状态变量是不同的哟。系统变量一般都是 MySQL 数据库中的系统配置，状态变量则是 MySQL 服务运行过程中的一些状态信息。
>
> mysql 命令行中查看系统变量执行：show [global] variables;
>
> mysql 命令行中查看状态变量执行：show [global] status;
>
> 这两个语句都支持附加 like 子句做细粒度的过滤。

如果二进制日志以基于行格式记录，并发插入（如 CREATE SELECT/INSERT SELECT）会改为普通插入，以确保操作可被重现。如果是使用基于语句格式记录，那二进制日志中记录的就是原始语句。

默认情况下，二进制日志不是实时同步到磁盘，因此如果操作系统崩溃或者机器故障，存在数据丢失的可能。要防止这种情况的出现，需要考虑的因素比较多，仅从 MySQL 的二进制日志同步来说，可以设置二进制日志同步到磁盘的频率，MySQL 提供了专用的系统变量 sync_binlog。该参数的详细说明颇费篇幅，这里先简要描述与本节主题相关的内容。

sync_binlog 值设为 1（秒）安全级别最高，同时也是最慢的设置，不过即使设置为 1，同样有可能存在丢失数据的可能，只是最坏情况下，仅丢失最后执行的那条语句或事务。举例来说，使用 InnoDB 引擎的表通过事务向表中写数据，操作已经写到二进制日志，但还没来得及将提交语句写入日志，这时系统崩溃，那么当数据库服务重新启动时，InnoDB 引擎肯定会将未提交的事务回滚，那么这种情况下，必然造成数据丢失。

要解决这种问题，MySQL 另外又提供了初始化参数--innodb_support_xa，设置该参数值为 1，启用分布式事务的支持，确保二进制日志与 InnoDB 数据文件的同步。

这种选项提供了深度的安全性，MySQL 应被配置为以事务为单位同步二进制日志和 InnoDB 日志到磁盘。InnoDB 日志默认即是同步状态，sync_binlog=1 可以同步二进制日志。这样当 MySQL 服务从崩溃中恢复时，为事务执行回滚后，MySQL 服务中断二进制日志中 InnoDB 事务的回滚，以这种方式确保二进制日志能够考虑 InnoDB 表中的实际数据，同样，Slave 端也会保持同步状态（因为没有收到回滚的语句）。

当 MySQL 服务执行崩溃恢复时发现，二进制日志比期望中要少，比如 InnoDB 事务缺少 commit（当 sync_binlog=1 时不可能出现这种情况），服务器端就会抛出错误消息：The binary log file_name is shorter than its expected size，这种情况下，说明二进制日志文件有误，复制环境有必要重建。

8.5 中继日志及复制状态文件

在复制过程中，Slave 节点会创建若干文件，有些用于保存从 Master 节点接收到的二进制日志，有些用于记录当前复制环境的状态，还有些用于记录日志事件处理进度等相关信息，从文件类型来看分为下列 3 类：

- 中继日志（relay log）文件：用于保存读取到的 Master 二进制日志，由 Slave 节点的 I/O 线程负责数据的维护，熟悉 Oracle 的朋友可以将之视为 MySQL 的 Standby Redologs，这个文件也可以通过 mysqlbinlog 命令解析和读取其中记录的事件内容。
- Master 信息日志文件（master.info）：顾名思义，当然就是保存复制环境中连接 Master 节点的配置信息，比如说 Slaves 节点连接 Master 使用的用户名、密码、IP、端口等均在其中。随着版本的增长，这个文件中保存的内容也越来越丰富。在 MySQL 5.6 版本之前，这个信息日志总是保存在 master.info 文件中，默认在 MySQL 的 data 路径下，而进入 5.6 版本后，DBA 也可以选择将这些信息保存在 mysql.slave_master_info 表对象。
- 中继日志信息日志文件（relay-log.info）：保存处理进度及中继日志文件的位置；与前面的日志信息相似，在 MySQL 5.6 版本之前，也都是保存在文本格式的文件中，位于 data 路径下的 relay-log.info 文件中，不过从 5.6 版本开始，也可以将这个信息保存在 mysql.slave_relay_log_info 表对象中。

注意哟，为了保证宕机后表对象数据的安全性和一致性，后面提到的两个表对象最好使用支持事务的存储引擎，比如 InnoDB 引擎。之前默认都是 MyISAM 存储引擎，不过从 5.6.6 版本开始，这两个表对象（如果设置为使用表来保存的话）默认就会是 InnoDB 存储引擎。另外，不管是作为文本格式文件，还是表对象，Master 信息日志文件和中继信息日志文件都不要手动去编辑或修改，否则极有可能导致出现不可预料的错误。

前面那两个信息日志文件，功能纯粹、内容简单，接下来咱们重点谈谈中继日志文件，这类文件只存在于 MySQL 复制（Replication）环境的 Slave 节点。这个日志文件跟 MySQL 二进制日志非常相似，并且两者记录的方式是相同的（所以才均可被 mysqlbinlog 命令读取），只不过，其中记录的事件内容主体可能有差异。二进制日志是记录 Master 端的修改行为，而中继日志则是记录接收自 Master 端的二进制日志。简单来讲的话，二进制日志文件是为 Master 服务的，中继日志文件是为 Slave 服务的。

默认情况下，中继日志文件会以[host_name]-relay-bin.nnnnnn 的命名格式保存在 MySQL 数据库的 data 目录下，起始文件序号一般都是 000001。当然这类日志文件的命名规格也可以自定义，对应的初始化选项是--relay-log。

中继日志文件跟复制环境关系紧密，MySQL 的复制咱还没讲到，为了照顾那些尚未接触过 MySQL 复制特性的朋友，这里仅是简要介绍一下中继日志，详细内容还是请大家参考后面复制章节中的内容。

还有一点需要注意，默认情况下，中继日志文件的文件名中包含有主机名的信息，那么，如果复制环境的 Slave 端运行一段时间后，主机名发生了变更，会出现什么情况呢？毫无疑问，复制将会中断，Slave 端的应用会报错。对于已经通过--relay-log 选项重新定义

了文件命名规则的系统当然不会出现这种情况，不过即使出现了这种情况也没关系的，因为文件毕竟都在，只是它自己找不到了。最简单的办法是把主机名再改回去，然后重启 Slave 服务。如果此时不能改名的话，那么通过中转的途径建立文件软链接等方式，使其能够正确地读取到文件即可。

8.6　表对象数据文件

数据文件可能是数量最多，也最常见到的文件。数据文件的类型是基于存储引擎的，由于 MySQL 这种插件式存储引擎的设计，在实际环境中，大家有可能会遇到各种各样的数据文件，这一点在前面存储引擎章节也有些笔墨铺垫。本节集中为大家罗列比较常用/（常见）的数据文件类型，主要包括下列几种文件类型：

- frm 文件：表对象的结构定义文件，甭管什么存储引擎的表对象，一定会拥有这个文件。
- ibd 文件：InnoDB 引擎专用的数据文件（含索引）。
- MYD 文件：MyISAM 引擎专用的数据文件。
- MYI 文件：MyISAM 引擎专用的索引文件。
- CSV 文件：CSV 引擎专用的数据文件。
- ARZ 文件：ARCHIVE 引擎专用的数据文件。

8.7　其他文件

8.7.1　进程 id 文件

如果是使用 mysqld_safe 命令启动 MySQL 数据库，当 MySQL 服务启动后，大家就会在数据库根目录下发现一个 mysql.pid 文件。查看该文件内容的话，会看到其中保存着一串数字，貌似这串数字对应的是 MySQL 服务的进程号：

```
$ cat mysql.pid
2029
[mysql@mysql56 3306]$ ps -ef | grep 2029
mysql     2029  1456  2 08:18 pts/0    00:00:00 /usr/local/mysql/bin/mysqld --defaults-file=/data/mysqldata/3306/my.cnf --basedir=/usr/local/mysql --datadir=/data/mysqldata/3306/data --plugin-dir=/usr/local/mysql/lib/plugin --user=mysql --log-error=/data/mysqldata/3306/data/../mysql-error.log --pid-file=/data/mysqldata/3306/mysql.pid --socket=/data/mysqldata/3306/mysql.sock --port=3306
```

这个文件干嘛用的呢？脑瓜灵活的同学肯定已经看出来了，没错，保存的就是当前 MySQL 服务的进程号。

这个文件里保存进程号的主要目的，是为防止该 MySQL 实例被多次启动。注意，仅限 mysqld_safe 命令启动 MySQL 服务的情况，因为这个文件是由 mysqld_safe 命令创建和维护的。当使用 mysqld_safe 命令启动 MySQL 服务，它会执行一系列的检查，其中就包括到 MySQL 数据库根目录下查看是否存在 mysql.pid 文件，如果发现当前已经存在这个文件，就会抛出一条错误信息，并中止 MySQL 服务的启动：

```
A mysqld process already exists
```

如果是使用 mysqld 命令启动，那有没有 pid 其实都不影响，因为它并不检测当前是否已经有 mysqld 进程在运行，这就可能会导致一个 MySQL 数据库同时被多次启动。这也是为什么我们推荐使用 mysqld_safe 命令启动 MySQL 数据库，而不是直接使用 mysqld 命令启动，同时这也是 mysqld_safe 命令相比 mysqld 命令“safe”的原因。

提 示

mysql.pid 对于 mysqld_safe 命令的副作用也是有的。具体说来，就是 mysqld_safe 命令检测 MySQL 服务是否运行，只是通过 mysql.pid 文件是否存在来判断，而不会去检测具体的进程是否存在。因此，如果朋友们在使用 mysqld_safe 命令启动数据库时，明明当前没有任何 mysqld 进程在运行，但 mysqld_safe 命令总是返回“A mysqld process already exists”这样的提示信息的话，没准就是因为数据库的根目录下存在着 mysql.pid 文件。遇到这种情况，首先手动删除这个文件，而后再尝试重新执行 mysqld_safe 命令吧！

8.7.2 套接字文件

在 Linux/UNIX 环境下，可以使用 UNIX 域套接字。UNIX 域套接字不是网络协议，只有当 MySQL 客户端和 MySQL 服务在同一台机器上时才能使用。

套接字文件默认文件名为 mysql.sock，默认保存在/tmp 目录下，当然用户也可以通过--socket 选项指定该文件的具体路径。

```
(root@localhost) [(none)]> show variables like 'socket';
+---------------+--------------------------------+
| Variable_name | Value                          |
+---------------+--------------------------------+
| socket        | /data/mysqldata/3306/mysql.sock |
+---------------+--------------------------------+
1 row in set (0.00 sec)
```

8.7.3 自动配置文件

从 MySQL 5.6 版本开始，每个 MySQL 实例会拥有一个唯一的 UUID，说起来这个 UUID 呀，跟 MySQL 的复制特性关系大大的有，MySQL 通过这个 UUID 来避免 Slave 应用错误的数据。那么这个 UUID 是保存在哪儿呢？就保存在数据根目录下的 auto.cnf 文件中，这个文件由 MySQL 自动生成，不要尝试修改。

auto.cnf 文件中的内容，从格式来看较为类似 my.cnf 初始化选项文件，也是拥有区块，在区块中有具体的参数值。目前只有[auto]区块，[auto]区块中只有一行记录，就是 server_uuid，其值正是当前服务器的 UUID。

第9章 数据导出与导入

作为一名DBA，接到需求配合业务部门向库中导入指定文件（文件格式可能各式各样，比如xls、csv，甚至txt）中的数据，实在是再正常不过。尽管MySQL数据库提供的工具并不多，其DDL/DML语句的数量，相比其他数据库而言也要少，不过，针对数据的导入与导出倒提供了专门的操作语句，处理数据的导入导出等需求，不仅仅是能够轻松应对这么简单，那是相当轻松。

9.1 利用CSV存储引擎加载数据

朋友们还记得前面咱们学过的CSV存储引擎不，当时三思说过，CSV存储引擎就是基于CSV格式文件存储数据。CSV格式是纯文本格式的文件，以逗号分隔取值，通用性很强，应用范围很广，Excel可以直接打开，甚至MySQL都自带了对应的存储引擎。

如果客户提供的是CSV格式文件，哪里还需要导入，直接基于客户提交的文件，创建CSV引擎表对象即可。

比如，当前有个CSV格式文件（保存于/tmp/loaddata.txt文件内），内含数据如下：

```
1000001,胡一,北京,huyi@5ienet.com
1000002,胡十,上海,hushi@5ienet.com
1000003,胡百,广州,hubai@5ienet.com
1000004,胡千,深圳,huqian@5ienet.com
1000005,胡万,杭州,huwan@5ienet.com
```

我这里只列出来5行，并不是说CSV格式文件里只（能）有5行，大家不要因为这个例子中数据量少就轻视它，其实哪怕有500万行都行的。再者说对于CSV引擎来说，有多少行数据它并不关心，只要数据是规范的，你又愿意给它时间，它就能读取并显示出来。

下面咱们就来演示一下，如何通过CSV存储引擎对象，把用户提供的数据加载到数据库中。

首先来分析一下数据，通过上面的数据来看，我们需要创建4列，分别标识出ID、姓名、城市和邮件地址，因此创建CSV格式引擎表如下：

```
(system@localhost) [jssdb]> create table ld_csv1 (id int not null default '0',
    -> username varchar(5) not null,
    -> city varchar(6) not null,
```

```
    -> email varchar(50) not null) engine=csv default charset=gbk;
Query OK, 0 rows affected (0.01 sec)
```

这个时候表还是空的，不过数据文件已经创建好了（数据文件是空的），接下来我们在操作系统层编辑 ld_csv1 表对象的数据文件，即/data/mysqldata/3306/data/jssdb/ld_csv1.CSV 文件，将用户提供的 CSV 数据粘贴进去，用户可以选择使用 vi/vim 之类的编辑工具，又或者像三思这样，选择更简单、更便捷的方式，直接将/tmp/loaddata.txt 文件的内容，定向输出一份到 ld_csv 表对象的数据文件，操作如下：

```
$ more /tmp/loaddata.txt > /data/mysqldata/3306/data/jssdb/ld_csv1.CSV
```

而后切换到 mysql 命令行模式下，直接查询 ld_csv1 表对象，即可看到表中的数据了：

```
(system@localhost) [jssdb]> select * from ld_csv1;
+---------+----------+------+--------------------+
| id      | username | city | email              |
+---------+----------+------+--------------------+
| 1000001 | 胡一     | 北京 | huyi@5ienet.com    |
| 1000002 | 胡十     | 上海 | hushi@5ienet.com   |
| 1000003 | 胡百     | 广州 | hubai@5ienet.com   |
| 1000004 | 胡千     | 深圳 | huqian@5ienet.com  |
| 1000005 | 胡万     | 杭州 | huwan@5ienet.com   |
+---------+----------+------+--------------------+
5 rows in set (0.00 sec)
```

你看，数据都进去了吧。熟悉 Oracle 数据库的朋友们看出来了没有，CSV 引擎就像是 Oracle 数据库中的外部表啊。既然有类似外部表的特性，那有没有类似 Oracle 数据库中的 sqlldr 命令行工具呢？我不得不说，朋友们要求还真高，不过 MySQL 做的也不错，命令行方式导入数据吗，有的，mysqlimport 就是干这个使的，不过别急，后面咱们会讲。

如果查询返回的结果集有乱码，不要慌，首先要做的是按照第 6 章介绍的内容，检查客户端/服务端/交互中的字符集设置，均应该为 GBK，简单点讲，就是：

```
(system@localhost) [jssdb]> set names gbk;
```

如果仍然没有解决乱码问题，那么建议查看一下 ld_csv1 对象数据文件的字符集。我们本地的环境中，创建和保存文件的默认编码都是 GBK（操作系统用户 mysql 下，环境变量设置为 LANG=zh_CN.GB18030）。

如果仍然有乱码的话，那么建议检查一下您的客户端工具字符集的设置是否匹配，比如我这里所用的 SecureCRT 工具中也设置了字符编码为 GBK。如果这几项都检查过了，仍然有问题，那，大哥，您确定这套环境能支持中文吗？

9.2　mysqlimport 命令行工具导入数据

CSV 存储引擎看起来很好用啊，但是有一个最大的问题，CSV 引擎表的所有列值都不能为空。可实际上，我们不能对用户提供的数据格式规范性抱有太高期望，别说空值，类型不匹配、字段错位等都很普遍。这种情况下，要么由 DBA 接到数据文件后，首先进行

数据预处理，要不然就得采用其他方案。

如果说 CSV 存储引擎像是 Oracle 数据库中的外部表特性的话，那么接下来要出场这位，就可比作 Oracle 中的 Sql*Loader 了，它就是数据加载专用的命令行工具：mysqlimport。真的，它导数据特别快，通常都能第一个导完，它随时都能开 32 个线程……

9.2.1　导入超简单

用惯了视窗界面工具的朋友，下意识会觉着命令行工具易用性较差，这方面 mysqlimport 做的还不错。不是说它的功能有多强，而是说它用起来**可以**很简单。下面先通过一个示例来展示一下。

操作的数据仍以前面提供的数据为例吧，在执行 mysqlimport 前得先创建一个表对象（这回创建为 InnoDB 引擎表）：

```
(system@localhost) [jssdb]> create table ld_cmd(
    -> id int(11) default 0,
    -> username varchar(5),
    -> city varchar(6),
    -> email varchar(50)) engine=innodb charset=utf8;
Query OK, 0 rows affected (0.02 sec)
```

创建临时文件（为什么要创建临时文件？是因为 mysqlimport 导入数据要求数据文件名与表对象名相同）：

```
$ cp /tmp/loaddata.txt /tmp/ld_cmd.txt
```

要导入数据？简单啊，看我执行 mysqlimport 命令：

```
[mysql@mysqldb01 ~]$ mysqlimport -usystem -p'5ienet.com' -S /data/mysqldata/3306/mysql.sock jssdb
--default-character-set=gbk --fields-terminated-by=',' /tmp/ld_cmd.txt
Warning: Using a password on the command line interface can be insecure.
jssdb.ld_cmd: Records: 5  Deleted: 0  Skipped: 0  Warnings: 0
```

警告信息忽略它（不该明文输入密码，它警告的对），提示成功插入了 5 条记录。

查询 ld_cmd 表对象中的数据，验证一下：

```
(system@localhost) [jssdb]> select * from ld_cmd;
+---------+----------+------+-------------------+
| id      | username | city | email             |
+---------+----------+------+-------------------+
| 1000001 | 胡一     | 北京 | huyi@5ienet.com   |
| 1000002 | 胡十     | 上海 | hushi@5ienet.com  |
| 1000003 | 胡百     | 广州 | hubai@5ienet.com  |
| 1000004 | 胡千     | 深圳 | huqian@5ienet.com |
| 1000005 | 胡万     | 杭州 | huwan@5ienet.com  |
+---------+----------+------+-------------------+
5 rows in set (0.00 sec)
```

数据果然都进去了，回过头再来看一看所执行的命令，参数也没几个，够简单吧！那么，接下来咱们就多花点儿时间，深入研究一下 mysqlimport 命令。

要说 mysqlimport 命令支持的参数，当然远不止前面示例中那几个，执行 mysqlimport

--help 就可以查看其所支持的所有参数。考虑到参数确实太多，这里咱们只挑重要的和常用的讲。其实 mysqlimport 没有看起来那么简单，即使是重要的参数也为数不少，先说最重要的吧，即连接相关的参数，也是我们示例中最前面指定的几个参数：

- -u, --user=name：指定连接用户名。
- -p, --password[=name]：指定连接用户的密码，注意指定密码时不要像我一样，把明文密码在命令行中输入，否则它抛出条警告信息是小事，泄了密就有可能摊上大事儿了，我这里是为了演示，你懂的。
- -h, --host=name：指定连接的主机地址。
- -P, --port=#：指定连接的目标服务的端口号，默认是 3306。
- -S, --socket=name：指定以 socket 方式连接。

这几个参数都没什么好说的，在实际使用 mysqlimport 命令的过程中，一般情况下也没有什么选择，这些参数通常都是需要指定的（-P 除外，-h 和-S 二者选一即可）。

下面再来谈谈常被用到的参数：

- --default-character-set=name：设置默认字符集，我前面说了，中文字符环境 GBK 必需的，如果您要处理的文件不是 GBK 编码，那么用 UTF8 妥妥的。
- -d, --delete：在导入数据前，**先删除**对象中所有的记录。一般来说，跟删除相关的操作需要慎重，所以这个参数指定前，务必要明确，表中记录确实不想要了。
- -f, --force：如果导入时遇到错误，仍然继续执行。
- -i, --ignore：如果插入的记录中发现重复键，那么该条记录不处理。
- -r, --replace：如果插入的记录中发现重复键，则覆盖旧记录。
- -L, --local：从执行 mysqlimport 命令的客户端本地读取文件（如果不指定本参数，则表示是从服务端的对应路径下去读取文件）。
- -l, --lock-tables：导入时先锁定表。
- -s, --silent：以静默方式导入数据，直白点儿说，就是不输出操作结果了。
- --ignore-lines=#：跳过文件中的前 n 行记录。
- --use-threads=#：并行方式加载数据，也就是启动多个线程加载数据，真的能并行，你说 32 场就 32 场，说 64 场就 64 场。

前面这几个参数呢，尽管我们前面的示例中没有用（示例主要是为了演示其简单易用，加多了参数怕大家消化不了），但是这些参数确实比较常用，日常使用的多了，大家就领会到了。

接下来要讲的内容更得注意，即将出现的这几个参数尽管并不常用，可是非常非常重要。

9.2.2 分列超轻松

在前面的例子中，我们指定的分隔符是“,”（逗号），当然也可以指定成别的，比如说 ld_cmd.txt 数据文件中有记录如下（只举一条示例，实际上当然不是只能支持一条，多少

条都行）：

```
1000006#胡二#成都#huer@5ienet.com
```

就像大家看到的，现在列与列之间的分隔符不再是逗号了，这怎么办呢？别急，别急，mysqlimport 命令有对应的参数能帮忙：

- --fields-terminated-by=xxx：指定每列的分隔符。

通过 fields-terminated-by 参数，我们就可以定义数据文件中列值与列值之间的分隔符，这样不管分隔符怎么变，通过这个参数指定就好了。

下面我们就试试使用--fields-terminated-by 参数，重新导入 ld_cmd.txt 文件吧：

```
[mysql@mysqldb01 tmp]$ mysqlimport -usystem -p -S /data/mysqldata/3306/mysql.sock jssdb
--default-character-set=gbk -d --fields-terminated-by='#' /tmp/ld_cmd.txt
Enter password:
jssdb.ld_cmd: Records: 1  Deleted: 0  Skipped: 0  Warnings: 0
```

除了指定--fields-terminated-by 参数，这里还额外指定了一个参数-d，知道干嘛用的吗，往前翻 20 行看看呗。

貌似导入成功，到 mysql 中查询表对象验证一下数据：

```
(system@localhost) [jssdb]> select * from ld_cmd;
+---------+----------+------+-----------------+
| id      | username | city | email           |
+---------+----------+------+-----------------+
| 1000006 | 胡二     | 成都 | huer@5ienet.com |
+---------+----------+------+-----------------+
1 row in set (0.00 sec)
```

耶，成功喽！仅有的一条数据已被正确导入。可是，光解决列值的分隔符不行啊，万一列值中也包含分隔符怎么办呢，没关系，mysqlimport 能处理的：

- --fields-enclosed-by=xxx：指定用于包括住列值的符号，对于字符列，或者是字符中间包含列分隔符的场景比较有用。

咱还是用示例来说明吧，数据文件中有记录如下（还是只举一条，低碳环保的理念已经印入到我骨髓里去了呐）：

```
1000007#胡#三#成都#huer@5ienet.com
```

注意到了没有，用户名“胡#三”之间也有个列分隔符，这种情况下，仍然使用原有命令行参数导入肯定会出错的，怎么办呢？我们需要给列值再加一个限定的符号，只要出现在某些符号内都表示这是列值，不管这个列值中是否包含列的分隔符。就用"（引号将字符串包围起来吧）号作为包括符吧，修改数据文件/tmp/ld_cmd.txt 的内容如下：

```
1000007#"胡#三"#"成都"#"huer@5ienet.com"
```

继续执行 mysqlimport 命令，在执行命令时除了之前指定的参数外，还需要--fields-enclosed-by 参数来帮忙，这个参数就用来指定列值的限定符，这里指定为"双引号，实际执行命令如下：

```
[mysql@mysqldb01 tmp]$ mysqlimport -usystem -p -S /data/mysqldata/3306/mysql.sock jssdb -d
--default-character-set=gbk --fields-terminated-by='#' --fields-enclosed-by=\" /tmp/ld_cmd.txt
Enter password:
```

```
jssdb.ld_cmd: Records: 1  Deleted: 0  Skipped: 0  Warnings: 0
```

提示操作一条记录，到 mysql 中查询表对象验证一下数据：

```
(system@localhost) [jssdb]> select * from ld_cmd;
+---------+----------+------+-----------------+
| id      | username | city | email           |
+---------+----------+------+-----------------+
| 1000006 | 胡二     | 成都 | huer@5ienet.com |
+---------+----------+------+-----------------+
1 row in set (0.00 sec)
```

数据又被正确导入。下面继续提高难度，如果数据文件中有的字符有限定符，有些又没有，那怎么办呢，这种情况下可以通过下面这个参数：

- --fields-optionally-enclosed-by=[xxx]：指定列的限定符，与上面的参数功能相同，唯一的区别是，如果字符集有限定符，那么就使用限定符，没有的话就忽略，相当于是个自适配的功能。不做演示了，读者朋友有兴趣的话自己演练吧！

9.2.3 换行很容易

利用前面提到的这些参数，处理 CSV 格式文件都可以得心应手，即使是内容格式混乱的文件也能想办法应对。不过，老革命有时也会碰到新问题，数据文件中的数据毕竟多种多样，数据不规范的情况总会遇到，如果数据文件中出现了这种内容该怎么办好呢：

```
1000006#胡#
三#成都#huer@5ienet.com
1000007#胡四#钓鱼
岛#husi@5ienet.com
```

如本例中所示，不再是简单的一条记录就是一行，而是一条记录可能包含多行，遇到这种情况怎么办呢。同学，别急，lines-terminated-by 参数来帮你。

- --lines-terminated-by=name：指定文件中记录行的结束符，默认是换行符。

对于前面提到的非常规（不能说不规范）的案例，因为列值中包含换行符，因此我们只能修改每行的换行符，这样我们在真正需要换行的地方，加上 3 个#符号，修改数据文件如下：

```
[mysql@mysqldb01 ~]$ more /tmp/ld_cmd.txt
1000006#"胡#
三"#"成都"#"huer@5ienet.com"###
1000007#"胡四"#"钓鱼
岛"#"husi@5ienet.com"###
```

接下来执行 mysqlimport 导入命令，附加--lines-terminated-by 参数，实际执行命令如下：

```
[mysql@mysqldb01 ~]$ mysqlimport -usystem -p -S /data/mysqldata/3306/mysql.sock jssdb -d --default-character-set=gbk --fields-terminated-by='#' --fields-enclosed-by=\" --lines-terminated-by='###\n' /tmp/ld_cmd.txt
Enter password:
jssdb.ld_cmd: Records: 2  Deleted: 0  Skipped: 0  Warnings: 0
```

查询 ld_cmd 表对象中的数据进行验证：

```
(system@localhost) [jssdb]> select * from ld_cmd;
+---------+----------+---------+-----------------+
| id      | username | city    | email           |
+---------+----------+---------+-----------------+
| 1000006 | 胡#
三   | 成都    | huer@5ienet.com |
| 1000007 | 胡四     | 钓鱼
岛 | husi@5ienet.com |
+---------+----------+---------+-----------------+
2 rows in set (0.00 sec)
```

对于 lines-terminated-by 所指定的参数值，这里可能需要稍稍解释一下。最前面的 3 个"###"符号就是我们在数据文件中增加的行分隔符，而紧随其后的"\n"仍是代表换行（如果是 Windows 环境则是\r\n），之所以还需要指定"\n"这么一个换行符，是因为下一行开始的 1000007 并非跟在###符号之后，而是换行符之后，因此这里也得把换行符加上才可以。

灵活应用 mysqlimport 命令，基本可以应对大多数的导入需求，mysqlimport 命令行的操作也很简单，前面的多个示例能够说明这一点。可是 mysqlimport 也有其局限，在我看来，其最大的问题是调试不便，就是说当数据格式难以匹配，数据导入过程中出现错误或警告时，难以快速地分析导致问题的原因。

比如说，/tmp/ld_cmd.txt 文件包含下列内容：

```
1000007#"胡#三"#"成都"#"huer@5ienet.com"
8389,jklfe
1000003#"胡#二"#"成都"#"huer@5ienet.com"
k389,klwe
```

执行导入命令：

```
[mysql@mysqldb01 tmp]$ mysqlimport -usystem -p -S /data/mysqldata/3306/mysql.sock jssdb -d --default-character-set=gbk --fields-terminated-by='#' --fields-enclosed-by=\" /tmp/ld_cmd.txt
Enter password:
mysqlimport: Error: 1265, Data truncated for column 'id' at row 2, when using table: ld_cmd
```

从提示信息来看，第二行的数据有误，但其实我们知道，有问题的数据行多了，但 mysqlimport 并不能一次性地全部发现，并准确检测到问题，若根据其提示，逐条修正的话，不知道得处理到什么时候。

因此，若数据比较规范时，使用 mysqlimport 命令能够较为轻松地完成数据导入的任务，可当数据结构比较复杂，规范性难以保证时，mysqlimport 处理起来就有点儿头疼了。我们需要一件更趁手的工具。

9.3　SQL 语句导入数据

像导数据入库这么重要的功能，MySQL 也是相当重视，这个重视不仅体现在口头上，更是体现在实际应用中。除了有 mysqlimport 这类命令行工具，MySQL 数据库中甚至提供了专用语句，可以直接通过 SQL 语句的方式，执行数据的导入。注意，我说的可不是自己

将用户提交的数据文件改写成 INSERT 语句(这种方式当然也可行,如果您有好耐性的话),而是 MySQL 数据库中内置的、原生的、可被直接调用的 SQL 语句,它就是——LOAD DATA INFILE 语句。

可能会有些朋友觉着，像 mysqlimport 这类命令行工具操作简单、功能实用，会用它就够了。朋友，这样想是不对的哟，尽管 mysqlimport 功能不俗，可是缺点也很明显。如果导入一切顺利当然最好，若是导入过程中遇到错误，命令行给出的提示信息不足，处理起来还是有点头疼。若能在 SQL 环境中操作，那就灵活多了，再者俗话说技多不压身，多个选择多条路，更何况您别看 LOAD DATA INFILE 这语句名字起得怪怪的，功能可不是盖的，不止是比 mysqlimport 不遑多让这么简单，就像那歌里唱的，没有那啥就没有那啥，亲，你懂吗。

9.3.1 快来认识下 LOAD DATA INFILE

先来跟 LOAD DATA INFILE 打个照面，看看其完整语法：

```
LOAD DATA [LOW_PRIORITY | CONCURRENT] [LOCAL] INFILE 'file_name'
    [REPLACE | IGNORE]
    INTO TABLE tbl_name
    [PARTITION (partition_name,...)]
    [CHARACTER SET charset_name]
    [{FIELDS | COLUMNS}
        [TERMINATED BY 'string']
        [[OPTIONALLY] ENCLOSED BY 'char']
        [ESCAPED BY 'char']
    ]
    [LINES
        [STARTING BY 'string']
        [TERMINATED BY 'string']
    ]
    [IGNORE number LINES]
    [(col_name_or_user_var,...)]
    [SET col_name = expr,...]
```

不要被 LOAD DATA INFILE 语句的语法吓到，其实并没有看起来那么复杂，再说语法虽看起来长，但加一块总共也没多少行，更何况，从语法上来看，大多数选项都还是可选项。最理想的情况下，简单到只执行 **LOAD DATA INFILE 'file_name' INTO TABLE tbl_name** 即可。你们信不信，我反正是信了，我马上通过一个例子演示，让你们也相信。

还记得前面的/tmp/loaddata.txt 文件吧，像我这么怀旧的人，总愿意给老朋友露脸的机会，这里还以它为数据源做演示吧。操作前先创建一个表对象：

```
(system@localhost) [jssdb]> create table ld_sql(
    -> id int(11) default 0,
    -> username varchar(5),
    -> city varchar(6),
    -> email varchar(50)) engine=innodb charset=gbk;
```

```
Query OK, 0 rows affected (0.00 sec)
```

执行 LOAD DATA INFILE 语句加载数据：

```
(system@localhost) [jssdb]> load data infile '/tmp/loaddata.txt' into table ld_sql charset gbk FIELDS TERMINATED BY ',';
Query OK, 5 rows affected (0.01 sec)
Records: 5  Deleted: 0  Skipped: 0  Warnings: 0

(system@localhost) [jssdb]> select * from ld_sql;
+---------+----------+------+--------------------+
| id      | username | city | email              |
+---------+----------+------+--------------------+
| 1000001 | 胡一     | 北京 | huyi@5ienet.com    |
| 1000002 | 胡十     | 上海 | hushi@5ienet.com   |
| 1000003 | 胡百     | 广州 | hubai@5ienet.com   |
| 1000004 | 胡千     | 深圳 | huqian@5ienet.com  |
| 1000005 | 胡万     | 杭州 | huwan@5ienet.com   |
+---------+----------+------+--------------------+
5 rows in set (0.00 sec)
```

数据看起来都被成功导入。我知道我知道，朋友们肯定注意到了，咱们这里执行的导入语句没有像三思前面说的那么简化，里面多了个子句：FIELDS TERMINATED BY，呃，这个事情是需要解释一下的。

FIELDS TERMINATED BY 子句大家应该看着很眼熟吧，没错，前面介绍 mysqlimport 命令时曾经多次出现，你还别说，在 LOAD DATA INFILE 语句中，FIELDS TERMINATED BY 子句的功能跟在 mysqlimport 命令中一模一样，都是用来指定列的分隔符。

由于 LOAD DATA INFILE 语句中默认的列分隔符是 Tab 符，可咱们这里现实情况是，/tmp/loaddata.txt 文件中的列分隔符是逗号嘛，因此不得已，就得增加 FIELDS TERMINATED BY 子句，以指定正确的列分隔符呀。所以大家会知道，怀旧是有代价的。

那么再回过头来看 LOAD DATA INFILE 支持的子句，不仅是 FIELDS TERMINATED BY 子句，LOAD DATA INFILE 语句还支持如 FIELDS OPTIONALLY ENCLOSED BY、LINES TERMINATED BY 等数据集处理的语法，这几个句法大家应该都很眼熟了，因为讲 mysqlimport 命令时多次接触，我们前面也进行过演示。这几个子句在 LOAD DATA INFILE 中的功能与 mysqlimport 命令中相同，操作方式也相同。说得更直白一些，mysqlimport 命令实际上就是 LOAD DATA INFILE 语句的命令行调用接口，因此 mysqlimport 命令的诸多参数都能在 LOAD DATA INFILE 语句中找到对应的语法，就不足为怪了。听到这里，大家对 LOAD DATA INFILE 是否立刻就亲切起来了，没错，会用 mysqlimport，那么几乎就可以说已经理解了 LOAD DATA INFILE 语句。

不过光理解不行，我们对待自己必须高标准严要求，不光得理解，还得会用。后面三思计划将 LOAD DATA INFILE 语句的参数/子句逐个过一遍，当然啦，像 LINES、FIELDS 这类语法相同的，前面已经说过的直接跳过，我们重点关注那些没用过的参数。大家一定要认真阅读并做练习，而后对它应该就能熟练操作了。

话说回来，前面执行 LOAD DATA INFILE 语句时，我们还指定了 CHARSET 子句，这个看起来与字符集处理有关呀，具体什么情况呢，为啥要指定呢，不要走开，答案马上揭晓。

9.3.2 字符集咋处理的呐

处理数据最重要的是要保证数据的正确，一方面是要确保所有合法数据均被导入，另一方面则是字符集。对于多字节编码字符的数据加载，最有可能遇到的问题也正是乱码。要说关于 MySQL 的字符集，我们在前面已经花了相当长的篇幅介绍，但是仍然不够，前面更多是理论环节，本章会结合实例进行讲解，后续章节也会不断讲。

需要注意的是，在执行 LOAD DATA INFILE 时，SET NAMES 或系统变量 character_set_client 的设置对于导入的数据**无效**，不要问我为什么，MySQL 就是这样设定的。这种情况下，如果数据文件（要导入的文件）中使用的字符集和当前系统变量 character_set_database 指定的字符集不同，那么，导入后字符就极有可能出现乱码。

> **提 示**
> 根据 SQL_MODE 的设置，当字符编码不符时，也有可能直接报错。

比如说我们当前有个 GBK 编码格式的文件，好吧，说的就是/tmp/loaddata.txt 文件。

当前会话中与字符集相关变量的设置：

```
(system@localhost) [jssdb]> show variables like 'char%';
+--------------------------+----------------------------------+
| Variable_name            | Value                            |
+--------------------------+----------------------------------+
| character_set_client     | gbk                              |
| character_set_connection | gbk                              |
| character_set_database   | utf8                             |
| character_set_filesystem | binary                           |
| character_set_results    | gbk                              |
| character_set_server     | utf8                             |
| character_set_system     | utf8                             |
| character_sets_dir       | /usr/local/mysql/share/charsets/ |
+--------------------------+----------------------------------+
8 rows in set (0.00 sec)
```

执行导入语句：

```
(system@localhost) [jssdb]> load data infile '/tmp/loaddata.txt' into table ld_sql FIELDS TERMINATED
BY ',';
ERROR 1366 (HY000): Incorrect string value: '\xBA\xFA\xD2\xBB' for column 'username' at row 1
```

导入操作报错，提示字符串的值不正确，看起来是因为它也无法识别。

这种情况下即使再怎么设置会话中的字符集也是无效的（即使我们事先通过 SET NAMES 指定会话的字符集为 GBK 也没用。

怎么办呢，大家注意到 LOAD DATA INFILE 的这行语法了没：

```
[CHARACTER SET charset_name]
```

CHARACTER SET 子句一看就知道是处理字符集的，不过需要注意哟，CHARACTER SET 在这里是用于指定处理数据的字符集，而不是数据保存时的字符集（保存时的字符集仍是由表对象或表中字符列的字符集而定）。

那么，通过 CHARACTER SET 子句，明确指定**导入数据**的字符集，是否能正常处理呢：

```
(system@localhost) [jssdb]> load data infile '/tmp/loaddata.txt' into table ld_sql charset gbk FIELDS TERMINATED BY ',';
Query OK, 5 rows affected (0.07 sec)
Records: 5  Deleted: 0  Skipped: 0  Warnings: 0
```

这回再查看一下表中的数据吧：

```
(system@localhost) [jssdb]> select * from ld_sql;
+---------+----------+------+-------------------+
| id      | username | city | email             |
+---------+----------+------+-------------------+
| 1000001 | 胡一      | 北京  | huyi@5ienet.com   |
| 1000002 | 胡十      | 上海  | hushi@5ienet.com  |
| 1000003 | 胡百      | 广州  | hubai@5ienet.com  |
| 1000004 | 胡千      | 深圳  | huqian@5ienet.com |
| 1000005 | 胡万      | 杭州  | huwan@5ienet.com  |
+---------+----------+------+-------------------+
5 rows in set (0.00 sec)
```

这下正常了。

除了通过 CHARACTER SET 子句来控制字符集外，也可以用另一种方式来处理，比如说，先设置 character_set_database 环境变量的值，使之与要处理的数据文件字符集相同，这样在执行 LOAD DATA INFILE 语句加载数据时，就不需要指定字符集了，示例如下：

```
(system@localhost) [jssdb]> truncate table ld_sql;
Query OK, 0 rows affected (0.20 sec)

(system@localhost) [jssdb]> set character_set_database=gbk;
Query OK, 0 rows affected (0.00 sec)

(system@localhost) [jssdb]> show variables like 'character%';
+--------------------------+--------------------------------+
| Variable_name            | Value                          |
+--------------------------+--------------------------------+
| character_set_client     | gbk                            |
| character_set_connection | gbk                            |
| character_set_database   | gbk                            |
......

(system@localhost) [jssdb]> load data infile '/tmp/loaddata.txt' into table ld_sql FIELDS TERMINATED BY ',';
Query OK, 5 rows affected (0.05 sec)
Records: 5  Deleted: 0  Skipped: 0  Warnings: 0

(system@localhost) [jssdb]> select * from ld_sql;
```

```
+---------+----------+------+--------------------+
| id      | username | city | email              |
+---------+----------+------+--------------------+
| 1000001 | 胡一     | 北京 | huyi@5ienet.com    |
| 1000002 | 胡十     | 上海 | hushi@5ienet.com   |
| 1000003 | 胡百     | 广州 | hubai@5ienet.com   |
| 1000004 | 胡千     | 深圳 | huqian@5ienet.com  |
| 1000005 | 胡万     | 杭州 | huwan@5ienet.com   |
+---------+----------+------+--------------------+
5 rows in set (0.00 sec)
```

你看，这样也是可以的。总的原则是，输入端和处理端应该一致，这样就不会有乱码的问题。朋友，LOAD DATA INFILE 再遇到乱码，知道该怎么做了不，如果还没有完全明白，私下再多做几个类型的测试吧！

再多提醒一句，要注意哟，LOAD DATA INFILE 会使用同一个字符集解释所有的列，而不关注具体加载列值的数据类型。

9.3.3 要导入的数据文件放哪儿

一般咱们导入数据，常规理解要导入的数据文件都是在服务端保存着，LOAD DATA INFILE 语句默认也是这样的逻辑，咱们前面操作的若干个示例也都是如此，从服务端本地进行操作。

不过如果我们在脑子里给自己画个问号：服务端的文件哪儿来的？多数情况下都不是服务端自己生成，否则还用的着导吗。一般都是从其他地方上传来的，比如从某个 MySQL 的客户端。既然文件在客户端已经有了一份，能否不将文件上传到服务端，而是在客户端直接执行导入呢？这个，必须能啊，你难道没注意到 LOAD DATA INFILE 语法中有个[LOCAL]子句吗。

我们找一台安装有 MySQL 软件的客户端，使用之前创建的 jss_db 用户连接到 MySQL 服务端，并在其上执行 LOAD DATA INFILE 语句，进行数据导入，数据文件中的内容不变，具体操作如下：

```
(jss_db@192.168.30.243) [jssdb]> truncate table ld_sql;
Query OK, 0 rows affected (0.00 sec)

(jss_db@192.168.30.243) [jssdb]> load data LOCAL infile '/home/mysql/ld.txt' into table ld_sql charset gbk FIELDS TERMINATED BY ',';
Query OK, 5 rows affected (0.04 sec)
Records: 5  Deleted: 0  Skipped: 0  Warnings: 0

(jss_db@192.168.30.243) [jssdb]> select * from ld_sql;
+---------+----------+------+--------------------+
| id      | username | city | email              |
+---------+----------+------+--------------------+
| 1000001 | 胡一     | 北京 | huyi@5ienet.com    |
| 1000002 | 胡十     | 上海 | hushi@5ienet.com   |
```

```
| 1000003 | 胡百      | 广州    | hubai@5ienet.com  |
| 1000004 | 胡千      | 深圳    | huqian@5ienet.com |
| 1000005 | 胡万      | 杭州    | huwan@5ienet.com  |
+---------+----------+------+-------------------+
5 rows in set (0.00 sec)
```

虽说操作的界面看起来跟前面服务端操作时没啥区别，但这真的是在另外一台 mysql 客户端上导入的，同学们也可以做这个测试来验证这一过程。

这个测试的目的当然不是为了展示，在服务端本地或客户端执行操作看起来一模一样，实际上是有区别的，使用 LOCAL 方式会比在服务端操作慢一些，因为这些内容需要从客户端通过网络传输到服务端，不过优点在于，这种方式操作更加灵活，而且对权限的要求也更低。不过并不是所有情况都能使用 LOCAL 方式导入数据。如果启动 MySQL 服务时禁用了 local-infile 选项，就不再允许以 LOCAL 方式导入了。此外，在编译 MySQL 时也可以禁用 local-infile，如果编译时禁用了这个功能，那当然也是不能使用 LOCAL 方式导入的喽。

另外，关于 LOCAL 关键字，进行导入处理时还有几点注意事项：

- 如果指定 LOCAL 关键字，那就是从执行导入语句的客户端上读取文件。指定的文件可以是完整路径。如果仅指定文件名，则会从客户端的当前路径下查找文件。
- 如果没有指定 LOCAL 关键字（就是说文件放在了 MySQL 服务器端），那文件就肯定得到运行 MySQL 的服务端去找，在服务端时按照下列的规则定位文件：
  - 指定完整路径时直接到指定路径下查找。
  - 指定相对路径时，则到服务端的 data 目录下找。
  - 仅指定文件名时，则到默认数据库的同名文件夹下找。

如果是在 MySQL 客户端执行 LOAD DATA INFILE 语句，但又没有指定 LOCAL 关键字，那么执行十有八九会报错，诸如一些文件找不到，或者权限不足之类的错误。

指定要处理的文件路径也分几种情况，举个例子吧，完整路径就不说了，大家都懂：

- 指定./filename.txt 表示从服务端的 data 目录下查找文件。
- 指定 filename.txt 则是从默认数据库同名目录下找文件。比如说下列语句，当前的默认数据库是 db1，则执行语句时就从 db1 的目录下找 myfile.txt 文件，而不会管 LOAD DATA INFILE 语句中指定的库名到底是什么：

```
LOAD DATA INFILE 'myfile.txt' INTO TABLE db2.my_table;
```

注意如果是在 Windows 环境，那么指定路径时使用的是斜杠，而非反斜杠，如果要使用反斜杠，则要使用双引号标注。

基于安全因素的考虑，当从 MySQL 服务端读取文件时，必须拥有操作文件的权限，另外，如果指定了 secure_file_priv 系统变量，那么要处理的文件必须位于该参数指定的路径下。

在 LOCAL 方式下，默认的复制键冲突处理策略跟指定了 IGNORE 子句的操作相同，这是因为服务端没有办法停止进行到一半的传输操作。IGNORE 子句又是个什么情况呢，前面没用过，正好这里一块说了。

IGNORE 子句其实是用来控制导入数据过程中，遇到重复记录时的处理方式，不仅有 IGNORE 子句，还有 REPLACE 子句，出现这两个子句时基本处理逻辑如下：

- 如果指定了 REPLACE 子句，则出现重复值时会替换当前存在的记录。
- 如果指定了 IGNORE 子句，当插入时遇到重复值会跳过重复的记录。
- 如果上述两个选项都没指定，处理行为依赖于是否指定了 LOCAL 关键字，没有指定 LOCAL 的话，则出现重复记录时就会报错，如果指定了 LOCAL，则默认处理行为与 IGNORE 相同。

9.3.4 数据文件的前 N 行记录不想导咋办

同学们，LOAD DATA INFILE 语法中，有**两处** IGNORE 关键字，前面说的 IGNORE，是用来控制遇到重复记录时的处理机制，另一个 IGNORE，语法是这样的：

```
[IGNORE number LINES]
```

IGNORE number LINES 子句，是用来指定从文件的第 number 行开始导入，比如下列语句中，跳过数据文件的第 1 行：

```
(jss_db@192.168.30.243) [jssdb]> truncate table ld_sql;
Query OK, 0 rows affected (0.16 sec)

(jss_db@192.168.30.243) [jssdb]> load data LOCAL infile '/home/mysql/ld.txt' into table ld_sql charset gbk FIELDS TERMINATED BY ',' IGNORE 1 LINES;
Query OK, 4 rows affected (0.05 sec)
Records: 4  Deleted: 0  Skipped: 0  Warnings: 0

(jss_db@192.168.30.243) [jssdb]> select * from ld_sql;
+---------+----------+------+-------------------+
| id      | username | city | email             |
+---------+----------+------+-------------------+
| 1000002 | 胡十     | 上海 | hushi@5ienet.com  |
| 1000003 | 胡百     | 广州 | hubai@5ienet.com  |
| 1000004 | 胡千     | 深圳 | huqian@5ienet.com |
| 1000005 | 胡万     | 杭州 | huwan@5ienet.com  |
+---------+----------+------+-------------------+
4 rows in set (0.00 sec)
```

看吧，“胡一”没了吧，同学们，操作时一定要分清哟。

9.3.5 列和行的精确处理

前面通过 mysqlimport 命令导入数据时，有各种各样的命令行参数，分别应对不同的导入场景，在 LOAD DATA INFILE 语句中，可指定的选项更多，操作也更加灵活。咱就这么说吧，mysqlimport 命令行工具能够实现的功能，LOAD DATA INFILE 语句同样能够实现。为啥呢？因为 mysqlimport 命令其实也是在调用 LOAD DATA INFILE 语句实现导入。甚至说，mysqlimport 命令行工具不能实现的功能，没准 LOAD DATA INFILE 能实现。

远的就不扯了，功能再强也不见得都实用，其实一般我们导入数据吧，常用到的往往都是最普通的功能，最关注的还是数据文件的格式，比如说字段与字段之间的分隔符不规范啦，换行符不标准啦之类的（如果要导入的数据文件来自第三方，那么出现不规范的概率更大），在这方面的处理上，LOAD DATA INFILE 相当灵活，完全能够满足我们的各项需求。

三思怎么会这么有自信呢，这当然说明咱确实遇到过各种不规范数据（悲催），并且最终都顺利地处理掉了。这并不是我水平有多高，或者事前对数据文件做了大量的预处理（某些场景下确实必不可少），完全是因为 LOAD DATA INFILE 语句提供了 FIELDS 和 LINES 子句，并附带了各种实用选项。

提 示

有时候事前预处理不可避免，纯粹用 LOAD DATA INFILE 确实不好解决，反正我遇到过，哎，往事不要再提。

下面三思就通过若干颇具代表性的例子来给大家演示一下。

1. 再看遍语法，加深认识

在示例操作前，咱们再看一眼 FIELDS 和 LINES 子句的语法，俗话说临阵磨枪，不快也光，详细语法如下：

```
[{FIELDS | COLUMNS}
    [TERMINATED BY 'string']
    [[OPTIONALLY] ENCLOSED BY 'char']
    [ESCAPED BY 'char']
]
[LINES
    [STARTING BY 'string']
    [TERMINATED BY 'string']
]
```

当指定了 FIELDS 时，其 TERMINATED BY、[OPTIONALLY] ENCLOSED BY 和 ESCAPED BY 均为可选项。对于 LINES 子句来说，其 STARTING BY 'string'和 TERMINATED BY 'string'也是可选项。这两个子句都有默认值，如果既没有指定 FIELDS，也没有指定 LINES，那么实际上默认语句等同于下列写法：

```
FIELDS TERMINATED BY '\t' ENCLOSED BY '' ESCAPED BY '\\'
LINES TERMINATED BY '\n' STARTING BY ''
```

这段语法都啥意思呢：

- FILES TERMINATED BY：指定列的分隔符，默认是 Tab 符（\t）。
- ENCLOSED BY：指定列的包括符，默认为空。
- ESCAPED BY：指定转义符，默认是'\'。
- LINES TERMINATED BY：指定换行符，默认是换行（\n）。
- STARTING BY：指定每行开始的位置（跟字符相关）。

后面咱们边演示边解释，而且通过实践中的演示，相信更能加深大家对它的理解。其实就算不解释，大家应该也看得明白吧，至少觉着眼熟不是，mysqlimport 命令中我们操作过的嘛。

> 提示 1
> 前面语法中'\t'和'\n'分别指 Tab 和新行。

> 提示 2
> 反斜杠是 MySQL 中的转义符，如果需要输入“\”这个反斜杠，那么就得指定两个反斜杠，以得到一个反斜杠字符。

> 提示 3
> 如果是在 Windows 系统，则需要使用 LINES TERMINATED BY '\r\n'来读取文件，因为 Windows 平台同时使用两个符号作为换行标记。

2. 字段与字段的分隔符不是‘Tab’怎么办？

不知道大家是否还记得前面小节中的示例（应该没有这么快就忘吧），实际上那个数据文件中，字段和字段之间的分隔符就不是 Tab 符，而是逗号，不过数据我们是成功导入了，咋实现的呐？同学，翻回去再瞅瞅命令行中指定的参数呗。

3. 数据行的行头包含的某些字符，不希望导入，怎么办？

听起来像是敏感词过滤啊，我一提敏感词大家肯定都露出了会心的微笑，不过朋友们可能误会了（好吧我承认是被我引到歪路上的），这里说的不是敏感词（你非说是敏感词也行），不敏感，就是词。简单讲，就是行头某些字儿之前的字符不想要，只要之后的字符。咋整呐？

简单呀，你猜 LINES 子句中的 STARTING BY 选项是干嘛的？就是做这个使的呐同学。知道该怎么做了不。

比如说现在咱们有个/tmp/load_starting.txt 文件，实际内容如下：

```
Junsansi"abc",1
Where is Junsansi"def",2
"ghi",3
.........后面还有一百万亿行数据
```

一看见“Junsansi”这几个字符就头晕腿软眼发黑，以后也不要见到它，那么我们就可以在导入数据的过程中进行过滤，执行语句如下：

```
(system@localhost) [jssdb]> create table load_starting (v1 varchar(20), id int);
Query OK, 0 rows affected (0.07 sec)

(system@localhost) [jssdb]> LOAD DATA INFILE '/tmp/load_starting.txt' INTO TABLE load_starting FIELDS
TERMINATED BY ',' OPTIONALLY ENCLOSED BY '"' LINES STARTING BY 'Junsansi';
Query OK, 2 rows affected (0.00 sec)
Records: 2  Deleted: 0  Skipped: 0  Warnings: 0
```

好勒，查询一下看看呗：

```
(system@localhost) [jssdb]> select * from load_starting;
+------+------+
| vl   | id   |
+------+------+
| abc  |    1 |
| def  |    2 |
+------+------+
2 rows in set (0.00 sec)
```

貌似，实际上插入的记录就只有（"abc",1）和（"def",2）两条记录，后面那一百万亿零一行数据都没了，这是嘛情况。

同学，我忘了告诉你，当使用 LINES STARTING BY 'prefix_string'语句，希望跳过包含指定字符的前缀以及前缀之前的所有字符时，如果某行不包含这个指定字符的话，则该行记录也会被跳过。

4. Excel 数据如何导入？

这个，就不用多说了吧，若是忘了咋处理，可以翻回到前面看看 9.1 节。咋的，忽然发现 xls 不是 csv？嗨，这都不叫事儿，另存一下不就有 csv 了嘛。当然啦，咱们前面也数落过 CSV 引擎的缺憾，估计有些同学心里就存了疑虑，也特别想看看用 LOAD DATA INFILE 处理行不行，我可以负责任地说，这个，真的行。

> **提 示**
>
> 要注意哟，Excel 直接保存成 csv 格式，默认列与列之间只以逗号分隔，不会有引号包括（除非列值中有逗号），对于某些情况的处理可能会导致异常，建议特别处理一下，将列值使用引号包住。

比如说，咱们当前有个 CSV 格式文件/tmp/ld_t1.csv，内容如下：

```
序号,IP 地址,操作系统,进程名称,进程占用资源
1,192.168.9.25,CentOS5.3,平台 0、1,0.11
2,192.168.9.70,WINDOWS SERVER 2003,平台 2、3,0.14
3,192.168.9.31,CentOS5.3,平台 4、7,0.15
4,192.168.11.147,CentOS5.3,平台 5、6,0.11
5,192.168.11.157,CentOS5.3,平台 8、9,0.1
6,192.168.9.65,CentOS5.3,MMS 进程,0.1
7,192.168.9.73,CentOS5.3,MMS 进程,0.1
8,192.168.9.104,CentOS5.3,MMS 进程,0.11
9,192.168.9.163,CentOS5.3,MMS 进程,0.1
10,192.168.11.162,CentOS5.3,MMS 进程,0.09
11,192.168.11.174,CentOS5.3,MMS 进程,0.09
12,192.168.11.25,WINDOWS SERVER 2003,业 A 话单同步进程,0.01
13,192.168.11.6,WINDOWS SERVER 2003,业 B 话单同步进程,0.01
14,192.168.11.6,WINDOWS SERVER 2003,业 A 状态报告同步进程,0.01
....................低调地注释：后面还有无数行....................
```

这些数据要入库，第一时间根据实际情况创建一个“临时”表对象：

```
(system@localhost) [jssdb]> create table ld_t1
    -> (id int not null auto_increment primary key,
    -> ip varchar(15),
    -> os varchar(20),
    -> procname varchar(20),
    -> res varchar(10)) charset gbk;
Query OK, 0 rows affected (0.01 sec)
```

导入语句并不复杂，直接执行：

```
(system@localhost) [jssdb]> LOAD DATA INFILE '/tmp/ld_t1.csv'
    -> INTO TABLE ld_t1
    -> FIELDS TERMINATED BY ',' IGNORE 1 LINES;
Query OK, 14 rows affected (0.02 sec)
Records: 14  Deleted: 0  Skipped: 0  Warnings: 0

(system@localhost) [jssdb]> select * from ld_t1;
+----+----------------+---------------------+------------------------+------+
| id | ip             | os                  | procname               | res  |
+----+----------------+---------------------+------------------------+------+
|  1 | 192.168.9.25   | CentOS5.3           | 平台0、1               | 0.11 |
|  2 | 192.168.9.70   | WINDOWS SERVER 2003 | 平台2、3               | 0.14 |
|  3 | 192.168.9.31   | CentOS5.3           | 平台4、7               | 0.15 |
|  4 | 192.168.11.147 | CentOS5.3           | 平台5、6               | 0.11 |
|  5 | 192.168.11.157 | CentOS5.3           | 平台8、9               | 0.1  |
|  6 | 192.168.9.65   | CentOS5.3           | MMS进程                | 0.1  |
|  7 | 192.168.9.73   | CentOS5.3           | MMS进程                | 0.1  |
|  8 | 192.168.9.104  | CentOS5.3           | MMS进程                | 0.11 |
|  9 | 192.168.9.163  | CentOS5.3           | MMS进程                | 0.1  |
| 10 | 192.168.11.162 | CentOS5.3           | MMS进程                | 0.09 |
| 11 | 192.168.11.174 | CentOS5.3           | MMS进程                | 0.09 |
| 12 | 192.168.11.25  | WINDOWS SERVER 2003 | 业A话单同步进程        | 0.01 |
| 13 | 192.168.11.6   | WINDOWS SERVER 2003 | 业B话单同步进程        | 0.01 |
| 14 | 192.168.11.6   | WINDOWS SERVER 2003 | 业A状态报告同步进程    | 0.01 |
+----+----------------+---------------------+------------------------+------+
14 rows in set (0.00 sec)
```

数据正确导入，所执行语句的各项语法咱们都见过，还需要我再解释一遍吗？好吧，那我再重复一遍，请翻到本书第一页……

5. 列值分隔符不是逗号怎么办？

CSV 格式的文件，列值之间的分隔符默认是逗号，但是对于非 CSV 格式文件，列值的分隔符可能多种多样，但这并不影响，是啥都不要紧，只要我们认准了 FIELDS TERMINATED BY 子句。

FIELDS TERMINATED BY 子句干嘛使的，就是用来指定列与列之间的分隔符，比如说，我们对前面的数据文件进行些修改，将“,”分隔符改为“|*|”符号。

执行命令如下：

```
[mysql@mysqldb01 ~]$ cat /tmp/ld_t1.csv | sed "s/,/|*|/g" > /tmp/ld_t2.csv
```

然后再进行导入时，只需要简单地将 FIELDS TERMINATED BY 子句中分隔符改为

“|*|”就可以了。操作步骤如下：

```
(system@localhost) [jssdb]> create table ld_t2 as select * from ld_t1 limit 0;
Query OK, 0 rows affected (0.03 sec)
Records: 0  Duplicates: 0  Warnings: 0

(system@localhost) [jssdb]> LOAD DATA INFILE '/tmp/ld_t2.csv'
    -> INTO TABLE ld_t2
    -> FIELDS TERMINATED BY '|*|' IGNORE 1 LINES;
Query OK, 14 rows affected (0.04 sec)
Records: 14  Deleted: 0  Skipped: 0  Warnings: 0

(system@localhost) [jssdb]> select * from ld_t2;
+----+----------------+---------------------+----------------------+------+
| id | ip             | os                  | procname             | res  |
+----+----------------+---------------------+----------------------+------+
|  1 | 192.168.9.25   | CentOS5.3           | 平台0、1             | 0.11 |
|  2 | 192.168.9.70   | WINDOWS SERVER 2003 | 平台2、3             | 0.14 |
|  3 | 192.168.9.31   | CentOS5.3           | 平台4、7             | 0.15 |
|  4 | 192.168.11.147 | CentOS5.3           | 平台5、6             | 0.11 |
|  5 | 192.168.11.157 | CentOS5.3           | 平台8、9             | 0.1  |
|  6 | 192.168.9.65   | CentOS5.3           | MMS进程              | 0.1  |
|  7 | 192.168.9.73   | CentOS5.3           | MMS进程              | 0.1  |
|  8 | 192.168.9.104  | CentOS5.3           | MMS进程              | 0.11 |
|  9 | 192.168.9.163  | CentOS5.3           | MMS进程              | 0.1  |
| 10 | 192.168.11.162 | CentOS5.3           | MMS进程              | 0.09 |
| 11 | 192.168.11.174 | CentOS5.3           | MMS进程              | 0.09 |
| 12 | 192.168.11.25  | WINDOWS SERVER 2003 | 业A话单同步进程      | 0.01 |
| 13 | 192.168.11.6   | WINDOWS SERVER 2003 | 业B话单同步进程      | 0.01 |
| 14 | 192.168.11.6   | WINDOWS SERVER 2003 | 业A状态报告同步进程  | 0.01 |
+----+----------------+---------------------+----------------------+------+
14 rows in set (0.00 sec)
```

6. 列值中有特殊符号怎么办？

人在江湖飘，哪能不挨刀。数据文件中格式不规范的情况千奇百怪，对于未接触过的朋友们来说，可能想都想不到将会碰到什么。下面我给大家列举几项，这可都是血和泪换来的教训，希望能帮助大家，在未来数据导入的过程中走得更顺畅一些，在此我咬破中指写道：导入操作深似海，从此安心做屌丝。

（1）列值中包含分隔符。

如果要导入的数据，列值中也包含了分隔符，怎么办，比如说有数据文件如下：

```
12,192.168.11.25,WIN SERVER 2000,2003,业A话单同步进程,0.01
13,192.168.11.6,WINDOWS SERVER 2003,业B话单同步,进程,0.01
14,192.168.11.6,WIN SERVER 2003,2008,业A状态报告同步进程,0.01
```

看起来有些记录中逗号也是内容的一部分，这种情况不仅 MySQL 在导入时将迷惑不已，就算是号称拥有高等智商的我们，一眼看去也茫然哪，谁知道这逗号究竟分隔的哪列呢。因此在导入前，咱们不得不首先对数据进行此预处理，在列值与列值之间除了明确分隔符，还要有另外的符号将列值包括起来，以便能够明确地定位每列的起始位置。

处理后数据文件/tmp/ld_t3.csv 内容如下：

```
12,192.168.11.25,"WIN SERVER 2000,2003","业A话单同步进程",0.01
13,192.168.11.6,"WINDOWS SERVER 2003","业B话单同步,进程",0.01
14,192.168.11.6,"WIN SERVER 2003,2008","业A状态报告同步进程",0.01
```

这下肉眼是能识别了，但如何能让 LOAD DATA INFILE 语句导入时也能正常识别呢，沉吟片刻后，一跺脚，猛然道：看来是到了请 ENCLOSED BY 子句出马的时候了。ENCLOSED BY 子句干嘛使的勒，前面讲过的嘛，正是用来指定列值的包括符。

执行导入语句如下（ld_t3 表自己创建去，我就不演示了哈）：

```
(system@localhost) [jssdb]> LOAD DATA INFILE '/tmp/ld_t3.csv'
    -> INTO TABLE ld_t3
    -> FIELDS TERMINATED BY ',' ENCLOSED BY '"';
Query OK, 3 rows affected (0.11 sec)
Records: 3  Deleted: 0  Skipped: 0  Warnings: 0
```

实际执行的导入语句与前面小节中的例子相比，其实差别不大，关键是多了 ENCLOSED BY 子句，那么导入后的效果怎么样呢：

```
(system@localhost) [jssdb]> select * from ld_t3;
+----+---------------+----------------------+----------------------+------+
| id | ip            | os                   | procname             | res  |
+----+---------------+----------------------+----------------------+------+
| 12 | 192.168.11.25 | WIN SERVER 2000,2003 | 业A话单同步进程      | 0.01 |
| 13 | 192.168.11.6  | WINDOWS SERVER 2003  | 业B话单同步,进程     | 0.01 |
| 14 | 192.168.11.6  | WIN SERVER 2003,2008 | 业A状态报告同步进程  | 0.01 |
+----+---------------+----------------------+----------------------+------+
3 rows in set (0.00 sec)
```

（2）列值中包含包括符。

ENCLOSED BY 子句能用来指定列值的包括符，这个跟列值的分隔符搭配使用效果极佳，能够有效处理列值中存在特殊符号的情况，前面那个示例说的就是这一类。可是，若列值中也有包括符可怎么办，比如说数据文件内容是这样：

```
12,192.168.11.25,"WIN SERVER 2000,2003","业A话单同步进程",0.01
13,192.168.11.6,"WINDOWS SERVER 2003","业B话单"同步",进程",0.01
14,192.168.11.6,"WIN SERVER 2003,2008","业A状态报告同步进程",0.01
```

越来越难了同学们，LOAD DATA INFILE 现在还没有那么智能，它只能基于规则处理，遇到这种情况也是当场抓瞎，对于操作者来说，只能修改数据文件，将内容修改成 LOAD DATA INFILE 语句能够正常识别的格式。

针对列值中**包含**包括符这种情况，修改时也有两个选择：一种是直接删除列值中的包括符，若能这样修改最为简单，修改后就可以按照前面示例的语句进行导入。但是若列值中出现的包括符作为“**值**”的一部分必须存在，那就不能删除了事，怎么办呢？利用我们前面学过的知识来处理，可以选择修改列的包括符，这是种尽管笨，但最有效的法子。

或者，我们也可以试试 ESCAPED BY 子句。如果字段值中包含 ENCLOSED BY 指定

的字符，可以通过ESCAPED BY语句指定字符，对ENCLOSED BY指定的字符进行转义。

拿前面的数据文件来举例，修改内容，在非正常的包括符前增加一个"|"符号，如下：

```
[mysql@localhost ~]$ more /tmp/ld_t4.csv
12,192.168.11.25,"WIN SERVER 2000,2003","业A话单同步进程",0.01
13,192.168.11.6,"WINDOWS SERVER 2003","业B话单|"同步|",进程",0.01
14,192.168.11.6,"WIN SERVER 2003,2008","业A状态报告同步进程",0.01
```

然后执行导入，我们这次在语句中附加ESCAPED BY子句，指定"|"符号为转义符（创建ld_t4表对象这种事就不需要演示了吧）：

```
(system@localhost) [jssdb]> LOAD DATA INFILE '/tmp/ld_t4.csv'
    -> INTO TABLE ld_t4
    -> FIELDS TERMINATED BY ',' ENCLOSED BY '"' ESCAPED BY '|';
Query OK, 3 rows affected (0.00 sec)
Records: 3  Deleted: 0  Skipped: 0  Warnings: 0

(system@localhost) [jssdb]> select * from ld_t4;
+----+----------------+----------------------+---------------------+------+
| id | ip             | os                   | procname            | res  |
+----+----------------+----------------------+---------------------+------+
| 12 | 192.168.11.25  | WIN SERVER 2000,2003 | 业A话单同步进程     | 0.01 |
| 13 | 192.168.11.6   | WINDOWS SERVER 2003  | 业B话单"同步",进程  | 0.01 |
| 14 | 192.168.11.6   | WIN SERVER 2003,2008 | 业A状态报告同步进程 | 0.01 |
+----+----------------+----------------------+---------------------+------+
3 rows in set (0.00 sec)
```

嘿，数据成功导入。所谓转义就是这么个意思，如果ENCLOSED BY所指定的字符前面有ESCAPED BY指定的字符，就不会再把它理解成特殊字符，而只是当前字段值的一部分。

（3）需要关注的换行符。

换行符这个事儿极为细节，常被忽略，但其实非常重要，因为换行符这个事情跟环境强关联。举个最典型的例子来说，在常见的Windows系统中，文本格式文件的换行符是由"回车+换行"（即\r\n）组成，而在Linux/UNIX系统下，文本格式文件的换行符是由"换行"（即\n）组成。

同学们常用操作系统环境恰是Windows（不包括我，我真不是用Windows，不要瞎猜，也不是MAC，咱"高"和"帅"是有的，"富"真没有，穷屌丝一枚，俺用Ubuntu）。于是，我们在Windows中编辑好了文件（或者是接收了别人在Windows环境编辑好的文件），打了个压缩包传到Linux系统环境的服务端，解压并执行导入时换行符就（有可能，注意我只是说可能，不是说一定）出毛病了，这种场景对于没经验的同学来说并不罕见，最要命的是有可能察觉不到。

下面我们可以模拟一下这类的场景，在Windows环境中创建ld_t5.csv文件，内容保持与ld_t4.csv文件的内容"一模一样"，保存后打个压缩包上传至运行MySQL的Linux服务端，解压缩后，尝试导入这个数据文件（注意Windows中创建的这个文件字符集编码应为GB2312，导入时需要指定字符集的哟），执行命令如下：

```
(system@localhost) [jssdb]> LOAD DATA INFILE '/tmp/ld_t5.csv'
    -> INTO TABLE ld_t5
    -> FIELDS TERMINATED BY ',' ENCLOSED BY '"' ESCAPED BY '|';
Query OK, 3 rows affected (0.55 sec)
Records: 3  Deleted: 0  Skipped: 0  Warnings: 0
```

我们可以看到执行的语句跟前面处理 ld_t4 文件时没有“显著”区别，那么结果会怎么样呢：

```
(system@localhost) [jssdb]> select * from ld_t5;
+----+---------------+-----------------------+---------------------+-------+
| id | ip            | os                    | procname            | res   |
+----+---------------+-----------------------+---------------------+-------+
 |12 | 192.168.11.25 | WIN SERVER 2000,2003  | 业A话单同步进程      | 0.01
 |13 | 192.168.11.6  | WINDOWS SERVER 2003   | 业B话单"同步",进程   | 0.01
| 14 | 192.168.11.6  | WIN SERVER 2003,2008  | 业A状态报告同步进程  | 0.01  |
+----+---------------+-----------------------+---------------------+-------+
3 rows in set (0.00 sec)
```

从输出的结果看起来，似乎也没有区别，但是如果你看得足够仔细，注意 id 值为 12 和 13 两行记录，会发现在头尾处还是有细微差别。什么情况呢，其实就是我们前面说的，Windows 环境和 Linux/UNIX 环境中对回车换行的识别不同，Windows 环境中的回车换行（\r+\n）到了 Linux 环境，多了个\r，显示的效果就不一样了，在某些极端情况下，这有可能导致异常。

那针对这种情况怎么办呢？还好，LOAD DATA INFILE 语句提供了 LINES TERMINATED BY 子句，该子句的功能就是用来指定换行符。比如说行结束符采用回车+换行的形式（针对 Windows 环境中处理的文件），就可以指定成 LINES TERMINATED BY '\r\n'的形式。

就上面 ld_t5.csv 的例子来说，我们可以将导入语句改一改：

```
(system@localhost) [jssdb]> truncate table ld_t5;
Query OK, 0 rows affected (0.11 sec)

(system@localhost) [jssdb]> LOAD DATA INFILE '/tmp/ld_t5.csv'
    -> INTO TABLE ld_t5
    -> FIELDS TERMINATED BY ',' ENCLOSED BY '"' ESCAPED BY '|'
    -> LINES TERMINATED BY '\r\n';
Query OK, 3 rows affected (0.00 sec)
Records: 3  Deleted: 0  Skipped: 0  Warnings: 0

(system@localhost) [jssdb]> select * from ld_t5;
+----+---------------+-----------------------+---------------------+------+
| id | ip            | os                    | procname            | res  |
+----+---------------+-----------------------+---------------------+------+
| 12 | 192.168.11.25 | WIN SERVER 2000,2003  | 业A话单同步进程      | 0.01 |
| 13 | 192.168.11.6  | WINDOWS SERVER 2003   | 业B话单"同步",进程   | 0.01 |
| 14 | 192.168.11.6  | WIN SERVER 2003,2008  | 业A状态报告同步进程  | 0.01 |
+----+---------------+-----------------------+---------------------+------+
3 rows in set (0.00 sec)
```

这下结果就正常了嘛。

有些同学看到这里可能会想，我用的上传工具能够自动处理文件呀，在上传文本类型文件时选择以 ASCII 方式上传，工具能够自动对换行符做转换的，这样不就没必要使用 LINES TERMINATED BY 子句了嘛。道理是没错，同学们善于思考的精神值得鼓励，不过澳柯玛家广告说得好，“没有最好，只有更好”，在实际操作时还是要分场景。

处理小文件当然可以由上传工具自动转换，但是如果要处理的文件很大，必须要考虑上传大容量文件到服务器的开销，这种情况先对原始文件压缩处理（文本类型文件的压缩比是出了名的高）再上传，所花费的时间更短，而且处理时只要导入过程中通过 LINES TERMINATED BY 子句指定一下分隔符就好了。

那么接下来的问题可能就是，如果换行符不是标准的\n 又怎么办？同学，咱们有 LINES TERMINATED BY 你还怕甚，管它是啥，只要 LINES TERMINATED BY 指定对了就行。

（4）列值中包含换行符。

对于其他类型的数据库导入工具，列值中包含换行符可能确实是带来一些麻烦，不过在 MySQL 数据库中，如果是拿 LOAD DATA INFILE 来处理，我想说的是，换行是不用担心的，只要列值是被 ENCLOSED BY 指定的包括符包括着，那么中间出现什么字符（包括符和转义符除外），都是不影响的。

举例来说，即使我们的数据文件/tmp/ld_t6.csv 内容是这样：

```
12,192.168.11.25,"WIN SERVER 2000,2003","业A话单

同步进程",0.01
13,192.168.11.6,"WINDOWS
SERVER 2003","业B话单|"同步|",进程",0.01
14,192.168.11.6,"WIN SERVER 2003,2008","业A状态报告同步


进程",0.01
```

没关系，LOAD DATA INFILE 照样能够正常处理的，客官，你往下看：

```
(system@localhost) [jssdb]> LOAD DATA INFILE '/tmp/ld_t6.csv'
    -> INTO TABLE ld_t6
    -> FIELDS TERMINATED BY ',' ENCLOSED BY '"' ESCAPED BY '|';
Query OK, 3 rows affected (0.09 sec)
Records: 3  Deleted: 0  Skipped: 0  Warnings: 0

(system@localhost) [jssdb]> select * from ld_t6;
+----+---------------+---------------------+------------------------+------+
| id | ip            | os                  | procname               | res  |
+----+---------------+---------------------+------------------------+------+
| 12 | 192.168.11.25 | WIN SERVER 2000,2003 | 业A话单

同步进程         | 0.01 |
| 13 | 192.168.11.6  | WINDOWS
SERVER 2003 | 业B话单"同步",进程      | 0.01 |
```

```
| 14 | 192.168.11.6  | WIN SERVER 2003,2008 | 业A状态报告同步

进程 | 0.01 |
+----+---------------+----------------------+-----------------------+-------+
3 rows in set (0.00 sec)
```

数据仍然能被正常处理，这种情况主要是 ENCLOSED BY 子句的功劳，在包括符内的，除了包括符外，其他不管是什么符号，都会自动识别为一列未正常结束。对于我们处理含大量文本的数据来说，这是个福音。

9.3.6 对象结构与数据文件不符咋整

通过前面一些演示，咱们基本上把行和列的事儿都说清楚了，不过实际可能遇到的导入场景复杂且多样，前面说的那些仍然有可能不足以应付所有场景。在本小节里咱们抽点儿时间说点儿挑战虽不那么高，但其实也很有趣儿的应用场景。

创建表对象 ld_t7，对象结构如下：

```
(system@localhost) [jssdb]> desc ld_t7;
+--------+-------------+------+-----+---------+-------+
| Field  | Type        | Null | Key | Default | Extra |
+--------+-------------+------+-----+---------+-------+
| id     | int(11)     | YES  |     | NULL    |       |
| uname  | varchar(50) | YES  |     | NULL    |       |
| age    | tinyint(4)  | YES  |     | NULL    |       |
| email  | varchar(50) | YES  |     | NULL    |       |
| status | tinyint(4)  | YES  |     | NULL    |       |
+--------+-------------+------+-----+---------+-------+
5 rows in set (0.01 sec)
```

我们经常接触的传统的导入，数据文件中的列数和表对象中的列数都是相同的，就算遇到了坑儿，发现列数不同的情况，同学们都是很机智的，很多人最多当场愣了一下，然后立马创建一个列数相同的临时表作为中转，也就对付过去了，还有些人连愣都没愣，直接就去修改数据文件，也对付过去了。同学们，其实不用废那么大力气，即便列数不同，LOAD DATA INFILE 也是能处理的。

1. *表对象中的列比数据文件中的列多怎么办？*

表结构大家都知道了是吧，咱们现在就有个数据文件，内容是这样的：

```
$ more /tmp/ld_t7.csv
100,"zhangsan","zhangsan@5ienet.com",25
101,"lisi","lisi@5ienet.com",31
102,"wangwu","wangwu@5ienet.com",29
103,"zhaoliu","zhaoliu@5ienet.com",43
```

如果你细心分析这个数据文件，就会发现要想将这个文件中的数据导入到 ld_t7 表对象中，难度是稍稍有点儿高的。因为数据文件和表对象不仅仅列的数目不一样，甚至连列的顺序都不相同。不过对于 LOAD DATA INFILE 来说，这也没有问题，咱们还是能够以极

简便的方式将数据导入到数据库中。

执行 LOAD DATA INFILE 语句如下：

```
(system@localhost) [jssdb]> LOAD DATA INFILE '/tmp/ld_t7.csv'
    -> INTO TABLE ld_t7
    -> FIELDS TERMINATED BY ',' ENCLOSED BY '"'
    -> (id,uname,email,age);
Query OK, 4 rows affected (0.01 sec)
Records: 4  Deleted: 0  Skipped: 0  Warnings: 0

(system@localhost) [jssdb]> select * from ld_t7;
+------+----------+------+---------------------+--------+
| id   | uname    | age  | email               | status |
+------+----------+------+---------------------+--------+
|  100 | zhangsan |   25 | zhangsan@5ienet.com |   NULL |
|  101 | lisi     |   31 | lisi@5ienet.com     |   NULL |
|  102 | wangwu   |   29 | wangwu@5ienet.com   |   NULL |
|  103 | zhaoliu  |   43 | zhaoliu@5ienet.com  |   NULL |
+------+----------+------+---------------------+--------+
4 rows in set (0.00 sec)
```

语法看起来跟之前的示例没有太大的区别，我们只是在最后指定了列名，指定列名的同时，也指定了列的顺序，你看，问题就这么解决了，够简单吧！

2. 表对象中的列比数据文件中的列少怎么办？

通过前面的例子，大家想必是看明白了，多了好办，LOAD DATA INFILE 就跟 INSERT 似的，导入时有多少列能够对应上，就指定多少列好了。那么，要是表对象中的列比数据文件中的列少怎么办呢？在这儿我可以先表个态，同学，更好办。

数据文件如下：

```
$ more /tmp/ld_t8.csv
100,"zhangsan",25,"zhangsan@5ienet.com","男",13000000001,0
101,"lisi",31,"lisi@5ienet.com","男",13100000001,1
102,"wangwu",29,"wangwu@5ienet.com","男",13200000001,2
103,"zhaoliu",43,"zhaoliu@5ienet.com","男",13300000001,3
```

这个数据文件中的列，不仅比表对象中的列数多，而且最后两列也不对应，下面看看三思怎么处理：

```
(system@localhost) [jssdb]> LOAD DATA INFILE '/tmp/ld_t8.csv'
    -> INTO TABLE ld_t8
    -> FIELDS TERMINATED BY ',' ENCLOSED BY '"'
    -> (id,uname,age,email,@tmp,@tmp,status);
Query OK, 4 rows affected (0.01 sec)
Records: 4  Deleted: 0  Skipped: 0  Warnings: 0

(system@localhost) [jssdb]> select * from ld_t8;
+------+----------+------+---------------------+--------+
| id   | uname    | age  | email               | status |
+------+----------+------+---------------------+--------+
|  100 | zhangsan |   25 | zhangsan@5ienet.com |      0 |
```

```
| 101 | lisi     |  31 | lisi@5ienet.com      |        1 |
| 102 | wangwu   |  29 | wangwu@5ienet.com    |        2 |
| 103 | zhaoliu  |  43 | zhaoliu@5ienet.com   |        3 |
+-----+----------+-----+----------------------+----------+
4 rows in set (0.00 sec)
```

通过这个例子，希望大家能够认识到，使用 LOAD DATA INFILE 语句指定列时，既可以指定实际的列名，也可以是用户声明的变量，这里我们就是通过指定用户变量的方式，处理数据文件列数比表对象列数多的情况。

俗话说：有困难要上，没有困难制造困难也要上。有了这么灵活的语句，我们是不是可以把困难再拔高一点点，比如说还可以在导入数据的过程中，根据条件插入列的值，设定表对象结构如下：

```
(system@localhost) [jssdb]> desc load9;
+--------+-------------+------+-----+---------+-------+
| Field  | Type        | Null | Key | Default | Extra |
+--------+-------------+------+-----+---------+-------+
| id     | int(11)     | YES  |     | NULL    |       |
| uname  | varchar(50) | YES  |     | NULL    |       |
| age    | tinyint(4)  | YES  |     | NULL    |       |
| email  | varchar(50) | YES  |     | NULL    |       |
| status | tinyint(4)  | YES  |     | NULL    |       |
| sex    | tinyint(4)  | YES  |     | NULL    |       |
+--------+-------------+------+-----+---------+-------+
6 rows in set (0.00 sec)
```

我们的数据文件则是这样的：

```
$ more /tmp/ld_t9.csv
100,"zhangsan",25,"zhangsan@5ienet.com","男",13000000001,0
101,"lisi",31,"lisi@5ienet.com","女",13100000001,5
102,"wangwu",29,"wangwu@5ienet.com","男",13200000001,2
103,"zhaoliu",43,"zhaoliu@5ienet.com","男",13300000001,3
```

审视了一遍，首先注意到列数是不同的，其次又发现性别列中列值的类型不符，如果不能在导入时处理，那就只能在导入前修改数据文件，将其改为合乎要求的格式。考验 LOAD DATA INFILE 的时候到了，究竟可不可以不修改原始文件，直接在导入过程中处理呢。注意看，执行语句如下：

```
(system@localhost) [jssdb]> LOAD DATA INFILE '/tmp/ld_t9.csv'
    -> INTO TABLE ld_t9
    -> FIELDS TERMINATED BY ',' ENCLOSED BY '"'
    -> (id,uname,age,email,@tmp_sex,@tmp_tel,status)
    -> set sex=if (@tmp_sex='男',0,1);
Query OK, 4 rows affected (0.00 sec)
Records: 4  Deleted: 0  Skipped: 0  Warnings: 0

(system@localhost) [jssdb]> select * from ld_t9;
+-----+----------+-----+----------------------+--------+-----+
| id  | uname    | age | email                | status | sex |
+-----+----------+-----+----------------------+--------+-----+
```

```
| 100 | zhangsan |  25 | zhangsan@5ienet.com |        0 |    0 |
| 101 | lisi     |  31 | lisi@5ienet.com     |        5 |    1 |
| 102 | wangwu   |  29 | wangwu@5ienet.com   |        2 |    0 |
| 103 | zhaoliu  |  43 | zhaoliu@5ienet.com  |        3 |    0 |
+-----+----------+-----+---------------------+----------+------+
4 rows in set (0.00 sec)
```

这个例子中我们通过 SET 子句，直接给某列赋值，在赋值时通过 IF 语句，判断前面声明的用户变量@tmp_sex 的值，并返回不同的结果。这样都行，逆天啊！

操作完前面的例子，再回过头理一理，想想操作是否都挺简单的呢？不能说完全没有技术含量，但是也不会说有多么高的技术难点，我一直认为很多时候技术细节也是层窗户纸，有个人带着，一点就透的，如果没透，同学，使大点劲。

9.4　SQL 语句导出数据

光是接受别人发过来的文件处理太憋屈了，做 IT 的穷屌丝也有崇高理想啊：咱能不能也生成个文件发给别人处理处理呐？这个可以有，不过问题接着就来了，会生成不？同学，关键时刻不能掉链子，先应下来，具体怎么生成，咱马上开教，现学来的及。

可以的，只要你会用 SELECT ... INTO OUTFILE。怎么？不会，没关系，现学来的及。

SELECT 语句应该都用过，在 MySQL 数据库中，能查到就能导出，这多亏了 MySQL 在标准 SQL 语法的基础上做了扩展，为其提供了 INTO OUTFILE 子句，因此，只要会写 SELECT，你想要的数据就能轻松导出。

SELECT 语句的标准语法咱们就不说啦，比如像 FROM ... WHERE ... ORDER BY 这样的形式非常常见，这里着重说一下 INTO OUTFILE 子句的用法，详细如下：

```
SELECT
.................
    [FROM table_references
    WHERE/GROUP BY/ORDER BY/LIMIT ......
    [INTO OUTFILE 'file_name'
        [CHARACTER SET charset_name]
        [{FIELDS | COLUMNS}
            [TERMINATED BY 'string']
            [[OPTIONALLY] ENCLOSED BY 'char']
            [ESCAPED BY 'char']
        ]
        [LINES
            [STARTING BY 'string']
            [TERMINATED BY 'string']
        ]
      | INTO DUMPFILE 'file_name'
      | INTO var_name [, var_name]]
```

语法看起来挺长，不过其中一大部分大家都应该看着眼熟吧，FIELDS/LINES 子句在 LODA DATA INFILE 中咱就操作过很多回了，另外省略号中还省略了部分标准 SELECT 语法，因此我们重点要关注的是省略号后面的那部分没见过的子句。

前面几句话可能说得太抽象了，我再给大家翻译翻译：

- 第一是说FIELDS和LINES的语法，对于LOAD DATA INFILE和SELECT ... INTO OUTFILE语句来说都是相同的，功能也一样（只不过一个应用场景是输出，另一个是输入）。
- 第二是说INTO OUTFILE子句是在标准的SELECT语句之上做的扩展（MySQL太有心啦）。
- 第三是说只要SELECT能够查询的结果集，就可以被输出到**外部文件**（考验兄弟们SQL本领的时候到了）。
- 第四跟第三有所关联，您瞅准了我前面说的是外部文件，您再细瞧那语法，这OUTFILE不仅仅可以是标准的行列分隔文本文件，也可以是INTO DUMPFILE（后头细讲），甚至还可以是INTO var_name，将结果集输出到某（些）个变量。

9.4.1 这些知识，不学都会

咱们先通过一个实操案例来瞧个大概，也让大家对SELECT ... INTO OUTFILE有个直观的认识。操作哪个对象呢，要不就以前面的ld_t1对象为例好了，导出该表中的数据保存到/tmp/ld_t1_out.txt文件中，执行语句如下：

```
(system@localhost) [jssdb]> select * from ld_t1 into outfile '/tmp/ld_t1_out.txt';
Query OK, 14 rows affected (0.00 sec)
```

看提示显示成功导出了14行，查看文件中的内容验证一下：

```
[mysql@localhost ~]$ more /tmp/ld_t1_out.txt
1        192.168.9.25    CentOS5.3        平台0、1        0.11
2        192.168.9.70    WINDOWS SERVER 2003      平台2、3        0.14
3        192.168.9.31    CentOS5.3        平台4、7        0.15
......
......
```

我这里显示成功啦！怎么，你找不到对应的文件，那我得细问问，同学，你是在哪里找的？什么，客户端？客户端不行，我忘了告诉你，不管是在哪儿执行（客户端或服务端）的SELECT ... INTO OUTFILE语句，输出的文件都是保存在MySQL数据库的服务端。

提 示

同学，这里就又有细节问题需要考虑，首先，运行mysqld的用户必须在操作系统层，拥有输出文件路径的权限才行哟，否则文件输出是会报错的；其次吧，指定的文件在指定路径下必须不存在，否则语句执行也会报错，比如说再次执行上面的语句就会报文件已存在的错误：

```
(system@localhost) [jssdb]> select * from ld_t1 into outfile '/tmp/ld_t1_out.txt';
ERROR 1086 (HY000): File '/tmp/ld_t1_out.txt' already exists
```

这种设定主要是为了避免覆盖到当前操作系统中已经存在文件的内容，比如说要一不小心把/etc/passwd文件覆盖了可咋整。

好吧权限的事儿先说到这儿，后面有机会再跟大家扯这里面的细节。

我知道细心的同学看完前面的示例，应该注意到了 SELECT ... INTO OUTFILE 输出的文件中，列与列之间的分隔符并不是逗号。确实如此，默认的列分隔符是 Tab 符（还记得默认的换行符是啥不），不过咱们会用 FIELDS 和 LINES 子句（已经忘记用法的朋友不要声张，麻利儿偷偷翻回去看看 LODA DATA INFILE），要修改默认分隔符或换行符那还不是分分钟搞定的事儿嘛。

举例来说，咱们希望导出 ld_t4 表对象中的数据，为啥选择这个表对象呢，因为这个表中的数据比较有代表性，字段值中既有逗号又有双引号。我们这里通过一个示例就能一并处理了，同时例子又不是很复杂，看仔细喽，指定列分隔符为逗号，列值包括符为双引号：

```
(system@localhost) [jssdb]> select * from ld_t4 into outfile '/tmp/ld_t4_out.txt'
    -> FIELDS TERMINATED BY ',' OPTIONALLY ENCLOSED BY '"';
Query OK, 3 rows affected (0.00 sec)
--查看输出的数据文件
[mysql@localhost ~]$ more /tmp/ld_t4_out.txt
12,"192.168.11.25","WIN SERVER 2000,2003","业A话单同步进程","0.01"
13,"192.168.11.6","WINDOWS SERVER 2003","业B话单\"同步\",进程","0.01"
14,"192.168.11.6","WIN SERVER 2003,2008","业A状态报告同步进程","0.01"
```

如果这个地方有不理解的，就再翻回去多看几遍 LOAD DATA INFILE 中的内容（当然还有一点最重要的就是要多做测试），尽管一个是导入，一个是导出，但对 FIELDS、LINES 子句的语法和功能却是一样的，这里就不多做演示了，重复的内容重复说也挺没劲的。

字符集的处理很重要，不过同理，这里也不重复了，大家注意用好 CHARACTER SET 子句就行了，对于以中文字符为主的数据库环境，直接指定为 GBK 即可，如果实在拿不准就指定为 UTF8，万无一失了。您想问为嘛不直接指定 UTF8？要我说，指定为 UTF8 当然也是可以的，至于存储多字节字符时，使用 UTF8 比 GBK 字符集多占用 1/3 的空间这种事我才不会告诉你呢。

9.4.2　这些知识，一学就会

接下来说说 INTO DUMPFILE 子句吧。这个子句的功能稍稍有些奇葩，用的不好（或理解不到位）执行就会遇到“ERROR 1172 (42000)”错误，提示你“Result consisted of more than one row（结果集中包括多条记录）”。其实如果认真看这个提示，应该稍稍能够明白一点，使用 INTO DUMPFILE 时，每次只能输出单条记录。但是咱们肯定接着又会疑惑，如果只为输出单条记录的话，INTO OUTFILE 也可以啊（大不了就是 SELECT 语句中 WHERE 条件过滤或者 LIMIT 子句限制呗），为嘛要引入一个 INTO DUMPFILE 呢，这就得说下二者的差异了。

首先，从语法上看，INTO DUMPFILE 子句不支持 FIELDS/LINES 子句；其次如果指定 INTO DUMPFILE 子句，那么 MySQL 在将结果集输出保存时，结果集里**不会附加**列分隔符、换行符或转义符，而是将表对象中的记录原原本本地输出到文件中。

举例来说，ld_t6 表对象中某条记录，分别使用 OUTFILE 和 DUMPFILE 输出并保存，操作如下：

```
--查询 id 值为 14 的记录，注意哟列值中有换行
(system@localhost) [jssdb]> select * from ld_t6 where id=14;
+----+---------------+------------------------+--------------------------+------+
| id | ip            | os                     | procname                 | res  |
+----+---------------+------------------------+--------------------------+------+
| 14 | 192.168.11.6 | WIN SERVER 2003,2008 | 业A状态报告同步


进程 | 0.01 |
+----+---------------+------------------------+--------------------------+------+
1 row in set (0.00 sec)
--分别执行 into dumpfile 和 into outfile 语句输出保存
(system@localhost) [jssdb]> select * from ld_t6 where id=14 into dumpfile '/tmp/ld_t6_dump.txt';
Query OK, 1 row affected (0.00 sec)

(system@localhost) [jssdb]> select * from ld_t6 where id=14 into outfile '/tmp/ld_t6_out.txt';
Query OK, 1 row affected (0.00 sec)
```

对比一下输出的文件内容，睁大双眼，找不同喽：

```
[mysql@localhost ~]$ more /tmp/ld_t6_dump.txt
14192.168.11.6WIN SERVER 2003,2008 业A状态报告同步


进程0.01
[mysql@localhost ~]$ more /tmp/ld_t6_out.txt
14      192.168.11.6    WIN SERVER 2003,2008    业A状态报告同步\
\
\
进程    0.01
```

找到不同了没有，对比两个语句输出的文件，可以明显看出，使用 INTO DUMPFILE 导出的文件中，分隔符、换行符、转义符，符符都没有，称得上原汁原味。这种操作平常没啥用，处理**大字段**（如 TEXT、BLOB 等类型）列时倒是有可能派上用场。

注意哟，不管是 INTO OUTFILE 还是 INTO DUMPFILE，创建在服务端的文件均需对所有（操作系统）用户可读写。这是因为 MySQL 服务端无法创建一个属主不是运行 mysqld 进程所属用户的文件（千万注意，不要因此就使用 root 用户启动 mysqld 进程），因此该文件必须是所有操作系统用户均可写，这样才好维护其内容。我知道这有点儿绕，那就这么理解吧，SELECT ... INTO 语句创建的文件，权限会被设置为 666（-rw-rw-rw），以确保所有用户都可修改文件中的内容。

提 示

如果设置了 secure_file_priv 系统变量，那么输出的文件就必须保存在该变量指定的目录下。

SELECT ... INTO 子句也可以插入记录到变量里，不过这个跟咱们本节的主题并不搭界，我就不多说了，有兴趣的话自己研究去吧！

前面讲了 LOAD DATA INFILE 语句导入数据，这节又介绍了 SELECT ... INTO OUTFILE 语句导出数据，这两个语句互为补充，若能勤加练习，珠联璧合，必将功力大增，工作量也大增，届时谁要导（出/入）数据都会找你。

第 10 章 MySQL 数据备份和数据恢复

提到备份恢复，大家都有见解。不止是我，很多人也都在喊着：备份备份!! 备份和恢复早已成为所有 DBA 的必修科目。到底什么是备份恢复呢，简单来讲：备份，就是把数据保存一份备用；恢复，就是把保存的数据还原回去。

这么说似乎还是有些抽象，那我们就打个比方吧。什么是备份？

您开着汽车，堵在全国最繁华的一线城市的主干道上，突遇大雨进退不能时，备份就是您手边的那把救生锤；您出身寒苦，奋斗多年才在一线城市某个犄角，买了足足 $23m^2$，免去频繁搬家之苦，备份就是您手边那份购房合同；您拼搏一生，伤病累累，备份就是躺在抽屉底层的那张大额保单；备份是当您遭遇意外时，当您走投无路时，自觉已被世界抛弃时，留在您手边的最后一份保障。有了备份，您能保住性命；有了备份，您就有机会东山再起；有了备份，您就不必再忧心那天价的医药费。

备份是必需的吗，也不能这样讲，如果您，如果您早已学会了头枕碎玻璃大法，那不需要备份；如果您是高富帅或白富美，那不需要备份；如果您出身世代桃农人家，后院那万亩桃林与王母娘娘蟠桃园中的桃树乃是同根，那不需要备份。

不过从事技术岗位的“攻城狮”们都比较严谨，打心眼里明白世上没有白吃的肉饼，连素馅儿的都不会有，能真正无忧无虑的仅仅是极少极少数，数据库也是如此，因此，不管对于人，还是对于数据库软件，备份都非常之重要。

当服务器出现故障需要修复，或者数据破坏需要恢复，又比如系统宕机、硬件损坏、用户错误删除数据等场景，都是需要借用备份才能执行恢复。

MySQL 提供了多项备份策略供用户选择适合自己需求的方法，本章就着重与大家探讨备份与恢复方面的话题，包括以下内容：

- 备份的类型：包括逻辑备份与物理备份、全量备份与增量备份。
- 创建备份的方法。
- 恢复方法，包括完整恢复和时间点恢复。
- 备份任务，包括备份调度、压缩以及加密。

10.1 备份与恢复名词解释

通过前期的一些铺垫，大家想必现在大概明了备份和恢复的意义和目的，已经迫不急

待地想要尝试操作了。不过，先别忙，有些基础概念大家得先搞明白了。尽管“备份”和“恢复”只是俩名词，但到了具体执行时，大家会发现这其中也有很多细节，操作时有很多方法，DBA 往往面临着多重选择。

不同情况，不同场景，要求 DBA 选择的方案也不尽相同。同时还要注意，不同数据库支持的方法，或者说对执行方法的定义也有可能不同。本节希望跟大家引见 MySQL 数据库中与备份和恢复相关的各种名词。

10.1.1 物理备份 VS 逻辑备份

简单讲，物理备份就是原始数据在操作系统呈什么样的表现形式，备份出来也是什么样。这种方式属于纯 I/O 型的备份方案，从备份形式上来看，就是我们将组成数据库的数据文件、配置文件等相关文件，复制一份到其他路径下保存。这种备份比较适合大型、重要、出现故障时需要快速恢复的场景。

物理备份的特点如下：

- 备份集中包括完整的数据库目录和数据文件。对于 MySQL 数据库来说，一般就是指 MySQL 的 data 目录。
- 物理备份一般都比较快，因为基本都是 I/O 复制，不包含数据转换。
- 备份时的粒度是整个数据库服务级，某些存储引擎有时也能支持更细的表粒度，备份粒度也决定了恢复的粒度，因此对备份策略也会有所影响。
- 备份集中可以包含关联文件，比如说日志文件或配置文件。
- 对于像 MEMORY 引擎表这类对象，由于其数据并不保存在磁盘上，因此不会被备份，备份的仅有结构（不过某些备份软件，如 MySQL Enterprise Backup 也能够备份 MEMORY 表数据）。
- 备份能够轻易恢复到配置类似的机器上。
- 对于物理备份操作来说，一般是在 MySQL 服务未启动时执行，如果当前 MySQL 服务已经启动，那么需要对系统对象进行适当的锁定，以确保备份执行过程中数据库不会有任何改动；否则物理备份就不再是一致性备份，恢复时可能存在丢失数据的情况。
- 执行物理备份的方式很多，常规的如操作系统层的命令（如 cp、scp、tar、rsync），也有专用的第三方工具（如 mysqlbackup、MySQL Enterprise Backup，以及用于 MyISAM 表的 mysqlhotcopy 等）。

逻辑备份与物理备份在对数据的处理上完全不同，MySQL 数据库的逻辑备份保存的是数据库逻辑结构（CREATE DATABASE、CREATE TABLE 语句），以及其所存储的数据（转换成 INSERT 语句或定界文件）。这种备份方式最大的优点是灵活，缺点也很明显，就是执行恢复时的性能较差（相对物理备份而言，当然备份的效率也不见得好到哪里去），综合来看，逻辑备份比较适合小型的、便于在其他服务器进行恢复的场景。

逻辑备份的特点如下：

- 备份集是基于查询 MySQL 服务获得的数据库结构及内容信息。
- 备份速度通常慢于物理方式（不钻牛角尖，您要非以 100TB 数据文件与保存的 1MB 数据来对比物理备份和逻辑备份的效率，我这一腔子血非全喷你身上不可），因为必须读取数据库并将其转换成逻辑格式。如果输出文件是保存在客户端，那么服务器还需要将数据发送至备份端。
- 输出的备份集可能会比物理备份集更大，因为它是以纯文本格式保存，数据没有经过任何压缩处理（备份后的处理不算）。
- 备份和恢复粒度较为灵活，可以是服务级（所有数据库），也可以精确到表，甚至于仅备份表中的某些数据。
- 备份集不包括日志和配置文件或其他与数据库相关的文件，这些文件必须手动处理。
- 备份集通用性较强，不仅仅是针对 MySQL 数据库，甚至可以将逻辑备份拿到其他类别的数据库平台上执行恢复。
- 逻辑备份必须是热备份，只能在 MySQL 服务运行时创建。
- MySQL 原生的逻辑备份工具包括 mysqldump，甚至 SELECT ... INTO OUTFILE 也可算在内。这些工具支持所有存储引擎，甚至是 MEMORY 这种数据保存在内存中的引擎。
- 恢复时对于 SQL 格式的 dump 文件可以直接使用 mysql 命令行导入，对于定界格式文件，可以使用 LOAD DATA INFILE 语句或 mysqlimport 命令进行数据恢复。

除了物理备份和逻辑备份之外，某些文件系统能够支持创建快照（Snapshots）。这种方式在文件系统层提供某个时间点时的镜像复制，而不需要物理复制整个文件系统（比如说使用 copy-on-write 技术，这样只需要复制快照后发生修改的文件）。不过 MySQL 并没有提供快照功能，这项功能是通过第三方解决方案，比如说 Veritas、LVM 或 ZFS 提供的。

10.1.2 联机备份 VS 脱机备份

联机备份又被称为热（hot）备份，是指在数据库服务运行期间执行的备份操作；与之对应的还有一种叫脱机备份，也被称为冷（cold）备份，是指在数据库服务停止运行时进行的备份。

不仅仅是 MySQL 数据库，目前市面上常见的主流数据库软件都有这两个概念，不过，对于 MySQL 数据库来说，还存在一种温（warm）备份，是指 MySQL 服务虽然保持运行，但处于锁定状态不允许数据修改时创建的备份集。

联机备份的优点在于，备份执行过程中不会影响其他客户端访问 MySQL 服务，其他会话仍能正常读取数据。唯一需要注意的可能就是备份过程中对象锁定方面的因素，得避免备份期间发生的数据修改影响备份的一致性和完整性。

对于脱机备份来说，操作时其他会话必然受到影响，应该说，没有其他会话了，因为

此时 MySQL 服务都已经中止了。考虑到这个情况，脱机备份通常都是在复制环境中的 Slave 端执行，以降低备份操作对业务的影响；不过优点也挺明显的，因为备份过程中没有活动的客户端连接，因此备份场景比较纯粹，直接执行备份命令即可。

在对联机或脱机情况下创建的备份执行恢复操作时，操作步骤有可能是相同的，不过执行恢复操作时，对 MySQL 服务的影响还是有些区别。一般来说，脱机恢复仍然比较纯粹，直接执行就是了，不过对于联机恢复来说就需要注意了，因为恢复过程中需要持有更多锁。在执行备份时好歹其他客户端还能够读取数据，而恢复时有可能连读都读不了，因此对于当前连接至 MySQL 服务的其他客户端来说只能等待。

10.1.3　本地备份 VS 远程备份

本地备份是指在 MySQL 服务运行的服务器上执行的备份，远程备份自然就是指在非本地服务器上执行的备份喽。本地备份生成的备份集一般都是在本地保存，而远程备份生成的备份集则不一定是在远程。某些备份方案，只是备份操作命令在远端执行，但备份集仍然是创建于 MySQL 服务所运行的本地服务器上的。

比较常见的备份形式中，如 mysqldump、SELECT ... INTO OUTFILE 这类功能既可以在本地操作，也可以在远端操作。不过即使是这两个命令，实际操作时也有区别，比如说 SELECT 语句输出的结果集，肯定是保存在 MySQL 服务端本地的，而 mysqldump 命令行工具创建的备份集，则既可以保存在 MySQL 服务端本地，也可以保存在执行命令的客户端。

此外，还有像 mysqlhostcopy 这样的专用备份命令以及物理备份，其创建的备份就都是 MySQL 服务端本地备份。还有一些第三方工具，比如我们后面会介绍的 xtrabackup，创建的也是服务端本地备份。

从前面的描述来看，“本地”这个字眼貌似出现的频率更高，不过这个是正常的，本地也好，远端也好，本身并无优劣。想想看，即使是 Oracle 数据库，其最富盛名的备份管理工具 RMAN，创建的不也是本地备份集嘛。

10.1.4　完整备份 VS 增量备份

完整备份也叫全量备份（简称全备），指的是备份 MySQL 数据库中的所有数据。而增量备份，一般只包含指定时间点之后发生的修改。为什么需要增量备份呢？这是个好问题，正常情况下确实不需要，但是考虑这种场景，数据规模很大，创建全量备份花费的时间很长，每天执行全备已经不现实，怎么办呢？能否隔一段时间创建一次全备，而后每日备份要处理的数据，仅是自上次备份后发生的修改呢？这，当然可行，这种方式就是只备份新产生的增量部分嘛，把词组颠倒一下念就是增量备份。

MySQL 中提供有不同的方法创建全备，不过，不管用什么方式，当前要实现增量备份，都是基于 MySQL 的二进制日志来实现的。

10.1.5 完整恢复 VS 增量恢复

完整恢复是将备份集中所有数据都进行恢复，将数据库恢复到备份时的状态。如果该状态并非当前状态，那么可以随后再通过应用增量备份，将数据库服务恢复到当前状态。

增量恢复是指将数据库恢复至某个指定时间点前系统所做的修改，因此也叫做时间点恢复。时间点恢复必须基于全备和二进制日志。

10.2 备份工具知多少

仍未理解备份对于数据库的重要性的朋友，不妨将日常执行的备份视做买了份保险，就说社保吧，这个大家应该都知道，每个月工资没到你手里，就先有一部分拿去交社保了！

怕您岁数大了没人养活，交养老保险。

怕您病了看不起病，交医疗保险。

怕您失业后找不着工作，交失业保险。

怕您没有房子住，交住房公积金。

你看，保障多么有利（当然未来具体的执行情况如何，咱们这里就不深入讨论了，老实讲，我认为机制的设计者们都没有考虑这个问题）。这个备份啊，就跟买保险是一个道理，平常用不着，可是一旦有个好歹就全靠它了。因此对于备份，大家一定要从战略层面高度重视。

就 MySQL 来说对于这个问题也很重视的，这不提供了 n 多种方式来创建备份嘛。

10.2.1 复制表对象相关文件的方式创建备份集

对于那些拥有独立文件的表对象，备份可以通过直接复制这些文件的方式创建。举个例子，对于 MyISAM 引擎表来说，与其关联的文件有 3 类：.frm、.MYD、.MYI，只要将这些文件复制保存，就相当于对表进行了备份。

对于 MyISAM 表对象，执行备份操作前，需要先持有这类对象的只读锁定：

```
mysql> FLUSH TABLES tbl_list WITH READ LOCK;
```

然后将关联的数据文件复制到备份路径下，就相当于完成了备份：

```
cp [filepath]/[tbl_name].* /data/backup/
```

最后释放持有的锁即可：

```
mysql> UNLOCK TABLES
```

保存在/data/backup 目录下的文件，就可以视为我们创建的备份集。不过这种备份方式跟备份对象所用的存储引擎强相关，并不能适用于所有的场景，比如像 MEMORY 引擎文件就无法通过这种方式创建备份，你想说 MEMORY 引擎非主流？好，InnoDB 引擎对象也不行，这下死心了吧。

10.2.2　使用 mysqlhotcopy 命令行工具创建备份

采用锁表后复制对象相关数据文件的方式备份倒是简单、有效，可是如果要备份的表对象很多的话，一个个操作就相当折腾人了，幸好，MySQL 提供了专用命令工具——mysqlhotcopy。

mysqlhotcopy 就是一段 Perl 语言编写的脚本，它将 FLUSH TABLES、LOCK TABLES 以及 cp/scp 等命令封装调用，能够直接对数据库或某些指定的表对象创建备份，方便用户执行。不过，也是因为调用操作系统命令（cp 或 scp）实现备份的原因，mysqlhotcopy 命令只能创建本地备份，另外，大家注意到 **hot** 这个关键字了没，这其实也代表着 mysqlhotcopy 命令只能在联机情况下创建备份。

举例来说，备份 5ienet 库中的表对象：

```
$ mysqlhotcopy -u system  -p '5ienet.com' -S /data/mysqldata/3306/mysql.sock 5ienet /tmp/
Flushed 19 tables with read lock (`5ienet`.`ld_t6`, `5ienet`.`t1`, `5ienet`.`t2`, `5ienet`.`t3`, `5ienet`.`t_arc1`, `5ienet`.`t_bh1`, `5ienet`.`t_csv1`, `5ienet`.`t_mem1`, `5ienet`.`t_mem_1m`, `5ienet`.`t_mem_2m`, `5ienet`.`t_mer1`, `5ienet`.`t_myd1`, `5ienet`.`t_myd2`, `5ienet`.`t_myd3`, `5ienet`.`t_myd4`, `5ienet`.`t_myd5`, `5ienet`.`t_myd6`, `5ienet`.`t_mys1`, `5ienet`.`t_mys2`) in 0 seconds.
Locked 0 views () in 0 seconds.
Copying 44 files...
Copying indices for 0 files...
Unlocked tables.
mysqlhotcopy copied 19 tables (44 files) in 0 seconds (0 seconds overall).
```

需要注意的是，mysqlhotcopy 只用于 MyISAM 和 ARCHIVE 引擎的表对象，不能适用于 InnoDB 表对象，这与 InnoDB 存储引擎表空间和数据文件的设定有关。考虑到 mysqlhotcopy 的应用场景有限，而且其使用比较简单（参数很少），本章不再多做介绍，感兴趣的朋友可以自行参考文档学习。需要注意的是，前面说过，mysqlhotcopy 命令实际上是段 Perl 编写的脚本，朋友们在使用该命令时，需要先安装 Perl 语言的运行环境以及 DBI/DBD 等依赖包，否则执行时可能会抛出异常。

10.2.3　使用 mysqldump 命令行工具创建逻辑备份

前面提到的两种方式尽管操作很简单，不过看起来都不适用于处理 InnoDB 引擎表对象，可是现实情况中，InnoDB 引擎表又被广泛使用，那么针对 InnoDB 表的备份可怎么办好呢？对此 MySQL 提供了 mysqldump 命令行工具，简单好用，业内良心。

尽管都是用来备份，不过 mysqldump 的实现机制与 mysqlhotcopy 完全不同，mysqldump 属于逻辑备份，备份既可以在本地执行，也可以在远端操作。如果说相同点的话，就是 mysqldump 和 mysqlhotcopy 均属于热备份。

mysqldump 命令的参数众多，功能强大，操作灵活，在后续章节中会跟大家介绍这个工具的详细用法。

10.2.4 使用 SQL 语句创建备份

不是只有专用工具创建的备份才是备份，一切以保存数据用于恢复目的的操作均可视为备份操作（甚至是传统的 CREATE TABLE AS ... SELECT ... FROM TBL），这类操作输出的结果集均可以视为备份集。

我这么一点，大家是否有茅塞顿开之感呢？没错，其实不管做什么操作，都不能过于死板，特别是对于开源软件，追求灵活性本就是其核心目的之一。就备份来说，包括之前咱们多次执行过的 SELECT * INTO OUTFILE 语句也可视为备份方案之一。

灵活利用 SQL 语句创建数据的副本是一种很有效的数据备份方式，不过需要注意的是，这种方式输出的文件中仅包含数据，而没有表结构信息，如果将其作为备份策略的话，需要另有手段备份表对象的结构信息，而且这类备份创建的文件都是保存在 MySQL 的服务端而非客户端，都属于本地备份。

10.2.5 冷复制方式创建物理备份

前面出现的这些方式都是专用的命令，此外，还有更简单并且直接的备份方式，就是创建物理备份。操作时先停止数据库读写服务，关闭 MySQL 数据库，然后将 data 目录复制一份到备份路径下，这种操作方式就是传说中的冷备份。

在操作系统层创建这类备份的技术含量相当低，不过考虑这种实现方式，要求操作过程中数据库服务处于不可用状态，因此尽管其技术含量低，操作比较容易，但应用场景已经越来越狭窄了。

10.2.6 二进制日志创建增量备份

我们已经介绍了好几种方式，都是用于创建完整备份，那么增量备份如何做呢？前面其实在介绍概念时已经讲过了，就目前的方案来看没有太好的方式，只能借助 MySQL 的二进制日志文件，才能实现有限的增量备份和恢复。

10.2.7 第三方工具创建联机备份

企业版本的用户可以使用 MySQL Enterprise Backup 产品创建物理备份。该产品包括增量备份和完整备份。备份的物理数据库文件恢复时比 mysqldump 方式创建的逻辑备份要快。InnoDB 表使用热备份机制复制。其他存储引擎类型的表使用温备份机制备份。

在之前也有第三方团队提供商业备份软件，比如之前较具知名度的，由 InnoDB 开发商提供的 ibbackup 联机备份软件（一看名字就知道跟 InnoDB 有关系）。不过 ibbackup 的发展有些曲折，先是 InnoDB 引擎的开发团队 InnoBase Oy 被 Oracle 公司收购了，后来 MySQL 又被 Sun 公司收购，再后来 Sun 也被 Oracle 公司收购，再后来……再后来就没有了，如今就都是 MySQL Enterprise Backup 了。

不过 Enterprise Backup 毕竟属于商业产品，不能随意使用，变相被 Oracle 收购之后的 MySQL，也在商业化道路上走的更激进，只是，由于 MySQL 本身是开源的，社区的力量使其能够不断涌现出优秀的、免费的并且开源的产品。对于第三方备份工具来说，我们有更好的选择——XtraBackup，来自 Percona 的联机热备工具，后面将有章节详细介绍。

10.3 Hey Jude, Don't be afraid，备份咱有 mysqldump

俗话说的好：实践出真知。备份大家都很重视，但这个光靠说不行，必须得亲自动手做，那怎么创建备份呢？

在 MySQL 数据库中自带了一款命令行工具，功能强大，不仅常被用于执行数据备份任务，甚至还可用于数据的迁移。尽管只是个命令行工具，不过功能已经非常强大和完善，是执行联机备份的最常见选择之一。备份粒度相当灵活，既可以针对整个 MySQL 服务，也可以只备份某个或者某几个 DB，或者还可以指定只备份某个或某几个表对象，甚至于实现只备份表中某些符合条件的记录。熟悉 Oracle 数据库下备份软件的朋友可能会说，这货是被 exp/expdp 附体了吗？绝对不是，它凭借着实力，已经闯出了自己的名号，它是 mysqldump。

mysqldump 命令创建的是逻辑备份，它输出的结果集有两种格式：一种是将数据转换成标准的 SQL 语句（一堆 CREATE、DROP、INSERT 等语句）；另一种是将数据按照指定分隔符，输出成定界格式的平面文件。

10.3.1 单个数据库的备份任务

调用 mysqldump 命令非常简单，直接执行命令可以看到其格式，具体如下：

```
$ mysqldump
Usage: mysqldump [OPTIONS] database [tables]
OR     mysqldump [OPTIONS] --databases [OPTIONS] DB1 [DB2 DB3...]
OR     mysqldump [OPTIONS] --all-databases [OPTIONS]
For more options, use mysqldump --help
```

你看，都很简单的嘛，指定选项，指定库名，指定[表名]即可，更详细的信息以及参数（more options）可以参考“帮助”。我知道大家苦候了很久，此刻怕是没心情一项项去细细看“帮助”的吧，那我们接下来就通过实际操作来了解它吧！

在真正导出数据前，我想先再补充一点，这个，不是我啰嗦，因为接下来要强调的内容非常非常重要，没有它，咱们的导出命令肯定是执行不了的，因为，不管您想拿 mysqldump 命令做什么，连接参数一定得有，而且格式得写对啊，否则连不上数据库，一切都抓瞎。

跟连接相关的参数，具体说来有这么几项：

- -u, --user：指定连接的用户名。
- -p, --password：指定连接用户的密码。

- -S, --socket：指定连接的 socket 文件。

如果是连接远端数据库，无法使用--socket 参数，那么就需要下面两个参数：

- -h, --host：指定目标数据库的 IP 地址。
- -P, --port：指定目标数据库服务的端口。

> **提 示**
>
> 逗号前面是参数的简写形式，当然，就我的体会来说，用得多了，你会发现简写才是最常用的，我想这也是它们被放在前面的原因。用的久了你还会发现，简写形式才是你唯一记得清的，遗憾的是，不是每个 mysqldump 的参数都有简写形式。

我知道大家早就迫不及待了，那么咱们就赶紧开始备份吧，先来个最简单的，导出某个数据库中所有对象。

前面学习的过程中，我们在 jssdb 中创建了很多表对象，尽管都是些个人的测试数据，但这些对象仍然很重要，它忠实地记录了咱们的学习过程，若有意外情形发生，那我们丢失的不止是数据，而是宝贵的记忆。那么咱们就试试通过 mysqldump 命令将它们都备份出来吧。

执行 mysqldump，并附加参数如下：

```
$ mysqldump -usystem -p'5ienet.com' -S /data/mysqldata/3306/mysql.sock jssdb
Warning: Using a password on the command line interface can be insecure.
-- MySQL dump 10.13  Distrib 5.6.12, for Linux (x86_64)
--
-- Host: localhost    Database: jssdb
-- ------------------------------------------------------
-- Server version       5.6.12-log
..................
..................
```

前面 3 项参数就不用多说了吧，都是连接信息相关参数，也就是说这么长一串命令写下来，真正与导出数据相关的只有最后一项——“jssdb”，这才是我们要导出的库名。怎么样，够简单吧！

命令执行后返回的详细信息我就不贴了（太长且无意义，真要全贴出来必然能占用不少篇幅，稿费嗷嗷的拿，不过这种方式即便符合规则却没有道德，虽说咱参与不了奥运会，也不是拿冠军的材料，但咱也有价值观，也想有道德）。如果读者朋友是按照本书章节顺序中的示例一步步操作过来，那么会发现这条导出命令执行后，jssdb 库下各对象结构及数据被直接输出到屏幕上来了。

没错，mysqldump 默认是标准输出（即输出到屏幕），通常我们希望结果被保存到文件中，那么只要将输出结果重定向到指定文件就可以了。再次执行 mysqldump 命令，并附加重定向输出到指定路径，具体如下：

```
$ mysqldump -usystem -p'5ienet.com' -S /data/mysqldata/3306/mysql.sock jssdb > /data/mysqldata/backup/jssdb_fullDbBak.sql
```

查看输出的目标文件 jssdb_fullDbBak.sql，这就是我们备份的数据啊：

```
$ more /data/mysqldata/backup/jssdb_fullDbBak.sql
```

对于首次接触 mysqldump 命令的同学，建议**认真阅读**这份输出的文件中的内容，尤其要关注细节，信息量极为丰富的哟。

10.3.2 备份多个数据库

前面小节的示例只是导出一个库的数据，若要想备份多个或整个 MySQL 数据库又怎么办呢，难不成要挨个把所有的库名都跟在命令行参数后面？这个，呃，不是跟与不跟的问题，而是能不能的问题，不跟还好，跟在后面反倒要报错，因为语法就不是那么写的。

来回顾一下语法吧：

```
Usage: mysqldump [OPTIONS] database [tables]
OR     mysqldump [OPTIONS] --databases [OPTIONS] DB1 [DB2 DB3...]
OR     mysqldump [OPTIONS] --all-databases [OPTIONS]
```

我们前面示例中调用的是第一种形式，后面若再跟参数，就会被理解为**表对象**（看仔细了，这里说的是表，嘿嘿，尽管还不清楚怎么备份多个库，不过现在大家应该知道怎么备份单个表对象了吧），第二种形式看起来是要备份多个数据库，需要指定--databases 参数，第三种形式看参数的名称，估摸着应该是全库备份了。

先来试试--databases 参数吧，这次将 jssdb 和 5ienet 两个库的数据都备份下来，执行命令行如下：

```
$ mysqldump -usystem -p'5ienet.com' -S /data/mysqldata/3306/mysql.sock --databases jssdb 5ienet >
    /data/mysqldata/backup/dbbak_jssdb_5ienet.sql
```

超简单吧，全库备份呢，更简单，直接在命令行后指定--all-databases 参数即可，连库名都不必写，这里不做演示，大家感兴趣的话自己在环境中测试吧！

尽管您现在可以认为自己都懂了，不过，千万不要急于在线上环境采用这样的命令行参数进行备份，尽管它看起来很简单也有效，可是，备份过程中它可是会锁库又锁表的哟（这块我还没讲）。对于繁忙的线上业务系统来说，影响可以说是致命的，若没有对 mysqldump 全面的理解和熟练的技巧应用，恐怕您一条命令敲下去，过不了多久，您本人也要被敲下去了。

10.3.3 输出定界格式文件

使用 mysqldump 除了能够以 SQL 格式输出，还可以输出定界格式文件。什么叫定界格式呢？就是由操作者来定义界限（我就随口这么一说，您要真信了那我谢谢您），比如说列与列之间的值以什么方式分隔啊，行与行之间以什么形式表示换行之类的。举个更形象的例子吧，通过定界格式这种设定，我们可以将表对象中的数据以 CSV 格式进行输出，您若将其理解为命令行版的 SELECT ... INTO OUTFILE 也是可以的。

当以定界格式进行输出时，mysqldump 输出信息默认就不再是标准输出（即输出到屏

幕），而是根据对象，每个对象生成对应的两个同名文件，其中一个用于存储对象中的实际数据，文件扩展名为.txt，另一个存储对象的结构（即CREATE TABLE语句），文件扩展名为.sql，这类文件均保存在--tab参数指定的路径下。

例如，将jssdb库中的对象导出到/data/mysqldata/backup目录，执行命令如下：

```
[mysql@localhost ~]$ mysqldump -usystem -p'5ienet.com' -S /data/mysqldata/3306/mysql.sock --tab=/data/mysqldata/backup jssdb
```

而后查看/data/mysqldata/backup目录：

```
[mysql@localhost ~]$ ll /data/mysqldata/backup/
total 124
-rw-rw-r-- 1 mysql mysql 14294 Mar 29 16:36 jssdb_fullDbBak.sql
-rw-rw-r-- 1 mysql mysql  1406 Mar 29 23:09 ld_cmd.sql
-rw-rw-rw- 1 mysql mysql    84 Mar 29 23:09 ld_cmd.txt
-rw-rw-r-- 1 mysql mysql  1403 Mar 29 23:09 ld_csv1.sql
-rw-rw-rw- 1 mysql mysql   195 Mar 29 23:09 ld_csv1.txt
-rw-rw-r-- 1 mysql mysql  1406 Mar 29 23:09 ld_sql.sql
-rw-rw-rw- 1 mysql mysql   157 Mar 29 23:09 ld_sql.txt
............
............
```

各文件内容这里不一一展示了，大家可以挑几个比较有特点的浏览看看，比如说/data/mysqldata/backup/ld_t6.txt 文件。大家应该能看出来，这个输出的结果非常类似我们前面章节中SELECT ... INTO DUMPFILE语句的功能，输出的文件是标准格式。输出倒是没问题，但是拿着这些文件再想导入回库中，恐怕是要费些力气。究其原因，就是因为行与列的分隔符不妥当。

这会儿估摸着大家可能已经回想起来了，咱们用的mysqldump命令，不是号称能“定义界限”的嘛，这个怎么定的啊，别着急，我正准备讲来着。

对于mysqldump --table来说，默认输出的.txt每条记录输出到一行，行与行之间使用默认的换行符；列值之间以Tab符分隔，不会有引号引注列值。如果希望自己定义输出的定界文件格式，那么，您可能需要用到mysqldump命令提供的下列选项：

- --fields-terminated-by：指定列值的分隔符，默认是Tab符。
- --fields-enclosed-by：指定列值的包括符，默认没有包括符。
- --fields-optionally-enclosed-by：指定非数字列的包括符，默认没有包括符。
- --fields-escaped-by：指定转义符，默认转义符是\。
- --lines-terminated-by：指定行结束符，默认就是换行符。

同学们，这几个参数看着很眼熟了吧。没错，咱们在第9章时没少跟他们打交道。

关于这几个参数的功能、用途真没必要再多做介绍了吧，占用篇幅就是在浪费纸张啊同学们，虚度光阴事小，万一造成资源的巨大浪费，导致完成不了节能减排的任务，影响中华民族的伟大复兴，实现不了中国梦，这罪过可就大了去了。

下面还是通过实际操作，想想看怎样设定，才能够将ld_t6表对象的数据导出后，能更容易处理一些呢，想来想去，就按通用性最强的CSV格式来导出吧。执行mysqldump

命令如下：

```
[mysql@localhost ~]$ mysqldump -usystem -p'5ienet.com' -S /data/mysqldata/3306/mysql.sock
--tab=/data/mysqldata/backup jssdb ld_t6 --fields-terminated-by=',' --fields-enclosed-by='"'
Warning: Using a password on the command line interface can be insecure.
[mysql@localhost ~]$ more /data/mysqldata/backup/ld_t6.txt
"12","192.168.11.25","WIN SERVER 2000,2003","业A话单\
\
同步进程","0.01"
"13","192.168.11.6","WINDOWS \
SERVER 2003","业B话单\"同步\",进程","0.01"
"14","192.168.11.6","WIN SERVER 2003,2008","业A状态报告同步\
\
\
进程","0.01"
```

导出的 ld_t6 以逗号分隔，列值使用双引号符引住。下面讲到恢复时，我们可以验证这个文件是否方便导入回库中。

10.3.4 恢复 mysqldump 创建的备份集

1. 定界符格式恢复

通过 mysqldump 命令附加--tab 参数导出后，每个表对象会有两个同名文件，扩展名为.sql 的文件中保存的是对象创建脚本，另外那个扩展名为.txt 的文件中保存的就是实际的数据了。

恢复时，第一步当然是打开扩展名为.sql 的文件，拿到数据库中执行，将表对象创建好。接下来，咱们就要处理.txt 文件中的内容。如何处理这类文件，咱们前头学过，操作涉及的语法等内容就不再复述了，您要是连该用哪个命令都搞忘了，那您就翻回第 9 章先读一读。这里再实际演练一遍，帮大家复习一下，我们就选择看起来可能是最复杂的 ld_t6 对象来演示。

首先执行 ld_t6.sql 文件中的内容，将表对象恢复到 5ienet 库中，执行 mysql 命令如下：

```
$ mysql -usystem -p'5ienet.com' -S /data/mysqldata/3306/mysql.sock 5ienet < /data/mysqldata/backup/
ld_t6.sql
```

mysql 命令还能执行恢复？没错，mysql 在 MySQL 中的地位像神一样（看名字就知道重要嘛），近乎无所不能，关键就看会不会用了。

然后切换到 mysql 命令行模式，SHOW TABLES 语句检查是否存在 5ienet.ld_t6 表对象，若对象结构恢复无误（应该没问题，否则前面执行 mysql 命令时就报错了），接下来通过 LOAD DATA INFILE 语句恢复 ld_t6 表对象的数据，执行命令如下：

```
(system@localhost) [5ienet]> LOAD DATA INFILE '/data/mysqldata/backup/ld_t6.txt'
    -> INTO TABLE ld_t6
    -> FIELDS TERMINATED BY ',' ENCLOSED BY '"';
Query OK, 3 rows affected (0.00 sec)
Records: 3  Deleted: 0  Skipped: 0  Warnings: 0
```

返回信息显示，已经成功操作了 3 条记录。

通过--tab 方式导出的数据，恢复时较考验用户的 LOAD DATA INFILE 语句功力。不过就我看来，LOAD DATA INFILE 语句暂且不提，即使对于这种导入数据的方式不熟悉也没关系，这不是因为它的功能做得不好，而是因为有更好的选择。就 mysqldump 命令执行导出任务来看，通常都会选择 SQL 格式输出，这种格式的数据恢复要容易多啦。

2. SQL 格式恢复

除非指定了--tab 选项，否则 mysqldump 命令默认导出的文件内容，都是由一条条的 SQL 语句组成，所谓的恢复，其实就是执行这些 SQL 语句，读到这里，没有流露出恍然大悟表情的同学都是好样儿的。

不过执行 SQL 语句听起来简单，具体操作时还是有些技巧。基本上，由于 SQL 文件中包含的语句数量众多，不能像平常执行 SQL 那样，在 mysql 命令行模式中逐条执行，如果对于这一点有疑惑的话，建议您瞅一眼咱们前面创建的 jssdb 全库备份文件（随便写写就 100 多兆），这要是一条条执行，怕是累都要累死。

简便些的操作方式有两种：

- 使用 mysql 命令行工具。借助 mysql 命令行工具和重定义输入（<符号）输出（>符号），就像前面恢复 ld_t6 表对象结构时那样，将 SQL 脚本作为条件输入 mysql 命令，例如：

```
$ mysql -usystem -p'5ienet.com' -S /data/mysqldata/3306/mysql.sock jssdb < /data/mysqldata/backup/jssdb_fullDbBak.sql
```

- 使用 mysql 命令行模式提供的 source 命令。source 命令不是标准的 SQL 语句，而是由 mysql 命令行工具提供的客户端命令，该命令的功能就是执行指定的 SQL 脚本，用来恢复 mysqldump 创建的备份集真是再恰当不过，例如：

```
mysql> use jssdb;
mysql> source /data/mysqldata/backup/jssdb_fullDbBak.sql;
```

若照前面这两示例来看，SQL 格式恢复数据极为简单，我必须提醒大家，这只是个表象，对应的是最简单的恢复场景，实际操作时如何处理，关键要看实际需求。比如若我们创建备份集时，生成的是整库的备份，而恢复时只希望恢复其中的某个表对象的话，前面直接导入 SQL 文件的操作方式就有不妥，起码不能在正式环境直接执行，那又该如何操作为好呢，同学们自己先想一想，后面小节会有内容进行介绍。

10.3.5 多学些 mysqldump 命令行参数

作为主力备份工具之一，mysqldump 功能强大是必需的，这也代表着其参数众多，又想参数少，又想功能好，那就像要马儿少吃还要跑得快一样矛盾了。其中某些参数前面说过的，有些前面没说，没关系，说过的和没说过的这里都一块说。

尽管 mysqldump 命令的参数很多，但实际上经常用到的并没有多少，因此这里三思计划按照常用、常不用、不常用，这几种类型分开描述，希望能够有助于大家分清主次，快

速掌握 mysqldump 命令使用要点。好，那么下面开始介绍（分明是扯到这里刚进入正题）。

怎么，您想先大概了解 mysqldump 都支持哪些参数？这个嘛，本小节全部看完你就知道了，您要实在等不及，那么最快捷的查看 mysqldump 所支持的参数，也是我们将要讲的最常用（起码针对某些同学常用）的参数之一，它就是--help 参数。

执行 mysqldump 命令，并附加--help 或-?参数，就能看到 mysqldump 命令支持的所有参数，例如：

```
$ mysqldump --help
```

返回的信息翻了好多屏，输出的内容确实不少，眼睛都被闪花了，因此别着急，咱们一个个来了解，下面言归正传吧，首先来认识一下：

1. 常用参数

- -?，--help：显示帮助信息，也就是说显示你正在看的东西，只不过是英文的。
- -u，--user：指定连接的用户名。
- -p，--password：指定用户的密码，这里可以只指定参数名，而不指定参数值，mysqldump 随后将提示输入密码，以保护账户口令的安全。
- -S，--socket：指定 socket 文件连接，本地登录才会使用。
- -h，--host：指定连接的服务器名。
- -P，--port：指定连接的服务器端口。

以上为连接相关参数，大家务必熟记。

- --default-character-set：设置字符集，默认是 UTF8。
- -A，--all-databases：导出所有数据库。注意这个所有其实是需要打引号的，因为默认情况下，INFORMATION_SCHEMA 库是不会被导出的。
- -B，--databases：导出指定的某个/或者某几个数据库。

注意到没有，此处可以指定多个库名，这样就是导出多个 DB 了；您可能会想，若指定--databases 参数后，参数值则指定当前 MySQL 服务中拥有的所有 DB，是不是功能就跟--all-databases 参数一样了呐。哎呀，这个问题怎么说呐，恭喜你，猜对了。

若只指定一个库名呢，那功能是否就跟不指定--databases 参数一样了呢？这个，从效果上来看差不多，但不全是。这里有个小细节，在本节第一个示例中我曾建议大家认真去看 mysqldump 命令导出的文件，不知道大家是否确实认真阅读，以及是否注意到了，导出的文件中，**没有包含**建库（CREATE DATABASE）的脚本。

这一点倒也并不严重，并不会丢失数据，因为咱们在前面章节的内容中讲过，MySQL 中的数据库其实就是操作系统层的一个目录，建库脚本即使没有，大不了手动创建，也不是不能处理。我想说的是，这里存在一个细节，这个细节也体现着--databases 参数的功能。就是说，当通过--databases 参数导出库中数据时，输出的内容是**包含**建库脚本的。这也就是附加--databases 参数只指定一个库名，和直接指定库名不附加--databases 参数的区别了。

- --tables：导出指定的表对象，参数值的格式为“库名 表名”，默认共将覆盖

--databases（-B）参数。

- -w, --where：只导出符合条件的记录。

上面这几个参数，控制导出粒度依次越来越细致。

- -l, --lock-tables：锁定读取的表对象，相当常用，想导出一致性备份的话最好启用本参数，其实即使不指定，默认也是在启用状态。如果说影响的话，那就是对象导出期间，其他会话都无法再对表做写入操作了，对于数据量比较大的表对象的导出，锁定时间相对会较长，并不是所有系统都能接受这一点。如果您希望备份过程中其他会话仍能正常执行读写操作，请关注接下来要出现的参数。
- --single-transaction：对于支持多版本的存储引擎（说的就是 InnoDB）在导出时会建立一致性的快照，也就是该表对象导出操作将在同一个事务中，在保证导出数据的一致性的前提下，又不会堵塞其他会话的读写操作，相比--lock-tables 参数来说锁定粒度要低，造成的影响也要小很多，遗憾的是它只能支持有限的存储引擎。另外还需要注意，指定了这个参数后，其他连接不能执行 ALTER TABLE、DROP TABLE、RENAME TABLE、TRUNCATE TABLE 这类语句，大家应该明白事务的隔离级别可控制不了 DDL 语句，就我个人看法，-l 和--single-transaction 两个参数是常用中的常用，或者说必用参数。
- -d, --no-data：只导出对象结构，不导出数据。
- -t, --no-create-info：与前面的参数功能相反，只导结构不导数据，某些场景分别应用各有奇效。
- -f, --force：即使遇到 SQL 错误，也继续执行，功能类似 Oracle exp 命令中的 ignore 参数。
- -F, --flush-logs：在执行导出前先刷新日志文件，视操作场景，有可能会触发多次刷新日志文件。一般来说，如果是全库导出，建议先刷新日志文件，否则就不用了。

2. 不常用

- -T, --tab：导出定界格式文件。
- --fields-terminated-by。
- --fields-enclosed-by。
- --fields-optionally-enclosed-by。
- --fields-escaped-by。
- --lines-terminated-by。

上面这几个参数功能无需再重复了吧。

- -e, --extended-insert：使用多行 INESRT 语句（一种 mysql 独有的 INSERT 语法，即一条 INSERT 对应多个 VALUES 值，能够提高 INSERT 语句执行的效率）。默认即启用本参数，可以通过指定本参数值为 false 来禁用。

这里又涉及一个细节了，第一个 mysqldump 导出示例的输出结果中，一条 INSERT 语

句后面跟了多个 VALUES，这种语法并不是标准的 SQL 语法，在其他数据库中是无法执行的，如果希望将导出的脚本拿到其他类型的数据库中执行，最好是按照标准 SQL 语法，一条 INSERT 语句中对应一组 VALUES。那么 mysqldump 命令怎么实现这一点呢，就是通过--extended-insert 参数来控制喽。

- --dump-slave[=#]：用于生成 Slave 备份集的专用参数。至于说 Slave 到底是什么，这涉及了 MySQL 中的一项重要特性——复制（Replication），第 11 章会专题描述这一特性，不见不散。

转回头来说 dump-slave，指定本参数后，它会将当前的二进制文件以及日志记录位置也输出到特定 SQL 脚本中。如果指定本参数值为 1，则输出的信息中将包括 CHANGE MASTER 语句；如果值为 2，则仍然输出 CHANGE MASTER 语句，但默认这个语句会被注释。若指定了这个参数，则相当于同时启用了--lock-all-tables，除非同时指定了--single-transaction。

- --include-master-host-port：通常与--dump-slave 参数组合使用，本参数将会在'CHANGE MASTER TO..'语句后附加'MASTER_HOST=<host>, MASTER_PORT=<port>'内容。
- --master-data[=#]：用于生成 Slave 备份集的专用参数。从功能来看，与--dump-slave 极为相似，可指定的参数值也相同，只不过一个用于备份 Master，另一个用于备份 Slave。这两个参数曾经是配置 Replication 复制环境的利器，不过如今用的少了，因为使用 mysqldump 命令创建复制环境不再主流（如果问主流是哪个后面马上就会讲到），这也是本参数被归类为不常用的原因。
- -x, --lock-all-tables：在导出任务执行期间锁定所有表，相当于持有一个全局锁定。若指定了本参数，则功能等同于禁用--single-transaction 和--lock-tables 参数，若要创建完整的一致性备份，则建议指定本参数，不过，注意了，副作用较大，您想啊，全库锁定哟，备份执行过程中，该库无法进行读写操作，不是所有业务场景都能接受的。
- -K, --disable-keys：在导出的文件中输出'/*!40000 ALTER TABLE tb_name DISABLE KEYS */; 以及'/*!40000 ALTER TABLE tb_name ENABLE KEYS */;'等信息。这两段信息会分别放在 INSERT 语句的前后，也就是说，在插入数据前先禁用索引，等完成数据插入后再启用索引，目的是为了加快导入的速度。本参数默认就是启用状态。
- --max-allowed-packet：指定 max-allowed-packet 系统变量的值，该值用于控制接收自服务端的每个包的最大字节长度。
- --net-buffer-length：指定 TCP/IP 的缓存区大小。
- --no-autocommit：禁用自动提交。
- -n, --no-create-db：不生成建库的脚本，即使指定--all-databases 或--databases 这类

参数。

- -R, --routines：导出存储过程、函数等定义好的 MySQL 程序。
- --flush-privileges：导出 mysql 库后执行一条 FLUSH PRIVILEGES 语句。
- --ignore-table：指定的表对象不做导出，参数值的格式为[db_name.tblname]，注意每次只能指定一个值，如果有多个表对象都不进行导出操作的话，那就需要指定多个--ignore-table 参数，并为每个参数指定不同的参数值。

3. 常不用

- -Y, --all-tablespaces：目前仅用于 MySQL Cluster 存储引擎的对象，就是在生成表对象的 SQL 语句时，如果有必要，则生成创建 NDBCLUSTER 表的表空间语句。
- -y, --no-tablespaces：不输出 CREATE LOGFILE GROUP 和 CREATE TABLESPACE 语句。
- --log-error=name：将警告和错误信息输出到指定文件，这个看起来还是会用到，但为啥归在常不用一类呢，因为我们在使用 mysqldump 时，往往不仅仅要记录警告和错误信息，还要记录完整的备份信息，--log-error 参数满足不了实际需求，我们需要通过其他途径实现。
- --add-drop-database：在任何建库语句前，附加 DROP DATABASE 语句。
- --add-drop-table：在任何建表语句前，附加 DROP TABLE 语句。有些朋友会想，删除操作必须谨慎，谁会想让它生成删除语句啊。朋友，道理您已经懂了，但功能还有所不知，要知道这个参数默认是启用状态，这里之所以提及，就是为提醒同学们注意，如果不希望它生成 DROP TABLE 语句，可以通过--skip-add-drop-table 参数来禁用它。
- --add-drop-trigger：创建任何触发器前，附加 DROP TRIGGER 语句。
- --add-locks：在生成的 INSERT 语句前附加 LOCK 语句，注意这个参数默认是启用状态，可以通过--skip-add-locks 参数来禁用它。
- --allow-keywords：允许创建使用关键字的列名。
- --apply-slave-statements：在 dump 最后增加 STOP SLAVE 语句。
- --bind-address=IPADDR：绑定 IP 地址。
- --character-sets-dir=name：指定字符集文件所在路径。
- -i, --comments：指定附加信息，默认即启用，可以通过--skip-comments 参数来禁用它。
- --compatible=name：指定输出的 SQL 语句的兼容性模式，默认当然是按照兼容 MySQL 数据库的模型导出的，如果导出的数据需要导入到其他类型（或版本）的数据库，那么需要指定本参数值为适当的模型，可选的模式有下列多种，包括 ansi、mysql323、mysql40、postgresql、oracle、mssql、db2、maxdb、no_key_options、no_table_options、no_field_options，用户可以同时指定多个参数值，相互以逗号分隔即可。

- --compact：减少输出的信息（诊断时比较有用），等同于指定了--skip-add-drop-table、--skip-add-locks、--skip-comments、--skip-disable-keys、--skip-set-charset 数项参数。
- -c, --complete-insert：使用包括列名的完整 INSERT 语句。
- -C, --compress：压缩在客户端和服务端传输的信息。
- -a, --create-options：包含所有 MySQL 中的创建选项，本参数默认启用，可以通过指定--skip-create-options 参数禁用它。
- --debug-check：检查内容及待使用的文件。
- --debug-info：输出一些跟踪信息。
- --delayed-insert：使用 INSERT DELAYED 语句插入记录。
- --delete-master-logs：在备份完成后，删除 Master 端的日志文件，本参数会级联启用--master-data 参数。
- --hex-blob：以十六进制格式输出二进制字符类型，包括 BINARY、VARBINARY、BLOB。
- --insert-ignore：使用 INSERT IGNORE 语句插入记录。
- -E, --events：输出 event。
- --set-charset：在导出的文件中附加'SET NAMES default_character_set'，默认就是启用状态。
- --dump-date：在最后输出操作时间，默认就是启用状态。
- --triggers：导出表的触发器脚本，默认就是启用状态。
- -N, --no-set-names：不生成'SET NAMES'指定字符集的语句。
- --opt：功能等同于同时指定了--add-drop-table、--add-locks、--create-options、-quick、--extended-insert、--lock-tables、--set-charset 以及--disable-keys，默认就是启用状态。
- --skip-opt：禁用--opt 选项，相当于同时禁用--add-drop-table、--add-locks、--create-options、--quick、--extended-insert、--lock-tables、--set-charset 及--disable-keys。
- -Q, --quote-names：使用重音符（`）包括住表名和列名，默认就是启用状态。
- -order-by-primary：导出时按照主键或唯一键进行排序，有可能增加额外的排序操作，造成需要耗费更多的时间才能执行完导出任务。
- --protocol：指定连接协议，如 TCP、Socket、Pipe 或 Memory。
- -q, --quick：导出时不会先将数据加载至缓存，而是直接输出。默认就是启用状态。
- --replace：使用 REPLACE INTO 语句替代 INSERT INTO 语句（REPLACE INTO 是 MySQL 中提供的专有语法）。
- -r, --result-file：直接输出内容到指定文件。本选项比较适合像 DOS、Windows 这类使用回车+换行（\r\n）来标识行的操作系统。
- --tz-utc：在导出文件的顶部设定时区，默认就是启用状态。
- -v, --verbose：显示导出过程中状态信息，比如说创建了连接、当前正在操作哪个

对象、执行到了哪个步骤等。

- -V, --version：显示软件的版本信息。
- -X, --xml：以 XML 格式导出对象的结构。

浏览过这些参数，我不知道大家是否注意到了，上面三思的分类是依据可能的使用频度，而不是根据重要程度。之所以这样设定，是考虑到某些即使非常重要的参数，但是其默认值适用场景广泛，通常不会变更，因此也就归类到不常用或常不用的类别里去了。不过上面的分类仅是三思一家之言，它跟实际使用场景有关，比如说对于--hex-blog 参数，用于控制二进制字符串的输出，在三思经手的系统中，并未有应用过 BLOB、BINARY、VARBINARY 数据类型，因此--hex-blog 参数对我来说，就属于不常用的范畴了。

这些参数的应用三思就不一一列举了，希望大家能够自己多做练习，精通常用的参数，另外即便是不常用及常不用的参数，也要做到心中有数，熟练操作，在通过 mysqldump 命令创建备份任务时，能够得心应手。

10.3.6　自动化备份策略

通过前面的学习，咱们已经使用mysqldump实操备份了好几回，参数咱们也看过不少，胆儿大的朋友们可能都在线上环境操作过多次，不过肯定仍然会有些朋友心里没有底，不知道该指定哪些参数，不知道怎样使用 mysqldump 工具最好。尽管我个人对 mysqldump 已经比较熟悉了，可是也不敢说用的最好，因为没有最好，只有更好。

另外，从 mysqldump 提供这众多的参数，大家应该也感受得到，这是一个极具灵活性的工具，因此，用的好不好，首先是要看需求，其次看场景。好不好不是由他人评判，而是由使用者感受；好不好不是指定了什么参数，而是参数有没有用对地方；下面我愿意跟大家一起理一理，在限定场景下，怎么用更好。

1．库级备份

对于独立的 MySQL 数据库（比如咱们现在使用的这套环境），当需要创建完整备份时，我会使用下列参数进行库级备份：

```
$ mysqldump -usystem -p'5ienet.com' -S /data/mysqldata/3306/mysql.sock -A -R -x --default-character-set=utf8 | gzip > /data/mysqldata/backup/dbfullbak_`date +%F`.sql.gz
```

mysqldump 命令行参数的功能不再逐一解释，简要说明一下命令中没有介绍过的那些字符所起的作用。对于那根竖线：|，它被称做管道符，接触过 Linux 的朋友对它应该比较熟悉，它将两个（或多个）命令连接起来，左边命令执行的输出，会作为右边命令的输入，我们借助它将 mysqldump 和 gzip 压缩命令相连，实现将 mysqldump 的备份集直接压缩保存，这样可以缩小备份集占用的磁盘空间，提高操作效率。输出的文件名一部分由日期组成（'date +%F'），方便识别，并且避免文件重复导致覆盖。

不知道大家注意到没有，我们这里指定了-x 参数，也就是说，在执行完整备份期间，数据库处于锁定状态，业务端是否能够接受就需要根据实际情况考量。若希望尽量减少备份期

间，对前端读写请求的影响，那么可以考虑将“-x”参数替换为“--single-transaction –l”两参数。这样的话，对于 InnoDB 引擎对象来说，备份时不会影响读写，而对于 MyISAM 引擎对象来说，尽管仍会有锁定，但也是备份哪个对象时，只锁定那一个对象，影响面会小很多。

> **提 示**
>
> 不管您是备份还是别的，反正对于 MyISAM 来说，锁表是必需的。对于读写并重的应用场景，这个缺陷也是 MyISAM 引擎被 InnoDB 引擎替代的主因。

备份语句确定后，前面我们说了，希望能够做得更好，我们想简化备份的执行语句，不用每次都写这么长的备份命令，指定这么多参数，我们希望知道每次备份的执行时间，希望能够保留备份的操作日志，希望能够自动清除 n 天前的备份集等。基于这些实现的需求，我们可以创建专用的脚本文件来执行备份任务，简化我们的操作。

创建备份脚本，内容如下：

```
[mysql@localhost ~]$ more /data/mysqldata/scripts/mysql_full_backup.sh
#!/bin/sh
# Created by junsansi 20130505

source /data/mysqldata/scripts/mysql_env.ini

DATA_PATH=/data/mysqldata/backup/mysql_full
DATA_FILE=${DATA_PATH}/dbfullbak_`date +%F`.sql.gz
LOG_FILE=${DATA_PATH}/dbfullbak_`date +%F`.log
MYSQL_PATH=/usr/local/mysql/bin
MYSQL_DUMP="${MYSQL_PATH}/mysqldump -u${MYSQL_USER} -p${MYSQL_PASS} -S /data/mysqldata/
     ${HOST_PORT}/mysql.sock -A -R -x --default-character-set=utf8"

echo > $LOG_FILE
echo -e "==== Jobs started at `date +%F' '%T' '%w` ====\n" >> $LOG_FILE
echo -e "**** Executed command:${MYSQL_DUMP} | gzip > ${DATA_FILE}" >> $LOG_FILE
${MYSQL_DUMP} | gzip > $DATA_FILE
echo -e "**** Executed finished at `date +%F' '%T' '%w` ====" >> $LOG_FILE
echo -e "**** Backup file size: `du -sh ${DATA_FILE}` ====\n"  >> ${LOG_FILE}

echo -e "---- Find expired backup and delete those files ----" >> ${LOG_FILE}
for tfile in $(/usr/bin/find $DATA_PATH/ -mtime +6)
do
        if [ -d $tfile ] ; then
                rmdir $tfile
        elif [ -f $tfile ] ; then
                rm -f $tfile
        fi
        echo -e "---- Delete file: $tfile ----" >> ${LOG_FILE}
done

echo -e "\n==== Jobs ended at `date +%F' '%T' '%w` ====\n" >> $LOG_FILE
```

这个脚本执行过程中将记录开始时间、结束时间、执行的备份语句，并能自动删除 7 天前的备份文件。如果有兴趣，还可以在此脚本基础上进行完善，比如增加已用（空闲）磁盘空间的检查、备份日志邮件提醒等，详细不表。

备份脚本确定之后，我们希望能够制定一个策略，让其定时执行。对于 Linux/UNIX 环境，这时 crontab 就可以派上用场了，Windows 环境的话可以使用自动任务，总之就是设定执行时间，让其定时自动执行我们前面创建好的脚本，既省心又省力，用过的都说好呢。

2. 分表备份

全库备份听起来相当让人省心，但不一定易用。我提个假设，在前面创建了 jssdb 的全库备份保存在jssdb_fullDbBak.sql文件中，若现在只想恢复其中某个表对象该怎么做呢？头痛了吧，若按照常规的方式，只能将 jssdb 整库恢复，而后将需要处理的那个表导出再导入。如果表大记录又多，这个代价会很高。

针对这种需求，目前互联网上倒是能找到不少处理方法，正路、邪路、歪路各有特色，有借助 Perl 分析备份集的，有通过 Awk/Sed 挖掘内容的，还有通过变态的权限控制实现的，某些解决问题的思路令人不由虎躯微震，顿感自己思维之局限。

邪路、歪路不能走，咱们这里换种思路：备份时，直接按表为单位备份不就好了。创建备份脚本，基本思路与前面小节相同，脚本内容如下：

```
$ more /data/mysqldata/scripts/mysql_full_backup_by_table.sh
#!/bin/sh
# Created by junsansi 20130505

source /data/mysqldata/scripts/mysql_env.ini

DATA_PATH=/data/mysqldata/backup/mysql_full_bytables
DATA_FILE=${DATA_PATH}/dbfullbak_by_tables_`date +%F`.sql.gz
LOG_FILE=${DATA_PATH}/dbfullbak_`date +%F`.log
MYSQL_PATH=/usr/local/mysql/bin
MYSQL_CMD="${MYSQL_PATH}/mysql -u${MYSQL_USER} -p${MYSQL_PASS} -S /data/mysqldata/
          ${HOST_PORT}/mysql.sock "
MYSQL_DUMP="${MYSQL_PATH}/mysqldump -u${MYSQL_USER} -p${MYSQL_PASS} -S /data/mysqldata/
          ${HOST_PORT}/mysql.sock --single-transaction -l "

echo > $LOG_FILE
echo -e "==== Jobs started at `date +%F' '%T' '%w` ====\n" >> $LOG_FILE

for dbs in `${MYSQL_CMD} -e "show databases" | sed '1d' | egrep -v "information_schema|
        mysql|performance_schema"`
do
        mkdir -p ${DATA_PATH}/${dbs}
        echo -e "**** Database: ${dbs} Backup Start_Time:`date +%F' '%T' '%w` ****\n" >> ${LOG_FILE}
        for tbls in `${MYSQL_CMD} -D ${dbs} -e "show tables" | sed '1d'`
        do
                echo -e "    #### Begin ${dbs}.${tbls} Dump! Start_Time:`date +%F' '%T`" >> ${LOG_FILE}
                echo -e "      Execute Command: ${MYSQL_DUMP} --tables ${dbs} ${tbls} | gzip >
```

```
                    ${DATA_PATH}/${dbs}/${dbs}_${tbls}.sql.gz" >> ${LOG_FILE}
                ${MYSQL_DUMP} --tables ${dbs} ${tbls} | gzip > ${DATA_PATH}/${dbs}/
                    ${dbs}_${tbls}.sql.gz
                echo -e "     #### End ${dbs}.${tbls} Dump! Stop_Time:`date +%F' '%T` \n" >> ${LOG_FILE}
                echo >> ${LOG_FILE}
        done

        echo -e "**** Database: ${dbs} Backup Stop_Time:`date +%F' '%T' '%w` ****" >> ${LOG_FILE}
        echo -e "**** Backup file size: `du -sh ${DATA_PATH}/${dbs}` ****\n"  >> ${LOG_FILE}
done

echo -e "---- Find expired backup and delete those files ----" >> ${LOG_FILE}
for tfile in $(/usr/bin/find ${DATA_PATH}/ -mtime +6)
do
        if [ -d $tfile ] ; then
                rmdir $tfile
        elif [ -f $tfile ] ; then
                rm -f $tfile
        fi
        echo -e "---- Delete file: $tfile ----" >> ${LOG_FILE}
done

echo -e "\n==== Jobs ended at `date +%F' '%T' '%w` ====\n" >> $LOG_FILE
```

脚本创建好之后，同样通过自动任务使其定时执行，以简化我们的工作。

在目前的设定中，备份脚本执行备份任务时，首先为每个库创建一个目录，而后每个表的数据都保存在独立的文件中，当需要恢复时，只需要找到表对象的对象备份集文件，将之恢复即可。另外，脚本目前设定了自动过滤 mysql、information_schema、performance_schema 三个库中的表对象，这 3 个库都属于系统库，其中的对象通常不需要单独处理，朋友们可以根据自己的实际情况，对脚本进行调整，更好地支撑自己的备份和恢复策略。

10.4　冷备、增量备和备份恢复策略

10.4.1　创建冷备份

相比 mysqldump 要纠结选择各种参数，冷备份操作要简便、直接得多。模拟操作步骤如下：

（1）关闭 MySQL 数据库。

（2）备份 mysql 数据目录，如本书中即是复制/data/mysqldata/3306 目录到备份路径。

（3）启动 MySQL 数据库。

关于冷备份不能再多说了，若我再写几个形容词，那我描述这个事儿本身就已经比实际执行的步骤还要复杂了。恢复时步骤几乎相同，就是将文件从备份路径复制回 MySQL

数据目录下即可。

如果说简单是它最大的优点，那么适用场景少是它最大的缺点，您想就现今这个互联网产品模式，能有什么样的业务场景会允许 DB 层停机的呀。不过后面我们讲完复制特性，若将复制特性与冷备结合，倒是能找到一些应用的场景。

10.4.2 创建增量备份

MySQL 中的增量备份及恢复，都必须借助二进制日志实现，也就是说，必须在 MySQL 服务启动时指定--log-bin 参数（可参考 my.cnf 文件），本书中的二进制日志被输出到/data/mysqldata/3306/binlog/目录下，文件名以 mysql-bin 开头，扩展名以递增的数值命名。

我们前面章节中曾经提到过二进制日志文件，所谓二进制，说的就是文件格式是二进制的，没有办法像普通的平面文件那样打开查看，那么找到二进制日志文件后，如何使用呢？MySQL 提供了专用工具 mysqlbinlog，这个命令的功能就是查看二进制文件中记录的信息，并且是以 SQL 格式进行输出。

例如，查看 mysql bin.000019 文件中的内容，执行命令如下：

```
$ mysqlbinlog /data/mysqldata/3306/binlog/mysql-bin.000019
..................
..................
use jssdb/*!*/;
# at 1543
#130423 22:48:42 server id 1  end_log_pos 1676  Query   thread_id=3    exec_time=0    error_code=0
SET TIMESTAMP=1366728522/*!*/;
insert into jssdb.t_idb_big select * from jssdb.t_idb_big
..................
..................
```

这里面记录的都是我们曾经做过的操作，看到一堆的 SQL 语句，是否倍感亲切，而且仿佛知道该做什么了呢。

以冷备为例，所谓增量备份，我们只需要将冷备份之后新生成的二进制日志文件定期备份到指定目录。待需要恢复时，首先将全备恢复，而后通过 mysqlbinlog 命令分析二进制文件日志，可以将分析结果输出到 SQL 文件，而后拿到 mysql 中执行，例如：

```
$ mysqlbinlog ../mysql-bin.000019 > ../backup/inc_000019.sql
$ mysql -u ...... < ../backup/inc_000019.sql
```

也可以直接通过 Linux 管道符，将 mysqlbinlog 的输出作为 mysql 的输入，例如：

```
$ mysqlbinlog ../binlog/mysql-bin.000019 | mysql -u ......
```

原理大家明白了没有，增量备份要做的工作是什么清楚了没有。说的更直白些，就是定期地将--log-bin 参数指定的路径下的二进制文件备份保存，一旦有需要时就可以拿出来用。大家可以参考前面 mysqldump 小节的备份脚本，根据自己的实际情况，创建自己的增量备份策略。

关于 mysqlbinlog 命令，这里倒是有必要多说几句，在解析 binlog 二进制日志文件时，

mysqlbinlog 命令也提供了多个参数，以应用于不同的场景，其中比较常用的有下列几个：

- --base64-output：自打 MySQL 5.1 版本引入了基于 ROW 格式日志后，默认情况下解析日志文件，看到的都是一堆经过 Base64 编码的信息，肉眼难以识别，通过本参数，可以控制以何种方式解析日志文件并编码输出，共有下面 3 个参数值：
  - never：不处理 ROW 格式日志，只处理传统的基于 STATEMENT 格式日志，若指定本参数，并且处理包含 ROW 格式的日志，就会抛出一条警告。
  - decode-rows：解码处理，通常会与-v，即下面那个参数组合使用。
  - auto：按照常规方式处理，如遇到 ROW 格式日志，则输出 Base64 编码的信息。本参数的默认值就是 auto。
- -v, --verbose：重组伪 SQL 语句的输出，专门用于 ROW 格式日志文件中的事件处理，若指定两次-v，那么输出信息中还会包括列的数据类型信息。

举例来说，当前某二进制日志文件，使用 mysqlbinlog 命令默认解析完之后，结果就是这样：

```
$ mysqlbinlog mysql-bin.000022
..............................
..............................
# at 5175
#130423 23:56:39 server id 1  end_log_pos 5296  Query   thread_id=3   exec_time=9   error_code=0
BINLOG '
+EmLURMBAAAANgAAAHABAAAAAEYAAAAAAAEABjVpZW5ldAAGanNzX3YxAAIDDwI8AAM1M49Q
+EmLUR4BAAAALAAAAJwBAAAAAEYAAAAAAAEAAgAC//wBAAAAA2FhYb1BDB4=
'/*!*/;
# at 5218
..............................
```

基本上，完全看不懂，因为这段日志是基于 ROW 格式记录的。接下来附加"--base64-output=decode-rows -v"两参数后，相同位置的输出信息就变成了：

```
$ mysqlbinlog --base64-output=decode-rows -v mysql-bin.000022
..............................
..............................
# at 5175
#130423 23:56:39 server id 1  end_log_pos 5296  Query  thread_id=3  exec_time=9  error_code=0
### INSERT INTO `5ienet`.`jss_v1`
### SET
###   @1=1
###   @2='aaa'
# at 5218
..............................
..............................
```

这时曾经的一串字符就被编码为能够看得懂的 SQL 语句了，若我们附加两个-v 参数：

```
$ mysqlbinlog --base64-output=decode-rows -v -v mysql-bin.000022
..............................
..............................
# at 5175
```

```
#130423 23:56:39 server id 1  end_log_pos 5296  Query  thread_id=3   exec_time=9   error_code=0
### INSERT INTO `5ienet`.`jss_v1`
### SET
###   @1=1 /* INT meta=0 nullable=1 is_null=0 */
###   @2='aaa' /* VARSTRING(60) meta=60 nullable=1 is_null=0 */
# at 5218
..............................
..............................
```

输出的结果就更近一步，连列的字段类型都标识出来了。不过若通过管道符直接传递给 mysql 命令的话，就无需--base64-output 参数了，因为 Base64 编码尽管我们识别不了，但 MySQL 是能够识别的，更何况当需要从 binlog 中恢复数据时，我们能否识别并不重要，mysql 能够识别才最重要。

此外，下列参数应用频率也较高：

- --set-charset：设置字符集，它会在输出时附加'SET NAMES character_set'语句，以指定恢复操作时的字符集。
- -d, --database：只处理与指定数据库相关的日志。
- --start-datetime：指定分析的起始时间点。
- --stop-datetime：指定分析的结束时间点，这两个参数可用来做精确的时间点恢复。
- -j, --start-position：指定分析的起始事件位置（数据库中的每次操作在写入到二进制日志时都会有个位置，若从解析过的二进制日志中来看，就是# at 后面的值）。
- --stop-position：指定分析的结束事件位置。功能与前面的指定起始/结束时间点类似，只不过一个是通过时间变量控制，另一个则是指定事件位置控制。

10.4.3 备份和恢复策略

注意喽，备份不是说创建一份复制就行了，这也是需要策略的，就如同在缴纳社保时不会把所有工资都拿去缴社保，而是基于一定的缴纳基数一样的道理。备份也是同理，要有条件、有策略地进行。

首先一定要明确，我们创建备份的目的是什么？这听起来像是废话，但是很多朋友却没有想明白这一点。备份的目的当然是为了恢复，假设我们管理的数据库系统**永远**不需要恢复的话，还需要为其创建备份吗？回答当然也应当很明确：不需要！

这其实正是备份策略的核心，也就是说，恢复场景决定了我们的备份策略。我们创建备份集，制订各种备份策略，就是为了应对假定会遇到的数据丢失，比如操作系统崩溃啦、系统掉电啦、硬件故障啦、文件系统损坏啦等时如何应对。如果还要考虑火灾、地震、海啸等因素的话，那么备份策略就更复杂了，虽说后面举的这几条对应的解决方案一般会更精确地定义为容灾，不过严格意义上讲灾备也是备（份）嘛。

需要说明的是，接下来我们要讨论的备份策略，主要定位于面向主机/系统故障导致的数据恢复，对于世界末日来临那个级别的容灾备份，哎，投入的成本高低先不论，人能否

保的住都不好说，咱们这里就不妄谈了。

言归正传，备份和恢复策略首先要明确现状，可以从下列几个角度分析，逐项明确：

- 备份执行期间能否暂停服务。
- 备份任务的执行时间有无要求。
- 当前环境（如表对象所用引擎等）是否支持联机备份、数据库单实例或集群。
- 单次全量备份集规模，存储可承载的最大全量备份集数量。
- 数据可靠性的要求，对数据丢失的承受度。
- 当前服务端负载情况。
- 恢复时间的要求。

选择逻辑备份或物理备份、联机备份或是脱机备份、全量备份或是增量备份，使用何种备份工具都受上面各项因素的影响。

如果磁盘空间吃紧、备份任务执行时间有要求，那么就不适合频繁地创建全量备份，而要考虑以少量适当的频率创建增量备份，减少备份执行时间和备份集占用的空间；如果对服务可用性（及数据可靠性）要求不高，能够接受备份时停止服务，甚至能够允许丢失一定的数据，则备份策略就灵活和简单得多；如果当前服务端负载压力较重，备份任务就不应当再去增加服务端的负载等。只有看清楚现状，才好去想我们的备份策略。

制订备份策略时，在我看来，是要尽量构造最易于操作的备份和恢复场景。比如说，应对主机掉电或者系统崩溃的场景，若是 MyISAM 引擎就有可能导致表对象数据损坏，需要 DBA 介入进行处理，而若选择使用 InnoDB 存储引擎，对于这类故障，InnoDB 引擎就能够自行修复，而无需人工介入。因为 InnoDB 支持事务，能够执行故障自动修复。一般来说，主机掉电或系统崩溃导致的突然宕机，都有可能造成磁盘上的数据不一致，不过对于 InnoDB 引擎来说，它能够读取其重做日志，执行事务的提交或回滚，来使数据达到一致性的状态。

提 示

mysql 库中由于仍然在使用 MyISAM 引擎，即使业务对象全部改为 InnoDB 引擎，但还是存在一定概率，由于 mysql 库的系统对象故障，导致整个 DB 无法正常访问，针对这一隐患，也是不得不防。

又比如说 DB 服务器负载很高，压力很大，那么我们是否能够通过 MySQL 的复制特性，创建一台专用的备份 Slave 服务器，Slave 端没有请求也几乎没有负载，甚至可以停止服务，这时我们就可以将备份任务放到 Slave 端执行。

再比如，系统对于故障恢复时间要求极高，当数据库出现问题时，恨不能在分钟甚至秒级就将服务恢复正常，这种情况传统的备份和恢复工具都无法处理，就需要考虑高可用的应对方案，比如说使用 MySQL 的多主复制，或应用 DRBD（这部分内容将在后面章节进行介绍）等，使服务器和服务器之间互为主备关系，并且数据实时同步，一端出现问题，另一端能够快速接管。

10.5　XtraBackup 联机备份

要说 mysqldump/mysqlhotcopy 及 mysqlbinlog 这类工具做的确实不错，操作简单，调用灵活，不过 mysqldump 毕竟属于逻辑备份工具，类似 Oracle 数据库中的 exp，小数据量时效率尚可，当数据量达到一定规模时，使用 mysqldump 执行备份的时间也许仍可忍受，但恢复时间就基本不能接受了。通过 mysqlhotcopy 命令行工具或 SQL 命令备份，以及冷备，也是各有缺陷。广大的 MySQL DBAer 们多么希望能有款好用又高效的工具呀！

盼望着盼望着，MySQL Enterprise Backup 来了（即前 InnoDB HotBackup），拥有联机热备、并行执行等特性，InnoDB/MyISAM 引擎都能支持，而且还有 MySQL 官方提供技术支持，还在犹豫什么呢骚年，现在就拿起电话订购吧......俺这热情洋溢激情四射的赞美还没说完，就被急性子朋友的问话打断：这个软件还要钱？呃，刚才还没来得及说到这一点，MySQL Enterprise Backup 什么都好，若硬要找不足，那这款工具唯一的缺点就是收费。最后这两个字杀伤力太大，好多朋友还没等我说完，留下“呵呵”俩字儿就不见踪影。

看来要出必杀技了。好用又高效，而且还免费的 MySQL 热备工具有没有。这个要求稍稍有些高，但是同学们，不怕想不到，就怕不敢想，想到就能用到，买到就是赚到，走过不要路过，朋友们，不要八百八，也不用六百六，完全免费用，不仅售价是零元，而且产品还开源，它就是号称银河系中唯一的开源、免费的 MySQL 热备软件——XtraBackup。

10.5.1　关于 XtraBackup

XtraBackup 是由知名数据库软件服务企业 Percona 提供的一款热备工具，除了能够支持最为常见的 MyISAM、InnoDB 引擎对象，还支持 XtraDB 引擎（一款由 Percona Team 在 InnoDB 基础之上开发的，目标就是要取代 InnoDB 存储引擎）。

Percona 官网中介绍 XtraBackup 时吹的挺邪乎，什么世界上唯一一款开源、免费、备份时读写无阻塞、支持增量、专用于 InnoDB、XtraDB 的热备工具等，看着让人非常动心，官方还总结了使用 XtraBackup 的下面几个优点：

- 备份集高效、完整、可用。
- 备份任务执行过程中不会阻塞事务。
- 节省磁盘空间，降低网络带宽占用。
- 备份集自动验证机制。
- 恢复更快。

安装包可直接到 Percona 官网下载，地址是 http://www.percona.com/downloads/XtraBackup/，官方还提供了多种安装方式，包括最常见的 yum/apt 软件仓库，熟悉 RHEL/Ubuntu 的朋友肯定很容易就搞定了，当然，大家也可以手动下载 RPM 包（需要当

前系统中安装好这些依赖包哟：cmake gcc gcc-c++ libaio libaio-devel automake autoconf bzr bison libtool ncurses-devel zlib-devel），或编译好的二进制包进行安装，或者下载源码包自己编译安装亦可。

我这里下载了 64 位 XtraBackup 2.0.7 版本二进制安装包，大家可以执行下列命令获取：

```
# wget -P /data/mysqldata/tools/ http://www.percona.com/redir/downloads/XtraBackup/XtraBackup-2.0.7/binary/Linux/x86_64/percona-xtrabackup-2.0.7-552.tar.gz
```

执行 tar 命令解压缩安装包，并修改文件的属主：

```
# tar xvfz /data/mysqldata/tools/percona-xtrabackup-2.0.7-552.tar.gz -C /usr/local/
# chown mysql:mysql /usr/local/percona-xtrabackup-2.0.7
```

我们要使用的备份工具就保存在 percona-xtrabackup-2.0.7/bin 目录下：

```
# ll /usr/local/percona-xtrabackup-2.0.7/bin
total 119044
-rwxr-xr-x 1 mysql mysql   113674 May  5 01:15 innobackupex
lrwxrwxrwx 1 mysql mysql       12 May 11 11:06 innobackupex-1.5.1 -> innobackupex
-rwxr-xr-x 1 mysql mysql  2258632 May  5 01:15 xbstream
-rwxr-xr-x 1 mysql mysql 12556814 May  5 01:10 xtrabackup
-rwxr-xr-x 1 mysql mysql 10666251 May  5 01:15 xtrabackup_51
-rwxr-xr-x 1 mysql mysql 15717054 May  5 00:56 xtrabackup_55
-rwxr-xr-x 1 mysql mysql 80428327 May  5 01:04 xtrabackup_56
```

细心的朋友可能注意到了，貌似这里的命令行工具可以归为 3 类：

- xtrabackup：这是由 C 语言开发的程序，专用于备份 InnoDB 及 XtraDB 引擎对象，这里有 4 个不同的二进制程序，分别适用于不同的 MySQL 版本：
  - xtrabackup：用以支持 MySQL 5.1+InnoDB 插件。
  - xtrabackup_51：用以支持 MySQL 5.0 版本和 MySQL5.1+内置 InnoDB 的环境。
  - xtrabackup_55：用以支持 MySQL 5.5 版本。
  - xtrabackup_56：用以支持 MySQL 5.6 版本。

  这主要是为了保持对不同 MySQL 版本的兼容性，具体执行时应该调用哪个二进制程序，还是看备份的数据库版本。本书中使用 MySQL 5.6 版本，因此就应该通过 xtrabackup_56 创建备份集。
- innobackupex：是由 Perl 脚本语言编写的工具，该工具能够备份所有使用 MyISAM、InnoDB、XtraDB 引擎的表对象，听起来超级能干，不过其实它自身实现的主体功能是备份 MyISAM。当执行该命令备份 InnoDB 或 XtraDB 引擎数据时，它会通过调用 xtrabackup 命令完成相关操作。
- xbstream：以专用的 xbstream 格式压缩 XtraBackup 输出的信息，可以将之理解为 Linux 中 tar 命令的增强版，它的功能比较独立而且纯粹，后面咱们会介绍它的用途。

上述 3 个命令并非缺一不可，实际上到底用哪个完全取决于 DBA 的个人选择，若您的环境中既有 MyISAM，又有 InnoDB、XtraDB，那么选择 innobackupex 作为备份工具就对了，若只有 InnoDB，那就直接使用 xtrabackup 命令进行备份吧。至于 xbstream 命令，是个可选项，您若不愿对备份集做压缩，那就完全可以忽略它，更何况即使想要压缩，也

并不是只有 xbstream 一个选择，还有其他途径可以实现相同功能呢。

接下来为了方便我们后面调用 xtrabackup 命令执行备份操作，将 XtraBackup 程序所在目录加入到 mysql 用户的环境变量中：

```
# echo "export PATH=/usr/local/percona-xtrabackup-2.0.7/bin:\$PATH" >> /home/mysql/.bash_profile
```

本节后续所有操作，如非特别注明，均是在 mysql 用户下执行。

xtrabackup 必须在 MySQL 的服务端执行（但创建的备份集不一定是保存在本地），特别是通过 Innobackupex 命令创建备份集时，由于操作需要连接数据库获取信息，因此还要指定相应的连接参数（用户名、密码啥的），而且连接所使用的用户，必须拥有正确的操作权限（读、写、锁定，备份场景不同，要求的权限也可能不同），同时，执行备份命令的用户还必须要有备份目标路径的读写权限，否则无法成功创建备份。这里在描述时所加的前置条件不少，主要也是因为 XtraBackup 非常灵活，能够适用于各种场景。实践是检验真理的唯一标准，接下来，检验标准的时候到了。

为安全起见，我们先在数据库中创建专用备份账户，并授予相应的权限：

```
(system@localhost) [(none)]> create user xtrabk@'localhost' identified by 'onlybackup';
Query OK, 0 rows affected (0.00 sec)

(system@localhost) [(none)]> grant reload, lock tables, Replication client,super on *.* to
xtrabk@'localhost';
Query OK, 0 rows affected (0.00 sec)
```

基本上万事俱备，开始备份吧！

10.5.2 先试试 xtrabackup 命令

话说尽管 XtraBackup 提供了两个备份命令：xtrabackup 和 innobackupex，但是前者一看就知道是嫡子，从名字就看得出来嘛，除了个别字母还没长大，其他部分跟**它爹**长的几乎一模一样，那咱们就先来看看 xtrabackup 命令的本领。

先说明一点，xtrabackup 命令有两种模式：

- --backup：创建备份集。
- --prepare：准备备份集。

前者是为了备份，后者是为了恢复。当然啦，xtrabackup 命令还有很多其他的参数，以应对不同的备份任务，不过整体来说使用都非常简单，而且一般甚至不需要对 xtrabackup 进行封装，仅依靠该命令及自带参数就可以实现多数常见需求。

大家若想对它有个更直观的认识，最好的办法就是亲自动手执行看看。比如，使用 xtrabackup 备份我们当前使用的数据库，来一条最简约的 xtrabackup 备份示例，执行命令如下：

```
[mysql@localhost ~]$ xtrabackup_56 --defaults-file=/data/mysqldata/3306/my.cnf --backup
      --target-dir=/data/mysqldata/backup/bak_20130511
xtrabackup_56 version 2.0.7 for MySQL server 5.6.12 Linux (x86_64) (revision id: 552)
xtrabackup: uses posix_fadvise().
```

```
xtrabackup: cd to /data/mysqldata/3306/data
xtrabackup: Target instance is assumed as followings.
xtrabackup:   innodb_data_home_dir = ../innodb_ts
xtrabackup:   innodb_data_file_path = ibdata1:2048M:autoextend
xtrabackup:   innodb_log_group_home_dir = ../innodb_log
xtrabackup:   innodb_log_files_in_group = 3
xtrabackup:   innodb_log_file_size = 134217728
InnoDB: Allocated tablespace 15, old maximum was 0
>> log scanned up to (2960044071)
[01] Copying ../innodb_ts/ibdata1 to /data/mysqldata/backup/bak_20130511/ibdata1
>> log scanned up to (2960044071)
................
................
[01] Copying ./jssdb/users.ibd to /data/mysqldata/backup/bak_20130511/jssdb/users.ibd
[01]        ...done
>> log scanned up to (2960044071)
xtrabackup: The latest check point (for incremental): '2960044071'
xtrabackup: Stopping log copying thread.
.>> log scanned up to (2960044071)

xtrabackup: Transaction log of lsn (2960044071) to (2960044071) was copied.
```

输出的信息非常多，建议大家认真阅读自己测试环境中的实际输出，这里忽略掉中间复制表对象及二进制日志文件检查等信息。等看到它提示事务日志成功复制，就代表备份工作执行完了。

这次执行 xtrabackup 命令，创建备份任务时只指定了 3 个参数：

- --backup：指定当前的操作模式，前面已经说过了，backup 就是说要创建备份集。
- --target-dir：指定备份集的存储路径。注意如果指定的路径不存在，那么 xtrabackup 会自动创建，而如果目录存在，需要确保该目录为空，否则 xtrabackup 在备份时，若发现目标路径下存在同名文件，就会抛出文件已存在的错误信息。
- --defaults-file：从 MySQL 的选项文件中读取参数，最重要是获取到 datadir 参数值（也就是说这里将--defaults-file 参数替换成--datadir 参数亦可），只有找到正确的数据目录，才有可能根据它创建备份集呀。既然提到了选项文件，那么就多说两句，xtrabackup 的参数也可以放在这个文件中，这样就不用每次执行时都去指定参数了。

提 示

若想将 xtrabackup 命令行参数保存到 MySQL 选项文件中，应该如何配置呢？这个嘛，跟其他命令行没有区别，创建一个[xtrabackup]区块，而后在其中按照标准方式指定参数和参数值即可，例如：

```
[xtrabackup]
target_dir=/data/mysqldata/backup/
```

执行 xtrabackup 命令时调用的参数都混了脸熟，我们再回过头去来看看备份过程中的

输出信息吧。最开头的信息最容易理解，它先找到了数据文件路径，收集齐了 InnoDB 引擎的相关信息：

```
xtrabackup: cd to /data/mysqldata/3306/data
xtrabackup: Target instance is assumed as followings.
xtrabackup: innodb_data_file_path = ibdata1:2048M:autoextend
xtrabackup: innodb_log_files_in_group = 3
xtrabackup: innodb_log_file_size = 134217728
```

然后，它就开始复制文件：

```
[01] Copying ../innodb_ts/ibdata1 to /data/mysqldata/backup/bak_20130511/ibdata1
>> log scanned up to (2960044071)
```

在这个过程中，大家注意，它有一项持续性的信息输出：log scanned up to .....，这项输出的目的是什么呢，这涉及 xtrabackup 的工作原理，咱们后头再细说，现在继续往下看，由于数据文件体积不小，复制花费了不短的时间，在这个过程中不断有 log scanned up to ... 这样的信息输出，我们等啊等，等啊等，Finally，最后一个文件复制完了：

```
[01] Copying ./jssdb/users.ibd to /data/mysqldata/backup/bak_20130511/jssdb/users.ibd
[01]        ...done
```

最后，它输出了一行类似这样的信息，标志着备份工作顺利结束：

```
xtrabackup: Transaction log of lsn (<S-LSN>) to (<E-LSN>) was copied.
```

而后，查看备份集存储路径，这就是我们的战果：

```
[mysql@localhost ~]$ ll /data/mysqldata/backup/bak_20130511/
total 2099224
drwx------ 2 mysql mysql       4096 May 11 14:33 5ienet
-rw-rw---- 1 mysql mysql 2147483648 May 11 14:33 ibdata1
drwx------ 2 mysql mysql       4096 May 11 14:33 jssdb
drwx------ 2 mysql mysql       4096 May 11 14:33 mysql
-rw-rw---- 1 mysql mysql         83 May 11 14:33 xtrabackup_checkpoints
-rw-rw---- 1 mysql mysql       2560 May 11 14:33 xtrabackup_logfile
```

这里面只包含与 InnoDB 引擎相关的文件，如 InnoDB 系统表空间（ibdata）、日志文件（ib_logfile）、InnoDB 引擎表对象数据文件等，其他如 MyISAM 数据、用户/权限等都不在这个备份集中，甚至连 InnoDB 引擎表对象的表定义文件（.frm 文件）都没有备份，从这一点也可以看出，xtrabackup 命令创建的是一个**有限**的备份集（仅包含与 InnoDB 引擎相关的内容），而非完整备份集，如果要创建数据库的完整备份，那就得用 innobackupex 命令。

10.5.3 再用用 innobackupex 命令

虽说从名字上来看，innobackupex 跟它们家族其他成员相去甚远，好像血统不纯似的，但其实它很能干，您要说自身能力，它可能确不如同门兄弟 xtrabackup 命令（innobackupex 就是段 100KB 的 Perl 脚本，咱还能指望它咋地），但是它最大的优点就是：自己干不了的，没关系，它能指挥别人干。下面通过实际操作来看看它的表现吧！

innobackupex 命令创建备份时需要连接数据库，不过咱们前面已经创建好了用户，就

用它们来创建一份完整的全量备份吧，执行命令如下：

```
[mysql@localhost ~]$ innobackupex --defaults-file=/data/mysqldata/3306/my.cnf --user=xtrabk --password='onlybackup' /data/mysqldata/backup/
.................
.................
```

这回输出的信息更长，按照惯例，还是先介绍命令附加的几个参数，在这个最简化的测试场景中，我们附加了 4 个参数：

- --user：指定连接使用的用户名。
- -password：指定连接使用的用户密码。
- --defaults-file：指定 MySQL 的选项文件路径。
- [backup_dir]：指定备份集存储路径，这里与 xtrabackup 命令有一处小小的不同，xtrabackup 要求用户明确指定目标路径，而对于 innobackupex 命令来说，并不需要**特别**明确，只要指定父目录即可，它会自动根据当前的备份时间在该父目录中创建一级子目录，将所有备份文件都保存在子目录中，以避免文件存在造成的异常。

回过头看一看备份过程中输出的信息，这里仅截取一小部分我认为具有代表意义的，首先是备份工具的版本、支持的开源协议等信息，而后最重要的信息之一来了，显示当前执行的备份命令指定的参数，并且还友好地提示您，如果备份成功完成的话，会如何显示（呃，这到底太细心还是太唠叨啊），内容如下：

```
130511 15:52:14 innobackupex: Starting mysql with options: --defaults-file='/data/mysqldata/3306/my.cnf' --password=xxxxxxxx --user='xtrabk' --unbuffered --
130511 15:52:14 innobackupex: Connected to database with mysql child process (pid=3691)
130511 15:52:20 innobackupex: Connection to database server closed
IMPORTANT: Please check that the backup run completes successfully.
           At the end of a successful backup run innobackupex
           prints "completed OK!".

innobackupex: Using mysql Ver 14.14 Distrib 5.6.12, for Linux (x86_64) using EditLine wrapper
.................
.................
innobackupex: Created backup directory /data/mysqldata/backup/2013-05-11_15-52-20
130511 15:52:20 innobackupex: Starting mysql with options: --defaults-file='/data/mysqldata/3306/my.cnf' --password=xxxxxxxx --user='xtrabk' --unbuffered --
130511 15:52:20 innobackupex: Connected to database with mysql child process (pid=3717)
130511 15:52:22 innobackupex: Connection to database server closed
```

从输出信息可以看出，innobackupex 自动创建了以[日期_时间]组合命名的目录，我们的备份集实际被保存在该路径下。

> **提 示**
>
> 如果不希望让 innobackupex 命令创建以日期+时间命名的子目录，那么可以通过--no-timestamp 禁用，这样 innobackupex 会直接将备份集保存在指定的目录。

接下来的信息就有点儿意思了，innobackupex 启动了另外的命令：

```
130511 15:52:22 innobackupex: Starting ibbackup with command: xtrabackup_56 --defaults-file="/data/mysqldata/3306/my.cnf" --defaults-group="mysqld" --backup --suspend-at-end --target-dir=/data/mysqldata/backup/2013-05-11_15-52-20 --tmpdir=/data/mysqldata/3306/tmp
innobackupex: Waiting for ibbackup (pid=3724) to suspend
innobackupex: Suspend file '/data/mysqldata/backup/2013-05-11_15-52-20/xtrabackup_suspended'
```

这个部分大家应该会看着眼熟，这不就是在 xtrabackup 的输出嘛：

```
xtrabackup_56 version 2.0.7 for MySQL server 5.6.12 Linux (x86_64) (revision id: 552)
xtrabackup: uses posix_fadvise().
xtrabackup: cd to /data/mysqldata/3306/data
xtrabackup: Target instance is assumed as followings.
xtrabackup:   innodb_data_file_path = ibdata1:2048M:autoextend
xtrabackup:   innodb_log_files_in_group = 3
xtrabackup:   innodb_log_file_size = 134217728
InnoDB: Allocated tablespace 15, old maximum was 0
>> log scanned up to (2960044071)
[01] Copying ../innodb_ts/ibdata1 to /data/mysqldata/backup/2013-05-11_15-52-20/ibdata1
>> log scanned up to (2960044071)
................
................
130511 15:53:39  innobackupex: All tables locked and flushed to disk
```

在这个过程中，还要备份其他非 InnoDB 引擎的表对象：

```
130511 15:53:39  innobackupex: Starting to backup non-InnoDB tables and files
innobackupex: in subdirectories of '/data/mysqldata/3306/data'
innobackupex: Backing up file '/data/mysqldata/3306/data/jssdb_mc/db.opt'
innobackupex: Backing up files '/data/mysqldata/3306/data/performance_schema/*.{frm,isl,MYD,MYI,MAD,MAI,MRG,TRG,TRN,ARM,ARZ,CSM,CSV,opt,par}' (53 files)
innobackupex: Backing up files '/data/mysqldata/3306/data/5ienet/*.{frm,isl,MYD,MYI,MAD,MAI,MRG,TRG,TRN,ARM,ARZ,CSM,CSV,opt,par}' (41 files)
>> log scanned up to (2960044071)
innobackupex: Backing up files '/data/mysqldata/3306/data/mysql/*.{frm,isl,MYD,MYI,MAD,MAI,MRG,TRG,TRN,ARM,ARZ,CSM,CSV,opt,par}' (74 files)
innobackupex: Backing up files '/data/mysqldata/3306/data/jssdb/*.{frm,isl,MYD,MYI,MAD,MAI,MRG,TRG,TRN,ARM,ARZ,CSM,CSV,opt,par}' (20 files)
130511 15:53:40  innobackupex: Finished backing up non-InnoDB tables and files
130511 15:53:40  innobackupex: Waiting for log copying to finish
```

需要注意，如 MyISAM、CSV 等这类存储引擎都能够连结构带数据备份出来，但某些存储引擎就实在无能为力了，比如说 MEMORY 引擎表对象，表结构倒是备份出来了，但数据是真的没办法，这点大家需要理解，如果您管理的数据库中有类似对象，那么需要考虑它的数据恢复方案。

现在貌似其他非 InnoDB 的对象全都成功备份，就等 xtrabackup 了：

```
xtrabackup: The latest check point (for incremental): '2960044071'
xtrabackup: Stopping log copying thread.
.>> log scanned up to (2960044071)

xtrabackup: Transaction log of lsn (2960044071) to (2960044071) was copied.
```

```
130511 15:53:43  innobackupex: All tables unlocked
130511 15:53:43  innobackupex: Connection to database server closed

innobackupex: Backup created in directory '/data/mysqldata/backup/2013-05-11_15-52-20'
innobackupex: MySQL binlog position: filename 'mysql-bin.000023', position 459
130511 15:53:43  innobackupex: completed OK!
```

当我们看到“completed OK”就代表着备份任务已经完成。接下来到目标路径里看下战果呗：

```
[mysql@localhost ~]$ ll /data/mysqldata/backup/2013-05-11_15-52-20/
total 2099244
drwx------ 2 mysql mysql       4096 May 11 15:53 5ienet
-rw-rw-r-- 1 mysql mysql        241 May 11 15:52 backup-my.cnf
-rw-rw---- 1 mysql mysql 2147483648 May 11 15:53 ibdata1
drwx------ 2 mysql mysql       4096 May 11 15:53 jssdb
drwxrwxr-x 2 mysql mysql       4096 May 11 15:53 jssdb_mc
drwx------ 2 mysql mysql       4096 May 11 15:53 mysql
drwxrwxr-x 2 mysql mysql       4096 May 11 15:53 performance_schema
-rw-rw-r-- 1 mysql mysql         13 May 11 15:53 xtrabackup_binary
-rw-rw-r-- 1 mysql mysql         23 May 11 15:53 xtrabackup_binlog_info
-rw-rw---- 1 mysql mysql         83 May 11 15:53 xtrabackup_checkpoints
-rw-rw---- 1 mysql mysql       2560 May 11 15:53 xtrabackup_logfile
```

文件数相较 xtrabackup 备份集要多一些，甚至连 mysql/performance_schema 这类系统库也创建了备份，此外，还包括多个以 xtrabackup 开头的文件，如下：

- xtrabackup_binary：包含备份所需的二进制信息。
- xtrabackup_binlog_info：记录备份时的二进制日志文件位置。
- xtrabackup_checkpoints：记录 LSN 以及备份的类型。
- xtrabackup_logfile：备份日志文件，里面记录备份操作过程中数据库的变更。
- backup-my.cnf：包含备份所必需的一些初始化选项，注意哟，一定不要以为它是 MySQL 服务所用的 my.cnf 哟，它里面只包含备份时与 InnoDB 相关的一些初始化选项，而不是根据当前的 MySQL 服务所用的 my.cnf 创建的备份，考虑到 my.cnf 对于 MySQL 服务的重要作用，建议对其手动进行备份。

此外，还有可能创建其他文件，比如说 mysql 的一些错误输出，如果是复制环境的话，还可能包括与 Slave 相关的文件等。

这才是真正意义上的完整备份嘛。那么，增量备份又如何创建呢？继续往下看吧！

10.5.4　创建增量备份

xtrabackup 命令和 innobackupex 命令都可以创建增量备份，不过通过前面两个小节的学习，大家想必也注意到了，相对来说，innobackupex 命令实用性更高，而且该命令在执行时也会调用 xtrabackup 用以完成与 InnoDB 引擎相关的备份，因此本节我们就着重介绍 innobackupex 命令，其中碰到与 xtrabackup 有关的地方，再引申介绍 xtrabackup 的内容。

增量备份的概念三思就不重复说了，增量备份**必须**基于全量备份，这个知识点大家应该也都理解，利用增量备份优化备份策略，比如说每周一次全备、每天一次增量备份等，这类策略大家自己也能想得周全，特别是对于熟悉其他数据库（如 Oracle）的朋友们来说，基础理论应该都是具备的，而且原理也相通，那么在通过 XtraBackup 创建 MySQL 的增量备份集时，有没有什么特别一点儿的呢，呃，这个可以有。

对于 XtraBackup 来说，只有 InnoDB 引擎表对象才有真正意义的增量备份，其他如 MyISAM/CSV 这类引擎的表对象，其实都是完整备份——没错，完整备份。为嘛 InnoDB 能实现增量备份，而 MyISAM 之流不能，给你 0.1 微秒时间认真想一想。嘿嘿，不管您想没想出来，谜底揭晓，因为 InnoDB 有 LSN 哪（Log Sequence Number，即日志序列号，熟悉 Oracle 的朋友可以将之视为 MySQL 的 SCN）。

InnoDB 的每个页（page）都保存有 LSN，这个序号能够标识该页最后修改时间，增量备份正是根据这个 LSN 来的，因为每次备份（含 xtrabackup 和 innobackupex，含全备或增量备），XtraBackup 都会在备份集中创建一个 xtrabackup_checkpoints 文件，这个文件中的内容就记录了最后修改的 LSN 序号。那么，创建增量备份集时，只需要从上次的备份集中找到 xtrabackup_checkpoints 文件，读取最新的 LSN，而后在创建增量时，选择 LSN 大于这个序号的页，以及这期间产生的二进制日志就可以了，甚至不需要对比全量备份集和当前数据库的数据文件。

俗话说，实践出真知，理论的东西还没说多少，不过心急的同学可能已经准备吃热豆腐了，不过您还真得再等一小会儿。在本测试环境中，创建增量备份前，建议先登录到 mysql 命令行模式下，执行一些插入或更新操作，一方面是为了更好地对比增量备份的效果，另外也利于我们在后面小节中演示恢复的场景。

在本例中，首先是执行了下列操作，有插入、有更新、有建表、有删列：

```
mysql> insert into jssdb.t_idb1 values (null,'a');
mysql> insert into jssdb.t_idb1 values (null,'b');
mysql> update jssdb.ld_sql set id=1000055 where id=1000005;
mysql> create table jssdb.j1(id int,v1 varchar(20));
mysql> create table jssdb.j2 (id int,v1 varchar(20)) engine=myisam;
mysql> alter table jssdb.ld_t1 drop column ip;
```

下面就开始创建增量备份吧，还是使用 innobackupex，执行命令如下：

```
[mysql@localhost ~]$ innobackupex --defaults-file=/data/mysqldata/3306/my.cnf --user=xtrabk
--password='onlybackup' --incremental --incremental-basedir=/data/mysqldata/backup/2013-05-11_15-52-20/
/data/mysqldata/backup_rec
```

这次执行的备份命令跟之前的全量备份没有太大的不同，只是多了两个参数：

- --incremental：告诉 xtrabackup 这次是要创建增量备份。
- --incremental-basedir：指定一个全量备份的路径，作为增量备份的基础。

命令实际输出的信息不少，不过我这里就不一一罗列了（就这一项至少节省两页纸张，低碳环保的理念果然已经深入我的骨髓），因为从结构上来说，与创建全备时的输出信息没

有什么本质不同。

查看新创建的增量备份集，您应该能够理解前面我们所说的，只有 InnoDB 才有真正的增量备份，MyISAM 始终都是全量备份：

```
[mysql@localhost ~]$ ll /data/mysqldata/backup_rec/2013-05-13_21-32-39/5ienet/
total 30148
-rw-rw---- 1 mysql mysql       61 Mar 10 22:21 db.opt
-rw-rw---- 1 mysql mysql     8582 May  9 15:02 jss_v1.frm
-rw-rw---- 1 mysql mysql    16384 May 13 21:32 jss_v1.ibd.delta
-rw-rw---- 1 mysql mysql       46 May 13 21:32 jss_v1.ibd.meta
..............
..............
-rw-rw---- 1 mysql mysql     8710 Apr  9 21:13 t_myd6.frm
-rw-rw---- 1 mysql mysql 29347008 Apr  9 21:13 t_myd6.MYD
-rw-rw---- 1 mysql mysql     1024 Apr  9 21:13 t_myd6.MYI
..............
..............
```

看到了吧，对于 MyISAM 引擎表对象来说，5ienet.t_myd6 表对象就是最明显的例子，这个表对象中的数据根本就没变过，照样也全部复制了一份有木有，有木有。而对于 InnoDB 引擎的表对象来说，多了两个扩展名为<table_name>.delta 和<table_name>.meta 的文件，这两个文件中用来记录表对象的元数据，比如说页的大小、是否压缩过等。

我想通过这个示例，大家现在应该更深刻理解 XtraBackup 增量备份的实现机制和创建方式，相比 mysqldump/mysqlhotcopy 这类命令的手动处理，XtraBackup 在操作的便利性上无疑遥遥领先。

LSN 在增量备份中，所起的作用无疑是重要且关键的，那么读者朋友们，了解了 LSN 在备份时的作用后，有没有问过自己一个问题：是否知道了备份开始时的 LSN，就可以不需要全量备份了，或者说，就不需要上一次的备份集了？

答案无疑也是确定的，是的，不需要，innobackupex 命令提供有--incremental-lsn 参数，用于指定备份开始时的 LSN，有了该参数，确实就不需要再指定已有备份集的路径了。不过，只是创建增量备份时，可以不需要全备，但恢复时还是必须得有全备，才好应用增量备份，因此从这个角度来看，全量备份还是必需的。

此外，大家可以再想一想，下次创建增量备份时（涉及备份策略了哟），是基于全量备份创建还是基于上次备份的增量进行创建呢？

提　示

若要用 xtrabackup 命令创建增量备份，应该如何操作呢？这个嘛，其实在 innobackupex 命令的输出信息中有这块的信息，若您此时真有这个疑问，建议再回过头认真看看 innobackupex 命令创建增量备份时的输出信息吧！

附：XtraBackup 备份工作机制

XtraBackup 本质是基于 InnoDB 的故障恢复（crash-recovery）机制，它先复制 InnoDB 的数据文件，当然复制的时候由于数据仍有可能正在读写，复制出的文件可能是不一致的状态，所以它在备份过程中，需要定时扫描日志并做记录，而后它通过备份的日志文件执行故障恢复，使文件恢复到一个一致性状态，使数据库达到可用状态。

这里面一个核心就是 InnoDB 维护的重做日志（redo log），也叫事务日志（transaction log），这类文件中记录了 InnoDB 数据的变更历史。当启动 InnoDB 时，它会检查数据文件及其事务日志，然后执行两步操作：应用提供了的事务日志到数据文件中，并回滚未提交事务所做的修改。这个过程与 Oracle 中的故障恢复几近相同，熟悉 Oracle 数据库的朋友应当很容易理解。不熟悉也没关系，我马上解释给你听。

XtraBackup 会在启动时先记录下当前的日志序列号（Log Sequence Number，LSN），然后开始复制数据文件，如果文件较大，那么复制可能会花费一段时间，如在此期间文件发生修改，那么它们实际上就是不同的时间点时数据库的状态。在同一个时间里，XtraBackup 运行一个后台进程，监控着事务日志文件，并复制新发生的修改。这项操作会在 XtraBackup 备份执行过程中一直执行，就是我们所见到的“log scanned up to”信息，以确保记录下所有备份期间数据库新发生的修改。接下来是准备进程（prepare process），在这一步中，XtraBackup 对复制的数据文件执行故障恢复，将数据库恢复到可用状态。

上面这些说的就是 xtrabackup 命令的处理逻辑，而 innobackupex 命令则封装自动执行的操作，以备份 MyISAM 表及其相关的.frm 文件，它也会自动调用 xtrabackup，借助其完成 InnoDB 引擎数据文件的复制，而后它会执行 FLUSH TABLES WITH READ LOCK 语句刷新 MyISAM 表并持有相关锁，以避免此期间 MyISAM 表发生修改，直到复制完 MyISAM 相关文件后，就会释放锁。

备份的 MyISAM 表和 InnoDB 表最终应该是一致的，因为在预备（recovery）进程之后 InnoDB 的数据也已前滚到备份完成的时间点，而非前滚到备份开始的时间点。这个时间点实际就是执行 FLUSH TABLES WITH READ LOCK 的时间点，因此 MyISAM 的数据和 InnoDB 的数据是同步的。

10.5.5 执行恢复

从大的类别来分，恢复能分为两类：全量恢复和增量恢复。对于 XtraBackup 恢复操作来说，首先它有两个命令：xtrabackup 和 innobackupex；其次它在实现上，将恢复操作又分为两个步骤：

- 准备恢复（prepare）：所谓准备恢复，就是要为恢复做准备。就是说备份集没办法直接拿来用，因为这中间可能存在未提交或未回滚的事务啦，数据文件不一致啦，缺失相关文件啦等，所以需要有一个对备份集做准备的过程。

- ➢ 对于 xtrabackup 命令来说，对应的参数是--prepare，我们在前面小节的内容中曾经提到，xtrabackup 命令有两种模式，即--backup（备份模式）和--prepare（恢复准备模式）。
- ➢ 对于 innobackupex 命令来说，对应的参数是--apply-log，从字面意义理解就是应用日志，实际也确实就是干这个的，innobackupex 命令在执行时又会调用 xtrabackup 命令，因此也涉及 xtrabackup 的--prepare 模式。

- 执行恢复（copy-back）：备份集准备好以后，就可以执行恢复了。
  - ➢ xtrabackup 命令没有与执行恢复相关的参数，对于它来说，做好备份集的恢复准备工作，所有活儿就算干完了，将备份集恢复到指定路径下，在它看来那就是低技术含量的 cp/mv 的过程，尽管事实确实也是如此，可是手动恢复毕竟还是繁琐的嘛，有没有更简单、易用的方案呢，这个必须有啊。
  - ➢ innobackupex 命令提供了专用恢复参数--copy-back，它的功能就是将指定的备份集，恢复到指定的路径下，指定的路径是哪里，说的更直白一些，就是 datadir 参数的参数值。

基本情况大家了解之后，接下来进入实操环节，考虑到 innobackupex 命令良好的操作体验，我们这里仍然以它为主来做演示。

假定当前 MySQL 数据库无法访问（当然实际上是我们手动关闭了数据库，并将数据文件主目录重命名），我们有一份全备保存在/data/mysqldata/backup/2013-05-11_15-52-20/路径下，还有一份增量备份保存在/data/mysqldata/backup_rec/2013-05-13_21-32-39/路径下。还好，数据库是在我们创建完增量备份之后才挂掉的，而且创建完增量备份后，也没有再发生数据修改，因此我们有极高的既率将数据库恢复到故障前的状态。

首先对全量备份做恢复的准备工作，执行命令如下：

```
[mysql@localhost ~]$ innobackupex --defaults-file=/data/mysqldata/backup/my-3306.cnf --apply-log
--redo-only /data/mysqldata/backup/2013-05-11_15-52-20/
```

在这条命令里我们又指定了两个没见过的参数：

- --apply-log：从指定的选项文件中读取配置信息并应用日志等，这就代表要做的是对备份集做恢复的准备工作，若要做恢复，则本参数必须指定。
- --redo-only：如果进行准备工作的备份集操作完成后，还有其他增量备份集待处理，那么就**必须**指定本参数。本参数会强制 xtrabackup 只应用 REDO 而不进行回滚，转换为 xtrabackup 命令的话，对应的参数就是--apply-log-only，大家可以注意看前面 innobackupex 命令输出的信息。如果没有增量备份，那么本参数就无需指定了。

还有一个细节，就是--defaults-files 参数的值，这里使用的是之前手动备份的选项文件，这也是因为我们目前设定的环境是原有的 MySQL 目录都不存在，还好备份过选项文件，正好拿来用，如果没有了选项文件怎么办呢，哎，那只好手动创建一个喽。

有些同学有疑问，怎么没有指定用户名和密码的参数？同学，数据库都没有了，还要啥用户名和密码，就算有这东西，您又怎么连呢。所以记住了，恢复时不需要指定用户名和密码相关参数。

来看一看innobackupex命令执行后的返回信息吧，前面的版本啦、提示啦等信息略过，直接来看更有价值的输出信息。比如，这些信息就告诉我们，innobackupex 命令调用了xtrabackup命令，附加了哪些参数：

```
130514 00:06:56  innobackupex: Starting ibbackup with command: xtrabackup_56  --defaults-file="/data/mysqldata/backup/my-3306.cnf"  --defaults-group="mysqld"  --prepare  --target-dir=/data/mysqldata/backup/2013-05-11_15-52-20 --apply-log-only --tmpdir=/tmp
```

以下是具体执行InnoDB恢复的环境设定：

```
xtrabackup_56 version 2.0.7 for MySQL server 5.6.12 Linux (x86_64) (revision id: 552)
xtrabackup: cd to /data/mysqldata/backup/2013-05-11_15-52-20
xtrabackup: This target seems to be not prepared yet.
xtrabackup: xtrabackup_logfile detected: size=2097152, start_lsn=(2960044071)
xtrabackup: Temporary instance for recovery is set as followings.
xtrabackup:   innodb_data_home_dir = ./
xtrabackup:   innodb_data_file_path = ibdata1:2048M:autoextend
xtrabackup:   innodb_log_group_home_dir = ./
xtrabackup:   innodb_log_files_in_group = 1
xtrabackup:   innodb_log_file_size = 2097152
..............
..............
```

中间还非常友好地提醒你，可以通过--use-memory 参数指定缓存池的大小，默认是100MB，可以根据实际情况增大，有利于提高恢复的效率：

```
xtrabackup: Using 104857600 bytes for buffer pool (set by --use-memory parameter)
InnoDB: The InnoDB memory heap is disabled
InnoDB: Mutexes and rw_locks use GCC atomic builtins
InnoDB: Compressed tables use zlib 1.2.3
InnoDB: CPU does not support crc32 instructions
InnoDB: Initializing buffer pool, size = 100.0M
InnoDB: Completed initialization of buffer pool
..............
..............
xtrabackup: starting shutdown with innodb_fast_shutdown = 1
InnoDB: Starting shutdown...
InnoDB: Shutdown completed; log sequence number 2960044071
130514 00:06:58  innobackupex: completed OK!
```

中间没有报错的话，备份集的准备操作就完成了。如果后面没有增量备份需要继续处理，那么此时准备操作就可告一段落，后面可以执行恢复，不过咱们现在还有一份增量备份，那么接下来，就需要先应用这个增量备份，然后再执行恢复。

继续执行innobackupex命令，**应用增量**备份，这次要操作的备份集就是最后一份，不需要再指定--redo-only参数了，实际执行命令如下：

```
[mysql@localhost ~]$ innobackupex --defaults-file=/data/mysqldata/backup/my-3306.cnf --apply-log
```

```
/data/mysqldata/backup/2013-05-11_15-52-20/
--incremental-dir=/data/mysqldata/backup_rec/2013-05-13_21-32-39
```

这次还好，只引入一个新的参数：--incremental-dir：指定要处理的增量备份集路径。

如果要处理的对象很多的话，那么返回的信息可能就比较多，它首先会处理 InnoDB 对象，因此我们还是先来关注一下执行的 xtrabackup 命令：

```
    130514  00:11:17    innobackupex:  Starting  ibbackup  with  command:  xtrabackup_56
--defaults-file="/data/mysqldata/backup/my-3306.cnf"  --defaults-group="mysqld"  --prepare
--target-dir=/data/mysqldata/backup/2013-05-11_15-52-20
--incremental-dir=/data/mysqldata/backup_rec/2013-05-13_21-32-39 --tmpdir=/tmp
```

输出信息的结构跟前面完整恢复是一样的，我就不列了，若说有区别的话，那么对于 InnoDB 对象，它要挨个更新，以应用最新日志。

InnoDB 对象处理完之后，开始处理其他引擎的表对象，这些对象的处理就比较简单了，直接复制过去，覆盖全备目录下的文件：

```
    ...............
    ...............
    innobackupex:  Copying  '/data/mysqldata/backup_rec/2013-05-13_21-32-39/jssdb/j1.frm'  to
'/data/mysqldata/backup/2013-05-11_15-52-20/jssdb/j1.frm'
    innobackupex:  Copying  '/data/mysqldata/backup_rec/2013-05-13_21-32-39/jssdb/j2.frm'  to
'/data/mysqldata/backup/2013-05-11_15-52-20/jssdb/j2.frm'
    130514 0:12:23  innobackupex: completed OK!
```

注意在备份集进行恢复的准备过程中，不要随意中断该任务，否则有可能导致备份集处于不一致状态。由于 XtraBackup 是直接在备份集中进行准备，一旦有异常，搞不好想恢复都没办法。这点倒是要提醒广大 DBA 们，若选择使用 XtraBackup 作为主力备份工具，那么备份出来的备份集，可能也需要有备份（执行恢复操作前）的哟。

如果操作没有报错，那么增量备份的应用就成功了。之后建议**再执行一遍** innobackupex --apply-log（若是 xtrabackup 命令则再执行一次 xtrabackup --prepare）：

```
    [mysql@localhost ~]$ innobackupex --defaults-file=/data/mysqldata/backup/my-3306.cnf --apply-log
/data/mysqldata/backup/2013-05-11_15-52-20/
```

第一次准备主要是为了使数据文件达到一致性的状态，第二次准备则是为了创建 InnoDB 的专用日志文件，因为这些文件不会被备份。尽管 MySQL 在启动过程中如果发现文件不存在也会自动创建，但如果能在 MySQL 启动前就把文件创建好，等 MySQL 服务真正启动时就可以省去这个工作了。

我们还是重点关注实际执行的 xtrabackup 命令：

```
    130514  00:18:56    innobackupex:  Starting  ibbackup  with  command:  xtrabackup_56
--defaults-file="/data/mysqldata/backup/my-3306.cnf"  --defaults-group="mysqld"  --prepare
--target-dir=/data/mysqldata/backup/2013-05-11_15-52-20 --tmpdir=/tmp
```

对于同一份备份集，最多也就执行两次 xtrabackup --prepare 命令，当然您若非要多次执行也可以，只不过执行次数更多也不会有意义，它会提示你这个备份已经被--prepare 过了。

如果认真阅读 innobackupex 命令的输出信息，就会注意到它执行了两遍 xtrabackup 命令，而且在执行第二遍时，xtrabackup 命令果然就提示它，已经 prepare 过了：

```
130514 00:19:03  innobackupex: Restarting xtrabackup with command: xtrabackup_56  --defaults-file
="/data/mysqldata/backup/my-3306.cnf"      --defaults-group="mysqld"   --prepare   --target-dir=/data/
mysqldata/backup/2013-05-11_15-52-20 --tmpdir=/tmp
for creating ib_logfile*

xtrabackup_56 version 2.0.7 for MySQL server 5.6.12 Linux (x86_64) (revision id: 552)
xtrabackup: cd to /data/mysqldata/backup/2013-05-11_15-52-20
xtrabackup: This target seems to be already prepared.
xtrabackup: notice: xtrabackup_logfile was already used to '--prepare'.
..............
..............
InnoDB: Shutdown completed; log sequence number 2960063872
130514 00:19:05  innobackupex: completed OK!
```

所有的准备工作至此结束，做到这一步，我们终于可以真正执行文件的**恢复**了，不要怪我描述的过于拖沓，我描述的也许有一点点拖沓，但最主要的原因还是 XtraBackup 的设定就是如此啊朋友。

很遗憾，xtrabackup 命令没有提供将文件恢复至原始路径下的参数，它说让 DBA 们手动操作，手动执行当然是可以的，不过咱们有了 innobackupex 命令，就能够以更简化的方式恢复文件，因为 innobackupex 命令已经将相关操作封装好，我们只需要指定 3 个参数：

- --defaults-file：指定初始化选项文件。
- --copy-back：指明接下来要做的操作是从备份路径中，将文件复制回初始化选项指定的路径下。
- [backup_dir]：指定备份文件所在路径。

实际执行命令如下：

```
[mysql@localhost ~]$ innobackupex --defaults-file=/data/mysqldata/backup/my-3306.cnf --copy-back
/data/mysqldata/backup/2013-05-11_15-52-20/
```

这回输出的信息超级多，innobackupex 会将操作的每一个文件都进行输出，告诉你文件的原始路径和目标路径等，因此尽管信息很多，但对于 DBA 来说，只需要快速扫几眼，检查一下文件复制有没有出错就好了。

innobackupex 命令先是复制表对象结构定义文件和数据文件，随后是 InnoDB 系统表空间数据文件以及 InnoDB 的日志文件，输出信息这里就不再罗列，参考意义不大，大家可以在实际操作的时候看自己那份儿。

注意，等 innobackupex 提示操作完成，并不代表所有工作就完成了，至少还有一步需要我们手动处理，当前恢复的只是数据文件和日志文件，但 MySQL 服务的选项文件并没有恢复回去，我们需要手动将之前备份的 my.cnf 复制一份到指定目录下：

```
[mysql@localhost ~]$ cp /data/mysqldata/backup/my-3306.cnf /data/mysqldata/3306/my.cnf
```

然后，同学们，可以尝试启动数据库，登录检查之前操作过的表对象，看看对象是否被成功恢复回去了吧。

> 提 示
>
> 恢复操作可以在任意机器上执行，只要您拥有完整备份集，这也就意味着，拿 XtraBackup 当做数据库迁移工具也是种不错的方案（支持热备，对源端影响极小，何止是不错，简直就是极佳），我们在后面的章节里，还会介绍通过 XtraBackup 来创建 MySQL 的复制环境。

10.5.6　打包和压缩备份集

不管是用 xtrabackup 命令还是 innobackupex 命令，创建出来的备份集都是以目录结构保存，每个文件对象都是独立存储。但是有时候，我们会希望能将备份集压缩保存，以节省空间。这种情况若要一个文件一个文件处理，显然操作有所不便，而且因为文件数太多，若环境配置不够理想，则管理成本可能就比较高。对于这种情况，如果不了解 XtraBackup，最常见的解决思路是先等到备份任务完成，而后将文件夹打包，最后再进行压缩。

可是这样的话也很纠结，最突出的问题是等到备份完成，文件已经保存在磁盘上，空间已经占用，而且创建备份集时 I/O 开销也已经产生，再对其打包，相当于产生至少两倍的 I/O 开销（一次全量写入+一次全量读取+打包压缩后文件的写入），而且还要再占用空间。其次就是我们得等 XtraBackup 备份任务完成后才执行打包压缩，需要对 innobackupex（或 xtrabackup）命令再进行封装。

想一想就觉着貌似成本有点儿高，同学们，不要被困难吓倒，俗话说的好，“只要思想不滑坡，办法总比困难多”。下面插播一条好消息，XtraBackup 支持流（stream）模式，能够直接将备份输出到指定的格式进行处理，比如 tar 或 xbstream，而不用将文件复制到某个备份路径，以目录结构形式存储。这个时候不得不又提及管道符，我们可以在重定向输出后，将打包后的备份集直接压缩存储，既节省空间又节省 I/O，某些场景下还可以提高备份效率呢。

理论可能还有些听不太明白，那我们实操一把。xtrabackup 和 innobackupex 两个命令都支持--stream 参数，该参数用来指定标准输出的格式，前面说过目前支持两种格式，即 tar 和 xbstream，后者是 XtraBackup 提供的专有格式，解包时需要同名的专用命令处理，考虑到通用性，这里就测试使用 tar 格式吧，备份集定义到标准输出后，通过管道符顺道使用 gzip 命令将其压缩保存。

执行 innobackupex 命令如下：

```
[mysql@localhost ~]$ innobackupex --defaults-file=/data/mysqldata/3306/my.cnf --user=xtrabk
--password='onlybackup' --stream=tar /tmp | gzip -> /data/mysqldata/backup/xtra_fullbackup.tar.gz
```

这次执行的命令附加的参数在本章全都出现过，就不再一一介绍了。命令执行的输入信息，与普通方式备份的输出形式，也几乎没有差别，只是说，之前是提示文件被保存在什么什么路径下，而今是提示某某文件以流方式处理了而已。

不过在这中间，还是有些细节提示，值得大家注意，罗列几项如下：

```
    innobackupex: Created backup directory /tmp
    130514  22:19:43    innobackupex:  Starting  mysql  with  options:   --defaults-file='/data/mysqldata/3306/my.cnf' --password=xxxxxxxx --user='xtrabk' --unbuffered --
    130514 22:19:43  innobackupex: Connected to database with mysql child process (pid=26282)
    130514 22:19:45  innobackupex: Connection to database server closed

    130514 22:19:45   innobackupex: Starting ibbackup with command: xtrabackup_56   --defaults-file="/data/mysqldata/3306/my.cnf"  --defaults-group="mysqld" --backup --suspend-at-end --target-dir=/data/mysqldata/3306/tmp --tmpdir=/data/mysqldata/3306/tmp --stream=tar
    innobackupex: Waiting for ibbackup (pid=26289) to suspend
    innobackupex: Suspend file '/data/mysqldata/3306/tmp/xtrabackup_suspended'
```

这段信息表明，流格式标准输出的数据会被临时保存到/tmp 目录，同时还有 innobackupex 和 xtrabackup 两个命令实际执行时附加的参数。

之后则是大段大段数据输出的信息、日志扫描的信息等，在最后才又出现一条非常重要的提示，它告诉我们，解包时必须使用-i 参数：

```
    innobackupex: You must use -i (--ignore-zeros) option for extraction of the tar stream.
```

备份任务成功完成，对比一下不同格式输出的文件大小，您就看出成效来了。先是普通方式创建的备份集：

```
    [mysql@localhost ~]$ du -sh /data/mysqldata/backup/2013-05-14_15-49-45
    2.7G    /data/mysqldata/backup/2013-05-14_15-49-45
```

才 2.7 个 G，倒确实不算大，那是因为咱们这个是测试数据库嘛，里头没有几个对象的。而且老话说的好，“不怕不识货，就怕货比货”，咱们再看看使用流格式输出并压缩后的备份集：

```
    [mysql@localhost ~]$ du -sh /data/mysqldata/backup/xtra_fullbackup.tar.gz
    34M     /data/mysqldata/backup/xtra_fullbackup.tar.gz
```

34M，真是令人欣喜呀。而且通过流格式输出，再通过管道符，灵活组合命令，还可以实现远程备份或远程输出等需求呐，赶紧下定决心，投入到流格式输出的怀抱吧！

10.5.7 自动化备份脚本

前面学习 mysqldump 时，我们自己创建了一段 Shell 的脚本，相当于对 mysqldump 命令做了一个二次封装，将我们比较关注的信息和要进行的操作，按照一定逻辑打包放在脚本文件中，而后我们要执行备份任务时，只要执行我们配置好的备份脚本就行了。

对于 XtraBackup 来说，显然也可以借鉴这种思路，而且 innobackupex 命令已经实现了很多实用功能，我们只需要在此基础之上稍加完善即可。

创建一段 Shell 脚本，内容如下：

```
    [mysql@localhost ~]$ more /data/mysqldata/scripts/mysql_full_backup_by_xtra.sh
    #!/bin/sh
    # Created by junsansi 20130505

    DATA_PATH=/data/mysqldata/backup/mysql_full
    DATA_FILE=${DATA_PATH}/xtra_fullbak_`date +%F`.tar.gz
```

```
LOG_FILE=${DATA_PATH}/xtra_fullbak_`date +%F`.log
ORI_CONF_FILE=/data/mysqldata/3306/my.cnf
NEW_CONF_FILE=${DATA_PATH}/my_3306_`date +%F`.cnf
MYSQL_PATH=/usr/local/percona-xtrabackup-2.0.7/bin
MYSQL_CMD="${MYSQL_PATH}/innobackupex --defaults-file=${ORI_CONF_FILE} --user=xtrabk
    --password='onlybackup' --stream=tar /tmp "

echo > $LOG_FILE
echo -e "==== Jobs started at `date +%F' '%T' '%w` ====\n" >> $LOG_FILE
echo -e "==== First cp my.cnf file to backup directory ====" >> $LOG_FILE
/bin/cp ${ORI_CONF_FILE} ${NEW_CONF_FILE}
echo >> $LOG_FILE

echo -e "**** Executed command:${MYSQL_CMD} | gzip > ${DATA_FILE}" >> $LOG_FILE
${MYSQL_CMD} 2>>${LOG_FILE} | gzip - > ${DATA_FILE}
echo -e "**** Executed finished at `date +%F' '%T' '%w` ====" >> $LOG_FILE
echo -e "**** Backup file size: `du -sh ${DATA_FILE}` ====\n"  >> ${LOG_FILE}

echo -e "---- Find expired backup and delete those files ----" >> ${LOG_FILE}
for tfile in $(/usr/bin/find $DATA_PATH/ -mtime +6)
do
        if [ -d $tfile ] ; then
                rmdir $tfile
        elif [ -f $tfile ] ; then
                rm -f $tfile
        fi
        echo -e "---- Delete file: $tfile ----" >> ${LOG_FILE}
done

echo -e "\n==== Jobs ended at `date +%F' '%T' '%w` ====\n" >> $LOG_FILE
```

脚本创建好之后，可以先试着执行一遍，看看有没有错误。待确认脚本功能完全正常之后，可以按照与之前处理 mysqldump 相同的策略，创建定时任务，让其自动备份。同时，大家也可以在此基础之上，根据自己的实际情况制订策略，修改脚本的处理逻辑，加入增量备份的处理等。

前面通过 20 余页的内容，也只是描述了 XtraBackup 的基本功能，XtraBackup 不仅可以用来创建全备或增量备份，甚至可以操作指定数据库或表对象等非常细粒度的备份。此外，XtraBackup 还支持导出或导入您指定的表，启用并行执行，备份时压缩（针对单个表对象的物理文件）等功能。常用的 innobackupex、xtrabackup 两个命令支持的参数众多，在本章各小节内容中出现的参数，只是一小部分而已，还有很多有用且实用的参数，碍于篇幅没有完全体现，大家可以通过 XtraBackup 的官方文档来获取相关的完整信息。

第11章 MySQL 复制特性

俗话说，“一个篱笆三个桩，一个好汉三个帮”，一个人的成功通常离不开朋友的帮助。一种特性很受欢迎，多半也是因为它能带来帮助，MySQL 的复制（Replication）就是一款极受欢迎的特性。

尽管我个人邪恶地认为，复制特性之所以广受欢迎，与 MySQL 数据库没有太多拿的出手的优秀功能有关（好吧，插件式存储引擎算一个），哎，谁让咱是 Oracle DBA 转行接触 MySQL 的呐，任谁也不能否认 Oracle 产品设计的非常优秀，把用户们都惯坏了，不过同样任谁也不能否认，MySQL 的复制特性确实是一项实用、好用、真正能帮助 DBA 解决现实问题的优秀功能。

所谓复制，顾名思义，就是通过一个**变出**另一个（或多个）。MySQL 中的复制干的也是这个事儿，它复制的是数据，将数据从一端（通常称为 Master，即主库）复制到另一端（通常称为 Slave，即从库）。由于一套复制环境通常是由多套 MySQL 服务组成（至少要有两个 MySQL 实例），因此有些文章中也将 MySQL 的复制（Replication）称为集群（Cluster）。这种叫法并不严谨，因为 MySQL 中有专门的集群特性（即 NDB 引擎），建议大家跟人吹牛时还是注意一下措辞，否则若听众中有懂行的，炫耀不成反要遭鄙视。

MySQL 的复制特性操作很灵活，既可以实现整个服务（all databases）级别的复制，也可以只复制某个数据库，甚至某个数据库中的某个指定表对象；既可以实现从 A 复制到 B（主从单向复制），B 再复制到 C，也可以实现 A 直接复制到 B 和 C（单主多从复制），甚至是 A 的数据复制给 B，B 的数据也复制回 A（双主复制）。

前面这番描述似乎整的有点儿复杂，这主要是由于我个人文字功底不过关，不过我对朋友们的理解能力有信心，所以，呃，如果前面这段您没看懂，那就再给自己点儿信心，多读几遍，把它看懂。如果实在看不懂也没关系，咱们后面将有整整一章的篇幅专门介绍它，我想，您一定能懂的。

两个服务器间复制数据有很多种解决方案，究竟哪种方案最合适，取决于使用的数据引擎和期望实现的复制需求。

一般来说，可以将 MySQL 的复制特性应用在下列场景上：

- 提高性能。通过一主多从（甚至多主多从）的部署方案，将涉及数据写的操作放在 Master 端操作，而将数据读的操作分散到众多的 Slave 端。这样一方面能够降低 Master 负载，提高数据写入请求的响应效率；另一方面众多的 Slave 节点同时

提供读操作，有一个负载均衡的效果，同时又可以提高查询的效率。

- 数据安全。由于数据被复制到 Slave 节点，即使 Master 节点不幸宕机，Slave 节点还保存着一份数据，这相当于实现了数据的冗余；在日常维护工作中，我们可以将备份任务放在 Slave 端执行，以避免执行备份操作时对 Master 造成影响。
- 数据分析。将数据分析和挖掘等较占资源的工作，放在 Slave 节点进行，这样就可以降低对 Master 节点可能造成的性能影响。
- 数据分布。基于 MySQL 特性的实现原理，Master 和 Slave 并不需要实时连接，因此完全可以将 Slave 放在与 Master 不同的物理位置，而基本不用太过担心网络中断等因素可能对同步造成的影响。

MySQL 复制的过程默认是异步的，也就是说 Master 节点产生的修改，并不会实时同步到 Slave 端，不过这从另一个层面也说明，不需要 Slave 时刻都连接到 Master 节点，接收修改的数据，Slave 甚至可以很长时间都不连接 Master（当然这种情况应该并不常见），而只有当它需要同步数据时，才连接到 Master，只要 Master 节点仍然保留自上次 Slave 同步后所生成的二进制日志，就可以继续实施数据同步。

对于某些场景，这种异步方式就不一定适用了。比如说对于读写并发和实时性要求都很高的场景，用户有可能希望插入的数据，能够马上被查询出来，如果查询是从 Slave 端获取数据，那么这种异步的数据同步方案就满足不了需求。针对这种情况，开源的优势就体现出来了，早在 MySQL 5.0 版本时，Google 公司的 MySQL 团队就提交了一个补丁，可以用来实现半同步的功能，通过一定配置，可以使 Master 端的修改实时同步到 Slave 端。后来，从 MySQL 5.5 版本开始，官方就自带了半同步功能。这两种方案我们在本章中都会进行介绍。

MySQL 复制在处理数据时，有两种不同的模式：

- 基于语句复制（[S]tatement [B]ased [R]eplication）：基于实际执行的 SQL 语句的模式方案，以下简称 SBR。
- 基于记录复制（[R]ow [B]ased [R]eplication）：基于修改的列的复制模式，以下简称 RBR。

或者，选择第三种（骗子，前面刚说了只有两种）：

- 基于上述两种方式混合的复制模式（Mixed Based Replication，MBR）。

数据复制模式跟日志文件记录格式（见第 8 章，可以将数据复制模式理解为日志文件记录的格式）强相关，这个模式的设置非常关键，根据不同场景有可能需要不同的复制模式，这也是 MySQL 一直提供多种模式的原因。对于复制环境中，默认的数据复制模式，MySQL 自己也在调整来调整去，在 5.1.4 版本之前，默认一直都是 SBR 模式（那会儿也只支持这一种格式），5.1.4 版本后，MySQL 引入并开始使用 RBR 模式，在 5.1.12～5.1.28 版本时，默认改成 MBR 模式，而从 5.1.29 版本开始，则默认又换回 SBR 模式。关于数据复制格式的内容后面也要详细描述。

接下来先从哪块开始说起呢，理论部分很枯燥，好多人都不爱看，一上来就迫不急待想搞部署做实施，这种思想真是要不得呀。我曾无数次强调基础的重要性，基础打得越牢，后面的学习就越简单和高效，基础不见得都是理论，但理论方面的内容都可以视为基础。虽说很多人都不爱看基础，但是我想说的是，我不是那么容易就会妥协的人，今天我下定决心要挑战自我，咱们就先讲部署吧！

11.1 创建复制环境

想搭建一套 MySQL 复制环境，从哪儿开始呢？就 MySQL 的复制来说，要搭建一套复制环境是非常简单的事情，可是光我说简单大家可能理解并不深刻，到底有多简单，简单到什么程度呐，这个最好是能有个对比。若您对 Oracle 数据库比较熟悉的话，Oracle Dataguard 特性中的逻辑 Standby，从功能上来说，有点儿类似于 MySQL 数据库中的复制特性。那么部署一套 Dataguard，对于熟悉的朋友来说，操作很简单对吧，那么我可以负责任地说，部署 MySQL 的复制环境比那个还简单。怎么？您觉着部署 Dataguard 的逻辑 Standby 过程并不简单，那么好消息来了，部署 MySQL 的复制比那个要简单。怎么，您没用过也没听过 Dataguard，不知道它到底是简单还是不简单，好吧，那我只有通过实例来向您证明，搭建一套 MySQL 复制环境到底有多简单了。

在开始操作前，我想先说明一点，实现同一项需求，方法有多种多样，不同方法对应的操作步骤，其优、缺点也都不尽相同，不同环境不同需求，具体执行时的配置步骤都会有些差异。本章尽可能讲清楚关于 MySQL 复制配置过程的每一个环节，如果您觉着某部分讲的不清楚，注意，这个时刻不能迟疑，一定要坚定信念，马上翻回去再看几遍，基本上应该就清楚了。如果有的地方看了几遍都不理解，感觉确实没讲清楚，注意，这个时刻不能怀疑，那不是三思讲不清楚，实在是手拙没写清楚。如果有的地方不是讲没讲清楚的问题，而是根本就没有讲，注意，这个时刻不能质疑，那不是三思不清楚，只是俺忘了清楚地把它写进来。

都清楚了吧，好，那下面我们开始正式的内容！

11.1.1 最简单的复制环境部署方法

就复制来说，为了能够帮助大家快速理解，咱们先从部署一套最简单的主从复制场景来说起。要实现最简单是有前提的，这里设定环境如下：

- 设定复制环境的创建过程中，Master 一直没有读写操作。当前咱们使用的这套 MySQL 实例只有三思自己能连，我保证绝对不写。
- 通常 Master 节点和 Slave 节点应该分别运行在不同的物理服务器上，本例为打造最简单的复制场景（深层背景是三思手边服务器资源有限，腾挪不开这种事儿我会说出来吗），数据库文件放在同一台服务器，数据库服务分别运行在不同的端口。

- 定义当前运行在 3306 端口的 MySQL 服务为 Master 节点，创建新的运行在 3307 端口的 MySQL 服务为 Slave 节点。若您手边服务器资源较为富裕，可以再找台机器做 Slave，这种场景的优点在于，不需要修改 my.cnf 中的参数配置，但是会多出传输文件到 Slave 服务器的步骤。

就我们设定的这套环境来说，配置复制只需下列几步操作：

1. 关闭数据库服务

先关闭 Master 数据库服务，为啥要关闭服务呢，当然是为了简化咱们的操作步骤。

通常情况下，关闭 MySQL 服务是通过 mysqladmin 命令，指定管理员账户和密码，并附加 shutdown 参数，例如：

```
$ mysqladmin -uroot -p'' shutdown
```

咱们这套环境里关闭 MySQL 服务要简单得多，直接执行前面封装好的脚本（详见 3.3 节）即可，命令如下：

```
[mysql@localhost ~]$ mysql_db_shutdown.sh
Shutdown MySQL Service: localhost_3306
Warning: Using a password on the command line interface can be insecure.
[mysql@localhost ~]$ netstat -lnt | grep 3306
```

然后可以执行 netstat -an 命令，检查当前 3306 端口是否仍有网络监听，执行若无结果返回才正常。若有返回结果，则说明 MySQL 服务没有被正确关闭，检查 MySQL 的错误日志，分析原因。

2. 复制数据文件

由于当前场景并不是一套全新的环境，我所说的全新环境是指数据库服务刚刚被创建，里面什么服务都没有，而我们这套 MySQL 数据库服务已经拥有了众多的对象。

Slave 其实就是 Master 的一个镜像，因此最简单的创建 Slave 节点的方式，就是将与 Master 相关的数据文件复制一份。这里我们将当前 Master 服务所在的 3306 文件夹，复制一份保存到 3307 目录，直接执行 cp 命令即可：

```
[mysql@localhost ~]$ cp /data/mysqldata/3306 /data/mysqldata/3307 -R
```

这种物理文件的复制，考验的就是服务器的 I/O 性能，若数据库容量不大，并且服务器的磁盘性能较强，那么本步将很快完成。若数据库容量很大，那么本步尽管只是执行一条命令，但执行时间却可能需要很久很久。

复制完成后，注意，先不要启动 3306 数据库。对于 MySQL 复制环境来说，有两项参数配置特别重要，您猜猜我说的是哪两个。不不，真的不是二进制日志文件记录格式，咱得先有文件，再谈它记录的格式吧，不过只要大家能想到二进制日志，就说明方向还是正确的。

配置复制环境，首先务必要确保 Master 节点，当前已经启用了二进制日志文件记录功能，即指定 log-bin 参数，至于二进制日志文件的格式如何设置，这里先不管它，咱们后面再细说。

其次，每个 MySQL 服务器要有个标识，这是通过 server_id 参数指定，同一套复制环境中的每个成员（Master & Slave）必须拥有独立的 Server ID。注意这个 ID 不是拿来显摆的，因此不用考虑凑什么 888、666 之类吉祥号码，这个 ID 主要是为了识别同一个复制环境中的不同成员。Server ID 可设置值的范围在 $1 \sim 2^{32}-1$，可选择的范围还是很大的，因此假使真想挑，选择也是很多的。

编辑 Master 的选项文件：

```
[mysql@localhost ~]$ vi /data/mysqldata/3306/my.cnf
```

先找找看有没有 log-bin 参数，当然，在我们这个环境中是找得到的，因为咱们在第 3 章时就指定过的，而后顺道在[mysqld]区块中的任意位置增加一行，指定 server_id：

```
server_id = 2433306
log-bin  = ../binlog/mysql-bin
```

参数文件中的配置修改好之后，就可以启动 Master 了。执行我们的专用脚本启动 Master 数据库：

```
[mysql@localhost ~]$ mysql_db_startup.sh
Startup MySQL Service: localhost_3306
```

3．创建复制专用账户

要想获得 Master 端生成的二进制日志，Slave 节点必须能够连接到 Master 端。通常，我们建议创建一个用户专门用于复制数据，默认情况下，该用户需要拥有 REPLICATION SLAVE 权限，以执行必要的复制操作。

对于熟悉 Oracle 的朋友看到这里可能会稍有疑惑，这个机制貌似跟 Dataguard 不太一样啊。咳，同学，何止是不太一样，是完全不一样哪。我看过不少对比文章，有种观点会将 MySQL 的复制描述成 Oracle 的 Dataguard，我觉着这肯定是因为作者并不了解 Dataguard，或者不了解 Replication，才会做出这种类比。

在 Oracle Dataguard 特性中，REDO 日志是由 Primary（Dataguard 环境中的主库）主动发给 Standby（Dataguard 环境中的从库），而且 Primary 生成的 REDO 日志，都应该发给哪些 Standby，Primary 对此一清二楚。可是在 MySQL 复制特性中不是如此，MySQL 中的 Slave 若想获取二进制日志，它是得主动连接 Master 节点去请求数据，就向发起查询一样，Master 也不知道二进制日志都应该发给谁，反正，只要有人拥有权限发起请求，它就会给。

Oracle Dataguard 特性中，提供了最大可用、最高性能、最大保护 3 种模式，对于最大保护模式来说，发出的日志若 Standby 不接收，Primary 当场能急崩溃（真的，宕机，必需的）。而 MySQL 的复制环境就没有这种设定，日志有没有人需要，都哪些人获取过日志，Master 并不关心，而且它所持有的二进制日志，超过保留时间后就会自动被清除。

Slave 通过连接 Master 来获取所需的日志信息，当然并不是说必须创建一个新用户，才能实施 MySQL 复制特性，不过从安全的角度，使用独立的用户更好。安全性是实实在在的因素哟，因为 Slave 节点会将关于 Master 的配置，都保存在 master.info 文件中，该文

件为文本格式文件，其中明文存储连接 Master 节点的所有配置，当然也包括用于连接的用户名和密码，若使用系统账户或具有其他用途的用户，那么该文件泄露就代表这个用户拥有的其他权限可能被人利用来做其他用途。独立用户的话，与其他用户并无直接关联，而且本身权限相对很有限，相对可能造成的影响也更小。

创建用户的语句在“权限管理”章节描述的已经够多了，这里不再详细描述。举个示例，创建一个用户复制的用户，脚本如下：

```
(system@localhost) [(none)]> grant replication slave on *.* to 'repl'@'192.168.30.%' identified by 'replsafe';
Query OK, 0 rows affected (0.00 sec)
```

上述脚本创建了一个名为 repl 的用户，允许从 192.168.30 网段连接服务器，仅拥有读取二进制日志的权限。

而后，还需要获取 Master 端的重要信息，执行 SHOW MASTER STATUS 语句获取：

```
(system@localhost) [(none)]> show master status;
+------------------+----------+--------------+------------------+-------------------+
| File             | Position | Binlog_Do_DB | Binlog_Ignore_DB | Executed_Gtid_Set |
+------------------+----------+--------------+------------------+-------------------+
| mysql-bin.000003 |      120 |              |                  |                   |
+------------------+----------+--------------+------------------+-------------------+
1 row in set (0.00 sec)
```

这条语句的功能，是查看当前 Master 端正在使用的二进制日志文件以及写入的位置，其中 File 和 Position 两列值非常重要，记录下来，后面配置 Slave 节点时要用到。

> **提 示**
>
> 因为我们这套环境前面已经声明，配置过程中不会有读写操作，因此 File 和 Position 的值不会发生变化。如果是生产环境，这个值就应该是持续不断变化的，这种情况下，复制环境的配置步骤就有讲究了，不能参照本例中的步骤执行，后面会讲到类似的配置场景，要认真看哟。

4. 配置 Slave 端选项文件

前面我们说过，同一套复制环境中，每个成员必须拥有独立的 Server ID，Slave 作为复制环境中的成员之一当然不能例外。

修改 Slave 的选项文件：

```
[mysql@localhost ~]$ vi /data/mysqldata/3307/my.cnf
```

增加 server_id 选项，我们将其值改为 2433307：

```
server_id = 2433307
```

注意 server-id 的值不能设置为 0，否则就不能创建到 Master 的连接了。

咱们这套环境中，Slave 节点和 Master 节点在同一台物理服务器上，Slave 的相关文件都是通过 Master 复制出来的，选项文件也是，选项文件中某些参数可能并不合适，比如说文件路径之类的，因此需要进行适当的修改。考虑到这里与 Slave 节点相关文件的存储路径由 3306 改为 3307，因此最简单的方式，是将选项文件中所有 3306 修改为 3307。大家可以手动一个个进行修改，也可以直接通过命令行一次性修改：

```
[mysql@localhost ~]$ sed -i 's/3306/3307/g' /data/mysqldata/3307/my.cnf
```

另外，关于二进制日志 log-bin 选项，Slave 端并不是必需的。如果不考虑主从切换的话，那么 Slave 端不配置二进制日志也不影响 MySQL 复制环境的搭建。不过，从其他层面如数据备份、故障恢复等考虑，还是建议 Slave 端也启用二进制日志，这样不仅仅支持备份，还可以将该 Slave 配置为另一个 Master 节点，从而实现 MySQL 复制环境的级联复制。当然这是后话，就本环境来说，无所谓，看您心情了，你们配不配，我反正是配好了。

最后，还需要删除 Slave 端的一个文件：

```
[mysql@localhost ~]$ rm /data/mysqldata/3307/data/auto.cnf
```

这个文件里保存了一项名为 server-uuid 的重要参数，它用来唯一标识 MySQL 服务，由于我们这个 Slave 是直接物理复制 Master，因此将这个文件也复制过来了，复制过来不要紧，但是 server-uuid 的值直接使用 Master 的，就不妥当了，因此直接删掉，Slave 节点的数据库服务启动时会自动重新生成一个的。

5. 启动 Slave 端服务

好了，基础性的准备工作都已就绪，现在可以启动 Slave 数据库，还是使用我们的专用脚本来处理，指定端口号为 3307：

```
[mysql@localhost ~]$ mysql_db_startup.sh 3307
Startup MySQL Service: localhost_3307
```

配置 Slave 到 Master 的连接，执行 CHANGE MASTER 命令如下：

```
(system@localhost) [(none)]> change master to
    -> master_host='192.168.30.243',
    -> master_port=3306,
    -> master_user='repl',
    -> master_password='replsafe',
    -> master_log_file='mysql-bin.000003',
    -> master_log_pos=120;
Query OK, 0 rows affected, 2 warnings (0.02 sec)
```

我们执行的命令中附加了 6 个参数，不过看起来都是通俗易懂，看名字就应该能猜出其所代表的功能，这里仅简要介绍如下：

- Master_host：指定要连接的 Master 主机地址。
- Master_port：指定要连接的 Master 主机端口。
- Master_user：指定连接所使用的用户。
- Master_password：指定连接所使用的用户密码。
- Master_log_file：指定从 Master 端读取的二进制日志文件。
- Master_log_pos：指定从 Master 端二进制日志文件开始读取的位置。

后 4 项参数均是在第 3 步中获取到的信息。

语句执行完之后，这里提示两项警告，大家可以通过 SHOW WARNINGS 命令查看详细警告信息，这个警告主要是在告诫前面介绍过的安全性方面的因素。

配置命令如果没有报错，接下来就可以启动 Slave 端的应用服务了，这也是项专用命令：

```
(system@localhost) [(none)]> start slave;
Query OK, 0 rows affected (0.02 sec)
```

6. 复制环境数据同步测试

如果前面所有操作都没有报错，那么咱们这套复制环境就算配置好了，不过数据复制能否成功，还是通过实践来检验。

在 Master 端创建一个表对象，并插入数据：

```
(system@localhost) [(none)]> prompt Master>
PROMPT set to 'Master>'
Master>create table 5ienet.jss_v2(id int);
Query OK, 0 rows affected (0.01 sec)
Master>insert into 5ienet.jss_v2 values (1);
Query OK, 1 row affected (0.00 sec)
```

在 Slave 端检查看看有没有这个对象：

```
(system@localhost) [(none)]> prompt Slave>
PROMPT set to 'Slave>'
Slave>desc 5ienet.jss_v2;
+-------+---------+------+-----+---------+-------+
| Field | Type    | Null | Key | Default | Extra |
+-------+---------+------+-----+---------+-------+
| id    | int(11) | YES  |     | NULL    |       |
+-------+---------+------+-----+---------+-------+
1 row in set (0.01 sec)
Slave>select * from 5ienet.jss_v2;
+------+
| id   |
+------+
|    1 |
+------+
1 row in set (0.00 sec)
```

通过实践的检验，看起来是成功喽。

如果在 Slave 端查看时，没有找到表对象，数据没有成功同步过来怎么办呢。若遇到这种情况，第一时间执行 SHOW SLAVE STATUS 命令，查看 Slave 端的数据接收和应用状态：

```
Slave> show slave status\G
*************************** 1. row ***************************
               Slave_IO_State: Waiting for master to send event
                  Master_Host: 192.168.30.243
                  Master_User: repl
                  Master_Port: 3306
                Connect_Retry: 60
              Master_Log_File: mysql-bin.000003
          Read_Master_Log_Pos: 448
               Relay_Log_File: mysql-relay-bin.000002
                Relay_Log_Pos: 611
        Relay_Master_Log_File: mysql-bin.000003
```

```
                 Slave_IO_Running: Yes
                Slave_SQL_Running: Yes
                  Replicate_Do_DB: 
              Replicate_Ignore_DB: 
               Replicate_Do_Table: 
           Replicate_Ignore_Table: 
          Replicate_Wild_Do_Table: 
      Replicate_Wild_Ignore_Table: 
                       Last_Errno: 0
                       Last_Error: 
                     Skip_Counter: 0
              Exec_Master_Log_Pos: 448
                  Relay_Log_Space: 784
                  Until_Condition: None
                   Until_Log_File: 
                    Until_Log_Pos: 0
               Master_SSL_Allowed: No
               Master_SSL_CA_File: 
               Master_SSL_CA_Path: 
                  Master_SSL_Cert: 
                Master_SSL_Cipher: 
                   Master_SSL_Key: 
            Seconds_Behind_Master: 0
    Master_SSL_Verify_Server_Cert: No
                    Last_IO_Errno: 0
                    Last_IO_Error: 
                   Last_SQL_Errno: 0
                   Last_SQL_Error: 
      Replicate_Ignore_Server_Ids: 
                 Master_Server_Id: 2343306
                      Master_UUID: f8f30d78-bc6f-11e2-8a4b-5254007bca93
                 Master_Info_File: /data/mysqldata/3307/data/master.info
                        SQL_Delay: 0
              SQL_Remaining_Delay: NULL
          Slave_SQL_Running_State: Slave has read all relay log; waiting for the slave I/O thread to update it
               Master_Retry_Count: 86400
                      Master_Bind: 
          Last_IO_Error_Timestamp: 
         Last_SQL_Error_Timestamp: 
                   Master_SSL_Crl: 
               Master_SSL_Crlpath: 
               Retrieved_Gtid_Set: 
                Executed_Gtid_Set: 
                    Auto_Position: 0
1 row in set (0.00 sec)
```

SHOW SLAVE STATUS 命令的输出信息，对于我们了解 Slave 当前状态非常重要，本命令几乎是 MySQL 复制环境管理中最为常用的命令（没有之一），输出信息中参数项较多，这些具体的参数所代表的意义后面章节会有介绍。

在本例中加粗参数是需要重点关注的，大家先看一下自己环境中，Last_IO_Error 参数是否有值，如果有值，则代表主从复制环境有误，具体就需要根据实际揭示的错误信息，进行故障排查了。

我倒是有心想紧跟着讲一讲故障排查方面的知识，但是考虑到一方面这涉及大量的知识点，理论性强，怕是一时半会儿说不清楚；另外若读者朋友都是按照本书介绍的步骤在操作，那么出现问题的概率那是相当相当的低。在没有实际案例可供观摩和操作的前提下，我一个人讲，没有代入感，大家也不容易理解。因此，故障诊断还是往后放一放，大家确定一定以及肯定真正遇到问题时咱们再来分析，想必效果会更好。

现在，还是让我们加紧体会成就感，下面我宣布，最简单的复制环境至此配置成功啦！

11.1.2　复制环境配置宝典

创建一套复制环境的方法多了去了，前面小节演示的这个例子，算是其中较为简单的方式，还有比这种要稍复杂一点儿的，当然也有比这种复杂得多的多的。那么，为什么有的方案简单，有的复杂，若有简单的方案，直接选择最简单的方案不是更好吗，复杂方案又怎会有应用场景？这个事儿不能说得太细，说太细了就显得啰嗦，咱作为北方的纯爷们必须干脆果断，笼统点讲，这跟实际应用场景有关，同时，也跟操作者自身的技术水平有关。

举个例子，就咱们前面小节演示的场景来说，若是数据库服务不允许中断，那么咱们创建 Master 镜像的步骤就必须要改，而且要实现联机创建的步骤，一定会比该例中的步骤复杂得多。回过头来说，对于认真学习过第 10 章内容，并且按照书中的内容实际操练过的朋友，是绝对不会被这样的问题难住，因为对于懂备份且能恢复的朋友，复制出一套新的数据库服务这种工作，对于他们来说是完全没难度的。

假设仍然是前例中的场景不变，可操作者不知道直接通过复制数据文件的方式，快速创建 Master 镜像，那它就可能选择传统方式建库，而后数据导入导出的方案，因此即使是最简单的复制场景，从操作步骤上来看，无疑也要复杂得多了。

所以说，配置复制环境这个事儿，真的不是一套方案就能包打天下。就应用场景来说，从大的类别上可以分为两种：

- 全新环境配置 Replication：表示主从数据库服务均为全新，这种场景下的配置方案最为简单和灵活。
- 现有环境配置 Replication：表示主数据库服务已有数据，这种场景下配置就需要考虑多种因素。

为现有环境配置 Replication 复制，又可以细分为：

- 创建一台 Slave：当前已有 Master 节点，需要配置 Slave 节点，以创建 Replication 复制环境。
- 增加一台 Slave：当前已有 M-S 复制环境，需要再增加 Slave 节点，以增强系统的

整体负载能力。

在具体配置 Slave 节点时，也可以细分为：

- 脱机方式创建：操作过程中，MySQL 服务可以停机，前面小节的示例就是基于这种场景。
- 联机方式创建：操作过程中，MySQL 服务不能中断运行，为这类场景配置复制环境，就比较考验 DBA 的技术功底和设计能力了。

若要继续分类的话，我们还有很多级子项可以讨论，比如说创建镜像有多少种方案、配置 Master、Slave 有多少种选择等。我记得学生时期考试，最喜欢做的就是选择题，因为简单，可到了工作环境，最头痛的却是做选择，因为纠结。

学生时期的试题有正确答案，选 A 或选 B，结果都很明确，工作上的选择往往没有那么简单，很多事情并没有正确答案，选 A 可行，选 B 亦可，选项之间也并非完全对立，只不过你选择这一项，往往也代表着舍弃了另一项，纠结哟。若功力不够深厚，可能连做出选择后，舍弃的是什么也稀里糊涂，待到依稀看得清结局时才知道，那就不仅仅是纠结，更是痛苦喽。

千万不要被上面这段话所影响，留下什么阴影，根据本书定位及受众平均层次，我掐指一算，小友当前离痛苦之境界尚远，纠结之层次应也远未达到，至多也就是刚步入烦恼期。烦恼于操作步骤太多，若再跟各项场景、各种选项搅和在一起，若无《三思笔记》宝典在手，便觉头晕脑胀，都不知该如何着手。

小兄弟不要慌，我看你骨格清奇，相貌不凡，是块做 DBA 的好材料，三思愿破例为您指点迷津，无须卖肾，也不用跪求，使您瞬间拥有透过现象看本质的能力，深得万变不离其宗的奥妙。要时刻谨记，人生，是入刺的井猜，绳命，是剁么的回晃。不管是什么场景下配置复制环境，都要遵循一些关键要素，我把它抽象成标准化的操作步骤传授与你。

1. Master 端启用二进制日志，指定唯一的 server_id

由 log-bin 参数控制的二进制日志必须启用，Master 和 Slave 间的数据同步就靠它了。同时复制环境中的每一个 MySQL 服务（含 Master 和 Slave），必须拥有唯一的 server_id。就像前面小节中演示的，将这两项参数保存在选项文件中的[mysqld]区块中：

```
server_id = 2343306
log-bin  = ../binlog/mysql-bin
```

选项文件中的这两个参数可以随时修改，但是别忘了，要想生效，必须要重启 MySQL 服务哟。

2. Slave 端配置唯一的 server_id

复制环境中的 Slave 也必须指定唯一的 server_id。如果复制环境中存在多个 Slave 服务，那就要为每一个 Slave 分别指定不同的 server_id 值，并且要确保其值唯一。

至于 log-bin 参数是否指定，关键要看该 Slave 是否有可能，需要将其 binlog 发送给其他 MySQL 服务，或者准备将该 Slave 用做备份服务器，以及故障切换后的 Master，如果

有这方面的规划，那么 Slave 节点本地 log-bin 参数也必须指定。

注意哟，参数修改后也是要重启 MySQL 服务才会生效的哟。

3. 创建复制专用账户

每个 Slave 节点都需要连接 Master 节点以获取数据，基于安全性方面的考虑，建议在 Master 节点创建一个复制专用账户，并授予（且仅授予）REPLICATION SLAVE 权限。

创建用户及授权的脚本可参考下列语句：

```
mysql> grant replication slave on *.* to 'repl'@'ip' identified by 'repl';
```

4. 记录 Master 端日志信息并创建镜像

这一步相当重要，Slave 在连接 Master 获取数据时，需要指定读取的 Master 端二进制日志起始位置，这个信息当然只能在 Master 端才能获取到。

如果 Master 是全新环境，那本步可以直接跳过，在 Slave 端继续进行配置吧。

不过如果 Master 端已经运行一段时间，保存了若干数据，那么事情就有点儿复杂了：

- 我们需要确定当前 Master 数据库服务是否仍处于读写状态。
- 需要获取当前 Master 数据库的日志文件名和位置。
- 需要创建一份完整的数据备份，备份创建过程中，Master 不能再有写操作，或者要有相应措施确保，从获取到 Master 日志信息，到数据备份完成，这期间的操作不会在 Slave 端被重复应用。

常规的解决方案，是在获取日志信息前，先持有一个全库锁定，执行语句如下：

```
mysql> FLUSH TABLES WITH READ LOCK;
```

而后查看 Master 当前状态，获取到与日志相关的信息：

```
mysql> SHOW MASTER STATUS;
+------------------+----------+--------------+------------------+-------------------+
| File             | Position | Binlog_Do_DB | Binlog_Ignore_DB | Executed_Gtid_Set |
+------------------+----------+--------------+------------------+-------------------+
| mysql-bin.000003 |      448 |              |                  |                   |
+------------------+----------+--------------+------------------+-------------------+
1 row in set (0.00 sec)
```

File 列显示当前正在使用的二进制日志文件名，Position 列则显示该文件当前写入的位置，记录下这两列的值，在配置 Slave 时需要用到。

> **提 示**
>
> 如果 File 和 Position 列显示为空，则说明当前并未启用二进制日志，请根据前面的提示配置参数，并重新启动 MySQL 服务。

然后通过复制数据文件（见前面小节的例子），用 mysqldump 命令、xtrabackup 命令，以及所有您能想到的方式，创建一份数据库完整备份。

等备份操作完成之后，再释放全局锁定，执行命令如下：

```
mysql> UNLOCK TABLES;
```

通过前面第 9、10 两章内容的学习，我们知道有不少的选择，比如当您使用 mysqldump

或 xtrabackup 命令生成 Slave 镜像文件时，它们都会自动收集 Master 端的日志文件信息，并保存到专用的脚本文件里，方便用户调用。比如 mysqldump 命令执行时可以通过参数直接进行全库锁定，综合利用已有技能，可以使我们的操作步骤更加简化。

5. 配置 Slave 端的连接

若是跳过了第 4 步中的数据备份，那么可以直接配置 Slave 到 Master 端的连接，在 Slave 端执行 CHANGE MASTER TO 命令，附加参数如下：

```
change master to
master_host='master_host_name',
master_port=master_host_port,
master_user='replication_username',
master_password='replication password',
master_log_file='master_logfile',
master_log_pos=master_logfile_position;
```

若是存在数据备份，那么首先恢复数据，而后再执行 CHANGE MASTER TO 命令。

需要注意的是，不管是 mysqldump 还是 xtrabackup，均有专用的配置 Slave 节点连接 Master 节点的参数，若您尝试使用这类命令，并且附加了相应的参数，那么生成的脚本中应该已经包含了 CHANGE MASTER TO 语句。请仔细检查，确认是否还需要手动执行 CHANGE MASTER TO 语句，以免重复执行造成不必要的错误。

留（几）个问题供有心的朋友消磨时间。通过前面小节内容的学习，能否根据我们当前的复制环境，再增加一个新的 Slave 节点进来，您会怎么设计这项实施方案，实际操作检验一下，并在操作后思考，是否有其他处理方式，各自优、缺点是什么？

11.1.3 常用的复制环境管理命令

复制环境配置好之后，运行的怎么样，当前 Slave 的应用情况如何，有没有延迟或异常等，这些信息虽然不见得需要时时查看，但 DBA 肯定希望能够增强自己的掌控度，了解的信息越多越好，本节就来介绍较为常用的复制环境管理操作。

1. 检查 Slave 节点的各个状态

管理 MySQL 复制环境，最常见的需求就是检查 Slave 节点和 Master 节点的同步情况，MySQL 中实现这个功能非常简单，因为我们有专用的语句，即 SHOW SLAVE STATUS 语句。在任意 Slave 节点上执行，就可以获取该节点与 Master 节点的同步信息，例如：

```
Slave> show slave status\G
*************************** 1. row ***************************
               Slave_IO_State: Waiting for master to send event
                  Master_Host: 192.168.30.243
                  Master_User: repl
                  Master_Port: 3306
                Connect_Retry: 60
              Master_Log_File: mysql-bin.000003
          Read_Master_Log_Pos: 448
```

```
               Relay_Log_File: mysql-relay-bin.000002
                Relay_Log_Pos: 611
        Relay_Master_Log_File: mysql-bin.000003
             Slave_IO_Running: Yes
            Slave_SQL_Running: Yes
              Replicate_Do_DB:
          Replicate_Ignore_DB:
           Replicate_Do_Table:
       Replicate_Ignore_Table:
      Replicate_Wild_Do_Table:
  Replicate_Wild_Ignore_Table:
                   Last_Errno: 0
                   Last_Error:
                 Skip_Counter: 0
          Exec_Master_Log_Pos: 448
              Relay_Log_Space: 784
              Until_Condition: None
               Until_Log_File:
                Until_Log_Pos: 0
           Master_SSL_Allowed: No
           Master_SSL_CA_File:
           Master_SSL_CA_Path:
              Master_SSL_Cert:
            Master_SSL_Cipher:
               Master_SSL_Key:
        Seconds_Behind_Master: 0
Master_SSL_Verify_Server_Cert: No
                Last_IO_Errno: 0
                Last_IO_Error:
               Last_SQL_Errno: 0
               Last_SQL_Error:
  Replicate_Ignore_Server_Ids:
             Master_Server_Id: 2343306
                  Master_UUID: f8f30d78-bc6f-11e2-8a4b-5254007bca93
             Master_Info_File: /data/mysqldata/3307/data/master.info
                    SQL_Delay: 0
          SQL_Remaining_Delay: NULL
      Slave_SQL_Running_State: Slave has read all relay log; waiting for the slave I/O thread to update it
           Master_Retry_Count: 86400
                  Master_Bind:
      Last_IO_Error_Timestamp:
     Last_SQL_Error_Timestamp:
               Master_SSL_Crl:
           Master_SSL_Crlpath:
           Retrieved_Gtid_Set:
            Executed_Gtid_Set:
                Auto_Position: 0
1 row in set (0.00 sec)
```

语句返回的信息很多，且随着版本的升级，输出信息还在不断增加，不过不要怕，值得关注的重点信息没有那么多，SHOW SLAVE STATUS 语句中各列的列名定义都比较直观，结合官方文档，再加上我个人理解，罗列较为重要的参数如下：

- Slave_IO_State：显示 Slave 的当前状态。
- Slave_IO_Running：显示 I/O 线程是否在运行，正常情况下应该在运行，除非 DBA 手动将其停止，或者出现错误。
- Slave_SQL_Running：显示 SQL 线程是否在运行，正常情况下应该在运行，除非 DBA 手动将其停止，或者出现错误。
- Last_IO_Error/Last_SQL_Error：正常情况下应该是空值，如果遇到了错误，那么在这里就会输出错误信息，而后 DBA 就可以根据错误提示分析和处理。能够抓到明确的错误信息，就比较好处理了，即使 DBA 自感功力有限，判断不出到底是什么错误。不过，有句哲言告诉我们，“内事不决问度娘，外事不决问谷哥”，有此两大助力，再加上耐心和细致，一般故障都能轻易解决。
- Seconds_Behind_Master：显示当前 Slave 节点与 Master 节点的同步延迟。大家注意，这个参数的名称有一定的迷惑性，表现在两方面。第一，看起来像是时间，而且确实有时间的因素，但其实又不是时间。我不知道您听明白了没有，我反正是感觉没说明白。好吧，再仔细讲解一遍，这个差距到底是什么呢，按我理解，其实是 Slave 节点接收到的 Master 的日志文件，和已经应用的日志文件位置之间的差距。比如说 I/O 线程接收到的日志文件写入位置为 34560，而 SQL 线程才应用到 34000，这两个位置之间，时间上的差距是 1 小时，那么 Seconds_Behind_Master 就会显示 3600 秒。而有可能此时 Master 节点已经写到 34660 的位置了，只是还没有被 I/O 线程读取到 Slave 节点。后面这种情况是我要说的第二点，这个参数显示的值并不是完全精确的主从之间的延迟时间，而只是 Slave 节点本地日志接收和应用上的差异。

这个参数的值最好是 0，这似乎能代表主从是同步的，但是考虑到前面说的第二点因素，即使是 0，也不见得就一定是同步状态，不能完全的放心无忧，还得配合其他参数共同确定当前的应用情况。

不过，那也还是比非 0 值要好，如果参数值较大（延迟较大），可能性有多种，一个是 IO_THREAD 在运行，但 SQL_THREAD 被停止了，如果不是手动停止的 SQL_THREAD，那么八成是出现错误了，您就可以根据 Last_SQL_Error 参数中的信息进一步的分析。

- Master_Log_File/Read_Master_Log_Pos：显示当前读取的 Master 节点二进制日志文件和文件位置。
- Relay_Master_Log_File/Exec_Master_Log_Pos：显示当前 Slave 节点正在应用的日志文件位置。
- Relay_Log_File/Relay_Log_Pos：显示当前 Slave 节点正在处理的中继日志文件和

位置。

SHOW SLAVE STATUS 语句是最为直接、简单、全面地查询 Slave 节点状态的方法，此外，SHOW PROCESSLIST 语句也能在一定程度上起到辅助了解复制状态的作用。

在 Master 节点执行，获取与复制的进程处理信息如下：

```
Master> show processlist\G
*************************** 1. row ***************************
     Id: 7
   User: repl
   Host: 192.168.30.243:60394
     db: NULL
Command: Binlog Dump
   Time: 320358
  State: Master has sent all binlog to slave; waiting for binlog to be updated
   Info: NULL
```

在 Slave 节点执行，获取与复制的进程处理信息如下：

```
Slave> show processlist\G
*************************** 1. row ***************************
     Id: 11
   User: system user
   Host:
     db: NULL
Command: Connect
   Time: 320326
  State: Waiting for master to send event
   Info: NULL
*************************** 2. row ***************************
     Id: 12
   User: system user
   Host:
     db: NULL
Command: Connect
   Time: 280075
  State: Slave has read all relay log; waiting for the slave I/O thread to update it
   Info: NULL
```

从 Master 节点的返回信息，可以看到已经连接的 Slave 节点，每个 Slave 节点的连接信息以及当前的状态（State 列）。如果复制环境中存在多个 Slave 节点，那么应该能找到对应数量的记录。而从 Slave 节点执行 SHOW PROCESSLIST 语句，获取的返回信息，正常情况下，应该会有两条记录与复制有关，一条显示接收日志的状态，另一条显示应用日志的状态。

通过 Master/Slave 中连接信息表明，每一组 Master、Slave，都有三个线程（Master 节点有一个，Slave 节点有两个），各司其职且相互配合，共同维护复制环境中数据的同步。

SHOW PROCESSLIST 语句显示的是所有连接的会话，如果当前连接较多，那么返回信息中还是有大量的干扰记录，从中挑出 Slave 创建的会话还是稍稍有些不便，那么在

Master 节点可以通过 SHOW SLAVE HOSTS 语句，查询该节点当前所有的 Slave，具体如下：

```
Master> show slave hosts;
+-----------+------+------+-----------+--------------------------------------+
| Server_id | Host | Port | Master_id | Slave_UUID                           |
+-----------+------+------+-----------+--------------------------------------+
|   2433307 |      | 3307 |   2343306 | 197cfc80-bfd0-11e2-a04e-5254007bca93 |
+-----------+------+------+-----------+--------------------------------------+
1 row in set (0.00 sec)
```

2. 启停 Slave 线程

执行维护任务，或者出现意外情况，DBA 可以手动控制 Slave 节点服务的启动和停止，这主要是通过 STOP SLAVE 和 START SLAVE 两个语句实现。

比如，停止 Slave 节点中的 Slave 服务，执行语句：

```
Slave> STOP SLAVE;
```

而后若通过 SHOW SLAVE STATUS 语句查看当前的状态，就会发现：

```
             Slave_IO_Running: No
            Slave_SQL_Running: No
```

Slave 服务由两个线程组成：

- IO_THREAD：负责读取 Master 端的二进制日志，并写入到本地的中继日志（relay-log）中。
- SQL_THREAD：负责从本地中继日志中读取事件并执行。

这是两个独立的线程，它们的启动和停止，也可以分别进行控制。这两个线程的启动和停止，相互并没有依赖性，可以选择启动 SQL_THREAD 线程，停止 IO_THREAD 线程，或者做相反的操作。

灵活利用这两个子线程的启停，可以使复制的应用场景更加灵活。比如在执行备份时，为了保持备份数据一致性，很多人往往会选择停止整个 Slave 服务，但仔细想一想，IO_THREAD 并不需要停止，它可以继续从 Master 读取二进制日志，保存在本地的中继日志中，这样还可以起到对 Master 节点数据冗余保护的作用。我们只需要停止 SQL_THREAD，记录下当前应用到的日志文件名和位置，就可以开始备份任务。因为此时 Slave 不会有数据更新，相当于此时数据库处于只读状态，这样创建出来就是一致性的备份了。当然，数据在备份期间与 Master 是不同步的（如果这期间 Master 有数据写入的话）。

怎么单独启动或停止 IO_THREAD/SQL_THREAD 线程呢，只需要在 START SLAVE 语句后，附加要操作的线程名就可以。

例如，启动 SQL_THREAD 线程，执行语句如下：

```
Slave> start slave sql_thread;
```

而后查询 Slave 节点的应用状态：

```
             Slave_IO_Running: No
            Slave_SQL_Running: Yes
```

此时 IO_THREAD 仍然处于停止的状态，我们也可以顺手将其启动，执行语句：

```
Slave> start slave io_thread;
```

再次查询 Slave 节点的应用状态：

```
             Slave_IO_Running: Yes
            Slave_SQL_Running: Yes
```

这种状态就表示 Slave 服务完全启动了。

11.2　复制特性的实施原理和关键因素

复制特性实施的核心，就是基于 Master 节点对数据库中各项变更的处理机制。MySQL 数据库启用二进制日志后，该文件中就会记录 MySQL 服务自启动以来，所有对数据库结构或内容（数据）变更的事件（即增/删/改操作），当然，SELECT 语句由于不会触发结构上的变更，因此 SELECT 行为不会被记录（不过 SELECT 语句可以由另外的机制记录下来，还记得是什么不）。

Slave 节点只要连接到 Master 节点，请求这些二进制日志，不错，我说的是由 Slave 节点主动从 Master 节点拉数据，而不是由 Master 节点向 Slave 节点推送。拿到二进制日志后，Slave 节点就能解析这些二进制日志，并在本地执行，这样就相当于将修改操作在 Slave 节点进行重演。日志应用完之后，Slave 节点就和 Master 节点一样了——如果在这期间 Master 节点没有再执行新的操作的话。即使有操作也没关系，Slave 又会读取 Master 节点日志，然后再应用，再读取，再应用，读取，应用……它早已抱定信念，坚定不移跟着 Master 节点，走 Master 节点走过的路，让别人羡慕嫉妒恨去吧……

透过现象看本质，我们是否可以得出这样的结论：复制特性就是基于二进制日志。这个说法有一个道理，不过复制作为一个特性，当然不仅仅是这么简单，随着版本的升级，功能的不断增强，复制特性也越来越复杂，引入了越来越多的机制，其中也有很多很有意思的设定，这里咱们不可能都讲，因为内容太多，当然更主要的原因是我不是都会，下面捡些我会的讲一讲。

11.2.1　复制格式

就像前面说的，MySQL 的复制特性，主要是依赖于二进制日志。因为 Master 节点将所有修改事件都记录到二进制日志中，这样 Slaves 节点只需要获取到这些日志，然后在本地重做，就可以实现复制了。

二进制日志在记录事件时，支持多种格式，由 binlog_format 参数控制：

- 基于语句记录（Statement-Based Logging，SBL），对应的参数值为 statement。
- 基于行格式记录（Row-Based Logging，RBL），对应的参数值为 row。
- 混合模式记录（Mixed-Based Logging，MBL），对应的参数值为 mixed。

复制特性中，也有一个被称为复制格式（Replication Formats）的概念，复制格式和二进制日志格式，二者有什么关系呢？其实质是同一个东西，不过是有两个名字，也就是不同场景下的称谓不同。这种设定应该不难理解，现实生活中，一个机构挂两个牌子的情况身边就比比皆是。

考虑到复制格式与二进制日志格式之间的亲密关系，其格式的种类从逻辑上，目前也被分为 3 种：

- 基于语句复制（Statement-Based Replication，SBR）。MySQL 中的复制功能，最初就是靠传播 SQL 语句到目标端执行的方式，这就是所谓的**基于语句复制**。也就是说，二进制日志文件中保存的就是执行的 SQL 语句，在 5.1.4 及之前版本，只有这一种日志记录方式。
- 基于行复制（Row-Based Replication，RBR）。后来（5.1.4 版本），MySQL 又引入了全新的基于行粒度的日志记录格式。在这种模式下，二进制日志文件中写入事件时，记录的是变更的记录行的信息；
- 混合记录模式（Mixed-Based Replication，MBR）。再后来（5.1.8 版本），MySQL 又近了一步，在记录事件到二进制日志时，MySQL 服务能够根据需要，动态修改日志的格式，就是所谓混合模式。大家注意，混合记录是种**模式**，而不是一种格式。在这种模式下，默认还是会选择基于语句的格式记录日志，只有在需要的场景下，才会自动切换成基于行的格式记录日志。具体选择的是什么格式，要看当前执行的语句，以及操作对象所使用的存储引擎而定。

提 示

我承认我很懒，为了少打些字母，以下提及各种日志格式、复制格式时，均以简写形式代表，若您还没闹明白“SBL/SBR/RBL/RBR/MBL/MBR”之类字母是啥意思，建议您把前头这页再仔细读一遍。

看完复制格式的这 3 种类型，大家是否在想，看起来 MBR 最为简单和智能，干脆将默认日志记录格式就设定为混合记录模式好了。嗯，我们想到一块去了，在 5.6 版本中，尽管默认的日志记录格式是基于语句（Statement），但是一般我们都会手动将其改为混合（Mixed）。日志记录格式是由 binlog_format 系统参数控制，这个参数存在同名的系统变量，在 MySQL 服务运行期间可以动态地对 binlog_format 系统变量进行修改，而且既可以在会话级进行设置，也可以指定为全局有效。

当然啦！也不是任谁想改就能改，只有拥有 SUPER 权限的用户，才可以修改系统变量。就算有权限，动态修改 binlog_format 系统变量的值也有一定的风险，极端情况下，甚至有可能导致复制环境出错。日志记录格式通常很少修改，如果确实需要修改，建议要慎重操作。

不同的日志记录格式都有其适用的场合，有利也有弊，这很正常也容易理解。做出类似这样的选择都是有背景的，对于 MySQL 复制环境也是如此，在多数场景下，使用混合

复制模式（mixed）能够提供不错的数据完整性保护和性能，不过，大家应当明白，每种格式的出现都有其背景和适用场合，明确 SBR 或 RBR 的特点及其优势很有必要。下面简单描述它们各自的特点，以帮助大家找到最佳应用场景。

使用 SBR 的优点：

- 技术成熟，自 3.23 版本即开始提供对这种记录格式的支持。
- 生成日志少，特别是对于大量更新及删除的操作。
- 由于能够记录下数据库做过的所有变更操作，日志可用于行为审计。

使用 SBR 的缺点：

- 存在安全隐患。别害怕，这个安全不是说会被攻击，而是说数据安全。Master 节点中产生的修改操作（含 INSERT、DELETE、UPDATE、REPLACE），并不是都能通过基于语句方式完整地复制到 Slave 节点，对于不确定的行为在基于语句复制时，很难确保 Slave 节点会执行并获得正确的数据，这点从逻辑上证明了主从出现不一致的合理性。比如说 Master 节点和 Slaves 节点分别执行 FOUND_ROWS()、SYSDATE()、UUID()这类函数，可能返回不同的结果；如果使用了这些函数，那么语句执行时会抛出下列警告信息（客户端通过 SHOW WARNINGS 查看）：

```
060489 18:08:54 [Warning] Statement is not safe to log in statement format.
```

- 执行 INSERT ... SELECT 语句时需要持有更多行锁（相比 RBR 而言）。
- UPDATE 要扫表（无可用索引的情况下）时需要持有更多行锁（相比 RBR 而言）。
- 对于 InnoDB 引擎，INSERT 语句使用 AUTO_INCREMENT 会阻塞其他 INSERT 语句。
- 对于复杂的语句，Slave 节点执行时语句必须先被评估，而对于基于 row 格式复制，则 Slave 节点只需要修改具体的记录即可（不必执行跟 Master 端相同的 SQL 语句，这既是优点也是缺点）。
- 如果语句在 Slave 节点执行时操作失败，基于 statement 格式复制会增加主从不一致的概率。
- 单条语句中执行的函数中调用 NOW()返回日期相同，但是存储过程就不一定了。
- 对象定义必须（最好）拥有唯一键，主要是为了避免冲突。

使用 RBR 的优点：

- 所有修改都能被安全地复制到 Slave 节点。

提 示

从 5.1.14 版本开始，mysql 数据库不再被复制，RBR 方式的复制不能支持 mysql 库中的表对象。对于像 GRANT/REVOKE 这类操作，以及 trigger/stored procedures/views 等对象的维护操作，会被使用 SBR 模式复制到 Slave 端。

对于 CREATE TABLE ... SELECT 这类 DDL+DML 的操作，CREATE 创建对象部分使用 SBR 模式复制，其他部分则使用 RBR 模式复制。

- 与其他 RDBMS 实现的技术类似，其他数据库软件管理和维护方面的经验也可以继承使用。
- Master 端执行修改操作时，仅需极少的锁持有，因此可获得更高的并发性能。
- Slave 节点执行 INSERT/UPDATE/DELETE 时也仅需持有少量锁。

使用 RBR 的缺点：

- RBR 可能会生成更多的日志。比如执行 DML 语句，基于 statement 格式记录日志的话，仅记录所执行的 SQL 语句，相比之下，基于 row 格式记录日志的话，会记录所有变化了的行到二进制日志文件，如果语句触发的记录变更特别多，那么生成的二进制日志自然也非常多，即使执行的操作随后被回滚。这同样也意味着创建备份及恢复需要更多时间，以及二进制日志会被更长时间加锁以写数据，也可能带来额外的并发性能上的问题。
- UDFS 生成 BLOB 值需要花费比基于 statement 格式日志更长的时间，这是因为 BLOB 列的值是被记录的，而不是语句生成的。
- 不再能通过分析日志，来获取曾经执行过的语句。不过如果还没忘记 mysqlbinlog 命令怎么用的话，通过它还是能够看到哪些数据被修改了。
- 对于非事务存储引擎，比如 MyISAM 表对象，Slave 节点应用 INSERT 操作时，使用 RBR 模式要比使用 SBR 模式持有更强的锁定，这也就是说，使用 RBR 模式在 Slave 节点上没有并行插入的概念。

上面这段信息基本上完全来自官方文档，尽管内容枯燥了些，但信息量很大，您若实在没能坚持把它读完，下面我努力用我能想到的最简单的例子，来为大家描述一下 SBR 和 RBR 应用不同场景时的表现。

例 11-1 您有条复杂的 SQL 语句，在 Master 节点原地起跳后空翻旋转 720°艰难地执行了一个多小时，才最终成功修改了一条记录。采用 SBR 模式，二进制日志中记录的事件就是这条 SQL 语句，那么，这个记录被复制到 Slaves 节点后，也需要（至少）一个多小时艰难地执行，只为那两条记录。若采用 RBR 模式会怎么样呢，那要恭喜了，不管 Master 节点执行了多长时间，最终变更的记录只有两条对吧，那么二进制日志中记录的事件，就是这两条记录的更新，日志被同步到 Slaves 节点后，相信秒速就被执行完了。

看着都累，SBR 模式太不靠谱了，咱就选 RBR 模式吧，若您真做此想，那么再考虑下这种场景。

例 11-2 您有条简单的 SQL 语句，在 Master 节点执行时，向库中插入了一千多万条记录。采用 RBR 模式的话，呃，这一千多万条记录貌似生成的二进制日志可真不少啊，Slave 节点原地起跳后空翻 720°，才艰难地全部接收完，而后还得花费相当长的时间慢慢应用。若是采用了 SBR 模式，那恭喜了，二进制日志文件中记录的事件，就是该条 SQL 语句，这能占得了几个字节呀，Slave 节点以迅雷不及掩耳盗铃之势就接收完了，尽管在应用这条语句时，执行的时间仍然短不了（数据量在那儿摆着，这一步快不了），但是总体时

间开销还是比 RBR 快上许多。

貌似 RBR 也不灵啊，怎么办呢，要不就来 MBR？同学，可长点儿心吧，前面咱们说过，MBR 是种模式而不是种日志记录格式，默认情况下，MBR 仍然是基于语句记录事件，也就是采用 SBL 格式。应对例 11-1 中的场景时，其表现跟 SBR 没有区别。那么 MBR 的应用场景是什么呢？简单理解的话，它只是当遇到 SBR 模式记录事件，存在数据安全隐患时，自动将日志记录格式变更为基于行格式记录，也就是 RBR 模式。

您瞧，没有万能参数，没有最佳设置，每种模式都有它的适合场景，参数没有好不好，只有能不能把它用好，因此深入了解不同模式的原理和特点就显得非常有必要。

关于这一点，我联想起有不少朋友问过我很多类似的问题：Oracle 的 REDOLOG 指定多大合适，SGA 参数怎么配置最合理，MySQL 用哪种引擎最好，参数怎么配置最佳……诸如此类。我通常回答：看情况，并不完全是推托，多数情况下，之所以变量需要手动调整，就是因为没有一定确定以及肯定的最佳值，能够让它适用于所有场景。

我一直有种观点，如果一项参数/选项/属性/设定有所谓的最佳配置，那么，你应该不会知道它，因为它一定在设计阶段就将以默认最佳的形式。若您确实听过它，那它就不会是以参数或选项的形式出现，而是作为一种方法或机制存在，如果它的功能很强大，实现很复杂，那么它就会是项特性。

我们以 Oracle/MySQL 这类数据库软件为例，对于软件的开发人员，我们即使不妄自菲薄地认为他们水平比我们高出很多，那么最起码也得谦卑地认同，这帮家伙的水平并不会逊色于我们。那么，对于提供给我们的应用软件，若其中真有什么我们都能轻易找出的最佳配置，那么，在软件对外发布时，默认就会这样设置，而不会留为选项，由用户手动修改了。

回到主题，SBR/RBR 该怎么选，哪种模式最好呢，同学，这个问题您最好多问问自己，准备怎么用。

11.2.2　中继日志文件和状态文件

MySQL 数据库中有二进制日志文件，用于记录所执行的变更事件，复制特性正是基于这类文件实现"复制"操作。三思在前面说过，Slaves 节点有两个线程，其中 IO_THREAD 线程用于接收和保存二进制日志，SQL_THREAD 线程用于应用这些日志。听起来分工明确，合理且有效，不过，大家有没有产生过这样的疑问：IO_THREAD 将接收的二进制日志保存在哪儿了呢。

本地的二进制日志文件看起来是没法直接保存的，因为 Slaves 节点也是 MySQL 服务器，也有可能产生自己的操作事件，这类事件默认是肯定要写到二进制日志文件中，若将接收到的来自 Master 节点的事件也写入本地二进制日志文件中，尽管技术上一定可以实现，但是会给 SQL_THREAD 线程解析日志时增加难度。

MySQL 数据库在处理这个问题时的思路很传统：没有现成的地方保存？那就专门给

他片地方保存就完了呗，于是，中继日志（Relay Log）闪亮登场。

> 提 示
> 对于熟悉 Oracle 数据库的朋友，这听起来很像是 Standby Redolog Files，这也是我个人觉着 MySQL 的复制特性，更类似于 Oracle Dataguard 特性中的逻辑 Standby，而非物理 Standby 的原因。

从文件类型上来看，中继日志文件和二进制日志文件极为相似，这俩唯一的区别更多是逻辑上的，二进制日志文件用于保存节点自身产生的事件，中继日志文件中则是保存接收自其他节点的事件（也是二进制格式的）。

中继日志文件拥有与二进制日志文件相同的结构，当然也就可以通过 mysqlbinlog 命令解析。默认情况下，中继日志文件按照[host_name]-relay-bin.[nnnnnn]的命名规则保存在 mysql 的 data 目录下，其中[host_name]表示主机名，[nnnnnn]表示递增序列，从 000001 开始计数。

跟二进制日志文件一样，中继日志文件也有一个日志的索引文件，中继日志索引文件默认文件名为[host_name]-relay-bin.index，同样保存在 mysql 的 data 目录下。中继日志文件和日志文件索引的保存路径，可以通过--relay-log 和--relay-log-index 参数进行自定义。

需要注意，如果 Slave 节点使用默认中继文件的命名规则（就是说没有修改过--relay-* 参数的参数值），那么一旦修改了 Slave 节点所在服务器的主机名，复制环境也会受影响，复制进程会抛出“Failed to open the relay log”、“Could not find target log during relay log initialization.”等错误信息（参见 BUG#2122），因此对于主机名可能发生修改的服务器，建议在创建 Slave 节点之初，就先使用--relay-log 和--relay-log-index 参数自定义中继日志文件的文件名。

我们这里修改 my.cnf 文件，在[mysqld]块中增加两行内容：

```
relay-log = ../binlog/relay-bin
relay-log-index = ../binlog/relay-bin.index
```

如果是在部署好的复制环境中，遇到了 Slaves 节点主机名修改的情况，那么临时的解决方案可以通过修改中继日志、相关日志文件名的方式解决。比如说将文件名中主机名部分修改为新的主机名即可。注意，只需要修改 Relay 日志索引文件名称即可，Relay 日志文件不要修改，不然会导致与索引文件中记录不符，导致另外的错误。话说最好的方式，还是没事儿不要随便修改主机名，别说 MySQL 了，Oracle 数据库也不允许您的主机名改来改去的呀。

Slaves 节点会在满足下列条件时，触发创建新的中继日志文件，并更新相关的索引文件：

- 启动 Slaves 节点 I/O 线程时。
- 执行日志刷新命令，比如 FLUSH LOGS 或 mysqladmin flush-logs 等。
- 中继日志文件达到指定最大值，有下列两种情况：
  - 如果 max_relay_log_size 参数值大于 0，则日志文件超过该值后即会重建。

➢ 如果 max_relay_log_size 参数值为 0，则通过 max_binlog_size 确定单个 Relay 日志文件的最大值。

中继日志文件的管理可以完全交由 Slaves 节点的 SQL_THREAD 线程来维护，它会自动删除无用的中继日志文件，至于到底如何删除以及何时进行删除，并没有明确的机制，大家也不用关心，SQL_THREAD 线程自己全部搞定。

提 示

您不妨猜一猜，中继日志文件有没有日志格式？通过 mysqlbinlog 命令验证一下自己的猜测吧，呵呵，不过这里提到 mysqlbinlog，基本上，就已经告诉了大家答案。

除了中继日志文件外，复制环境中的 Slaves 节点还会创建两个，复制环境的状态文件，即 master.info 和 relay-log.info，这两个文件默认都保存在 mysql 的 data 目录下，用户也可以通过--master-info-file 和--relay-log-info-file 参数，修改文件的名称和保存路径。

这两个状态文件中保存的信息类似于 SHOW SLAVE STATUS 中显示的信息，当然没有 SHOW SLAVE STATUS 语句中显示的全面，而且更为重要的是，SHOW SLAVE STATUS 语句只是显示信息，而 master.info 和 relay-log.info 在 Slave 启动时都有重要作用，Slaves 需要读取这两个文件中的信息，以确定从什么位置继续处理日志，一听就知道这是关键岗位。这两个文件到底有啥背景，能混到这么重要的位置。其实真没啥背景，开源数据库软件，背后逻辑都单纯得很，不讲潜规则，个个都是实打实的干出来的：

- master.info：顾名思议，当然就是保存复制环境中连接 Master 节点的配置信息，比如说 Slaves 节点连接 Master 使用的用户名/密码/IP/端口等均在其中。随着版本的增长，这个文件中保存的内容也越来越丰富。在 MySQL 5.6 版本之前，这个信息日志总是保存在 master.info 文件中，默认在 MySQL 的 data 路径下，而进入 5.6 版本后，DBA 也可以选择将这些信息保存在 mysql.slave_master_info 表对象。
- relay-log.info：保存处理进度及中继日志文件的位置；与前面的日志信息相似，在 MySQL 5.6 版本之前，也都是保存在文本格式的文件中，位于 data 路径下的 relay-log.info 文件中，不过从 5.6 版本开始，也可以将这个信息保存在 mysql.slave_relay_log_info 表对象中。

注意哟，为了保证宕机后表对象数据的安全性和一致性，前面提到的两个表对象最好使用支持事务的存储引擎，尤其是对 master.info 文件需要特别保护，因为其中保存的有复制环境的配置及连接主库的用户名和密码等重要信息。之前默认都是 MyISAM 存储引擎，不过从 5.6.6 版本开始，这两个表对象（如果设置为使用表来保存的话）默认就会是 InnoDB 存储引擎。

不管是作为文本格式文件还是表对象，Master 信息和中继日志信息都不要手动去编辑或修改，否则极有可能导致出现不可预料的错误。

master.info 和 relay-log.info 两文件的内容就不在这里一一介绍了，实在是太简单了，

大家一眼应该就能看明白，要是没看明白就再多看几眼，实在不行就结合着 SHOW SLAVE STATUS 语句的返回信息进行对比理解。

注意 relay-log.info 中的内容与 SHOW SLAVE STATUS 语句显示的内容有可能不一致，通常这是因为 relay-log.info 未被及时更新。master.info 和 relay-log.info 两文件的更新也是有分工的，I/O 线程负责更新 master.info 文件，SQL 线程负责更新 relay-log.info 文件。通过 MySQL 服务处于启动状态时，我们都会通过 SHOW SLAVE STATUS 语句查看相关状态，只有当 MySQL 服务处于关闭状态时，才会通过这俩文件查看其状态。

11.2.3　复制过滤规则

复制特性看名字就知道，是用来复制数据的，不过，大家都知道，现实世界很复杂，某些数据不想复制，该怎么办呢。在前面章节，介绍二进制日志文件时，我们曾经提到过，对于 Master 节点，可以通过--binlog-do-db 以及--binlog-ignore-db 参数，控制哪些数据库下的操作事件将被记录或不被记录，也可以在会话级（set binlog）设置所做操作是否记录到二进制日志。

如果 Master 节点执行过的操作没有写入二进制日志，那么该语句对应的事件自然就不会被复制，可是，这种方案不够灵活，适合的场景太有限，主要缺点有两处：一是粒度太粗，若想过滤指定对象，那实现就较有难处了；二是过滤功能简单粗暴，不够灵活，若 Slaves 节点有多个，分别希望复制不同的数据库中的表对象，那也难以处理。

仅从这两点来考虑，就会发现--binlog-do-db 和--binlog-ignore-db 两参数不太靠谱，在复制场景中用来复制数据，怕是中看不中用啊。那么，我们有什么其他选择吗？确实是有的，不仅仅在 Master 节点有专用参数过滤写入的日志，在 Slave 节点也有专用的参数，控制忽略哪些日志。

提 示

前面这段额外提醒我们两点：

（1）Master 节点生成的所有二进制日志，都将发送至 Slave 节点，哪怕 Slave 节点只想同步一张表中的数据，也得把所有的二进制日志都接收到本地保存，应用时再进行过滤。

（2）MySQL 复制属于逻辑复制，没有办法确保 Master 和 Slave 节点完全一致。

Slave 节点在接收日志时没有选择权，Master 节点写过的日志它全得收到本地，保存在中继日志文件中。不过 Master 节点也没有一管到底，作为资深管理角色，适当放权的道理它是懂的，因此中继日志解析后，Slave 节点如何应用就由它自己做主了。这个，我是说说而已，其实真正的背景是 Master 节点鞭长莫及，Slaves 节点应用哪些以及如何应用，它是真的管不了。这就像父母含辛茹苦把你养大，毕业后在外工作，每次打电话回家，父母都劝慰你一要认真工作，二要好好休息，您满口应承，但实际怎么做，咳咳……

MySQL 提供了一系列以--replicate-*开头的参数，就是用于复制环境中的 Slave 节点定

义过滤规则。默认情况时未指定任何的--replicate-*参数，那么 Slave 节点就将执行所有接收到的修改事件，如果指定了--replicate-*参数，那么在具体操作时，以库级规则优先，而后是表级规则。即使指定了--replicate-*参数，操作是否一定将被过滤，还跟 Master 节点的日志记录格式（RBL/SBL）有关。

提 示

Slave 节点和过滤相关的系列控制参数--replicate-*，个人感觉名称起的不好，容易引起歧义，字面意义理解是要复制或忽略某些库/表（事实上也确实起到了这个作用），但很容易令人理解为，这是在 Master 节点控制哪些库/表是否要复制到 Slaves 节点，但实际不是这样，它只是控制 Slaves 节点中的 SQL_THREAD 线程是否应用某些库/表的变更。

还有一个可能遇到的场景是什么呢，原有 A 库中的对象，复制到 Slaves 节点后，希望保存到 B 库中，针对此类所属库对象转换的需求，MySQL 提供了一个专用参数：replicate-rewrite-db=from_name->to_name，专门来处理这类场景。注意该参数也有一些注意事项，一般来说只能对表级操作有效（比如 CREATE/DROP/ALTER DATABASE 就是无效的了），而且也与当前默认数据库有一定关系，不支持跨库的更新操作。如果有多个库需要转换名称的话，那么就需要重复指定多次本参数。replicate-rewrite-db 参数触发的转换操作是在 replicate--*参数之前进行的，也就是说，如果转换后要符合过滤规则，那就将按照过滤规则执行，而不管它转换前的库名是什么，同理，如果转换前符合，转换后不符合过滤规则，那也就相当于转换后就没有过滤了，这一点大家务必理解清楚。

MySQL 提供的过滤规则有多种粒度，下面就让我们近距离看看--replicate-*参数的威力。

1. 库级过滤规则

Master 节点在执行修改操作，或者说在写入事件到本地二进制日志文件时，由--binlog-do-db 或--binlog-ignore-db 两个参数控制在指定的数据库中对象的变更事件是否记录到二进制日志文件中；Slave 节点在应用日志时，也有--replicate-do-db 或--replicate-ignore-db 两个选项控制是否应用指定数据库的变更事件。

Slave 节点在应用日志时，日志文件记录的格式与之也有很大关系，尤其是当使用基于语句格式时，若操作不当，则极有可能事件会被错误地处理。这是因为 replicate-do-db 和 replicate-ignore-db 参数实际执行时，并不是过滤指定数据库的操作，而是过滤当前默认数据库（如果为参数指定库的话）所做的操作，也就是说，默认库为过滤 db 的话，那么此时执行对其他 db 的修改操作也会被过滤。

这个机制理解起来貌似有些抽象，举例来说，在基于语句格式记录日志的情况下，当前 Master 节点在 a 库下执行操作（use a），分别修改了 a 库下的表对象，以及 b 库下的表对象，而后该操作日志被复制到 Slaves 节点，Slaves 端设置忽略 a 库下的操作（--replicate-ignore-db=a），那么，a 库下对象的操作肯定被过滤了，不会在 Slave 节点执行，这一点并无疑问，同时很遗憾的是，b 库下的对象修改也会被过滤。这正是因为基于语句格式记录的日志是通过当前所使用的 db 来作为过滤条件。

只有当 Master 节点端操作时，修改 a 库中的对象则 use a，修改 b 库中对象则 use b，没有跨库的修改，才不会出现误过滤的情形。

数据库级过滤规则，整体处理流程如图 11-1 所示。

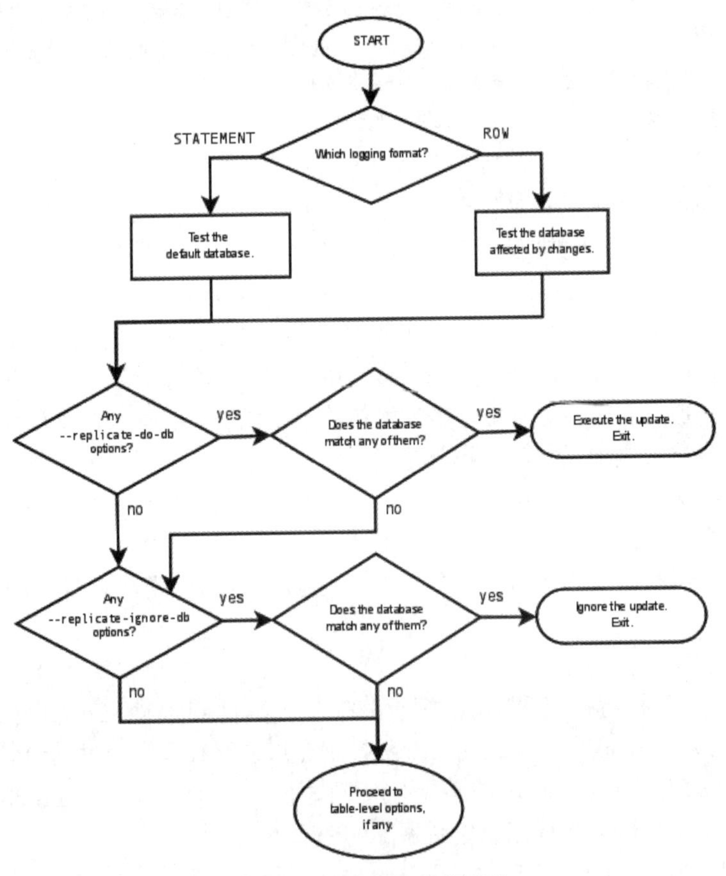

图 11-1 数据库级过滤规则

整个处理逻辑通过文字描述，操作步骤如下：

（1）判断日志格式。

- ROW 格式日志：过滤基于指定要过滤的数据库。
- STATEMENT 格式日志：过滤基于当前的默认数据库。

（2）是否指定了--replicate-do-db 参数。

- Yes：是否找到匹配的数据库？
  - Yes：执行语句然后退出。

   - ➢ No：执行步骤（3）。
- ● No：继续步骤（3）。

（3）是否指定了--replicate-ignore-db 参数。

- ● Yes：是否找到匹配的数据库。
   - ➢ Yes：忽略语句而后退出。
   - ➢ No：继续执行步骤（4）。
- ● No：继续执行步骤（4）。

（4）执行检查表级的复制选项……

> 提 示
> 语句在此阶段仍处于检查阶段未被执行，直到表级选项也均检查过后，才会最终执行语句。

尽管我们还没有讲到，不过这里先提前跟大家透露一下，Slaves 节点不仅仅是作为 Slave 角色的哟，因为它也能产生自己的二进制日志，也就是说，任意启用了二进制日志的 Slaves 节点，都可以再作为 Master 角色再为其他 MySQL 服务提供复制支持，因此，我们在 Slaves 节点上，也可以通过指定--binlog-do-db 和--binlog-ignore-db 参数，定制更灵活的过滤规则。

当 MySQL 服务指定了--binlog-do-db 或--binlog-ignore-db 参数，那么二进制日志记录事件的逻辑步骤如下：

（1）是否有--binlog-do-db 或--binlog-ignore-db 选项。

- ➢ Yes：继续执行步骤（2）。
- ➢ No：记录语句并退出。

（2）是否操作的默认数据库（数据库是否被 use）。

- ➢ Yes：继续执行步骤（3）。
- ➢ No：忽略语句并退出。

（3）默认数据库是在--binlog-do-db 选项中。

- ➢ Yes：是否匹配数据库。
   - ◆ Yes：记录语句并退出。
   - ◆ No：忽略语句并退出。
- ➢ No：继续执行步骤（4）。

（4）是否有匹配--binlog-ignore-db 参数的数据库。

- ➢ Yes：忽略语句并退出。
- ➢ No：记录语句并退出。

更直观的方式描述（可能不够严谨）：binlog-do-db 白名单，binlog-ignore-db 黑名单。

> **提 示**
>
> 基于语句格式记录日志时，执行 CREATE DATABASE、ALTER DATABASE、DROP DATABASE 这类语句存在例外，这种情况下，数据库创建、修改、删除时，会先将之替换成默认数据库，再决定该不该记录操作日志。

--binlog-do-db 某些情况下也可用作忽略其他数据库。例如，当使用基于语句格式记录日志，服务启动时指定了--binlog-do-db=sales，那么所有不在默认数据库（即先 use sales）下发生的变更，都不会记录日志。如果使用基于行格式记录日志时，那就更纯粹了，不管默认数据库是哪个，只有 sales 数据库下对象发生的变更才会记入二进制日志。

2. 表级复制选项

跟传统粒度越细，优化级越高的规则不同，MySQL 复制特性中的过滤规则，是先检查数据库库级设置，当数据库级参数无有效匹配时，Slaves 节点才检查并评估表级过滤参数。

首先，作为一个准备工序，Slaves 节点要检查是否是基于语句复制（SBR），如果是的话，并且语句是在存储过程中触发，那么 Slaves 节点执行语句并退出，如果基于 RBR 的话，Slaves 节点并不知道 Master 端执行的语句做了什么，因此这种情况下什么也不会应用。

> **提 示**
>
> 基于 SBR 场景，复制事件以语句形式体现（所有修改事件都可以定位为具体的 SQL 语句），而基于 RBR，所有的事件均以具体修改的表的列的数据体现（即使一条简单的 update tbl set col=1 也可能触发大量的 row 修改事件）。

要是没有指定任何表级的过滤规则，那么检查到这一步时，Slaves 节点就直接执行所有修改事件了，这是默认场景时的表现。如果指定了--replicate-do-table 或--replicate-wild-do-table 参数，则只执行参数中指定对象的修改事件；如果指定了--replicate-ignore-table 或--replicate-wild-ignore-table 参数，则除了参数中指定对象的修改事件不执行外，其他变更事件均要在本地执行。

这里有 4 个参数可用于控制表级对象的过滤规则，4 个参数的优先级各有不同，整体处理流程如图 11-2 所示。

整个处理逻辑通过文字描述，操作步骤如下：

（1）是否指定了表级的过滤参数。

- Yes：继续下一步。
- No：执行事件并退出。

（2）是否指定了--replicate-do-table 参数。

- Yes：是否有匹配对象。
  - Yes：执行变更事件并退出。
  - No：继续下一步。

MySQL

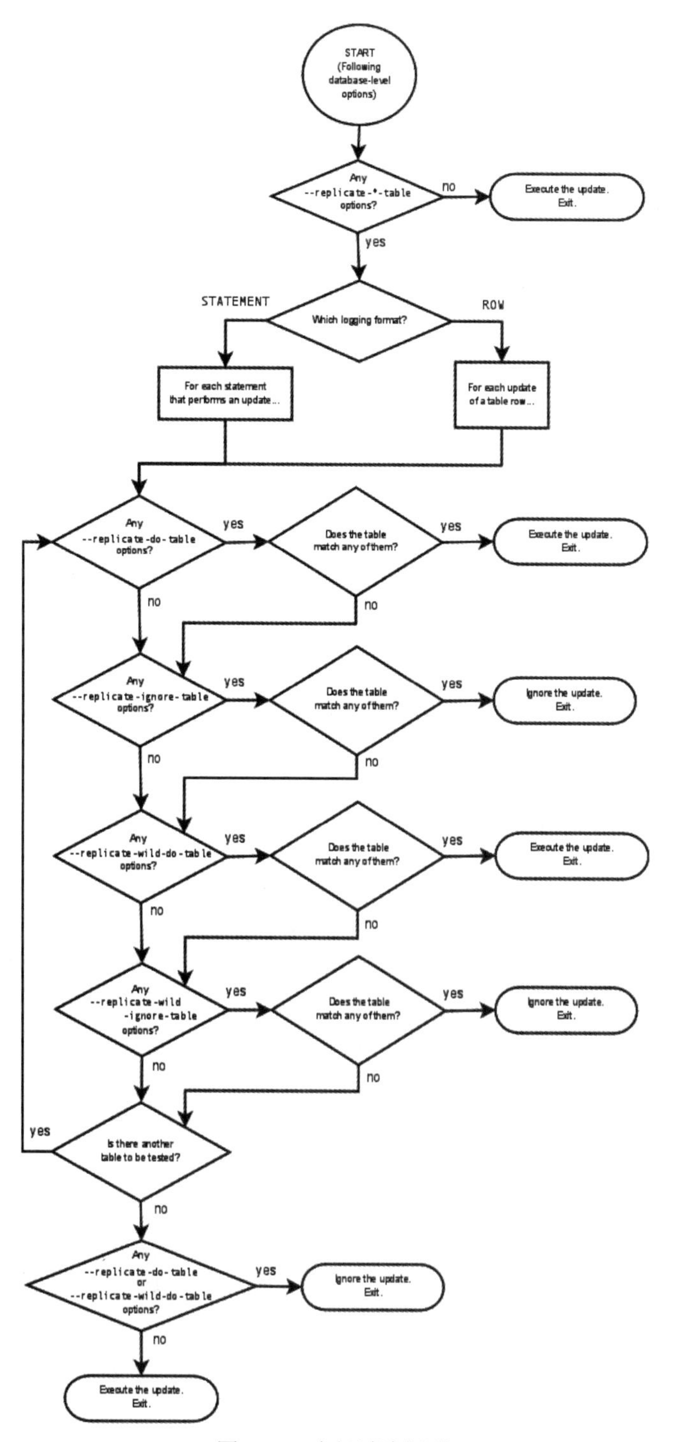
START
(Following
database-level
options)
Any
--replicate-*-table
options?
no
Execute the update.
Exit.
yes
STATEMENT
Which logging format?
ROW
For each statement
that performs an update...
For each update
of a table row...
Any
--replicate-do-table
options?
yes
Does the table
match any of them?
yes
Execute the update.
Exit.
no
no
Any
--replicate-ignore-table
options?
yes
Does the table
match any of them?
yes
Ignore the update.
Exit.
no
no
Any
--replicate-wild-do-table
options?
yes
Does the table
match any of them?
yes
Execute the update.
Exit.
no
no
Any
--replicate-wild
-ignore-table
options?
yes
Does the table
match any of them?
yes
Ignore the update.
Exit.
no
no
yes
Is there another
table to be tested?
no
Any
--replicate-do-table
or
--replicate-wild-do-table
options?
yes
Ignore the update.
Exit.
no
Execute the update.
Exit.

图 11-2　表级过滤规则

- No：继续下一步。

（3）是否指定了--replicate-ignore-table 参数。

- Yes：是否有匹配对象。
    - Yes：忽略事件并退出。
    - No：继续下一步。
- No：继续下一步。

（4）是否指定了--replicate-wild-do-table 参数。

- Yes：是否有匹配对象。
    - Yes：执行事件并退出。
    - No：继续下一步。
- No：继续下一步。

（5）是否指定了--replicate-wild-ignore-table 参数。

- Yes：是否有匹配对象。
    - Yes：忽略事件并退出。
    - No：继续下一步。
- No：继续下一步。

（6）是否指定了--replicate-do-table 或--replicate-wild-do-table 参数。

- Yes：忽略事件并退出。
- No：执行事件并退出。

看过各种过滤条件的处理逻辑，可以总结出不同场景下的复制过滤规则，如表 11-1 所示。

表 11-1　不同场景下复制过滤规则的应用

条件	结果
没有任何--replicate-*参数	Slave 端执行所有接收到的事件
指定了--replicate-*-db 参数，未指定表级参数	只执行（或忽略）指定数据库的事件
指定了--replicate-*-table 参数，未指定库级参数	只执行（或忽略）指定表对象的事件
既有库级参数，也有表级参数	Slaves 节点首先执行（或忽略）指定数据库级的事件，而后再处理表级过滤选项。需要注意日志记录格式对复制的影响

还有一点非常重要，对于--replicate-*这类参数，每个参数只能指定一个参数值哟，如果用户有多个过滤规则需要指定怎么办呢。比如 Slaves 节点希望能够过滤 a、b、c 三个库，针对这种情况，就需要指定 3 次--replicate-ignore-db 参数，并分别为其赋值。

3. 过滤规则的应用示例

MySQL 数据库的过滤规则并不复杂，即使加上复制格式也没增加多少技术含量（相

比其他数据库的同类型特性，如 Oracle 的逻辑 Standby 或 Stream），只是前面文字性描述太多，显得较为抽象，那咱后面就直接点儿，来个实例。

设定环境如上：

- Master：192.168.30.243:3306。
- Slave：192.168.30.243:3307。
- 复制场景：Slave 节点过滤 Master 节点 jssdb 库和 jssdb_mc 中所有对象，以及 5ienet 库下的 rep_t1 对象所有操作。
- 二进制日志格式：statement。

尽管本例中的 Master 和 Slave 运行在同一台物理服务器，但，你懂的，就我们要演示的内容来说，跟在多台服务器上真没区别。首先配置我们演示场景中的初始化参数，当然，我们所说的参数全都保存在 my.cnf 文件里。

Master 节点 my.cnf 文件中增加配置如下，这里只需额外再指明一项参数，即：

```
binlog_format = statement
```

Slave 节点 my.cnf 文件也要修改，注意哟，配置的参数是不一样的，这里可就多一些了：

```
relay-log = ../binlog/relay-bin
relay-log-index = ../binlog/relay-bin.index
replicate-ignore-db = jssdb
replicate-ignore-db = jssdb_mc
replicate-ignore-table = 5ienet.rep_t1
replicate-do-table = jssdb.j1
```

最前面的 relay-log 和 relay-log-index 两个参数跟 Slaves 复制环境有关，但与过滤规则无关，之所以要在这里定义，主要是为了更好地管理 Slaves 节点生成中继日志文件。至于最后一行，那也是为了测试，就算现在还没看懂，马上就会懂了。

参数配置好以后，注意需要重新启动 Master 和 Slaves 节点，以使设定生效。Master 节点若不想重启也是可以的，手动在修改全局粒度的 binlog_format 参数为 statement 即可，而 Slave 节点就必须重启了。

假如前面提到的参数项您全都配置好，并且 MySQL 服务也重启过了，那就不用等了，马上开始吧。首先在 Master 节点检查日志格式是否设置正确：

```
Master> show variables like 'binlog_format';
+---------------+-----------+
| Variable_name | Value     |
+---------------+-----------+
| binlog_format | STATEMENT |
+---------------+-----------+
1 row in set (0.00 sec)
```

确定已经是基于语句的日志格式，接下来在 Master 节点执行下列语句：

```
Master> use jssdb
Master> insert into t_idb1 values (3,'c');
Master> insert into j1 values (1,'a');
Master> use jssdb_mc
```

```
    Master> create table t1(id int not null auto_increment, v1 varchar(200), primary key(id)) AUTO_INCREMENT=1;
    Master> insert into t1 values (null,'junsansi');
    Master> use 5ienet
    Master> create table rep_t1(id int not null auto_increment, v1 varchar(200), primary key(id)) AUTO_INCREMENT=1;
    Master> insert into rep_t1 values (null,'junsansi');
    Master> insert into jss_v1 values (2,'bbb');
```

建议大家逐条执行上述语句，每执行一条，即切换至 Slave 节点查看应用情况。如果自认对 Slave 复制环境中的过滤原理理解到位，可以一次性执行所有操作，然后到 Slaves 节点验证。

> **提 示**
>
> Master 节点逐条执行并与 Slaves 节点对比，如何确认 Slaves 节点已经执行了这项操作呢？只要 Slaves 节点没有出现错误，并且 IO_THREAD 和 SQL_THREAD 均在运行，那么重点关注 Seconds_Behind_Master 选项值即可，只要该值为 0，就说明已经应用了所有 Master 节点传输过来的日志。
>
> 如果连 Seconds_Behind_Master 在哪里都忘了，那，那就翻回到 11.1.3 节再看看。

这里我就选择一次性执行，不过大家不要误解，咱绝对不是炫耀，像俺这么既谦虚又低调有身份......证加没地位的屌丝确实没啥可炫耀的，这里主要是想减少篇幅节省纸张。

我先预测一下结果，Master 节点所做的操作，在 Slaves 节点均未被应用。到底是不是这样呢，先来看看 Slaves 节点的应用状态吧：

```
    (system@localhost) [jssdb]> show slave status\G
    *************************** 1. row ***************************
                   Slave_IO_State: Waiting for master to send event
    ...............
    ...............
                 Slave_IO_Running: Yes
                Slave_SQL_Running: Yes
                  Replicate_Do_DB: 
              Replicate_Ignore_DB: jssdb,jssdb_mc
               Replicate_Do_Table: jssdb.j1
           Replicate_Ignore_Table: 5ienet.rep_t1
    ...............
    ...............
            Seconds_Behind_Master: 0
    ...............
    ...............
```

顺道先认真检查一下，Replicate*相关选项，是否与我们之前在初始化参数中的设定相同。经过对比 Read_Master_Log_Pos、Exec_Master_Log_Pos、Seconds_Behind_Master 等状态值，确认 Slaves 节点已经应用所有 Master 节点生成的日志。

那么，接下来就是挨个验证之前在 Master 节点执行过的操作，对比看 Slave 节点的应

用情况如何，是否如前面所说，所有操作在 Slaves 节点均未被应用呢。

本例演示的这个场景看懂了没有，特别是对于最后一步 5ienet.jss_v1 表对象的插入操作，为什么也没能在 Slave 节点执行，是否明白原因是什么，若现在仍有疑惑，建议翻回去再看几遍 11.2.3 节中的内容，其中操作步骤的第 6 步能够解释，为什么连 5ienet.jss_v1 表对象的操作都未能复制过来。

有些朋友已经懒出了境界，连翻页这么轻巧的事情都不愿做，好吧，那让我再来跟大家解释解释吧。就我们这个参数配置，营造了一种极为独特的复制场景，不仅之前的操作无法被复制，实际上，Slave 节点不会应用 Master 节点的任何操作。为啥会这样呢，下面咱们回过头详细理一理，Slaves 节点所指定的每一个过滤参数起到的效果。

- Replicate_Ignore_DB：前面介绍过滤相关的几个参数时就说过，库级的过滤参数优先级最高，这里我们指定要过滤 jssdb 和 jssdb_mc 两个数据库中所有变更事件，在这环节没有什么问题。
- Replicate_Do_Table：接下来指定过滤 jssdb.j1 表对象的更新事件，考虑到前面已经通过库级参数，指定将过滤 jssdb 库下所有对象，看起来这个参数仿佛没有意义，但实际上不是如此。大家回忆 11.2.3 节中的处理步骤，表级对象过滤逻辑执行到最后（第 6 步），需要检查是否有 replicate-*-do-table 参数，因此当它按照逻辑逐项检查到最后，它就会发现，哟，这还有个 replicate-do-table 参数呢。尽管其所指定的对象早在库级就已经被过滤，可是，在这个环节，MySQL 不管它有没有被过滤，只看是否仍有参数，它仍然在发挥作用，悲剧了，一个本已在更粗粒度就被过滤的对象，却阻塞了其他所有本不应被过滤的对象的更新事件。
- Replicate_Ignore_Table：上面两个参数组合之后，基本就决定了，本参数已经成了摆设，无论要操作的对象是否会被匹配到，都将被过滤，5ienet.rep_t1 就这样生生**被**多余。

情况描述完了，大家都听明白了吗，我反正是明白了。

为了能够使后面的操作正常执行，毕竟生活还得继续嘛，本书也不想就此结尾，接下来，我们修改 Slaves 节点的初始化参数文件，删除 replicate-do-table = jssdb.j1 选项，而后重新启动 Slave 节点。

Master 节点执行下列操作：

```
Master> use 5ienet
Master> insert into jss_v1 values (3,'ccc');
```

Slaves 节点查询验证：

```
Slaves> select * from 5ienet.jss_v1;
+------+------+
| id   | v1   |
+------+------+
|    1 | aaa  |
|    3 | ccc  |
```

```
+------+------+
2 rows in set (0.00 sec)
```

看起来，貌似已经正常同步了，至于说前面由于配置的因素，导致一些操作未能在 Slave 节点执行，Master/Slave 中的数据实质上已处于不同步这种事儿我会说出来吗？

三思在前面小节的内容中曾多次强调，Master 节点二进制日志格式，对于 Slave 节点应用日志时影响巨大，这个主要指的是基于语句格式的情况，因为在这种情况下，如果操作不当，可能产生预料之外的情况。

举例来说，当使用基于语句格式时，Master 节点在执行操作时，首先 use 语句选择 db1 为默认数据库，若--replicate-ignore-db 参数匹配了 db1，那么所有在该库下执行的操作都会被忽略，不管您实际操作的对象在哪个库中。而若采用基于行格式记录日志，那么默认数据库是哪个就不会影响到 Slave 节点的应用了。我知道这个描述，对于不熟悉 MySQL 的朋友来说，读起来非常抽象，那么下面还是通过实例来演示吧！

继承自前面的设置，Master 节点对 jssdb 库中对象，所做的修改操作，在 Slaves 节点应用时均会被过滤。那么接下来我做一个操作，可以使得即便是 jssdb 库中对象的修改，也能复制到 Slave 节点。

Master 节点执行下列操作：

```
Master> use 5ienet
Master> insert into jssdb.t_idb1 values (null,'d');
```

Slaves 节点查询验证：

```
Slaves> select * from jssdb.t_idb1;
+----+------+
| id | v1   |
+----+------+
|  1 | a    |
|  2 | b    |
|  4 | d    |
+----+------+
3 rows in set (0.00 sec)
```

注意到了没有，jssdb 库中对象的修改竟然也被复制过来了。这里有两个背景条件：第一，Master 节点是基于语句格式记录二进制日志；第二，操作时的默认数据库，不能是 Slaves 节点过滤的数据库。

11.3 高级应用技巧

在前面所演示的场景里，部署一套复制环境看起来非常简单，不过有很大因素是因为我们的测试环境足够简单，一没有数据，二操作过程中没有读写操作，生产环境的话，恐怕就没有这么轻松了。首先想想动辄就是近 T 的数据量，更别提正式环境中的数据库服务通常都要 7×24 小时提供服务，即使能够临时停机，申请到的维护时间通常也较为有限。

针对这种情况，有什么高效又迅速的部署方案呢，作为 MySQL 数据库少有的拿得出手的优秀特性，Replication 有没有其他高级的玩法呢？这么多重大问题有待探索，说好的走进科学栏目组居然没来，哎，有道是求人不如求己，考验我们的时候到了，作为社会主义精神文明建设的积极分子，骚年，举起自己那双有力的大手，亲自去尝试尝试吧。

11.3.1　通过 XtraBackup 创建 Slave 节点

说起创建 Slave 节点，脑中似乎有道火花一闪而过。除了咱们前头介绍过的传统方式，通过 XtraBackup，最多只需要 6 步，就可以创建出一套 Slave 复制环境。

XtraBackup 在本书第 10 章花了不少篇幅进行介绍，它是款非常高效并且易用的备份工具，支持热备是其最为耀眼和实用的功能。要知道，创建 Master 节点的备份，可是配置复制环境中最关键的步骤哟，XtraBackup 有这么闪亮的功能，创建 Slave 节点，怎么能少得了它。

使用 XtraBackup 热备工具创建 Slave 节点，还有一项优势就是操作过程中不需要重启 Master 节点（如果不需要修改 Master 节点配置文件的话）。不过要说对 Master 节点毫无影响，那确实有点儿夸张了，毕竟不管怎么说，创建备份时涉及大数据量的读写，就肯定会对 Master 节点的服务器性能造成影响。只是，从操作者的角度来看，对 Master 节点确实是透明的。废话不多讲，快速进入实战环节见真章，通过 XtraBackup 工具来创建 Slave 节点。

设定环境如下，Master 节点就是我们一直演示的环境，运行在 192.168.30.243 服务器的 3306 端口，它已经有了一个运行于 3307 端口的 Slave。

拓扑结构如图 11-3 所示。

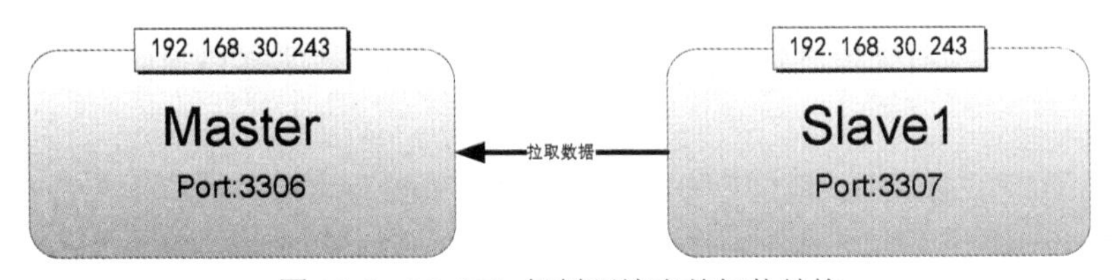

图 11-3　MySQL 复制环境当前拓扑结构

我们要配置的 Slave 节点 IP 地址为 192.168.30.246，预计 Slave 节点的 MySQL 服务也将运行在 3307 端口。这里假定 Slave 节点已经完成了基础环境的配置（其实不是假定，事实就是如此），比如说，创建好了 mysql 用户，装好了相同版本的 MySQL 软件，XtraBackup 软件包，创建好目录，配置好常用脚本（参考第 3 章）等。

配置后的复制环境拓扑结构如图 11-4 所示。

使用 XtraBackup 热备工具创建 Slave 节点，从准备工作到完成整个复制环境的部署，最多只需要 6 步，计数开始……

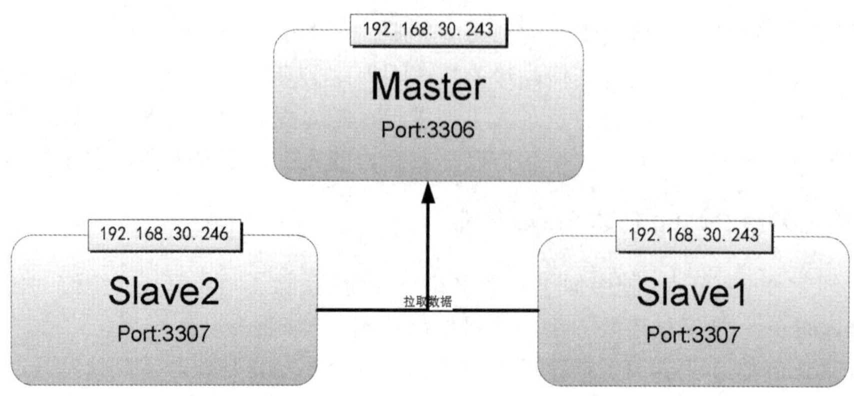

图 11-4　MySQL 复制环境新的拓扑结构

1. 创建完整备份

这里我们要为现有运行中的（而非全新的）MySQL 服务创建 Slave 节点，因为 Slave 中的数据基于 Master 节点，因此我们首先得创建一份完整备份。对于 XtraBackup 来说，创建备份是其强项，更何况我们在第 10 章时，也已经考虑到多次调用时的易用性，还专门对 innobackupex 命令进行了二次封装，创建出专用的备份脚本：/data/mysqldata/scripts/mysql_full_backup_by_xtra.sh，这下省事儿了，直接执行该脚本即可。

```
$ /data/mysqldata/scripts/mysql_full_backup_by_xtra.sh
```

如果前面内容读的太快，眼到手没到，还没来得及创建出脚本，那么手动执行 innobackupex 命令也好使，并不需要太多参数，指定用户名和密码，再指定一个备份集的存储路径就好了。示例咱就不列举了，若真不知道怎么用，建议回去翻翻 10.5.3 节。

2. 复制和准备备份集

将创建的备份集文件复制到 Slave 节点。我们的脚本将备份集打包为单个文件，相对较容易处理，这里我们直接使用 scp 命令在主从节点服务器间传输文件，执行命令如下：

```
$ scp /data/mysqldata/backup/mysql_full/xtra_fullbak_2013-05-24.tar.gz mysql@192.168.30.246:/data/mysqldata/backup/mysql_full/
```

需要注意，因为我们在脚本中对备份集进行了打包和压缩，所以应用前首先要进行解压缩。例如，创建的备份集文件为 xtra_fullbak_2013-05-24.tar.gz，执行解压缩命令（注意务必附加-i 参数）：

```
$ tar xivfz /data/mysqldata/backup/mysql_full/xtra_fullbak_2013-05-24.tar.gz -C /data/mysqldata/3307/data
```

准备数据，执行 innobackupex 命令附加--apply-log 参数：

```
$ innobackupex --apply-log /data/mysqldata/3307/data
............
............
130525 22:12:46  innobackupex: Starting ibbackup with command: xtrabackup_56  --defaults-file="/data/mysqldata/3307/data/backup-my.cnf"  --defaults-group="mysqld" --prepare --target-dir=/data/mysqldata/3307/data --tmpdir=/tmp
............
```

```
.............
```

这一步是为了使数据文件达到一致性的状态。最后提示 completed OK!就对了。

3. 创建复制环境专用账户

Slave 节点需要能够连接 Master，最好是通过专用账户连接。咱们在前面小节已经强调过这一点，这里就不多做解释了。而且在前面传统方式创建 Slave 节点时，已经创建过 repl 账户，该账户在我们将要配置的 Slave 上也可以直接使用，因此这里就不重复创建账户了。

4. 配置 Slave 节点初始化参数文件

从 Master 节点的初始化参数文件复制一份，可以仍然通过 scp 命令：

```
$ scp mysql@192.168.30.243:/data/mysqldata/3306/my.cnf /data/mysqldata/3307/
```

注意上面的命令是在 Slave 节点操作，从 Master 节点拉取文件哟，如果想从 Master 节点操作，源端直接写路径，目标端需要写成 user@host 这种格式，比如说 scp /data/mysqldata/3306/my.cnf mysql@192.168.30.246:/data/mysqldata/3307/。

文件复制到本地后，修改 Slave 选项文件中的参数：

```
$ vi /data/mysqldata/3307/my.cnf
```

修改 server_id 选项值：

```
server_id = 2463307
```

选项文件中的其他选项，比如说文件路径，也需要根据实际情况进行修改。在我们这套环境中，需要将选项文件中所有 3306 修改为 3307。直接通过命令行一次性修改：

```
$ sed -i 's/3306/3307/g' /data/mysqldata/3307/my.cnf
```

配置妥当后，就可以启动本地的 MySQL 服务了，还是使用我们前面创建的专用脚本：

```
$ mysql_db_startup.sh 3307
Startup MySQL Service: localhost_3307
```

5. 配置 Slave 节点复制环境

Slave 节点连接 Master 时，需要指定读取的二进制日志文件和位置。在传统方式创建 Slave 时，通常是由 DBA 先手动到 Master 节点查询并记录这个信息，而后再创建备份集。那么，对于 XtraBackup 创建的备份集，又到哪儿获取这些信息呢，别着急，XtraBackup 早就为我们准备好了，就保存在备份集的 xtrabackup_binlog_info 文件中：

```
$ cat /data/mysqldata/3307/data/xtrabackup_binlog_info
mysql-bin.000005        2892
```

下面的您应该都懂了，执行 CHANGE MASTER 命令如下：

```
mysql> change master to
    -> master_host='192.168.30.243',
    -> master_port=3306,
    -> master_user='repl',
    -> master_password='replsafe',
    -> master_log_file='mysql-bin.000005',
    -> master_log_pos=2892;
Query OK, 0 rows affected, 2 warnings (0.01 sec)
```

另外，悄悄告诉您，innobackupex 命令支持一个叫名--slave-info 的参数，指定该参数创建的备份集中，会包含一个名为 xtrabackup_slave_info 的文件，这个文件中直接提供好了 CHANGE MASTER TO...语句，这样我们的配置就能更简单了。

到了启动 Slave 服务的时候了，执行 START SLAVE 命令：

```
mysql> start slave;
Query OK, 0 rows affected (0.00 sec)
```

6. 检查

最后一步还是检查，在新创建的 Slave 节点上，执行 SHOW SLAVE STATUS 语句看看吧：

```
mysql> show slave status\G
*************************** 1. row ***************************
               Slave_IO_State: Waiting for master to send event
                  Master_Host: 192.168.30.243
                  Master_User: repl
                  Master_Port: 3306
                Connect_Retry: 60
              Master_Log_File: mysql-bin.000006
          Read_Master_Log_Pos: 120
               Relay_Log_File: mysql-relay-bin.000003
                Relay_Log_Pos: 283
        Relay_Master_Log_File: mysql-bin.000006
             Slave_IO_Running: Yes
            Slave_SQL_Running: Yes
................
................
```

噢了，这就算竣工。如果还有什么不放心的，可以尝试在 Master 节点创建几个对象，操作几条记录，看看新创建的 Slave 节点，以及原有的 Slave 节点（千万不能把它忘了）能否正常同步。

11.3.2 利用 Slave 节点创建备份

毫无疑问，数据是数据库系统中最有价值的部分，保障数据的可靠性是 DBA 关注的重心之一。随着技能不断提升，朋友们可能也想到，一些功能/特性的组合应用，比如说通过 Slave 节点，某些情况下倒是也可以作为数据可靠性保障的替代方案，不过，DBA 们普遍追求严谨和可靠，在目前这个阶段，备份是确保数据安全的最有效方案。

在前面的内容中，我们利用专业的备份工具 XtraBackup，轻松创建出新的 Slave 节点，本节我们来利用 Slave 节点，轻松创建备份，这就是传说中的跨界。

备份这个主题第 10 章已经讲了很多，这里三思并不愿意重复之前讲过的内容，我更希望谈一谈如何利用 Slave 节点，更好地维护我们的备份和恢复策略，当然我的认识也很有局限，若能在此抛砖引玉开拓大家思路那就最好不过。

备份方案的选型也不是一蹴而就，回想一下之前介绍过的几种备份方案：

- 文件级的冷备，停止 MySQL 服务，而以物理文件复制的方式，代价太高，影响太大，直接被否。

- 语句级的逻辑备份，通过 SELECT ... INTO OUFILE 这类 SQL 语句，步骤太多，操作繁琐，出错率高，适用场景有限。
- MySQL 提供的专用备份命令，如 mysqlhotcopy/mysqldump 命令，参数众多，尽管也有很多不足，但灵活应用于小数据量的场景下，倒是还算方便，可是若数据量到一定规模，则逻辑操作效率太差的缺点显露无异。
- 还好，咱们手上掌握了 XtraBackup 这么专业的联机热备工具，高效、稳定、自动、参数众多，对于事务引擎还能支持热备，相比其他备份方案，优点多的都不好意思列举。可是，仍然不够完美，比如说对于大数据量的环境，备份任务执行时对于 Master 节点资源的过多占用，仍然无解。

不过，有了 Slave，曾经貌似不可行的方案，如今变得可行，曾经代价高的方案，如今代价降到可接受的范围内了。听起来云里雾里，高深莫测，到底是怎么实现的呢？哲学家们早就告诉过我们，真理是朴素的。我们尝试剥开各项理论斑斓的外衣，就会发现其实很简单。

复制环境中的备份任务，相较传统的单实例上创建备份任务，最大的区别就在于 Master 节点不必事事都自己亲力亲为，可以将自己解脱出来，专注提供和提高服务品质，在业务的读写服务不受影响的前提下，其他任务爱怎么执行都行，这样当然就灵活多了。

复制环境中的 Master 节点手下小弟（Slaves 节点）众多，数据在 Slave 节点也都有，考虑到 Master 老大通常工作量大、任务繁重（相比 Slave），因此像备份任务这种小活，若能交给小弟干，那就是在为老大分忧解难。而 Slave 节点的创建成本很低，使用又灵活，我们完全可以让某个 Slave 节点在某个时间段，专门执行备份任务。

1. 应用 mysqldump 创建备份

mysqldump 命令大家不会陌生，它的普及程度很高，很多场景基本上就把它当主力备份工具使。不过通过 mysqldump 命令创建一致性备份这个事儿（注意哟，我说的是备份集的一致性状态，而不仅仅是单个表对象处于一致性状态），它自带的全局锁定（FLUSH TABLES WITH READ LOCK）干的太粗暴，阻塞写也就算了，（某些存储引擎对象）还将阻塞读，我都看不下去了，若一直这么整，不仅 DBA 们不答应，广大人民群众也不答应。

在 Slave 环境中，mysqldump 的应用是否有不同呢？无所谓啦，即便操作者不熟悉复制环境，最起码，原有 mysqldump 命令的使用经验可以全部继承过来，并且在此基础之上，不必担心持有全局锁定对业务造成影响，因为 DBA 可以控制该节点执行备份任务期间，不承担前端业务请求。

对于熟悉 Slave 原理的朋友，那就更得心应手了，我们可以借助 Slave 中的复制线程，曲线救国，使得备份执行期间，Slave 数据库根本不产生数据变更，这样的话，执行 mysqldump 创建逻辑备份期间，无需指定全局锁定，也可以创建一致性的完整备份，至于增量备份，就更不在话下。

这套方案完全依赖于 Slave 复制的实现原理。如大家所知，MySQL 复制环境中的 Slave

节点，有两个线程：IO_THREAD 和 SQL_THREAD，负责主从节点间的同步，其中，IO_THREAD 线程负责 Master 节点日志，并保存到本地的中继日志文件，SQL_THREAD 线程则负责解析中继日志，并在本地应用。

根据这个机制，只要我们停止 SQL_THREAD 线程的运行，Slave 节点仍然能接收 Master 节点的日志，但并不会应用，此时就相当于不会产生数据变更了。我们在此期间创建的备份，理论上当然也是一致性状态（只要没有手欠的用户主动跑上去执行写操作）。而且此时 IO_THREAD 线程仍在照常工作，Master 节点新产生的修改事件仍能被同步到本地（只是没有应用而已），因此也不必担心会与 Master 节点产生数据中断。待备份任务执行完成后，重新启动 SQL_THREAD 线程即可，Slave 节点很快就能与 Master 节点保持一致状态。

大致原理就是如此，我们再来整体梳理一遍步骤：

- 停止 Slave 服务中的 SQL_THREAD 线程。
- 记录当前接收和应用的二进制日志文件及位置。
- 执行备份命令。
- 再次记录当前接收和应用的二进制日志文件及位置。
- 启动 Slave 服务中的 SQL_THREAD 线程。

下面就是实操环节了，咱们按照前面梳理的步骤来制订备份方案。之前已创建过一份 mysqldump 备份脚本，但只相当于执行上述第三步，我们可以在此基础上进行修改，使之能够适用于 Slave 环境中创建备份。

创建 Slave 节点的备份脚本：

```
$ vi /data/mysqldata/scripts/mysql_full_backup_slave.sh
```

增加内容如下：

```
#!/bin/sh
# Created by junsansi 20130506

show_slave_status(){
        echo -e "---- master.info: ----" >> $LOG_FILE
        cat ${MAIN_PATH}/data/master.info | sed -n '2,3p' >> $LOG_FILE
        echo -e "---- show slave status: ----" >> $LOG_FILE
        echo "show slave status\G" | $MYSQL_CMD | egrep "Slave_IO_Running|Slave_SQL_Running|
Master_Log_File|Read_Master_Log_Pos|Exec_Master_Log_Pos|Relay_Log_File|Relay_Log_Pos" >> $LOG_FILE
        echo -e "" >> $LOG_FILE
}

source /data/mysqldata/scripts/mysql_env.ini
HOST_PORT=3307
MAIN_PATH=/data/mysqldata/${HOST_PORT}
DATA_PATH=/data/mysqldata/backup/mysql_full
DATA_FILE=${DATA_PATH}/dbfullbak_`date +%F`.sql.gz
LOG_FILE=${DATA_PATH}/dbfullbak_`date +%F`.log
MYSQL_PATH=/usr/local/mysql/bin
MYSQL_CMD="${MYSQL_PATH}/mysql -u${MYSQL_USER} -p${MYSQL_PASS} -S ${MAIN_PATH}/mysql.sock"
```

```
    MYSQL_DUMP="${MYSQL_PATH}/mysqldump  -u${MYSQL_USER}  -p${MYSQL_PASS}  -S  ${MAIN_PATH}/mysql.sock
--single-transaction"

    echo > $LOG_FILE
    echo -e "==== Jobs started at `date +%F' '%T' '%w` ====\n" >> $LOG_FILE

    echo -e "**** started position: ====" >> $LOG_FILE
    echo "stop slave SQL_THREAD;" | $MYSQL_CMD
    show_slave_status

    echo -e "**** Executed command:${MYSQL_DUMP} | gzip > ${DATA_FILE}" >> $LOG_FILE
    ${MYSQL_DUMP} | gzip > $DATA_FILE
    echo -e "**** Executed finished at `date +%F' '%T' '%w` ====" >> $LOG_FILE
    echo -e "**** Backup file size: `du -sh ${DATA_FILE}` ====\n"  >> ${LOG_FILE}

    echo -e "**** recheck position ====" >> $LOG_FILE
    show_slave_status
    echo "start slave SQL_THREAD;" | $MYSQL_CMD

    echo -e "---- Find expired backup and delete those files ----" >> ${LOG_FILE}
    for tfile in $(/usr/bin/find ${DATA_PATH} -mtime +6)
    do
            if [ -d $tfile ] ; then
                    rmdir $tfile
            elif [ -f $tfile ] ; then
                    rm -f $tfile
            fi
            echo -e "---- Delete file: $tfile ----" >> ${LOG_FILE}
    done

    echo -e "\n==== Jobs ended at `date +%F' '%T' '%w` ====\n" >> $LOG_FILE
```

这段 shell 脚本中应用的命令和语法都比较基础，这里就不逐项讲解。大家可以在脚本创建成功后，尝试执行这一脚本，而后检查输出日志文件中在备份脚本执行前后，读取和应用的 Master 节点二进制日志及位置有无变化。只要 Relay_Master_Log_File 和 Exec_Master_Log_Pos 属性值没有发生变化，我们就可以认为，备份集中的数据是一致的。

提 示

mysqldump 既然能行，XtraBackup 自然更没问题。如果有兴致，可以尝试在之前创建的使用 xtrabackup 备份的脚本基础之上，修改出能够基于 Slave 节点运行的 xtrabackup 备份脚本。

现在，我们已经有了一份完整并且一致的全量备份，如果希望实现增量备份，那么只要定期将在备份操作之后产生的所有二进制文件保存到备份路径即可。后续若准备通过这类备份集创建 Slave 节点，那么将数据恢复后，配置 Slave 到 Master 节点连接时，从指定的位置（Relay_Master_Log_File 和 Exec_Master_Log_Pos 属性值所在位置）开始应用即可。

在 Slave 节点上应用 mysqldump 创建备份，操作方式更为灵活，但是，mysqldump 由于自身实现机制的原因，在大数据量的场景下效率堪忧，Slave 节点只能帮它解决灵活性的问题，解决不了效率的问题。那么，大数据量场景的备份应该怎么做，继续往下看呗。

2. 复制文件方式创建备份

既然逻辑的方式性能已难以接受，那我们就来物理的方式吧，直接在操作系统层复制文件，没有逻辑处理，纯粹都是物理 I/O，这样就变成比拼 I/O 性能，只要磁盘性能够好，这种方式创建备份或执行恢复时的性能很有保障，而且操作步骤也极为简便，门槛也最低，哪怕不是 DBA，会用 cp 命令就能搞的定。

听起来相当给力，那之前讲备份时，咱们为啥不用这种方案呢。这个，确有苦衷啊。文件的物理复制过程中，为了保障文件的完整性，通常会要求操作过程中，关闭 MySQL 服务，这个要求相当苛刻。您想，咱们这儿进入 21 世纪都好多个礼拜了，现如今恨不能连国企政企的网站都要做 7×24 小时不间断服务，更何况视网如命的互联网企业，咱上哪找可随意停止的系统呢。

> 提 示
>
> 其实前面用过文件复制方式创建备份，本章第一个创建 Slave 节点的例子，就是冷复制方式创建的。

如今咱有了 Slave，难题迎刃而解，Master 节点停机确有不便（专门制订高可用方案，还担心保障不够给力呢），Slave 节点就不同了，想停服务就停服务，想停机就停机。至于备份，把 MySQL 服务的根目录复制一份到其他路径，只需要简简单单一条 cp 命令就足够。

我尽最大努力，用最复杂的方式描述，整个操作步骤可以分为，呃，3 步：

- 停止 Slave 节点数据库服务。
- 复制数据库主目录。
- 启动 Slave 节点数据库服务。

竣工。

11.3.3 部署级联 Slave 增强复制性能

本着为老大（Master 节点）分忧解难的宗旨，Slave 一方面做好交办的各项工作（呃，好吧，当前只有备份），另一方面也积极要求承担更重的担子，深入贯彻老大看不到想不到听不到的，小弟们要替老大看到想到听到做到的主题思想，落实各项具体方针，为有利保障数据库服务的稳定运行打下坚实基础。

如大家所知，在复制环境中的一众 Slave 节点，能不能保持数据的同步，完全都要仰仗 Master 节点的二进制日志，如果请求获取日志的 Slave 节点很多，再加上 Master 节点负载压力较大，肯定就无法快速响应，何况众多 Slave 节点（其实也多不到哪儿去，不过当

老大的就看重小弟们的这种态度）请求二进制日志，本身又会增加 Master 节点的负载，该怎么缓解这种现状呢？

Slave 通过深入调研和认真挖掘，终于被它发现，这个工作它也可以干啊，数据它都有，不少还是刚从 Master 节点取回来的，它可以作为中转节点，代为传递二进制日志，这种机制就是级联复制。从技术角度来看，现在就只剩下一个问题，数据没在 Slave 中转节点本地的二进制文件里，而是中继日志文件里。

Slave 节点在处理日志时的逻辑是这样的，本地产生的修改事件，写入二进制日志文件，不过解析自中继日志的修改事件，因为不是它自己产生的修改，默认情况下不会写入本地二进制日志文件。此时，大家注意听了，有一项关键参数终于能够派上用场，它就是--log-slave-updates 参数。启用这个参数后，即使是应用中继日志产生的数据库修改，也将会写到本地二进制日志文件中。

难题迎刃而解，而且解决方式看起来极为简单，配置一下--log-slave-updates 参数即可。真的是这样吗，俗话说，实践出真知，下面有求实践先生为大家现场示范。

先明确演示环境，仍然继承前面示例所用的环境，我们计划改造 192.168.30.246:3307 节点，将之定义为 RelaySlave，用于提供二进制日志文件的同步，同时新创建 192.168.30.246:3306 节点，将之定义为 Slave3，从 RelaySlave 中获取二进制日志文件，保持与 Master 节点的同步。

总的拓扑结构如图 11-5 所示。

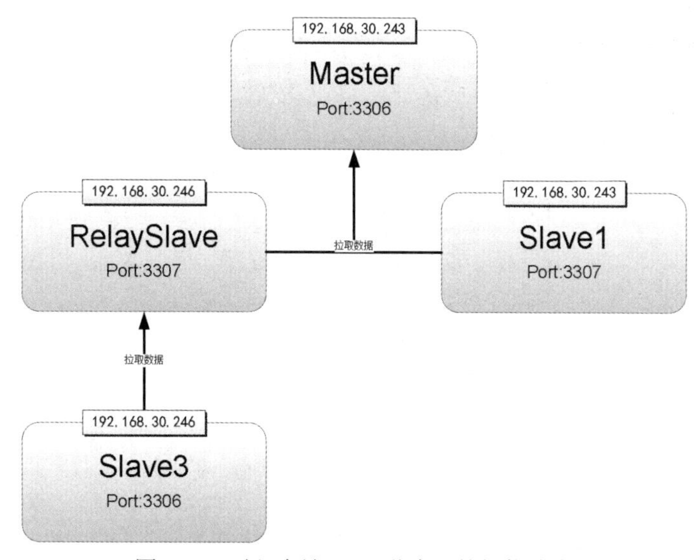

图 11-5 引入中继 Slave 节点后的拓扑结构

咱们首先来配置 RelaySlave 节点。因为 log-slave-update 参数不是动态参数，无法实时修改生效，首先修改 RelaySlave 节点的初始化参数文件，在[mysqld]区块中增加

log-slave-update 参数，操作如下：

```
[mysql@relayslave ~]$ vi /data/mysqldata/3307/my.cnf
[mysqld]
.......
log-slave-update
```

而后需要重新启动该节点的 MySQL 服务，使参数生效。但是，注意了，准 RelaySlave 节点可不是你想停，想停就能停的哟。

正确的步骤应该是先停止 SQL_THREAD 线程：

```
RelaySlave> stop slave sql_thread;
Query OK, 0 rows affected (0.01 sec)
```

然后查看当前节点二进制日志文件和位置：

```
RelaySlave> show master status;
+------------------+----------+--------------+------------------+-------------------+
| File             | Position | Binlog_Do_DB | Binlog_Ignore_DB | Executed_Gtid_Set |
+------------------+----------+--------------+------------------+-------------------+
| mysql-bin.000004 |      120 |              |                  |                   |
+------------------+----------+--------------+------------------+-------------------+
1 row in set (0.00 sec)
```

最后，才能执行 MySQL 服务重新启动，重启的步骤就不罗列了。

> **提 示**
>
> 如果 RelaySlave 节点没有启用二进制日志的话，务必指定 log-bin 参考启用二进制日志，否则即便指定了 log-slave-updates 也没意义了。另外 binlog_format 参数，也可以视实际需要进行设定。

接下来就谈论到创建 Slave3 节点了，这个创建步骤也不罗列了，您可以参考 11.1.1 节或 11.3.1 节中的内容。大家可以尝试在此给自己一些挑战，用能想到的最快的方式创建一台 Slave 出来，就我们这个测试环境，我们这个数据规模，5 分钟内没能创建成功，若不是磁盘性能太差，就说明对这个 MySQL 复制的理解仍不到家呀。

Slave3 创建成功并启动服务后，登录到 mysql 命令行模式，配置到 Master 节点的连接。它的 Master 是谁呢？注意不是指 192.168.30.243:3306 哟，而是 RelaySlave 节点，执行命令如下：

```
Slave3> change master to
    -> master_host='192.168.30.246',
    -> master_port=3307,
    -> master_user='repl',
    -> master_password='replsafe',
    -> master_log_file='mysql-bin.000004',
    -> master_log_pos=120;
Query OK, 0 rows affected, 2 warnings (0.17 sec)
```

注意在这个环境指定的参数项，不要指定错了哟。

启动 Slave 服务：

```
Slave3> start slave;
```

```
Query OK, 0 rows affected (0.06 sec)
```

执行 SHOW SLAVE STATUS 命令，看看两个关键线程启动没有：

```
Slave3> show slave status\G
*************************** 1. row ***************************
               Slave_IO_State: Waiting for master to send event
                  Master_Host: 192.168.30.246
                  Master_User: repl
                  Master_Port: 3307
...........
...........
             Slave_IO_Running: Yes
            Slave_SQL_Running: Yes
```

这个操作对于 Master 和 Slave1 节点来说完全透明，这两个 MySQL 服务无需做任何变动。此时大家可以尝试在 Master 节点新建对象或插入些记录，看看能否正常同步到 Slave3 节点。

> **提 示**
>
> 值得注意的是，如果 RelaySlave 中设置有过滤条件，那么所有依赖它的 Slave 全部继承这些过滤条件。比如在我们这套复制环境中，Slave1 节点过滤了 jssdb 和 jssdb_mc 两个库，如果 Slave1 被配置为 RelaySlave，那么所有继承自它的 Slave 节点，都不会包含 jssdb 和 jssdb_mc 两个库的对象，不管这些节点是否想要过滤这两个库。

11.3.4　半同步机制

MySQL 复制环境中的同步，默认采用异步的方式，这种方式无异对数据完整性的保护有限，并且某些场景下，对我们部署高可用环境、集群式部署、提高系统伸缩能力等方案的实施也将造成影响。对于不熟悉系统架构设计的朋友来说，后面几个形容词听起来很科幻，完全不知道我在说什么，为了能让大家理解接下来的内容，我先偷偷地提前透露一点儿这方面的内容。

举个例子吧，系统增长到一定规模，Master 节点的负载肯定将越来越高，所有 DB 层的请求全部依赖于它，既要提供读还要提供写，此时 Slave 节点表忠心的机会又到了。考虑到 Master 节点在复制环境中属于资源稀缺型，而 Slave 节点扩展较为容易，那么能不能让 Slave 节点来承担数据查询的请求，Master 节点只承担数据修改的请求呢。根据经验，多数系统都是读多写少，若能将查询请求从 Master 节点转移出去，想必对于 Master 节点拮据的资源一定有所缓解。我可以负责任地说，这种方案确实可以实现（部署方式后面章节会讲到），不过，这种方案面临一个现实考验。

由于主从之间数据同步是异步机制，默认情况下及时性无法保障，对于数据一致性和及时性要求较高的场景，就没办法采用这种方案。比如用户注册，数据写入后（注册成功）马上就会读（发起登录），若该用户成功注册的信息还未及时同步到提供查询请求的 Slave

节点，那么该用户的记录肯定就不存在，登录必然失败，但其实该用户是存在的，这种情况如果发生，对用户的操作体验就将产生较大损害。针对这种场景怎么办呢，基本上就两种选择，要么对于这类及时性要求极高的需求，仍然全部访问 Master 节点获取数据，要么就考虑通过特定机制，保证 Master 节点与 Slave 节点之间数据同步的及时性。若选择前者的话，我们期望通过 Slave 缓解 Master 负担的初衷就要打个折扣，那么后者，是否有可靠的解决方案呢。从 MySQL 5.5 版本开始系统提供半同步复制（Semisynchronous Replication）的机制，就是用来保障主从之间数据同步的及时性。

半同步这个词，三思个人觉着听起来就有点儿怪怪的。我们如果听到：同步或异步（即不同步）这类词儿，都很好理解，所谓半同步到底是个什么情况，我想快速揭晓谜底，但是这个事儿要讲明白，还得从头说起。

在很久很久以前，MySQL 复制环境中数据同步默认是异步的，Master 节点进行的修改，保存在本地二进制日志文件中，它自己也不知道 Slave 节点什么时候会来读取这些文件。在异步复制环境中，不同步是如此的顺理成章，以至于大家都快忽略了它的存在，若您检查主从状态时，感觉貌似处于同步状态，那只能说明您的数据量太小。在这种背景下，如果 Master 节点宕机，执行主从角色故障切换的话，就有可能丢失一定的数据。

如果要保障数据完全，实现主从节点数据一致，同步复制是种可靠的方案。实现同步复制的话，需要 Master 节点每进行一个操作，在事务提交并返回成功信息给发出请求的会话前，先等待 Slave 节点本地执行这个事务，并返回成功执行的信息给 Master 节点，在分布式事务中，管这叫两阶段提交。这种方式能够最大程度地保证数据安全，但是缺点也很明显，客户端每提交一个请求，从事务启动到成功执行，中间可能出现较长时间的延迟，对性能造成影响是必需的。考虑到 MySQL 数据库的定位，目前其自身并不支持同步复制，当然若确有需要，通过其他技术手段还是可以实现的，不过那就不是本章要讨论的主题了。

现实需求总是存在的，得保证数据安全啊。在异步方式无法满足需求，同步方式成本又太高的前提下，半同步机制横空出世了。对于半同步复制，看名字大概就能猜到，应该处在同步和异步之间。其原理是这样的，Master 在返回操作成功（或失败）信息给发起请求的客户端前，还是要将事务发送给 Slave 节点（不这样不足以保障安全性和及时性），不过为了降低中间的数据通信、数据传输及事件等待等成本，它还是做了一定的取舍。

在半同步机制下，Master 节点只要确认有至少一个 Slave 节点接收到了事务，即可向发起请求的客户端返回操作成功的信息，Master 节点甚至不需要等待 Slave 节点也成功执行完这个事务，只要至少有一个 Slave 节点接收到这个事务，并且将之成功写入到本地的中继日志文件，就算成功。应该是因为相比同步机制，工作只完成到一半左右的样子，所以就叫**半**同步了吧。

相比异步复制，半同步数据在数据完整性方面有显著提升。每个成功提交的事务，都代表这份数据至少存在两个节点上（Master 节点和至少一个 Slave 节点，不过并不能完全高枕无忧，也有例外情况，后面会谈到），这样就算 Master 节点出现宕机也没关系，Slave

节点还能扛起数据恢复的重任。不过，这是个有利有弊的事儿，毕竟还是增加了额外的成本，对性能会有一定不利影响（网络条件越差，影响越大），因此具体用还是不用，就看DBA 如何取舍了。

1. 配置半同步复制环境

早在 MySQL 5.0 版本时，Google 公司的 mysql 团队就提交过一个补丁，以插件方式实现半同步复制，从 MySQL 5.5 开始，官方终于将该功能合并至主线版本，现在不需要找第三方插件，官方版本就自带该功能。

官方的半同步复制也是以插件形式提供，我们尽管还没有应用（安装）过插件，但是在前面介绍存储引擎时，提到了 MySQL 出众的插件式存储引擎设计，此插件与彼插件是一个意思。插件可以实现一套存储引擎，也可以实现某项具体的功能，话说回来，存储引擎也是由一个个具体的功能实现的，大家也可以理解为存储引擎是由一堆插件组成的。

我们可以通过 SHOW PLUGINS 命令，查看当前系统中安装的所有插件：

```
(system@localhost) [(none)]> show plugins;
+--------------------------+--------+--------------------+---------+---------+
| Name                     | Status | Type               | Library | License |
+--------------------------+--------+--------------------+---------+---------+
| binlog                   | ACTIVE | STORAGE ENGINE     | NULL    | GPL     |
| mysql_native_password    | ACTIVE | AUTHENTICATION     | NULL    | GPL     |
| mysql_old_password       | ACTIVE | AUTHENTICATION     | NULL    | GPL     |
| sha256_password          | ACTIVE | AUTHENTICATION     | NULL    | GPL     |
| MyISAM                   | ACTIVE | STORAGE ENGINE     | NULL    | GPL     |
| MEMORY                   | ACTIVE | STORAGE ENGINE     | NULL    | GPL     |
........
........
```

要使用半同步复制功能，有几个前提条件，其一就是安装了半同步复制功能插件。通过前面那个语句的输出，能找到 semisynchronous 之类的字眼吗，默认应该是没有的，因为咱们没装呀。

怎么安装先放一放，说说到哪里找到这个插件吧。MySQL 软件有个插件目录，专门存放各种自带但没有安装，或者来自第三方的插件，这个目录正是系统变量 plugin_dir 所指定的位置。找到目录之后，可以从操作系统层进入该目录中找一找，看有没有半同步复制插件文件，通常是扩展名为“.so”的文件：

```
Master> show variables like 'plugin_dir';
+---------------+------------------------------+
| Variable_name | Value                        |
+---------------+------------------------------+
| plugin_dir    | /usr/local/mysql/lib/plugin/ |
+---------------+------------------------------+
1 row in set (0.00 sec)
.........
[mysql@localhost ~]$ ll /usr/local/mysql/lib/plugin/semisync_*
-rwxr-xr-x 1 mysql mysql 409110 Mar 26 11:27 /usr/local/mysql/lib/plugin/semisync_master.so
```

```
-rwxr-xr-x 1 mysql mysql 247318 Mar 26 11:27 /usr/local/mysql/lib/plugin/semisync_slave.so
```

果然被我们找到了，半同步插件共有两个，分别对应主从节点，找到这个文件以后，接下来咱们可以谈一谈怎么安装了。三思个人觉着安装这个说法貌似不够严谨，因为安装更多是软件初始化时的用语，对于半同步插件来说，安装 MySQL 软件时，相关文件默认就已经安装到系统里了，只是没有应用。在 MySQL 环境中应用插件前的操作，我个人认为叫加载更合适。那么 MySQL 数据库中如何加载指定的插件呢？使用 INSTALL PLUGIN 语句（呃，还是安装啊，这个真掰不过来了）。

基础知识普及完毕，下面进入正式的配置环节。我们已经有了一套主从复制环境，现在计划将 192.168.30.243:3306（Master 节点）以及 192.168.30.246:3307（Slave 节点）部署为半同步复制模式。

首先，在 Master 节点执行命令，加载 semisynchronous 插件，注意不要选错了文件哟，执行命令如下：

```
Master> INSTALL PLUGIN rpl_semi_sync_master SONAME 'semisync_master.so';
Query OK, 0 rows affected (0.01 sec)
```

随后，Slave 节点也需要加载插件，切换至 Slave 节点，这回选择 semisync_slave.so 文件，执行命令如下：

```
Slave> INSTALL PLUGIN rpl_semi_sync_slave SONAME 'semisync_slave.so';
Query OK, 0 rows affected (0.07 sec)
```

执行完成后，最好分别通过 SHOW PLUGINS 语句，检查一下插件是否处于可用状态。成功加载完插件，半同步环境的配置这才算正式开始。当前系统相当于具备了半同步复制的功能，但默认该功能并未启用，接下来还需要一系列 rpl_semi_sync_*参数的配置，以启用半同步复制功能。注意在进行配置时也必须是双向的哟，如果只在 Master 或 Slave 一端配置，那么半同步复制就不会启用，相当于仍然处于异步复制模式。

咱们先在 Master 节点设置下列变量：

```
Master> SET GLOBAL rpl_semi_sync_master_enabled = 1;
Query OK, 0 rows affected (0.00 sec)
Master> SET GLOBAL rpl_semi_sync_master_timeout = 3000;
Query OK, 0 rows affected (0.00 sec)
```

在 Slave 节点只需要设置一个变量：

```
Slave> SET GLOBAL rpl_semi_sync_slave_enabled = 1;
Query OK, 0 rows affected (0.00 sec)
```

就这几项设置，我想说的有以下几点：

（1）rpl_semi_sync_master_enabled：用于控制是否在 Master 节点启用半同步复制，默认值为 1 即启用状态。

（2）rpl_semi_sync_master_timeout：用于指定 Master 节点等待 Slave 响应的时间，单位是毫秒，默认是 10000 即 10 秒钟，我们这里设置为 3 秒。若超出指定时间 Slave 节点仍无响应，那么当前复制环境就临时被转换为异步复制。

（3）rpl_semi_sync_slave_enabled：跟第一个参数看起来很像，唯一的区别，它是用

来控制 Slave 节点是否启用半同步复制。

- 前面配置的 3 个变量尽管可以动态修改，但强烈建议将所有配置的变量，都保存在初始化参数文件中，除非您想每次启动 MySQL 服务时再手动进行配置。
- 以 rpl_semi_sync_*开头的变量还有几个，这里只配置了最重要的 3 项，更多参数可以参考官方文档中的内容。

配置好系统变量后，接下来必须要重新启动 Slave 节点的 IO_THREAD 线程。

```
Slave> STOP SLAVE IO_THREAD;
Slave> START SLAVE IO_THREAD;
```

这一步主要是为了让 Slave 节点重新连接 Master 节点，注册成为半同步 Slave 身份，如果不重启 IO_THREAD，那么 Slave 就会一直保持异步复制模式。

只要启动过程中没有报错，这就配置成功了。因为操作太过简单，朋友们是否自己都不敢相信，这就算配置好了，我们还没有做好心理准备哪，完全都没有察觉到啊。

这个，没察觉是对的，因为不管是同步也好，异步也罢，只是 MySQL 复制内部实现原理不同，对前端应用来说是完全透明的，用户无需关注，它也感知不到（如果网络条件太差，延迟极为明显，那么用户会发现所做操作要慢不少）。对于 DBA 来说也是如此，复制模式属于底层数据传输机制上的变化，无直观感受是正常的。就好比您本来是用有线连接的网络，有一天改 WiFi 无线连接了（但有线仍然插着），网还是该咋上就咋上，对于用户来说，网络是通的就行，他不管有线还是无线（如果速度差异不是那么大）。若您非较真儿说您是网管，基于工作因素，您必须知道当前到底是用哪种模式上的网，好吧，没问题，继续往下看。

2. 监控半同步复制环境

MySQL 的半同步插件，会将一些与同步相关的统计信息写入到状态变量中，因此我们可以通过查看这些变量值，一方面帮助我们判断当前的数据同步模式，另一方面也可以监控同步的状态。

查看状态变量是通过 SHOW STATUS 语句。安装了半同步插件后，MySQL 中就会多出若干个以 Rpl_semi_sync_*开头的状态变量，其中在 Slave 节点，与半同步复制相关的状态变量只有一项：Rpl_semi_sync_slave_status：标识当前 Slave 是否启用了半同步模式。

Master 节点中与半同步复制相关的状态变量要多一些，其中最值得关注的有下列几项：

（1）Rpl_semi_sync_master_clients：显示当前处于半同步模式的 Slave 节点数量。

（2）Rpl_semi_sync_master_status：标识当前 Master 节点是否启用了半同步模式。

（3）Rpl_semi_sync_master_no_tx：当前未成功发送到 Slave 节点的事务数量。

（4）Rpl_semi_sync_master_yes_tx：当前已成功发送到 Slave 节点的事务数量。

比如，我们查看 Master 节点与半同步复制相关的状态变量，执行语句如下：

```
Master> show status like 'rpl_semi_sync%';
+--------------------------------------------+-------+
| Variable_name                              | Value |
+--------------------------------------------+-------+
| Rpl_semi_sync_master_clients               | 1     |
| Rpl_semi_sync_master_net_avg_wait_time     | 0     |
| Rpl_semi_sync_master_net_wait_time         | 0     |
| Rpl_semi_sync_master_net_waits             | 0     |
| Rpl_semi_sync_master_no_times              | 0     |
| Rpl_semi_sync_master_no_tx                 | 0     |
| Rpl_semi_sync_master_status                | ON    |
.............
.............
| Rpl_semi_sync_master_yes_tx                | 0     |
```

然后我们在 Master 节点执行一条插入语句：

```
Master> insert into 5ienet.jss_v1 values (4,'ddd');
Query OK, 1 row affected (0.03 sec)
```

在 Slave 节点查询该表对象中的数据，确认 Slave 节点已经同步：

```
Slave> select * from 5ienet.jss_v1 where id=4;
+------+------+
| id   | v1   |
+------+------+
|    4 | ddd  |
+------+------+
1 row in set (0.02 sec)
```

然后再次查询 Master 节点中的相关状态变量值，会发现已经产生了变化：

```
Master> show status like 'rpl_semi_sync%';
+--------------------------------------------+-------+
| Variable_name                              | Value |
+--------------------------------------------+-------+
| Rpl_semi_sync_master_clients               | 1     |
| Rpl_semi_sync_master_net_avg_wait_time     | 898   |
| Rpl_semi_sync_master_net_wait_time         | 898   |
| Rpl_semi_sync_master_net_waits             | 1     |
| Rpl_semi_sync_master_no_times              | 0     |
| Rpl_semi_sync_master_no_tx                 | 0     |
.............
.............
| Rpl_semi_sync_master_yes_tx                | 1     |
```

根据这些状态值，我们就可以分析当前半同步复制的运行情况了。如果半同步出现异常，那么像 Rpl_semi_sync_master_no_tx 变量值就会累加，而 Rpl_semi_sync_master_net_wait_time 和 Rpl_semi_sync_master_net_avg_wait_time 这类以时间计数的变量值增长更是迅猛。这时候只要再检查一下 Rpl_semi_sync_master_status 和 Rpl_semi_sync_slave_status 的值，就能判断当前到底是半同步还是异步复制了。

11.3.5 复制环境中的故障切换

在其他主流的数据库软件系统中，对于主从环境，通常都提供有主从角色切换之类的

方案，以应对其中某个角色的节点宕机导致的故障。MySQL 复制环境若在运行过程中，Master 节点出现故障该怎么办呢？实际上倒也问题不大，因为它也有主从角色故障切换的方案，尽管目前这并不是官方的解决方案，不过完全具备可行性，因为这套方案的实现也是利用 MySQL 的复制原理。

容我先为大家普及两个背景知识点。首先，MySQL 复制环境中的主从节点都是逻辑概念，所谓 Master 或 Slave，是由我们为其赋予的逻辑角色，Master 节点可以进行读写操作，Slave 也可以随时执行读写操作（这不像 Oracle 数据库中的物理 Standby 那样，只能读不能写），我们决定将业务的读写（主要是写）操作放在哪个数据库实例上执行，那么该实例就可被视为 Master，因此如果出现某些状况，我们就将应用连接的数据库，指向一台新的 MySQL 实例即可。

其次，要知道在 MySQL 复制环境中，Slave 节点随时都可以通过 CHANGE MASTER TO 语句修改其参照的 Master，随意性非常强，因为 CHANGE MASTER TO 语句并不检查与 Master 端数据库的兼容性问题。Slave 节点配置完成后，一经启动即开始读取 Master 二进制日志，而且 Master 节点也特别痛快，别人要它就给，至于 Slave 接收到数据后，拿到本地能不能成功应用，并不是它所关心的问题。

MySQL 的故障切换正是基于这两点，小伙伴儿们读到这里都惊呆住了有没有。理论上来说，真的就有这么随意，并且就配置角度来看，注意事项也仅有一个，就是预备要切换角色的 Slave 节点，必须要指定 log-bin 参数。下面我通过文字与图片结合的方式，为大家简要描述故障切换的步骤。

故事的开头是这样的，有套 1 主 3 从的 MySQL 复制环境，拓扑结构如图 11-6 所示。

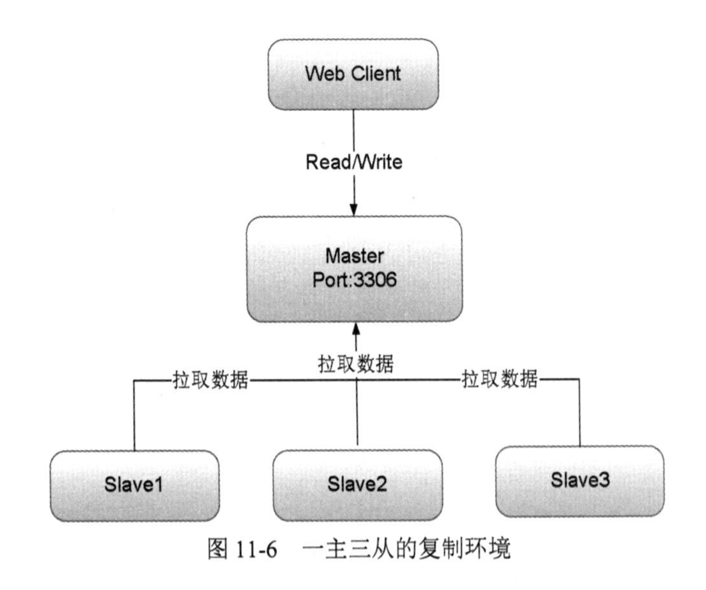

图 11-6　一主三从的复制环境

在这套环境中，生活着 Master 和 Slave 兄弟仨个，Master 节点能力大责任也大，既要承担前端业务发起的读写请求，又得响应后端 3 个 Slave 实例的数据同步请求。Slave1～3 都配置了 log-bin 参数，如果他们自身产生数据修改，那么这些变更也都会记录到本地的二进制日志中，也就是说，他们都拥有作为 Master 角色的潜质，但是 Master 节点从来没有要求过什么，他一直任劳任怨，默默地承担着这一切，他们是幸福快乐的一家。

但是，天有不测风云，突然有一天，Master 节点累倒在工作岗位上，再也没能醒过来，平静的生活被打乱了，前端业务请求无人响应乱做一团，后端 Slave 哥仨呆若木鸡不知所措。在这关键的时刻，Slave2 站出来大喊一声：王侯将相，宁有种乎，呃，念错台词了，他说的是，我不入地狱谁入地狱，向我开炮，向我.....。他刚有这个表示，话还没说完，什么都没做，前端业务请求就冲它去了，一时半刻他就顾不上别的了，于是我们的拓扑结构就变成了这样，图 11-7 所示的形式。

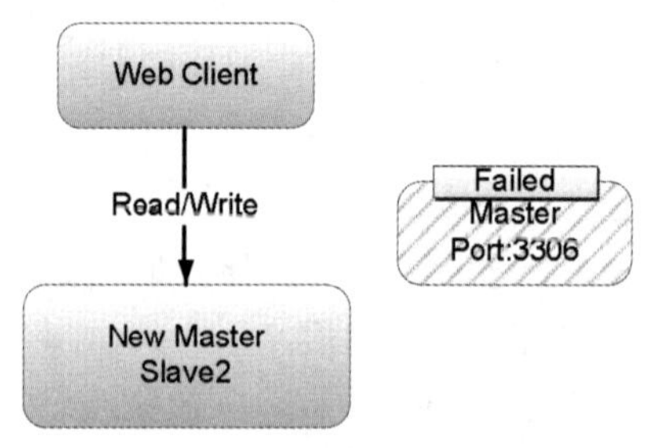

图 11-7　角色切换后的拓扑结构

故事讲到这里就结束了吗？如果您想让它到此结束，这个，难道是玄武门事变的故事重演，那可真的是个悲剧，老 M 退位，后来也再没有建成和元吉的消息。为什么会这样呢，老 M，建成和元吉为什么回不到这个幸福快乐的大家庭了呢？下面有请本台特约评论员君三思先生为大家深入解读。

三思：咳咳，事情是这样的，尽管前面咱们说过，Slave 节点随时都可以通过 CHANGE MASTER TO 语句修改其参照的 Master，随意性非常强，但咱后面也说了，那是理论嘛，实际操作过程当然就不一样。我们知道，执行 CHANGE MASTER TO 语句，除了指定 Master 节点的连接信息（这些信息咱们有），最重要的信息还包括读取的文件和起始位置。Slave1 和 Slave3 原来连接的是 Master 节点，如今变成 Slave2 当家做主，读取的开始位置自然也要变成 Slave2 节点，可问题是从哪里开始读起呢，这就关系到 MySQL 复制的另一项原理，复制环境中的各个角色都是逻辑上的，因此 Master 节点的二进制日志位置与 Slave 节点肯定不会相同。

如今现查也来不及了，因为要命的是，Slave2 节点已经开始接受前端业务的读写请求，从 Master 节点宕机到现在，不知道触发了多少数据变更，若让 Slave1 和 Slave3 节点选择从 Slave2 节点的当前位置开始读取数据，那么这中间的数据必然就丢失了。可怜的 Slave1

和 Slave3，不是 Slave2 节点不要他们，而是他们自己找不到回去的路啊。

所以说，实际操作过程中，最令人纠结的不是执行故障切换时将哪个 Slave 转换为 Master 角色，而是若 Master 角色拥有多个 Slave 实例，将其中某个 Slave 角色提升为新的 Master 后，其他那些 Slave 如何能在不影响数据完整性的前提下，注册到新的 Master 节点中。

如果希望故障切换后，我们的拓扑结构如图 11-8 所示，还需要这般这般。

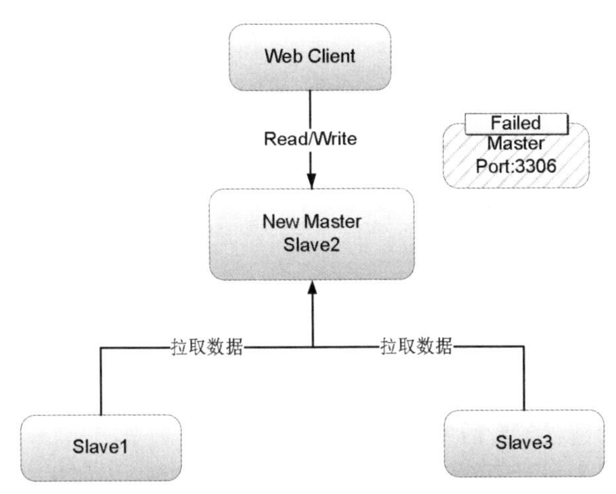

图 11-8　角色切换后的拓扑结构

让我们把时间的指针，拨回到 Slave2 站出来大喊着开炮那个时刻，注意，打枪地不要，悄悄地进村。第一时间检查 Slave1～3 各节点 Slave 状态信息（通过 SHOW SLAVE STATUS 语句），重点关注当前读取的 Master 节点日志文件和读取位置（Master_Log_File 和 Read_Master_Log_Pos），已经执行过的日志位置（Exec_Master_Log_Pos），Slave 节点 IO 和 SQL 线程运行状态（Slave_IO_Running 和 Slave_SQL_Running），主从之间的延迟间隔（Seconds_Behind_Master）等信息。也可以再通过 SHOW PROCESSLIST 语句，查看相关线程的当前状态是否包含有“Slave has read all relay log”之类字眼，来交叉验证 Slave 节点的数据应用情况。如果这 3 个节点中，接收到的返回信息都相同，说明目前 3 个节点的数据处于一致状态，这就好办了。

登录到 Slave2 节点，执行下列命令：

```
Slave2> STOP SLAVE;
Slave2> RESET SLAVE;
```

这两条命令会清除 Slave2 节点中与 Slave 相关的配置，删除 master.info、relay-log 文件。然后再执行下列命令：

```
Slave2> SHOW MASTER STATUS;
```

记录下当前正在操作的二进制日志文件名和写入的位置。

接下来，是时候让 Slave2 节点跳出来了，修改前端应用层的连接地址，改为连接

Slave2 实例，先将业务恢复再说。对于其他 Slave 节点，现在我们已经拥有最关键的 master_log_file 和 master_log_pos 两个信息，因此，随时可以配置 Slave1 和 Slave3 两个实例，执行 CHANGE MASTER TO 命令，使其连接 Slave2 节点获取数据，重新回到 Replication 的大家庭。

而后，若 Master 节点也恢复功能，那么，也可以通过 CHANGE MASTER TO 语句将其变为复制环境中的一个 Slave 节点。

11.3.6 延迟复制

MySQL 数据库的复制环境，可以通过配置，实现 Slaves 节点的延迟复制，就是说，将 Slaves 节点与 Master 节点保持指定时间的间隔。这个需求实现起来也非常简单，只需要指定 Slave 节点中 MASTER_DELAY 的选项值即可，通过 CHANGE MASTER TO 语句即可进行设定，语法如下：

```
CHANGE MASTER TO MASTER_DELAY=n;
```

注：单位是秒。

设置完之后，START SLAVE 就可以使之生效，而无需重新启动 MySQL 服务。这样设置了之后呢，Slaves 节点接收到 Master 节点生成的二进制日志，不会马上应用，而是等待，直到时间符合设定的延迟条件后才开始应用。

延迟复制这种需求相对小众，但也不是没有应用场景，比如说：

- 提供 Master 节点意外错误的快速恢复机制，若 Master 节点出现误改、误删等操作，造成数据丢失的情况，由于 Slaves 节点有延迟因素的存在，那么 DBA 可以通过 Slaves 节点仍然保存的数据，快速地将之恢复回去。不过通常延迟时间不会太长，如果发现出现误操作，而且 Slave 节点恰好尚未应用这些事件，那就必须争分夺秒一般进行恢复才行。
- 测试复制环境出现延迟时，对系统应用可能造成的影响。
- 无需通过恢复，就可以查看之前版本的数据库，某些场景下，这也能简化 DBA 的工作。

延迟复制的配置和表现就不单独演示了，一则操作非常简单，CHANGE MASTER TO 一条命令就能搞定的事儿，再则延迟复制对于复制环境是完全透明的，即使是 DBA 也只是心里明白有这回事情，但它也并不需要过多关注，当前某个操作被延迟了没有。

若您确实想关注设置了延迟参数后，当前 Slave 节点应用状态如何，那么在通过 SHOW SLAVE STATUS 查看 Slaves 节点复制信息时，有 3 个列值与此有关：

- SQL_Delay：显示当前设定的延迟时间，以秒为单位。
- SQL_Remaining_Delay：当 Slave_SQL_Running_State 列的状态是“Waiting until MASTER_DELAY seconds after master executed event”时，本列显示的值就是距离延迟阈值的时间，换个说法就是还有多长时间才能开始应用，否则的话本列值应

该是 NULL。

- Slave_SQL_Running_State：显示当前 SQL_THREAD 的状态。

当 SQL_THREAD 处于延迟等待阶段，SHOW PROCESSLIST 显示该进程的状态时，将会显示为“Waiting until MASTER_DELAY seconds after master executed event”。这些信息都说明，当前环境配置了延迟复制。

第 12 章 五花八门的 MySQL 管理工具

首先我要表个态，在三思看来，使用 MySQL 并不需要特别的管理软件，尽管也有厂商提供专业的商业管理软件（MySQL AB 自己提供的也有），但是老实讲，本书在这里提到它们，更多是希望能够为大家开拓眼界。就日常应用来说，我个人感觉没有必要，在我看来，MySQL 安装包中提供的软件功能足够强大，多数情况下只有您不会用，没有它实现不了。

不过考虑到还是会有一些人喜欢界面化的，看起来动动鼠标就可以完成操作的管理工具，因此本章也简要地罗列几种这类软件。当然，我必须强调，因为我使用它们的时间很短（用的还是免费版），按说是没有什么发言权的，因此我的看法仅供参考，如果您有心，这类软件的更多细节还需要您自己挖掘才好。

不过说起来，如果把第三方工具也算在内，MySQL 管理工具的选择相当多，这方面完胜其他 RDBMS 软件（如 Oracle/MSSQL），拿 Oracle 来说，尽管始终占据着 RDBMS 领域龙头地位，从早年推动 OEM 到 10g 后引入 Grid Control，发展至今仍然是一款 sqlplus 命令行工具占主流，至于 MSSQL 更是好不到哪儿去，企业管理器/查询分析器横行多年罕有敌手。管理类软件形成这种书面，要么是企业做的牛，让用户没选择；要么是产品做的牛，让用户不用选。

MySQL 数据库相比前者非常轻量，毕竟还是流淌着开源软件的血液，自由之精神深入骨髓，绝对干不出让用户没有选择的事情来。因此与前面提到的两款数据库产品相比，MySQL 的管理工具称得上一个多字。既有 MySQL 官方出品，极具企业级软件气质的 Workbench & Utilities；也有第三方提供的共享软件，其中最知名的如 SQLyog/Navicat；大名鼎鼎的老牌的基于 B/S 结构的，最关键是还免费的管理工具 phpMyAdmin，打 MySQL 3.x 版本就开始提供支持，一路风雨走来，有浏览器的地方就能用，用过的人都说好，风评甚佳。此外，不能不提的还有，对外部环境要求最低，能够适用各种恶劣环境要求，最为轻量（不占资源），系统自带（有 MySQL 数据库就有它），给个 Telnet 就能执行维护管理作业，也是我们至今最熟悉（对某些朋友来说有可能是唯一熟悉）的 MySQL 管理工具——mysql 命令行和它的小伙伴儿们。

就从咱们最熟悉的工具开始说起吧。

12.1 这些年 MySQL 提供的命令行工具

看了大半本书，可能朋友们自己都没有注意到，咱们已经接触过不少命令行工具，不

管是建库建表、管理数据库、导入导出数据，还是执行备份恢复任务，处处都有 MySQL 命令行工具的身影。别看它们是命令行，贵在绿色纯天然，不含任何添加剂、防腐剂，价格便宜量又足，我们大家都爱用。本节我们借这个机会再一起理一理，MySQL 原生的这些命令行工具。

MySQL 中的命令行工具数量不少，从大类上可以分为服务端工具和客户端工具两类。服务端工具包括 mysql_install_db、mysqld_safe、mysqld 以及 mysqld_mutli 几个命令，虽然数量不多，但非常重要。想创建数据库吗，想启动数据库吗，想又启动一个数据库吗，想再启动一个数据库吗，这都得用命令行工具啊（除非是 Windows 平台，启动和停止被包装成 Windows 服务，但实际上还是调用命令行），不管多强大的界面管理工具，此刻全都帮不上忙。

说到客户端工具，别误会，咱并不是在谈面向最终用户的工具，而是给 MySQL DBA 们用的工具，这些命令也都是管理工具，它们中的绝大多数并不需要在运行 MySQL 服务的服务端进行操作（不像服务端工具），而是可以在任意安装有 MySQL 运行环境的机器上操作（比如 MySQL DBA 们的 PC），这才是它们被称为客户端工具的原因。

可能有些朋友都没有意识到，MySQL 自带的客户端工具，有不少大家应该都很熟悉了，因为在前面章节中已经进行过很详细的介绍。当然，完全没见过，或虽然用过但不熟悉的命令仍有不少，基于这一点，我在这里先表个态，重要的命令捡重点的讲，不重要的命令连讲都不讲；已经讲过的命令不再细讲，没讲过的命令，呃也不细讲（坑爹了有没有）。不是兄弟想偷懒，对于 MySQL 的诸多命令行来说，尽管操作看起来复杂（命令基本靠手），用起来实际上很简单（--help 参数个个都有），我一说您肯定就明白了。并且有不少参数还是通用（公共）的，比如像--host（-h）、--user（-u）、--password（-p）、--port（-P）等，与连接相关的参数，在几乎所有命令行工具中都有体现。更何况，尽管有些命令行提供的参数众多，但其中部分参数您早就熟悉，重心放在要使用的命令行所独有的功能就好了。

12.1.1　mysql_install_db——MySQL 建库工具

只要不是使用 Windows 平台，又或者是 Linux 平台下通过 rpm 方式安装 MySQL，那么在第 3 章创建 MySQL 数据库时，就应该接触到我们用过的第二个 MySQL 命令行工具（回忆下哪个是第一）：mysql_install_db 命令，专用的 MySQL 建库工具。

mysql_install_db 命令的工作很纯粹，就是建库，由它来初始化与 MySQL 数据库系统表相关的物理文件。所创建的文件如果没有特别指定，都会保存在 data 目录下，所以对于该命令来说，指定 data 路径的--datadir 就是最重要的参数之一喽。

在调用时需要注意了，mysql_install_db 命令不是保存在 MySQL 安装路径的 bin 目录下，而是在 scripts 目录下。比如在 3.2.1 节中，我们就是这么执行的：

```
$ /usr/local/mysql/scripts/mysql_install_db --datadir=/data/mysqldata/3306/data --basedir=/usr/local/mysql
```

除了--datadir 参数外，为啥这里还指定了--basedir 呢？这是因为 mysql_install_db 命令在执行初始化时，还需要调用其他的 MySQL 命令行工具，我们担心它找不到那些命令行工具，所以直接通过参数把路径告诉它。

这个命令行工具的重要性毋庸置疑，因为没有这个命令就没有数据库，不过对于这个命令，在前面小节里并没有讲得太细，基本一条命令就带过，本小节我觉着也不会说得更细，因为没太多值得说的。首先它不像其他命令行工具，应用的机会不多，因为它是做初始化操作，数据库初始化好以后就用不着它了。其次通过 mysql_install_db 命令的--help 参数，可以查看该命令的控制参数，而后结合第 3 章中的内容，即使没用过，稍稍看看应该也很快就能明白怎么用。

如果有兴趣进一步研究，mysql_install_db 其实是由 perl 语句编写的脚本（5.6 版本之前是段 shell 脚本），对于熟悉 perl/shell 的朋友来说，可以直接查看文件内容，对于深入理解 mysql_install_db 命令会大有帮助。另外，还有一项不得不说的是，mysql_install_db 命令执行后的输出信息也较有价值，建议耐心细致地完整阅读，对于理解 MySQL 数据库物理文件的创建过程也将有所帮助。

12.1.2 mysqld_safe——MySQL 启动工具

数据库的物理文件就绪，接下来咱们怎么让它工作呢？Windows 平台下很简单，服务中单击启动新创建的 MySQL 服务就好了。在本书的 Linux 环境中也不复杂，咱们早在第 3 章就已封装好了 mysql_db_startup.sh shell 脚本文件，直接执行即可。

若既非 Windows 平台，也没有创建 mysql_db_startup 脚本又该怎么办呢？没关系，MySQL 早就给咱们准备好了 mysqld_safe 命令。该命令直接提供的参数并不多，其中最重要的个人认为当属--defaults-file 参数，用来指定 MySQL 的选项文件（它会读取参数文件中[mysqld]、[server]以及[mysqld_safe]区块中指定的参数，也就是说，尽管看起来 mysqld_safe 命令直接提供的参数不多，但它实际使用的参数可是非常非常多的），大家可以通过--help 查看所有支持的参数选项。

例如，在我们当前的测试环境中，启动 3306 端口 MySQL 数据库，执行 mysqld_safe 命令如下：

```
$ /usr/local/mysql/bin/mysqld_safe --defaults-file=/data/mysqldata/3306/my.cnf &
```

注意在命令行最后加了“&”符号，该符号的功能是将执行的命令行进程放到后台执行，以免执行命令的会话中断后进程自动关闭的情况。

mysqld_safe 命令为啥叫 safe 呢？是因为它做了**安全**检查，这个安全指的可不是数据库安全，而是进程安全。在 Linux/UNIX 系统下，mysqld_safe 命令是官方推荐的 MySQL 服务启动方式，如果它在运行过程中发现 mysqld 进程已经存在，就会抛出友好提示，而不影响当前正在运行的 mysqld 进程。

提 示

悄悄告诉你，其实咱们的 mysql_db_startup 也是调用的 mysqld_safe 命令，详见本书 3.3.1 节。

那么，比它少了“safe”的 mysqld 进程又是什么情况呢，不要走开，精彩马上揭晓。

12.1.3　mysqld——MySQL 主进程

mysql_db_startup.sh 是由我们包了层壳，套在 mysqld_safe 命令的外面，以简化调用。其实，mysqld_safe 也只是段 shell 脚本，相当于包了层壳，套在 mysqld 命令的外面，其目的也是为了简化调用。

其实不管是 Windows 平台还是 Linux 平台，真正控制 MySQL 服务的进程正是 mysqld。它是电，它是光；它是 MySQL 服务的代名词，它是 MySQL 服务的化身；它是黑洞，它是暗物质；用户看不到它，但能感知到它的存在，我们启动或关闭数据库，查询或修改数据，执行各项维护操作等，实际上都是基于 mysqld 进程的操作。

只是，mysqld 进程确实隐藏的太后端了，即使是对于 MySQL DBA 来说，通常也用不到它。比如您看启动服务咱有 mysqld_safe 命令，日常操作咱用 mysql 命令。正常情况下，真不需要关注 mysqld 进程的情况，对于最终用户就更甭说了，完全感知不到 mysqld 进程的存在，但是，所有人都知道，“它”就在那儿。

不过，如果您喜欢直接的方式，想尝试用 mysqld 命令启动数据库，这个绝对没问题。前面都说了，mysqld_safe 命令实际上也是调用它来启动数据库服务，现在把 mysqld_safe 这个中间商废弃，直接操作 mysqld 命令当然没问题。只是要考虑一个问题哟，mysqld 命令支持的参数就多了，所有能在选项文件中配置的参数，几乎都能在 mysqld 命令中指定。好奇心强的朋友，不妨执行 mysqld 命令，附加--help 查看所支持的参数，会发现返回信息那个长哟：

```
$ mysqld --verbose --help
```

这是个好现象，参数多恰恰正说明功能强。通过 mysqld 命令直接启动 MySQL 服务的示例，三思就不演示了（好吧我得承认我有点儿懒）。如果您特别想知道如何使用 mysqld 命令执行启动任务，可以先使用 mysqld_safe 命令启动数据库，而后执行“ps -ef | grep mysqld”，查看 mysqld 进程加载的参数就明了啦。

例如，查看当前 3306 端口的 MySQL 服务对应的 mysqld 进程启动参数：

```
$ ps -ef | grep mysql
mysql    14412      1  0 Jun20 ?       00:00:00 /bin/sh /usr/local/mysql/bin/mysqld_safe --defaults-file=/data/mysqldata/3306/my.cnf
mysql    14930 14412  0 Jun20 ?       00:00:00 /usr/local/mysql/bin/mysqld --defaults-file=/data/mysqldata/3306/my.cnf --basedir=/usr/local/mysql --datadir=/data/mysqldata/3306/data --plugin-dir=/usr/local/mysql/lib/plugin --log-error=/data/mysqldata/3306/data/../mysql-error.log --open-files-limit=10240 --pid-file=/data/mysqldata/3306/mysql.pid --socket=/data/mysqldata/3306/mysql.sock --port=3306
```

每个 MySQL 服务对应一个端口，每个端口对应一个 mysqld 进程。

作为MySQL数据库中最重要的关键进程之一，除了拥有众多系统参数（MySQL服务的启动时参数），还拥有相当多的系统变量（MySQL 服务的运行时参数），以及一系列的状态变量（记录MySQL服务的运行时状态），这里又是系统参数，又是状态变量，还有系统变量，看着都晕，这都是干啥的呢？

简单来讲，系统参数就是命令行选项，在执行命令时指定，用以控制实现不同功能或设定。不过，纵观前面章节所使用的各项命令，貌似附加的参数并没有几个，难道说这些命令就没什么需要指定的参数吗？当然不是这样，MySQL 还有个选项文件的嘛，常用选项保存在该文件中，执行命令时就只需要指定--defaults-file 参数，加载指定的选项文件，该选项文件中的参数也均会被加载。这种方式能够极大地简化命令行调用，否则像mysqld命令这种支持的命令行选项又多又杂的，每次执行一回光指定那众多的参数就费老劲了。

系统变量可以在mysql命令行模式中，通过SHOW [GLOBAL] VARIABLES命令查看。例如，查看与log相关的系统变量，执行命令如下：

```
(system@localhost) [(none)]> show global variables like 'log%';
+------------------------------------------+------------------------------------------+
| Variable_name                            | Value                                    |
+------------------------------------------+------------------------------------------+
| log_bin                                  | ON                                       |
| log_bin_basename                         | ../binlog/mysql-bin                      |
| log_bin_index                            | ../binlog/mysql-bin.index                |
...........
```

某些参数看起来很眼熟是吧，似乎在初始化选项文件中也存在的嘛。没错，系统变量和系统参数的关系不是一般的近，它俩应该是表亲关系，绝大部分的系统参数都有对应的**同名**系统变量，不仅名称相同，功能也相同。只不过系统参数是在MySQL服务启动时指定，若服务启动后想修改参数值就麻烦了，关闭命令行，重启时指定新的系统参数吗？这种法子太土了，这时系统变量（如果存在同名系统变量的话）就能派上用场了，系统变量可以随时修改，因此DBA 可以视需求动态调整变量值，以最大化发挥MySQL数据库的能力。

提 示

不是所有的系统变量都可以动态修改哟，具体哪些变量可以，哪些不可以，请参考官方文档中的内容。

比如说，我们希望将当前MySQL数据库的二进制日志格式修改为基于row格式，又不希望重新启动数据库，那么就可以直接修改系统变量，执行命令如下：

```
(system@localhost) [(none)]> set global binlog_format=row;
Query OK, 0 rows affected (0.00 sec)

(system@localhost) [(none)]> show global variables like 'binlog_format';
+---------------+-------+
| Variable_name | Value |
```

```
+---------------+--------+
| binlog_format | ROW    |
+---------------+--------+
1 row in set (0.00 sec)
```

注意哟，系统变量有作用域的概念，分为全局（GLOBAL）和会话（SESSION）两类。前面这个示例就是设定全局系统变量，这项设定成功执行后，所有新创建的连接会话，所产生的修改操作就会是基于 row 格式的日志，可对于执行命令的当前会话无效，您瞧：

```
(system@localhost) [(none)]> show variables like 'binlog_format';
+---------------+-----------+
| Variable_name | Value     |
+---------------+-----------+
| binlog_format | STATEMENT |
+---------------+-----------+
1 row in set (0.00 sec)
```

如果希望当前会话有效，那么就需要在修改系统变量时，指明要修改的是会话级变量。不过若指定是会话级的修改，那么所做设定就只针对当前会话有效，除当前会话外的其他会话以及新创建的会话都仍将继承服务启动时指定的系统参数，待当前会话结束（中断）后，就跟没做过修改一个样喽。

特别需要注意的是，不管是基于全局还是基于会话，都是对当前运行中的 MySQL 实例所做的修改，一旦 MySQL 服务重启，就又恢复原样。因此，如果希望所做修改永久生效，还是需要将参数保存在初始化选项文件中，以便 MySQL 服务下次启动时所做设定仍然有效。

状态变量就比较好理解了，顾名思义，状态变量就该记录 MySQL 服务的系统状态。既然是记录状态，我们通常都会希望它记录的越多越全越好，事实也正是如此，随着软件版本的提升，MySQL 中的状态变量数量也在不断增加，在 5.6 版本中就有多达 355 项状态变量。

状态变量也有作用域，分为全局（GLOBAL）和会话（SESSION）两类，前者记录的是整个 MySQL 服务的状态，而后者只代表当前会话的状态。查看 MySQL 数据库中状态变量的方式不止一种，但最常用的方式还是在 mysql 命令行模式里，通过 SHOW [GLOBAL] STATUS 语句实现，例如：

```
(system@localhost) [(none)]> show global status;
+-------------------------------------------+-------------+
| Variable_name                             | Value       |
+-------------------------------------------+-------------+
| Aborted_clients                           | 0           |
| Aborted_connects                          | 0           |
| Binlog_cache_disk_use                     | 0           |
...........
...........
```

MySQL 服务支持的参数/变量众多，这也就代表着身为它化身的 mysqld 支持的参数/

变量也众多，在 5.6 版本中，系统参数和系统变量均超过 400 个，状态变量前面也提到过一个数字，超过 350 个。

这些参数/变量即便不是每个都有可能用到/碰到，但仅就常用/常见的来说也有不少，咱不可能挨个都讲，那个篇幅就长了，本书也不是参考手册那个类型。可是，又不可能不说，因为其中某些参数所起的作用，不管是功能还是性能，影响都是巨大的，而且这类参数还不少，综合考虑，我计划将一些与性能优化相关的关键参数，放在后面优化的章节专门介绍。本节的重点是希望您明白，mysqld 才是真正的幕后老大。

提示 1

系统参数和系统变量之间并不是完全一比一的关系，完全存在有参数但没变量，或者有变量却不存在对应参数的情况。

提示 2

关于系统参数、系统变量及状态变量详表，请参考 MySQL 官方文档 5.1 小节。详见 http://dev.mysql.com/doc/refman/5.6/en/server-system-variables.html。

12.1.4 mysqld_multi——MySQL 多实例管理工具

前面几个小节依次谈到创建 MySQL 数据库以及启动 MySQL 数据库，当然我们也没忘了真正的幕后大佬 mysqld 命令。此外，MySQL 还提供了一个很有意思的服务端命令：mysqld_multi 命令。这个命令号称用来管理 mysqld 进程，注意我这里所指的管理比较狭隘，就是启动、停止、查看服务状态这类管理操作。

若单纯看功能的话，mysqld_multi 没有什么特别之处，这类管理操作咱都懂啊，你看启动服务就有好多种方式，停止的法子也不少，至于查看服务状态，有 SHOW STATUS 还不够吗，mysqld_multi 还能玩出什么花样来吗？

确实玩出花了，mysqld_multi 的不凡之处在于，它可以同时管理多个 mysqld 实例，这就有意思了，尤其考虑到我们的测试环境正是拥有多个 MySQL 实例，仿佛能够发挥巨大作用。这里把 mysqld_multi 命令吹嘘的很强大，当然咱们用惯了的 mysqladmin 命令也不是摆设，关于 mysqladmin 命令的卓越功能咱们稍后再讲，这里先专注学习一下 mysqld_multi 的本领。

mysqld_multi 命令的调用方式如下：

```
shell> mysqld_multi [options] {start|stop|reload|report} [GNR[,GNR] ...]
```

从语法上来看很简单，指定选项（总共也没几个，执行命令附加--help 参数可以查看所有支持的选项）；指定要做的操作，只有 4 个，分别控制启动、停止、重新加载、状态报告；最后一个看起来应该就是指定要操作的实例了。

> **提 示**
>
> GNR 也许是指 Group Name Range，我瞎猜的，不一定对。

看起来批量管理 mysqld 进程的关键就在 GNR 的值了，GNR 可以一次指定多个，每个 GNR 对应不同的 mysqld 进程，这样就能够实现一条命令控制多个 mysqld 进程了。不过问题接踵而至，mysqld_multi 怎么知道 GNR 指的是哪个进程呢。这个，你猜一猜呢？我猜你猜不出来，你猜我猜对了没有，嘿嘿，猜错了的继续往下看，猜对了的请看下一小节。

终于要讲到问题的核心了，mysqld_multi 命令会扫描 my.cnf 文件中的区块名（组名），即[mysqldN]。我们知道，默认选项文件中，mysqld 区块的配置是没有后面的 N，但是如果希望通过 mysqld_multi 命令进程控制，那么就需要配置这个 N 了。这个 N 既起到唯一的作用，又能够标识 mysqld 进程。

那么 my.cnf 文件应该怎么配置，才能使其支持 mysqld_multi 进行统一管理呢，这确实是个问题，不懂的朋友真不知道该如何着手。好玩的是，执行 mysqld_multi 命令，附加 --example 参数，就会输出一份 my.cnf 文件的示例，还有大量的说明信息，告诉你该怎么配置和怎么用。

```
$ mysqld_multi --example
....
```

具体信息这里不一一罗列，您在自己的测试环境中执行，一看就明白。

比如我们在 my.cnf 中定义了[mysqld34]这个区块，那么要启动这个区块对应的 mysqld 进程，执行 mysqld_multi 命令如下：

```
$ mysqld_multi start 34
```

如果我们定义了[mysqld6]、[mysqld7],[mysqld8]三个区块，想一次性批量停止对应的 mysqld 进程，又该怎么做呢，分别指定 GNR 值为 6、7、8 当然可以，不过也可以换种形式，例如：

```
$ mysqld_multi stop 6-8
```

用起来就是这么简单，重点和复杂之处全在 my.cnf 初始化选项文件的配置。一定要注意并且正确理解，每个[mysqldN]区块中，不仅仅是区块的组名不同，与 mysqld 进程相关的参数值，特别是与物理文件路径相关的参数值也都不能相同，否则就可能导致数据库异常。如果同时操作多个 mysqld 进程，还需要确保执行操作的用户名及密码在所有 mysqld 进程中均为有效合法用户。这回大家应该明白，这个命令专用于单个服务器上运行多个 MySQL 实例的场景。

我个人极少应用 mysqld_multi 命令，一方面是应用场景没有想象中那么广泛，另外更多还是基于管理上的因素，它只是操作时看起来简单（启动、停止可以批量），但配置环节就费劲了，总之，细节多多，颇费思量。使用 mysqld_safe 命令以及 mysqladmin 命令更加灵活。所以对于 mysqld_multi 命令来说，如果您有兴趣，可以研究，线上应用的话，需要慎重，否则 my.cnf 中配置稍有不慎，那影响可就大了。

12.1.5 mysql——专业命令行工具

前面提到 mysql_install_db 时，三思曾说那是我们用过的第二个 MySQL 命令，那么哪个是第一个呢？用脚趾头也想得出来，只能是大名鼎鼎的 mysql 命令嘛。提到这个命令，不用我多做铺垫，光看其名字就知道了不得，命令居然与软件同名，这得有多大势力才敢叫这名儿。

mysql 命令的表现也绝对不是浪得虚名，它不仅仅是我们接触到的第一个 MySQL 命令，本书中所做的绝大部分操作，都是在 mysql 命令行模式下执行，日常管理 MySQL 数据库若不是使用界面化工具，那么 mysql 命令绝对是用户使用频率最高的 MySQL 命令行工具，没有之一。

即使是之前从未接触过 MySQL 数据库的朋友，阅读本书至今，即便对 MySQL 数据库还没有成体系的认识，但起码对 mysql 命令应不陌生了，在前面章节的示例中，几乎处处都有应用，也谈到不少 mysql 命令的使用技巧，只是知识点较为分散。俗话说，走过路过不能错过，难得有这么个场合，下面我随便挑几个重点跟大家讲一讲。

> **提 示**
> 本书中 mysql 命令被我们封装到 mysqlplus.sh 脚本中，主要是为了方便调用。后续如出现 mysqlplus，则功能等同于 mysql 命令。

1. 谈一谈参数

mysql 命令行选项的数量比不上 mysqld 命令那么多，但也为数不少，老规矩，执行 mysql 命令附加--help 参数（或-?、-I 参数亦可），就能看到所有参数。这么多参数都不说也不合适，但挨个都说又没意义，与连接相关的参数打死我都不想再说，非得说点儿什么的话，那就拣几个相对比较常用的参数说一说。

（1）--auto-rehash。熟悉 Linux 的朋友，肯定都很喜欢 shell 环境下命令自动补全功能，在 mysql 命令行模式也可以支持，只要指定--auto-rehash 选项。启用这个选项后，我们在 mysql 的命令行模式下，输入一些头字符，然后按 Tab 键，系统就能自动帮助我们补全，灵活应用的话还是能够大大降低我们敲击键盘的数量。考虑到这项参数的实用性，建议将该参数加入到 my.cnf 初始化选项文件中，服务启动便能生效。不过注意哟，启用本参数后，登录 mysql 的时间可能会有一定延长，因为它需要加载相应的字典信息，以便能够实现自动补全。

（2）--default-character-set。用于指定连接会话的字符集，这个参数不仅常用而且重要，相当于在登录到 MySQL 服务后，首先 SET NAMES 语句设置当前会话字符集。这个参数并不是必须指定，不过如果在调用命令行时指定了，那么登录进 MySQL 之后就不需要再指定，不管是从习惯还是严谨的角度，指定比不指定要好。在我们的 mysqlplus.sh 脚本文件中，调用 mysql 命令时也指定了--default-character-set 参数。

（3）-e, --execute。mysql 命令支持两种操作方式：交互模式和非交互模式。常规应用都是进入到交互模式下，而后执行 MySQL 的各种 DML/DDL/DCL 语句，或其他管理维护语句。现在，咱们说点儿非常规的，我们不需要进入到 mysql 命令行模式下，而是在执行 mysql 命令时，直接指定要执行的语句，这就要通过-e 参数实现。

例如，查看当前 Slave 的运行状态，直接执行 mysql 命令并附加-e 参数如下：

```
$ mysql -usystem -p'5ienet.com' -S /data/mysqldata/3306/mysql.sock -e "show slave status\G"
*************************** 1. row ***************************
               Slave_IO_State: Waiting for master to send event
                  Master_Host: 192.168.30.246
                  Master_User: repl
                  Master_Port: 3307
............
............
```

您瞧，mysql 直接将结果信息输出。

记忆力好的朋友估计会有印象，这个参数咱们前面用过，在 10.3.6 节，分表备份的备份脚本，我们先取出当前拥有的数据库，而后逐个遍历该库中拥有的所有表对象，就是通过 mysql 命令行，并附加-e 参数实现的。这种方式在我们只是偶然执行少量语句时，用起来比较方便快捷。

（4）-f, --force。我们通过 mysql 命令批量执行 sql 语句（或者执行一个包括 SQL 语句的文件，总之是在非交互模式）时，如果要执行的某条 sql 语句有错误，那么默认情况下该条语句后面所有语句都不会再被执行。

例如，通过 mysql 命令执行两条语句，其中第一条删除一个不存在的对象，看看会发生什么情况：

```
$ mysql -usystem -p'5ienet.com' -S /data/mysqldata/3306/mysql.sock -e "drop table aa.bbccdd;show slave
status\G"
ERROR 1051 (42S02) at line 1: Unknown table 'aa.bbccdd'
```

上来就报错有未知的表对象，后面那个查看 Slave 状态的语句就不执行了。有时候我们希望错误的信息被自动忽略，继续执行后面的语句，这时候-f 参数就能帮上忙了，该参数的功能就是即便遇到错误，也继续强制执行。

还是前面那条命令，这次多附加一个-f 参数试试：

```
$ mysql -usystem -p'5ienet.com' -S /data/mysqldata/3306/mysql.sock -e "drop table aa.bbccdd;show slave
status\G" -f
ERROR 1051 (42S02) at line 1: Unknown table 'aa.bbccdd'
*************************** 1. row ***************************
               Slave_IO_State: Waiting for master to send event
                  Master_Host: 192.168.30.246
                  Master_User: repl
                  Master_Port: 3307
............
............
```

这样，即使前面的语句出现错误，其后的语句仍能顺利执行。

（5）--show-warnings。执行完语句后，马上显示警告信息，相当于执行 SQL 语句后再自动执行 SHOW WARNINGS 语句。出现提示信息的概率还是挺高的，起码比出现错误的要高，因此本参数在非交互模式下还是相当有用处，建议非交互模式下启用。

这里介绍的几个参数，几乎个个都与非交互模式有关，这种设定当然是有深意的，因为前面交互模式用得多，非交互模式用得少，社会上提倡公平公正都多少年了，书里咱也不能有偏颇，再者说，我先把非交互模式说完，下面才好集中火力说交互模式的技巧嘛。

2. 说一说技巧

mysql 是个命令行工具，进入到交互模式的 mysql 命令行后，它不仅具有执行 SQL 语句（各类 DML/DDL/DCL）的本领，自己也提供若干命令，这些命令主旨是为帮助 DBA 更好地执行 SQL 语句。

您先敲个 help 试试：

```
(system@localhost) [(none)]> help
.....
List of all MySQL commands:
```

列出若干条 MySQL 命令行模式的命令，各命令简要信息如表 12-1 所列。

表 12-1　各命令的含义

命令	简洁命令	含义
?	(\?)	等价于'help'
clear	(\c)	撤销当前要执行的 SQL 语句
connect	(\r)	重新连接服务器，可以同时指定库名和主机名
delimiter	(\d)	设置定界符即语句结束符，默认是;符号
edit	(\e)	采用 $EDITOR 编辑命令，而后批量执行
ego	(\G)	向 mysql 数据库服务器发送命令，并将返回结果垂直输出，这个在查看各项状态时没少用
exit	(\q)	退出 mysql，等价于 quit
go	(\g)	向数据库服务器发送命令，等同于指定语句结束符
help	(\h)	显示此帮助信息
nopager	(\n)	禁用 PAGER，打印到标准输出
notee	(\t)	不写入外部的输出文件
pager	(\P)	设置通过 PAGER 打印结果
print	(\p)	打印当前命令
prompt	(\R)	改变 mysql 提示模式
quit	(\q)	退出 mysql
rehash	(\#)	Tab 键命令自动补全，主要是方便命令的输入

续表

命令	简洁命令	含义
source	(\.)	执行指定文件中的 SQL 语句
status	(\s)	从服务器得到状态信息
system	(\!)	执行一个 Shell 命令
tee	(\T)	指定输出文件，将后面的所有信息输出到此文件，功能类似 Oracle 数据库 sqlplus 命令中的 spool
use	(\u)	使用指定数据库
charset	(\C)	转换成另一个字符编码，可能需要处理多字节编码的 binlog
warnings	(\W)	显示执行语句的警告信息
nowarning	(\w)	不显示执行语句的警告信息

咱们按照它们出现的顺序，挑几个有代表性的。

提 示

\?、\c、\d、\G、\q、\g、\h、\u、\.、\!这些就不用说了吧，敢说不会就找块豆腐撞死算了。

（1）pager。注意哟，不是 paper，而是 pager，它就是 mysql 命令行模式中的管道符。

阅读了这么多章节，Linux 下的管道符应该不陌生了吧，pager 就可以被视为是 mysql 命令行模式中的管道符。若是觉着不好理解的话，那好，咱们通过示例来说明。

现在有个 jssdb.t_idb_big 表对象，不仅记录数多，列数也很多，我即使一次只查询 100 条记录，返回的信息仍然迅速刷了很多屏，咋办呢？当然，咱们可以换个大点儿的显示器，可是这个要费用啊；要不咱就改改 SQL 语句，一次少取点儿；除此之外呢，还有没有别的方式，好，我注意到 pager 小朋友举手了，咱们来看看它会怎么做：

```
(system@localhost) [(none)]> pager more
PAGER set to 'more'
(system@localhost) [(none)]> select * from jssdb.t_idb_big limit 100;
```

你猜怎么地，嘿嘿，我不告诉你，想知道就亲自去试试吧！

提 示

pager 后面跟的是操作系统层的命令，可以根据需求换成任何其他命令，就把 pager 当做管道符，灵活组合操作系统命令，操作数据就能更加得心应手。

用完想取消，执行 nopager 命令，这样就又回到标准输出了。

（2）prompt。有些朋友可能好奇，咱们当前这套环境中，mysql 命令行的提示符是怎么弄的：“(system@localhost) [(none)]>”，默认不应该是“mysql>”吗，这就是--prompt 选项在搞鬼了。

使用 prompt 命令修改提示符的语法最简单：

```
mysql> prompt [char]
```

用户指定什么字符，那么操作符就会变成什么字符，如果没有指定任何字符，那么就相当于是重置提示符。

估计大家注意到了，我们当前的提示符能够显示使用的数据库、连接用户等信息，这个又是怎么做的呢。实际上是 prompt 命令除了指定常规字符外，还可以包括若干定义好的选项，不同选项代表不同属性，详细如表 12-2 所列。

表 12-2　各关键字的属性

选项名	属性
\c	当前已经执行的语句数量
\D	当前日期
\d	当前使用的数据库，如未选择任何数据库，则显示 none
\h	当前连接的主机
\l	当前命令结束符（默认为分号;）
\m	当前时间中的分钟
\n	显示新行
\O	当前月份，以字符格式显示
\o	当前月份，以数值格式显示
\P	时间 am/pm
\p	当前连接的端口或 socket 文件
\R	当前时间，以 24 小时格式显示
\r	当前时间，以标准 12 小时格式显示
\S	显示分号;
\s	当前时间中的秒数
\t	Tab 符
\U	以 username@hostname 格式显示当前用户的连接
\u	当前用户
\v	服务端版本
\W	当前星期
\Y	当前年份，以 4 位格式显示
\y	当前年份，以 2 位格式显示
_	空格字符
\	空格字符
\'	单引号

续表

选项名	属性
\"	双引号
\\	反斜杠
\x	指定的字符不显示

在我们的初始化选项文件中，设定“prompt=(\u@\h) [\d]>_”，大家可以对比表 12-2 的说明帮助理解，同时也可以尝试设置自己 style 的提示符哟。

（3）rehash。命令自动补全。这个跟初始化选项 auto-rehash 功能是一样的，前面说了，建议将之加入到 my.cnf 中，如果没有，那么也可以在 mysql 的命令行模式下启用它，方式就是执行 rehash 命令喽，具体效果的话，您亲自去试试吧。

（4）status。查看 MySQL 服务状态。不多说了，直接执行看结果吧，特别是最后两行。这个命令也常用于做 MySQL 数据库的状态监控，有时候 DBA 会专门写脚本，定期读取这条命令最后两行的信息（当然不是必须通过 mysql 命令行模式下的 status 命令，还有其他简易的方式可以获取到这些状态，后面小节会谈到这方面的内容）。

（5）Tee。指定内容输出到外部文件。咱们在第 9 章时提到过将 MySQL 中数据导出到外部文件的方法，比如借用 SELECT INTO OUTFILE 语句等。导出数据的方式很多，您瞧，连 mysql 的命令行模式都提供了命令，就是 tee 命令。这个功能类似 Oracle 数据库中 sqlplus 的 spool 语句，用过的朋友都知道，没用过的，好吧，看完下面的实例，相信也就懂了。

操作步骤如下：

```
(system@localhost) [(none)]> tee /home/mysql/t_out.txt
Logging to file '/home/mysql/t_out.txt'
(system@localhost) [(none)]> select * from jssdb.t_idb1;
+-----+-------+
| id  | v1    |
+-----+-------+
|   1 | a     |
|   2 | b     |
|   3 | c     |
|   4 | d     |
+-----+-------+
4 rows in set (0.00 sec)

(system@localhost) [(none)]> notee
Outfile disabled.
```

退出 mysql 命令行模式，在操作系统层查看刚刚输出的文件：

```
$ more /home/mysql/t_out.txt
(system@localhost) [(none)]> select * from jssdb.t_idb1;
+-----+-------+
| id  | v1    |
```

```
+----+------+
|  1 | a    |
|  2 | b    |
|  3 | c    |
|  4 | d    |
+----+------+
4 rows in set (0.00 sec)

(system@localhost) [(none)]> notee
```

懂了没。

12.1.6 mysqladmin——管理工具

mysqladmin的名字起得好，给人第一印象就觉着它很重要，因为带着“管理”这类字眼的，甭管真正的水平怎么样，身份一般都很特殊。mysqladmin命令也不例外，它是MySQL数据库中的专用管理工具，通过该工具可以完成检查服务器配置、当前状态、创建/删除数据库等操作。

mysqladmin命令调用格式如下：

```
shell> mysqladmin [OPTIONS] command command....
```

该命令的参数谈不上多（肯定比不上mysqld这种至尊），若排除与帮助相关的参数（--help），与连接相关的参数（如-u、-p、-h这一类），与SSL安全认证相关的参数（--ssl*），这其中还有些咱们很熟悉的参数（如--defaults-character-set、-f这类参数），把这些全抛开的话，基本上就没剩几个了，但是，mysqladmin命令的参数并不是没什么可关注的。mysqladmin命令支持的所有参数这里就不罗列了，大家通过--help参数就能查看到，然后会发现这其中绝大部分自己都认识，不认识的参数中，有两个很有意思的参数，你很快就会经常用到。

- -i, --sleep=#：间隔指定时间后，再次重复调用本mysqladmin命令。
- -r, --relative：当与-i参数联合使用并且指定了extended-status命令时，显示本次与上次之间，各状态值之间的差异。

这两个参数的应用先不举实例，后面用到时再讲。下面重点说说mysqladmin命令提供的**命令**。命令还能提供命令？确实如此，这些信息都可以通过--help参数查看到，这里为了节省纸张篇幅，我就不一一罗列，直接一项一项说。

考虑到mysqladmin提供的命令虽说不多，也有20好几项，并不是全都很常用（实用），为了使大家阅读时能有个侧重，我依据个人操作习惯擅自给它们评个分，评分为1～5颗小星星，实用程度由低到高排列，由此评分产生的一切后果，一律以及必须由那谁承担。

- create [dbname]：★

创建数据库，功能与登录到mysql命令行模式下执行CREATE DATABASE语句没啥区别。只是管理工具嘛，若是连数据库都没法创建，可是会让人瞧不起的。

```
$ mysqladmin -usystem -p'5ienet.com' -S /data/mysqldata/3306/mysql.sock create testdb
```

然后可以登录到数据库中看看是否已经存在 testdb 这个数据库了。

- drop [dbname]：★

对于数据库来说，能建当然就能删，drop 就是用来干这个的。

```
$ mysqladmin -usystem -p'5ienet.com' -S /data/mysqldata/3306/mysql.sock drop testdb
```

- extended-status：★★

查看服务端状态信息，跟在 mysql 命令行模式下执行 SHOW GLOBAL STATUS 的功能一样一样的。

```
$ mysqladmin -usystem -p'5ienet.com' -S /data/mysqldata/3306/mysql.sock extended-status
Warning: Using a password on the command line interface can be insecure.
+-----------------------------------------------+--------------+
| Variable_name                                 | Value        |
+-----------------------------------------------+--------------+
| Aborted_clients                               | 0            |
| Aborted_connects                              | 2            |
| Binlog_cache_disk_use                         | 0            |
................
```

- flush-hosts：★

刷新缓存信息，本命令以及紧接着的几个命令即使模拟执行，也看不出效果，因此我就不举执行的示例了，再加上也很不常用，大家知道有这么个命令就行了。

- flush-logs：★

刷新日志。

- flush-status：★★

重置状态变量。

- flush-tables：★★

刷新所有表。

- flush-threads：★

刷新线程缓存。

- flush-privileges：★★

重新加载授权表，功能与 reload 命令完全相同。

- reload：★★

与上面那条完全相同。

- refresh：★★

刷新所有表，并切换日志文件。

- password [new-password]：★★

修改指定用户的密码，功能与 SET PASSWORD 语句完全相同。

- old-password [new-password]：★★

还是修改指定用户密码，只是按照旧的格式修改，这个知识点如果有疑问，建议参考 5.2.1 节中的内容。

- ping：★

通过 ping 的方式，检查当前 MySQL 服务是否仍能正常提供服务，这坑爹的命令，我恨不能给它打个负分。

```
$ mysqladmin -usystem -p'5ienet.com' -S /data/mysqldata/3306/mysql.sock ping
Warning: Using a password on the command line interface can be insecure.
mysqld is alive
```

- debug：★★★★

输出当前 MySQL 服务的调试信息到 error.log 文件中，某些情况下性能分析或故障排查非常实用。

- kill id、id、...：★★★

杀除连接至 MySQL 服务的线程，功能与 KILL id 语句完全相同。

- processlist：★★★★★

查看当前 MySQL 服务所有的连接线程信息，功能完全等同于 SHOW PROCESSLIST 语句，大家可能注意到我给它打了五颗星，为啥要给这样一条命令这么高的评分呐！这个只可意会无法言传，用多了你就知道了，mysqladmin 中查看快呀，相当实用。

- shutdown：★★★★★

关闭数据库服务，实用+常用，咱们自己封装那个 mysql_db_shutdown.sh 脚本，本质上就是基于它实现，必须五星。

- status：★★★★

查看当前 MySQL 的状态，功能与 mysql 命令行模式下的 status 较为类似，这个命令相当于只显示 mysql 命令行模式下 status 命令的最后一行信息，能够获取较为关键的几项指标。

```
$ mysqladmin -usystem -p'5ienet.com' -S /data/mysqldata/3306/mysql.sock status
Warning: Using a password on the command line interface can be insecure.
Uptime: 537517  Threads: 4  Questions: 137  Slow queries: 0  Opens: 78  Flush tables: 1  Open tables: 71  Queries per second avg: 0.000
```

status 命令返回的信息包括以下几个，其中某些可以作为一些关键的监控指标：

- Uptime：MySQL 服务的启动时间。
- Threads：当前连接的会话数。
- Questions：自 MySQL 服务启动后，执行的查询语句数量。
- Slow queries：慢查询语句的数量。
- Opens：当前处于打开状态的表对象的数量。
- Flush tables：执行过 flush-*、refresh 和 reload 命令的数量。
- Open tables：当前会话打开的表对象的数量。
- Queries per second avg：查询的执行频率。

- start-slave：★★★

启动 Slave 服务，跟 START SLAVE 语句功能完全相同。

- stop-slave：★★★

停止 Slave 服务，跟 STOP SLAVE 语句功能完全相同。

- variables：★★

显示系统变量，功能与 SHOW GLOBAL VARIABLES 语句完全相同。

- version：★

查看版本信息，同时还包括 status 命令的信息。

这些命令，结合前面介绍的 mysqladmin 命令参数，还是可以用来实现一些比较有意思的场景，比如说每隔一秒输出一下当前 MySQL 服务的状态信息，执行命令如下：

```
$ mysqladmin -usystem -p'5ienet.com' -S /data/mysqldata/3306/mysql.sock -i 1 status
Warning: Using a password on the command line interface can be insecure.
Uptime: 537769  Threads: 4  Questions: 141  Slow queries: 0  Opens: 78  Flush tables: 1  Open tables: 71  Queries per second avg: 0.000
Uptime: 537770  Threads: 4  Questions: 142  Slow queries: 0  Opens: 78  Flush tables: 1  Open tables: 71  Queries per second avg: 0.000
Uptime: 537771  Threads: 4  Questions: 143  Slow queries: 0  Opens: 78  Flush tables: 1  Open tables: 71  Queries per second avg: 0.000
```

又比如 DBA 比较关注当前 MySQL 服务每秒执行的查询数量，可以通过查看服务端状态变量，并结合-i 参数，例如：

```
$ mysqladmin -usystem -p'5ienet.com' -S /data/mysqldata/3306/mysql.sock -i 1 -r  extended-status | grep -e "Com_select"
| Com_select                                    | 48          |
| Com_select                                    | 1           |
| Com_select                                    | 0           |
............
............
```

这类操作，灵活搭配还可用于测试 MySQL 服务的性能，这方面的具体应用会在后面章节中体现。

12.1.7　其他常用命令

MySQL 默认自带的当然不止这里提供的这 6 个命令，瞅瞅 MySQL 的 bin 目录下那数十个文件，除了前面介绍的那几个命令外，还有：专用于 MyISAM 引擎的 myisamchk 命令——MyISAM 表对象的检查和修复工具；myisam_ftdump 命令——一种输出 MyISAM 全文索引的工具；用于 InnoDB 数据文件计算 checksum 的 innochecksum 命令；分析慢查询日志文件的 mysqldumpslow 命令；向 MySQL 官方输出 bug 的 mysqlbug 命令等一系列工具程序可供我们使用。这些命令中有些 DBA 永远也不会用到（不好说是哪个，但是一定有，而且我感觉应该还不止一个）；有些我们在前面章节中就已经用过，如 mysqlhotcopy 命令（参考 10.2.2 节），比如 mysqldump 命令（参考 10.3 节），mysqlbinlog 命令（参考 10.4.2 节）等；还有一些命令，我们将在后面章节中体现。

命令行工具的功能相当强大，所有功能都由参数控制，对于用户来说，只要熟悉命令行参数，起码应用就不存在大的问题了，基本上，你想要的它全有，即使它（暂时）没能实现，那也可以自己封装脚本的方式把它实现。怎么，您还是希望认识些界面化的操作工具，好吧，那就继续往下看呗。

12.2 phpMyAdmin

提到界面化的管理工具，大名鼎鼎的phpMyAdmin就不能不提了，看名字就知道，这是一款用PHP语言开发，用于管理MySQL的工具。这真是一款历史悠久的、基于B/S结构的、久负盛名的、专业的MySQL数据库管理工具。说它历史悠久，是因为早在MySQL 3.x版本就已有相应的支持，那可是在久远的十余年前呀（根据维基百科的信息，最早版本可追溯至1998年）。

伴随着MySQL和PHP双重旺盛生命力，phpMyAdmin的发展形势一片大好，不是小好，而是大好，而且会越来越好（连带着各类php[XX]admin工具都越来越多）。因为是基于浏览器的Web界面方式操作，使用非常轻便（部署咱们单说），而且与平台无关，功能本就不弱，关键是还一直没有中断更新（以至某些批评的声音出来，不是抱怨phpMyAdmin的功能不足，而是功能太足），这点与其开源软件的身份一定有密不可分的关系，这就使得phpMyAdmin非常流行。尽管我手边没有直接的数据支持，不过我接触到的很多人，甭管他们平常主要用什么工具管理MySQL数据库，都一定听过及用过phpMyAdmin。

> **提 示**
>
> phpMyAdmin的官方网站：http://www.phpmyadmin.net/。
>
> 维基百科中对其的描述信息：http://en.wikipedia.org/wiki/PhpMyAdmin。

12.2.1 安装phpMyAdmin

phpMyAdmin工具自身安装非常简单，甚至可以理解为无需安装，它就是个压缩包，解压缩后就能使用。不过由于这是一套使用PHP语言开发的工具，要想使用它首先得有一套Apache+PHP环境，对于有开发经验的朋友来说，配置一套LAMP/LNMP没有难度，但对于不熟悉的朋友来说就困难重重，尤其是在Linux环境下部署，各种依赖包以及各种配置头疼死人。最要命的是，基础环境稍有差异，比如Linux版本以及安装的软件包不同，那么在安装和配置PHP时遇到的情况就有可能不同，基于这个原因，即便我想演示安装和配置步骤，都难以进行，因为我不可能模拟到各种环境，再说，这也并不是本书的重点，这可怎么办好呢。

俗话说，车到山前必有路，关键您得上对车，这不，一辆车牌号为XAMPP的豪华大巴刚刚进站，售票员卖力地吆喝：走吗，里头还有大坐，车里早已经坐上包括Apache、MySQL、Perl、PHP及各种相关的软件包，以及我们想要使用的phpMyAdmin等，上了车，跟着它走就行了。

XAMPP 就像一套封装好的服务端，对于初学者来说使用门槛很低，就像其官网说的那样，下载、解压、启动，您就拥有一套能够支持 apache/mysql/php/perl 以及各项关联软件包的运行环境。而且 XAMPP 不仅支持 Linux 平台，也能够支持 Windows 平台，甚至还能支持 Mac OS 和 Solaris 呐，手边没有 Linux 环境的朋友不用担心，即使使用 Windows 平台也能顺利地实践本章内容，再说如果使用 Windows 平台，那么直接配置 PHP 运行环境也不复杂，毕竟 Windows 平台的易用性要好得多。

下载 XAMPP 可以访问其官方网站 http://www.apachefriends.org/zh_cn/xampp.html，获取下载链接，官网提供有中文版页面。我这里选择下载用于 Linux 环境的 1.8.1 版本，并计划将之安装在一台 IP 地址为 192.168.30.249 的全新 Linux 环境中。

将下载的文件传输至 192.168.30.249 服务器（当然也可以直接在这台服务器上执行下载任务），以 root 用户登录到命令行模式，解压缩下载的文件到/opt 目录（为了简化配置工作，建议解压缩到/opt 目录，这样默认即可运行），操作如下：

```
# tar xvfz xampp-linux-1.8.1.tar.gz -C /opt
```

而后它会在/opt 目录下创建一个名为 lampp 的目录，我们所有需要用到的工具都在里面。需要注意的是，在 1.8.2 版本之前，XAMPP 默认只支持 32 位系统，如果希望在 64 位系统使用它，要么在 64 位系统中安装 glibc-xx-.i686 软件包，要么就使用 1.8.2 版本的 XAMPP。

接下来编辑一项配置文件：

```
# vi /opt/lampp/etc/extra/httpd-xampp.conf
```

在<Directory "/opt/lampp/phpmyadmin">标签中（16～19 行之间）增加一行：

```
Require all granted
```

将<LocationMatch>标签中的第 62 行：

```
Deny from all
```

改为：

```
Allow from all
```

保存退出。这项修改的目的主要是为了能够从其他服务器访问 phpMyAdmin，否则只有 192.168.30.249 本地可以访问。

然后执行 lampp 命令，位于/opt/lampp 根目录下，执行附加 start 关键字，即可启动服务：

```
# /opt/lampp/lampp start
Starting XAMPP for Linux 1.8.1...
XAMPP: Starting Apache with SSL (and PHP5)...
XAMPP: Starting MySQL...
XAMPP: Starting ProFTPD...
XAMPP for Linux started.
```

然后，就可以通过浏览器访问 192.168.30.249。第一次访问时会提示选择语种，XAMPP 原生自带对多种语言的支持，包括中文的哟。而后会转向到这个页面，我们真正要使用的工具在左下角：phpMyAdmin（图 12-1）。

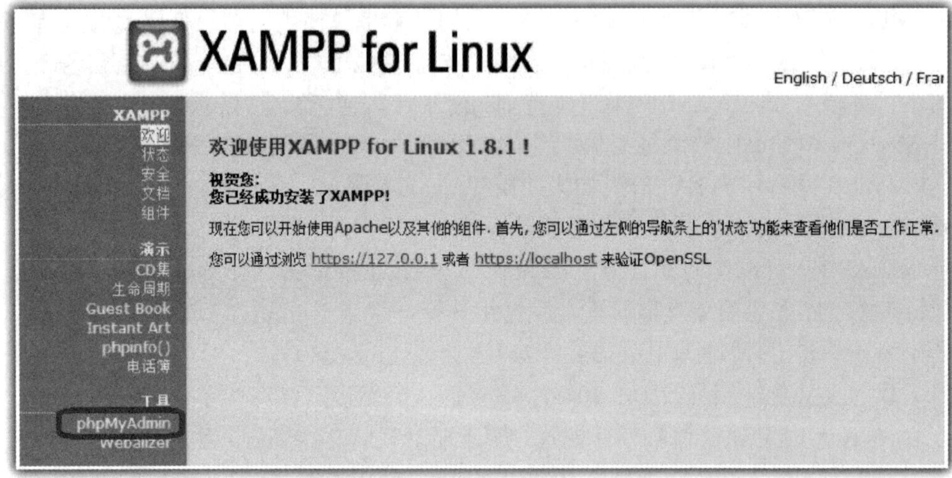

图 12-1 XAMPP 工具包首页

单击 phpMyAdmin，弹出窗口，就进入到 phpMyAdmin 的主页了。然后，别的先不说，大家可能都注意到了，主界面基本不知道该点哪里，这当然跟咱们对这个工具还不熟悉有关，不过最重要的原因是，当前页面默认语言是德文。呃，字符确实认识的不多。

大家注意看页面中间部分，有个下拉列表框（图 12-2），可以设置界面语言。

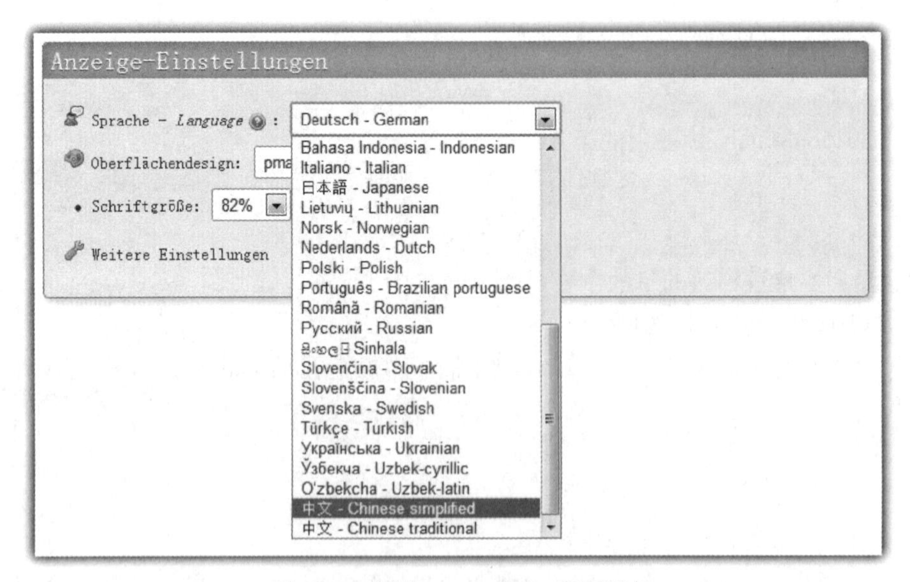

图 12-2 选择 phpMyAdmin 界面语言

我个人认为 phpMyAdmin 界面语言这个设计，也是其能够流行的原因之一，支持的语种多，五湖四海的朋友用着都亲切。

这里我们感受一下 phpMyAdmin 的亲切，选择中文，然后尝试着四处点点看看（放心吧，点不坏。显示的数据库及表对象，并不是我们想管理的这种细节也暂且不去管它），比如说查查权限列表、看看对象结构等，你会发现，这些信息也全都是中文的。

设置用户权限的页面，甚至每个选项都有对应的中文解释（图 12-3）。

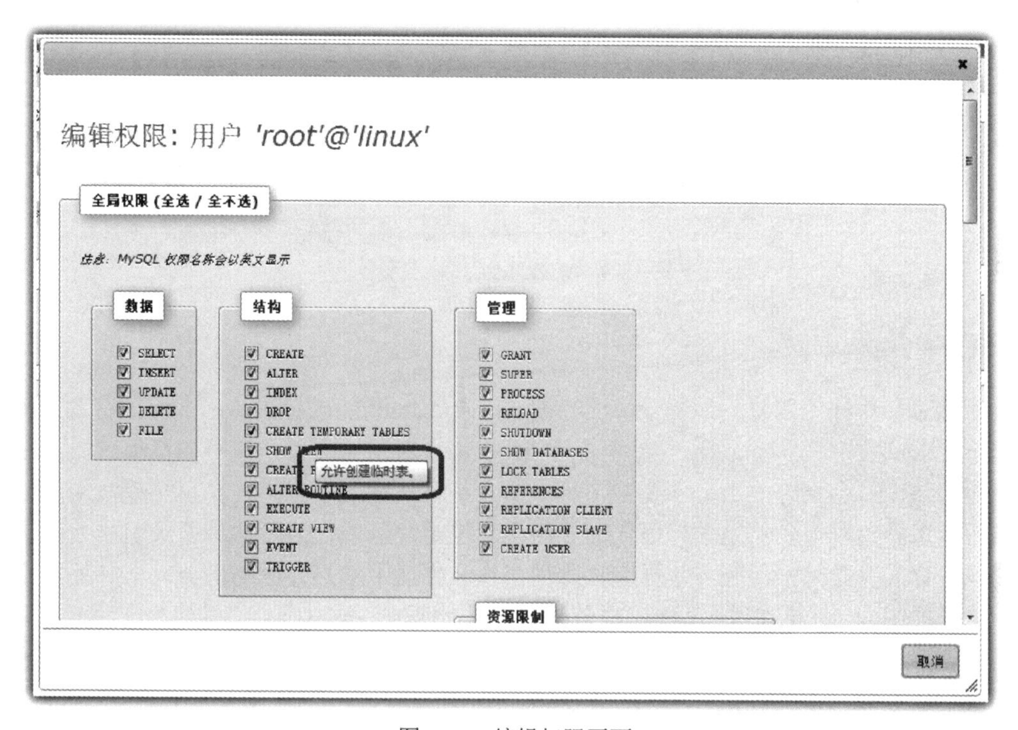

图 12-3　编辑权限页面

再比如“状态”→“所有状态变量”：

我了个去，激动的以泪洗面了有没有，对于英文不好的同学来说，这就是最实用的功能，哪怕日常不用 phpMyAdmin 来管理数据库，只为看看这类操作对应的中文注释也值啊（图 12-4）。

提 示

(1) XAMPP 简单易用，但其安装包的下载链接在 SOURCEFORGE，不幸的是，该网站经常被隔开墙外，若您手边的机器没法正常访问下载地址，那么就需要想想办法，效仿红杏越墙而出，这对于 IT 屌丝儿们来说，应该不是难事。

(2) XAMPP 默认的安全强度不够，若计划在生产环境中使用，需要参考官方文档修改设置，加强安装性。

Innodb buffer pool write requests	1	写入 InnoDB 缓冲池的次数。
Innodb data fsyncs	5	fsync() 总操作的次数。
Innodb data pending fsyncs	0	当前挂起 fsync() 操作的数量。
Innodb data pending reads	0	当前挂起的读操作数。
Innodb data pending writes	0	当前挂起的写操作数。
Innodb data read	9.7 M	读取的总数据量 (单位：字节)。
Innodb data reads	510	数据读取总数。
Innodb data writes	5	数据写入总数。
Innodb data written	34.3 k	写入的总数据量 (单位：字节)。
Innodb dblwr pages written	1	以双写入操作写入的页数。
Innodb dblwr writes	1	已经执行的双写入次数。
Innodb have atomic builtins	ON	
Innodb log waits	0	因日志缓存太小而必须等待其被写入
Innodb log write requests	0	日志写入请求数。
Innodb log writes	1	日志物理写入次数。

图 12-4　MySQL 运行状态变量

12.2.2　配置 phpMyAdmin

有那么一小撮不明真相的群众，已经被 phpMyAdmin 能以母语显示深深地打动，甚至暗暗下定决心往后就靠 phpMyAdmin 管理 MySQL。对于这类群众我一向都很感慨，在这儿我也趁这个机会劝慰一声，不要被那一小撮人的盲从迷失了方向，真正热爱技术的必须有理想外加有追求。当然追求母语化的界面显示也是种追求，但是这种追求明显太低级趣味了些，你若真是外语不好，才更应该珍惜工作和生活中学习外语的机会，学好外语才能更好地了解中国，你不知道吗，老这样放纵对自己的要求，一不小心会死得轻于鸿毛的（鸿毛啊的一声中枪躺倒）。

我们得有高层次的追求，咱们不是为看熟悉的方块字儿（日常看的还不够吗），重点是想测试对中文字符集的支持是否正常，当然这是个玩笑，能否支持中文只是其中极小极小的一个因素，而且前面测试显示 phpMyAdmin 对中文的支持挺好。心愿已了，这下踏实了，剩下就是日常使用试着玩，若能发现若干 phpMyAdmin 工具的 BUG 或提交修正，这得有多大的成就感哪。

说到要以日常使用为主，大家可能注意到当前连接的 MySQL 数据库，并不是我们想要管理的数据库，这一关键话题。这里不得不提 phpMyAdmin 工具公认的最大缺点，默认只能连接本地的 MySQL 数据库。想咱当前 Master+Slave 合计有 4 套 MySQL 数据库，难不成要配置 4 套 phpMyAdmin，这不科学。

提 示

还有些同学表示，访问 phpMyAdmin 时，没输入密码，直接就登录进去了，关于这一点大家可能误会了，这个真不是 phpMyAdmin 的错，而是跟 XAMPP 自带的 MySQL 数据库中账户权限设定有关。学过第 5 章您应该能理解这一点，有兴趣的话，使用 mysql 命令行工具连接到 XAMPP 自带的 MySQL 数据库去看看就明白，当然您现在有 phpMyAdmin，直接用它查看更方便。

这时候开源的优势就又体现出来了，觉着不合适，咱可以改。PHP 咱虽然懂得不多，不过小改一下，使其能够连接远程数据库，具备一套 phpMyAdmin 管理多套数据库的能力，还是比较容易操作，同学们，收获成就感的时刻这就要到了，准备好了吗，开始下刀。

首先使用 vi 编辑器打开登录认证的配置文件(若是 Windows 环境就用记事本打开吧)：

```
# vi /opt/lampp/phpmyadmin/libraries/auth/cookie.auth.lib.php
```

第 212～217 行有以下内容：

```
            <input type="text" name="pma_servername" id="input_servername" value="<?php echo htmlspecialchars($default_server); ?>" size="24" class="textfield" title="<?php echo __('You can enter hostname/IP address and port separated by space.'); ?>" />
        </div>
    <?php } ?>
        <div class="item">
            <label for="input_username"><?php echo __('Username:'); ?></label>
            <input type="text" name="pma_username" id="input_username" value="<?php echo htmlspecialchars($default_user); ?>" size="24" class="textfield"/>
```

修改为：

```
            <input type="text" name="pma_servername" id="input_servername" value="<?php if ($_COOKIE["pma_servername"] != "") { echo $_COOKIE["pma_servername"]; } else { echo "127.0.0.1"; }?>" size="24" class="textfield" title="<?php echo __('You can enter hostname/IP address and port separated by space.'); ?>" />
        </div>
    <?php } ?>
        <div class="item">
            <label for="input_serverport" title="<?php echo __('You can enter hostname/IP address and port separated by space.'); ?>">端口号：</label>
            <input type="text" name="pma_mysqlport" id="input_mysqlport" value="<?php if ($_COOKIE["pma_mysqlport"] != "") { echo $_COOKIE["pma_mysqlport"]; } else { echo "3306"; }?>" size="24" class="textfield" title="<?php echo __('You can enter hostname/IP address and port separated by space.'); ?>" />
        </div>
        <div class="item">
            <label for="input_username"><?php echo __('Username:'); ?></label>
            <input type="text" name="pma_username" id="input_username" value="<?php if ($_COOKIE["pma_username"] != "") { echo $_COOKIE["pma_username"]; } else { echo "root"; }?>" size="24" class="textfield"/>
```

加粗的是我们变动过的内容，修改完之后保存退出。

接下来修改 phpMyAdmin 首页：

```
# vi /opt/lampp/phpmyadmin/index.php
```

最顶部增加下列代码（我加在第 10 行）：

```
ini_set("error_reporting","E_ALL & ~E_NOTICE");
if($_POST["pma_servername"] != "" && $_POST["pma_mysqlport"] != "" && $_POST["pma_username"] != ""){
    setcookie("pma_servername",$_POST["pma_servername"]);
    setcookie("pma_mysqlport",$_POST["pma_mysqlport"]);
    setcookie("pma_username",$_POST["pma_username"]);
} else {
```

```
    setcookie("pma_mysqlport","");
}
```

修改完之后保存退出。

最后修改默认配置：

```
# vi /opt/lampp/phpmyadmin/libraries/config.default.php
```

查找并分别修改下列选择值（双斜杠后为行号）：

```
$cfg['blowfish_secret'] = 'junsansi';  //line 87
$cfg['Servers'][$i]['host'] = $_COOKIE["pma_servername"];  //line 110
$cfg['Servers'][$i]['port'] = $_COOKIE["pma_mysqlport"];  //117
$cfg['Servers'][$i]['auth_type'] = 'cookie';  //186
$cfg['Servers'][$i]['user'] = $_COOKIE["pma_username"];  //208
$cfg['LoginCookieValidity'] = 14400;  //676
$cfg['AllowArbitraryServer'] = true;  //721
```

修改主配置文件：

```
# vi /opt/lampp/phpmyadmin/config.inc.php
```

根据实际情况，修改下列变量值，注意$cfg['blowfish_secret']变量值必须与前面配置文件中指定的值相同：

```
$cfg['blowfish_secret'] = 'junsansi';  //line 6
$cfg['Servers'][$i]['auth_type'] = 'cookie';  //line 19
```

保存退出，然后重新刷新 index.php 页面，就能看到登录的界面，如图 12-5 所示。

图 12-5　phpMyAdmin 登录页面

试试看，能不能成功登录到远端的 MySQL 服务器呐。

如果您选择的 phpMyAdmin 版本，跟三思这里用的不同也没关系，不管是什么版本的 phpMyAdmin，配置远程连接 MySQL 的原理都是相同的，仅是操作细节可能有差异，比如

文件名或要修改的行号有变动，大家可以根据实际情况，修改匹配的内容。若确实遇到自身能力难以逾越的困难，咱们还有必杀技，俗话说内事不决问百度，外事不决问谷歌，使用搜索引擎，搜索对应版本的修改方案，网上参考信息很多，一般都能成功。

12.2.3　试用 phpMyAdmin

phpMyAdmin 的功能很全，而且可以预见它还将越来越全，目前它的功能重点主要集中在管理方面，比如对用户的管理、对数据库的管理、对数据库中对象的管理及对数据的管理等。下面就对几个最重要的管理项进行简要介绍。

> **提 示**
>
> 我必须再一次强调，界面化管理工具部分不会介绍得太细，因为本章提到的界面化管理工具，本身就属于在功能和易用性方面做得不错的，再说界面化的东西一看就会，上手的门槛很低，讲太细致也怕被朋友误会侮辱智商。

1. 界面简介

进入到 phpMyAdmin 后，左侧显示的是所能操作数据库的列表，如图 12-6 所示。

图 12-6　数据库列表

这里一定不会为空，最起码会有 information_schema 库的操作权限。左侧尽管看起来没什么东西（主要是当前拥有的数据库少），但可能是大家点击频次最高的区域，因为一般管理操作，管理库及库中对象最为频繁，再说左上角提供那 6 个功能按钮，您看看都是啥就明白了。看图标如果不明白，就把鼠标移上去，phpMyAdmin 这点儿做得也很好，提示信息很周全。

phpMyAdmin 右上方是主菜单，如图 12-7 所示。

图 12-7　主要功能菜单

如果不是要管理库或库中的表对象，那操作一定就是从这些主菜单中开始了，界面是中文的，描述信息也很直观。

2. 管理数据库

单击所要操作的数据库名（比如 jssdb），页面自动加载，如图 12-8 所示。

左侧是所有表对象列表，右侧则显示可对表对象执行的操作以及表对象的基础信息。创建新表的按钮也在左边，有兴趣的话可以去尝试“新建数据表”。

phpMyAdmin

(最近使用的表) ...

jssdb

j1 j2 ld_cmd ld_csv1 ld_sql ld_t1 ld_t2 ld_t3 ld_t4 ld_t5 ld_t6 ld_t7 ld_t8 ld_t9 load_starting t_idb1 t_idb_big t_idb_small users

新建数据表

192.168.30.243 » jssdb

结构　SQL　搜索　查询　导出　导入　操作　程序　事件　触发器

表	操作	行数	类型	整理	大小	多余
j1	浏览 结构 搜索 插入 清空 删除	1	InnoDB	utf8_general_ci	16 KB	-
j2	浏览 结构 搜索 插入 清空 删除	0	MyISAM	utf8_general_ci	1 KB	-
ld_cmd	浏览 结构 搜索 插入 清空 删除	2	InnoDB	utf8_general_ci	16 KB	-
ld_csv1	浏览 结构 搜索 插入 清空 删除	2	CSV	utf8_general_ci	未知	-
ld_sql	浏览 结构 搜索 插入 清空 删除	4	InnoDB	utf8_general_ci	16 KB	-
ld_t1	浏览 结构 搜索 插入 清空 删除	14	InnoDB	utf8_general_ci	16 KB	-
ld_t2	浏览 结构 搜索 插入 清空 删除	14	InnoDB	utf8_general_ci	16 KB	-
ld_t3	浏览 结构 搜索 插入 清空 删除	3	InnoDB	utf8_general_ci	16 KB	-
ld_t4	浏览 结构 搜索 插入 清空 删除	3	InnoDB	utf8_general_ci	16 KB	-
ld_t5	浏览 结构 搜索 插入 清空 删除	3	InnoDB	utf8_general_ci	16 KB	-
ld_t6	浏览 结构 搜索 插入 清空 删除	3	InnoDB	utf8_general_ci	16 KB	-
ld_t7	浏览 结构 搜索 插入 清空 删除	4	InnoDB	utf8_general_ci	16 KB	-
ld_t8	浏览 结构 搜索 插入 清空 删除	4	InnoDB	utf8_general_ci	16 KB	-
ld_t9	浏览 结构 搜索 插入 清空 删除	4	InnoDB	utf8_general_ci	16 KB	-
load_starting	浏览 结构 搜索 插入 清空 删除	2	InnoDB	utf8_general_ci	16 KB	-
t_idb1	浏览 结构 搜索 插入 清空 删除	4	InnoDB	utf8_general_ci	16 KB	-
t_idb_big	浏览 结构 搜索 插入 清空 删除	~867,891	InnoDB	utf8_general_ci	157.7 MB	-
t_idb_small	浏览 结构 搜索 插入 清空 删除	1,774	InnoDB	utf8_general_ci	336 KB	-
users	浏览 结构 搜索 插入 清空 删除	0	InnoDB	gbk_chinese_ci	16 KB	-
19 张表	总计	~869,732	InnoDB	utf8_general_ci	158.3 MB	0 字节

图 12-8　数据库和数据库中对象

3. 管理数据库对象及数据

既然已经看到了数据库对象，那么单击任意一个对象，看到的就是数据，这个就不演示了，大家动动小手就知晓。除此之外呢，主菜单栏的第二项“SQL”菜单，单击进去，这就是我们输入 SQL 语句的地方，如图 12-9 所示。

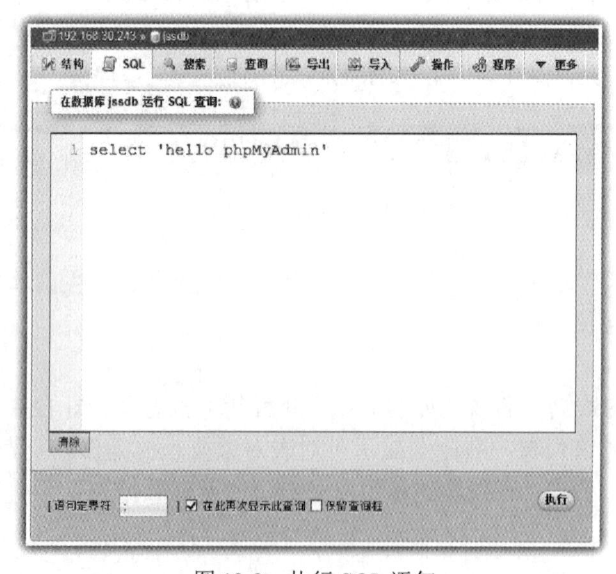

图 12-9　执行 SQL 语句

啥样的 SQL 语句都能跟这儿写，写完单击“执行”按钮，就会在当前页面输出执行结果。此外，主菜单中的“搜索”、“查询”两项也都是操作数据的地方，相当于通过界面化方式设定 where 条件（我就不演示了）。

我个人觉着，对于喜欢界面化操作的朋友，可能后两项利用率更高一些，因为若是在 SQL 项中执行 SQL 语句，那干嘛要用 phpMyAdmin 呢，mysql 命令行模式下能表现得更好嘛。不过最终用户的想法难以琢磨，用户是上帝，用户不管做什么都属于正常。

4. 管理用户和权限

有些有身份的朋友已经在问，权限在哪里控制，为啥在界面上没看到呢？这个嘛，同学，您确定您当前所使用的用户，拥有创建和管理用户的权限不（反正咱们这个演示中的 jss_db 用户是没有的），若您完全遵照本章的示例进行操作，那么当前所使用的用户是没有这个权限的，因此不仅“用户”菜单项看不到，用于管理复制环境的“复制”菜单项也是没有的。

那现在该怎么办呢，咱们前面创建的 MySQL 实例，有权限的用户都只能本地登录，如果您不想再创建一个可以远程连接的超管账户（确实也不建议这样做），又想体验下用户和权限管理，那么最好的方式就是连接 192.168.30.249 这台服务器，本地的 MySQL 数据库。

难道忘记了该怎么连接？主机名就写 localhost，用户名为 root，密码为空，单击“登录”按钮，登录后有没有注意到，主菜单多了点儿什么，如图 12-10 中框住的两处。

图 12-10　系统权限能够看到的菜单信息

单击“用户”后弹出界面如图 12-11 所示。

用户概况

用户	主机	密码	全局权限	授权	操作
任意	%	--	USAGE	否	编辑权限 导出
任意	linux	否	USAGE	否	编辑权限 导出
任意	localhost	否	USAGE	否	编辑权限 导出
pma	localhost	否	USAGE	否	编辑权限 导出
root	localhost	是	ALL PRIVILEGES	是	编辑权限 导出

全选 / 全不选

添加用户

图 12-11　用户管理

我觉着这个页面就很直接了，而且因为界面都是中文的，操作门槛很低，大家有兴趣的话可以尝试编辑用户及创建用户，就该明白操作逻辑，具体功能就不演示了。

> **提 示**
>
> 有些朋友看到不能给超管用户开放远程登录，可是又需要超管来管理用户，同时还希望使用 phpMyAdmin 的远程连接，这几个因素叠加后就糊涂了，因为这几个因素看起来似乎有些矛盾。同学，我想说的是，您是否陷入到了理解误区。
>
> 单击任意用户的“编辑权限”，或者“添加用户”，进去看看都能指定哪些权限吧。不是说必须要给超管权限的。我们在第 5 章时对这个问题谈的足够深入，要给予用户哪些权限视环境不同，确实存在很多种设定，但是有一个标准是明确的，那就是权限一定是适度有效，需要什么给什么。
>
> 比如希望在 phpMyAdmin 中创建用户，那么只授予操作的用户 CREATE USER 权限就好了，要创建复制环境，所需要的权限也是确定的（如果不记得就翻回去看第 11 章），那么我们只需要将这些权限授予用户就好。

5. 状态统计

单击“状态”菜单项，将会看到类似图 12-12 所示的信息。

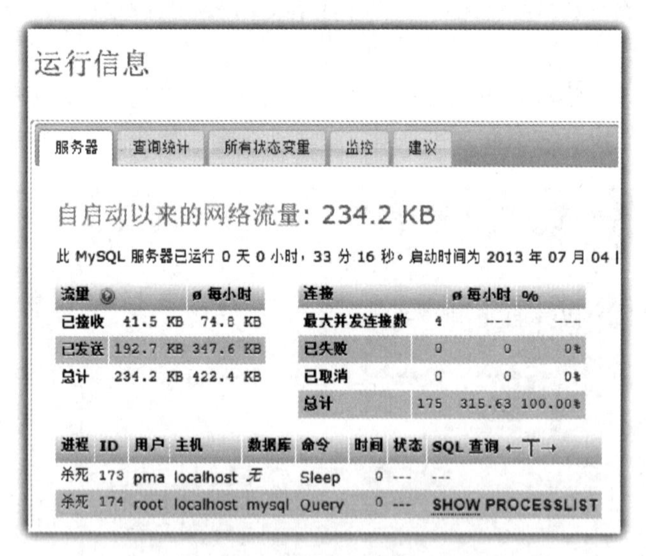

图 12-12 查看数据库运行状态

在运行状态中提供的某些信息还是很有帮助，比如“服务器”选项卡中的基础统计，以及当前线程列表（相当于 SHOW PROCESSLIST 命令的输出信息）就很有价值，我们即使是使用 mysql 命令行模式，多数情况下都需要频繁执行 SHOW PROCESSLIST。至于说“查询统计”、“所有状态变量”和“监控”选项卡中信息，就见仁见智了。不过最起码有一点，它全部以中文形式展示信息，对于英文不好，而且又对 MySQL 数据库不够熟悉的朋友，帮助还是很大的。

“建议”选项卡中的一些信息仅供参考，因为它这个是基于规则生成，并不能完全涵盖你的实际情况，更多还是需要理解原理，否则修改后不仅不会有效果，还有可能起到负面的影响。比如说当前数据库（与业务相关的表对象）没有使用 MyISAM 引擎，但它就有可能会提醒你与 MyISAM 相关的系统变量值不够合理，建议调整，不过你若按其建议增加相关系统变量的内存占用，那么基本上并无助益，反倒还多浪费了宝贵的内存资源。

此外，导出和导入功能也做的**相当**不错，对于不熟悉命令行的朋友们来说，通过界面点一点，目的就达到了，简单易用，操作体验确实要好得多，有兴趣的朋友不妨多做尝试。phpMyAdmin 在 MySQL 管理工具里能够横行多年，确有其独到之处，用的多了，大家自然就有领会。

更何况 phpMyAdmin 也是款开源的系统，若真有什么功能不足（或不顺手），自己学学 PHP（呃，貌似不比 MySQL 简单，好吧我承认，这是在挖另一个深坑给你），改改代码，打造属于你自己的专用管理功能也不是不可以。

12.3　MySQL Workbench

说到界面化管理工具，MySQL 自己提供的也有，而且还有多个。在之前的版本中，要管理 MySQL 数据库（侧重于数据库的管理）有 MySQL Administrator 工具，要管理数据则使用 Query Brower 工具。后来，MySQL 将这些工具进行了整合，打包推出 MySQL Workbench 专业图形化管理工具

> 提 示
>
> Workbench 能够支持 5.1 及以上版本，对于 5.0 版本也能够兼容，只是有些特性 5.0 不支持，不过再老的版本就不能够支持了。

MySQL Workbench 工具提供了 3 项主要功能模块：

- SQL Developer：提供了一个图形化的 SQL 编辑器，可以通过它配置要连接的数据库服务，在 SQL 编辑器中执行 SQL 查询等操作，这个功能相当于之前的 Query Browser 工具，侧重于 SQL 开发相关的工作。
- Data Modeling：提供图形界面创建数据库模式，能够正向或反向建库或建模。可以将其理解为一款专用的对象结构设计器，用来设计表/列/索引/触发器等比较方便。
- Server Administrator：管理 MySQL 数据库服务，相当于之前的 MySQL Administrator 工具，侧重于数据库服务管理相关的工作。

MySQL Workbench 也有两个版本，即社区版和标准版。社区版完全免费，标准版需要额外收费。三思使用的当然是社区版，大家可以到官网下载社区版的安装包，下载地址为 http://dev.mysql.com/downloads/tools/workbench/。不过，这并不是获取 Workbench 的唯一方式。实际上，如果是在 Windows 环境下使用 mysql-installer-community 安装包（就是咱们

在 2.1.1 节中使用的那个），默认就带有 Workbench 界面管理工具。

现在，我们可以在“开始”菜单中找到它，单击后就进入到主界面（图 12-13）。

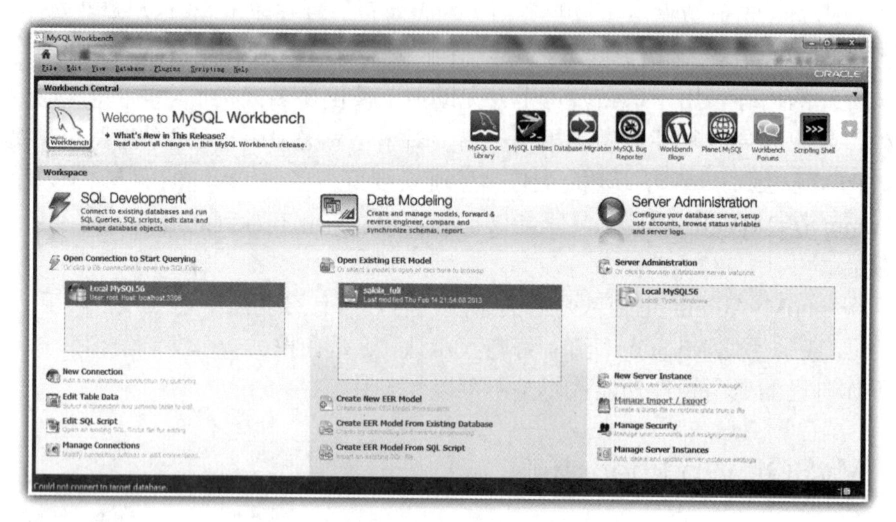

图 12-13　MySQL Workbench 主界面

您瞧，就像我们前面说的，在首页的工作区看到这里分成 3 个区域，因为我们在第 2 章时曾经操作过，因此这里还保留着我们之前的记录。

12.3.1　执行 SQL 查询

此刻，咱们先选择配置一个新的连接，连接到 Linux 下运行的某个 MySQL 服务。

单击 SQL Development 工作区中的 New Connection，弹出界面如图 12-14 所示。

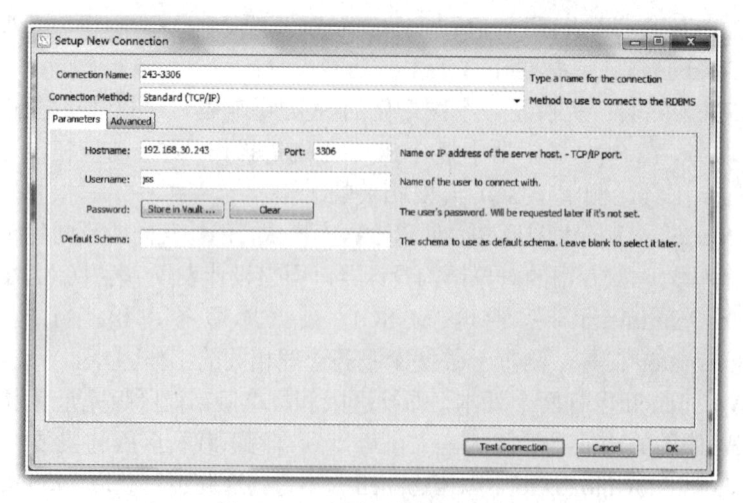

图 12-14　配置新的数据库连接

简单描述一下各表单项的功能：

- Connection Name：为创建的新连接命名，名称由操作者自定义。
- Connection Method：连接方式，通常默认都会是 TCP/IP。
- Hostname：要连接的主机名或 IP 地址。
- Port：要连接的数据库服务运行的端口。
- Username：连接的用户名。
- Password：可以选择单击 Store in Vault 按钮，将密码保存，这样下次连接时就不会再提示输入密码。
- Default Schema：指定默认的库名，类似 use [db]的功能。

配置好之后，可以单击 Test Connection 按钮测试一下，是否能够正常连接。如果没有问题，那么单击 OK 按钮，在工作区里刚刚创建的这项连接就会出现在列表中。

双击 243-3306 这个连接，Workbench 将转入到 SQL 编辑器的界面，元素稍稍有些多，不过各块的定义都很清晰，还是比较好理解。我们先尝试执行一条 SQL，比如说从 jssdb.ld_t1 表中选择记录，界面显示如图 12-15 所示。

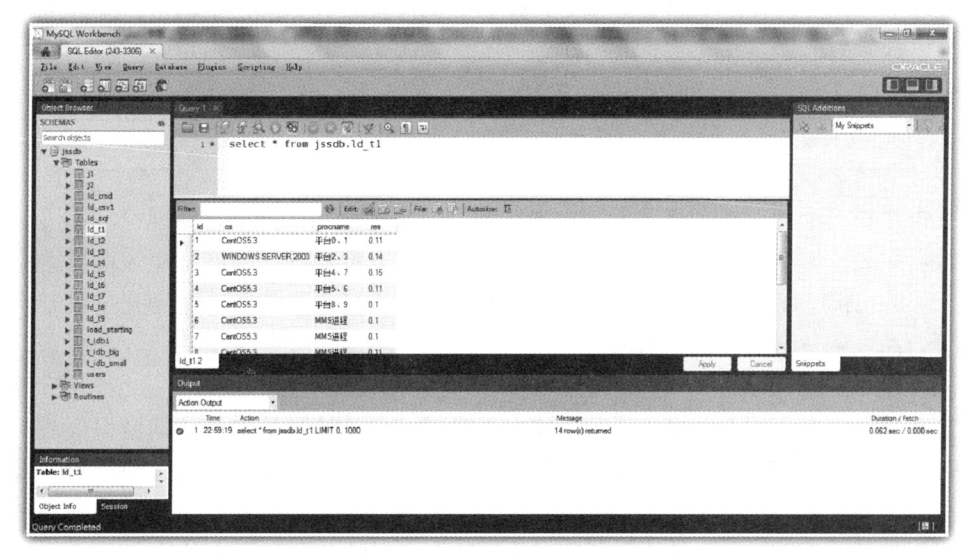

图 12-15　SQL 编辑器主界面

界面主要分为下列几个区域：

- Object Browser：显示库（这里叫 schema）和对象列表。
- Information：当前选中的对象信息。
- Query[n]：SQL 编辑器的主界面，用于输入 SQL 语句，在其下是该语句执行后返回操作结果的区域。
- Output：这个输出信息指的是 SQL 语句执行相关的输出，比如执行时间、涉及的

记录条数等。

- SQL Additions：这是个很有意思的功能，可将之视为SQL语句的收藏夹，将常用的SQL收藏（单击那个带有+号的小星星），需要执行时就无需输入，直接使用。

至于顶部菜单栏下头，那一堆带有+号的小图标，这种一看就知道，这是要创建什么东西呀，这堆按钮可以帮助用户建库/建表/建视图等。对于熟悉MSSQL查询分析器，或PL/SQL Developer/Toad的朋友来说，使用SQL Developer很快就能上手，因为操作都是大同小异。即使之前没接触过同类工具也没关系，四处点点，左键、右键都试试，一般操作“查询/修改”在界面上点点就可以实现。

12.3.2 数据建模

数据建模这个词儿一听就相当专业，建议对本小节的内容一定要认真读，尤其是初学者朋友们，此处涉及一个很细节的学习技巧，对于新手来说，如何快速提升自己的专业形象，让人感觉自己水平很高深呢？最简单的方式，就是让自己离专业更近一些，如果说“专业”这种形容词太过抽象，那咱们就具体一些，离专业的词汇近一些就好。像建模、范式这样尽显专业范儿的词汇绝对记得越多，理解的越深入越好，不知不觉中，您日常言谈自然而然就散发着专业范儿了呢。

> **提 示**
> 建模及范式涉及的知识点众多，这里不引申去讲。

数据建模这个词在我看来并不是技术类词汇，它更像是一种概念或理论。不过这个概念在数据库设计领域非常重要。有过数据库设计或开发经历的朋友都知道，像数据库设计这种工作不可能一步到位，它一定是个不断迭代的过程（话说迭代这个词儿也很专业哟），说的直白点儿就是老在改来改去的。

对于没有成熟的软件开发规范的团队，可能会直接到数据库中对对象结构进行修改，这种方式相当山寨。即便您设计经验丰富，对象模式一次成型后期修改的概率极低，再加上DDL/DML极为熟练，mysql命令行模式下能玩出花来，那在技术人员眼里还是很专业的，不过这也仅限在工程师的技术圈子内。如若需要就产品设计对外进行宣讲，要知道听众的水平参差不齐的，也有可能存在完全不懂技术，这时一套清晰的对象物理/逻辑结构模型，既直观又清晰，关键是显着专业；再者说，若没有模式设计，一切都保存在工程师的大脑里，从项目管理角度来讲，这也存在风险。关于模式设计的必要性其实是无需过多论证，我这个人废话多的毛病大家都知道，好吧，那么下面进入正题。

数据库建模最知名的工具当属PowerDesigner（收费）和ERWin（免费）两大产品，这二者都是通用型的知名建模工具，其中前者的流行度更高，后者打着免费的旗号也有不少用户。像我们这些开源软件的拥护者，若要选择建模一作，ERWin显然就是正选。不过，自从MySQL打包推出Workbench后，其中也自带了建模工具，就是我们将要谈到的Data

Modeling，貌似我们不用再选了。直接使用 Workbench 自带工具，用户就可以在图形环境下创建和维护模型，还可以通过简便的操作，从已有数据库反向生成模式，或者通过模型生成建库的脚本等。

使用 Workbench 自带工具的优势是专用于 MySQL 数据库，免费而且是现成的，无需再安装其他软件，下面我们简要演示一下如何通过 Workbench 建模及生成对象的创建脚本。

需要说明的是，数据库建模步骤较多，尤其是当创建一个全新的模型时，根据建模工具的不同，操作步骤也有可能有差异。考虑到本小节内容相对独立，如果读者朋友们对 PowerDesigner 或 ERWin 有一定使用经验，又或者短期内对建模工作并不会涉及，那么本节的内容可以跳过，等需要用到相关知识点时再来阅读也是可以的。

在 Data Modeling 中创建一个新模型有 3 种方式：

- Create New EER Model：创建新的模型。
- Create EER Model From Existing Database：通过已有的数据库反向工程方式创建模型。
- Create EER Model From SQL Script：通过 SQL 脚本创建模型，也属于反向工程。

> **提 示**
> EER Model（Enhanced Entity-Relationship Model）指的是实体关系模型。

在主页默认会把当前已有的模型都显示出来，这里我们选择创建一个新的模型（图 12-16）。

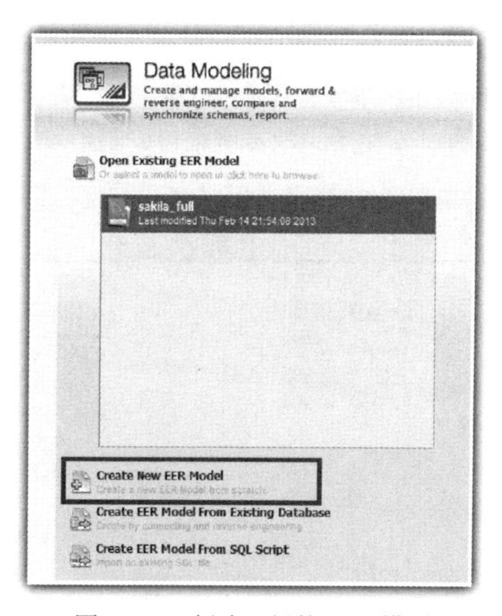

图 12-16　创建一新的 EER 模型

新建的模型中的对象，默认是保存在一个名为 mydb 的 schema 中，这个 schema 名当然是可以修改的，右键单击选择Edit Schema即可（话说用户还可以创建新的schema哟，单击Physical Schema 最右侧的+号即可），考虑到这里的主要目的是演示，我就不改 schema 名称了。

下面直接单击 Add Table，弹出界面如图 12-17 所示。

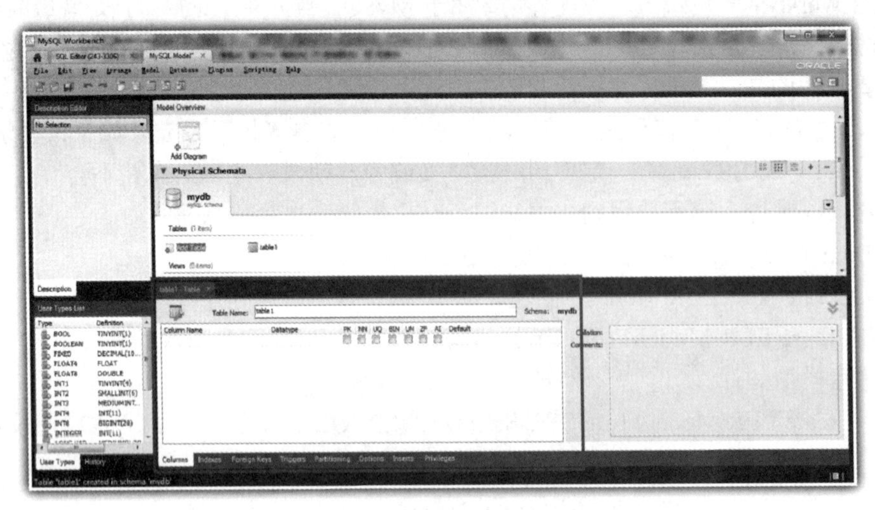

图 12-17 设计新的表对象

大家重点关注加框的区域。在这里可以指定表对象名称，拥有的列及列的数据类型、索引、外键、触发器等均在这个区域维护。我们创建了 3 张表：sys_user、sys_role、sys_user_role，定义好列和索引。

那么如何在图形界面展现表对象之间相互的逻辑关系呢？我们需要创建一个 Diagram。单击菜单栏 Model→Add Diagram，或者按组合键 Ctrl + T。在弹出界面大家就可以像摆积木一样，单击图标，拖动和维护对象关系。就本例来说，最终维护后的关系如图 12-18 所示。

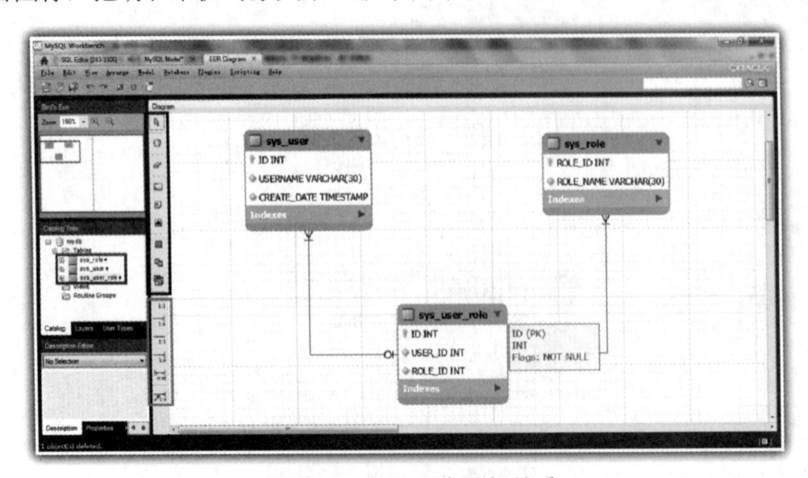

图 12-18 定义对象逻辑关系

在这个界面也可以随时调整对象结构，当然重点还是对象关系，关系维护好之后，通过 Ctrl+S 组合键保存，这样逻辑建模和物理建模的工作就完成了。

我们在前面曾提到过，可以通过物理模型生成建库的脚本，这又怎么操作呢？非常简单，全程都是图形化界面，点一点鼠标就可以完成。选择菜单栏 Database→Forward Engineer，或者按组合键 Ctrl + G，弹出界面如图 12-19 所示。

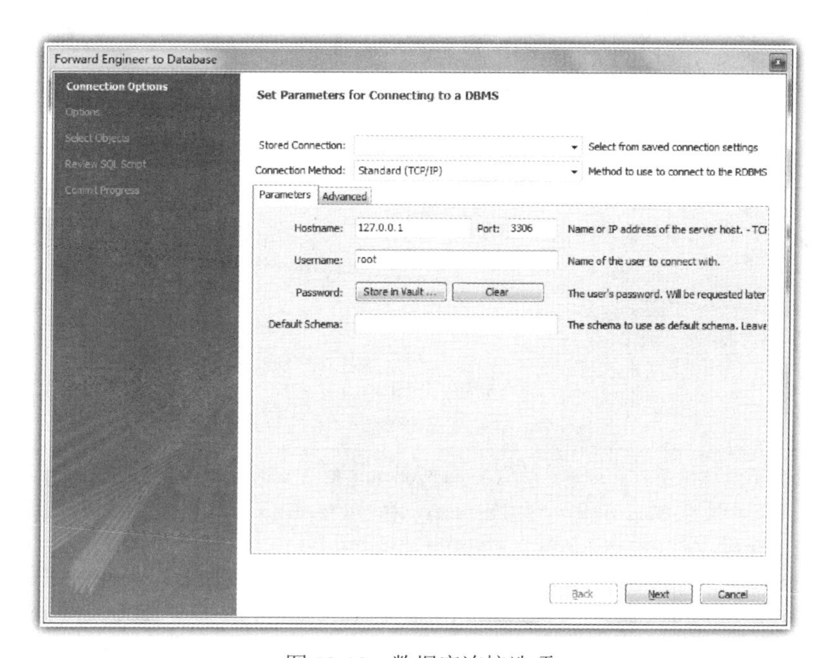

图 12-19　数据库连接选项

这里指定要连接的数据库相关参数。如果只是为了生成创建的脚本，那么所有参数全部按默认即可。

单击 Next 按钮后，提示选择创建选项，比如说是否在执行对象创建前，先执行 DROP 对象，是否生成键、是否忽略警告信息等，可以根据实际需求选择。

继续单击 Next 按钮后，会提示执行创建的选项，比如都操作哪类对象（库/表/视图/触发器等），在这里可以细粒度地指定要操作的每一个对象。注意在本步它会按照前面指定的数据库参数连接目标数据库，如果参数指定有误，那么就会提示数据库连接异常，不过即便连接异常，也不会影响生成脚本的操作。

毫不迟疑地单击 Next 按钮后，Workbench 就将根据前面配置的选项，生成创建脚本，内容如图 12-20 所示。

这里显示的内容，就是将要创建的数据库对象，接下来将创建的语句保存在额外的脚本文件，又或者，如若前面数据库连接参数配置正确，那么继续单击 Next 按钮的话，它就将连接到目标数据库中，执行创建脚本了。

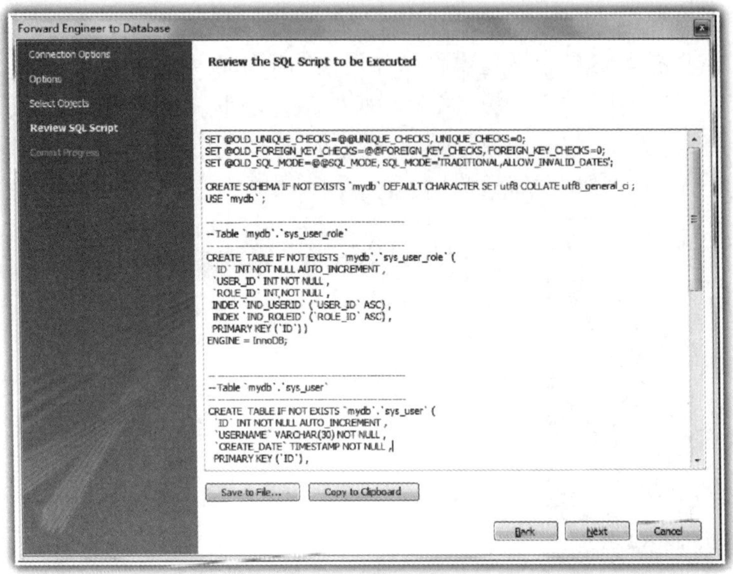

图 12-20　创建脚本预览

> **提 示**
>
> 前面演示了通过模型正向建库，通过 Data Modeling 也可以对数据库做反向工程，操作步骤基本类似，选择菜单栏 Database→Reverse Engineer，或者按组合键 Ctrl + R，将弹出反向工程的界面，这里就不进行详细演示，有兴趣的话您可以自己尝试操作。

另外，Workbench 自带一个模型 demo，就保存在 MySQL 安装路径\MySQL Workbench CE 5.2.47\extras 目录下，打开 sakila_full，可以看到逻辑模型如图 12-21 所示。

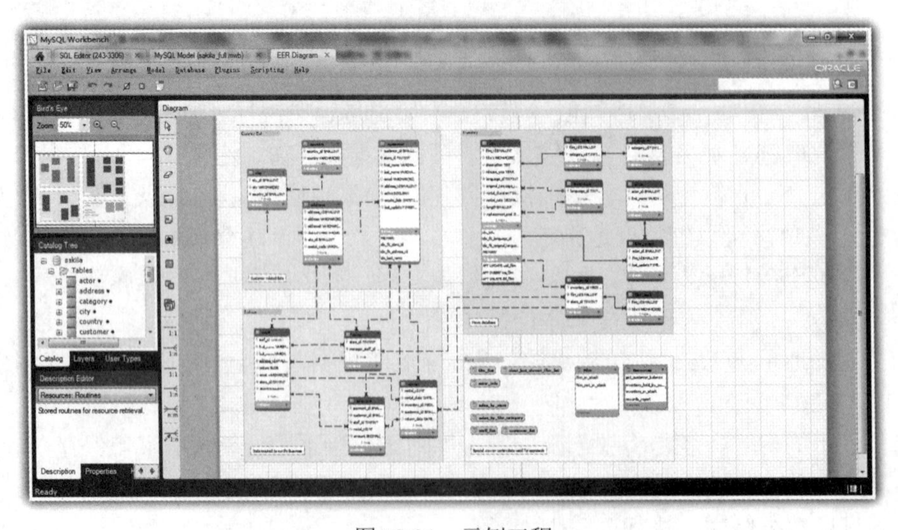

图 12-21　示例工程

该 demo 模型较为完善，有兴趣的朋友可以详细参考，相信对加深 Data Modeling 的理解会有不小的帮助。

12.3.3　服务管理

在正式开讲之前，我先表个态，Server Administration 能够实现的功能，通过 mysqladmin 命令或 mysql 命令都能实现，就管理工具来说，它的功能还是显得单薄一些。不过由于图形方式操作上的易用性，还是比较实用的，因此尽管功能不多（强），但操作起来还是相当便利。

在 Workbench 主界面您会看到 MySQL 服务管理界面，列表框中的是当前已注册进来的 MySQL 实例，如图 12-22 所示。

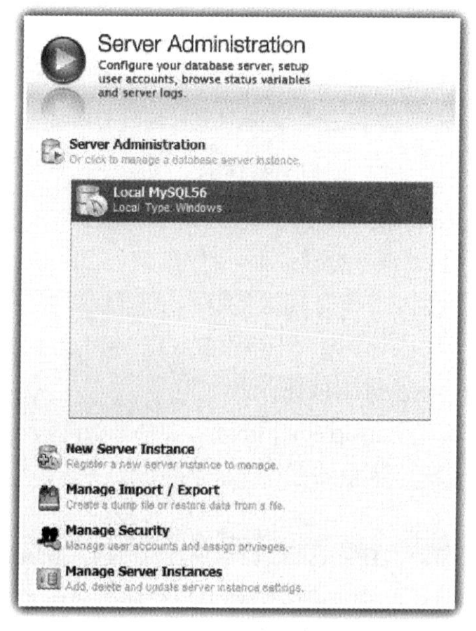

图 12-22　MySQL 服务管理

接下来为了方便演示，我会将 Windows 服务器本地的 MySQL 服务启动（没错，就是 Local MySQL 56 对应的服务），以便我能用 root 账户登录，拥有所有管理功能。当然，用户也可以选择在现有 MySQL 服务中，创建一个允许远端访问的管理员账户，以便 Server Administration 能够连接进去，执行管理操作。

如果当前列表为空，那就通过 New Server Instance 注册一个新的 MySQL 实例，注册的步骤与配置一个新的连接较为类似，只是多了几个步骤，具体我就不演示了，因为我想您应该能看的懂。

双击要管理的实例，弹出界面如图 12-23 所示。

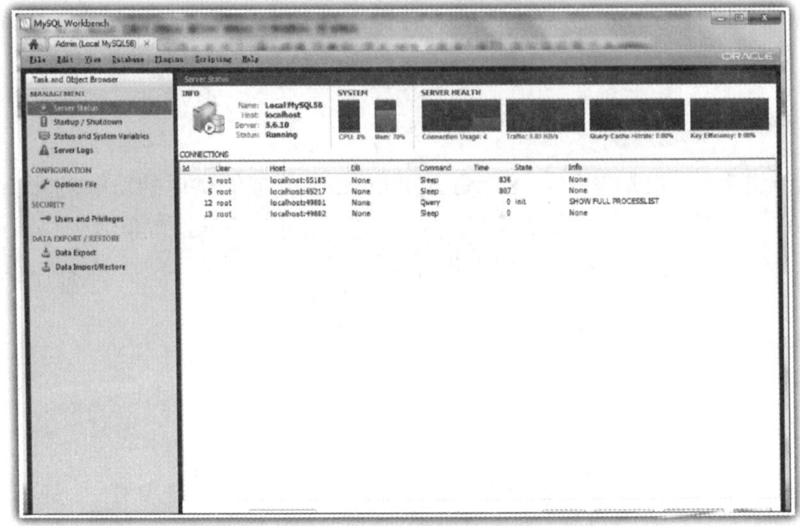

图 12-23　MySQL 服务管理的主界面

Server Administration 主要分为 4 块管理任务：

- 管理功能（MANAGEMENT）：又包括 4 个子项：
  - 服务端状态（Server State）：显示当前 MySQL 服务的连接会话列表，以及主机状态（如果连接用户有权限的话），如图 12-23 中显示的那样。本页面显示的会话列表，功能等同于 SHOW PROCESSLIST 语句，对于连接的会话，可以选中后通过右下角的按钮杀掉。
  - 启动/停止服务（Startup/Shutdown）：这一功能没什么好说的，就是启动或停止 MySQL 服务，界面如图 12-24 所示。

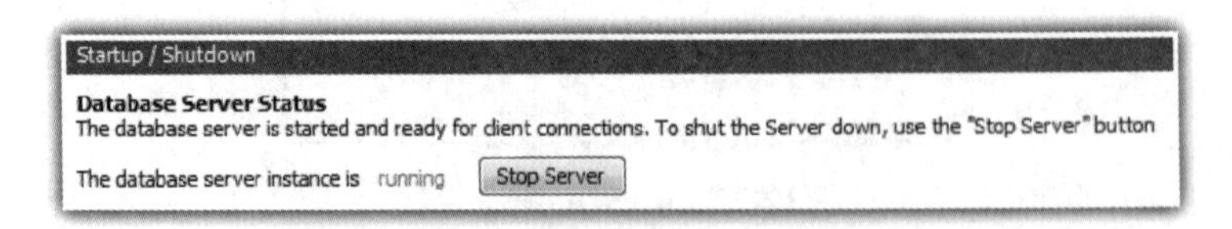

图 12-24　启动或停止 MySQL 服务

  - 状态和系统变量（Status and System Variables）：功能等同于 SHOW GLOBAL STATUS/VARIABLES，当查看的信息很多时，界面化的优势就体现出来了，所有信息都是分门别类，而且点点鼠标就能获取到。
  - 服务日志（Server Logs）：查看服务端的错误日志（Error Log）。
- 参数文件配置（CONFIGURATION）：配置系统参数，相当于修改 my.cnf（Windows 环境下叫 my.ini），图形界面中实现的这个功能相当好用，具体情况您一看便知。话说系统参数的配置很多朋友都感兴趣（最感兴趣的是其中与性能相关的参数），

这部分内容将在后面章节中详细介绍。

- 账户安全（SECURITY）：创建或修改用户账户/角色/权限，界面如图 12-25 所示。

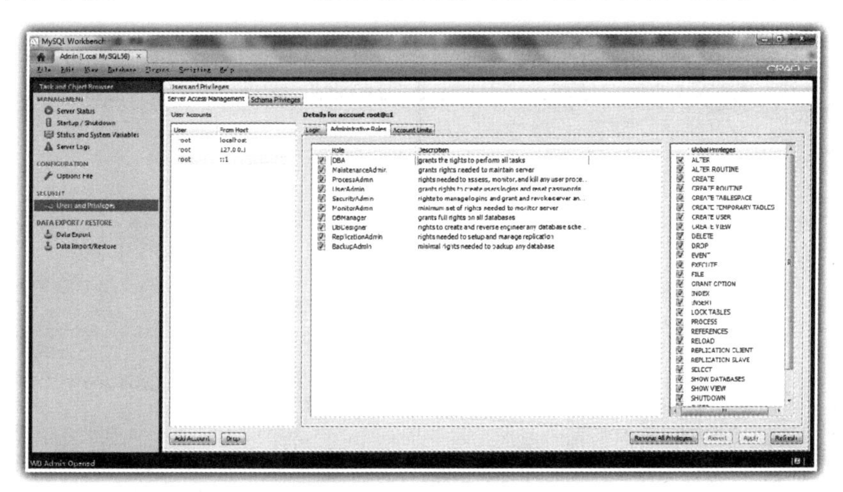

图 12-25　管理用户和权限

界面中对于角色的分类比较有意思，对 MySQL 中各种权限作用依然一头雾水的朋友可以认真看一看，相信会有较大帮助。

- 数据导出与导入（DATA EXPORT/RESTORE）：数据导出实质是调用的 mysqldump 命令，用户可以在图形界面设置命令选项，易用性相对要强一些，导出操作界面如图 12-26 所示。

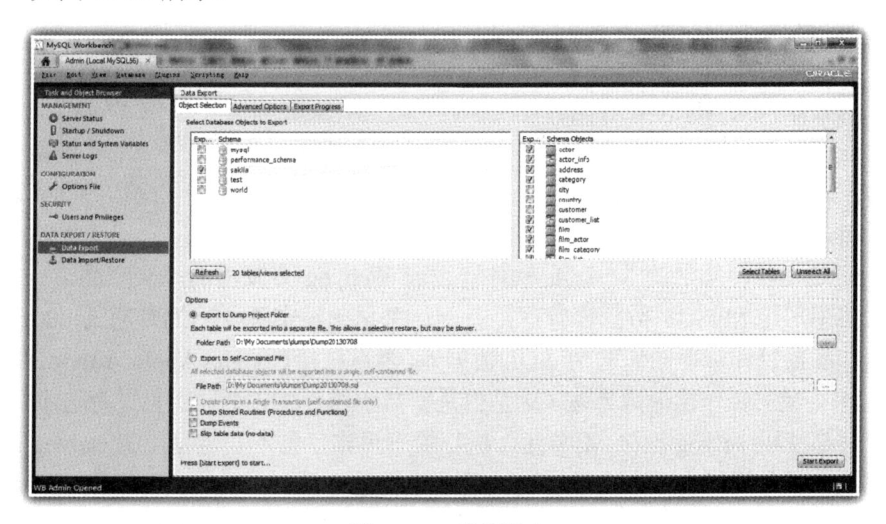

图 12-26　数据导出

这个导出功能，会为选中的每个表对象创建一个 SQL 文件，相当于我们之前手动执行

mysqldump 命令时（参考 10.3.6 节）创建的分表导出备份。

数据导入就相当于执行之前导出的 SQL 文件，操作界面如图 12-27 所示。

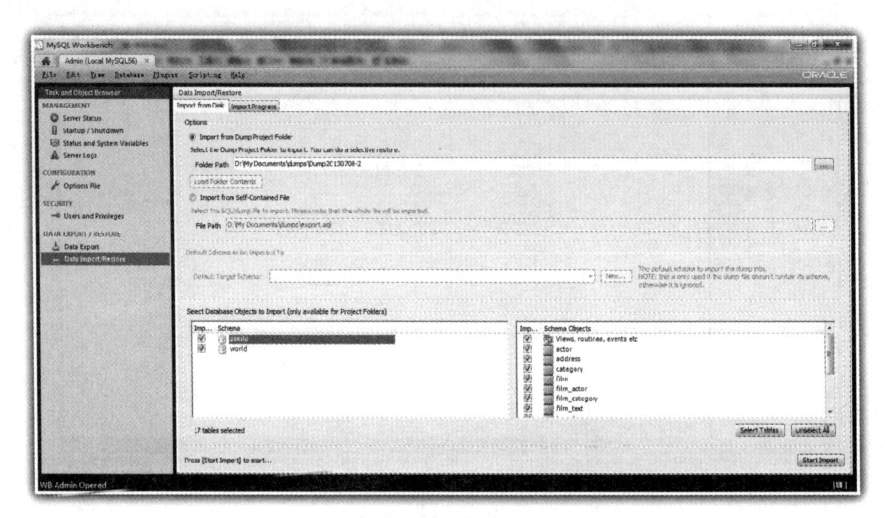

图 12-27　数据导入

本节所讲到的关于 Workbench 的各项操作，都只是最简单的功能演示，更多、更丰富的功能，还是参考官方文档（详见链接 http://dev.mysql.com/doc/workbench/en/）外加自己摸索吧！

12.4　其他第三方图形管理工具

基于 C/S 结构的 MySQL 界面管理工具，除了 MySQL 官方出品的 Workbench 外，也有较多第三方软件厂商提供的产品，其中最为知名的当属 Sqlyog 和 Navicat 两款工具，相比 MySQL Workbench 的重量级，这两款工具相对轻量许多（主要从操作界面和软件安装包大小来衡量），但功能并不弱。

Sqlyog 是由业内知名的 MySQL 软件开发商 Webyog 开发出的拳头产品之一，是一款功能强大的图形化 MySQL 数据库管理工具，该公司曾经宣称，已拥有超过 200 万的用户在使用其产品监控和管理他们的 MySQL 数据库，客户包括 Google、Apple、Yahoo、Amazon、Ebay 等知名企业，合作伙伴数万家。这是否是吹嘘不得而知，不过我见过身边不少 SA（系统管理员）都使用 Sqlyog 连接 MySQL，执行管理操作，也不知道是因为 Sqlyog 确实用着方便，还是该软件同样自带中文语言包，看着亲切的缘故。

Sqlyog 是款共享软件，不过官网提供了 30 天的免费试用，目前只有 Windows 版本，下载链接为 https://www.webyog.com/product/sqlyog。

与 Sqlyog 不同的是，Navicat 是个跨平台、并且支持多种数据库、知名度较高的第三

方管理工具，如果在谷歌中搜索 MySQL 数据库图形管理工具，返回结果中一定会有 Navicat 的身影。作为一款老牌的、知名的、易用性强（图形化工具的特点）、功能也很强大（MySQL Workbench 三大模块功能它全有）的数据库开发及管理工具，与 Sqlyog 相比，Navicat 称得上是个家庭，它支持的数据库产品众多，除了能够用于 MySQL 数据库外，还能支持 SQL Server、Oracle、PostgreSQL 及 SQLite。

英文不好的朋友继续欢呼吧，Navicat 也直接提供有中文版本，在平台支持方面 Windows、Linux、MacOS 都可以，适用场景广泛，如果非要找不足的话，这是款收费软件，不过官方网站同样提供了 30 天的免费试用版，试用版功能与正式版并无区别。说到这儿不得不感叹几句，国内在知识产权保护方面仍有很长很长的路要走，Navicat 以及 Sqlyog 这类共享软件，在国内都能轻易找到免费使用的版本，话说我这个真的不是提醒，只是感叹。

按说接下来我应该下载安装试用，并演示 Navicat/Sqlyog 的操作界面及常用功能，不过根据我对它有限的认识，深知我的理解也很初级（其实是没用过，这种事儿我会说出来吗）。就常用功能演示方面来说，没有比官方网站更好的了，尤其是 Navicat，文档做的非常好，链接可见 http://www.navicat.com.cn/whatisnavicat，在官网还提供了详尽的 PDF 格式的说明文档，链接见 http://www.navicat.com.cn/support/pdf-manual，甚至是视频教程，所以我想说的是，同学们，自己去尝试一下吧！

第 13 章 性能调优与诊断

盼望着，盼望着，春风来了，终于要讲性能调优了，同学们早早地搬好了板凳儿等在门口，有几位性急的，脑子里时不时还蹦出几个问号，一切都像很神秘的样子，大伙儿都欣欣然等着被洗脑。

也不知道是从什么时候开始，一提到性能优化，处理焦点首先就集中在数据库层，仿佛大家觉着，系统如果反应变慢，问题一定出在 DB 层。这么说似乎 DBA 同学们既无辜又感到压力山大。好吧，我换个说法：仿佛大家觉着，系统如果反应变慢，优化数据库后一定能解决。DBA 同学们是否感觉形象瞬间高大起来，如果真这么想了，我得说孩子快醒醒吧，该感到压力更大才是，因为，真的不是所有性能问题，都可以通过 DB 层的优化解决呀。

性能调优这个主题太过广泛，关联到的知识点既专又全（貌似有矛盾），不是说您通过搜索（或听说）到的技巧应用后性能就会提升；不是说您改个参数，数据库嗷一声就快起来了（有的时候改个参数可能真就行了）。大多数时候的调优都不是一项单纯的工作，需要将方方面面的因素都考虑到，并综合评估，某些复杂环境下的调优工作，神似中国传统太极拳，无招无式，心随意动。如果说，在数据库应用领域，经验能够起到些作用，资历能够值些银两，那么有极大概率应该是在性能调优时体现。

因为打小体育老师教我们语文时讲的东西不多（时间都花在让我们跑步上了），所以我的文字功底基础就没打好，写点儿东西往往既绕口又抽象，如果看不懂请多做自我批评。

我想强调的是，性能调优实在是项很宏大的话题，如果展开来讲，单独写几本书都没有问题。考虑到本书的定位和受众群体，以及若本书是您从头开始学 MySQL 的主要参考书目，不是为打击您，但实话实说，目前的水平肯定还谈不上很高，不过我能理解，初中级 DBA 也有一颗做架构师的心。本章不可能就调优话题面面俱到，我尽量多讲些实用技巧。

注意，性能调优最重要的是思路，下面我愿以我非主流的文字功底，将我多年一线性能优化实战经验，抽象成几句话传授给您，能够理解多少，就看你的悟性了。少年，记住喽，DBA 作为传说中最接近数据的人，必须有清醒的认知，必须要明白：

- 要有方向，先找出瓶颈，然后再考虑怎么调整。
- 要有理性，拿出值得信服的操作理由，不要直接做，也不要想当然，否则最终折腾的还是自己。

- 要有节操，即使瓶颈真的不在 DB 层，但是，系统总有可优化之处，在有把握的前提下，顺手多做一点呗。

13.1 测试方法

后面性子急的同学板凳都坐不住了，就更别提前排那些坐沙发的了，不过我还是得多絮叨几句，快不一定就是性能好，慢也不一定是不正常，要知道快和慢都是相对的。因为提供数据库服务的软、硬件环境可能不同，再说数据库服务的配置也可能有差异，并且数据库上运行的应用，以及所操作的数据特点也不一样，在基本面都有差异的前提下，妄谈性能优劣不仅有失公平，关键是没有意义。

在本章咱们不讲全面的对比测试，那个真的好复杂，软、硬件的配置做到环境一致倒还好解决，不就是花钱多置办一套嘛，尽管这对于用 MySQL 数据库的企业主们来说，其实就算是道槛了（用 MySQL/PostgreSQL 开源数据库的企业，不管是实力还是风格，真的跟用 Oracle/DB2 这类软件的企业相当不同，再说用 MySQL 这类开源软件的企业也不会弱到跟别人比拼硬件）。想想真实应用场景如何模拟，这才最叫人头疼（不过还是能够实现的，只是实施成本较高）。真实场景中的数据库各项任务是完全随机的，并且很难被预料，那么在测试的时候，怎么能尽可能模拟线上环境，对数据库服务的各项请求，这个绝对不是简单地多向数据库执行增、删、改、查任务那么轻松（说起来，Oracle 数据库在 11g 版本时推出的 Real Application Testing（RAT）倒真的是一款非常有见地的特性）。业内通行的什么 TPCC，你说它完全没有参考价值，也不是，但您也千万不要过于看重这套指标，因为它其实也就是假定一套环境，而后按照设定进行压测，获得 DB 响应、系统负载等各项指标。问题是，它假定的环境和模拟访问请求，可能跟您线上部署的应用千差万别，完全有可能 TPCC 显示的测试结果很理想，但线上表现一塌糊涂。

有些同学可能会想，照这样说，那没法做测试了，各方面因素都不同，确实不好比较高与低呀。若您追求的是一套理想的测试环境，并希望得出接近真实的指标，那真的非常困难，实施成本很高。不过咱们前面已经说了，本章咱们不讲全面的对比测试，这既是基于现状，也是源自经验，有时候考虑的因素太多，可能自己会被自己困住，觉着啥事儿都没法干了，若继续朝这个牛角尖钻下去，可能这个事儿就真的没法干了。

我举一个遇到过的真实场景作为例证：企业内部某个项目，前景看起来光明，老板也很重视，随着项目推进和一步步落实，参与的人越来越多，要忙活的事情越来越具体。在项目正式启动前，各方都需要提供一套可行的调研报告或实施方案。产品团队大家了解，吹起来没边是他们的特点，运营也跟着瞎起哄这就有点儿说不通，不过越是如此技术侧就越不敢怠慢哪，这东西要真这么 NB，实现起来有挑战啊。技术实现倒真不是难事儿（只要咱们有人有资源就什么都干的成），但项目如此重要，技术方案必须考虑的周全。伸缩性、高可用性这都是必需的，服务器至少 xxx 台起步，带宽必须到 xxG 才能支撑，开发的投入时日短不了，xx 个人月这才是第一个版本的工作量……然后，没有然后了，论证阶段项目就黄了。

通过这个例子我想说的是，虽说问题要尽可能考虑的长远，但一开始摊子就铺得太大，基本就不具备可操作性了。我听过一位非著名哲人说过这么一句话：开始比正确重要！所以，咱们别想太多，先快速起步。

13.1.1 关键性指标

我想很多对 MySQL 数据库还不熟悉的朋友，其实就想知道，改动某项设定或某个参数后，影响是好是坏，数据库的性能究竟会提升还是会下降，尽管数据库性能这个抽象的概念涵盖的范围也超级广，不过我们还是那个思路，不要被自己困住。

在数据库性能评测中，有几项指标很重要，大家都是用它来评估数据库的能力，约定俗成，我们也就直接引用了。注意这里将要提到这些指标，不是因为它们起着多么关键的作用，而是它们能够较为明确地代表数据库在某些方面的能力。

1. IOPS（Input/Output operations Per Second，每秒处理的 I/O 请求次数）

传统的机械磁盘 I/O 能力（不管是吞吐量还是 IOPS）这几十年进步缓慢，严重滞后于系统中的其他组件，因此磁盘 I/O 能力往往都成为整套系统中的瓶颈，这也是目前的现状，而判断磁盘 I/O 能力的指标之一，就是 IOPS。

需要说明一点，通常提到磁盘读写能力，比如形容它每秒钟读 300M，写 200M，这个说的是数据吞吐量（I/O 能力的另一个关键指标），但是 IOPS 指的可不是读写的数据吞吐量，IOPS 指的是每秒能够处理的 I/O 请求次数。

什么是一次 I/O 请求呢？举个例子来说，读写 100MB 的文件，就是一次 I/O 请求，写入 1B 的数据，这也是一次 I/O 请求，反应快的朋友看到这儿肯定就明白了，IOPS 指标越高，那么单位时间内能够响应的请求自然也就越多。从理论上来讲，只要系统实际的请求数低于 IOPS 的能力，就相当于每一个请求都能即时得到响应，那么 I/O 就不会是瓶颈了。

不过，我们稍稍往深处想一想，旋即又产生了疑问，这个 IOPS 只是请求次数，可请求与请求又不一样，就像咱们前面所说的，同样一个请求，读取 100MB 的文件所需要耗费的时间，肯定比写入 1B 的时间要长上不少，这中间除了寻道（即将磁头移动到数据所在磁道上）耗时，差异主要体现在数据传输的时间上，而数据传输时间实际上就是最开始提到的吞吐量了，说到这里，我们仿佛领悟到了什么。

如果想 I/O 系统的响应够快，那么 IOPS 越高越好，或者换种说法，IOPS 指标比较高的话，就更适合要求快速响应的系统，尤其是对于短连接、小事务、轻量数据为操作特点的 OLTP 系统，当然吞吐量也很重要，但是吞吐量对于磁盘性能来说，基本上是个确定的值，像这种没什么讨论空间的咱就直接无视。

我们怎么衡量服务器的 IOPS 呢，在 Linux 下和 Windows 下都有很多性能测试工具，可以获取 IOPS 指标，比如 Linux 平台上较为流行的 IOmeter/fio，Windows 平台下最常用

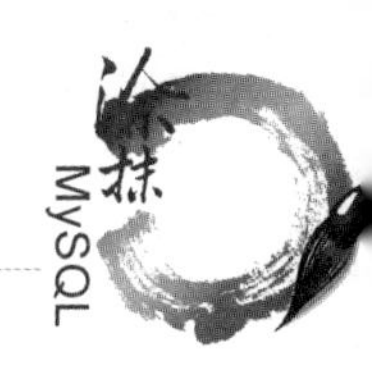

的磁盘性能测试工具 HD Tune，输出的测试结果中均包含有 IOPS，不过对于传输的机械式磁盘，这个指标其实不必专门测试。

一方面是因为磁盘的读写性能测试环节太多，只通过一个示例难有代表性，如果要搞多重全面测试的话，貌似又偏离了本章的主题；再其次，传统磁盘完成一个 I/O 请求所花费的时间受 3 个方面因素的影响：

- 寻道时间(Tseek)：将磁头移动到数据所在磁道上所需要的时间，通常都在 3～15ms。
- 旋转延迟时间（Trotation）：将盘片旋转，使所请求的数据所在扇区移动至磁头下方所需要的时间，这个时间跟磁盘的转速密切相关，转速越快，延迟越短，一般 15000 转的磁盘平均旋转延迟时间为 2ms。
- 数据传输时间（Transfer）：完成传输所请求的数据所需要的时间。

考虑到数据传输时间跟要传输的数据量密切相关，而传输数据量又与吞吐量密切相关，这个变数太多，不过为了方便推算，我们就假定要传输的数据量很小，或者吞吐量极高，数据能在瞬间完成。也就是说，在计算时我们先忽略数据传输时间，那么根据现有信息就可以计算出磁盘理论上的最大 IOPS，计算公式为 IOPS=1000 ms /（寻道时间 + 旋转延迟时间）。

基于这一公式计算的话，单块 SAS 15K 转的磁盘，其最大 IOPS=1000/（3+2)，约为 200 个每秒。这是理论上的最大值，实际表现一定不超过这个值，如果仅是万转的磁盘或更低转速磁盘，那么这个指标还会更低。而且在实际场景中，数据顺序读或随机读时，寻道或旋转延迟肯定都不相同，因此单位时间内的请求响应能力肯定也都不一样，当然，相比前面公式计算出的值，只会更低，不会更高。

要提高 IOPS 指定，目前来看基本就是拼硬件，传统方案是使用多块磁盘通过 RAID 条带后，使 I/O 读写能力获得提升。比如我们希望 IOPS 达到 5000，那么理论上就需要 5000/200=25 块磁盘，组成 RAID0 来实现。

提 示

考虑到上面提供的 IOPS 指标只是理论值，实际表现往往是低于这个值，因此应该留足富裕，这里提到的数据都只是理论参考值，现实中请大家根据实际情况操作。另外，不同 RAID 类型，计算公式也需要有所调整。

举例来说，RAID5 上每个写的 I/O 操作，分别需要读写数据和校验位，计算后再写入数据和校验位，也就是说，对于 RAID5，每个写 I/O 操作实际将产生 4 次 I/O，若使用 RAID5 条带后的存储系统，写入时 IOPS 能达到 5000 个/s，那就至少需要 4×5000/200=100 块磁盘。

当然这也只是理论值，实际上极少会存在纯写入而不读取的系统，更多都是读写平均，或多读少写。假如仍然是套 RAID5 条带过的存储系统，但平均下来系统有 1/3 时间在做写入操作，2/3 做读取操作，那么实际需要的磁盘数就可能变为(2/3×5000+4×1/3×5000)/200，约需 50 块磁盘。

必须再次强调，这只是理论，实际情况需要考虑到各种细节，除了完全依赖于硬件的阵列算法、缓存命中率等，还有实际应用时数据访问特点都有可能对性能表现造成波动，总之一句话，不管是吞吐量还是 IOPS，组 RAID 时磁盘数一定要留足富裕。

还有一个关键的现实因素，前面所举示例中动辄就需几十块盘起，在现实场景中极有可能不具备可操作性，因为通常 MySQL 数据库的数据文件都保存在本地磁盘，而不会像 Oracle 数据库使用专用的独立存储，普通的 2U x86 服务器，磁盘挂满也就能插十几块，所以很多情况下不是买不起磁盘，而是买来也挂不上去。就像前面计算单块盘的 IOPS，普通 x86 服务器，整体磁盘 IOPS 理论最大值咱们也能够计算出来。

基于现实背景考虑，I/O 的处理能力尽管非常重要，但也只能是整体架构设计中的环节之一，单机性能再强也无法满足所有场景需要，因此集群方案在架构设计时就得考虑在内，这方面的话题不展开介绍，我们留在后面高可用和集群方案中再谈。

这几年固态磁盘 SSD 也越发火热，由于 SSD 磁盘通过电子信息来工作，天生无机械构件，没有马达和磁片，即使是运行状态也完全静音这类特点咱就不说了，关键是避免了传统机械式磁盘在寻道的盘片旋转上的时间开销，这就使得寻址时间超短，IOPS 可以做到很高（相比传统磁盘而言），不同厂商的不同产品差距极大。单块 SSD 磁盘 IOPS 达到几千那只是刚起步，几万及几十万都有可能，像 Fusion-IO 这种奇葩甚至能突破百万 IOPS。关于硬件 IOPS 指标，可以参考维基百科中提供的信息：http://en.wikipedia.org/wiki/IOPS。

提 示

固态磁盘 SSD 相比传统磁盘，主要是在 IOPS 方面有巨大优势，I/O 延迟较低，不过在吞吐量指标上，相比传统磁盘的优势就不那么明显了（不过终归还是有优势）。由于自身实现原理，存在数据擦除操作，尽管可以通过一定技巧/算法尽量避免，但还是有可能存在用了一阵时间之后响应变慢的情况。

同时 SSD 的 IOPS 数值受较多因素影响，比如说数据读写的特征（这个跟传统磁盘一样）、使用时间、系统配置，甚至驱动程序都有关系。此外，在使用寿命方面，相比传统磁盘也有一定差距，至于容量/价格比，这就更是高的离谱啊。

像我们前面制订的 5000 IOPS 目标，如果对容量没有要求，那来上一块 SSD 可能就满足了。听起来 SSD 相当不错，那是否咱们往后就用 SSD 了？这个，在可能的前提下，能选择 SSD 磁盘绝对应该选用 SSD，只不过就目前来看，还不可能所有场景均使用 SSD 磁盘。制约固态磁盘普及的因素主要有两方面，一方面是容量（已有较大改善），另一方面是价格（也在稳步下降）。不过，只要银子足够充足，多块 SSD 磁盘再做条带，性能嗷嗷叫，I/O 不为瓶颈都不是梦。这种思路简单粗暴，但着实有效，只是这个确实耗费银两，多数企业不肯接受这个成本投入，再加上规模也没到那个级别，在有别的选择缓解瓶颈的前提下，还是通过别的方案来处理性能问题吧，这也是本章后续章节仍有价值，以及性能调优仍被视做较有技术含量的因素之一。

2. QPS（Query Per Second，每秒请求（查询）次数）

说到 QPS 大家要注意了，尽管所有数据库都有这个指标，但对于 MySQL 数据库来说，

这个指标尤其重要，因为 MySQL 数据库中，尽管能够拿来衡量性能的指标众多，可真正称得上实用又好用的，也就是 QPS 了。您瞧它这个名字起的，顾名思义，就知道是每秒查询次数，还有比这个指标更直观反映系统（查询）性能的吗，这就像咱们用 IOPS 衡量磁盘每秒钟能接受多少次请求，明确且直观。

这个指标的获取也比较简单，MySQL 数据库原生就提供有 QPS 指标值，DBA 可以在 mysql 命令行模式下执行 status 命令，返回的最后一行输出信息中就包含 QPS 指标，此外，通过 mysqladmin 命令附加 status 参数，也能查询到 QPS 指标。

不过，MySQL 原生提供的 QPS 指标，是该 MySQL 实例生命周期内的全局指标，这个平均值具备一定参考意义，可是我们都知道系统有忙有闲，闲时就不说了，QPS 完全可能为 0，那么系统繁忙时表现如何，峰值承载的 QPS 能达到多少，这就得通过其他方式获取了，好在即便是自己算也并不复杂。

咱们在前面章节中提到过，MySQL 提供有一系列的状态变量，其中有一项就是用来记录当前的请求次数，即 Questions 状态变量的值。尽管这也是 MySQL 实例生命周期内的全局指标，不过我们只要每隔一秒查询下这个变量值，并将相邻的两值相减，得到的就是精确的每一秒的实际请求数了，如果当前 MySQL 数据库恰处于非常繁忙的状态，那么我们获取的值就可以视为该 MySQL 实例的 QPS 峰值响应能力。

> **提 示**
> MySQL 数据库原生提供的 QPS 指标，就是通过 Questions 状态变量的值除以 Uptime 状态变量的值所获得的结果，即 QPS=Questions/Uptime。我们自己计算 QPS 时，公式也大致如是，只是把 Uptime 换成我们自己定义的时间单位就好了。

3. TPS（Transaction Per Second，每秒事务数）

按说 TPS 指标应该更加重要，可是考虑到 MySQL 数据库这种开创式的插件式存储引擎的设计，必然存在着并非所有存储引擎都支持的事务，这也就导致 TPS 在 MySQL 数据库体系内，适用范围都不是 100%，不过它依然很重要，因为最为流行的存储引擎之一——InnoDB 是支持事务的，因此这个参数还是需要我们重点关注的。

TPS 参数 MySQL 原生没有提供，如果需要的话我们就得自己算，计算方法与 QPS 同理，仍然是基于 MySQL 数据库提供的一系列状态变量，计算公式为：

```
TPS = (Com_commit + Com_rollback) / Seconds
```

这个公式里又出现了两个状态变量，分别代表提交次数和回滚次数，Seconds 就是我们定义的时间间隔，如果把这个换成 Uptime，那么该公式就能计算该 MySQL 实例在本次生命周期中的平均 TPS。

前面谈到的这 3 项指标，理论说了不少，读起来可能有些抽象，作为一本有节操的作者写的注重实践的技术书籍，操作环节是一定会有的，不要着急，继续往下看嘛。

13.1.2 获取关键性指标

前面提到的 3 个指标，IOPS 先被跳过，这个纯硬件的指标，尽管对 DB 性能的影响关系重大，不过硬件因素通常不是由 DBA 所能左右的，所以我们这里重点关注 QPS 和 TPS，在系统资源层面，我们重点关注 CPU 占用情况。也就是说，我们会重点统计 CPU 和 QPS，如果能统计到 TPS（对象使用了支持事务的存储引擎），那就顺道将 TPS 指标也收集一下。

设定测试环境如下：

- HOST：192.168.30.241。
- PORT：3306。
- CPU：Intel(R) Core(TM) i5-2320 CPU。
- MEM：16GB。
- DB Version：5.6.12。
- 参数配置：全部默认（可参考本书 3.2.1 节中的配置），另外考虑到本章所要进行的各项操作均属演示功能性质，为方便测试，暂不考虑安全方面的因素，因此 MySQL 数据库的管理员账户 root 密码直接设定为空。

看过前面小节的内容后，想必已经明白计算这类指标的原理，不过理论和实际还是有不小的差距，本节我们就来实际操作一下。

1. 手动获取性能指标

先来试试获取 QPS 指标。按照前面所说，我们只要获取状态变量 Questions 的值即可。这个值太容易取到了，在 mysql 命令行模式下，通过 SHOW GLOBAL STATUS 命令，就能取到 Questions 状态变量的值，操作如下：

```
mysql> show global status like 'Questions';
+---------------+-------+
| Variable_name | Value |
+---------------+-------+
| Questions     | 1047  |
+---------------+-------+
1 row in set (0.00 sec)
```

值是取到了，可是现在我们面临几个问题，我先提两个我会的：

（1）QPS 统计的是每秒产生的请求数，怎么让其按秒输出 Questions 状态变量的值呢？卡着秒表取值吗，这倒是个土法子，但是真的土哇。

（2）咱们当前这套数据库没啥访问量哪，怎么让数据库繁忙起来。多执行一些 SQL 语句？这是条路子，关键就在于怎么执行呢，手动敲语句的话，恐怕想快也快不到哪里去，而且这种方式跟上面那个一样的，也是土啊。

2. 自动获取性能指标

IT 业内的发展日新月异，现下满大街都是搞 IT 或号称搞 IT 的，如今它已不能再被称做新兴产业，但仍属朝阳产业应无异议，咱作为一名 IT 从业人员，即便起点稍低了一些，

也有一颗时刻准备着维护 IT 行业形象的心，否则不仅对不住祖师爷赏的这碗饭，更加对不住自己。

针对前面提到的这两个问题，还好我已经想出了应对策略，首先关于第一个问题，怎么让它按秒输出呢？得亏咱们已经学过不少命令，记得前面介绍 mysqladmin 命令时，提到过它的两个参数：-i 和-r，忘记用法的同学第一时间翻回 12.1.6 节复习。

这里我们就可以利用 mysqladmin 命令来实现我们的需求，操作如下：

```
$ mysqladmin -h 192.168.30.241 extended-status -r -i 1 | grep "Questions"
| Questions                                    | 1048          |
| Questions                                    | 1             |
| Questions                                    | 1             |
..............
```

附加上述参数后，这条命令的功能就是每隔 1 秒获取 Questions 的参数值，这下定时输出的需求就算满足了，而且更好的是，-r 参数能够自动将状态变量本次输出的参数值与前次参数值相减，输出两者之间的差值。也就是说，这个命令为我们输出的信息，就是该 MySQL 实例的 QPS。

> **提　示**
>
> 通过灵活使用 mysqladmin 命令，咱们还可以用来获取 MySQL 实例每秒查询、更新、删除数量等指标，如每秒 SELECT、UPDATE 数量：
>
> $ mysqladmin -h 192.168.30.241 extended-status -r -i 1 | grep -E "Com_select | Com_update"

第一个问题解决了，再来看第二个问题，怎么快速为数据库布置多项工作。对此，我们也可利用现成的 MySQL 命令行工具：mysqlslap，一款 MySQL 自带的专用轻量压测工具。

> **提　示**
>
> 在执行 mysqlslap 命令期间，mysqladmin 命令仍需在运行哟，否则就看不到它的输出了，若您已将任务中止，那就需要新建一个会话，再次执行前面执行过的 mysqladmin 命令。

关于 mysqlslap 命令的细节暂且不说，本节与其打交道的机会极多，等具体用到时再重点提及。我们这里直接执行 mysqlslap 命令，并附加几个有助于我们测试的参数如下：

```
$ mysqlslap -h 192.168.30.241 --query="select user,host from mysql.user" --number-of-queries=100000
-c 30 -i 10 --create-schema=jssdb
```

这个命令调用了几个生疏的参数：

- --number-of-queries：指定测试要执行的查询语句。
- -c, -concurrency：指定测试执行请求的并行度。
- -i, --iterations：指定测试运行的次数。
- --create-schema：指定此次测试在哪个 schema 下执行。

我们前面执行的命令，翻译过来就是令其在 jssdb 库下，模拟 30 个用户连接，共执行 100 万次请求。切换至执行 mysqladmin 命令的会话，看看输出结果如何：

```
| Questions                                | 1           |
| Questions                                | 1           |
| Questions                                | 29516       |
| Questions                                | 87555       |
| Questions                                | 87348       |
| Questions                                | 87664       |
| Questions                                | 87425       |
...............
```

小伙伴儿都惊呆了吧，这套 MySQL 实例的 QPS 居然有这么高哪。

图表方式展示如图 13-1 所示。

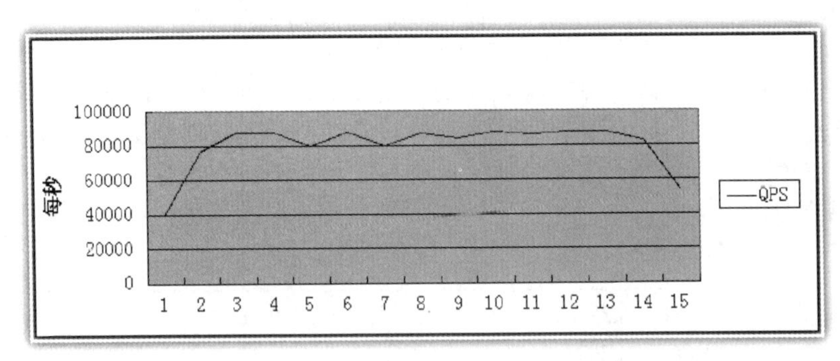

图 13-1　100 万次请求时 MySQL QPS

数字尽管是真实的，但结论可不那么容易得出，需要说明的是，在此项测试中执行的查询语句极为简单，共计执行了 100 万次查询，但每次执行的语句完全相同，而且查询的目标表对象 mysql.user 中仅有一条记录，所有查询均在查询缓存（MySQL 的 query cache）。在这种情况下，效率高是必然，效率不高那就有问题了。

还好 mysqlslap 命令的功能足够强，它在自动测试方面还有很多可配置参数，与要执行的测试语句相关的参数有：

- -a, --auto-generate-sql：自动生成测试所需的 SQL 语句。
- -x, --number-char-cols：指定自动生成的表对象中 VARCHAR 类型列的数量，默认只有一个。
- -y, --number-int-cols：指定自动生成的表对象中 INT 类型列的数量，默认只有一个。
- --auto-generate-sql-add-autoincrement：自动生成测试用的表对象时，在表中增加 AUTO_INCREMENT（自增）列。
- --auto-generate-sql-execute-number：指定此次测试要执行的查询次数。
- --auto-generate-sql-guid-primary：自动生成基于 GUID 为主键的表，本参数与 --auto-generate-sql-add-autoincrement 参数互斥。
- --auto-generate-sql-load-type：指定测试的类型，可选值有下列几种：
  - read：读操作。

   - ➢ write：写操作。
   - ➢ key：通过主键读。
   - ➢ update：更新操作。
   - ➢ mixed：既有读也有写，这也是该参数的默认值。
- --auto-generate-sql-secondary-indexes：指定自动生成的表中辅助索引（或者说是非主键索引）的数量。
- --auto-generate-sql-unique-query-number：指定生成的查询语句个数。举例来说生成 100 个查询语句，如果设置此次测试共执行 100 次，那就代表每次测试执行的都是不同的 SQL 语句，如果设置此次测试共执行 1 万次，那就代表每个查询语句会被执行 100 次（前面的测试相当于同一条语句被执行了 100 万次）。本参数默认值是 10。
- --auto-generate-sql-unique-write-number：指定生成的插入语句个数，与上同理，只是这个参数专用于指定插入语句，默认值是 10，通常与--auto_generate-sql-write-number 联用。
- --auto-generate-sql-write-number：指定每个线程执行时插入的记录数，默认是 100 个。

应用这些参数，我们再来做一个测试，看看这回 QPS 的表现如何。执行 mysqlslap 命令并附加参数如下，目的是让其自动创建一个包含自增列的表对象，执行 300 万次（插入+查询）请求：

```
$ mysqlslap -h 192.168.30.241 \
> --auto-generate-sql --auto-generate-sql-add-autoincrement \
> --auto-generate-sql-execute-number=100000 \
> --auto-generate-sql-unique-query-number=10000 \
> -c 30 --commit=10000 --create-schema=jssdb
```

看看状态变量的返回情况：

```
.........
.........
| Questions                                    | 179      |
| Questions                                    | 2927     |
| Questions                                    | 1568     |
| Questions                                    | 19949    |
| Questions                                    | 30122    |
| Questions                                    | 24268    |
| Questions                                    | 28841    |
| Questions                                    | 37731    |
| Questions                                    | 41863    |
| Questions                                    | 34356    |
| Questions                                    | 37324    |
.........
.........
```

图表方式展示如图 13-2 所示。

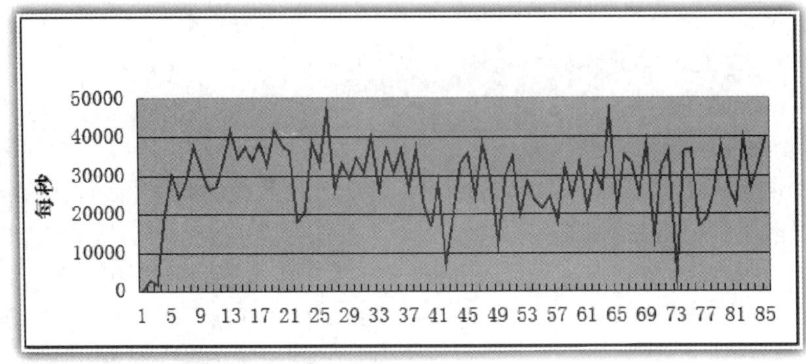

图 13-2　300 万次请求时 MySQL QPS

这次测试，从结果来看相比前面的测试降幅很明显。不过这里结果其实不重要，重点是得到结果的方法，毕竟具体的优化咱们还没展开呢。现在大家已经知道如何获取 QPS，那么接下来继续尝试获取 TPS。

为了计算 TPS，我们一方面需要统计出 Com_commit 和 Com_rollback 两个状态变量的值。考虑到在我们的测试过程中只会有提交，不会进行回滚，因此理论上只统计 Com_commit 状态变量的值也是可行的。

另一方面需要明确执行提交，这又受两方面因素的影响，一个是操作的表对象需要支持事务，这一点没有问题，mysqlslap 命令创建的表对象默认将会是 InnoDB 引擎，是能够支持事务的，另外就是 MySQL 默认启用了自动提交，也就是不会显式执行 commit 命令，这就造成 Com_commit 状态变量的值不会有变化。还好，我们可以利用 mysqlslap 命令的 --commit 参数，将该参数值指定为 1，即表示每执行一条语句，都显式地进行提交。

下面是具体的操作步骤，先创建一个会话执行 mysqladmin 命令，查看状态变量，操作如下：

```
$ mysqladmin -h 192.168.30.241 extended-status -r -i 1 | grep -E "Com_commit | Com_rollback "
```

然后在另一个会话中执行 mysqlslap 命令，共计执行 30 万次请求，也就是说，会产生 30 万次提交，具体执行的命令如下：

```
$ mysqlslap -h 192.168.30.241 \
> --auto-generate-sql --auto-generate-sql-add-autoincrement \
> --auto-generate-sql-execute-number=10000 \
> --auto-generate-sql-unique-query-number=1000 \
> -c 30 --commit=1 --create-schema=jssdb
```

切换至 mysqladmin 所在会话查看状态变量的返回情况：

```
..........
..........
| Com_commit                                     | 20       |
| Com_rollback                                   | 0        |
| Com_commit                                     | 278      |
| Com_rollback                                   | 0        |
```

```
| Com_commit                                  | 590   |
| Com_rollback                                | 0     |
| Com_commit                                  | 686   |
| Com_rollback                                | 0     |
| Com_commit                                  | 704   |
| Com_rollback                                | 0     |
| Com_commit                                  | 486   |
| Com_rollback                                | 0     |
| Com_commit                                  | 542   |
| Com_rollback                                | 0     |
| Com_commit                                  | 496   |
| Com_rollback                                | 0     |
| Com_commit                                  | 618   |
| Com_rollback                                | 0     |
..........
..........
```

提交和回滚的状态变量分别显示在不同行，如前面所说，我们测试过程中没有回滚操作，因此 Com_rollback 状态变量值始终为 0，只有 Com_commit 状态变量记录了提交的次数，这个值就可以理解是该实例当前的 TPS 指标了。

图表方式展示如图 13-3 所示。

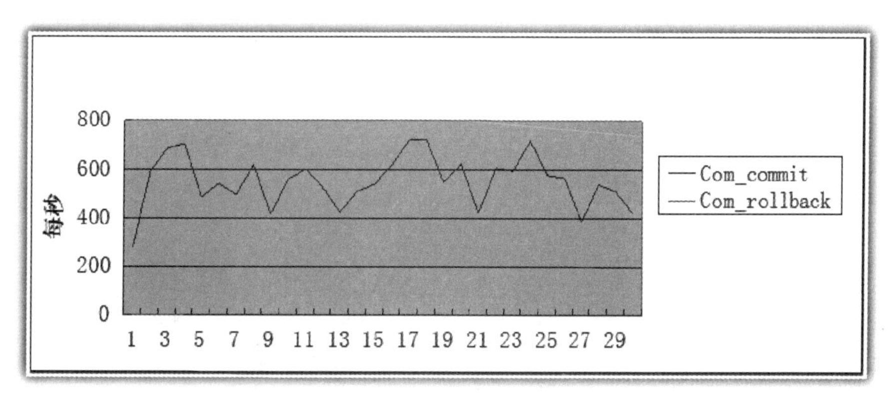

图 13-3　30 万次请求时 MySQL TPS

这个指标乍看之下并不理想，平均算来每秒也就五六百次，不过就像我们前面测试 QPS 时所说的，这里暂且忽略结果，重要的是练习测试的方法，看看我们后面经过优化后，是否能够将 QPS 及 TPS 两指标值均进行提高。

3. 自定义脚本获取性能指标

对 MySQL 自带的命令行工具足够熟悉了之后，就会发现用它们执行测试或收集性能指标简单易用。不过有时候也感到有些不足，比如前面的多次测试，都没能收集到 CPU 占用率这项指标。这当然只是其中一项，MySQL 自带工具由于都是封装好的、有针对性的测试工具，必然就存在不适用的场景。但是这都是正常的，俗话说一把钥匙开一把锁的嘛，

mysqladmin+mysqlslap 这就算万能钥匙了，可是万能钥匙也不见得哪把锁都能开得了。

若遇到现成工具难以满足的场景，得主动思考，想想别的路子，就我个人来说，每当遇到这种场景，我都一边抱怨 MySQL 自带功能不够完善，一边又暗自窃喜，终于又有展示（又或暴露）我开发功底的机会了。

同样是为了测试 QPS（TPS 同理），我希望能以更简化的方式输出，同时把 CPU 占用率和整机的负载指标也输出出来。数据初始化操作如下：

```
CREATE TABLE jssdb.user   (
 user_id INT(10) UNSIGNED NOT NULL auto_increment,
 user_name VARCHAR(50) DEFAULT NULL,
 user_email VARCHAR(255) DEFAULT NULL,
 created DATETIME DEFAULT NULL,
 PRIMARY KEY (user_id),
 KEY ind_user_name (user_name))
 engine=Innodb,auto_increment=1;
insert into jssdb.user select null,'junsansi','junsansi#sina.com',current_timestamp from
     information_schema.columns;
insert into jssdb.user select null,'junsansi','junsansi#sina.com',current_timestamp from jssdb.user;
insert into jssdb.user select null,'junsansi','junsansi#sina.com',current_timestamp from jssdb.user;
insert into jssdb.user select null,'junsansi','junsansi#sina.com',current_timestamp from jssdb.user;
insert into jssdb.user select null,'junsansi','junsansi#sina.com',current_timestamp from jssdb.user;
insert into jssdb.user select null,'junsansi','junsansi#sina.com',current_timestamp from jssdb.user;
update user set user_name=concat(user_name,user_id);
##预计插入不少于 60W 记录
```

创建 perl 脚本文件，内容如下：

```
#!/usr/bin/perl -w
use strict;
use warnings;
use DateTime;
use threads;
use threads::shared;
use DBI;

my $concurrency = $ARGV[0];
my $querynumber = $ARGV[1];

#number of finished access
#shared keyword define $count is shared around all threads
my $count:shared = 0;
my $count_prev = 0;
my $loadavg = 0;
my $cpu_usage = 0;

my $data_source = 'DBI:mysql:database=jssdb;host=192.168.30.241;port=3306';
my $username = 'db_monitor';
my $password = 'XaTXISPidVyu';
```

```
my @thread_array;
my $itor = 0;

while($itor < $concurrency){
        $thread_array[$itor] = threads->create( 'thread_func', $itor);
        $itor ++;
}

$SIG{ALRM} = \&func_alarm;
alarm 1;

while($itor < $concurrency){
        $thread_array[$itor]->detach();
        $itor ++;
}

while(1){
    $loadavg = $1 if `uptime` =~ /([0-9]+\.[0-9]+),/;
    $cpu_usage = $1 if `mpstat -P ALL 1 1` =~ /all\s+([0-9]+\.[0-9]+)/;
    sleep 1;
}


sub thread_func(){
        my ($arg) = @_;
        my $dbh = DBI->connect($data_source);
        #$dbh->do("set names gbk;");
        my $randomnum;

        my $sql;

        my $j=0;
        while($j < $querynumber){
                $randomnum= int(rand(600000));
                $sql="select user_name from user where user_name='junsansi$randomnum'";
                my $action = $dbh->prepare($sql);

                $action->execute();
                $action->finish();

                lock ($count);
                $count ++;
                $j ++;
        }
        $dbh->disconnect();
}

sub func_alarm(){
        my $time = DateTime->now->hms;
```

```
        print $time," CPU:$cpu_usage\t LOAD:$loadavg\t GETS:", $count-$count_prev, "\n";
        $count_prev=$count;
        alarm 1;
}
```

话说这段脚本就更属于有针对性的测试了。

下面执行这个脚本，设置并发 30 个线程，执行 30 万次查询，看看结果如何：

```
# perl mysql_qps.pl 30 10000
11:05:08  CPU:0  LOAD:1.42        GETS:30808
11:05:09  CPU:73.30       LOAD:1.42       GETS:25600
11:05:10  CPU:73.30       LOAD:1.42       GETS:25088
11:05:11  CPU:71.68       LOAD:1.42       GETS:25600
11:05:12  CPU:71.68       LOAD:3.79       GETS:21504
11:05:13  CPU:60.00       LOAD:3.79       GETS:24832
11:05:14  CPU:60.00       LOAD:3.79       GETS:25344
11:05:15  CPU:72.75       LOAD:3.79       GETS:25344
11:05:16  CPU:72.75       LOAD:5.97       GETS:25344
..............
..............
```

使用图表展示结果中的各项指标，如图 13-4 至图 13-6 所示。

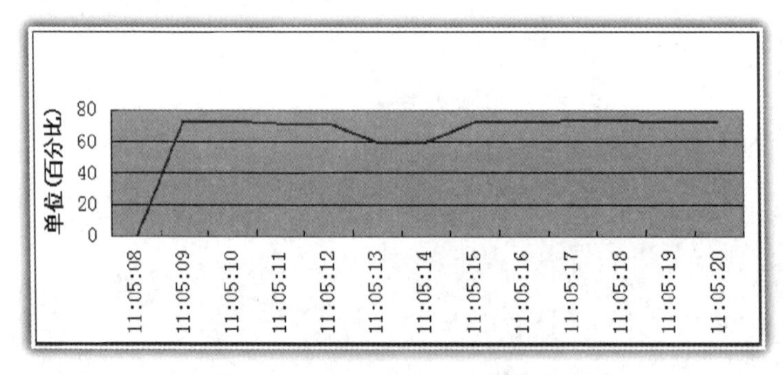

图 13-4　30 万次请求时 CPU 占用

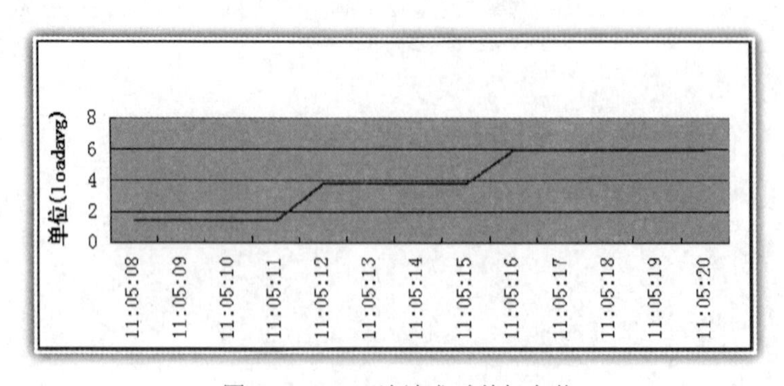

图 13-5　30 万次请求时整机负载

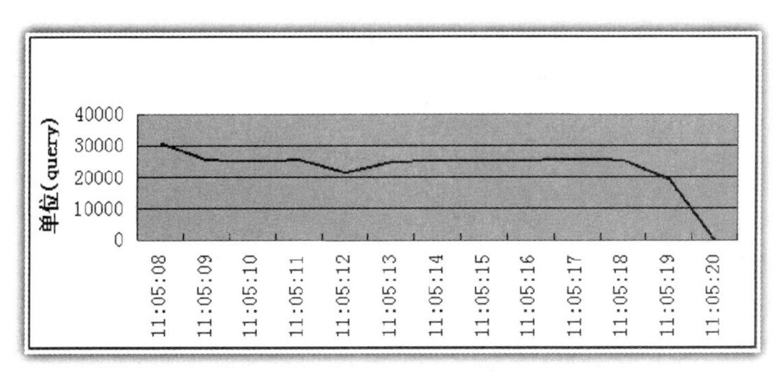

图 13-6　30 万次请求时 QPS 指标

这段脚本的缺点是，如果想采集 MySQL 服务端的负载和 CPU 使用情况，就必须得在 MySQL 服务端执行，否则这两项指标就是采集自执行脚本的客户端。如果忽略掉执行本脚本时的 CPU 开销，我个人认为这个操作结果还是较为接近真实场景时的性能表现的。

13.1.3　TPCC 测试

前面使用的工具或脚本较为轻量，用起来倒是简单，可不免令人感觉不够专业，看来得拿出压箱底儿的东西，同学们注意，增长经验值的时候又到了，先来几段专业术语名称解释。

- TPC：全称[T]ransaction [Processing] Performance [C]ouncil，是一家非盈利性组织，该组织制定各种商业应用的基准测试规范，任意厂商或个人，都可以按照其规范来开发自己的应用程序。
- TPC-C：由 TPC 推出的一套基准测试程序，主要用于联机事务类应用的测试，最后那个字母 C 仅是序号，在它之前还有 TPC-A 和 TPC-B，不过这两项基准测试已经被废弃了，在它之后还有 TPC-D、TPC-R、TPC-W，不过也废弃了。TPC-C 这个关键字您听到比较多的原因当然不是因为它没被废弃，这只是一部分原因，最主要的原因是 TPCC 是套基准，不管是有了新硬件，还是软件出了新版本，为显示出新产品的优势，总得拿出些数值做对比，TPCC 就是数值之一，各大厂商都着力在吹。TPC-C 针对联机事务类应用和决策支持类应用（或称数据仓库）另有一套标准，就是 TPC-H。
- TPCC-MYSQL：由 Percona 基于 TPCC 规范开发的一套 mysql 基准测试程序，也就是本节的主角，这里先不多作介绍，因为本节剩下的篇幅全是它的。

《高性能 MySQL》的作者之一 Vadim Tkachenko，在该书的第 2 章提到过一款名为 dbt2 的 TPC-C 测试工具，书中也提供了使用该工具的例子，可能是作者自己都觉着该工具不大好使，因此后来作者就开发了我们将要提到的主角：tpcc-mysql。大家可以在下列网址找到它：https://code.launchpad.net/~percona-dev/perconatools/tpcc-mysql。

下面演示下载和安装过程。我们在 root 用户下执行 bzr 命令，获取测试用的软件包：

```
# cd /data/software
```

```
# bzr branch lp:~percona-dev/perconatools/tpcc-mysql
```

如果没有 bzr 命令，可以先使用 yum install bzr 安装该工具包。

接下来编译安装 tpcc-mysql，操作步骤如下：

```
# export PATH=/usr/local/mysql/bin:$PATH
# cd tpcc-mysql/src
# make
```

如果编译过程中没有出现错误的话，这就算装好了，tpcc-mysql 目录下会生成两个可执行文件：

- tpcc_load：用于初始化数据。
- tpcc_start：用于执行基准测试。

估计大家都已经看出来了，得先执行（且只执行一次）tpcc_load 命令，然后再执行 tpcc_start，不过如果您以为接下来要做的就是执行 tpcc_load 命令，那就想当然了。作为一名有节操的普通青年，考虑问题必须得全面、严谨，对于初接触到的新软件，对它还不熟悉，那肯定按照帮助文档中说的步骤才稳妥。

查看 tpcc-mysql 目录中的 README 文件后，原来还得先有建库建表和建索引的操作。好嘞，听作者的，所以接下来首先要做的，是创建数据库和导入预订脚本，执行命令如下：

```
$ mysqladmin create tpcc
$ mysql tpcc < create_table.sql
$ mysql tpcc < add_fkey_idx.sql
```

好了，现在可以初始化数据了，tpcc_load 命令的用法较为简单，语法如下：

```
usage: tpcc_load [server] [DB] [user] [pass] [warehouse]
```

依次指定连接的服务器、数据库、用户名和密码以及仓库的数量即可，实际执行命令如下：

```
$ /data/software/tpcc-mysql/tpcc_load 192.168.30.241 tpcc root "" 10
*************************************
*** ###easy### TPC-C Data Loader  ***
*************************************
<Parameters>
     [server]: 192.168.30.241
     [port]: 3306
     [DBname]: tpcc
       [user]: root
       [pass]:
  [warehouse]: 10
TPCC Data Load Started...
Loading Item
.................................................. 5000
.................................................. 10000
.................................................. 15000
..............
...DATA LOADING COMPLETED SUCCESSFULLY.
```

这个运行需要一些时间，而且返回的信息很长，依次有仓库、商品、订单等，具体信

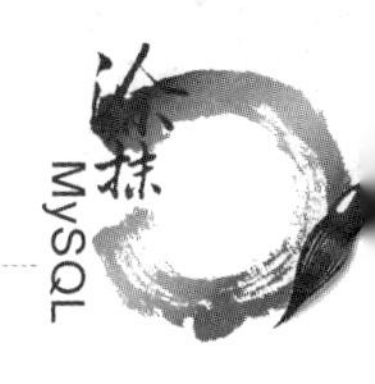

息我们不用过多关注，可以直接忽略，最后操作完后，会提示数据加载成功。

好，下面终于能够进入到 TPCC 的测试环节了。TPCC 测试倒是并不复杂，作者都已经帮我们准备好了 tpcc_start 命令。该命令行工具支持的参数如下：

```
Usage: tpcc_start -h server_host -P port -d database_name -u mysql_user -p mysql_password -w warehouses
-c connections -r warmup_time -l running_time -i report_interval -f report_file -t trx_file
```

前面与连接相关的参数都比较好懂，因此这里从-r 参数开始简单介绍下：

- -r warmup_time：指定预热时间，以秒为单位，默认是 10 秒，主要目的是为了将数据加载到内存。
- -l running_time：指定测试执行的时间，以秒为单位，默认是 20 秒。
- -i report_interval：指定生成报告的间隔时间。
- -f report_file：将测试中各项操作的记录输出到指定文件内保存。
- -t trx_file：输出更详细的操作信息到指定文件内保存。

俗话说实践出真知，下面请实践先生出场，执行操作如下：

```
$ /data/software/tpcc-mysql/tpcc_start -h 192.168.30.241 -d tpcc -u root -p "" -w 10 -c 10 -r 100 -l
       300 -f /home/mysql/tpcc_mysql.log -t /home/mysql/tpcc_mysql.rtx
***************************************
*** ###easy### TPC-C Load Generator ***
***************************************
option h with value '192.168.30.241'
option d with value 'tpcc'
option u with value 'root'
option p with value ''
option w with value '10'
option c with value '10'
option r with value '100'
option l with value '300'
option f with value '/home/mysql/tpcc_mysql.log'
option t with value '/home/mysql/tpcc_mysql.rtx'
<Parameters>
     [server]: 192.168.30.241
     [port]: 3306
     [DBname]: tpcc
       [user]: root
       [pass]:
  [warehouse]: 10
 [connection]: 10
     [rampup]: 100 (sec.)
    [measure]: 300 (sec.)

RAMP-UP TIME.(100 sec.)
...........
```

返回信息中包含的内容就比较有讲究了，我来给大家解读一下。

最先返回的是执行命令行时指定的参数信息，格式简单、内容清晰、容易理解。接下来就得等一会儿，因为我们指定预热以及运行测试的时间，至少得 7 分钟。

测试结果返回的信息将是如下：

```
10, 185(0):1.947|2.971, 185(0):0.631|0.988, 19(0):0.364|0.465, 18(0):3.011|3.769, 19(0):4.192|4.349
20, 178(0):2.259|2.566, 179(0):0.564|0.971, 18(0):0.248|0.299, 18(0):2.913|3.337, 18(0):3.562|3.760
30, 177(0):1.814|2.043, 175(0):0.622|0.719, 17(0):0.179|0.205, 17(0):2.481|3.291, 17(0):3.750|4.015
....................
```

这类信息，每10秒钟产生一条输出，这个结果就不那么直观喽，我来跟大家解读一下。

返回结果以逗号分隔后，共可分为 6 项，依次为操作时间（秒）、创建订单、订单支付、查询订单、发货以及查询库存。

第一项就不说了，这个就是我们定义的任务执行时间，它是按照每 10 秒为一个区间进行输出。后面 5 项分属不同的业务操作，但输出信息的格式都是一样，每一项都有 4 个属性值，即该时间区间内成功执行的事务、出现延迟的事务、90%事务的响应时间、事务的最大响应时间。

我感觉我说清楚了，不过不知道大家看懂了没有。这些数据看起来确实是比较抽象，接下来我通过一条具体的例子详细说明，来为大家加深印象，举例来说：

```
10, 185(0):1.947|2.971, 185(0):0.631|0.988, 19(0):0.364|0.465, 18(0):3.011|3.769, 19(0):4.192|4.349
```

这条记录就表示，在第一个 10 秒区间内：

- 创建订单。共操作 185 次，失败 0 次，90%的事务平均操作时间 1.947 秒，最大操作时间是 2.971 秒。
- 订单支付。共操作 185 次，失败 0 次，90%的事务平均操作时间 0.631 秒，最大操作时间是 0.988 秒。
- 查询订单。共操作 19 次，失败 0 次，90%的事务平均操作时间 0.364 秒，最大操作时间为 0.465 秒。
- 发货。共操作 18 次，失败 0 次，90%的事务平均操作时间 3.011 秒，最大操作时间 3.769 秒。
- 查询库存。共操作 19 次，失败 0 次，90%的事务平均操作时间 4.192 秒，最大操作时间 4.349 秒。

这回应该能看懂了吧。不过您瞧，咱们区区 300 秒的测试就输出了 30 条记录，若一条条分析确实还是很枯燥，关键是不够形象，我觉着最好是能将数字转换成图形，以直观的方式展示，比如将数据导入 Excel，创建图表，如图 13-7 所示。

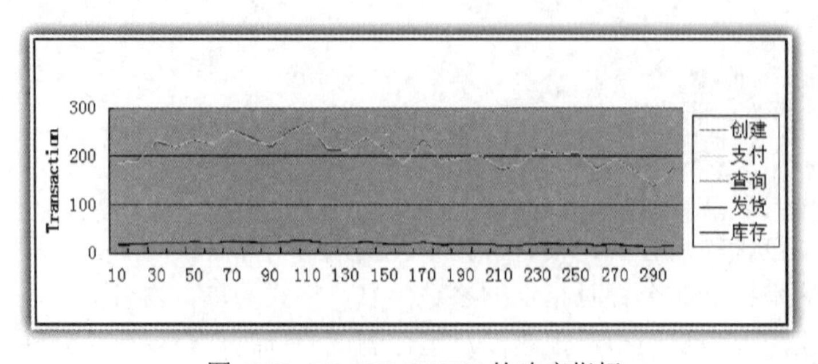

图 13-7 TPCC-MYSQL 的响应指标

接下来输出的信息，是汇总各线程操作的各项事务的数据量，内容如下：

```
<Raw Results>
  [0] sc:6250  lt:0  rt:0  fl:0
  [1] sc:6248  lt:0  rt:0  fl:0
  [2] sc:626  lt:0  rt:0  fl:0
  [3] sc:625  lt:0  rt:0  fl:0
  [4] sc:626  lt:0  rt:0  fl:0
 in 300 sec.
```

在反映数据量时，使用了若干简写指标，不熟悉的朋友肯定不知道它们代表什么意思，而且关键以简写展示，猜都无从猜想，这里也顺道剧透一把，实际代表的意义如下：

- sc：即 success，操作成功的数量。
- lt：即 late，指操作出现延迟的数量。
- rt：即 retry，指操作重试的数量。
- fl：即 failure，指操作失败的数量。

再接下来输出的是不同类型的业务执行的事务数占比情况：

```
 [transaction percentage]
        Payment: 43.46% (>=43.0%) [OK]
   Order-Status: 4.35% (>= 4.0%) [OK]
       Delivery: 4.35% (>= 4.0%) [OK]
    Stock-Level: 4.35% (>= 4.0%) [OK]
```

读的仔细又认真的同学可能会产生一丝疑惑，这几项指标的占比相加后，不到 100%哟，这是什么情况啊。嘿嘿，产生这个疑惑的朋友说明还是不够细心，您再搭眼细瞧，这里列出的只是 4 项业务的占比，而实际上本次测试总共是由 5 个部分组成，差额部分显然就是指新建订单所产生的事务占比情况喽。

在命令行的最后，输出了一项名为 TpmC 的指标：

```
<TpmC>
                 1250.000 TpmC
```

这项指标就可以理解为整体性能指标，它代表了本系统每分钟能够处理的订单数量。注意哟，我说的是分钟，因为这里的 Tpm 是 Transactions per minute 的简写，而 C 指的就是执行 TPC-C 基准测试。

提 示

通过计算，此次测试的 TPS，与我们在前面通过 mysqlslap+mysqladmin 测试 TPS 的结果较为接近，相比来说 TPCC 测试中的 TPS 稍低，这是因为 TPCC 测试中的业务逻辑更多，执行的语句更复杂，占用更多时间也正常。

TPCC 没有收集系统性能指标，不过我们通过其他途径对此期间的系统性能进行了收集，重点关注 CPU 和系统平均负载，详细情况如下。

在此期限，系统的平均负载如图 13-8 所示（收集成 loadavg）。

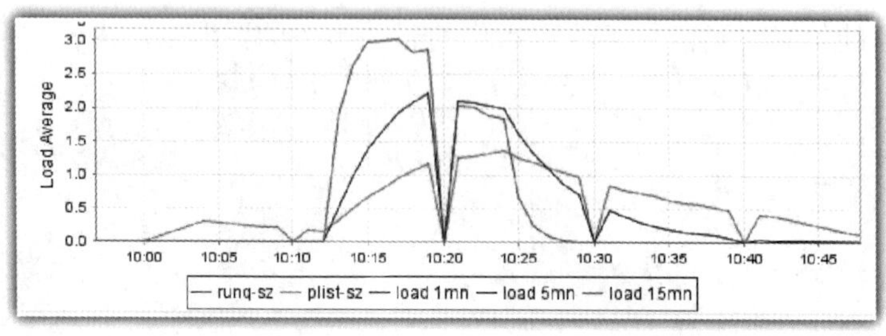

图 13-8　TPCC-MYSQL 执行期间整机负载指标

CPU 使用情况如图 13-9 所示。

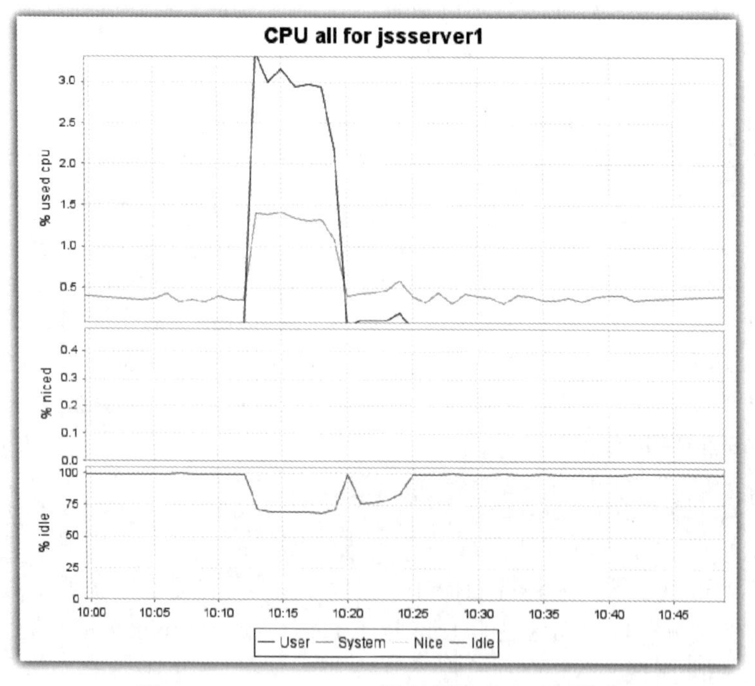

图 13-9　TPCC-MYSQL 执行期间 CPU 各项指标

磁盘的性能是固定的，这里咱们先忽略这项指标吧！

好，现在所有工具都会用了，初步接触过程中，也收集到了一些性能指标，下面咱们谈一谈优化。

13.2　数据库参数配置优化

像 Oracle 或是 MySQL 这类数据库软件，都拥有大量可配置参数，由于这些参数在功能设定或者资源分配上具有绝对效力，在具体操作时有一定概率出现以下这类场景：某同

事跑到 DBA 座位前反映 DB 某项功能，只见 DBA 两手翻飞，片刻后同事满意而去，DBA 所做的操作都是什么目的他也看不懂，脑海留下的印象就是对数据库参数进行了设置，于是问题得以解决。在外行看来（不要主动对号入座哟），设置参数的行为太过印象深刻，再加上网上或书上某些不明所以的文字描述，久而久之，参数具备神奇的效果（从某个角度来看确是事实）算是流传开了。

确实存在一些场景，就是某些参数配置（极）不合理，导致数据库运行的效率不高，或者说无法最大化利用系统资源，通过修改参数配置，就可以显著提升数据库的处理性能。又或者需要某项功能，通过参数控制其启用或禁用。

MySQL 数据库中，与性能扯得上关系的参数真不少，与功能相关的就更多，还有些参数既控制功能也关系到性能，这就更复杂了，再加上 MySQL 的插件式引擎设计，由于不同引擎往往都对应不同的参数，随便数数，几百项参数真的毫不稀奇。本章中做不到面面俱到地讲（真这么讲也无意义了，同学们恐怕难以抓住重点），因此我将参数分为几大类，主讲最常被设定、重要程度相对较高的参数，当然，对于所提到的参数全都是基于三思个人理解，如果有朋友发现有讲的不到位的地方，那一准是我专门设置的对您的**考验**，您悄悄告诉我您已经明白就好了，不要声张。

> **提 示**
> 下列将要介绍的参数，若我提到参数值最大能够支持到 2^{64}，指的都是针对 64 位平台而已，若是 32 位平台，则最大支持 2^{32}。

13.2.1　连接相关参数

（1）max_connections：指定 MySQL 服务端最大并发连接数，值的范围从 1～10 万，默认值为 151。

首先来说这个参数非常重要，因为它决定了同时最多能有多少个会话连接到 MySQL 服务；其次这个参数很有意思，该参数的默认值随着版本的不同一直在变来变去，但总体值的范围都较为保守。咱们以不变应万变，忽略默认值，直接手动指定参数值。设定该参数时，根据数据库服务器的配置和性能，一般将参数值设置在 500～2000 都没有太大问题。

（2）max_connect_errors：指定允许连接不成功的最大尝试次数，值的范围从 1～2^{64} 之间（32 位平台最大为 2^{32}），在 5.6.6 版本默认值是 100，在之前的版本中，默认值仅为 10。

一定不要忽视这个参数，如果尝试连接的错误数量超过该参数指定值，则服务器就不再允许新的连接，没错，实际表现就是拒绝，尽管 MySQL 仍在提供服务，但无法创建新连接了。如果出现这种情况怎么办呢，在已经连接的会话中执行 FLUSH HOSTS，使状态清零，或者重新启动数据库服务，这个代价就太高了，一般不会选择。这个参数的默认值较小，建议加大，我一般会将之设置在 10 万以上的量级。

（3）interactive_timeout 和 wait_timeout：这两个参数都与连接会话的自动超时断开有关，前者用于指定关闭交互连接前等待的时间，后者用于指定关闭非交互连接前的等待时间，单位均是秒，默认值均为 28800，即 8 个小时。

是否是交互模式，取决于客户端创建连接，调用 mysql_real_connect()函数时指定的 CLIENT_INTERACTIVE 选项，如果指定了这个选项，那么 wait_timeout 的值就会被 interactive_timeout 值覆盖，这是基于 MySQL 的实现机制进行的设置，因此这两个参数必须被同时设置（如果你不确定所使用的客户端到底使用交互还是非交互模式）。这个参数的参数值设置有些讲究，不能太小，否则可能出现连上去后，一会儿会话就被断开；可是又不能太大，否则可能存在长时间不操作，但占据着连接资源（如果前端应用层没有主动断开的话）。我个人建议，设置的时长不要超过 24 小时，即参数值小于 86400，应能满足绝大多数的需求。

（4）skip-name-resolve：可以将之简单理解为禁用 DNS 解析，注意哟，这个是服务端的行为，连接时不检查客户端主机名，而只使用 IP。如果指定了这个参数，那么在创建用户及授予权限时，HOST 列必须是 IP 而不能是主机名。建议启用本参数，对于加快网络连接速度有一定帮助（相当于跳过主机名解析）。

（5）back_log：指定 MySQL 连接请求队列中存放的最大连接请求数量，在 5.6.6 版本之前，默认是 50 个，最大值不超过 65535。进入 5.6.6 版本之后，默认值为-1，表示由 MySQL 自行调节，所谓自行调节其实也有规则，即 50+（max_connections/5）。

该参数用来应对这种场景——短时间内有大量的连接请求，MySQL 主线程无法及时为每一个连接请求分配（或者创建）连接的线程，怎么办呢，它也不能直接拒绝，于是就会将一部分请求放到等待队列中待处理，这个等待队列的长度就是 back_log 的参数值，若等待队列也被放满了，那么后续的连接请求才会被拒绝。

13.2.2 文件相关参数

文件相关参数中，有些我们前面章节中讲过了，比如说慢查询日志，错误日志涉及的参数，二进制日志也说了不少，因此这些与文件相关的参数，这里就不再提了，我们把重心放到没讲过的参数上，当然，功能极有可能还是跟前面提到过的参数有关联的哟。

（1）sync_binlog：指定同步二进制日志文件的频率，默认值为 0。

简单来讲，要性能就设置该参数值为 0，为了安全则指定该参数值为 1，如果既想要性能好，又能有一定安全保障，那……那就得听我多啰嗦几句，咱从头开始说起。sync_binlog 参数从字面意义理解，就是为了同步二进制日志。二进制日志的功能大家都知道，从物理上来看就是一堆保存在磁盘上的文件。我们都知道磁盘性能通常不太理想，因此对于写入较频繁的场景，所做操作可能无法立刻写向磁盘，对于二进制日志来说，它也有自己的缓存区（这部分归 binlog_cache_size 参数管，后面会讲），一般会先写到缓存中。

那么 sync_binlog 在这中间起什么作用呢，首先当该参数的参数值设置为 0 时（这也是

该参数的默认值），就表示 MySQL 不关注二进制文件何时刷新，完全交由它自己的缓存机制决定何时刷新磁盘文件，这种情况下性能肯定是很好的，但是存在一定风险，若 MySQL 服务宕机，缓存中未来得及刷新到磁盘的数据就丢失了。

有些朋友读到这儿脑门就开始冒汗，心里琢磨自己管理的数据库重要程度被反复强调，要是出现点儿问题，那丢的不仅是数据，还有自己的位置啊。咋整呢，看来 sync_binlog 的值不能为 0 喽。当 sync_binlog 的值设置为 *n*（注：*n* 大于 0）时，就表示 MySQL 每进行 *n* 次事务后，就触发同步其 binary log 到磁盘（使用 fdatasync()）。如果说将 sync_binlog 参数值设置为 1，这种情况下即使数据库服务崩溃，最多丢失一条语句的数据或者一个事务的数据。当然，每个事务都同步肯定会对性能有影响，因此，大家希望在性能和安全性方面取得平衡的话，可以考虑适当增大 sync_binlog 的参数值，就我个人来说，2/4/6/8/16 都是不错的数字，sync_binlog 最大能够支持无符号的 bigint 数据类型所能支持的最大值（2^{64}），所以 DBA 的选择空间其实是非常广阔的。

（2）expire_logs_days：指定设置二进制日志文件的生命周期，超出将自动被删除，参数值以天为单位，值的范围从 0～99，默认值为 0。

当该参数设置为 0 时，表示从不自动删除二进制日志文件，需要 DBA 手工进行清理。一般将该参数值设置为 7～14 之间，保存 1～2 周时间应该足够了。另外，自动清除操作一般会在启动或二进制日志被 flushed 时，手动删除二进制日志可以通过 PURGE BINARY LOGS 语句进行，不建议直接在操作系统层删除物理文件。

（3）max_binlog_size：指定二进制日志文件的大小，值的范围从 4KB～1GB，默认为 1GB。

单个二进制日志文件不可能无限增长，就算多大它都敢继续往里写，文件系统可能先就受不了啊，因此我们需要为其指定日志文件的最大可用空间，这正是由系统参数 max_binlog_size 进行控制。

对于较繁忙的系统，数百 MB 的文件很正常，就设置为 512MB 吧。当日志文件大小达到 max_binlog_size 指定的大小时，就会创建新的二进制日志文件。不过，max_binlog_size 并不能严格地控制二进制日志文件的大小，生成的日志文件仍有可能超出 max_binlog_size 参数指定的值。这通常会出现在二进制日志快被写满时，又执行一个超大事务，由于事务特性决定相关事件必须连续，因此这种情况下，该事件会写到同一日志文件，这就可能造成日志文件的实际大小超出参数值的现象，但是没关系，除了看着别扭，其他什么都不会影响。

（4）local_infile：指定是否允许从客户端本地加载数据，该参数值为布尔型，默认为允许。这个参数可以说是 LOAD DATA INFILE 的专用参数，用户可以根据实际需求设置为 ON 或 OFF。

（5）open_files_limit：指定操作系统允许 mysqld 进程使用的文件描述符数量，该参数的参数值受较多因素影响，正常情况下，MySQL 会按照规则从下列的 3 个条件中，选

择值最大的一项作为参数值。

- 10 + max_connections + (table_open_cache * 2)。
- max_connections * 5。
- 启动时指定的 open_files_limit 参数值大小，如果未指定默认为 5000。

13.2.3 缓存控制参数

（1）binlog_cache_size：指定二进制日志事务缓存区的大小，默认值为 32KB，最大可以支持到 2^{64}。

为事务指定缓存区，用于缓存二进制日志 SQL 语句，注意这里提到了“事务”，也就是说，这个缓存区仅用于事务。只有当 MySQL 服务中有支持事务的存储引擎，并且启用了二进制日志记录，每个客户端在操作事务时，才会被分配二进制日志缓存。一般来说，该参数设置为 8MB 或 16MB 即可满足绝大多数场景，如果经常使用大量含有多条 SQL 语句的事务，可以通过调高该参数来获得性能的提升，不过最大不建议超过 64MB，这主要是考虑到这个参数是为每一个连接的（支持事务）客户端分配内存，如果连接的客户端较多，每个会话二进制日志缓存占用过多，也不利于系统的整体性能。

（2）max_binlog_cache_size：本参数功能与 binlog_cache_size 参数密切相关，主要用来指定 binlog 能够使用的最大内存区。如果单个事务中执行多个语句所需内存超过该参数设置的话，则服务器会抛出 Multi-statement transaction required more than 'max_binlog_cache_size' bytes of storage 的错误。一般建议该参数为 binlog_cache_size 的两倍大小即可。

（3）binlog_stmt_cache_size：前头介绍的两个参数都与事务有关，那对于非事务的语句缓存怎么控制呢，就是通过 binlog_stmt_cache_size，可以把它理解为是非事务语句的“binlog_cache_size”，该参数其他方面与 binlog_cache_size 完全相同，这里就不重复说了。

（4）table_open_cache：指定 MySQL 同时能够打开的表对象的数量。

在 5.6.8 版本之前，默认值仅为 400，个人认为参数值至少要从 1000 起步，进入 5.6.8 版本之后，默认值更进一步，直接提升至 2000；话说 table_open_cache 是在 MySQL 5.1.3 版本才引入的，之前名为 table_cache 参数，功能是相同的，只是后来改名了而已。

（5）thread_cache_size：指定 MySQL 为快速重用而缓存的线程数量。值的范围从 0～16384，默认值为 0。

一般当客户端中断连接后，为了后续再有连接创建时，能够快速创建成功，MySQL 会将客户端中断的连接放入缓存区，而不是马上中断并释放资源。这样当有新的客户端请求连接时，就可以快速创建成功。因此本参数最好保持一定数量，个人建议在 300～500 之间均可。线程缓存的命中率也是一项比较重要的监控指标，计算规则为(1-Threads_created/Connections)*100%。大家可以通过计算这项指标的值，来优化和调整 thread_cache_size 参数。

（6）query_cache_size：指定用于缓存查询结果集的内存区大小，该参数值应为 1024 的整倍数。

这个参数的设定很有讲究，既不能太小，查询缓存至少会需要 40KB 的空间分配给其自身结构（具体大小要看操作系统架构），太小时缓存的结果集就没有意义，热点数据保存不了多少，而且总是很快就被刷新出去；但是也不能太大，否则可能过多占用内存资源，影响整机性能，再说太大也没有意义，因为即便数据不被刷新，但只要源数据发生变更，缓存中的数据也就自动失效了，这种情况下分配多大都没意义。因此需要综合考虑，查询缓存不是万能的，应用不当不仅无助于性能提升，还有可能降低系统性能。这话貌似说了好几遍了，而且不仅仅适用于 query_cache_size，不过内存类参数的配置就是如此，它讲究一个平衡，过犹不及嘛。那么 query_cache_size 到底怎么设置为好呢，我个人倾向于不要超过 256MB。

（7）query_cache_limit：用来控制查询缓存，能够缓存的单条 SQL 语句生成的最大结果集，默认是 1MB，超出的就不要进入查询缓存。这个大小对于很多场景都足够了，缩小可以考虑，加大就不用了。

（8）query_cache_min_res_unit：指定查询缓存最小分配的块大小，默认为 4KB，最大能够支持到 2^{64}。

当查询能够被缓存时，那么其查询的结果（发送到客户端的数据）就会被保存在查询缓存区中，直到该查询过期。基于 OLTP 的特点，查询结果集通常不会太大，查询缓存一经需要就会为其分配空间（块）保存数据，当一个块被写满，则新的块又会被分配。考虑到频繁分配操作代价比较昂贵（时间成本），因此查询缓存在为结果集分配空间时，默认会按照本小节主角的值进行分配，并视情况可增大到 query_cache_limit 指定的值。

本参数值的大小同样需要认真考量。如果查询多数都是小结果集，那么当指定的块比较大时，就可能会导致内存分裂，这种情况下降低 query_cache_min_res_unit 可能就更合适。如果查询都是大结果集的话，那么增长该参数的参数值可能就更合适。

（9）query_cache_type：设置查询缓存的类型。支持全局或会话级进行设置，可选类型有 3 个：

- 0（OFF）：不使用查询缓存，注意本选项并不会关闭查询缓存区，如果不想分配查询缓存的内存空间，还是需要将 query_cache_size 参数值设置为 0。
- 1（ON）：缓存除 SELECT SQL_NO_CACHE 之外的查询结果，也是本参数的默认选项。
- 2（DEMAND）：只缓存 SELECT SQL_CACHE 的查询结果。

提 示

若要了解查询缓存的实际应用情况，有一系列以 Qcache 开头的状态变量可供参考，大家可以通过 show global status like 'Qcache%'获取这些状态变量的值，辅助分析查询缓存的设置是否合适。比如说，通过状态变量计算查询缓存的命中率，公式如下：Qcache_hits * 100 / (Qcache_hits + Qcache_inserts)。

（10）sort_buffer_size：指定单个会话能够使用的排序区的大小，默认值为 256KB，

最大则能够支持到 2^{64}。

一般当单个会话执行的语句进行排序操作时，会使用这部分空间，如果要排序的数据在 sort_buffer_size 指定的区域内就可以完成排序，那么所有操作都是在内存中进行，性能自然很好；否则的话，MySQL 就不得不使用临时表来交换排序，要知道临时表可是创建在磁盘上的文件，这个性能相比内存中的运行效率，差距不知道有多少倍。

通常当发现状态变量 sort_merge_passes 值比较大时，可以考虑增加 sort_buffer_size 参数值的大小，应该能够有效提升查询效率。不过需要注意，这部分空间一经设置，所有会话都将按此分配排序区，哪怕并非所有会话都需要这么大的排序区，因此，如果设置的过大，也有可能对系统的性能造成负面影响。

考虑到它是基于会话的，如果分配的空间过大，同时 MySQL 服务的会话数很多，那么仅这一块内存的占用就不容忽视，基于这一因素，这个参数一般设置在 1～4MB 之间即可。这有点儿像 Oracle 9i 之前没有 pga_aggregate_target 参数时的日子，最好是显式地在会话中设置该参数的值，当会话需要较大排序区时，则仅为该会话设置一个较大的排序区供其使用。

（11）read_buffer_size：指定顺序读取时的数据缓存区大小，默认是 128KB，最大能够支持到 2GB。

从表中读取数据时也会应用缓存，从表中读取数据其实有两种方式，一种是顺序读取（通常是全表扫描），另一种是随机读取（通常是索引扫描）。当采用顺序方式读取时，数据就会保存在 read_buffer_size 指定的缓存区中。该参数的参数值在设置时应为 4KB 的整倍数，实际上，当设置为一个非 4KB 整倍数的值时，MySQL 也会强制将其降为最接近的 4KB 整倍数。该参数值最大不超过 2GB，一般来说，适当加大本参数，对于提升全表扫描的效率会有帮助。

（12）read_rnd_buffer_size：指定随机读取时的数据缓存区大小，默认是 256KB，最大能够支持到 4GB。

当以随机方式读取数据时，数据就会保存在本参数指定的缓存区中。为该参数指定一个较大的值，能够有效提高 ORDER BY 语句的执行效率，不过需要注意，read_buffer_size 参数和 read_rnd_buffer_size 参数所指定的值，都是针对单个会话，因此不建议指定太大的值，如有需要，可以在 Session 级别单独进行设置。

（13）join_buffer_size：指定表 join 操作时的缓存区大小，默认为 256KB（5.6.6 版本之前为 128KB），最大能够支持到 2^{64}。

不管是索引扫描、索引范围扫描，还是不使用索引的全表扫描的 JOIN 操作，数据所使用的内存区都是由 join_buffer_size 参数指定。通常来说，最好、最快的连接方式仍是使用索引，只有当创建的所有索引都不生效时，才会使用这部分空间来存储表连接时的数据。参与 FULL JOIN 的每一个表都需要有自己独立的 Join Buffer，所以这个参数分配的话，至少是两个。对于比较复杂的多表连接查询，还可能会使用多个 join 缓存区。对于这个缓存区的设置，建议参照 sort_buffer_size 的方式，全局值设置得保守些，对于特殊的查询，可

以单独设置 Session 级别的更适合的参数值。

（14）net_buffer_length：指定单个客户端与 MySQL 服务端交互时，相关信息的缓存区大小，默认是 16KB，最大能够支持到 1MB。

每个客户端的连接都需要与服务端进行交互，交互的信息也需要缓存，以保存连接信息、语句的结果集等，这类缓存池的起始大小就是由 net_buffer_length 参数决定，而后会动态增长，直到达到 max_allowed_packet 参数指定值。该参数默认值即可满足大多数场景需求，不建议进行修改，如果内存着实有限，可以考虑适当减小。

（15）max_allowed_packet：指定网络传输时，单次最大传输的数据包大小。在 5.6.6 版本之前默认为 1MB，进入 5.6.6 版本之后，默认是 4MB 大小。

这个参数与前面提到的 net_buffer_length 相关联，数据包初始化时被置为 net_buffer_length 参数指定的值，不过最大可以增长到 max_allowed_packet 指定的参数值大小。该参数值默认情况下比较小，建议增加，特别是当使用了大字段类型（如 BLOB）时，该参数值最大不超过 1GB，应该设置成 1024 的倍数。

（16）bulk_insert_buffer_size：指定批量插入时的缓存区大小，默认大小是 8MB，最大可以支持到 2^{64}。

该参数用于加速像 INSERT ... SELECT、INESRT ... VALUES、...以及 LOAD DATA INFILE 这类语句。这是个会话级的参数，可以动态调整，实际使用过程中，可以视需求加大（比如恢复 mysqldump 导出的数据时），如果批量插入的机会不多的话，也就无所谓了，保持默认值即可。

（17）max_heap_table_size：指定内存表（Memory 引擎表对象）的最大可用空间，默认值为 16MB，最大可以支持到 2^{64}。

该值可用来计算内存表的 max_rows 值。需要注意的是，修改该参数值，不会影响当前已经存在的内存表，除非又通过 CREATE/ALTER/TRUNCATE 重建了内存表。默认值 16MB 确实偏小了，如果内存表对象应用频繁，可以适当加大本参数的值。

（18）tmp_table_size：指定内部内存临时表的最大可用空间（实际大小将取决于 tmp_table_size 和 max_heap_table_size 两参数的最小值）。

当内存临时表达到最大值时，MySQL 自动将其转换成保存在磁盘上的 MyISAM 类型的表对象。如果内存超大，并且临时表需要执行复杂的 GROUP BY 查询，那么可以适当增加 tmp_table_size（以及 max_heap_table_size）参数的参数值。可以通过 SHOW GLOBAL STATUS LIKE '%created_tmp%'查看创建的内部磁盘临时表（created_tmp_disk_tables）和内部临时表（created_tmp_tables）的总数量，来确定 tmp_table_size 参数值是否合适。

13.2.4　MyISAM 专用参数

（1）key_buffer_size：指定 MyISAM 表索引的缓存区大小，该缓存区为所有线程共用，注意这里说的是共享使用，而不是针对单个会话。默认的缓存区大小是 8MB，对于

32 位平台来说，该参数最大值为 4GB，64 位平台则无此限制。

大家要注意了，该参数绝不是越大越好，即使您所管理的数据库服务器上，只有 MyISAM 引擎的表对象，建议该参数值最大也不要超过物理内存的 25%，何况现如今已是 InnoDB 引擎的天下，本参数指定个 128MB 就算顶天了。

对于纯 MyISAM 引擎对象的数据库服务，key_buffer_size 的可配置性还是很强的，尽管缓存区只有一个，但是它也能配置成多个键值缓存区，分别对应较热/较冷等不同热点的缓存数据，此外还有专门的 CACHE INDEX/LOAD INDEX INTO CACHE 等语句，用于加载或处理缓存中的数据等，具体技术细节非本节要点，这里就不详细阐述，有兴趣的朋友可以自行参考官方文档中的相关章节。

提 示

要检查 MyISAM 索引缓存区应用的性能怎么样，也可以通过一些状态变量中给出的指标值。比如说，大家可以通过 SHOW GLOBAL STATUS like 'key%';获取与 key_相关的状态变量。

计算缓存命中率可使用公式：1-(key_reads/key_read_requests)*100，这个值最好能无限接近于 1。

计算缓存写的比例可使用公式：key_writes/key_write_requests，如果有大量的更新或删除，那么这个值也应该趋近于 1。

（2）key_cache_block_size：指定索引缓存的块大小，值的范围从 512B 到 16KB，默认是 1KB。

注意这个参数不仅仅是在缓存区中保存键值的大小，而且也决定了从磁盘*.MYI 文件中读取索引键值时，一次读取的块大小，因此本参数的设置最好能够与磁盘的 IO 能力综合考虑，使之相互匹配，以获得更好的 I/O 性能。

（3）myisam_sort_buffer_size：指定 MyISAM 引擎排序时的缓存区大小，默认是 8MB，最大能够支持到 2^{64}B。

咱们前面提到过 sort_buffer_size，本参数跟那个功能差不多，只不过本参数属于 MyISAM 引擎表对象专用，当执行 REPAIR TABLE 或 CREATE/ALTER INDEX 重建索引时会用到，为 MyISAM 引擎表对象的索引排序分配缓存区。

（4）myisam_max_sort_file_size：当重建 MyISAM 索引（REPAIR TABLE/ALTER TABLE/LOAD DATA INFILE）时，MySQL 允许操作的临时文件最大空间，32 位平台默认值为 2GB，64 位平台则可以理解为无限制（已达 EB 量级）。如果文件大小超出了该参数值，则索引创建时也会把 key_cache_size 用上，但是大家都知道那个缓存区太小，缓存中的频繁数据交换将导致速度慢很多。因此如果索引文件超出该参数值，并且在磁盘空间有空闲的情况下，提高该参数值能够提高系统性能。

（5）myisam_repair_threads：指定修复 MyISAM 表时的线程数，默认值为 1。如果该参数值被指定为大于 1，则 Repair by sorting 过程中，MyISAM 表索引（每个索引都将拥有独立的线程）创建时将启用并行。

13.2.5　InnoDB 专用参数

（1）innodb_buffer_pool_size：指定 InnoDB 引擎专用的缓存区大小，用来缓存表对象的数据及索引信息，默认值为 128MB，最大能够支持(2^{64} -1)B。

innodb_buffer_pool_size 是个全局参数，其所分配的缓存区将供所有被访问到的 InnoDB 表对象使用（对于了解 Oracle 数据库的朋友来说，这听起来很像 db_cache_size 起到的功能），若 MySQL 数据库中的表对象以 InnoDB 为主，那么本参数的值就越大越好，官方文档中也是这么建议，可以将该参数设置为服务器物理内存的 80%。不过，这说的是理想情况，实际设置时还是要考虑各种因素，以避免内存分配超量，造成操作系统级别的换页操作。此外，MySQL 服务启动时，初始化该内存区时所花费的时间也会与该内存区大小成正比，因此设置超大内存区时，还需要考虑其对 MySQL 数据库启动速度的影响。InnoDB 缓存命中率也可以通过状态变量的值进行计算，公式为 1- (innodb_buffer_pool_reads/innodb_buffer_pool_read-requests)*100，命中率越接近 100%越好，说明几乎所有要请求的数据，都能从内存中获取，效率自然刚刚的。

（2）innodb_buffer_pool_instances：指定 InnoDB 缓存池分为多少个区域来使用，值的范围从 1～64，默认值为-1，表示由 InnoDB 自行调整。

当 InnoDB 缓存池较大（现如今动辄以 GB 计算）时，就需要考虑如何高效利用这个空间，内存资源很宝贵，尽管内存中操作数据的效率相比磁盘要高上许多，但也不是说数据放在内存就一定会快，能不能用好可是很有讲究的，尤其当 InnoDB 缓存池能够使用数 GB 甚至数十 GB 内存空间时，若将之当做整块区域操作，管理成本显然太高。甚至这一点，InnoDB 缓存池也能够被分块处理，innodb_buffer_pool_instances 参数就是用来指定 InnoDB 缓存池的区块个数。每个区块都拥有自己的 LRU 列表及相关数据结构，这就相当于把一块大的缓存池，划分成多个小的缓存池来管理，不同连接的读写操作的是不同的缓存页，以提高并发性能。只有当 innodb_buffer_pool_size 参数值大于 1GB 时，本参数才有效，默认是 8（32 位平台默认值是 1）。那么本参数怎么设置合适呢，个人感觉可以参照 InnoDB 缓存池的大小，以 GB 为单位，每 GB 指定一个 instances。例如，当 innodb_buffer_pool_size 设置为 16GB 时，则指定 innodb_buffer_pool_instances 设置为 16 即可。

（3）innodb_max_dirty_pages_pct：指定 InnoDB 缓存池中的脏页（即已被修改，但未同步到数据文件）比例，本参数值的范围是 0～99，默认值是 75。

InnoDB 更新 innodb_buffer_pool_size 中的数据时，并不会实时将数据写回到磁盘，而是等待相关的触发事件，本参数就是指定缓存数据中被改动数据未刷新到磁盘的最大百分比。如果数据库的写操作比较频繁，建议适当降低这个比率值，以减少 mysql 宕机后的恢复时间，当然这样也会带来更多的 I/O 操作。

（4）innodb_thread_concurrency：指定 InnoDB 内部的最大线程数，值的范围为 0～1000，默认值为 0。

当线程数达到该参数指定数量时，后面的线程将被置入 FIFO 队列进入等待状态，不过当参数值设置为 0 时，就表示没有限制，完全交由 InnoDB 自己去管理可创建的线程数量。这个参数的设置争议较大，而且从 MySQL 版本演进过程中，该参数默认值的变化，也可以看出这一点。在 5.1.12 版本之前，该参数默认值曾经数次变更，先是 8，然后是 20，后又变为 8，再之后又改成 20，从 5.5 版本开始，该参数默认值就是 0。就我个人来说，我宁愿将之设置为 0，交给 InnoDB 自己维护好了。

（5）innodb_flush_method：用来控制 InnoDB 刷新数据文件及日志文件的方式，仅作用于 Linux、UNIX 操作系统，与 I/O 吞吐量有密切关系。InnoDB 默认使用 fsync()系统调用刷新数据文件和日志文件，此外还有 O_DSYNC、O_DIRECT、O_DIRECT_NO_FSYNC 几个选项。

当指定为 O_DSYNC 选项时，InnoDB 将使用 O_SYNC 方法打开并刷新日志文件，使用 fsync()刷新数据文件；若指定为 O_DIRECT 选项，则会使用 O_DIRECT（在 Solaris 系统中则使用 directio()调用）打开数据文件，使用 fsync()刷新数据文件和日志文件；若指定为 O_DIRECT_NO_FSYNC 选项，在刷新 I/O 时它会使用 O_DIRECT，不过之后会跳过 fsync()系统调用，这种选项不适用于 XFS 文件系统。

根据硬件配置的不同，指定 O_DIRECT 或 O_DIRECT_NO_FSYNC 在性能方面的表现可能正好相反。例如，对于使用支持回写保护的硬件 RAID 卡，使用 O_DIRECT 选项可以避免 InnoDB 缓存和操作系统层缓存的双重缓存写，而对于将数据文件及日志文件保存在基于 SAN 存储的系统，在应对大量 SELECT 语句时，使用 O_DSYNC 选项可能会更快一些。

（6）innodb_data_home_dir：指定 InnoDB 数据文件保存的路径，默认将保存在 MySQL datadir 参数指定的路径下。

（7）innodb_data_file_path：指定 InnoDB 数据文件名及文件大小。

（8）innodb_file_per_table：指定是否将每个 InnoDB 表对象存储到独立的数据文件。

（9）innodb_undo_directory：指定 InnoDB 引擎的 UNDO 表空间数据文件存储路径。

（10）innodb_undo_logs：指定回滚段的数量，默认值是 0，值的范围从 0～128。

（11）innodb_undo_tablespaces：指定 InnoDB 回滚段表空间（其实也是数据文件）的数量，这些文件就会创建到 innodb_undo_directory 参数指定的路径下。

（12）innodb_log_files_in_group：指定 InnoDB 日志文件组中日志文件的数量。

（13）innodb_log_group_home_dir：指定 InnoDB 日志文件的保存位置。

（14）innodb_log_file_size：指定 InnoDB 单个日志文件的大小。

上述几项参数的详细情况在 7.4.2 节介绍得很清楚，这里就不重复说了。

（15）innodb_log_buffer_size：指定 InnoDB 日志缓存区的大小，最小 256KB，最大则不超过 4GB，默认为 8MB。

为该参数指定一个适当的值，能够延缓未提交事务向磁盘日志文件的写操作频率，因此对于较大事务的应用，可以考虑加大该缓存池以节省磁盘 I/O，通常 4～8MB 都是合适

的，除非事务量极多，写入量极高，否则再大恐怕也无意义。

（16）innodb_flush_log_at_trx_commit：指定 InnoDB 刷新 log buffer 中的数据到日志文件的方式，默认值为 1，可选值为 0/1/2，可选的参数值尽管不多，不过这个参数在设置时还是很有讲究的，同时它还跟 sync_binlog 参数有所关联，因此我感觉有必要多说几句。

当参数值为 0 时，则 log buffer 每秒向日志文件写入一次，并写入磁盘，但是在事务提交前不做任何操作（不要同步数据文件），在此期间，mysqld 进程崩溃，则会导致丢失最后一秒中的事务；当参数值为 1 时，只要事务提交或回滚，就会将缓存中的数据写入日志文件，并且明确触发文件系统同步数据；当参数值为 2 时，log buffer 在遇到事务提交时，会将缓存写向日志文件，但是并不会即刻触发文件系统层的同步写入。这里稍稍有些不保险，因为我们知道文件系统层也有缓存设计，所以这类写入不能保证数据已经被写入到物理磁盘，它只是调用了文件系统的文件写入操作，在这种情况下，若 mysqld 进程崩溃，那么数据还是安全的（不影响操作系统层的缓存刷新），不过若操作系统崩溃或主机掉电，那就有可能导致丢失最后一秒中的事务。

所以，由此来看，设置该参数为默认值 1 可以达到较高的安全性，设置成不为 1 则可以获得更好的性能（不过发生崩溃时可能会丢失一定事务的数据），如何选择，就要看实际情况而定了。

（17）innodb_flush_log_at_timeout：指定每隔 n 秒刷新日志，默认值为 0，值的范围为 0～27000，这是 5.6 版本新引入的参数，只有当 innodb_flush_log_at_trx_commit 指定为 2 时才有效。

（18）innodb_lock_wait_timeout：指定 InnoDB 事务等待行锁的超时时间，以秒为单位，默认为 50 秒。

单个事务尝试获得一行数据时，如果该行数据被 InnoDB 的其他事务所锁定，那么该事务会先进入等待状态，等待本参数指定的时间后若仍未成功获得，则抛出下列错误：ERROR 1205 （HY000）: Lock wait timeout exceeded; try restarting transaction。

当发生锁等待超时，那么当前语句并没能被成功执行，当前事务也不会显式回滚（如果要自动回滚，可以在启动服务器时指定 innodb_rollback_on_timeout 选项加以控制）。该参数仅作用于 InnoDB 的行锁，对表锁无效，对死锁也无效，因为 InnoDB 能够自动检测到死锁，并自动回滚一个事务，这种情况下该参数也不起作用。

（19）innodb_fast_shutdown：指定 InnoDB 引擎的关闭模式，有 0/1/2 三种选择，默认值为 1。

当参数值为 0 时，InnoDB 的关闭时间最长，它要完成所有数据清除以及插入缓存区的合并；参数值为 1 时是快速关闭模式，InnoDB 会跳过上述操作，直接关闭；当参数值为 2 时，InnoDB 首先刷新其日志文件到磁盘，而后执行冷关闭，如果 MySQL 崩溃了，那么未提交的事务中的数据就丢失了，下次启动时会执行故障恢复。一般保持默认值即可，除非遇到紧急情况，需要立刻关闭数据库，否则不要将参数值设置为 2。

13.2.6 参数优化案例

要说看到这里，我们已经接触过很多很多参数，不过与 MySQL 数据库所支持的参数相比，可能连 1/10 都不到。就本章提到的这数十项参数来说，少部分与功能有关，大部分与性能有关，看完后大家理解了多少呢。

与功能有关的参数倒还好做选择，所需考虑的，不外是启用或是禁用，多数都是二选一，即使是像 innodb_flush_method/innodb_fast_shutdown 这类有多个参数值的，也不过就是三选一或四选一罢了，总归不算太复杂，也比较容易拿定主意。对于那些内存参数，可就有的纠结喽。内存参数可选空间太大，我估摸着好多朋友看完前面的参数介绍，更糊涂了，尽管每一个汉字、数字及字母都认识，每一个参数管理的功能也都能看懂，不少参数甚至注明了推荐的设置项，但各项参数具体该怎么设定，内存如何分配呢，还是拿不定主意。

这一方面是因为文字的介绍毕竟不够直观，大家对参数的理解还不深入，另一方面是应用场景不同，我们没法提供一套统一配置适合所有情况，再说若真有这样的配置，那么 MySQL 默认就会将参数如此设置了不是。

为了能够帮助大家理解，接下来，我想以咱们当前使用的测试环境为例。通过预设场景，为其指定不同的参数配置，并通过 13.1 学过的性能测试方法，来验证我们所做的设置优与劣。这样一方面让大家对参数有个直接的认识，另一方面也通过实际的运行，检验不同参数设置对性能的影响。

当前用来测试的服务器拥有 16GB 的物理内存，假定其峰值最大连接数为 500 个，表对象均使用 MyISAM 或 InnoDB 两种存储引擎，其中以后者为主，针对这种情况，我们的内存参数应该如何配置呢。如果由我来配置，我会按照下面的思路：

（1）首先，为操作系统预留 20%的内存，约为 3GB。

（2）与线程相关的几个关键参数设置如下：

```
sort_buffer_size=2m
read_buffer_size=2m
read_rnd_buffer_size=2m
join_buffer_size=2m
```

预计连接数达到峰值时，线程预计最大将有可能占用 500*(2+2+2+2)=4GB 内存（理论最大值）。

（3）MyISAM 引擎的表对象不多，主要都是些系统对象，记录条数均有限，因此与之相关的几个缓存区就没必要分配太多内存，相关参数设置如下：

```
key_buffer_size=16m
key_cache_block_size=64k
myisam_sort_buffer_size=64m
```

（4）剩下的空间 16-3-4=9GB，就可以全部都分配给 InnoDB 的缓存池，设定相关参数如下：

innodb_buffer_pool_size=9g
innodb_thread_concurrency=8
innodb_flush_method=O_DIRECT
innodb_log_buffer_size=16m
innodb_flush_log_at_trx_commit=2

其他还有如查询缓存池、二进制日志缓存等配置，相对来说，占用的空间有限，这里就不一一提及。经过配置后，MySQL 的初始文件内容如下：

```
$ more /data/mysqldata/3306/my.cnf
............
............
# The MySQL server
[mysqld]
port      = 3306
user      = mysql
socket    = /data/mysqldata/3306/mysql.sock
pid-file  = /data/mysqldata/3306/mysql.pid
basedir   = /usr/local/mysql
datadir   = /data/mysqldata/3306/data
tmpdir    = /data/mysqldata/3306/tmp
open_files_limit    = 10240
explicit_defaults_for_timestamp
sql_mode=NO_ENGINE_SUBSTITUTION,STRICT_TRANS_TABLES
federated
server_id = 2413306
max_connections = 1000
max_connect_errors = 100000
interactive_timeout = 86400
wait_timeout = 86400
skip-name-resolve
sync_binlog=0
# Buffer
sort_buffer_size=2m
read_buffer_size=2m
read_rnd_buffer_size=2m
join_buffer_size=2m
net_buffer_length=16k
max_allowed_packet=512m
bulk_insert_buffer_size=32m
max_heap_table_size=512m
tmp_table_size=512m
thread_cache_size=300
query_cache_size=128m
query_cache_limit=1m
```

```
query_cache_min_res_unit=4k
key_buffer_size=16m
myisam_sort_buffer_size=64m
myisam_max_sort_file_size=10g
myisam_repair_threads=1
# Log
log-bin  = ../binlog/mysql-bin
binlog_cache_size = 32m
max_binlog_cache_size = 64m
binlog_stmt_cache_size=32m
table_open_cache=2048
max_binlog_size = 512m
binlog_format = statement
log_output = FILE
log-error =  ../mysql-error.log
slow_query_log = 1
slow_query_log_file = ../slow_query.log
general_log = 0
general_log_file = ../general_query.log
expire-logs-days = 14
relay-log = ../binlog/relay-bin
relay-log-index = ../binlog/relay-bin.index
# InnoDB
innodb_data_file_path = ibdata1:2048M:autoextend
innodb_log_file_size = 128M
innodb_log_files_in_group = 3
innodb_buffer_pool_size=9g
innodb_buffer_pool_instances=-1
innodb_max_dirty_pages_pct=70
innodb_thread_concurrency=8
innodb_flush_method=O_DIRECT
innodb_log_buffer_size=16m
innodb_flush_log_at_trx_commit=2
```

修改完之后，莫忘记重新启动 MySQL 服务，以使我们所做的配置生效。

有不少朋友初接触性能优化与诊断时，往往不知道从何着手，迷茫于不知如何判断一套数据库系统运行的到底好还是不好，系统参数配置合理还是不合理，数据库中对象设计优秀还是普通，SQL 语句高效还是低能等，被一堆的问号所包围。在这一节不仅仅讲技巧，我也想谈一谈方法。

通过本章第一节的学习，我们了解了多项指标，也学习了多种测试方法，不过最重要的是，我们拥有当前这套 MySQL 服务的性能数据，这就相当于建立了一项基准啊朋友们。后来咱们又新增/修改了多项配置，怎么判断改动是利是弊呢？最简单的方式，不就是再做一遍测试，而后将新得到的测试数据，与事前的基准测试数据相比，谁高谁低、孰优孰劣不是就一目了然了嘛。

接下来，就到通过测试来检验所做配置效果的时候了。可选的测试方法很多，这里我

决定使用 mysql-tpcc 这款较为标准化的测试工具，不为别的，主要是考虑到它知名度高，测试结果拿出来说服力也强。

下面有请 tpcc_start 再度出场，为咱们衡量优化后的 MySQL 服务表现如何，执行命令如下：

```
    $ /data/software/tpcc-mysql/tpcc_start -h 192.168.30.241 -d tpcc -u root -p "" -w 10 -c 10 -r 100 -l 300 -f /home/mysql/tpcc_mysql-new.log -t /home/mysql/tpcc_mysql-new.rtx
    ............
    ............
    RAMP-UP TIME.(100 sec.)

    MEASURING START.

      10, 354(0):3.299|4.816, 354(0):0.729|0.922, 35(0):0.374|0.415, 35(0):3.936|4.297, 34(0):11.659|15.378
      20, 421(0):1.975|2.754, 422(0):0.511|0.697, 42(0):0.277|0.293, 43(0):2.396|2.522, 42(0):4.103|4.769
      30, 460(0):2.095|3.133, 453(0):0.521|0.670, 45(0):0.251|0.366, 45(0):2.448|2.955, 47(0):3.646|3.906
      40, 562(0):1.708|2.185, 570(0):0.525|0.684, 58(0):0.250|0.300, 56(0):2.200|2.233, 56(0):3.960|4.084
    ............
    ............
```

从当前这个输出的信息来看，比参数优化之前提升还是比较明显的，我们将此区块生成的测试数据导入到 Excel 中制作图表，以图形展示结果如图 13-10 所示。

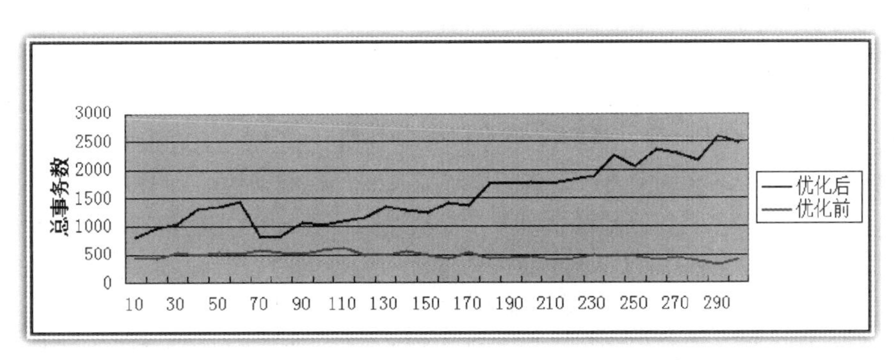

图 13-10 优化前后的 MySQL 服务 TPCC 指标

以图形方式展示的数据更加直观，优化后的性能明显高于优化前，并且优化后，任务执行后期的统计数据表明，趋势明显向上，看起来性能仍有继续提升的空间。

在命令行的最后，输出的 TpmC 的指标：

```
<TpmC>
                 4043.400 TpmC
```

从最后输出的这项指标来看，每分钟能够处理的订单数量大幅增加，从原来的 1000 左右，直接提升至 4000 出头，性能提升超过 3 倍。说明咱们所做的参数优化的效果非常明显，这也从某个角度佐证了，参数配置的合适与否，确实极大地影响系统的性能啊！

不过，要注意哟，参数优化在特定场景下极为有效，但千万别走火入魔，以为甭管啥问题都是通过参数优化来解决。参数优化最擅长什么样的场景呢，我为大家举个例子。

就好比您开了家馆子价钱便宜量又足，大家都爱吃，可来的人多了之后发现有问题了，上菜太慢了，每道菜都得好半天才能做好，人少的时候体现的还不明显，如今客流量一大，上菜慢的问题就暴露出来了。上菜快慢直接影响客流，客流直接影响收入，收入直接关系到能不能赚到钱，您作为老板，开这馆子又不是做慈善，不赚钱不行的啊，因此上菜慢的问题必须要解决。为此，您专门请人制订了流程，规范了服务，培训了服务员，扩大了厨房面积，但上菜还是慢，主要是厨师做菜就慢，厨子换了好几个都不行，后来请到专家来检查，最终发现原来是天然气阀门没开（或没开全），后面的故事就不说了。

在这个例子里，天然气阀门就是控制参数。由此希望大家明白，首先能不能找到这个参数非常重要，其次不是所有问题都能由这个参数解决。路漫漫其修远兮，同学们多多努力哟。

13.3 分析慢查询日志

要对数据库进行优化，首先要做的是通过观察数据库服务的运行情况进行分析，排查问题，找出瓶颈，之前章节中也提到过这方面的方法和技巧。对于多数开发和 DBA 来说，最容易被发现和解决的就是 SQL 语句，因此各方都较为关注这方面话题。Oracle 数据库中前有 Statspack 工具包，后来又推出 ASH/AWR 特性，都是用来做 SQL 的性能分析，当然这些都是基于 Oracle 强大的底层数据收集。

MySQL 数据库相对轻量，搞不出像 AWR 那样的特性，可是它却能独辟蹊径，提供了一项非常独特的功能，就是慢查询日志。通过定义一个时间阈值，将所有执行时间达到阈值（即语句的执行时间，达到或超过系统变量 long_query_time 指定的值，或者未使用索引）的语句都记录到指定文件中，DBA 重点关注文件中输出的内容即可，简单粗暴，却直接有效，是一项非常重要的调优辅助工具。

我们在前面的章节中专门介绍过慢查询日志（参见 8.3.1 节），当时谈的更多是与配置相关的理论知识，本小节我想谈一谈，有了慢查询日志怎么分析。

MySQL 的慢查询日志是个文本文件，查看该文件所包含的内容，有很多种方式。乍听似乎并无太多技术含量，可是 mysql 默认记录的日志格式阅读时不够友好，这是由 MySQL 日志记录规则所决定的，捕获一条就记录一条，虽说记录的信息足够详尽，但如果将浏览慢查询日志作为一项日常工作，直接阅读 mysql 生成的慢查询日志就有可能比较低效了。而且，若数据库的性能确有问题，大量 SQL 语句的执行时间，均达到慢查询的阈值，并记录至慢查询日志文件，这就带来两个问题：

- 慢查询日志文件变得超级大，记录条数极多，逐行浏览已不现实，怎么处理？
- 大量的慢查询记录，可能只是由某几条 SQL 语句触发，这几条 SQL 语句有可能正是导致瓶颈的最大嫌疑，怎么快速地找出它们呢？

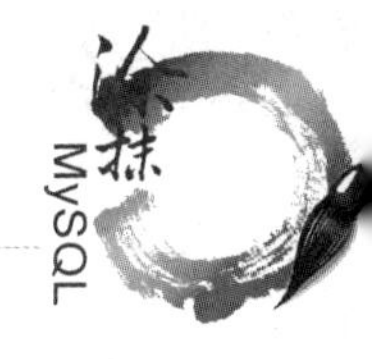

针对这两个问题，经过多方走访四处咨询，终于请来 mysqldumpslow 和 mysqlsla 两位高人为大家指点迷津，首先出场的是 mysqldumpslow，大家鼓掌。

13.3.1　mysqldumpslow 命令

mysqldumpslow 命令是 MySQL 自带的，专用来分析慢查询日志的命令行工具，这是一段用 perl 语言编写的脚本。它能够将类似的 SQL 语句（即语句抽象，将 SQL 语句相同但语句中的值不同）归为一组显示。

比如说，源文件中包含一系列的内容如下：

```
# Time: 130904  9:45:48
# User@Host: xxxxxxx @  [xxx.xxx.xxx.xxx]
# Query_time: 1.339792  Lock_time: 0.000023 Rows_sent: 8648  Rows_examined: 8648
SET timestamp=1378305948;
select item_id,izi_cid,izi_cid_time from dw_izi where id=38;
# Time: 130904 10:44:51
# User@Host: xxxxxxx @  [xxx.xxx.xxx.xxx]
# Query_time: 1.182482  Lock_time: 0.000021 Rows_sent: 8657  Rows_examined: 8657
SET timestamp=1378309491;
select item_id,izi_cid,izi_cid_time from dw_izi where id=39;
# Time: 130904 10:45:17
# User@Host: xxxxxxx @  [xxx.xxx.xxx.xxx]
# Query_time: 1.160936  Lock_time: 0.000065 Rows_sent: 8658  Rows_examined: 8658
SET timestamp=1378309517;
select item_id,izi_cid,izi_cid_time from dw_izi where id=40;
...........
...........
```

通过 mysqldumpslow 命令分析，日志输出信息就将变成：

```
Reading mysql slow query log from slowlog20130904.log
Count: 4  Time=0.00s (0s)  Lock=0.00s (0s)  Rows=0.0 (0), xxxx@[xxx.xxx.xxx.xxx]
  select item_id,izi_cid,izi_cid_time from dw_izi where id=N
..........
..........
```

就如我们演示的那样，原始的慢查询日志中记录的多条相同的语句被抽象为一条，这样就更便于解读。

mysqldumpslow 命令的参数不多，常用的就更少了（因为 mysqldumpslow 本身就不大常用），我简单给大家汇总一下。

最值得关注的，首先是与排序相关的参数，即-s 参数，该参数拥有下列排序规则：

- -s t：按照总的查询时间排序。
- -s at：按照平均查询时间排序。
- -s l：按照总的锁定时间排序。
- -s al：按照平均的锁定时间排序。
- -s s：按照总的记录行数排序。

- -s as：按照平均的记录行数排序。
- -s c：按照语句执行的次数排序，这也是默认的排序方式。

此外，还有另外两个参数值得关注：

- -r：按照排序规则倒序输出，也就是说先执行-s 参数指定的规则，而后将数据以倒序的方式输出。
- -t：用来控制输出的 SQL 语句的数量。比如慢查询日志中共有 10000 条记录，抽象后产生 100 条不同的 SQL 语句，但实际上后面的 90 条，每个只执行了一次，前面的 10 条语句产生了 9910 次慢查询，对于 DBA 来说，重点关注这 10 条即可。-t 参数就是用来控制，只显示最前面的若干条语句。

比如说，针对前面所举的示例，我们实际执行的命令行为：

```
$ mysqldumpslow -s c -t 1 slowlog20130904.log
```

mysqldumpslow 命令行提供了一定的慢查询日志分析汇总功能，但是功能还是稍嫌薄弱了些，灵活性不高，对于慢查询日志中微秒的支持也不够全面，如果需要更强大的工具，那就继续往下看。

13.3.2 mysqlsla 命令

说起分析慢查询日志，除了 MySQL 自带的 mysqldumpslow 命令外，还有不少第三方的分析工具，其中，三思用过一款名为 mysqlsla 的命令行工具，相较 mysqldumpslow 命令，不仅功能要强大得多，操作简单又易用，而且输出信息的可读性也极佳。

mysqlsla 也是使用 perl 语言编写的脚本，由 hackmysql.com 推出，它不仅能用来分析慢查询，而且还可以解析二进制日志以及标准查询日志。当前 mysqlsla 的最新版本为 2.03，可以直接在官方网站获取，下载地址为 http://hackmysql.com/scripts/mysqlsla-2.03.tar.gz。

mysqlsla 命令运行时需要若干 perl 模块的支持，考虑到有些朋友对 perl 并不熟悉，因此这里直接将几个依赖包的安装步骤列出如下，比照执行即可：

```
# perl -MCPAN -e shell
cpan> install Time::HiRes
cpan> install File::Temp
cpan> install Data::Dumper
cpan> install DBI
cpan> install Getopt::Long
cpan> install Storable
cpan> install Term::ReadKey
```

准备工作完成后，就可以安装 mysqlsla 了，编译安装步骤如下：

```
# wget http://hackmysql.com/scripts/mysqlsla-2.03.tar.gz
# tar xvfz mysqlsla-2.03.tar.gz
# cd mysqlsla-2.03
# perl Makefile.PL
# make
# make install
```

mysqlsla 命令默认会保存在/usr/bin 路径下，这样方便在任意路径下调用。

对慢查询日志文件的分析，最简化的调用方式如下：

```
# mysqlsla -lt slow [SlowLogFilePath] > [ResultFilePath]
```

比如说，原始慢查询日志中有下列语句：

```
# Time: 130417  0:00:09
# User@Host: junsansi[junsansi] @  [192.168.1.27]
# Query_time: 3  Lock_time: 0  Rows_sent: 1  Rows_examined: 17600
select min(DOC_HIS_ID) AS DOC_HIS_ID from t_******** where DOC_HIS_ISTEAMMATE=1 and
        DOC_HIS_EDITOR_USER_ID_ENCRYPT='nfEACAwQEW1MICAN2';
# User@Host: junsansi[junsansi] @  [192.168.1.27]
# Query_time: 4  Lock_time: 0  Rows_sent: 1  Rows_examined: 17600
select min(DOC_HIS_ID) AS DOC_HIS_ID from t_******** where DOC_HIS_ISTEAMMATE=1 and
        DOC_HIS_EDITOR_USER_ID_ENCRYPT='nfEACAwQEW2MICAN2';
# User@Host: jss[junsansi] @  [192.168.1.26]
# Query_time: 4  Lock_time: 0  Rows_sent: 1  Rows_examined: 17600
select min(DOC_HIS_ID) AS DOC_HIS_ID from t_******** where DOC_HIS_ISTEAMMATE=1 and
        DOC_HIS_EDITOR_USER_ID_ENCRYPT='nfEACAwQEW3MICAN2';
# User@Host: junsansi[junsansi] @  [192.168.1.27]
# Query_time: 3  Lock_time: 0  Rows_sent: 1  Rows_examined: 17600
select min(DOC_HIS_ID) AS DOC_HIS_ID from t_******** where DOC_HIS_ISTEAMMATE=1 and
        DOC_HIS_EDITOR_USER_ID_ENCRYPT='nfEACAwQEW4MICAN2';
# User@Host: jss[junsansi] @  [192.168.1.26]
# Query_time: 5  Lock_time: 0  Rows_sent: 1  Rows_examined: 17600
select min(DOC_HIS_ID) AS DOC_HIS_ID from t_******** where DOC_HIS_ISTEAMMATE=1 and
        DOC_HIS_EDITOR_USER_ID_ENCRYPT='nfEACAwQEW5MICAN2';
....................
....................
```

直接阅读的操作体验很不好，使用 mysqlsla 处理后，以报表方式输出，结果呈现为：

```
Count         : 23  (8.52%)
Time          : 102 s total, 4.434783 s avg, 3 s to 7 s max  (6.79%)
  95% of Time : 88 s total, 4.190476 s avg, 3 s to 6 s max
Lock Time (s) : 0 total, 0 avg, 0 to 0 max  (0.00%)
  95% of Lock : 0 total, 0 avg, 0 to 0 max
Rows sent     : 1 avg, 1 to 1 max  (0.02%)
Rows examined : 11.53k avg, 5.70k to 17.60k max  (1.07%)
Database      : jssdb
Users         :
        junsansi@ 192.168.1.27 : 86.96% (20) of query, 11.11% (30) of all users
        jss@ 192.168.1.26 : 13.04% (3) of query, 2.96% (8) of all users

Query abstract:
SELECT MIN(doc_his_id) AS doc_his_id FROM t_******** WHERE doc_his_isteammate=N AND
        doc_his_editor_user_id_encrypt='S';

Query sample:
select min(DOC_HIS_ID) AS DOC_HIS_ID from t_******** where DOC_HIS_ISTEAMMATE=1 and
        DOC_HIS_EDITOR_USER_ID_ENCRYPT='nfEACAwQEW2MICAN2';
```

在上述结果中，语句的执行情况（执行次数、对象信息、查询记录量、时间开销、来源统计）等信息一目了然，比较便于 DBA 进一步分析。

mysqlsla 命令不仅仅可用来处理慢查询日志，也可以用来分析其他日志，比如二进制日志、普通查询日志等，其对 SQL 语句的抽象功能非常实用，参数设定简练易用，很好上手。

在命令行指定参数时，参数选项的格式一般为--option，不过-option 也能被支持，甚至能够支持简写形式，比如--top 可以简写成-to，只要简写后的值是唯一的就可以。有些选项为了方便调用，还指定了别名，比如说--database 就可以-db 或-D 的简写方式调用。

mysqlsla 命令支持的参数比较多，这里拣重点（以我常用的为标准）的说几个。

1. --log-type (-lt) TYPE LOGS

用来指定分析的日志文件类型，作为最重要也是最常用的选项，咱们要给其足够的重视，因此三思第一个来描述它。它目前有下列 3 种选项，分别支持不同格式的日志：

- slow：慢查询日志。
- general：普通查询日志。
- binary：二进制日志，注意需要首先通过 mysqlbinlog 命令处理。

在之前的版本中，--log-type 为必选项，在最新的 V2.03 版本中，--log-type 参数变为可选项，mysqlsla 能够自动分析指定的（第一个）文件所属类型。

例如，分析指定的慢查询日志：

```
mysqlsla --lt slow /data/mysqldata/3306/slowlog.log
```

2. --abstract-in (-Ai) N

用于抽象处理 in(..)语句，默认不启用。

该参数主要用来抽象 in 语句的表现方式。后面指定的 N 参数值用于定义 in 值（数据）的范围，实质是个语句的分组统计方法，比如当指定-Ai 10 时，如果 in 中的值的数量在 0～10 之间的抽象成一条语句，10～20 之间的又抽象成一条语句，以此类推，抽象后的 in()语句就会变成 in (S0-9)，以及 in(S10-19)、in(S20-29)…这样的形式，每个 in 数量的语句都被抽象成一条。

例如，分析指定的慢查询日志，对于 in 语句按照值的个数每 100 个做分级：

```
mysqlsla --lt slow -Ai 100 /data/mysqldata/3306/slowlog.log
```

3. --abstract-values (-Av)

抽象 values()语句，按照 values 值的个数显示，默认不启用。

默认情况下，比如像 VALUES ('FOO','BAR'...)抽象后就变成与 VALUES ('S','S'....)类似的形式。如果指定了-Av 选项，那么上述形式就变成了 VALUES ('S)2。跟前面提到的--Ai 参数功能类似，只是处理的策略不同。

4. --explain (-ex)

显示每条查询的执行计划，默认不启用，不过某些场景下还是有些用处。

5. --databases (-db) (-D) DATABASES

当指定了 explain 选项时需要指定本参数，以便能够到正确的数据库中获取语句的执行计划，可以一次指定多个数据库名，相互间以逗号分隔。

由于使用 explain 语句时需要知道该语句查询的对象属于哪个数据库，因此-D 选项是必要的。注意 UDL 日志不支持执行计划。执行 EXPLAIN 时，mysqlsla 会按照-D 执行的 db 名逐个尝试，直到成功（失败也不会报错）。

6. --microsecond-symbol (-us) STRING

以字符串方式显示毫秒值，默认显示为 μs，某些字符集下可能让人看起来感觉像乱码了一样。

7. --statement-filter (-sf) CONDITIONS

过滤 SQL 语句类型，默认不启用。指定的 CONDITIONS 格式为：[+-][TYPE],[TYPE]。

[+-]只出现一次，用来表示包含（+）或不包含（-）。

[TYPE]可以指定多个，相互间以逗号分隔即可，用来指定具体的过滤关键字，比如：SELECT/CREATE/DROP/UPDATE/INSERT。

8. --top N

只显示 topN 的查询，默认值为 10。

例如，分析指定的慢查询日志，并列出前 50 条：

```
mysqlsla --lt slow --top 50 /data/mysqldata/3306/slowlog.log
```

除了上面提供的参数外，mysqlsla 命令还有 10 余个实现其他各类功能的参数，不过由于并不常被用到（我觉着），因此这里就不一一介绍了，感兴趣的朋友可以参考其官方文档，来获取完整的参数列表和功能介绍。

考虑到慢查询日志文件的分析和解读，其实是个日常工作，对此，咱们最好写段脚本，使 MySQL 实例中的 slowlog 文件每日自动归档，而后调用 mysqlsla 命令对归档的慢查询日志文件进行分析，并将分析后的文件自动发至 DBA 邮箱。这个说起来就几句话的事儿，真正做起来……倒也真不复杂，脚本都没几行，内容如下：

```
$ more /data/mysqldata/scripts/mysql_slowlog_file_archive.sh
# Created by junsansi 20130705
# Init environment variables
LOG_FILEPATH=/data/mysqldata/logs
LOG_FILENAME=${LOG_FILEPATH}/30.241_3306-slow-n.log.`date +%F`
LOG_ANALYZE=${LOG_FILEPATH}/30.241_3306-slow-ana.log.`date +%F`
SLOWLOG_FILENAME=/data/mysqldata/3306/slow_query.log

# Do the job!
/bin/cp -f ${SLOWLOG_FILENAME} $LOG_FILENAME
/bin/echo "" > ${SLOWLOG_FILENAME}
/usr/bin/mysqlsla -lt slow ${LOG_FILENAME} --top 100 -Ai 1000 > ${LOG_ANALYZE}
/bin/cat ${LOG_ANALYZE} | iconv -f utf-8 -t gb18030 | mail -s "[`date +%F`] MySQL SlowLogs From 30.241
        3306" junsansi@sina.com
```

```
# Delete slowlog history
/usr/bin/find ${LOG_FILEPATH}/ -mtime +7 -exec rm {} \;
```

接下来授予该脚本执行权限：

```
$ chmod +x /data/mysqldata/scripts/mysql_slowlog_file_archive.sh
```

创建一个自动任务，令其每晚 0 点 0 分执行：

```
$ crontab -l
# archive & analyze & mailsend slowlog by junsansi 20130705
0 0 * * * /data/mysqldata/script/mysql_slowlog_file_archive.sh
```

上述执行的命令及脚本中的内容都较为简单，这里不一一解释。大家根据自己的实际情况，改改配置，就可以直接拿到线上环境应用了。

需要说明的是，我个人管理的 MySQL 数据库服务器中，脚本与此倒有所不同。由于俺管理的 MySQL 实例众多，因此我决定在慢查询日志文件切换后，先将各实例归档的慢查询日志同步（通过 rsync 服务）到某台专用邮发服务器，而后在该服务器中统一对慢查询日志文件进行分析和邮发。这样操作的优点是，我可以统一对分析和邮发策略进行处理，比如修改分析的参数，或者删改收件人都较为方便，避免逐台去修改。

如果您管理的 MySQL 实例为数不少的话，建议也可以参照这种思路，当然啦，前面提供的脚本和思路都仅供参考，大家还是需要根据实际场景，选择适合自己的方案。

13.4 关注系统状态

DBA 作为数据库系统的管理者，对于系统状态，不说了如指掌，也必须得做到随时关注。本节我们就来谈一谈该关注些什么，以及怎么关注方面的话题。

13.4.1 MySQL 服务在做什么

DBA 在管理 MySQL 数据库服务的过程中，想要了解 MySQL 服务当前在做什么的话，有个非常重要并且极为常用的命令不能不提，那就是：

```
SHOW [FULL] PROCESSLIST
```

这个命令我们在前面的章节中，就曾多次使用，只是由于前面章节的主题限制，没有详细介绍，这里正好趁此机会，为大家隆重介绍 SHOW PROCESSLIST 命令的功能。

这个命令用来获取当前所有连接的线程列表，执行后返回的信息类似下列这种格式：

```
mysql> show processlist;
+----+------+-----------+------+---------+------+-------+------------------+
| Id | User | Host      | db   | Command | Time | State | Info             |
+----+------+-----------+------+---------+------+-------+------------------+
| 48 | root | localhost | NULL | Query   |    0 | init  | show processlist|
+----+------+-----------+------+---------+------+-------+------------------+
1 row in set (0.00 sec)
```

SHOW PROCESSLIST 命令将每一个连接的线程，作为一条独立的记录输出，每一条

记录都包括以下列值：

- Id：当前连接的标识 ID 号，自增序列。
- User：当前连接所使用的用户。
- Host：来访的服务器。
- Db：当前访问的数据库，如果未选择任何数据库，则本列会显示为 NULL。
- Command：标识当前所执行的操作类型。这个类型多了去了，比如是连接还是查询、是空闲还是忙碌等，随随便便都能数出数十种，这里不一一例举，您若真想一观究竟，MySQL 官方文档的 8.12.5.1 小节对此有非常详细的介绍，链接见 http://dev.mysql.com/doc/refman/5.6/en/thread-commands.html。
- Time：该会话保持在当前这个状态的时间，以秒为单位，每次更换状态时，时间即被重置。
- State：显示当前会话的状态，比如是在检查表还是发送数据、是在注册 master 还是在等待接收日志等，这个状态的数量就更多了，MySQL 官方文档从 8.12.5.2 到 8.12.5.10 小节，均是在描述各种状态，如有兴趣详细了解，可到官方文档中检查相关资料，客官慢行，不远送了。
- Info：当前连接正在执行的操作，通常是 SQL 语句。注意默认情况下，Info 列只会显示当前所执行语句的前 100 个字符，如果希望查看完整内容，可以在执行 SHOW PROCESSLIST 时附加 FULL 关键字。如果当前什么也没做（Command 列中标记当前操作类型为 Sleep），则本列会显示为 NULL。

除了通过 SHOW PROCESSLIST 命令获取线程的信息外，执行 mysqladmin 命令附加 processlist 选项，又或者查询 INFORMATION_SCHEMA.PROCESSLIST 表对象，都能够获取相应信息。在执行 SHOW PROCESSLIST 时，如果用户拥有 SUPER 权限，那就能够看到所有的线程信息，否则只能查看自有的（即当前用户创建的）线程。

提 示

对于有过 SHOW PROCESSLIST 操作经验的朋友，可能会发现，某些时间刷新 PROCESSLIST，会发现用户列显示为“unauthenticated user”，看到“未认证的用户”这类字眼，有的朋友心里就很紧张，这是不是被攻击了呢？不要怕，这个状态其实标识的是那些已经与服务端创建了连接，但还没有完成验证的用户，您只要稍后再刷，就会发现它的状态变为正常，能够显示出正确的用户名了。

MySQL 服务中的每个连接，都是独立的线程，通过 SHOW PROCESSLIST 命令能够看到它们，同时，对于异常的连接 DBA 也可以手动清除，这全靠 MySQL 提供的 KILL 命令。

例如，要清除 48 号线程，就可以执行 KILL 命令如下：

```
mysql> KILL 48;
```

对于 KILL 命令来说，实际上它有两种清除的策略：

- 直接杀掉线程，即 KILL thread_id，也正是我们前面演示的操作。
- 中止线程当前正在执行的操作，即 KILL QUERY thread_id。

注意，KILL 命令执行后，MySQL 可能不是马上就干掉指定的线程，如果该线程当前正在执行操作，那么 MySQL 需要先中止该操作，涉及数据读写的话，那就该提交的提交，该回滚的回滚（相当于在进行 KILL QUERY thread_id），等到确认无误后才真正杀掉线程。

13.4.2 MySQL 语句在做什么

某日三思心血来潮视察 MySQL 服务器，注意到此时服务器负载不低，貌似繁忙不已，急忙夜观 PROCESSLIST：

```
mysql> show processlist;
+----+------+---------------------+-------+---------+------+----------------+------------------+
| Id | User | Host                | db    | Command | Time | State          | Info             |
+----+------+---------------------+-------+---------+------+----------------+------------------+
| 49 | root | localhost           | apps  | Query   |    0 | init           | show processlist |
| 50 | root | 192.168.30.241:33271 | jssdb | Query   |    0 | Writing to net | select user_name
from user where user_name='junsansi601173'                                                     |
| 51 | root | 192.168.30.241:33272 | jssdb | Sleep   |    0 |                | NULL             |
| 52 | root | 192.168.30.241:33274 | jssdb | Query   |    0 | Writing to net | select user_name
from user where user_name='junsansi454892'                                                     |
| 53 | root | 192.168.30.241:33275 | jssdb | Query   |    0 | Writing to net | select user_name
from user where user_name='junsansi335612'                                                     |
| 54 | root | 192.168.30.241:33276 | jssdb | Query   |    0 | statistics     | select user_name
from user where user_name='junsansi288249'                                                     |
| 55 | root | 192.168.30.241:33277 | jssdb | Query   |    0 | Writing to net | select user_name
from user where user_name='junsansi433610'                                                     |
.........
..........
```

查看之后，果然发现有大量的 SQL 语句正在执行。在我这套测试环境，我对其执行的任务很熟悉，若是线上系统，若对当前连接的会话，以及所执行的语句感觉有疑，想明确这些语句是做什么用途，那么询问相应的开发人员就能知道。可是，若开发人员反问，这些语句在执行过程中做了什么，那考验 DBA 的时候到了，这个问题能不能回答得上来，首先关乎 DBA 的专业形象，其次也体现着 DBA 对数据库的了解深度。

其实，即使没有人问出这类问题，作为 DBA，我个人认为也有必要了解，SQL 语句在执行时具体做了什么，以及所做操作的各项开销，因为这些信息对于我们后续的性能优化至关重要。那么，在 MySQL 数据库中究竟如何获取这些信息呢？

1. SHOW PROFILES 和 SHOW PROFILE 兄弟

听说要获取会话执行语句的过程中，资源的使用情况，SHOW PROFILES 和 SHOW PROFILE 哥俩就急不可耐地蹦出来了（再不借机出来往后就出不来了，原因我先卖个关子）。这两条命令看长相，相似度极高，尽管功能有差异，但一向焦不离孟，且有招唤，都是一

块出现。

SHOW PROFILES 命令用于显示最近执行过的语句（以及语句执行的时间开销），当然不是所有执行过的语句都显示。SHOW PROFILES 显示执行语句相关信息时，受制于两方面的因素：

- 首先，资源统计是由一个名为 profiling 的状态变量控制，因此得先确定当前系统是否启用了资源统计，若未启用的话，那么 SHOW PROFILES 命令的返回结果就始终为空。控制 profiling 的系统状态变量，其默认值为 OFF（即关闭状态），若要启用它，则需要将该变量的值改为 ON 或 1。
- 其次，所显示的最近执行语句的条数，是由系统变量 profiling_history_size 控制，该变量默认值是 15，最大值不超过 100。也就是说，在 profiling 已启用的前提下，SHOW PROFILES 语句最多只能显示出最近 100 条执行的语句。

提 示

在 profiling 启用的前提下，SHOW PROFILE[S]能够记录和分析除了它们自身以外的任意语句，不管用户执行的是 DML 还是 DDL，甚至是那些存在语法错误的语句，都将被记录。

SHOW PROFILE 命令用于显示（单个）语句执行时的详细资源信息。默认将显示最近（SHOW PROFILES 中记录的）执行过的语句所使用资源的综合信息，不过它支持 FOR QUERY 子句，当指定 FOR QUERY n，就可以查询具体的某条语句执行时，所使用的资源信息，同时 SHOW PROFILE 还支持 LIMIT 子句，这样就可以用来限制输出的记录。

SHOW PROFILE 的详细语法如下：

```
SHOW PROFILE [type [, type] ... ]
    [FOR QUERY n]
    [LIMIT row_count [OFFSET offset]]
type:
    ALL
  | BLOCK IO
  | CONTEXT SWITCHES
  | CPU
  | IPC
  | MEMORY
  | PAGE FAULTS
  | SOURCE
  | SWAPS
```

默认情况下，SHOW PROFILE 只显示 Status 和 Duration 列，其中 Status 列中内容，与 SHOW PROCESSLIST 命令中的 State 内容相同。另外我们注意到，SHOW PROFILE 还有个 type 关键字，对于可选的 type 关键字来说，它可以控制 SHOW PROFILE 命令输出下列附加信息：

- ALL：显示所有信息。
- BLOCK IO：显示输入/输出的块数量。

- CONTEXT SWITCHES：显示换页操作的数量。
- CPU：显示 CPU 使用时间。
- IPC：显示消息发送和接收的数量。
- MEMORY：暂不可用，直接忽略。
- PAGE FAULTS：显示失败页的数量。
- SOURCE：显示所调用的方法名，位于源码文件中的行等基础信息。
- SWAPS：显示交换次数。

理论讲了不少，接下来咱们通过实际操作来加深理解。

前面说了，profiling 默认是禁用状态，首先需要启用它，执行下列命令将之启用（由于是测试目的，为保险起见，只针对当前会话设置就好）：

```
mysql> SET profiling = 1;
```

然后做什么呢？可以任意执行一条 SQL 语句，比如：

```
mysql> select user_name from jssdb.user where user_name='junsansi288249';
```

查看刚刚执行的语句是否被记录下来了，执行 SHOW PROFILES 命令：

```
mysql> show profiles;
+----------+------------+----------------------------------------------------------------------+
| Query_ID | Duration   | Query                                                                |
+----------+------------+----------------------------------------------------------------------+
|        1 | 0.00027200 | select user_name from jssdb.user where user_name='junsansi288249'   |
+----------+------------+----------------------------------------------------------------------+
1 row in set, 1 warning (0.00 sec)
```

而后，可以通过 SHOW PROFILE 命令，来获取这条语句执行时具体做了什么，以及各步骤的开销，更详细的信息如下：

```
mysql> show profile;
+----------------------+----------+
| Status               | Duration |
+----------------------+----------+
| starting             | 0.000051 |
| checking permissions | 0.000006 |
| Opening tables       | 0.000022 |
| init                 | 0.000022 |
| System lock          | 0.000008 |
| optimizing           | 0.000009 |
| statistics           | 0.000070 |
| preparing            | 0.000015 |
| executing            | 0.000003 |
| Sending data         | 0.000034 |
| end                  | 0.000004 |
| query end            | 0.000007 |
| closing tables       | 0.000008 |
| freeing items        | 0.000011 |
| cleaning up          | 0.000011 |
+----------------------+----------+
```

```
15 rows in set, 1 warning (0.00 sec)
```

从 SHOW PROFILE 语句返回的信息中，我们可以看到语句在执行过程中，每一个状态的资源开销情况，目前只有时间，不过 SHOW PROFILE 命令可以通过关键字，指定输出更丰富的内容。比如我们想查看每项状态所执行操作的方法名以及占用的 CPU 资源，就可以附加 cpu 和 source 两个类型，实际执行 SHOW PROFILE 命令如下：

```
mysql> show profile cpu,source ;
+----------------------+----------+----------+------------+-----------------------+------------------+-------------+
| Status               | Duration | CPU_user | CPU_system | Source_function       | Source_file      | Source_line |
+----------------------+----------+----------+------------+-----------------------+------------------+-------------+
| starting             | 0.000051 | 0.000000 |   0.000000 | NULL                  | NULL             |        NULL |
| checking permissions | 0.000006 | 0.000000 |   0.000000 | check_access          | sql_parse.cc     |        5208 |
| Opening tables       | 0.000022 | 0.000000 |   0.000000 | open_tables           | sql_base.cc      |        4882 |
| init                 | 0.000022 | 0.000000 |   0.000000 | mysql_prepare_select  | sql_select.cc    |        1050 |
| System lock          | 0.000008 | 0.000000 |   0.000000 | mysql_lock_tables     | lock.cc          |         304 |
| optimizing           | 0.000009 | 0.000000 |   0.000000 | optimize              | sql_optimizer.cc |         138 |
| statistics           | 0.000070 | 0.000000 |   0.000000 | optimize              | sql_optimizer.cc |         379 |
| preparing            | 0.000015 | 0.000000 |   0.000000 | optimize              | sql_optimizer.cc |         498 |
| executing            | 0.000003 | 0.000000 |   0.000000 | exec                  | sql_executor.cc  |         110 |
| Sending data         | 0.000034 | 0.000000 |   0.000000 | exec                  | sql_executor.cc  |         187 |
| end                  | 0.000004 | 0.000000 |   0.000000 | mysql_execute_select  | sql_select.cc    |        1105 |
| query end            | 0.000007 | 0.000000 |   0.000000 | mysql_execute_command | sql_parse.cc     |        4918 |
| closing tables       | 0.000008 | 0.000000 |   0.000000 | mysql_execute_command | sql_parse.cc     |        4966 |
| freeing items        | 0.000011 | 0.000000 |   0.000000 | mysql_parse           | sql_parse.cc     |        6216 |
| cleaning up          | 0.000011 | 0.000000 |   0.000000 | dispatch_command      | sql_parse.cc     |        1743 |
+----------------------+----------+----------+------------+-----------------------+------------------+-------------+
15 rows in set, 1 warning (0.00 sec)
```

接下来，我们多执行几条 SQL 语句：

```
mysql> show profiles;
+----------+------------+--------------------------------------------------------------------------+
| Query_ID | Duration   | Query                                                                    |
+----------+------------+--------------------------------------------------------------------------+
|        1 | 0.00027875 | select user_name from jssdb.user where user_name='junsansi288249'        |
|        2 | 0.00021525 | select * from jssdb.user limit 10                                        |
|        3 | 0.00447575 | select count(0) from jssdb.user where user_id between 200 and 20000      |
+----------+------------+--------------------------------------------------------------------------+
3 rows in set, 1 warning (0.00 sec)
```

怎么查看某条执行过的 SQL 语句实际执行时消耗的资源呢？

我们看过前面的内容，知道 SHOW PROFILE 命令有个 FOR QUERY n 子句，可是这个 n 从哪儿来？实际上，它对应的正是 SHOW PROFILES 中的 Query_ID。

附加 FOR QUERY 子句，就可以查看指定 SQL 语句的资源使用情况了，例如：

```
mysql> show profile for query 3;
+----------------------+----------+
| Status               | Duration |
+----------------------+----------+
| starting             | 0.000060 |
```

```
| checking permissions | 0.000007 |
| Opening tables       | 0.000015 |
| init                 | 0.000030 |
| System lock          | 0.000007 |
| optimizing           | 0.000009 |
| statistics           | 0.000062 |
| preparing            | 0.000014 |
| executing            | 0.000002 |
| Sending data         | 0.004235 |
| end                  | 0.000005 |
| query end            | 0.000006 |
| closing tables       | 0.000007 |
| freeing items        | 0.000009 |
| cleaning up          | 0.000011 |
+----------------------+----------+
15 rows in set, 1 warning (0.00 sec)
```

其他玩法，这里不一一演示，大家可以自己去尝试。

我们这里只是针对会话级的profiling进行了设置，因此也只能收集当前会话执行的语句。若希望收集到整个MySQL服务中所有执行的语句，那么就需要针对全局进行设置。不过，务必要认识到，profiling收集和分析语句执行时的资源开销，本身也会带来相应的资源开销，也就是说，这对于性能一定是有负面影响的。

换个角度来讲，SHOW PROFILE[S]更多也是用于分析，往往都是属于事后行为，因此全局粒度收集语句资源使用的机会不多。再说，由于SHOW PROFILES命令最多也就只能显示最近100条语句的资源使用情况，对于繁忙的线上系统来说，并发都不止100，因此全局启用的意义不大，大家在日常使用时更多还是针对会话级进行操作吧！

2. PERFORMANCE_SCHEMA来帮你

实际上，如果前面您看得认真，应该已经注意到，我们每次执行SHOW PROFILE（或PROFILES），返回信息中都在提示警告，到底哪块有问题呢？咱们来看看警告信息：

```
mysql> show warnings;
+---------+------+--------------------------------------------------------------------------+
| Level   | Code | Message                                                                  |
+---------+------+--------------------------------------------------------------------------+
| Warning | 1287 | 'SHOW PROFILES' is deprecated and will be removed in a future release. Please
    use Performance Schema instead |
+---------+------+--------------------------------------------------------------------------+
1 row in set (0.00 sec)
```

SHOW PROFILE和SHOW PROFILES两兄弟联手，用于分析MySQL语句执行过程中的资源消耗简单好用，遗憾的是，从MySQL 5.6.7版本开始，这两语句要被废弃掉了，俗话说好朋友一辈子，SHOW PROFILES和SHOW PROFILE做到了，他们焦不离孟，一同出现，一起配合，一道下岗。目前虽说仍然能用，但没准在未来某个版本中就不再支持。我们必须得寻找新的解决方案，不，是MySQL必须得给我们提供新的解决方案，它做到了。

从MySQL 5.5版本开始，MySQL服务中就多了一个performance_schema库，从名字

也可以看出，这个库与性能有关。在之前的版本中，对 MySQL 服务进行从粗到细粒度的性能分析和监控功能的缺失一直是其软肋，DBA 只能借助少量的字典表，以及一些第三方的工具，进行有限的分析，但粒度始终较粗，并且及时性较差。Performance Schema 被引入之后，这种情况有所改观，这是 MySQL 自带的、较为底层的性能监控特性，提供了一揽子、具备自定义收集粒度的监控体系。

Performance Schema 作为一项特性包含的内容众多，尤其进入 MySQL 5.6 版本以后，Performance Schema 的功能得到较大的强化，该库下包含的对象数量增加了数倍，由 5.5 版本中的十几个，增加至如今的 50 余个，其中对 MySQL 服务执行过程中的各项事件（Events）的分析尤其被重视，新增加的大部分对象均与之有关。碍于篇幅和本章的主题，没法一一介绍，这里，我们将焦点集中在，通过 Performance Schema 中的若干对象来监控 SQL 语句的执行过程。

提 示

Performance Schema 在 MySQL 服务中作为一个独立的插件存在（一种特殊的存储引擎，可以通过 SHOW ENGINES 看到它），因此也存在启用或禁用的状态。首先需要在安装时，编译安装该特性（默认即包含），其次在启动 MySQL 服务时需要启用该服务（默认即启用），否则无法使用该特性进行性能分析。

作为一款新的特性，由于推出时间不长，细节尚不完备，就目前来看，在 Performance Schema 中，不管是要进行功能的配置，还是查看具体的监控项，全部都是通过 SQL 语句（DML）实现。

Performance Schema 的精细化控制，主要是通过 performance_schema 库下的一系列 setup 表来实现：

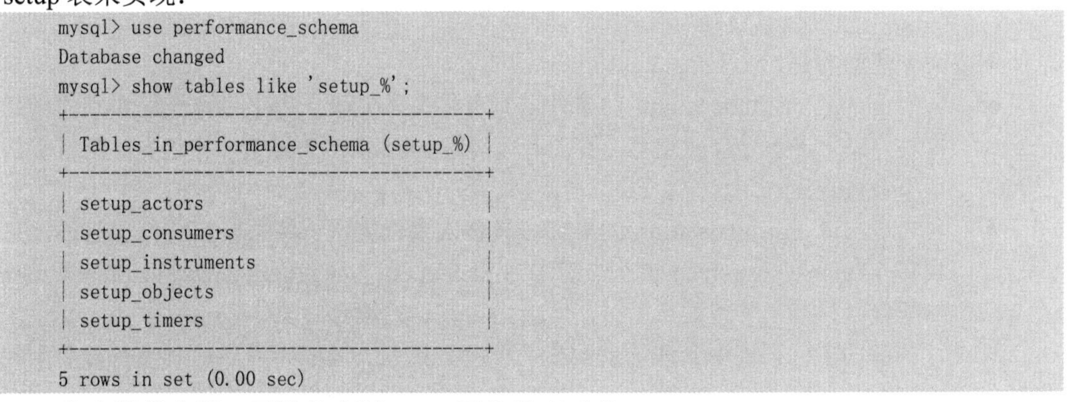

```
mysql> use performance_schema
Database changed
mysql> show tables like 'setup_%';
+-------------------------------------+
| Tables_in_performance_schema (setup_%) |
+-------------------------------------+
| setup_actors                        |
| setup_consumers                     |
| setup_instruments                   |
| setup_objects                       |
| setup_timers                        |
+-------------------------------------+
5 rows in set (0.00 sec)
```

先来简单介绍一下这几个以 setup 开头的表对象：

- setup_actors：用来控制要监控的线程，可以控制只处理指定主机或指定用户创建的线程，默认所有线程全部监控。
- setup_consumers：用来控制哪类事件信息将被保存，默认较为保守，需要 DBA 根

据实际情况进行配置。

- setup_instruments：用来控制哪些事件信息将被收集，以及是否记录时间。
- setup_objects：用来控制被监控的对象，可以将粒度细化到某个 schema 下的某个对象。默认除 mysql/performance_schema/information_schema 库以外，所有对象均会被监控。
- setup_timers：用来控制各项事件所使用的计时器，计时器来自于 performance_timers 表对象中的定义。

这些表对象的名称说明了其代表的功能，表对象中的记录就可以被视作功能控制的黑/白名单。文字的描述实在抽象，大家理解不了没关系，赶紧动手通过 SELECT 语句，查询一下这些表对象中的记录，对这些表的作用至少就能明白八成。

有些朋友没准已经在思考，若要控制 Performance Schema 中的监控项，或者定义监控粒度，要怎么实现呢？说来也简单，就是通过修改上面提到的这几张 setup 表。我知道你接下来就会问究竟要如何修改呢？简单啊，通过 INSERT/UPDATE/DELETE 表中的记录，小伙伴儿们听到这里惊呆了有没有。

在本章咱们关注的重点，是 SQL 语句执行过程中的事件，在 performance_ schema 库中，setup_instruments 和 setup_consumers 两表中记录的正是要收集的事件类型，首先引起了我们的注意。接下来，就先来看看，与 SQL 语句执行过程中事件相关的配置。

首先出场的是 setup_consumers 小朋友，前面咱们讲过，它负责的是要监控的事件类型，咱们重点关注的 events_stages%（用于保存 SQL 语句执行过程中各类事件的列表）默认都是禁用状态，因此在这里，咱们首先执行 UPDATE 语句，将之全部启用，执行 SQL 如下：

```
mysql> update performance_schema.setup_consumers set enabled='YES' where name like 'events_stages_%';
Query OK, 0 rows affected (0.00 sec)
Rows matched: 3  Changed: 0  Warnings: 0
```

需要大家注意的是，在 setup_consumers 配置表中：

- 名为 global_instrumentation 的事件，具备最高优先级，用来指定全局级别的信息收集，如果该条记录被禁用，那么不管其他 consumer 的记录如何设置，所有事件均不会被收集。
- 名为 thread_instrumentation 的事件，具备次要优先级，用来指定线程级别的信息收集，当 global_instrumentation 被指定为 YES 时，就会继续检查 thread_instrumentation 的配置，只有当其也被启用时，才会启用其他的事件收集。

现在，关键的事件列表中允许记录数据了，但是我们关注的事件当前有没有被启用呢？这就得请出 setup_instruments 小朋友了，请它高抬贵手，帮咱们把关注的事件全部从禁用的牢笼里释放出来吧，执行 UPDATE 语句如下：

```
mysql> update performance_schema.setup_instruments set enabled='YES',timed='YES' where name like 'stage/sql/%';
Query OK, 107 rows affected (0.00 sec)
Rows matched: 107  Changed: 107  Warnings: 0
```

上面所做的修改都是及时生效。现在，我们新执行的 SQL 语句，就可以在 Performance Schema 中分析其执行过程中的各项消耗了。

新开一个会话，连接到 mysql 的 jssdb 库，执行下列语句：

```
mysql> select user_name from user where user_name='junsansi288249';
```

那么，这条语句执行时，触发了哪些事件，各事件开销如何到哪里看呢，还是让我们切换回 Performance Schema 去一探究竟。

哎呀，我自己都等不及了，直接揭晓谜底。所有语句触发的事件都保存在 events_stages_history 表中（因为是已经执行过的，而不是当前正在执行的，所以是在 history 表）。查询 events_stages_history 表对象，执行语句如下：

```
mysql> select thread_id,event_id,event_name,timer_wait from events_stages_history
    -> where thread_id in (select thread_id from threads where PROCESSLIST_ID=81)
    -> order by event_id;
+-----------+----------+--------------------------+------------+
| thread_id | event_id | event_name               | timer_wait |
+-----------+----------+--------------------------+------------+
|       100 |       35 | stage/sql/statistics     |   54369000 |
|       100 |       36 | stage/sql/preparing      |    9821000 |
|       100 |       37 | stage/sql/executing      |     483000 |
|       100 |       38 | stage/sql/Sending data   |   26688000 |
|       100 |       39 | stage/sql/end            |    1173000 |
|       100 |       40 | stage/sql/query end      |    4606000 |
|       100 |       41 | stage/sql/closing tables |    4957000 |
|       100 |       42 | stage/sql/freeing items  |    7821000 |
|       100 |       43 | stage/sql/cleaning up    |     691000 |
|       100 |       34 | stage/sql/optimizing     |   16073000 |
+-----------+----------+--------------------------+------------+
10 rows in set (0.00 sec)
```

结果就不多做解读了，输出的各列相对还是比较好理解，大家注意我们这里在 SELECT 数据时，手动选取了数列，实际上 events_stages_history 中包含的列不止这些，大家可以自己去开拓。

下面我得给大家解释解释，为啥要从 events_stages_history 表中读取这些数据。有些朋友可能注意到了，在 MySQL 5.6 版本里的 performance_schema 库中，以 events_stages 开头的表对象不少，足有 8 个之多。抛开 events_stages_summary_by 这一系列统计表（相互之间基于的统计维度不同），还剩下 3 个，即 events_stages_current、events_stages_history 和 events_stages_history_long，实际上，这 3 张表的表结构一模一样，只是定义用来保存的数据有所不同：

- events_stages_current：保存当前正在产生的事件，从理论上来说，每个线程当前只会存在一种事件，在这个表中记录的就是该线程的最近一次事件。
- events_stages_history：从名字看起来就知道，这个保存的就是每个线程所产生的事件的历史记录喽，我们想要分析的是语句执行的各项时间，因此最好就是到历史表中去获取。不过 MySQL 默认历史表中只记录最近 10 条，这个数量是由系统变量 performance_schema_events_stages_history_size 控制，可以修改该变量值，以增加保存的历史事件数量。可是这个变量无法实时修改，只能在 MySQL 服务启动时指定，所以 performance_schema 的配置也得大家提前就想好。

- events_stages_history_long：前面那个表对象只记录了最近 10 条，数量一时半会儿也改不了，若想查询更多语句触发的事件该怎么办呢，events_stages_history_long 表对象就能派上用场了，该表对象中能够记录最近的 1 万条记录，这个数量也是可调整的，由系统变量 performance_schema_events_stages_history_long_size 控制，只是该变量同样无法动态调整，不过 1 万这个数值足够满足绝大部分需求了。

确定了要查询的目标表后，再来看看查询，怎么确定的过滤条件呢？我们就根据前面示例中执行的那条 SQL 语句来做说明吧！采用倒序的方式来推，倒是也可以看出，Thread_id 是从 threads 表中获取的，而 threads 表中的 processlist_id 又是从哪里来的呢？不妨再 SHOW PROCESSLIST 看一看，没错，对应的正是 processlist.id 列。

通过这些信息的组合，DBA 就可以查看指定线程执行 SQL 语句时触发的各项事件以及事件的各项开销了。从这个功能点演示来看，替换 SHOW PROFILE[S]兄弟是没有问题的。

尽管 Performance Schema 的信息收集和分析，既不会改变内部线程对资源的调度，也不影响 SQL 语句的执行计划，对应用端完全透明。但是，不能否认的是，这毕竟是需要服务端额外做些工作，因此对于性能会有些微的影响，因此在配置 Performance Schema 的配置表、修改其中的记录，以及各相关变量时，DBA 还是需要先有个预估，以免配置不合适，反倒对 MySQL 服务的性能造成负面影响。

13.4.3 实战优化案例

MySQL 在使用过程中遇到访问速度慢，或者无法响应这类的问题，解决方式基本都有定式，通常第一反应都会是登录到 MySQL，执行 SHOW PROCESSLIST 语句，看看当前连接的各会话状态。

SHOW PROCESSLIST 中返回的每条记录虽然字符不多，但信息量着实很大，若真的遇到问题，用于判断和排查确实相当有帮助。有一回三思夜观天象，只见西南方向有片火云声势浩大，一看就知道不似善类，正准备发功收了它时，忽然有同事向我反馈说 MySQL 查询很慢。哎，天意，看来确不该归于我手，也罢，正事儿要紧，我返身插上根网线就登录到 mysql 里了，迅速以掩耳不及盗铃之势执行 SHOW PROCESSLIST 语句，查看当前连接信息。当时的情况大概就是这样的，如下：

```
mysql> show processlist;
+--------+-------------+--------------+-------+---------+--------+-----------+------------------+
| Id     | User        | Host         | db    | Command | Time   | State     | Info             |
+--------+-------------+--------------+-------+---------+--------+-----------+------------------+
|      1 | system user |              | NULL  | Connect | 342266| Waiting for master to send
   event | NULL        |
|      2 | system user |              | hdpic | Connect |   872 | Locked    | UPDATE a SET
   STATE=0 WHERE ID=83752                                                               |
| 123890 | hdpic_read  | 192.168.1.79:54910 | hdpic | Query  |  1512 | Sending data  | select
   z.ID,z.TITLE,z.CREATOR_USER_NICK,z.CREATOR_USER_IDEN,z.LASTEDITOR_TI                  |
| 124906 | hdpic_read  | 192.168.1.39:18844 | hdpic | Query  |   845 | Locked        | select *
   from a where ((ID = 78789) AND (STATE != 0))                                          |
| 124912 | hdpic_read  | 192.168.1.39:18862  | hdpic | Query |   845 | Locked        | select *
   from a where ((ID = 16031) AND (STATE != 0))                                          |
| 124914 | hdpic_read  | 192.168.1.39:18865 | hdpic | Query  |   837 | Locked        | select *
   from a where ((ID = 39109) AND (STATE != 0))                                          |
| 124917 | hdpic_read  | 192.168.1.39:18875 | hdpic | Query  |   833 | Locked        | select *
   from a where ((ID = 16031) AND (STATE != 0))                                          |
................
................
................
```

线程数一堆一堆的就不说了，这套 DB 较为忙碌，会话多很正常，但是多数会话的状态都显示为 Locked，这就说明有问题了。怪不得慢啊，这是明显的阻塞啊，而且时间不短，都十几分钟。

通常来说，存在 Locked 就说明当前读写操作存在被阻塞的情况，一般我们看到锁都会下意识认为是由于写阻塞了读，从上面的结果看仿佛也符合这一特征：只有一条 UPDATE，而有无数条的 SELECT。

猜是可以的，但不能瞎猜，这毕竟是生产环境中运行的系统，就算想杀掉连接的线程，也是要杀造成阻塞的那个，不能把所有 Locked 的全杀了，这就是所谓冤有头债有主，因此具体情况如何还是需要继续分析。

从 SHOW PROCESSLIST 查看到的信息来看，UPDATE 的语句是很简单的，分析 a 对象的表结构，该表为 MyISAM 表，ID 为该表主键，正常情况下该条更新应该能够瞬间执行完，即使系统繁忙也不应该执行十几分钟仍无结果，而且通过查看当前的系统状态，整体负载很低，iostat 中看 I/Owait 几可忽略，该写操作不太可能这么长时间都没有执行完。

这个时候再次分析 SHOW PROCESSLIST 中返回的信息，注意到 id 为 123890 的语句执行时间最长，肯定是在该 UPDATE 语句之前执行的，通过 SHOW FULL PROCESSLIST 查看完整的 SQL 语句，看到该查询也访问到了 a 表。经此分析，应该是该语句长时间的读阻塞了写，而被阻塞的写操作由于处于最优先处理队列，又阻塞了其他的读。

不过到目前为止，这些都还只是我们的猜测，考虑到线上系统服务的可靠性，最好还是能找到更确切的证据，而后再做操作。

mysqladmin 命令有一个 debug 参数，可以分析当前 MySQL 服务的状态信息，同时也

可以用来帮助我们定位当前锁的详细情况，这里我们通过该命令来分析一下当前 MySQL 服务的详细状态，执行 mysqladmin 命令如下：

```
[root@phpmysql02 data]# mysqladmin -ujss -p -S /data/3306/mysql.sock debug
Enter password:
```

debug 会将状态信息生成到 MySQL 数据库的错误文件中保存，一般锁的信息都会保存在最后几行，因此我们在操作系统层通过 tail 命令，直接查看错误日志的最后几行，显示信息如下：

```
[root@phpmysql02 data]# tail -10 phpmysql02.err
Thread database.table_name          Locked/Waiting        Lock_type


2       hdpic.a            Waiting - write       Highest priority write lock
123890  hdpic.a            Locked - read         Low priority read lock
123890  hdpic.a            Locked - read         Low priority read lock
123890  hdpic.a            Locked - read         Low priority read lock
124906  hdpic.a            Waiting - read        Low priority read lock
```

至此事情就比较清楚了，从上述信息可以看出，123890 持有的读锁阻塞了 2 的写入和 124906 的读取操作，这个结果符合我们的推论。那么接下来处理就比较简单了，如果现状不可接受，无法继续等待，将 123890 杀掉，释放资源即可：

```
mysql> kill 123890;
Query OK, 0 rows affected (0.00 sec)
```

然后再次执行 SHOW PROCESSLIST 语句，查看会话信息：

```
mysql> show processlist;
+--------+-------------+-------------------+-------+---------+--------+-----------------------------+
| Id     | User        | Host              | db    | Command | Time   | State          | Info       |
+--------+-------------+-------------------+-------+---------+--------+-----------------------------+
|      1 | system user |                   | NULL  | Connect | 342390 | Waiting for master to send
   event | NULL        |
| 124906 | hdpic_read  | 192.168.1.39:18844 | hdpic | Sleep  |      1 |     | NULL               |
| 124912 | hdpic_read  | 192.168.1.39:18862 | hdpic | Sleep  |      2 |     | 124914 | hdpic_read |
    192.168.1.39:18865 | hdpic | Sleep    |                  1 |     | NULL               |
| 124917 | hdpic_read  | 192.168.1.39:18875 | hdpic | Sleep  |      1 |     | NULL               |
| 124919 | hdpic_read  | 192.168.1.39:18877 | hdpic | Sleep  |      2 |     | NULL               |
...............
...............
```

可以看到已经没有状态为 Locked 的连接，此时向前端人员询问，告知响应慢的现象也已经消除，服务恢复正常。

这是生产环境实际操作的一个案例，这个案例在处理过程中，执行的所有命令和知识点，全部都是本书介绍过的内容，只要能够灵活使用，就能够解决实际问题。

前面讲了这么多，有理论有实践，也不知道大家看懂了多少，最起码，新增或者修改参数，对性能影响的好坏，现在应该能做出判断了吧。如果所讲的知识全部都懂，也先别急着自满，与性能相关的知识点众多，这里所讲的不过才刚刚开个头。俗话说，“师傅领进门，修行在个人”，加油吧同学，我只能帮你到这儿了。

第 14 章 部署 MySQL 服务监控平台

通过前面章节内容的学习，我们已经认识了不少管理方面的工具，其中不少都是既常用又方便，是 DBA 管理 MySQL 服务及获取服务状态的好帮手。可同时我们也面临着困扰，之前咱们提到的管理工具，擅长的场景更多是管理/维护类任务，操作时也只是针对单个实例，若我们想及时、全面地了解 MySQL 实例的状态，有没有好的办法？若要管理的 MySQL 数据库服务器较多，又该怎样快速处理呢？

有些朋友由于工作环境的因素，在日常维护中因为饱受摧残，对命令行工具较为熟悉，也因此对自己的指法很有信心，遇到此类需求时，就夸耀说自己每天能手动检查 100 多台服务器，查看各种状态、修复各种故障、处理各项问题……

好吧同学，冷静，我不是你的老板，你才是自己的老板，没必要急于向自己表明什么，自己最了解自己……。现在闭上眼，静下心，细细回忆，并大声地把它念出来，我的银行卡密码是什么来着，...呃，不好意思说岔了，应该认真问自己：我最需要什么。钱？当然当然，我也想要，俗话说“君子爱财，取之有道”，咱得学好本领干好工作才能挣着钱。

实时获取 MySQL 数据库运行状态，专业术语描述就是监控，这可是 DBA 日常工作中的重要环节，大意不得。就具体实现来看，也是分为两个部分：一部分是主机和服务的监控，偏重于检查功能是否可用；另一部分是数据流量和系统负载方面的监控，偏重于收集状态和趋势。

通过常规途径获取关注的信息当然可行，只不过纯人肉方式效率太低，及时性也难以得到保证，咱总不能安排一批人没事儿就在那里刷页面吧（我确实见过这么干的），就算是为了体现国内 IT 行业人力成本低，咱也不能这么糟践资源。就监控需求来看，若能点点鼠标，状态一目了然；收收邮件，故障自动提醒；刷刷页面，趋势尽在掌握。那不是比人肉逐台登录各台服务器，输入各种命令，查看各种状态要优雅灵动得多嘛。

这张大饼画的太真，说完我自己都口水止不住的流，那到底能不能做到，以及怎样做到，经过我们《走进科学》栏目组的多方走访，咨询了各位业界砖家，终于，我们找到了......呃.....大批第三方工具都可实现需求，本节我们就随便叫来几个让大家见识见识。

提 示

本章所提供的各种插件/工具，仅适用于 Linux/UNIX 平台，就目前来看，Windows 平台下的第三方监控插件较为少见，不过一般生产环境中，使用 Windows 平台作为 MySQL 服务器的也并不多见，当然，也可能是因为我不关注，所以不知道。

14.1 监控状态，我用 Nagios

说到监控软件，主流且著名的 Nagios 不能不提，它通常都被理解为监控系统，不过在三思看来，Nagios 其实是个平台，一定要正确理解平台这个词儿——你觉着它做了什么，其实它什么都没做（多数监控项及功能均依赖于 Plugins/Addons 实现），你要说它啥都没做过吧，我们的监控又依赖它展示，这一点主要与其设计思路有关。

Nagios 的整体运行框架，由一个或多个部分组成，相互间在物理上可以完全独立（分别安装在不同服务器），包括：

- Core：核心组件。看名字就知道，这属于首脑阶层，地位较高。它包括基础 Web 介绍及监控引擎，这个部分也是常规意义上所说的 Nagios 监控软件，它也将作为服务端存在于 Nagios 监控体系中。
- Plugins：监控插件。实现常规意义上所说的监控功能，可用来监控主机、设备、服务、应用、接口等，本章后面将要介绍的对 MySQL 服务的功能监控，正是通过监控插件实现。
- Addons：功能组件。其与 Plugins 的区别在于，Addons 用于扩展 Nagios 功能，比如生成趋势图等功能。
- Frontends：前端展示。理解成 Nagios 的 skin 吧，如果感觉默认 Web 界面很土，可以通过 Frontends 修改主题界面。

作为一款主流的系统监控解决方案，其功能和可靠性是历经考验的，我可以负责任地说，不管是常规还是非常规的监控需求，都可以在 Nagios 中实现。这一方面是得益于 Nagios 优秀的框架设计，另外也得利于其开放性的插件调用方法。

对基础指标的监控，如 CPU、内存、磁盘、负载等，Nagios 自带插件即可实现，就不着重介绍了，我们重点关注 MySQL 数据库服务监控。要说与 MySQL 数据库监控相关的插件，数量还真不少，参考 http://exchange.nagios.org/directory/Plugins/Databases/MySQL。这些插件都是由第三方爱好者开发，当自己对 MySQL 的认识达到一定深度，并且具备一定的编码能力，如果有心，自己搞一套插件出来也完全可行。不过眼下，咱们先来参考一下已有产品都能实现哪些功能。

俗话说，“道有千条，我取其一”。在 Nagios 提供的 MySQL 监控插件列表页中，那些少人关注的插件暂且忽略，其中被标了五星的那款 check_mysql_health 插件就是本节的主角。

14.1.1 初始化环境

考虑到 Nagios 服务端核心组件的配置非本书主线，Frontends 控制的展示层也不会影响我们的监控功能，而且像我们这些从事 IT 行业的一般都很朴实，也不会去追求外表的华

丽(本质是因为缺乏审美这种事儿我会说出来吗)。因此这两部分在本节中都不会进行阐述，一方面是因为部署步骤相对较多（主要是太灵活），几句话说不清楚，另外也不是本章关注的重点，大家可以参考官方网站中的相关文档，或者浏览三思系列笔记，学习安装和配置技巧。这里假定 Nagios 服务端已配置好，并且运行正常，我们希望将 MySQL 的系统状态监控，纳入 Nagios 监控系统中统一管理。

> **提 示**
>
> Linux 环境下 Nagios 的安装和配置，三思曾写过系列文章，可以通过搜索引擎搜索“[三思笔记]Nagios 安装部署与监控应用”，比照执行，定能成功。

由于我们是首次为本地服务器配置 MySQL 数据库服务监控，因此不可缺少的有大量的初始化操作，希望大家不要因为步骤较多望而却步，其实只是配置第一台服务器时步骤最多，如若配置得当，后期扩展几十甚至数百台 MySQL 服务都是轻而易举的，关键是要理解我们所执行的操作。

另外，需要说明的是，考虑到本书的读者朋友，可能并非所有人都对 Nagios 较为熟悉，为了尽量简化配置环节的操作，我这里选择在 Nagios 服务端配置 check_mysql_health 插件，直接由 Nagios 服务端连接各 MySQL 实例，获取各项状态。

这种设定最大的优点就是实现简单，配置较少；但缺点也较为明显，当监控的 MySQL 实例和服务项较多时，Nagios 服务端负载会较高，可能成为瓶颈；通常情况下，建议将获取监控项状态的操作放在客户端实现，Nagios 服务端主要负责调度，通过客户端的 nrpe 进程获取具体的监控项。对于熟悉 Nagios 监控软件的朋友应该知道我在说什么，如果您基本上……全没听懂，那当我没说，就先按照我下面演示的步骤配置吧！

check_mysql_health 插件的功能，容我稍后再跟您吹，咱们先把它安装好。

登录到 Nagios 服务端所在服务器，采用源码编译方式安装 check_mysql_health 插件，具体的输出信息我就不罗列了（节省些纸张），从下载到安装，操作步骤如下：

```
# wget http://labs.consol.de/download/shinken-nagios-plugins/check_mysql_health-2.1.8.2.tar.gz
# tar xvfz check_mysql_health-2.1.8.2.tar.gz
# cd check_mysql_health-2.1.8.2
# ./configure --prefix=/usr/local/nagios --with-nagios-user=nagios  \
--with-nagios-group=nagios --with-perl  \
--with-statefiles-dir=/tmp
# make && make install
```

我们在执行./configure 命令时，通过参数为其指定 Nagios 软件的安装路径，以及所属用户，这几项参数大家需要根据自己的实际情况指定。

还有需要额外注意的一点就是，执行 check_mysql_health 命令，需要 perl-DBD/perl-DBI 两个 perl 模块连接 MySQL 服务，如果本地没有安装的话，记得要安装这两个模块（直接执行 yum install perl-DB* -y），否则 check_mysql_health 命令执行将报错，提示缺少模块。当然就算您一开始忽略了安装依赖的模块，导致它真的抛出错误也没关系，按照提示缺啥

补啥就是了，不会影响我们后面应用的。

此外，安装完 check_mysql_health 插件，初始执行时可能遇到错误提示如下：

```
# /usr/local/nagios/libexec/check_mysql_health
-bash: /usr/local/nagios/libexec/check_mysql_health: yes: bad interpreter: No such file or directory
```

解决方案如下，打开编辑 check_mysql_health 命令：

```
# vim /usr/local/nagios/libexec/check_mysql_health
```

将第一行：

```
#! yes -w
```

修改为：

```
#!/usr/bin/perl
```

保存退出即可。服务端的插件这就算装好了。

下面切换到希望监控的 MySQL 实例，我们希望创建一个专用的监控账户，以便 Nagios 服务端在执行 check_mysql_health 命令时，能够通过该账户连接进来，以获取相应的状态。mysql 命令行模式下执行命令如下：

```
(system@localhost) [(none)]> create user nagios@'192.168.30.%' identified by 'nagios';
```

无需授予任何权限，只要能够连接即可。

14.1.2 初识监控项

check_mysql_health 插件安装还是很简单的，那应该怎么使用，它又是如何收集 MySQL 实例信息的呢。针对这些问题，我有幸找到 check_mysql_health 官方文档，尽管是英文的，不过我发现每一个字母我都认识，下面我就把我看得懂的那部分跟大家翻译翻译。

1．基础参数

直接执行 check_mysql_health 命令，不附加任何参数，默认会返回 check_mysql_health 命令的帮助信息，返回的参数实在太多，结果咱就不罗列了，下面挑重点的参数进行介绍。

check_mysql_health 命令中，较为基础（常用）的参数包括：

- --hostname：指定数据库服务器的 IP 地址。
- --port：指定数据库服务器的连接端口，默认是 3306。
- --socket：指定以本地 socket 套接字连接。
- --username：指定连接数据库服务器的用户名，现在知道前面创建的 mysql 用户是用在哪里了吧。
- --password：指定连接数据库服务器的用户密码。

这几个参数的功能应该一看就能看懂，如果没懂就多看几遍，直到看懂为止，因为这些参数在执行 check_mysql_health 命令时必须指定。

2．监控项参数

check_mysql_health 命令的主要功能就是收集监控指标，那么它是在哪里体现监控项呢，马上出场的这位就是了：--mode 参数。

要想用好 check_mysql_health 命令，--mode 参数一定要熟悉，这可是 check_mysql_health 监控命令的核心参数，由它控制输出 MySQL 数据库的哪些监控指标。

其实具体应用非常简单。比如说，想关注当前的 MySQL 服务启动时间，可以执行 check_mysql_health 命令，并附加下列参数：

```
# /usr/local/nagios/libexec/check_mysql_health --hostname 192.168.30.243 --username nagios --password nagios --mode uptime
OK - database is up since 12857 minutes | uptime=771423s
```

前面的基础参数先忽略，重点关注加粗的--mode 参数及其参数值。

又比如说，想知道当前 MySQL 服务已连接的线程数据，执行命令并附加下列参数：

```
# /usr/local/nagios/libexec/check_mysql_health --hostname 192.168.30.243 --username nagios --password nagios --mode threads-connected
OK - 2 client connection threads | threads_connected=2;10;20
```

在这两个示例中，大家可以看到，命令行中指定的基础的与连接相关的参数都是相同的，唯一不同之处就在于--mode 参数所指定的监控项，指定不同的监控项，就能够获取不同的返回信息。

那么，问题紧接着就来了，--mode 参数都提供了哪些监控项。这个疑问朋友们自己就能解答，只需执行 check_mysql_health 命令，查看帮助信息，就能够获取--mode 参数能够支持的所有参数项。不过接下来又有疑问，--mode 参数这些监控项的值又是从哪来的呢？其实即便我不说，想必大家隐约也猜得出来，这些值肯定得通过 MySQL 中的状态变量计算得出，总不能是它自己生成的吧（有些确实是，比如 connection-time 监控项），我们只是目前还不了解，它是依据什么规则生成的。好了，针对这个问题，是时候深入谈谈--mode 参数的功能，下面让我一项一项来给大家翻译。

（1）connection-time：连接到服务器的时间。

这一项获取的是客户端连接 MySQL 服务端的响应时间，可以把它类比为 MySQL 中的 ping。执行示例如下：

```
# /usr/local/nagios/libexec/check_mysql_health --hostname 192.168.30.243 --username nagios --password nagios --mode connection-time
OK - 0.01 seconds to connect as nagios | connection_time=0.0141s;1;5
```

本监控项在 MySQL 服务繁忙时较有参考意义，值得关注。另外，值得一提的是，本监控项应该是 check_mysql_health 命令行中，唯一一个由它自己计算生成，后面再出现的监控项，若非特别注明，其监控项的值均是基于 MySQL 全局状态变量计算而得。

（2）uptime：MySQL 服务运行的时间。

本监控项前面已经演示过。这个监控项的值是怎么得出的呢？其实取的是 MySQL 中状态变量 uptime 的值，参数值对应：SHOW GLOBAL STATUS LIKE 'uptime'。

（3）threads-connected：数据库服务器当前打开的连接。

本监控项的值来自 MySQL 状态变量 Threads_connected，参数值对应 SHOW GLOBAL STATUS LIKE 'Threads_connected'。

（4）threadcache-hitrate：缓存的线程命中率。

调用示例如下：

```
# /usr/local/nagios/libexec/check_mysql_health --hostname 192.168.30.243 --username nagios --password nagios --mode threadcache-hitrate
OK - thread cache hitrate 94.12% | thread_cache_hitrate=94.12%;90:;80: thread_cache_hitrate_now=100.00% connections_per_sec=0.00
```

命中率这类指标 MySQL 并没有直接提供，因此对于 check_mysql_health 来说，本监控项的值就是来自多个状态变量，计算规则如下：

```
100-Threads_created * 100 / connections
```

（5）threads-created：每秒创建的线程数。

本监控项的值主要是基于 MySQL 状态变量 threads_created，参数值对应 SHOW GLOBAL STATUS LIKE 'Threads_created'。不过大家有没有想过，MySQL 中的状态变量值，始终显示的都是累计值，而非新增的值。那么 check_mysql_health 又是如何获取到增长量的呢？

其实它的处理方式也很传统，就是将上一次取到的数值保存下来，与本次取到的值相比计算差值，而后再将差值除以上次检测后距今的时间，即可得到每秒创建的线程数。

后面参数中涉及增长量的计算，都是基于这种处理方式生成的结果，在接下来的内容里就不再反复解释了。

（6）threads-running：当前运行的线程数。

本监控项的值来自 MySQL 状态变量 threads_running，参数值对应 SHOW GLOBAL STATUS LIKE 'Threads_running'。

（7）threads-cached：当前缓存的线程数。

本监控项的值来自 MySQL 状态变量 threads_cached，参数值对应 SHOW GLOBAL STATUS LIKE 'Threads_cached'。

（8）connects-aborted：每秒连接失败的连接请求。

本监控项的值主要基于 MySQL 状态变量 aborted_connects，参数值对应 SHOW GLOBAL STATUS LIKE 'Aborted_connects'。

（9）clients-aborted：每秒客户端导致连接失败的连接数量。

与上类似，只是本监控项的值基于 MySQL 状态变量 aborted_clients，指的是由于客户端没有关闭连接而中止的连接数。

（10）slave-lag：输出 Slave 节点落后于 Master 节点的时间，以秒为单位。

本监控项的值来自于 SHOW SLAVE STATUS 语句中 seconds_behind_master 选项值。

（11）slave-io-running：输出 Slave 节点的 IO 线程是否在运行。

本监控项的值来自于 SHOW SLAVE STATUS 语句中 slave_io_running 选项值。

（12）slave-sql-running：输出 Slave 节点的 SQL 线程是否在运行。

本监控项的值来自于 SHOW SLAVE STATUS 语句中 slave_sql_running 选项值。

（13）qcache-hitrate：查询缓存的命中率。

又见命中率，MySQL 没有提供，check_mysql_health 是怎么算出来的呢？全靠下面这两个状态变量：

- Qcache_hits：查询缓存的命中次数。
- Com_select：SELECT 语句的执行次数。

计算规则如下：

```
Qcache_hits / (Qcache_hits + Com_select)
```

（14）qcache-lowmem-prunes：从查询缓存中清除出去的查询语句数量。

本监控项的值主要基于 MySQL 状态变量 Qcache_lowmem_prunes，参数值对应 SHOW GLOBAL STATUS LIKE 'Qcache_lowmem_prunes'，如果此参数值较大，那么适当增大 query_cache_size 查询缓存区的值，能够减少 lowmem 换出，提高缓存命中率。

（15）keycache-hitrate：MyISAM 引擎对象索引的缓存命中率。

本监控项的输出值，依赖两个状态变量：

- Key_reads：从磁盘中物理读取索引块的次数。
- Key_read_requests：从 MyISAM 索引缓存中读取索引块的次数。

计算规则如下：

```
100 * ( 1 - key_reads / key_read_requests )
```

如果返回值显示命中率较低，可以考虑适当增加 key_buffer_size 系统变量值。

（16）bufferpool-hitrate：InnoDB 引擎对象的缓存池命中率。

本监控项的输出值，依赖两个状态变量：

- innodb_buffer_pool_reads：由于无法从内存中获取，而直接从磁盘读取数据的逻辑读数量。
- innodb_buffer_pool_read_requests：完成的逻辑读数量。

计算规则如下：

```
100 * (1 - innodb_buffer_pool_reads / innodb_buffer_pool_read_requests)
```

（17）bufferpool-wait-free：InnoDB 缓存池可用的待清理页。

本监控项的值主要基于 MySQL 状态变量 Innodb_buffer_pool_wait_free，参数值对应 SHOW GLOBAL STATUS LIKE 'Innodb_buffer_pool_wait_free'。

关于这个状态变量的作用有必要多解释几句，正常情况下，向 InnoDB 的缓存池写数据都是在后台进行，不过，如果必须读取或创建新页，但当前又没有可用的干净页，则只能等待页先被刷新。本状态变量记录的就是 MySQL 服务出现这类等待的数量。如果 InnoDB 缓存池大小合适，那么本变量的值应该非常之小。本监控项可以与前面的 InnDB 缓存池命中率联系起来看，如果本监控项值较大，那么 InnoDB 缓存池的命中率也高不到哪儿去。

（18）log-waits：由于 log buffer 过小导致写入前必须等待其 flush 的等待次数。

本监控项的值主要基于 MySQL 状态变量 Innodb_log_waits，参数值对应 SHOW GLOBAL STATUS LIKE 'Innodb_log_waits'。

（19）tablecache-hitrate：表缓存命中率。

本监控项的输出值，依赖两个状态变量：

- Open_tables：当前打开的表对象数量。
- Opened_tables：打开过的表对象数量。

计算规则如下：

```
100 * ( Open_tables/Opened_tables)
```

如若本监控项的值较小，说明表缓存大小设置稍小，可以考虑适当的增大，以提高表缓存命中率。

（20）table-lock-contention：出现锁争夺的概率。

本监控项的输出值，依赖两个状态变量：

- Table_lock_waited：不能立即获得的表的锁表次数。
- Table_lock_immediate：立即获得的表的锁表次数。

计算规则如下：

```
100 * Table_locks_waited / (Table_locks_waited+Table_locks_immediate)
```

本监控项的输出值应该尽可能的小，等于或无限接近 0 才是较理想状态。

（21）index-usage：输出索引利用率。

本监控项的生成规则就复杂了，它依赖多个 MySQL 状态变量：

- Handler_read_rnd：从固定位置读取行的请求次数，如果执行的多数查询均需要对结果进行排序，则本值会较大。
- Handler_read_rnd_next：从数据文件中读取行记录的请求次数，如果有大量扫描表操作的话，则本值会较大。
- Handler_read_first：读取索引根节点的次数。如果该值很大，说明 MySQL 服务执行了较多索引全扫描。
- Handler_read_key：基于索引键访问行记录的次数。如果该值很大，表示基本上都是通过索引来获取数据（通常情况下这都是种好现象）。
- Handler_read_next：按照索引中的顺序读取下一行记录的请求数量，如果有大量通过范围查询索引列操作的话，本状态变量值就会增长。
- Handler_read_prev：按照索引中的顺序读取上一行记录的请求数量，通常是由于使用的 ODER BY ... DESC 语句。

详细计算规则如下：

```
    100 - (100 * (Handler_read_rnd  + Handler_read_rnd_next)) / Handler_read_first + Handler_read_key +
Handler_read_next + Handler_read_prev + Handler_read_rnd  + Handler_read_rnd_next
```

本监控项的名字起得好（多数人看到索引就下意识联想到优化，然后就开始重点关注了），计算规则看起来也挺邪乎，不过由于它统计的是全局粒度的索引利用率，因此实际参考意义并没有想象中这么大，适当关注即可。

（22）tmp-disk-tables：临时表被创建在磁盘上的比例。

本监控项的输出值，依赖两个状态变量：

- Created_tmp_disk_tables：语句在执行过程中，在磁盘上创建的临时表的数量。
- Created_tmp_tables：语句在执行过程中，创建的临时表的数量。

计算规则如下：

```
100 * Created_tmp_disk_tables / Created_tmp_tables
```

若本监控项的输出值较大，可以适当加大 tmp_table_size 或 max_heap_table_size 系统变量的值，尽量使临时表都创建在内存中，以加快语句的执行效率。

（23）table-fragmentation：需要分析的表对象。

本监控项输出内容较多，它会把所有符合规则，认为需要优化的表对象都输出显示，目前仅对于 MyISAM 引擎对象有意义。输出规则为，满足 SHOW TABLE STATUS WHERE Data_free / Data_length > 0.1 AND Data_free > 102400 条件的表对象，均会输出，如果您的业务对象根本没有使用 MyISAM 引擎，那么本监控项就不必费心关注了。

（24）open-files：已打开的文件数量与总可打开文件数量的占比。

本监控项依赖一个系统变量 open_files_limit 和一个状态变量 Open_files，前者表示最大可用的文件描述符数量，后者表示当前打开的文件数量。

计算规则如下：

```
100 * Open_files / open_files_limit
```

（25）slow-queries：每秒触发的慢查询数量。

本监控项的值主要是基于 MySQL 状态变量 Slow_queries，对应 SHOW GLOBAL STATUS LIKE 'Slow_queries'，将取到的参数值除以上次检测后距今的时间，即可得到每秒创建的线程数。

（26）long-running-procs：输出长时间运行的会话数量。

对于本监控项来说，关键点在于，以什么作为判断会话长时间运行的标准。根据 check_mysql_health 命令的设计，本监控项的输出是将当前所有连接的会话中，非复制线程，状态也不是空闲，并且执行时间超过 1 分钟的会话，定义为长时间运行。其定义标准大概可以理解为下列 SQL 语句。

```
SELECT
    COUNT(*)
FROM
    information_schema.processlist
WHERE user <> 'replication'
AND time > 60
AND command <> 'Sleep'
```

除了上面提到的这些监控项外，还有：

- cluster-ndbd-running：用于输出 NDB 引擎节点状态。
- sql：根据执行的 SQL 语句进行输出，本监控项又与--name 和--name2 两个参数关联应用。

后两者较少被使用，因此这里不多费笔墨。

14.1.3 配置监控项

通过前面小节的学习，咱们对 check_mysql_health 命令的参数有了基本了解，关键的 10 余个监控项做了重点介绍，尽管并没有一一演示，但是考虑到各监控项调用形式只是 --mode 参数所指定的参数值的差异，想必只要智商不为负，都应该看得懂。

没见过世面的朋友看到 check_mysql_health 各类监控项的输出信息已经颇感欣喜，它确实帮我们简化了一些信息收集的工作，不过像我这种懒也要懒出风格懒出境界，誓要在追求更懒的道路上越走越远，我当然希望能让它的自动化程度更高一些。

当前 Nagios 服务端和客户端均已就绪，而且得益于 Nagios 这种优秀的插件式设计，只要把 check_mysql_health 的监控项定义到 Nagios 监控系统中，往后就可以借助 Nagios 的系统能力，自动为我们输出监控信息和状态报告了。

咱虽然一向标榜自己懒，但那是褒义的懒，是为了提高效率，减少重复工作。要达到这种懒的境界，也不是那么容易的事情，动手能力必须强，该出手时就出手，风风火火配置 Nagios。说干就干，下面将前面提到的监控项定义为命令，保存在 nrpe 配置文件中，当然也不是所有的监控项都配置，我们只要关注较有价值的，愿意花时间关注的那些就行了。

> **提 示**
>
> 因为每个人管理的 MySQL 服务不同，关注项也有可能不同，Nagios 的配置风格也不同，这里所提及的种种仅做示例。

首先修改 Nagios 服务端命令行模板配置文件：

```
vi /usr/local/nagios/etc/objects/commands.cfg
```

我们将 check_mysql_health 定义为 Nagios 中的命令，增加配置如下：

```
define command{
        command_name check_mysql_health
        command_line $USER1$/check_mysql_health --hostname $HOSTADDRESS$ --port $ARG1$ --username
              nagios --password nagios --mode $ARG2$
}
```

在这项配置中，实际调用的 check_mysql_health 命令行参数正是标准的几个参数项，包括连接的主机、端口、用户名、密码及监控项，其中我们将端口--port（考虑到单个服务器运行多个 MySQL 服务的情况）和监控项--mode 定义为参数，可在 Nagios 中调用此命令时再指定。

下面修改配置文件。我这里计划将要增加的 mysql 监控项定义为模板，将要监控的 MySQL 服务定义为一组，这样后面若有多个 MySQL 实例均需增加这类监控，就不用逐个配置，只需直接引用这些服务就可以了。

再次提示，因为 Nagios 中配置文件极为灵活，对于相同监控需求的实现方式就有很多种，具体如何配置 Nagios 中的 cfg 文件，就取决于管理员的设计和规划能力，我这里所选择的方式也不一定是最优方式，只是个人感觉较为适用本书设计的场景。

使用文本编辑工具，创建一份新的模板文件：

```
# vi /usr/local/nagios/etc/objects/mysqlserver.cfg
```

增加若干项新的服务，我这里将 check_mysql_health 命令所有监控项，均定义为监控服务：

```
define hostgroup{
        hostgroup_name  mysql-server
        members         mysql_db_241
}

define service{
        use                             linux-service
        service_description             Check MySQL Connect-time
        hostgroup_name                  mysql-server
        check_command                   check_mysql_health!3306!connection-time
}

define service{
        use                             linux-service
        service_description             Check MySQL Uptime
        hostgroup_name                  mysql-server
        check_command                   check_mysql_health!3306!uptime
}

define service{
        use                             linux-service
        service_description             Check MySQL Active Connection Count
        hostgroup_name                  mysql-server
        check_command                   check_mysql_health!3306!threads-connected
}

define service{
        use                             linux-service
        service_description             Check MySQL Threads Hit Rate
        hostgroup_name                  mysql-server
        check_command                   check_mysql_health!3306!threadcache-hitrate
}
............我是不起眼的省略符...........
```

注意，我们这里 members 中的 host 都是早就已经在 Nagios 环境中配置过了，因此这里在配置新的 hostgroup 时可以直接引用，否则，大家需要先定义主机。

而后编辑 Nagios 主配置文件，将刚刚新建的监控服务文件，加入到对象配置文件扫描路径：

```
# vi /usr/local/nagios/etc/nagios.cfg
```

增加一行：

```
cfg_file=/usr/local/nagios/etc/objects/mysqlserver.cfg
```

保存退出，需要重新启动 Nagios 服务，加载 Nagios 中的配置项使其生效，执行命令如下：

```
# service nagios reload
Running configuration check...done.
Reloading nagios configuration...done
```

服务成功加载，部署成功。

14.1.4 监控服务列表

登录到 Nagios 管理界面中，刷新 mysql_db_241 主机的监控项，就会多出我们刚刚配置的多项监控服务，如图 14-1 所示。

Host	Service	Status	Last Check	Duration	Attempt	Status Information
mysql_db_241	Check Host Alive	OK	09-27-2013 14:11:24	57d 14h 42m 46s	1/5	PING OK - Packet loss = 0%, RTA = 0.47 ms
	Check MySQL Aborted Client Connections	OK	09-27-2013 14:11:49	9d 5h 25m 6s	1/5	OK - 0.00 aborted (client died) connections/sec
	Check MySQL Aborted Connections	OK	09-27-2013 14:13:15	9d 5h 23m 40s	1/5	OK - 0.00 aborted connections/sec
	Check MySQL Active Connection Count	WARNING	09-27-2013 14:10:27	1d 3h 56m 28s	5/5	WARNING - 13 client connection threads
	Check MySQL Bufferpool Hit Rate	OK	09-27-2013 14:08:15	9d 14h 48m 40s	1/5	OK - innodb buffer pool hitrate at 99.98%
	Check MySQL Bufferpool waits	OK	09-27-2013 14:14:41	9d 5h 22m 14s	1/5	OK - 0 innodb buffer pool waits in 600 seconds (0.0000/sec)
	Check MySQL Connect-time	OK	09-27-2013 14:14:36	9d 5h 32m 19s	1/5	OK - 0.03 seconds to connect as nagios
	Check MySQL Currently Cached Threads	CRITICAL	09-27-2013 14:06:54	1d 3h 50m 1s	5/5	CRITICAL - 102 cached threads
	Check MySQL Currently Running Threads	OK	09-27-2013 14:13:19	9d 5h 23m 36s	1/5	OK - 1 running threads
	Check MySQL InnoDB log waits	OK	09-27-2013 14:16:07	9d 5h 20m 48s	1/5	OK - 0 innodb log waits in 600 seconds (0.0000/sec)
	Check MySQL MyISAM key cache hitrate	OK	09-27-2013 14:10:25	9d 5h 19m 22s	1/5	OK - myisam keycache hitrate at 99.98%
	Check MySQL Query cache Pruned	OK	09-27-2013 14:08:59	9d 5h 17m 56s	1/5	OK - 0 query cache lowmem prunes in 600 seconds (0.00/sec)

图 14-1 已加入的 Nagios 监控项列表

各监控项均能正常显示，有了这套平台，DBA 若想了解 MySQL 各项服务状态，只要打开 Nagios 监控列表页面，打眼一扫，基本状态就一目了然了。

说到监控状态，大家可能注意到，在图 14-1 中，各监控项状态有绿有黄也有红，这又是什么情况呢？红、黄、绿所代表的意义就不解释了，我跟大家解释一下，Nagios 是怎么定义监控项的状态的呢？其实这个状态也不是由 Nagios 定义，而是由监控插件告诉它状态应该是什么样，Nagios 不过是收集并显示出来罢了。

举个例子，标红的那项监控，咱们手动执行一下看看：

```
# /usr/local/nagios/libexec/check_mysql_health --hostname 192.168.30.241 --username nagios --password nagios --mode threads-cached
CRITICAL - 102 cached threads | threads_cached=102;10;20
```

果然，命令行的返回信息，行头就出现了“CRITICAL”关键字。现在的问题是，缓存 102 个线程，根据实际情况判断，觉着不应该属于故障，我们能修改对故障的定义吗？可以的，heck_mysql_health 命令支持定义警告和错误范围的。看来这里有必要补充两个

check_mysql_health 的参数：

- --warning：指定定义为警告的值的范围。
- --critical：指定定义为危险的值的范围。

那么，针对 threads-cached 监控项，我们就要使用这两个参数，修改命令行如下：

```
# /usr/local/nagios/libexec/check_mysql_health --hostname 192.168.30.241 --username nagios --password nagios --warning 100 --critical 200 --mode threads-cached
OK - 100 cached threads | threads_cached=100;100;200
```

这样，返回状态，就变为正常了，命令行验证通过，然后咱们就可以修改前面定义的 Nagios 模板文件 mysqlserver.cfg，在其中对 threads-cached 监控项加入--warning 和--critical 两个参数，然后重启 Nagios 服务，待下次执行过检测后，Nagios 监控列表中的状态，就能够恢复正常了。Active Connection Count 监控项的处理也是同理，不再重复说明。

通过 Nagios 监控系统，我们还可以对监控项做图形化的报表输出，使得各明细监控项的趋势更显直观。

比如，要查看查询缓存池命中率和每秒查询数量，因为我们的 Nagios 服务端配置了 PNP+RRDTOOL，系统自动帮我们生成了趋势图片，单击监控项右侧的小图标，弹出趋势图页面，显示如图 14-2 所示。

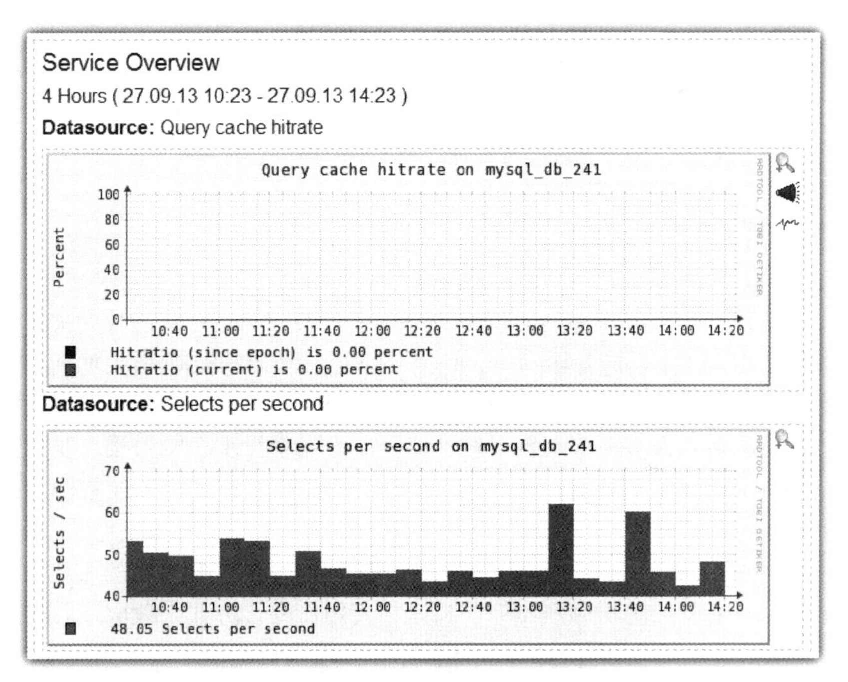

图 14-2　最近 4 小时查询缓存命中率趋势图

哎呀，查询缓存的命中率居然为 0，惭愧惭愧，尽管是套测试用的数据库，不过数值看起来还是令人脸红。

好吧，快速转移话题，咱们还是说点儿能让人自豪的事儿吧。有些朋友可能会想，目前才只是监控了一台 MySQL 服务，若有很多实例都要监控，是否就得建立很多的模板文件、配置文件呢？哎呀，这真是一个让人自豪的话题呀，按照我们当前设计的配置文件结构，后面如果需要再增加其他运行在 3306 端口上的 MySQL 实例，只需要修改 mysql-server 组中的成员列表即可，不必再针对新增的 MySQL 实例逐个配置服务，从配置工作量上来说要简化不少。

比如，现在想把 243/246 两台 MySQL 实例也加入到 Nagios 监控系统中，对于我们来说，只需要增加几个字符就好了。使用文本编辑工具，打开前面创建的模板文件：

```
# vi /usr/local/nagios/etc/objects/mysqlserver.cfg
```

将要监控的主机（假设也早已在Nagios中配置好host），加入到hostgroup中的members：

```
define hostgroup{
        hostgroup_name  mysql-server
        members         mysql_db_241,mysql_db_243,mysql_db_246
}
```

然后重新启动 Nagios 服务就行了，mysql_db_243/246 对应的监控列表中，就会自动增加若干项与 MySQL 服务相关的监控，怎么样，够简单吧。

此外，说起监控，目前 Nagios 已经能够抓取到状态，接下来，管理员可以根据自己的实际需求，利用 Nagios 监控系统中的邮件、短信通知功能，灵活制定告警策略，这样一旦有异常，都能收到 Nagios 自动发送的提醒信息，人肉被动监控模式成功进化至机器主动监控模式。这些功能听起来很高级，其实对于熟悉 Nagios 的朋友来说，不过也就是修改配置文件的事儿，并不复杂，基于本书主题，这里就不引申阐述了。

14.2 监控性能，我有 Cacti

作为一名有责任心和上进心的 DBA，对 MySQL 服务的运行状态较为关注，不仅仅要及时知晓服务是否可用、功能是否正常，还需要分析其运转的效率/效果如何，性能趋好还是趋坏，这些都是 DBA 日常监控中的重要环节。MySQL 数据库作为开源数据库软件中的佼佼者，虽然应用场景众多，但其自身在性能监测方面就没那么给力喽，要想较为全面地获取同学们关心的系统状态方面的指标不太容易。当然啦，只要您前面看的足够认真，利用已学过的知识，要获取系统状态信息还是不难。

比如说，MySQL 自带一系列的状态变量，可以通过 MySQL 自带的命令行工具，打印 STATUS 这类状态变量来分析系统状态，只是，使用命令行方式来获取，敲的字符确实多了些，不过咱们前面也介绍过 phpMyAdmin 界面管理工具，使用该工具连接 MySQL，点点这个或查查那个，系统状态都看得到。遗憾的是，MySQL 自带的状态变量只有当前状态，无法查看历史，而且默认仅有一项数值输出，浏览不便不说，关键不直观，某项指标告诉你当前值是 500 万，一眼看去也不知道这是好是坏呀。说到这里，倒是不得不提 MySQL

官方的 GUI 工具——Workbench，其中提供了一部分指标监测，而且是以图形方式输出，可惜监测只是该工具的一个很小的功能点，监测项少且很不灵活。要怎么才能够直观了解 MySQL 服务状态呢，若管理的 MySQL 数据库实例众多，又如何能够高效、快速地查看众多实例的性能状态，想必很多 MySQL DBA 都在苦苦寻找。

我们在前面小节中介绍过 Nagios 监控系统，其中借助第三方插件以及 RRDTool，倒是能够实现一定程度的状态监测和图形化的报表展示，可是 Nagios 系统侧重于功能可用与否，而且前面介绍的 Nagios 监控 MySQL 服务，所依赖的 check_mysql_health 命令，在提供的监控项上仍然有限，也就 10 余项，当然，Nagios 不仅有 check_mysql_health 插件，还有其他一系列功能插件，也可以自己编写插件实现，只是对于 Nagios 监控系统来说，要监测 MySQL 实例运行中的各项指标还要增加较多的脚本编写和配置工作。俗话说，术业有专攻，使用 Nagios 监控系统来做状态监测非其所长。

更何况，即便有心要编写脚本实现状态抓取和数据处理，可是 MySQL 数据库中仅原始的状态变量就有数百项，即使这其中不是每项均需关注，但是对很多 MySQL DBA 来说，恐怕这些状态变量都还没认全。更何况，我们要监测 MySQL 状态，往往需要基于系统提供的某些指标，来生成各类新的监测指标，比如计算各种命中率、操作比例等，哎呀，系统提供的值得关注的状态变量都还没认全，又如何能够基于它们生成新的状态指标呢？单个 MySQL 实例就有数百项的监测指标，若是管理的 MySQL 实例数目众多，又怎么能做到高效和全面呢？对于很多朋友来说，这可真就犯了难，不仅要实现高效监控，而且主流的监测指标还均要囊括，可谓“两手都要抓，两手都要硬”，到底哪颗神灯能帮我们实现愿意呢？

《走进科学》栏目组经过多方走访，最终证实神灯没有，仙人掌有一棵，掌声有请 Cacti。

Cacti 是一套使用 PHP 编写的应用软件（因此需要有 PHP+Apache 的运行环境），是一款通用的数据采集和图形报表输出的系统。它依赖 SNMP 采集数据，通过采集如网络设备的流量、CPU、系统负载等状态，也可以自定义监测的指标；通过 RRDTool 绘制图像，管理界面功能强大，用户完全不需要了解 RRDTool 复杂的参数，就能定制出漂亮的图形报表；要监控的指标项等基础元数据，则保存在 MySQL 数据库中。

Cacti 会按照配置好的监控项，从指定的系统中抓取数据，保存在 RRD 文件中，然后按照用户配置好的格式，自动调用 RRDTool 把数据以图形的方式展示出来，其各组件的处理流程如图 14-3 所示。

安装和配置完成之后，Cacti 的操作可以全部界面化，它的监控项基于模板配置，因此，用户可以自己定义要监控的模板，另外插播一条好消息，若计划用来监控 MySQL 数据库状态，已有较为完善的监控模板，直接引入即可。

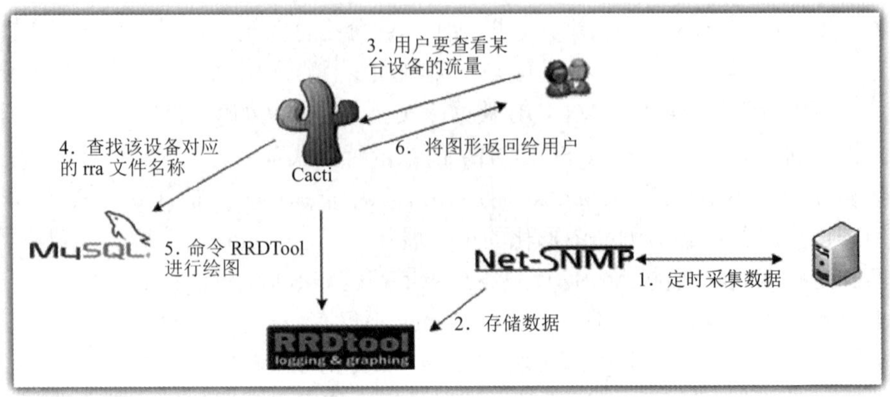

图 14-3　Cacti 处理逻辑图

14.2.1　初始化环境与安装 Cacti

Cacti 软件可在其官网 http://www.cacti.net/download_cacti.php 进行下载。它是一款使用 PHP 语句编写的系统，只要有 PHP 运行环境，理论上来说无需安装，解压就能用。只不过，若要让它顺利运行起来，则需要基于众多软件，主要依赖的软件如下：

- RRDTool：提供数据存储（环形数据库不是盖的）和绘图功能。
- SNMP：状态采集工具，在 UNIX/Linux 环境使用 Net-SNMP 软件包，在 Windows 平台下则是使用 PHP 的 SNMP 功能。
- MySQL：保存 RRDTool 绘图所需的信息，比如模块配置、rra、主机、监控项信息，以及最重要的基础数据（RRD 里存的只是指定时间段的）等。
- PHP：Cacti 的前端展示层和控制层。
- WebServer（Apache/IIS 等）：PHP 运行环境。

除了上面提到的软件以外，还包括 zlib、cairo、libpng、freetype、jpeg、fontconfig、libxml 等软件包。

由于关联到的软件众多，对于新手来说，要配置齐这一套环境还是相当有挑战的，不过好消息又来了，我们前面使用的 Nagios 服务器基本符合要求（只欠缺 net-snmp），MySQL 数据库也有现成的（不是安装在 Nagios 所在服务器上的哟，当然您若计划在该服务器上部署一套 MySQL 也是可行的），拿来就可以安装部署 Cacti，倒是省事儿多了。

若您本地的 Linux 环境已经配置好 Yum 源（CentOS 系统默认即配置好了 YUM 源），那倒也简单了，通过 yum 命令安装提到的软件包，YUM 能够自动帮我们维护缺失的依赖包，执行命令如下：

```
yum install cairo cairo-devel pango pango-devel glib libxml2 libxml2-devel libxslt libxslt-devel libcurl curl libcurl-devel libjpeg libjpeg-devel rrdtool rrdtool-perl net-snmp net-snmp-devel net-snmp-libs net-snmp-utils gd php php-mysql php-devel httpd -y
```

然后，也可以进入安装和配置 Cacti 环节的。

如果 YUM 也没有配置，并且也不知道怎么配（即使通过搜索引擎帮助），那就真的痛苦了，恐怕您只能一个软件包一个软件包的进行安装喽。不过也没必要有畏难情绪，只要思想不滑坡，办法总比困难多。在上面提到的若干软件包安装过程中，一定有些会提示您缺少依赖的包，没关系，一句话，缺什么，补什么。

既然之前已经大方承认，俺是个懒惰的人，咱们做人要始终如一，我决心要一懒到底，因此这里我选个简单的，就在 Nagios 所在服务器上尝试部署 Cacti 监测系统吧！

1. 安装额外插件

Nagios 环境中如 Apache、PHP、RRDTool 这类核心软件包都已配置好，glib、libxml、cairo、GD 这类依赖包也已装好，MySQL 就更是现成的了，唯一欠缺的就是 net-snmp 软件包。若本地服务器配置有 yum 源，则直接使用 yum 方式安装缺失的软件是最为简单的方式：

```
# yum -y install net-snmp net-snmp-devel net-snmp-libs net-snmp-utils
```

若没有配置 yum 源，那就稍稍费劲些了。从 net-snmp 官网可直接下载安装包：www.net-snmp.org/download.html，目前最新版本为 5.7.2，本小节也正是基于这一版本，只是目前官网只有源码包提供下载，下面是源码编译方式安装的步骤：

```
# tar xvfz net-snmp-5.7.2.tar.gz
# cd net-snmp-5.7.2
# ./configure --with-default-snmp-version="3" --with-sys-contact="junsansi@sina.com" --with-sys
-location="China" --with-logfile="/var/log/snmpd.log" --with-persistent-directory="/var/net-snmp"
# make && make install
```

正常情况下，一路回车就好了。

编辑 snmpd 配置文件：

```
# vim /etc/snmp/snmpd.conf
```

第 62 行：

```
access  notConfigGroup ""       any        noauth     exact   systemview none none
```

替换为：

```
access  notConfigGroup ""       any        noauth     exact   all   none none
```

找到第 74、75 行，去掉注释符，修改后如下：

```
com2sec local      localhost          public
com2sec mynetwork 192.168.30.0/24       public
```

进入第 85 行，去掉注释符，修改后如下：

```
view all    included  .1                                80
```

保存退出，然后启动 snmp 服务：

```
# service snmpd start
```

执行下列命令检查 snmp 是否工作正常，能否通过 snmp 抓取数据：

```
# snmpwalk -v 2c -c public localhost sysUpTime
```

正常情况下应返回 snmpd 服务已运行的时间。

2. 安装 Cacti

前面提到过，Cacti 是款使用 PHP 开发的管理系统，可以说无需安装，解压就可使用。

这里我们选择 0.8.7i 版本，下载及解压操作步骤如下：

```
# wget http://www.cacti.net/downloads/cacti-0.8.7i.tar.gz
# tar xvfz cacti-0.8.7i.tar.gz
```

安装这就算竣工，接下来我们将 Cacti 主目录移动到 Apache 的站点根路径下，并将文件属主修改为 cacti（若不愿新建用户，使用 Nagios 用户亦可）：

```
# useradd cacti
# mv cacti-0.8.7i /var/www/html/cacti
# chown cacti:cacti /var/www/html/cacti -R
# chmod 777 /var/www/html/cacti/log /var/www/html/cacti/rra -R
```

并授予两个关键 php 文件执行权限：

```
# chmod +x /var/www/html/cacti/poller.php
# chmod +x /var/www/html/cacti/cmd.php
```

之所以要移动到/var/www/html 路径下，是因为这个目录是本机 httpd 服务默认的站点根路径（由 Apache 配置选项 DocumentRoot 和 Directory 指定），请大家根据自己的实际情况进行修改。

3. *初始化环境*

Cacti 的安装绝对简单，不过安装完默认是跑不起来的，还需要对运行环境进行一系列的配置才行，总的来说，我们需要对运行环境做 3 方面的配置，如下：

- MySQL 数据库：Cacti 在运行过程中需要一系列的基础元数据，同时也需要保存一些运行过程中采集的数据，这些都是保存在数据库中，考虑到我们当前 MySQL 环境是现成的（好多套呢），不过也需要额外的步骤建库建表分配权限才行。
- Apache 服务：Cacti 是一套使用 PHP 开发、基于 B/S 结构的监控系统，我们需要在 Apache 中进行适当配置，使得 Apache 能够解析 PHP 文件，正确响应页面请求。
- Cacti 初始化：这方面先不多谈了。

就这 3 方面的配置，下面逐个进行详细说明。首先来看数据库层的配置工作，这里我选择使用 192.168.30.241 中运行的 MySQL 服务来存储 Cacti 数据。注意哟，在我当前的环境中，Cacti 所在服务器是没有安装 MySQL 数据库的，您若想在此安装也可以，但这并不是一个必备的选项。

登录到 30.241 服务器，以管理员账户连接到 mysql 命令行模式下，执行下列操作，建库和创建用户并授权：

```
mysql> create database cactidb;
Query OK, 1 row affected (0.19 sec)

mysql> grant all on cactidb.* to cacti@"192.168.30.%" identified by "cactisafe";
Query OK, 0 rows affected (0.01 sec)
```

用户和库都有了，但是没有对象，Cacti 的元数据在哪里呢？想必大家会有此疑问。不要着急，Cacti 早已为我们准备好了初始化脚本，就保存在 Cacti 安装目录下，名为 cacti.sql，我们将其复制一份到 192.168.30.241 服务器，然后在 mysql 命令行模式下加载它即可。

提 示

若在 Cacti 所在服务器端安装了 MySQL 软件，那么可以直接在本地连接 MySQL 服务，执行数据的初始化，就不必先将初始化脚本文件 cacti.sql 复制到服务端去执行了，我认为，这是在本地安装 MySQL 软件的唯一优势。

利用 mysql 命令行中的 source 命令，向刚刚创建的数据库中导入数据：

```
mysql> use cactidb;
Database changed
mysql> source /home/mysql/cacti.sql
............
............
```

DB 层对象到此就算配置完毕。接下来轮到 Apache 了，我们需要修改 Apache 的配置文件，使之能够支持访问 PHP 文件。注意不同安装方式，Apache 配置文件路径可能不一样，我这里使用操作系统自带的 httpd 服务，配置文件默认是在/etc/httpd/conf 目录下。

编辑 Apache 配置文件：

```
# vim /etc/httpd/conf/httpd.conf
```

增加 index.php 文件，作为默认首页：

```
DirectoryIndex index.html index.php
```

增加对 PHP 类型的支持，将下面两行加入到配置文件：

```
AddType application/x-httpd-php .php
AddType application/x-httpd-php-source .phps
```

此处还可以根据实际需求，对控制站点根目录的 DocumentRoot 和 Directory 两个参数进行修改，确定无误后，输入“ESC + :wq”保存退出即可。

接下来还需要对 PHP 的配置文件进行修改，主要修改默认时区。编辑 PHP 配置文件：

```
# vim /etc/php.ini
```

约第 946 行，修改 PHP 中默认时区，将：

```
;date.timezone =
```

修改为：

```
date.timezone = "Asia/Chongqing"
```

执行 apachectl -t 检查配置文件语法，正常情况下应返回 Syntax OK：

```
# apachectl -t
Syntax OK
```

若语法检查无误，则重启 Apache 服务：

```
# apachectl restart
```

此刻，Apache 服务也已就绪，终于可以进入到最后一个环节，对 Cacti 服务进行配置了。

先来编辑 Cacti 配置文件，打开位于 Cacti 安装路径 include 目录下的 config.php 文件：

```
# vi /var/www/html/cacti/include/config.php
```

根据自己的实际情况，修改下列变量值：

```
$database_type = "mysql";
$database_default = "cactidb";
```

```
$database_hostname = "192.168.30.241";
$database_username = "cacti";
$database_password = "cactisafe";
$database_port = "3306";
$database_ssl = false;
```

基础环境的配置，至此基本完成，接下来的操作，就可以在浏览器中进行了。

打开浏览器，在地址栏中访问 http://{host_ip}/cacti/，第一次进入的话，默认将会跳转到 http://{host_ip}/cacti/install/，显示提示界面如图 14-4 所示。

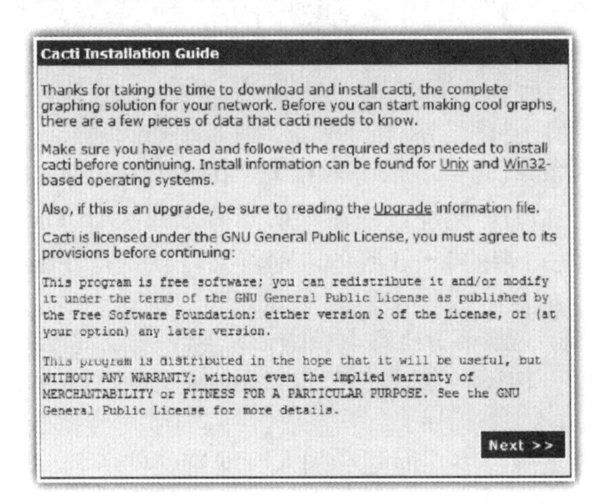

图 14-4　Cacti 版权提示信息

第一页显示的只是版本信息，看不看都行，不影响使用，直接单击 Next 按钮，选择安装类型，选中“New Install”妥妥的（图 14-5）。

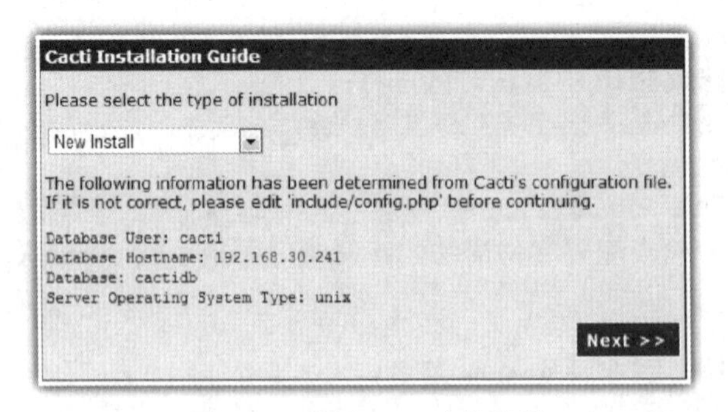

图 14-5　选择 Cacti 安装类型

接下来这个页面就比较重要了，要根据实际情况选择各个应用的路径，如图 14-6 所示。

注意：如果有提示 NOT FOUND 的项（将标红显示），说明该应用的默认路径有误，在该路径下没能找到对应的命令，一定要手工修改到正确的路径下。全部验证完后单击

Finish 按钮，然后就可以登录 Cacti 了，显示登录界面如图 14-7 所示。

Cacti Installation Guide

Make sure all of these values are correct before continuing.

[FOUND] RRDTool Binary Path: The path to the rrdtool binary.
/usr/bin/rrdtool
[OK: FILE FOUND]

[FOUND] PHP Binary Path: The path to your PHP binary file (may require a php recompile to get this file).
/usr/bin/php
[OK: FILE FOUND]

[FOUND] snmpwalk Binary Path: The path to your snmpwalk binary.
/usr/local/bin/snmpwalk
[OK: FILE FOUND]

[FOUND] snmpget Binary Path: The path to your snmpget binary.
/usr/local/bin/snmpget
[OK: FILE FOUND]

[FOUND] snmpbulkwalk Binary Path: The path to your snmpbulkwalk binary.
/usr/local/bin/snmpbulkwalk
[OK: FILE FOUND]

[FOUND] snmpgetnext Binary Path: The path to your snmpgetnext binary.
/usr/local/bin/snmpgetnext
[OK: FILE FOUND]

[FOUND] Cacti Log File Path: The path to your Cacti log file.
/var/www/html/cacti/log/cacti.log
[OK: FILE FOUND]

SNMP Utility Version: The type of SNMP you have installed. Required if you are using SNMP v2c or don't have embedded SNMP support in PHP.
NET-SNMP 5.x

RRDTool Utility Version: The version of RRDTool that you have installed.
RRDTool 1.3.x

NOTE: Once you click "Finish", all of your settings will be saved and your database will be upgraded if this is an upgrade. You can change any of the settings on this screen at a later time by going to "Cacti Settings" from within Cacti.

Finish

图 14-6　检查和选择关键程序路径

User Login

Please enter your Cacti user name and password below:

User Name:

Password:

Login

图 14-7　Cacti 登录界面

第一次登录时默认的用户名和密码均为“admin”。不过，同学们可要看仔细了，第一次登录时，输入完用户名和密码，马上就会提示你，要求修改 admin 用户的密码，显示的页面跟登录页面几乎一模一样，马虎点儿可能误以为密码输入错了，其实不是哟，按照它的提示设定密码就好了。

修改完密码后就将进入Cacti主界面，之前没用过的朋友登录进去之后怕是一片茫然，不知道该点哪儿。好吧，您往左上角瞧，两个硕大（相对来说）的按钮摆在那里（图14-8），一个写着“console”，另一个写着“graphs”，你就先点graphs吧！

图14-8　Cacti主界面

默认已经监控了本机（即 Localhost），只是当前各监控项的图片均为空，如图 14-9 所示。

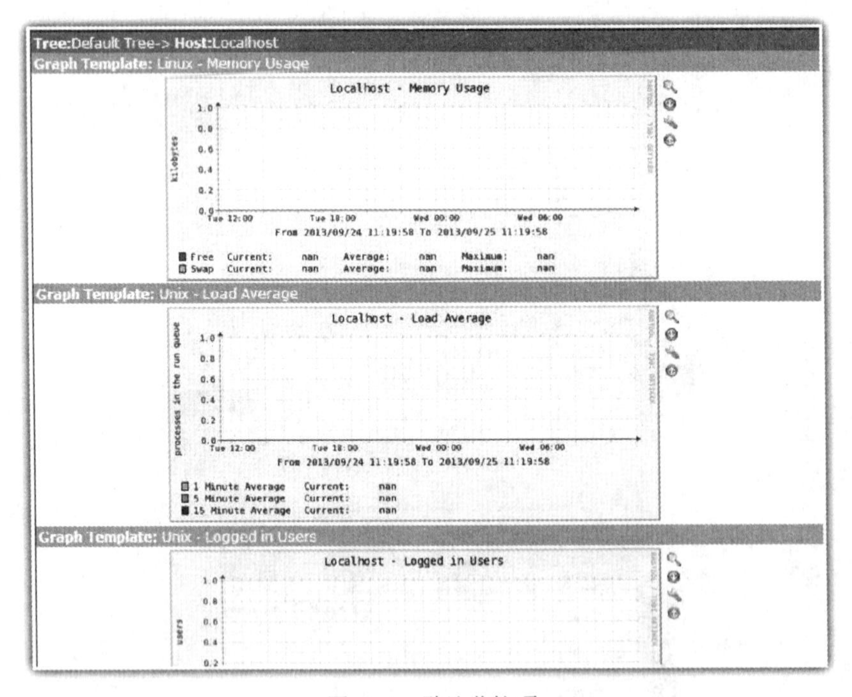

图14-9　默认监控项

提　示

若显示不出图片，建议首先查看Cacti和Apache的应用日志，检查是否有错误日志，若无明确的错误提示，cacti/rra目录权限正常，但该目录下无.rrd文件，则可尝试console→Data Sources→全选→action中，先执行禁用，再执行启用，“运气”好的话，rrd文件就能生成了。

这是因为目前还没有数据。那怎么令其有数据呢？这个就需要 Cacti 中的 Poller 出马，执行数据收集了。收集工作主要是由 poller.php 进行，因为收集数据是个需要长期执行的工作，因此我们创建自动任务，让 Cacti 能够定时自动收集数据。操作如下：

```
# crontab -ucacti -e
*/5 * * * * /usr/bin/php /var/www/html/cacti/poller.php > /dev/null 2>&1
```

注意，默认情况下 Cacti 设定每隔 5 分钟收集一次数据，若执行频率快于指定时间，那么执行 poller.php 也不会有效果，因此我们这里在设定自动任务时，也令其每隔 5 分钟执行一次。若您希望更改数据采集频率（最快每分钟收集一次），首先需要在 Cacti 配置（Settings）界面中，指定 Poller 中的时间间隔，然后再修改自动任务的执行时间。

自动任务设置完之后，耐心等它一会儿（最好多等一阵儿），让它收集一部分数据，然后应该就能够在管理界面下看到图片了（图 14-10）。

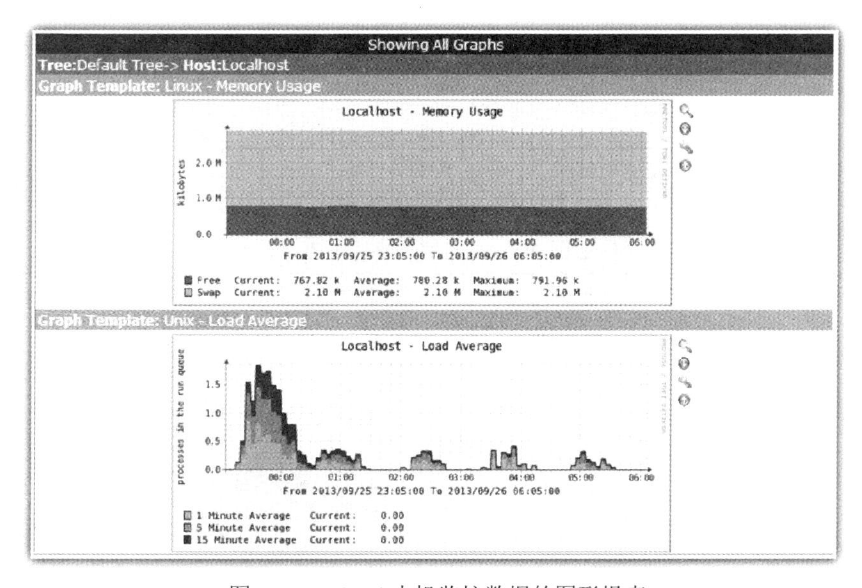

图 14-10　Cacti 本机监控数据的图形报表

这些图片看起来跟 Nagios 中没有区别啊，这个嘛，数据来源是相同的（均来自同一个 MySQL 实例），画图的工具也一样（均基于 RRDTool），出来的东西差不多也可以理解，毕竟展示的是同一个东西嘛。老实说，Cacti 与 Nagios 的功能确有重复，Cacti 的某些功能，使用 Nagios 也能够实现，同理 Nagios 能够做到的，使用 Cacti 也有应对方案，只不过二者从设计角度来看，侧重点不同，这就好比中餐西餐都是对食材烹炒煎炸，但您想吃豆腐首选川菜馆，想吃牛排会去西餐厅一样。

因此，真正要体现出差异，还得看具体监控项。我先坦个白，对 MySQL 实例的状态监控，Cacti 着实更强大，支持更好也更易用。不过俗话说是骡子是马拉出来溜溜，请大家自带沙发板凳找位置坐好，然后，呃，先跟我一块去看看场地。

14.2.2 配置 MySQL 监控模板

第三方软件企业 Percona 又要立功了，为什么要说又呢，提到 Percona 大家应该感到熟悉才对，我们在第 10 章曾重点介绍过一款叫做 xtraBackup 的热备工具，该工具正是由 Percona 提供。xtraBackup 的表现想必令大家印象深刻，不管是功能、性能还是易用程度，都远超 MySQL 自带的命令行工具。听闻我们要对 MySQL 实例的状态进行监控，Percona 又来了，这次它带给我们的是 MySQL 专用的性能监控组件，也是本小节的主角：Percona Monitoring Plugins。

我们让主角在后场稍事休息，咱们先来认识一下 Cacti 监控系统的管理界面。

1. 熟悉 Cacti 管理界面

Cacti 默认安装完之后，主界面主要有两大菜单项，其中 Graphs 功能较为简单，就是查看所配监控项的图形报表，前面小节中已经见识过；Console 菜单项看名字就知道责任重大，这里面的功能可多了。

> **提 示**
> Cacti 的插件也较多，若进行过配置，则菜单项和功能点都会有相应增加。

> **提 示**
> Cacti 的功能按钮（链接）设计的并不醒目，如果后续小节中提到了某项操作，您一时没找着链接在哪儿，可以在右中、右上部分仔细找一找。

在 Console 菜单项中，若无安装其他插件，则默认应该包括下列功能：

- Create
  - New Graphs：创建新的监控主机，及监控项。
- Management
  - Graph Management：管理监控项的图像输出。
  - Graph Trees：管理图像树，什么是图像树呢，可将之与餐饮文化中的菜系对应理解，实在理解不了也没关系，该咋用咋用，该咋吃咋吃呗。
  - Data Sources：管理监控项。
  - Devices：管理监控的节点。
- Collection Methods
  - Data Queries 和 Data Input Methods：这两项均是用来指定收集数据的方式，前者是用来指定采集数据的方式以及获取的数据格式，后者指定采集到的数据入库方式及数据定义。
- Templates：
  - Graph Templates：生成图像的模板，可理解为监控项模板；

- Host Templates：监控主机的主机类型模板。
- Data Templates：监控项中数据的处理模板。

这 3 项模板其实就是粒度不同，只是名词太过抽象，所以大家可能读起来不够形象直接，其实模板很简单，而且很重要，尤其对本小节的内容来说更加重要，有必要多白话几句，希望能让大家深入理解它们的作用。

举例来说，您计划开家餐馆，考虑到自己运营一无经验二没特色，于是想着干脆弄个加盟店好了。那么，选择 CSC 还是 KFC 呢，这就是在选择主机模板，想到美国大爷笑容更灿烂，而且是外来的和尚，经念的那是极好，招牌也是大红色儿，透着喜庆，就选它了。

因为是加盟的形式，馆子里都卖哪些菜品（图像模板）基本也确定了，当您选择了主机模板时，这些早已经设定好，不用再花精力去想店里该卖什么东西好。不过，保不齐在企业运转过程中，您可能会想，最近老北京鸡肉卷（监控项）卖的不好，兄弟所在这是西南重镇重庆，口儿都较重，根本就没人吃那玩意儿，要不然改进一下加点儿辣椒？可是您此时已经家大业大，分店都开了好几百家，这要是直接改菜品代价太大，干脆就在做菜的原料包（数据模板）里加了点辣，简单直接易于复制，然后香辣鸡肉卷就出炉了。

- Import/Export
  - Export Templates：模板导出。前面的香辣鸡肉卷卖的不错，隔壁成都兄弟也有兴趣，您就可以用此导出功能，将该菜品的做法导出一份给他。
  - Import Templates：模板导入。成都兄弟拿着模板导入，它就也会做了。
- Configuration
  - Settings：Cacti 的主要配置菜单，子项较多，这里不一一介绍。
  - Plugin Mangement：插件管理，如果安装了其他插件，那么会存在这一栏，否则是看不到这一项的。
- Utilities
  - System Utilities：系统应用，可以用来查询日志、清空缓存等。
  - User Management：Cacti 系统中的用户管理，它提供了非常强大的数据和用户管理功能，可以指定每一个用户能查看树状结构、主机以及任何一张图像报表，还可以与 LDAP 结合进行用户验证，不过本节中，不涉及这部分功能的操作。
  - Logout User：这个就不用说了吧，退出登录，跟界面右上角的功能是一样的。

差点儿忘了提，主界面最左下角那棵“仙人掌”图标，一幅吉祥物的模样，现在知道什么是 Cacti 了吧！

2. 增加 MySQL 监控模板

曾经有一款叫做 Better Cacti Templates 的开源项目，它提供了一系列适用于 Cacti 的监控模板和性能采集插件，既可以用来收集如 Apache/Nginx 这类 Web 服务器的运行状态，也能处理 memcache/redis/mongoDB 这类 NoSQL 产品，像 Linux 这类系统状态的监控项更

不在话下，不过在我看来，它最令人称道的，还是对于 MySQL 的状态监控模板。不仅采集的数据最全面，而且还包含了对采集数据的分析，比如说自动计算重要指标的命中率/占比等，同时输出的图形美观实用，高端大气上档次。

那么，这么好的东西，哪里有的卖呢，实话告诉您吧，哪都没的卖，我前面都说了这是开源软件，不用花钱，官网免费下载：http://code.google.com/p/mysql-cacti-templates/。不过，我们这里要说的不是 Better Cacti Templates 项目，因为我们有更好的选择。

Better Cacti Templates 项目已被 Percona 打包整合，加入若干 Nagios 监控插件后隆重推出，于是就有了 Percona Monitoring Plugins，功能更强，青出于蓝而胜于蓝，因此它才得以成为本节的主角。

关于 Percona Monitoring Plugins 的详细信息，可以在 Percona 官网获取，地址见 http://www.percona.com/software/percona-monitoring-plugins。考虑到实践最有助于大家的理解，因此基础信息不多做描述，快速进入安装和配置。

官网目前最新版本是 1.0.4，我们下载的是 tar.gz 格式的预编译包，无需安装，下载即可使用。下载模板并解压，执行命令如下：

```
# wget http://www.percona.com/redir/downloads/percona-monitoring-plugins/LATEST/percona-
      monitoring-plugins-1.0.4.tar.gz
# tar xvfz percona-monitoring-plugins-1.0.4.tar.gz
```

将执行 myql 状态采集的脚本复制到 Cacti 目录下：

```
# cd percona-monitoring-plugins-1.0.4
# cp cacti/scripts/ss_get_mysql_stats.php /var/www/html/cacti/scripts/
```

接下来要做的是导入 Cacti 专用的 mysql 监控模板。导入模板是在 Cacti 管理界面中操作，前面小节中介绍过这个功能。导入模板时有两种方式，一种是选择文件，一种是复制内容到文本框。考虑到要导入的模板文件内容较多，因此这里我计划采用文件导入的方式（图 14-11）。

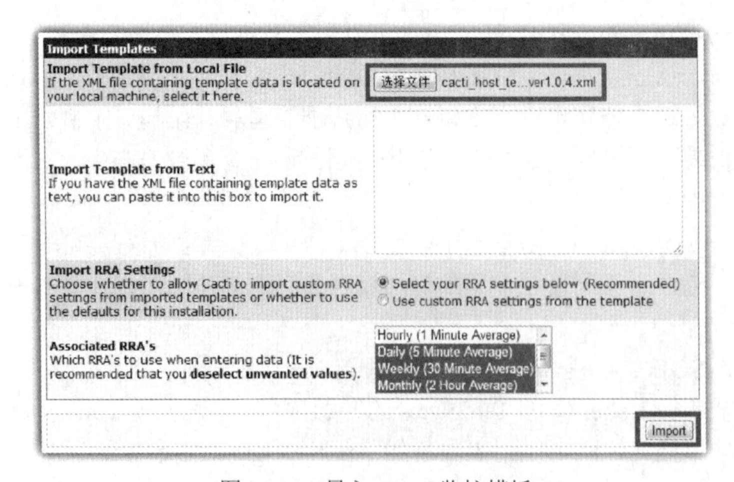

图 14-11　导入 mysql 监控模板

模板文件都在 cacti/templates 目录下，大家找到 cacti_host_template_percona_mysql_server_ht_0.8.6i-sver1.0.4.xml 文件，先下载到本地，然后进入到 Cacti 管理界面，单击 Import Templates→Import Template from Local File，选择好文件，然后单击 Import 按钮就行了。

稍等片刻，页面返回类似下列信息：

```
Cacti has imported the following items:

CDEF

[success] Percona Turn Into Bits CDEF [new]
[success] Percona Negate CDEF [new]
GPRINT Preset

[success] Percona MySQL Server Version t1.0.4:s1.0.4 [new]
[success] Percona MySQL Server Checksum da9b1d037c98ee6454005a8e9ba67b2c [new]
[success] Percona Normal [new]
Data Input Method

[success] Percona Get MySQL Stats/MyISAM Indexes IM [new]
[success] Percona Get MySQL Stats/MyISAM Key Cache IM [new]
[success] Percona Get MySQL Stats/InnoDB Buffer Pool IM [new]
.........
```

导入的监控项很多，主机模板、图像模板和数据模板全都有，因此输出的信息很长，大家拖拉着扫一眼结果，若都显示 success，就表示各监控项均导入成功。如果没成功怎么办呢？这个，以我有限的几次安装经验，还从没遇到过不成功的场景，若您遇到了，说明人品这个东西确实还是很重要。

模板不需要再进行什么操作了，下面得对之前复制的脚本文件进行些必要的修改，主要是涉及连接数据库的变量要根据实际情况进行设置。修改脚本文件：

```
# vi /var/www/html/cacti/scripts/ss_get_mysql_stats.php
```

修改下列变量值：

```
$mysql_user = 'smon';
$mysql_pass = 'smonsafe';
$mysql_port = 3306;
$cache_dir  = '/var/www/html/cacti/cache';
```

有些朋友可能会有疑惑，这里设置的 mysql 用户名与密码是哪儿来的？大家可以先想一想，这里先卖个关子。

创建缓存目录并授予所有用户读写权限：

```
# mkdir /var/www/html/cacti/cache
# chown cacti:cacti /var/www/html/cacti/cache
# chmod 777 /var/www/html/cacti/cache
```

担心有些朋友会配置错了用户，这里干脆将目录权限授予所有人均可读写。

14.2.3 监控 MySQL 实例

就以 192.168.30.243 服务器的 3306 端口运行的 MySQL 服务为例吧。该实例已经加入到 Nagios 监控系统中，如今再将其纳入到 Cacti 监控体系内，体现出我们对其的重点照顾。

1. 配置客户端

注，以下操作如非特别注明，均为在 192.168.30.243 服务器端操作。

首先连接 mysql 命令行模式，创建监控 mysql 的用户并授予所需要的权限：

```
mysql> grant process,super on *.* to smon@'192.168.30.%' identified by 'smonsafe';
```

这里创建的用户，就是前面在 ss_get_mysql_stats.php 中配置的用户喽。注意哟，由于脚本文件中的变量值是写死了的，因此所有要通过 Percona Monitoring Plugins 采集数据的 MySQL 实例，都要创建与之用户和密码完全相同的账户。

这一点还好，因为最麻烦的不是用户名和密码，这几项设置成一样也并无不可，关键是 MySQL 服务的端口。若某台服务器中运行着多个 MySQL 实例，分别在不同端口上，由于端口也已在采集脚本中写死，那么若要收集非 3306 端口的 MySQL 实例数据，怕是就费周折了。

当然，只是麻烦一些，并非无法操作。我提供一个思路：复制一份新的 ss_get_mysql_stats.php 脚本文件。例如，可将其命名为 ss_get_mysql_stats_3307.php，将其中的 $mysql_port 变量值改为"3307"，而后在 Cacti 设置界面上 Data Input Methods 中创建新的数据采集方法，将执行采集命令修改为新复制出来的脚本文件路径。当然不复制脚本文件，而是直接创建新的采集方法，在采集方法中调用 ss_get_mysql_stats.php 命令时，借用其--port 参数指定端口号也是可行的。这两种方式都得级联修改各项模板，涉及的改造有点儿多，因此对于非标准端口上运行的 MySQL 实例，操作起来确实有些复杂，不过这也是增长经验、锻炼能力的好机会，所以若您真的遇到这类场景，还是要道一声：恭喜。

若您管理的 MySQL 实例都运行在 3306 端口，那就无需关注这类问题了，这只是个小插曲而已，还是让我们回到正题。接下来要在 192.168.30.243 安装 net-snmp 及关联组件，为简化操作直接使用 yum 安装了：

```
# yum -y install net-snmp net-snmp-utils net-snmp-devel net-snmp-libs
```

配置 net-snmp：

```
# vi /etc/snmp/snmpd.conf
```

修改下列配置：

```
access  notConfigGroup ""      any      noauth    exact  all none none
com2sec local localhost public
com2sec mynetwork 192.168.30.0/24 public
view all    included  .1                                80
```

启动 net-snmp 服务：

```
# service snmpd start
```

执行下列命令检查是否能够通过 snmp 顺利获取到数据：

```
# snmpwalk -c public -v 2c localhost IF-MIB::ifHCInOctets
IF-MIB::ifHCInOctets.1 = Counter64: 746807619
IF-MIB::ifHCInOctets.2 = Counter64: 4452472903
.....
```

正常情况下应有返回，如果获取不到数据，那么要检查 snmpd.conf 配置是否有误。若 snmp 访问不畅，那么 Cacti 服务端也无法获取到客户端的数据，监控必然无法正常工作。

2. 服务端配置

注，以下操作如非特别注明，均是在 Cacti 服务端即 192.168.30.245 端操作。

登录到 Cacti 浏览器管理界面，创建对刚刚配置好的客户端的监控。步骤稍稍有点儿多，不过基本上就是鼠标点来点去就可完成的。借此机会，大家也可实践 Cacti 各常用管理项的功能。

（1）增加要监控的主机，选择 Devices→Add（右上角）。

在弹出的页面中填入指定项，如图 14-12 所示。

图 14-12　创建待监控的主机

Description 填写监控主机描述信息，Hostname 填写客户端 IP 地址，Host Template 选择主机模板，这里选择的是刚刚导入的定制模板 Percona MySQL Server HT（如果愿意，自己创建模板也是可以的，模板的优点是方便对监控项管理），SNMP Version 中选择 Version2，其他不变，单击 Create 按钮。

只要 192.168.30.243 节点中的 snmp 服务工作正常，应该能看到操作成功的提示，如图 14-13 所示。

（2）增加监控项。

若您看到的界面跟我差不多，那就恭喜了，不过别忙着切换页面，继续点吧，就是右上角那个“Create Graphs for this host”。

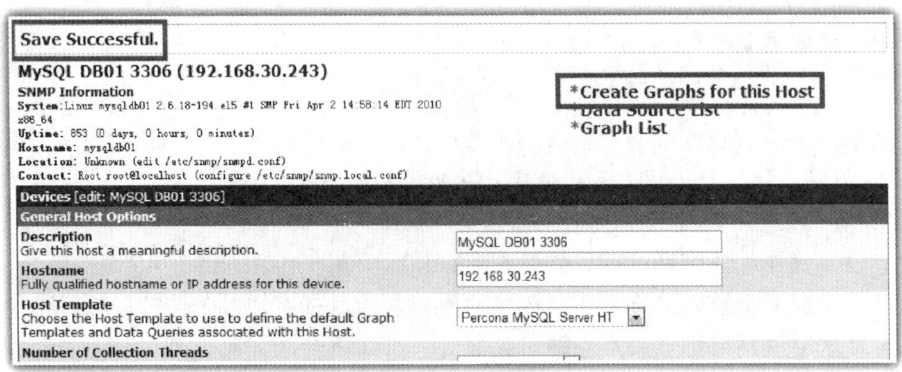

图 14-13　增加服务器成功

这个界面显示的图像模板就多了，考虑到目前对它能监控些什么，以及监控的图像是什么效果没有直观概念，干脆全选（勾选右上的复选框），然后单击 Create 按钮，将所有监控项均加入到 192.168.30.243 的状态监控任务。

（3）选择图像树。

再次回到 Device 界面，选中刚刚创建的主机，按照图 14-14 操作。

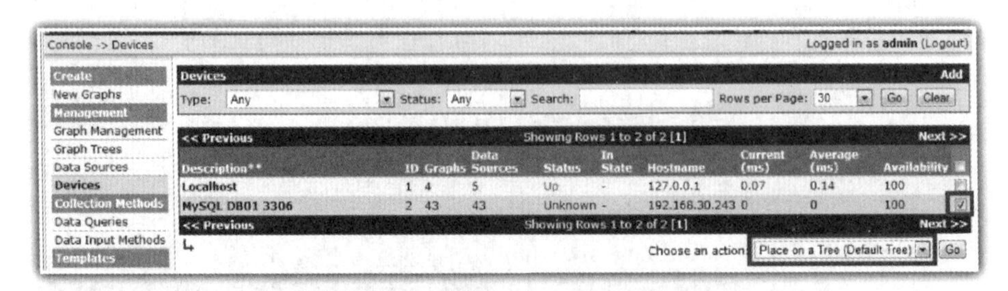

图 14-14　将指定主机放到图像树

单击 Go 按钮后，显示页面如图 14-15 所示。

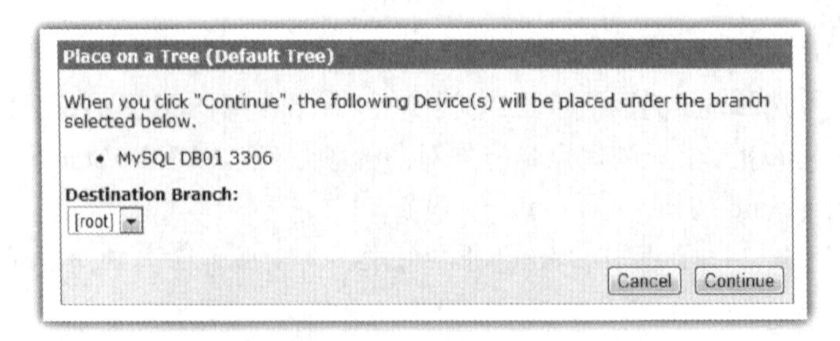

图 14-15　确认操作

无需犹豫，单击 Continue 按钮，然后，这就算配置好了。

稍等片刻（至少 5 分钟，因为咱们配置的是每 5 分钟收集一次数据），然后就到 Graphs 中查看刚刚创建的监控项吧。不过我建议最好还是多等会儿，Cacti 这种基于图像的趋势报告，直观是它无可比拟的优势，但要想看到趋势，至少要基于一定数量的数据才可行。按照我们目前的设定，5 分钟才有一条数据，咱好歹也给足它时间，让它收集个几百条。因此，尽管时间还早，但建议大家洗洗睡吧，24 小时以后再去看。

24 小时过去了，采集的 MySQL 信息到底是什么样呢，我们来看图 14-16。

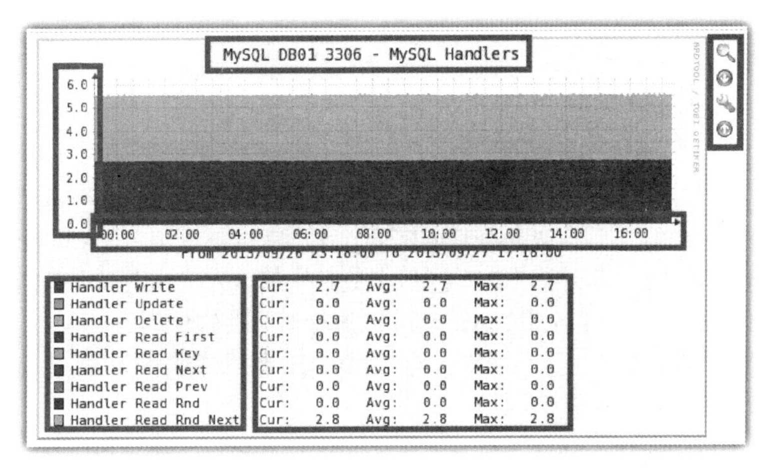

图 14-16　MySQL 状态趋势图

正常情况下，图形所展示的趋势就很直观了。如果某项指定非常关键，那么，您可能会希望获取更多信息，那就把目标移至标红区域，这些区域标注当前的监控项名称（上方）、坐标系（中间）、具体的状态及状态指标（下方）等，右侧那几个按钮属于功能按钮，可以用来控制图像的生成、查看图像生成命令等。

由于 192.168.30.243 几乎无人访问（只有 Cacti 和 Nagios 的监控账户在访问），因此几乎没有数据，图像趋势就不是那么分明，咱换个 DB，找同一个监控项来对比看看，如图 14-17 所示。

是否看出趋势了呢？后面，DBA 还可以根据实际情况，进行各种定制化的监控方案。比如说，修改主机监控模板，将常规的负载、内存使用等监控项也加入进去。这里再留个小小的作业，大家不妨在自己的测试环境中，尝试再加入一个 MySQL 监控节点，看看能否顺利操作吧！

前面提到的 Cacti 和 Nagios 都是非常优秀的监控工具，侧重场景有所不同，但都能有效帮助我们做好日常工作，而且实际上还可以做得更好。基于二者这种开放式的插件体系，一方面可以通过插件不断扩充其功能，另一方面还可以将 Cacti 与 Nagios 集成，这样监控与管理更加方便。关于 Cacti 与 Nagios 集成，这方面的应用案例较多，大家可以寻找相关资料进行研究和尝试，本章不多做体现。

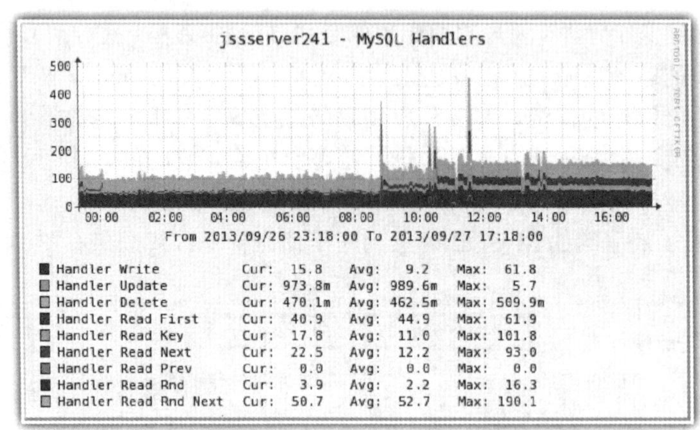

图 14-17 MySQL 状态趋势图

即使看完本章内容之后，您觉着 Cacti+Nagios 功能也不过尔尔，满足不了需求，不要放弃，在开源世界里永远不要担心没有选择，多数时候都是为选择太多而头痛。对于 MySQL 数据库的监控来说，除了 Cacti 和 Nagios，其他流行的监控软件如 zabbix、hyperic HQ 等，也都是极为优化的监控软件，并且同样支持对 MySQL 数据库服务/功能/状态的全方面监控，大家可以视自己的实际情况妥善选择。

除了选择适用的监控工具外，还有一项建议供大家参考。采集到的各项状态指标不仅 DBA 自己看，还要想到将有价值的报告输出给相关同事看，更重要的是，报告要呈现给你的老板看。对于大多数闷头干活的 IT 工程师来说，所使用的技术很重要、能力很重要，但同时也必须认识到，让老板知道我们在做什么、能有什么价值更重要。老板也许并不懂技术，闹不明白各种专业技术词汇所代表的含义，多数情况下，技术人员与其沟通这类话题都是鸡同鸭讲，当然老板也不需要关注这些技术细节，事实上他若真的关注到了，并且真的**懂得**，对于一线工程师们来说，还真不一定是个好消息。

话说回来，如今我们有了现成的图形化趋势报表这样的利器，若不善加利用就太浪费资源了。相比文字或数字等抽象描述，图形化的趋势图明显要直观很多，这类图形格式的报表输出，不仅对于管理员有巨大价值，对于企业的管理者也有借鉴。即使老板完全不懂技术，但是对于完全以图形呈现的曲线，就能有一个清晰明了的认识，再配合数据等指标，最终输出的报告也能看得明白。他也许不知道每项技术指标代表的意义，但他一定能看懂趋势的高与低；他也许不关注技术上的具体实现，但他一定想知道前端运营推广的效果，而后端技术层面收集的趋势数据，就是一项非常有价值的参照。通过这些信息，老板能更加深刻地认识到技术的价值，进而关注到你所从事的工作、甚至提供更多更大力度的支持。而这一点，对于工程师们来说，不管是做阶段性成绩汇报，还是后续工作开展，都是百利而无弊的事情。功夫在诗外，大概说的就是这种情况，元芳，你怎么看。

第 15 章 搭建 MySQL 高可用体系

监控平台的成功建立，标志着我们对数据库的掌控进入到新的阶段，标志着我们已取得数据库维护的阶段性伟大胜利，标志着我们距离高级 DBA 更近了一步，意义重大，影响深远。不过俗话说天有不测风云，MySQL 服务也挡不住会出现故障啊。别激动，出现故障不一定全怪 MySQL，不可否认，MySQL 有可能出现故障，可除了 MySQL，主机硬件可能出现故障，操作系统可能出现故障，网络设备也有可能出现故障啊。悲催的是，不管实际上是由哪个环节导致的故障，只要出现问题，都可能导致 MySQL 数据库服务不可用，哎，这是躺枪的节奏啊有没有。

人生如戏，有些人演戏，有些人看戏，有些人被人演，还有些人被人戏。DBA 基本上处于最后一个阶层。本来作为一线工程师，MySQL DBA 的日子就够苦的了，数据库服务处于系统底层，关联的应用多，承担的压力大，系统但凡有个风吹草动，恨不能就被拉上联合排查问题，吃不下饭，睡不好觉。监控系统建成之前，遇到故障还能有（被）叫醒服务，如今咱也有了监控系统，这个，故障报警更及时，一有故障相关人员第一时刻就将接获通知，这下更睡不好觉了。怎么办哪，眼瞅着好多 DBA 愁的头发都快掉光了。

在困难面前，信心比金子还要珍贵。在战无不胜的星空思想鼓舞下，要对我们所管理的服务健壮性怀有信心。收到报警短信，睁开朦胧的双眼瞅一瞅：噢，“才”死了一台而已，对外服务不会受到影响，没有关系，继续睡。

倍受各种故障困扰的 DBA 们听到这儿，眼睛都发绿光了有没有，这是采用了什么高科技才能取得这么好的效果呢？淡定点儿同学，要时刻牢记脚踏实地。要想睡的踏实，光有监控平台还不行，咱们还得有高可用体系，这将是带领我们从一个胜利走向另一个更伟大胜利的致胜武器。同学们，准备好迎接新的胜利了吗，节奏要跟上，下面随我一起竖起中指，走，点窗户纸去。

15.1 追求更高稳定性的服务体系

数据库在应用系统中往往都处于非常核心的地位，它不像普通的应用软件，出现故障的话，只是影响部分功能，数据库服务一旦出现问题，则会导致关联的系统均不可用，要命的是，一套数据库往往都会对多个应用系统提供服务。总的来说，若数据库出现问题，影响很大。也正是基于这层背景，甭管懂不懂技术，对于技术体系中数据库层都（表现的）

较为重视，DBA 也算沾光了有没有。

可再怎么重视，咱也挡不住它会出故障。一方面，MySQL 服务的承载能力是有限的，当外部请求超出其最大承载能力时，MySQL 服务的正常响应必然受到影响，或响应变慢，或者更糟，没有响应；另一方面，前头也提到过，即使 MySQL 软件一直工作正常，可是操作系统会崩溃，硬件会宕机，网络会中断的嘛，DBA 又受牵连了有没有（上帝是公的，上帝是平的）。基本上可以这么理解，故障是 100%必定会出现的，我们只是不知道，故障究竟会在什么时候出现。

基于这种现状，我们怎么能有信心，我们怎么放心的下，我们怎么睡的踏实呢。好了，讲到这里，是时候引出咱们本节的核心命题：该如何保持数据库服务的整体可用性。一个命题，但实际隐含着两个既相互关联，又各成体系的概念：系统的高可用性（High Availability）和系统的可扩展性（Scalability）。

15.1.1 可扩展性

单台服务器的承载能力都有限度，我想这一点大家应该没有疑问，随着信息化时代的来临，数据量的增长态势何止是爆炸两字可以形容的，那简直就是核爆，“大数据”这个概念这两年多么火热还需要我多讲吗。

基于现状和大的趋势，我们所管理的数据库服务在上线初期能够良好运行，但它能否跟上业务发展，能否支撑起 7×24 小时不间断的访问，能否化解不断提升的访问请求，能否保持前端的响应效率，能否承载复杂的处理逻辑，能否有效应对新形式下的业务需求呢？一个个现实问题，成为摆在 DBA 面前的一道……呃，选择题。

为啥是选择题呢，因为当系统的处理能力面临瓶颈，DBA 需要做的就是对现有系统进行扩展，这就要说到系统的扩展能力。根据“国际惯例”，扩展通常有两种操作思路：

- 横向扩展（Scale Out）：又称向外扩展，通常是通过增加节点的方式，来提升系统的整体处理能力。这种方式通俗些讲，就是一台服务器顶不住就找多台服务器一起来扛，用专业词汇形容就是走分布式的路子。这种思路通常需要操作者在事前就对系统进行合理规划，否则若系统并不具备横向扩展的基础，待到想要扩展时才发现无法平滑地实现系统扩展就惨了。不过要做到合理规划，还是很有挑战，规划不当的话，可能整个系统的扩展性没有太多提升，架构的复杂度倒是大幅提升，日常运维要投入更多精力来维护更加复杂的系统，不仅享受不到扩展带来的能力提升，反倒由于架构的复杂性降低了处理能力和效率。
- 纵向扩展（Scale Up）：也称向上扩展，通常是指通过增强节点中的硬件配置，来提升系统的处理能力。这种方式通俗些讲，就是采购更好的硬件去支撑系统应用。最大的特点是技术含量相对较低，准备好银子就行。不过，有没有银子暂且不论，即便资金充沛能够买到最顶级的设备，可再强大的硬件，终归也会遇到瓶颈，随着数据规模的不断增长，我们所能采购到的性能最好的机器，也无法满足我们的

需要，再说，顶级硬件也不是你想买，想买就能买的。

这两种思路并非数据库领域首创，只是两类高度抽象的操作方法，在众多领域都有广泛应用并且效果良好，在数据库的扩展性方面，自然也被拿来借鉴。除此之外，扩展的操作思路也会不断细化，我们在数据库服务层确定了扩展的原则，在模式设计阶段可能又会面临选择。

举个例子，比如某个表对象中保存的记录量较多，读写操作较为频繁，那么这个对象的访问也有可能成为瓶颈，如何对其进行扩展呢？是按照横向扩展的原则，应用分区表技术或手动定制规则拆分为多个小表（这其实也是两种策略），还是按照纵向扩展的原则，将之放在更好的硬件设备上呢？这两种思路各有优劣，不过，考虑到硬件性能再强大，也终归将遇到瓶颈，因此从长远的角度来看，对于大型系统来说，横向扩展是必经之路，当然，在实际操作时，并不是单项选择题，朋友们完全可以两种方式搭配使用。

扩展方案的应用，对于服务的整体性能提升有明显效果，但是，它依然没有办法避免服务器宕机，而且，当我们设计扩展方案，尤其是选择横向扩展方案之后，服务器数量就将增多，这本身也就代表着系统出现故障的几率增加，这一点请大家正确理解。下面让我说的再具体点儿：假设一台服务器在单位时间内出现故障的几率是万分之一，那么增加一台之后，就代表着系统出现故障的几率变成万分之二，如果增加了一万台服务器，那么，从概率的角度来看，这堆服务器中将时刻都有节点在宕机。当然，对于大多数人来说，管理五位数以上服务器的机会不多，不过，即使没有一万台那么多，还是从概率学的角度，系统也是百分之百要出现故障，只是时间早晚罢了，管理的服务器数量达到三位数规模的朋友们，就应该能够感受到，基本上，服务器出现故障已经成为常态。

我们前面曾经说过，作为单台服务器来讲，它一定会遇到故障，能让它不要出现故障吗？你我生成红旗下，长在新中国，受党的教育多年，无神论的观念深入骨髓，也干不出那祈求上帝赐福的事儿，看来是没办法阻止这样的事情发生。可是，业务不能停啊，这既是老板威严的命令，也是你我饭碗的保障，到底该怎么办才好。既然阻止不了服务器出现故障，那么，我们不妨换种思路，当服务器出现故障时，不要令其影响服务的正常工作，要实现这一点，就需要谈到另一项重要策略：服务高可用性。

15.1.2 高可用性

提到服务高可用性，通俗些讲就是使服务保持在可用的状态。我们经常会在写材料或与人沟通时，听人说起系统的高可用性达到三个九、四个九或几个九，这个指标听起来很专业的样子，那么它到底代表着什么？又是如何计算出来的呢？说透了就很简单，这个指标指的是服务的年在线率。

举例来说，四个九即表示一年中 99.99%的时间均可保证服务可用。那么我们换算一下，这就代表着在累计运行的一年时间里，服务的停止时间不能高于 60*24*365*(1-0.9999) =52.56，也就是说在一年中，不管计划内还是计划外，总的服务停止时间不能超过 53 分钟。

达到了这个指标，就表示您所设计的系统，可用性指标达到了四个九这一级别。

常见的高可用级别及停机时间如表 15-1 所示。

表 15-1　高可用级别和停机时间

可用级别	月停机时间	年停机时间
95%	36.5 小时	18.25 天
99%	7.3 小时	3.65 天
99.90%	43.8 分钟	8.76 小时
99.95%	21.9 分钟	4.38 小时
99.99%	4.38 分钟	52.56 分钟
99.999%	26.28 秒钟	5.26 分钟

提 示

关于系统可用性，有如下两个关键名词（指标）经常被提及：

- MTBF（Mean Timc Before Failure）：未发生故障的时间，即正常提供服务的时间。
- MTTR（Mean Time To Repair）：修复故障花费的时间，也可理解为停机时间。

系统可用性=MTBF/（MTBF+MTTR）。

通过表 15-1 中的信息可以看到，高可用级别和停机时间紧密关联，停机时间越短，服务的可用性就越高。注意这里的停机时间是计划内停机时间和计划外停机时间的总和。

此外，对于整套系统服务来说，可能包含有多个子系统，那么通常在实现时，子系统的可用级别要高于整体服务的可用级别。举例来说，若您希望整体服务达到三个九，那么各子系统可能就需要达到四个九的高可用级别，否则，若有不同的子系统，在不同时间段出现故障，那么整体服务的停机时间可能就要超出阈值了。

理解了概念，下面该谈谈技术实现方面的内容了。服务高可用的实现方式用专业术语形容，就是集群化（Cluster），往简单了说，本质上就是做好备份（不是狭义的文件备份哟）。怎么个意思呢，举例来说，某项工作，本来只安排一个人处理，可是老板担心它万一哪天请假，活不就没人干了嘛，于是就增加预算，同一个岗位会同时安排多个人，这样，即便某人因为一些原因无法到岗，他的工作也会有其他人顶替。

不过，这也会带来一些新问题，这么多人干相同的活，有了工作谁去做，出了问题算谁的。这在具体安排时就有技巧了，概括起来的话，通常有两种处理方式：

- 一种是安排专职，作为监工角色，当发现正在干活的人出现问题时，它就立马顶上将其换下，这种方式即为传统的主备模式，也被称为双机热备。这种方式的优点是结构简单，一主一备职责明确角色清晰；缺点也很明显，存在 50%的资源浪费，因为永远都只有一个节点在工作，即使累的半死，另一半只是眼睁睁看着帮不上忙。这个场景搁到现实世界其实也不新鲜，IT 行业历来都是“看的人多，干

的人少”，再者对于土豪们来说，50%的浪费算不上什么。不过要命的是，由于备份角色节点检查到故障需要时间，检查到故障后切换也需要时间，尽管这两个时间“通常”可以控制在非常短的阈值以内，但仍然相当于某个时间点系统处于不可用状态。这我都还没提切换操作不一定百分之百成功呢，在 IT 行业这一点大家也应该深有体会才是，“吹起来起劲，干活时不行”可不就是你我身边的真实场景嘛。现代社会竞争激烈，广大人民群众的需求也日益增长，传统的主备模式已经难以满足实际需求，看来得想别的路子，这就要说到 Plan B。

- 第二种策略是安排大家一起干，一视同仁不分主备，谁都不会闲着，这样不管其中哪个出现问题，只要大部分都是好的，整体服务就不会受到影响，这种方式也被称为多机互备，我个人理解其更接近于“高可用集群”的本意。这种方式的优点相当明显，首先资源利用率高，所有节点都在承担工作，其次不用担心会出现“切换失败”的情况，因为完全没有切换，自然也就不会存在切换时间这一隐患，同时伸缩扩展性也极好。不过有利就有弊，从维持服务可用性的角度来说，保护粒度要比双机热备更完善，但是相应架构就要复杂许多，技术含量更高，对于 DBA/SA 都将带来更高的要求和更严格的考验。

就这两种方案来说，不管选择哪种方式，对业务层应用来说都可以做到完全透明，使应用端不需要关注后端谁在提供服务，只需关心有没有人提供响应，只要不是集群中所有节点均出现故障，就相当于服务不会停，于是，服务就高可用了嘛。

高可用性和可扩展性这两者之间密切关联，从所提供的能力的角度来看，也有交叉的地方，只是侧重点不同罢了，但都遵循不把鸡蛋放在一个篮子里这样高深的哲学思路。考虑到不是所有同学都见过鸡，所以我觉着有必要跟大家描述一下这两只蛋大概都长什么样：

- 所谓扩展，说的是服务或应用层具备伸缩能力，借此可以提高服务的整体响应时间。更直白些描述就是服务得有多组。这样一旦现有系统支撑不住就增加一组，承载能力就被增强，其本质是分布。
- 所谓可用，说的是当服务器宕机或服务自身不可用时，快速恢复的能力。就是说服务要有多套。这样一旦现有服务出现故障另一套能够顶上，前端请求始终会有人响应，其本质是冗余。

对于扩展了的系统服务，由于服务本身已经分为多个子系统，相当于同时有多个子系统对外提供服务，这种情况下，其中的某个子系统故障，同样不会影响所有的服务，只是说没有高可用的话，坏的那一组所提供的服务会出现问题。而对于实现高可用的系统服务，由于系统是由多套环境组成，就说明当前不是一个人在战斗，它不是一个人，这本身也是种扩展机制。就像我们前面说的，两者本就是相互有关联、能力有重合，因此往往结合起来搭配使用，使之发挥出更大的能力，实现同时具备伸缩性和可用性的高可用体系。

追求高可用性，并不是新潮的概念，在很多年前就已有各类软硬件厂家设计各种各样的解决方案，提供对这方面的支持。这其中有保护主机可用性的，有提供应用层可用性的，

也有实现服务高可用性的，等等，本章咱们着重谈的是 MySQL 服务的高可用性。

随着数据量的不断增长，站点规模的快速扩张，老板们真心实意地喜迎用户数量疯狂上涨的同时，后端数据库也直呼压力越来越巨大。咱们前面章节中学习过一些与性能优化相关的主题，不过，只要前端的请求不断增长，优化类技巧总有用尽之时，单个（或单组）MySQL 数据库服务无可避免，一定会遇到可用性（availability）及扩展性（scalability）方面的问题。

像数据库这么重要的基础服务，用户关注，厂家重视，虽然不能说所有人的重心都在这里，不过想必也没有哪个厂家敢轻视。数据库服务必须与时俱进，既要扩展，又要服务高可用，这一方面考验 DBA 的设计功力，另一方面也是看数据库软件的支持是否到位。MySQL 作为主流开源数据库软件中的佼佼者，在服务的扩展性和可用性方面自然也不敢轻视，除了自身提供多种机制外，第三方解决方案也很丰富。接下来，我们就从架构设计角度，结合数据库软件自身提供的功能，来谈一谈高可用架构设计的常见处理方案。

15.2 Slave+LVS+Keepalived 实现高可用

我们当前的测试环境，虽然看起来仍显简陋，不过也已是一套拥有一主多从的多实例集群环境，就我有限的工作经验来看，当前这套环境倒是相当具有代表性，因为大部分系统都是由小到大、从简单到复杂再到回归简单这样的进化轨迹。

假如我们从头开始负责一套数据库系统，那么发展一段时间后的数据库结构可能就是如此。与此同时，应用层应该也要基于这个结构改造与数据库连接的部分，将操作频率较低的写入类请求放到 Master 节点执行，操作频率较高的查询类请求放在 Slave 节点执行，使之具备初级的读写分离，并具备一定的负载均衡能力。

典型的一主多从复制环境，其网络拓扑结构通常如图 15-1 所示。

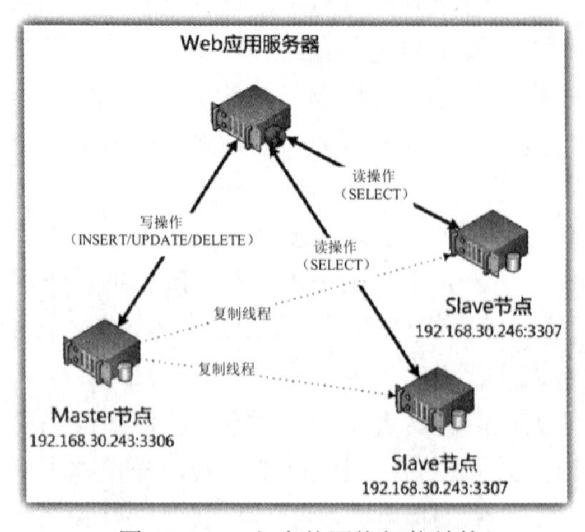

图 15-1　一主多从网络拓扑结构

如上图所示，实施这种较为简单的读写分离架构，同时要考虑到性能和扩展方面的因素，负责查询服务的 Slave 节点也会有多个。此时应用层在连接数据库时，应该连接哪个 MySQL 实例，就成了不是问题的问题，碰上神经大条的 DBA 可能会说，随便连接哪一个都行。这样倒确实可以，只不过存在两方面的不足：首先，连接的每个 Slave 都是单点，一旦连接的那台节点遇到故障，并且短时间内无法修复，就需要应用层修改连接配置，使之指向另一台工作正常的节点；其次，不具备负载均衡的能力，如果被连接的节点负载已较高，那么也很难通过增加节点的方式，弹性地为其增强承载能力。如果能够像 Oracle RAC 数据库那样，提供虚拟 IP（VIP）地址供应用层连接就好了，但 MySQL 目前还没有实现类似 RAC 那样复杂的特性，不过还好，我们有第三方开源的 LVS（Linux Virtual Server）。

> **提 示**
>
> 熟悉 Oracle 数据库的朋友们应该都知道，RAC 特性中提供有 VIP 服务，前端应用层连接该 VIP 地址即可，如果 VIP 所在节点遇到故障无法连接，那么该 VIP 地址会自动飘移到正常工作的节点中，这一过程对前端的应用层来说完全透明。

15.2.1 配置 LVS

像 LVS 如此知名的主流开源负载均衡软件，大多数朋友即使没用过，至少也应该听过，本小节并不准备将篇幅花在介绍其背景、功能等方面上，对于没听说过 LVS 大名的朋友，请自行谷歌或百度一下即可知晓。

Linux 2.6.x 以上内核版本都已自带对 LVS 的支持，大家可以通过“modprobe -l | grep ipvs”命令查看当前操作系统是否存在 LVS 相关模块。自带模块说明我们可以使用 LVS 这项服务，不过，我们还需要一个管理工具来执行常规的管理操作，这就需要用到 ipvsadm 软件包。这个软件包相当于是 LVS 的命令行管理接口。

该软件包的安装非常简单，到其官网（http://www.linux-vs.org/software/ index.html）下载对应版本的 ipvsadm，源码编译方式解压安装即可，操作步骤如下：

```
[root@localhost ~]# wget http://www.linux-vs.org/software/kernel-2.6/ipvsadm-1.24.tar.gz
[root@localhost ~]# tar xvfz ipvsadm-1.24.tar.gz
[root@localhost ~]# cd ipvsadm-1.24
[root@localhost ~]# make
[root@localhost ~]# make install
```

安装就是这么简单，难度不高。接下来重点谈一谈怎么用它来满足我们的现实需求。

登录到某台部署好 LVS 的服务器上，三思这套环境中当然又是选择任劳任怨的 192.168.30.249 服务器喽，执行下列几条命令：

```
[root@localhost ~]# ipvsadm -A -t 192.168.30.242:3307 -s rr
[root@localhost ~]# ipvsadm -a -t 192.168.30.242:3307 -r 192.168.30.243:3307 -g
[root@localhost ~]# ipvsadm -a -t 192.168.30.242:3307 -r 192.168.30.246:3307 -g
```

这里执行了三次 ipvsadm 命令，分别指定了几个不同参数，我来逐项给大家解释一下：

- -A：指定当前的操作是要增加一个新的虚拟服务器，这个虚拟服务器大家可以简单地将其理解为是个虚拟 IP 地址，即我们前面已经多次提到的 VIP。
- -t：为新增加的服务器指定 IP 地址，VIP 正式登场。
- -s：指定轮循方式，共有八种，这八种我自然是全都知道，不过考虑到并不是每一种都会经常用到，而且也担心说多了大家以为我在显摆，因此只说本节用到的那个选项吧。这里指定的选项“rr”代表着使用最为传统的轮循算法，它会将接收到的请求按顺序轮流分配到集群中的 RealServer 上（即后面通过-r 参数指定的地址），均等地对待每一台 RealServer，不管服务器当前实际的连接数或系统负载如何，甚至不管当前该节点是否可以正常连接。
- -a：指定当前的操作是要增加一个新的 RealServer 节点。什么是 RealServer 呢？顾名思义，说的就是实际的服务器喽。
- -r：指定 RealServer 服务所在的地址，以及端口。
- -g：选择路由方式，这里指定的是直接路由（Direct Routing，DR）模式，除了 DR 模式外，还有 NAT 模式和 TUN 模式，当然那就是对应另外的参数了。不同模式对应的请求转发策略不同，对于数据库（及大多数应用场景）来说，个人认为 DR 模式应为首选，因此这里使用-g 必需的。

综上，前面执行的这三条命令的功能就是：创建一个新的虚拟服务器，即 192.168.30.242:3307，所有连接该 IP:3307 端口的访问请求，都会以轮循的方式转发到 192.168.30.243 或 192.168.30.246 的 3307 端口，由后者进行响应。

对于之前未接触过 LVS 的朋友们来说，这段读起来可能仍然比较抽象，我给大家翻译翻译。大意就是，LVS 能力强、威望高、又富有同情心，听闻一线的同志们工作遇到了实际困难，他二话不说挺身而出并且当即表示：“向我开炮向我开炮……”，呃，念错词了，LVS 当即表示这个事情 DBA、SA 以及各种 A 们高度重视，并且成立专门小组，由他出任组长统一调度各项连接请求。

但是 LVS 毕竟不太了解一线的情况，应用层发出的请求他可以接收，但他自己不好（会）处理，而且这种具体的事情，也不能交给领导们来做嘛，所以接收到的请求，他会再转发给后端的 RealServer，即能够处理请求的服务器。那么转发后的请求处理后的数据，如何返回给请求发起方呢？针对这个问题，LVS 提供了两套响应方案：一套是由各 Slave 节点响应请求，并直接将数据返回给请求发起方，LVS 相当于纯工作转派，这种就是 DR 模式；第二套方案也得 Slave 节点响应请求，不过在返回数据时，Slave 不会将数据直接返回给请求的发起方，而是反馈给 LVS，由 LVS 统一返回到请求发起方，这种即是 NAT 模式，相当于 LVS 是统一入口，出入都得从它走。

各 Slave 节点听到这里普大喜奔，经过一致讨论，大家觉着不能让上面派来的领导过于劳累，纷纷表示愿意采取 DR 模式，LVS 只负责转发请求而无须处理，这样它可以做到非常高效，由具体的 RealServer 负责实际响应请求，大概就是这么个情况。

提 示

这种模式就是传说中的反向代理。对于前端请求发起方来说，它不知道，也不需要知道后端具体由谁响应它的请求，他只需要发请求，等待接收数据就好了。对于后端服务器来说也很满意，它自身并不需要暴露给前端，一方面增强了安全性，另一方面也可起到一定的负载均衡效果。

咱们执行 ipvsadm 命令，附加-L 和-n 参数，可以查看当前 LVS 虚拟服务配置，如下：

```
[root@localhost ~]# ipvsadm -L -n
IP Virtual Server version 1.2.1 (size=4096)
Prot LocalAddress:Port Scheduler Flags
  -> RemoteAddress:Port           Forward Weight ActiveConn InActConn
TCP  192.168.30.242:3307 rr
  -> 192.168.30.243:3307          Route   1      0          0
  -> 192.168.30.246:3307          Route   1      0          0
```

看起来配置已经生效，那么，现在能让应用层改为连接 192.168.30.242 了吗？当然不行，前面执行的 ipvsadm 命令只是定义了服务，实际上并没有为网卡绑定 192.168.30.242 这个 IP 地址，此时应用端连接该 IP 的话，是不可能得到响应的，如果您能连接成功，那只能说明指定的这个 IP 地址冲突了。

要绑定 IP 并不难，因为不管是 Windows 平台也好，Linux/UNIX 平台也罢，每个网卡都可以绑定多个 IP 地址，我们只需将刚刚创建的服务 IP 绑定到 LVS 所在服务器的网卡上。这里我们使用的是 Linux 系统，直接在 eth0 网卡中绑定一个别名即可，执行命令如下：

```
[root@localhost ~]# ifconfig eth0:0 192.168.30.242
```

然后执行 ifconfig 命令查看，就能够看到 eth0 网卡绑定了新的 IP。

那么现在能让应用层连接新 IP 了吗？这个，还不到时候。说起来，让 LVS 运行起来很简单，但让它运转起来，还需要额外的配置，而且这个配置，得到具体的 RealServer 服务器中进行。

15.2.2 配置 RealServer

我们前面说过，LVS 只负责转发请求，具体响应请求及返回数据，是由 RealServer 来做。这个流程大家应该理解了，不过这个逻辑在具体执行时，不知道大家有没有想过，服务端会怎么处理这种情况呢？要知道，LVS 和 RealServer 可是不同的服务器，客户端的请求是发给 LVS 的，而 LVS 顺手就扔给 RealServer 了，它扔的倒是轻巧，不过 RealServer 收到请求可能就糊涂了，这个不是找它的呀，是否敲错门了呢。此外，就算 RealServer 是个热心肠，甭管是不是来找它的，它都帮着响应，那客户端可能就会觉着奇怪了，为啥前后不是一个人呢。

举例来说，您向 A 先生寄了封挂号信，索要一些重要的资料，这些资料您认为只有 A 先生才能提供，可过了不久 B 小姐跑过来递给您一沓资料说这就是您刚刚要的东西，您会怎么想？大吃一惊，这是遇上骗子了吧。其实 B 小姐心里也直犯委屈，上面写着 A 先生亲

启的邮件，这怎么搁到我桌子上了呢。

当然我们知道，B 小姐其实是 A 先生的女秘书，是 A 先生收到信后让 B 小姐帮着处理的，但您不了解这个情况啊！

针对这种情况，要想妥善处理，一般有两种方案。

第一种方案是 A 先生收到信件后，把原信封去掉，邮件的内容没动，另外包了一个信封写上女秘书的地址就转交给女秘书了，待女秘书按照信件中的要求，把材料收集整理好，再交回给 A 先生，A 先生收到后再转交到用户的手上，这种方式用技术术语形容，就是我们前面数次提到的 NAT 模式。这种模式下 A 先生尽管不用亲自整理材料，但是材料必须要经它手才能到用户手中，这样安全性自然比较高，尽管大多数活都是女秘书在做，但用户完全不知晓，同时由于女秘书接触不到客户，因此女秘书也不会知晓，省却不少麻烦。可是，若这类工作很频繁，并且递交的材料很多的话，老板还是会感觉吃不消，毕竟若是要准备的材料很多，女秘书忙不过来那可以多招几个，可交接文件还得自己亲自出马，自己也没学过影分身之术，没办法解脱出来啊。

第二种方案是 A 先生与女秘书彻底打成一片，内部宣布大家都是老板，不分彼此，而且也允许女秘书们接触到客户。从此之后再收到需要老板亲启的信件，他转手就给女秘书（名义上是老板，实际上还是干活的秘书），女秘书看到信件也不再抱怨了，以主人翁的心态收集整体材料，并直接返回给客户，于是皆大欢喜，这种方式就是我们将要使用的 DR 模式。

对于之前没接触过这块知识点的朋友来说，可能听起来跟天方夜谭一般，我估计同学们的疑问主要集中在，怎么让他们不分彼此，都是老板呢。其实很简单，回到实际的场景中来，客户端请求的不就是 IP 嘛，我们只要让 LVS 节点及 RealServer 节点，都持有客户端请求的那个 IP 地址不就好了嘛。当然，这又引来一个新的疑问，这样设定，岂不是会发生 IP 地址冲突。这是个好问题，我们前面曾经提到过，其实老板还是只有一位，秘书们的老板称号只是名义上的，而不是实际的。前面的文字描述看起来还是比较抽象，接下来再结合实际场景给大家演示一下，肯定就都明白了。

LVS 作为老板的地位是不可动摇的，在我们这个示例中，它必然持有 192.168.30.242 这一 IP 地址，所有访问这一 IP 的请求，都将由它来响应。那么，女秘书们的名义地位怎么体现呢？这不得不又提到网卡别名，我们确实需要为 RealServer 们绑定 192.168.30.242 这一 IP 地址，但不是在标准网卡设置，而是将之绑定到 lo（local 的缩写，可以理解为本地虚拟网卡）环回接口上面就好了。

切换到 RealServer 节点上，执行如下命令：

```
[root@mysqldb01 ~]# /sbin/ifconfig lo:242 192.168.30.242 broadcast 192.168.30.242 netmask 255.255.255.255
```

通过 ifconfig 命令查看 IP 地址是否绑定成功：

```
[root@mysqldb01 ~]# ifconfig lo:242
lo:242    Link encap:Local Loopback
```

```
        inet addr:192.168.30.242  Mask:255.255.255.255
        UP LOOPBACK RUNNING  MTU:16436  Metric:1
```

地址绑定无误，此外，为了避免有人呼叫 192.168.30.242 时，RealServer 四处瞎嚷嚷，我们要禁用 lo 环回接口中的 ARP 广播，执行操作如下：

```
[root@mysqldb01 ~]# echo "1" >/proc/sys/net/ipv4/conf/lo/arp_ignore
[root@mysqldb01 ~]# echo "2" >/proc/sys/net/ipv4/conf/lo/arp_announce
[root@mysqldb01 ~]# echo "1" >/proc/sys/net/ipv4/conf/all/arp_ignore
[root@mysqldb01 ~]# echo "2" >/proc/sys/net/ipv4/conf/all/arp_announce
```

注意哟，上述操作需要在每个 RealServer 节点上执行。

新增加了一层调度服务器后，我们的拓扑结构进化到如图 15-2 所示。

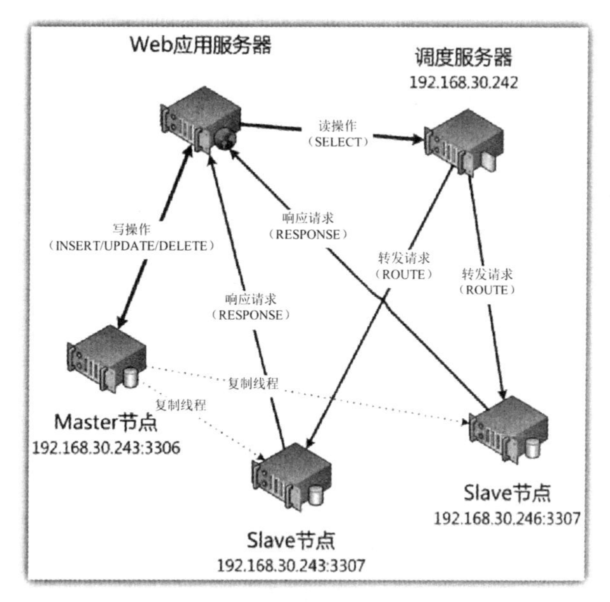

图 15-2　加入 LVS 负载均衡后的拓扑结构

好，准备工作就绪，现在可以让应用层通过 192.168.30.242 来访问 Slave 节点了。

简单测试一下，先来验证负载均衡的效果。通过 mysql 命令连接 192.168.30.242:3307 端口，并输出当前连接实例的 server_id 变量值。

执行命令如下：

```
[mysql@jssserver1 ~]$ mysql -ujss -p'123456' -h 192.168.30.242 -P 3307 -e "show variables like 'server_id'"
Warning: Using a password on the command line interface can be insecure.
+---------------+---------+
| Variable_name | Value   |
+---------------+---------+
| server_id     | 2433307 |
+---------------+---------+
[mysql@jssserver1 ~]$ mysql -ujss -p'123456' -h 192.168.30.242 -P 3307 -e "show variables like 'server_id'"
```

```
Warning: Using a password on the command line interface can be insecure.
+---------------+---------+
| Variable_name | Value   |
+---------------+---------+
| server_id     | 2463307 |
+---------------+---------+
```

从上述返回的结果可以看出，第一次连接实际访问的是192.168.30.243:3307实例，第二次则访问了192.168.30.246:3307实例。若您有心多执行几次，就会注意到LVS依次循环分配实例响应客户端的请求，说明当前已经具备了负载均衡的能力。

15.2.3 增加高可用能力

对于应用端来说，现在就省心多了，不管后端有多少台Slave节点，它只需连接调度服务器中分配的VIP，即192.168.30.242，由调度服务器来决定，具体由哪台Slave节点响应前端请求。

如果某个Slave节点出现中断，那会怎么样呢。我们手动停止192.168.30.243:3307实例，再来连接看看：

```
[mysql@jssserver1 ~]$ mysql -ujss -p'123456' -h 192.168.30.242 -P 3307 -e "show variables like 'server_id'"
Warning: Using a password on the command line interface can be insecure.
ERROR 2003 (HY000): Can't connect to MySQL server on '192.168.30.242' (111)
[mysql@jssserver1 ~]$ mysql -ujss -p'123456' -h 192.168.30.242 -P 3307 -e "show variables like 'server_id'"
Warning: Using a password on the command line interface can be insecure.
+---------------+---------+
| Variable_name | Value   |
+---------------+---------+
| server_id     | 2463307 |
+---------------+---------+
[mysql@jssserver1 ~]$ mysql -ujss -p'123456' -h 192.168.30.242 -P 3307 -e "show variables like 'server_id'"
Warning: Using a password on the command line interface can be insecure.
ERROR 2003 (HY000): Can't connect to MySQL server on '192.168.30.242' (111)
```

从实际的连接情况来看，一会儿好一会儿坏。这样可不行，出现故障的节点，LVS就不应该再向其转发请求，否则是要出问题的。看起来不仅得有负载均衡，咱们还得令其故障自动切换，以保障服务的可用性。

要实现这一点，单纯依赖LVS就搞不定喽。我们需要另外一款开源软件，即Keepalived。说到Keepalived，它与LVS的渊源可是相当深厚，可以说Keepalived设计之初，就是为LVS提供高可用集群功能。

Keepalived主要实现三个功能：

- 实现IP地址的飘移。比如有A和B两个节点，默认前端应用连接的是A节点的IP地址（通常也是VIP），A节点出现故障的话，则将A节点的IP地址飘移到B节点，前端应用的请求就会由B节点来响应，这样对于前端的应用来说故障就是

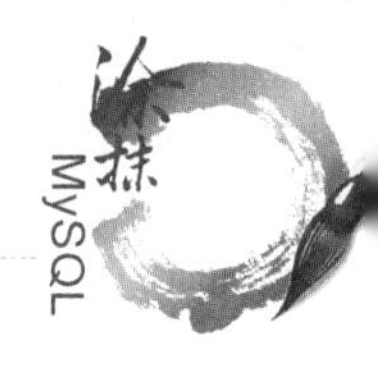

透明的。

- 生成 IPVS 规则。说的直白一些，就是直接在 Keepalived 中，配置我们前面通过 ipvsadm 命令创建的一系列规则。
- 执行健康检查。及时检测到节点故障，并定义检测到故障后的处理策略。

Keepalived 的背景知识以及自身配置知识点众多，基于本节主题，这里暂不多做引申和展开，咱们直接上手开始配置。

安装 Keepalived，操作步骤如下：

```
[root@localhost software]# wget http://www.keepalived.org/software/keepalived-1.2.1.tar.gz
[root@localhost software]# tar xvfz keepalived-1.2.1.tar.gz
[root@localhost software]# cd keepalived-1.2.1
[root@localhost keepalived-1.2.1]# ./configure --prefix=/usr/local/keepalived --with-kernel-dir=/usr/src/kernels/2.6.18-371.el5-x86_64
[root@localhost keepalived-1.2.1]# make && make install
```

复制文件到相关路径，以方便调用：

```
[root@localhost keepalived-1.2.1]# cp /usr/local/keepalived/sbin/keepalived /usr/sbin/
[root@localhost keepalived-1.2.1]# cp /usr/local/keepalived/etc/rc.d/init.d/keepalived /etc/init.d/
[root@localhost keepalived-1.2.1]# cp /usr/local/keepalived/etc/sysconfig/keepalived /etc/sysconfig/
```

这样安装环节就告一段落啦。接下来需要对 Keepalived 软件进行配置。

默认情况下 Keepalived 会在下列路径查找配置文件，即/etc/keepalived/keepalived.conf 文件，因此我们直接在该路径下创建配置文件：

```
[root@localhost keepalived-1.2.1]# mkdir /etc/keepalived
[root@localhost keepalived-1.2.1]# vi /etc/keepalived/keepalived.conf
```

基于我们的实际需求，添加配置项，实际内容如下：

```
! Configuration File for keepalived

global_defs {
   notification_email {
        junsansi@sina.com
   }
   notification_email_from junsansi@sina.com
   smtp_server 127.0.0.1
   smtp_connect_timeout 30
   router_id LVS_1_1
}

vrrp_instance VI_MYSQL_READ {
    state Master  #vip 192.168.30.242
    interface eth0

    virtual_router_id 1
    priority 100
    advert_int 1
    authentication {
        auth_type PASS
```

```
        auth_pass 3307
    }
    virtual_ipaddress {
        192.168.30.242
    }
}

virtual_server 192.168.30.242 3307 {
    delay_loop 6
    lb_algo rr
    lb_kind DR
    nat_mask 255.255.255.0
    persistence_timeout 50
    protocol TCP

    real_server 192.168.30.243 3307 {
        weight 1
        TCP_CHECK {
        connect_timeout 5
        nb_get_retry 3
        delay_before_retry 3
        connect_port 3307
        }
    }
    real_server 192.168.30.246 3307 {
        weight 1
        TCP_CHECK {
        connect_timeout 5
        nb_get_retry 3
        delay_before_retry 3
        connect_port 3307
        }
    }
}
```

配置完毕，保存退出。我们所使用的配置都比较简单，通过字面意义基本都可理解各配置项的功能，因此这里就不一一介绍。

接下来就可以启动 Keepalived 服务（那啥，启动之前，别忘了先把 ipvsadm 命令创建的服务清除，直接执行 ipvsadm -C 即可）。执行命令如下：

```
[root@localhost ~]# service keepalived start
Starting keepalived: [  OK  ]
```

下面让我们一起见识见识 Keepalived 的能力吧。前面咱们说过，Keepalived 能够生成 IPVS 规则，之前咱们是通过 ipvsadm 命令创建的虚拟服务器和 RealServer，现在则是在 Keepalived 配置文件中配置，这部分已完全由 Keepalived 接管。Keepalived 服务启动以后，相应规则就应该生效了，我们可以通过 ipvsadm 命令进行验证：

```
[root@localhost ~]# ipvsadm -L -n
IP Virtual Server version 1.2.1 (size=4096)
```

```
Prot LocalAddress:Port Scheduler Flags
  -> RemoteAddress:Port           Forward Weight ActiveConn InActConn
TCP  192.168.30.242:3307 rr persistent 50
  -> 192.168.30.243:3307          Route   1      0          0
  -> 192.168.30.246:3307          Route   1      0          0
```

您瞧，跟咱们通过 ipvsadm 命令行配置出来的一模一样吧。负载均衡效果毋庸置疑，自然也是一样的，这一点就不重复演示了，对此有疑虑的朋友，可以在自己的环境中尝试一下看看。

Keepalived 不仅实现了负载均衡，还具备高可用方面的功效，这一点，完全有赖于其对 RealServer 的健康检查功能。在我们这套环境中，是基于其自带的 TCP_CHECK 功能，当然，用户也可以采用自定义脚本的方式进行检测，灵活性会更强。

健康检查的测试就比较容易了，咱们先停止 192.168.30.243:3307 实例，然后再执行 ipvsadm 命令看看效果吧：

```
[root@localhost ~]# ipvsadm -L -n
IP Virtual Server version 1.2.1 (size=4096)
Prot LocalAddress:Port Scheduler Flags
  -> RemoteAddress:Port           Forward Weight ActiveConn InActConn
TCP  192.168.30.242:3307 rr persistent 50
  -> 192.168.30.246:3307          Route   1      0          0
```

您瞧，当前 192.168.30.242:3307 对应的 RealServer 中，已经没有 192.168.30.243 节点，请求自然就不会再向该节点转发，而当 192.168.30.243:3307 端口实例启动，则该节点对应的 RealServer 就将自动恢复，有了健康检查，高可用的能力也就拥有了。

有了 Keepalived，当前提供查询的 MySQL 服务可用性已有保障，只要应用端将连接的 IP 地址指向配置好的虚拟 IP 即可，单个 RealServer 故障与否，对于应用层来说完全透明，只要不是所有 Slave 实例所在的 RealServer 均出现故障，查询服务就不会中断响应。

15.3　Dual-Master 高可用环境

通过 LVS 和 MySQL Slaves 的组合应用，数据库查询类请求的可靠性已被大大提升，可是，处于核心地位的 Master 节点在整个复制环境中仍是单点，一旦遇到故障，则与写操作相关的模块都无法正常工作。基于这个现状，DBA 们高度重视 Master 单点问题，并且明确指出这个问题的解决与否，不仅仅关系到 Master 节点，更是关乎整个 MySQL 服务可靠性的重要环节，指示我们下一步必须狠抓落实、深刻分析、切实避免 Master 节点当前存在的单点现状。

要做到这一点，说起来容易，真正做起来……呃，也不难，除了有大量的第三方解决方案，可以避免 Master 节点处于单点，MySQL 数据库自身通过巧妙的配置，也可以令其摆脱单点，接下来咱们一起去看看，MySQL 自身是怎么解决单点隐患的呢。

真正理解 MySQL 复制特性的朋友们都知道，Master 节点的数据是有冗余的，Slave 节

点就是它的冗余，若单从“数据”角度来看，可以说 Master 不存在单点，因为即使 Master 节点出现故障，正常情况下数据仍然是安全的（只要 Slaves 节点没有跟着宕机）；熟悉 MySQL 复制特性的朋友们同时还知道，MySQL 中的主或从两个角色都是逻辑上定义的，也就是说其实 Slave 节点跟普通的 MySQL 实例没有区别，它也是可以对外提供读写服务的，从这个角度来看，Master 更不是单点，如若 Master 节点真的遇到了故障，随便挑一台 Slave 出来顶上，作为新的 Master 节点就好了。我知道一定有些同学看到这里流露出恍然大悟的表情：噢，原来说的是 Master 节点与 Slave 节点的故障切换哪！

我们要谈的就是 Master→Slave 的故障切换吗？当然不会这么简单。传统复制环境中的 Master 节点和 Slave 节点执行过故障切换后，存在两方面问题。一方面，正如我们在第 11 章所介绍的那样，当某个 Slave 节点升级为 Master 角色后，即便原 Master 节点从故障中恢复，它也回不到复制环境中来了，至于原有复制环境中的其他 Slave，处境也较为微妙，稍有意外，它们就同样也不属于复制环境中的一分子；另一方面，由于 Master 节点和 Slave 节点持有的 IP 地址是不同的，默认情况下，执行了故障切换后，需要应用层修改数据库的连接地址，改为连接新的 Master 节点。由于这两方面问题的存在，只要出现故障，就极有可能造成前端/后端一片手忙脚乱。那么，针对这些情况，我们该如何应对呢？

15.3.1 故障随便切换

花开两朵，各表一支。首先来看第一个问题，最为关键的因素，就是由于 Slave 节点是单向从 Master 节点接收数据，一旦故障切换后，原 Master 节点没有数据来源，与新的 Master（原 Slave）数据差异自然越来越大，因此无法继续成为复制环境中的一员。我们若让 Master 节点也能够获取并应用 Slave 节点产生的二进制日志，令其互为主从，那么无论怎么切换，另一个节点也不会脱离复制环境了。

举例来说，A 节点的二进制日志会传播到 B 节点，A 节点就是 B 节点的 Master，若同时 B 节点也将**自己生成**的二进制日志传播给 A 节点，那么即使 A 节点或 B 节点出现故障也没有关系，等它们从故障中恢复后，仍然可以通过应用另一节点发送过来的二进制日志，使自身数据保持最新。

现在，问题就变成，怎么让多个节点之间相互同步数据，针对这个问题，如果我们稍稍深入想一想，我感觉大家应该会意识到，是谁说多个节点间不能相互同步数据呢？的确没人说过，不过，究竟行不行，还是得试过才知道。

传统的主从复制环境，拓扑结构如图 15-3 所示。

以图中拓扑结构标识的为例，30.246 作为从节点，从 30.243 拉取二进制日志，同步数据，提供只读服务没问题。尽管 Slave 节点实际上也可以执行写操作，不过当前这套环境，我们在逻辑上定义，写操作必须在 30.243 实例中执行，否则数据就会不一致，因为 30.243 不会读取 30.246 节点产生的变更日志。

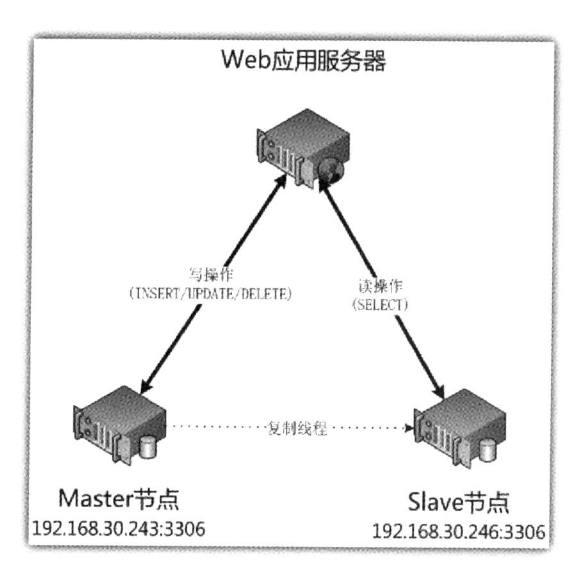

图 15-3　传统主从复制结构

那么，我们接下来尝试令 30.243 去读取 30.246 生成的二进制日志，使 30.243 和 30.246 之间实现数据的双向复制。

首先在 30.246 节点查询当前的二进制文件和读写位置（确认当前无人执行对象修改操作），执行命令如下：

```
30.246> show master status\G
*************************** 1. row ***************************
             File: mysql-bin.000007
         Position: 120
```

切换至 30.243 节点，使其从 30.246 节点指定位置开始读取二进制文件，执行下列命令：

```
30.243> change master to
    -> master_host='192.168.30.246',
    -> master_port=3306,
    -> master_user='repl',
    -> master_password='replsafe',
    -> master_log_file='mysql-bin.000007',
    -> master_log_pos=120;
```

然后，不必迟疑，启动 30.243 端的 Slave 服务：

```
30.243> start slave;
```

只要配置无误，Slave 服务就能正常启动，不过是否能顺利地从另外一个节点同步数据，还是通过测试来验证吧。接下来我们先在一端创建一个表对象：

```
30.246> create table 5ienet.t4 (id int not null auto_increment,v1 varchar (20) ,primary key (id) ) ;
Query OK, 0 rows affected (0.10 sec)
```

然后到另一端查询看看有没有呢：

```
30.243> desc 5ienet.t4;
+-------+-------------+------+-----+---------+----------------+
| Field | Type        | Null | Key | Default | Extra          |
```

```
+--------+--------------+------+-----+---------+----------------+
| id     | int(11)      | NO   | PRI | NULL    | auto_increment |
| v1     | varchar(20)  | YES  |     | NULL    |                |
+--------+--------------+------+-----+---------+----------------+
2 rows in set (0.00 sec)
```

从结果可以看出，对象已经被成功复制到另一个节点，反向操作当然也能够成功。好奇的同学可以自己线下多做几个测试。

1. 注意双节点读写的隐患

从前面小节的测试场景来看，单点貌似消除了，高可用的曙光就在眼前了，激动人心呐有没有。但是，关键时刻要冷静，不要高兴的太早。我们知道，MySQL 的复制环境，主从之间一致性完全依赖于二进制日志，这个二进制日志不管是生成、接收还是应用，统统都是逻辑上的，逻辑是没办法确保两者完全相同的，也就是说，有成功的几率，也有失败的可能。

举个例子，如果两端同时都在执行写操作，并且是写入同一个对象，会发生什么呢？有些同学可能会想，哪会这么巧呢。但是，千万不能大意，在高并发的环境里，一切皆有可能！如果您能想到这个场景，那么它就有可能发生，若不清楚这种情况下将发生什么，没有防患于未然，那么问题爆发出来只是时间早晚罢了。

就前面所提到的这个场景来说，若两端同时写入不同记录，那么 SQL 语句执行后出现问题的几率会比较小，不过，若两端同时写入相同记录，这种操作风险就比较高了。语句有可能正常进行，但日志发送到 Slave 节点后在应用时有较大几率出现问题，造成 slave_sql_thread 线程中止执行。

需要引起大家重视的是，这类问题的隐蔽性很强，同学们不要以为，每次写入操作的记录值不同，就是不同记录，这仍然可能存在隐患。举例来说，MySQL 数据库的表对象，主键通常是自增长的，插入记录时往往无须指定主键值，那么这种情况下，若同时在两个节点分别向一个对象中执行插入，即使明确指定的列值是不同的，但两边产生的主键也极有可能重复。

这种情况其实很容易模拟，我们只需要先暂停一端的 Slave 服务，然后在另一端执行插入操作，而后转回被暂停的节点上，也执行插入操作，再启动该节点的 Slave 服务，就能看到具体是什么效果了。

到实际环境中操作一遍来检验一下，先停止 30.246 节点中的 slave 线程：

```
30.246> stop slave;
```

在 30.243 端执行插入操作，向 5ienet.t4 表对象中插入一条记录：

```
30.243> insert into 5ienet.t4 (v1) values ('192.168.30.243');
Query OK, 1 row affected (0.00 sec)

30.243> select * from 5ienet.t4;
+----+----------------+
| id | v1             |
+----+----------------+
```

```
|  1 | 192.168.30.243 |
+----+----------------+
1 row in set (0.00 sec)
```

在 30.246 端执行查询操作：

```
30.246> select * from 5ienet.t4;
Empty set (0.00 sec)
```

因为本地 Slave 服务没有启动，30.243 节点执行的操作并未复制过来，因此 t4 表对象是空的，此时在 30.246 节点也向该表插入一条记录，您看仔细了，我们插入的记录值可是不一样的哟。

```
30.246> insert into 5ienet.t4 (vl) values ('192.168.30.246');
Query OK, 1 row affected (0.07 sec)
```

启动本地 Slave 服务再来看一看吧：

```
30.246> start slave;
Query OK, 0 rows affected (0.07 sec)

30.246> show slave status\G
*************************** 1. row ***************************
               Slave_IO_State: Waiting for master to send event
                  Master_Host: 192.168.30.243
                  Master_User: repl
                  Master_Port: 3306
.......
.......
             Slave_IO_Running: Yes
            Slave_SQL_Running: No
.......
.......
                   Last_Errno: 1062
                   Last_Error: Error 'Duplicate entry '1' for key 'PRIMARY'' on query. Default
database: ''. Query: 'insert into 5ienet.t4 (vl) values ('192.168.30.243')'
```

您瞧好了，结果如何，Slave_SQL 线程停止工作，复制状态抛出了错误信息，提示主键的键值重复，执行的语句正是继承自 Master 节点执行过的语句。

当我们转到另一个节点，会发现也在报这类错误：

```
30.243> show slave status\G
*************************** 1. row ***************************
               Slave_IO_State: Waiting for master to send event
                  Master_Host: 192.168.30.246
                  Master_User: repl
                  Master_Port: 3306
.......
.......
             Slave_IO_Running: Yes
            Slave_SQL_Running: No
.......
.......
                   Last_Errno: 1062
                   Last_Error: Error 'Duplicate entry '1' for key 'PRIMARY'' on query. Default
database: ''. Query: 'insert into 5ienet.t4 (vl) values ('192.168.30.246')'
```

正如我们所演示的，每个节点执行时，明明指定的都是不同的值，可是，还是遇到了冲突，而且就像前面我所说的，这种情况的隐蔽性很强，一不注意，就有可能是主从节点间同步报错，才发现存在数据冲突。问题已经存在，说其他没有意义，针对这种现状，接下来先说说如何处理，然后再谈谈该怎么避免。

2. 处理 SQL 线程应用错误

处理 Slave 服务应用过程中出现的错误，从操作上来说，分为两个步骤：

（1）修复导致出现错误的 SQL 语句涉及的数据。这一步需要具体情况具体分析，就本例来说，由于主键冲突，导致两端写入的数据未能同步，手动在两端各自执行报错的 SQL 语句是不行的，一方面会导致数据不一致，另一方面是治标不治本，后面还会再次出现数据冲突的错误，以致没完没了。如果可以的话，最好删除源端对应的记录，而后再重新执行一遍。

（2）跳过错误，继续应用其后的日志。MySQL 复制环境的 Slave 节点在应用二进制日志时，只要碰到错误，就会暂停应用线程，在错误被修正之前，该线程是无法启动的。万幸 MySQL 的复制属于逻辑复制（刚才还是缺点，现在又变优点，不得不感叹世道变化快啊），因此，遇到无法在 Slave 节点应用的事件，可以选择跳过它，并且继续执行后面的变更事件。对此，MySQL 数据库提供了 sql_slave_skip_counter 系统变量，该变更用于指定跳过应用最近的 n 次事件，默认当然是 0 次，就是所有的事件都要应用。如今咱们已经遇上错误，从现状看来修复无望，只能跳过了。

根据前面提到的两点，本环境中处理 SQL 线程应用错误，实际执行的操作如下：

```
30.246> set global sql_slave_skip_counter=1;
30.246> start slave;
```

通过 sql_slave_skip_counter 变量，指定跳过最近的一次事件。30.243 节点也要进行同样的操作：

```
30.243> set global sql_slave_skip_counter=1;
30.243> start slave;
```

任意节点执行下列语句，修复数据：

```
mysql> delete from 5ienet.t4 where v1 in ('192.168.30.243','192.168.30.246');
mysql> insert into 5ienet.t4 (v1) values ('192.168.30.246');
mysql> insert into 5ienet.t4 (v1) values ('192.168.30.243');
```

不过我们所做的操作属于治标不治本，因为产生自增列值冲突的关键因素并没发生变化，也就是说，主键冲突导致的复制线程中断后续仍有可能出现，欲知该如何避免，请继续往下看。

3. 避免自增列值冲突

要解决自增列值冲突问题，简单且直接的方式，是同时只允许应用层连接双主环境中的某一个节点，或者说写入操作只允许在一个节点上执行，这样就可以避免自增列因为多节点并发写的缘故造成重复，不过，它并不能完全避免自增列冲突。

举例来说，当前提供写入服务的 Master 节点出现故障，由于一些原因，二进制日志未能完全传播到待切换的 Master 节点，那么新的 Master 节点在生成自增列的列值时，就会

生成原 Master 节点已经生成过的自增值，当原 Master 节点从故障中恢复过来时，复制进程的应用就又会出现错误了。那么，针对这种情况，到底该怎么办才好呢？我们可以从 MySQL 自增列的生成规则上想想办法。

MySQL 数据库中 AUTO_INCREMENT 列值增长规则，由两个系统变量控制：

- auto_increment_increment：指定自增列增长时的递增值，范围从 1～65535，默认值是 1，也可以指定成 0，不过指定成 0 并不是说它不增长，指定该参数值为 0 时效果等同于指定为 1，也就是说在这种情况下，1 等于 0。
- auto_increment_offset：指定自增列增长时的偏移量，用偏移量来形容这个参数可能不够直观，那么可以将之理解为自增时的初始值，值的范围及设定规则与 auto_increment_increment 完全相同。

这两个参数组合使用，可以起到很有意思的效果。例如，我们希望自增值从 6 开始增长，每次递增 10，则设置参数如下：

```
30.243> set auto_increment_increment=10;
30.243> set auto_increment_offset=6;
```

创建一个表对象，并插入若干数据来看看效果：

```
30.243> CREATE TABLE 5ienet.autoinc (col INT NOT NULL AUTO_INCREMENT PRIMARY KEY);
Query OK, 0 rows affected (0.15 sec)

30.243> insert into 5ienet.autoinc values (null),(null),(null);
Query OK, 3 rows affected (0.03 sec)
Records: 3  Duplicates: 0  Warnings: 0

30.243> select * from 5ienet.autoinc;
+------+
| col  |
+------+
|    6 |
|   16 |
|   26 |
+------+
3 rows in set (0.00 sec)
```

再试试将自增值的偏移量改为 8：

```
set auto_increment_offset=8;
30.243> insert into 5ienet.autoinc values (null),(null),(null);
Query OK, 3 rows affected (0.05 sec)
Records: 3  Duplicates: 0  Warnings: 0

30.243> select * from 5ienet.autoinc;
+------+
| col  |
+------+
|    6 |
|   16 |
|   26 |
|   38 |
```

```
|   48 |
|   58 |
+------+
6 rows in set (0.00 sec)
```

这个例子若能正确理解，那么接下来就很好办了，我们可以为不同的 MySQL 实例指定不同的自增值规则。对于我们当前的双主复制环境，将两个节点的递增值都改为 2，将其中一个节点的偏移量改为 1，另一个节点的偏移量改为 2，也就是说，一个节点生成的自增值始终为奇数，而另一节点始终为偶数。这样，各节点的自增列生成规则就不相同，那么其生成的值就肯定不会重复了。

具体修改步骤就不演示了吧，大家直接修改两端的 my.cnf 文件，而后重启 MySQL 实例，然后再分别在两端向同一个表对象插入数据，就能看出效果了。

提 示

如此设定之后，对于批量插入的操作，批量插入记录的序号之间会有间隙（gap），这一点通常不会影响应用，不过若您的业务对记录序号连续性有要求，那就需要谨慎对待，选择其他方案来处理了。

15.3.2 IP 自动飘移

双主复制环境搭建起来之后，应用层连接任意 Master 节点均可正常执行读写操作，不过，若其连接的实例出现故障，就需要手动处理，令其改为连接正确的地址，处理这类情况就比较简单了，我们完全可以提前想好策略。比如说，请出咱们的老朋友 LVS 出马，使用 LVS 的 DR 模式负责请求转发，就能实现我们的需求。

应用 LVS 作为调度的双主复制环境，其拓扑结构如图 15-4 所示。

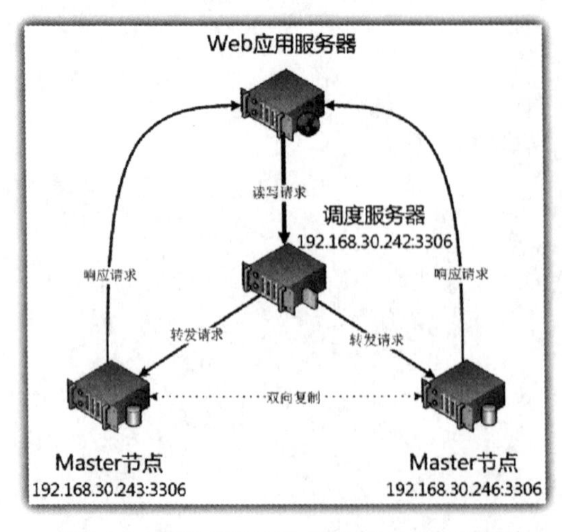

图 15-4 基于 LVS-DR 模式的双主复制环境

基于 LVS 的双向调度配置方案还需要我演示吗，跟前面小节中处理多个 Slave 节点的请求转发一模一样，只是指定的 IP 端口不同罢了。考虑到 ipvsadm 配置的仅有负载调度，而没有高可用能力，我们若在生产环境中应用，还是应该在 keepalived.conf 中进行配置，由 Keepalived 生成 IPVS 规则，这样负载均衡和高可用就都有了。

不过，双主复制环境中两个 Master 节点同时对外提供读写访问，整个应用体系会复杂一点点，不仅后端的数据库层要进行相应设计，前端的应用层在开发时也有较多注意事项。我们前面的演示中介绍过数据冲突的案例（及其解决方案），只算是其中可能遇到的较为简单的场景（所以才得以通过 DB 层配置避免），还有些问题仅通过 DB 层的配置是无法处理的。

举例来说，节点 A 和节点 B 同时更新同一个表对象的同一条记录，A 将之更新为 200，B 将之更新为 300，最终该条记录的值会是什么呢？注意我说的是同时更新，那么有可能最终在 A 节点中该条记录值变为 300，而 B 节点中该条记录值变为 200。双主节点若同时对外提供读写服务，类似这样的脏读/丢失更新等问题则数不胜数，对于没有这类场景操作经验的朋友们来说，说它是地雷密布并不算夸张。而且由于双机读写并行处理，同时结合 MySQL 逻辑复制的特点，很多单机环境能正常处理的逻辑，在双机环境就有可能遇到异常，出现不少平常你想都想不到的情况。

这些场景一一描述肯定不现实，因为我自己也还没整理出到底会有多少种场景，那么针对这个现状，我个人觉着，最好的方式还是由前端应用层执行写操作时，只连接 DB 环境中的某一个 Master 节点为好，另外的节点将其视为 Slave 角色，可以对外提供只读服务。尽管没有了负载均衡的能力，但加强了高可用性并降低了应用层开发的复杂度，当发生故障时，原 Master 节点的 IP 能够飘移到新的 Master 节点（即前 Slave 节点），这样切换对前端应用来说也是透明的，无须进行额外改造。

这种设定下，LVS 貌似难以实现，那么该如何实现 IP 地址的故障飘移呢，隐约觉着 Keepalived 似乎能够解决我们的问题。好吧，让我们再次请其出马。大家注意，这回 Keepalived 服务不是安装在专用的调度服务器，而是安装在运行 MySQL 服务的两个 Master 节点哟。

我们设定 Keepalived 服务持有 VIP：192.168.30.244，这个 IP 地址由 Keepalived 服务托管，它会自动将之绑定到某一台 MySQL 实例，前端的应用服务器连接该 IP 地址即可。这样设定后的拓扑结构如图 15-5 所示。

当 192.168.30.243:3306 实例出现故障时，Keepalived 自动把 VIP 绑定到另一台处于活动状态的 MySQL 实例，场景变得如图 15-6 所示。

拓扑结构大家应该看懂了吧，下面进入实战演练。Keepalived 服务的安装过程，我觉着应该不需要重复演示（前面小节中已经演示过），安装很简单，重要的是配置，因此安装步骤略过，这里直接进入配置环节。

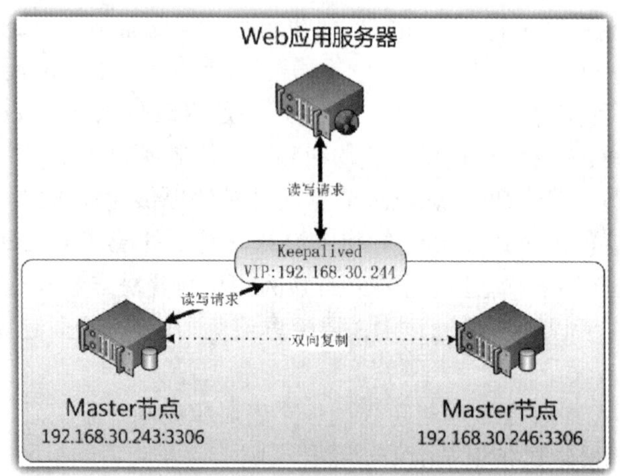

图 15-5　基于 Keepalived 的双主高可用复制环境

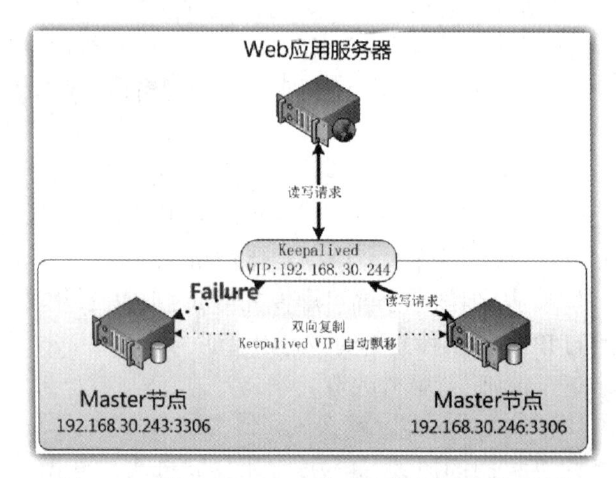

图 15-6　基于 Keepalived 的双主复制环境故障切换

1. 配置 Master 节点

先来处理 Master 节点 192.168.30.243 中的配置，编辑 keepalived.conf 配置文件如下：

```
[root@mysqldb01 ~]# vim /etc/keepalived/keepalived.conf
! Configuration File for keepalived

vrrp_script check_run {
    script "/usr/local/keepalived/bin/ka_check_mysql.sh"
    interval 10
}

vrrp_instance VI_1 {
    state BACKUP #初始时指定两台服务均为备份状态，以避免服务重启时可能造成的振荡（master 角色争夺）
    interface eth0
    virtual_router_id 34
```

```
        priority 100 #优先级，另一节点中本参数值可设置的稍小一些
        advert_int 1
        nopreempt  #不抢占，只在优先级高的机器上设置即可，优先级低的机器不设置
        authentication {
            auth_type PASS
            auth_pass 3141
        }
        virtual_ipaddress {
            192.168.30.244
        }
        track_script {
            check_run
        }
    }
```

配置项同样不逐行解释了，大家就按照其字面意义理解即可，基本上还是比较易懂的。细心的朋友可能注意到我们通过 script 选项指定了一个脚本文件，这个“ka_check_mysql.sh”是什么来头？当然也是我们手动创建的脚本，该脚本文件的内容如下：

```
    #!/bin/bash
    source /data/mysqldata/scripts/mysql_env.ini
    MYSQL_CMD=/usr/local/mysql/bin/mysql
    CHECK_TIME=3   # check three times
    MYSQL_OK=1   # MYSQL_OK values to 1 when MySQL service working fine, else values to 0

    function check_mysql_health  () {
        $MYSQL_CMD -u${MYSQL_USER} -p${MYSQL_PASS} -S /data/mysqldata/${HOST_PORT}/mysql.sock -e "show
status;" > /dev/null 2>&1
        if [ $? = 0 ] ;then
            MYSQL_OK=1
        else
            MYSQL_OK=0
        fi
        return $MYSQL_OK
    }

    while [ $CHECK_TIME -ne 0 ]
    do
        let "CHECK_TIME -= 1"
        check_mysql_health
        if [ $MYSQL_OK = 1 ] ; then
            CHECK_TIME=0
            exit 0
        fi

        if [ $MYSQL_OK -eq 0 ] && [ $CHECK_TIME -eq 0 ]
        then
            /etc/init.d/keepalived stop
            exit 1
        fi
        sleep 1
    done
```

这段脚本用于检查指定的 MySQL 实例是否能够正常连接，若连续尝试三次都没能成功创建连接，则停止本地的 Keepalived 服务，主动触发 VIP 的飘移。

授予该脚本执行权限：

```
[root@mysqldb01 ~]# chmod +x /usr/local/keepalived/bin/ka_check_mysql.sh
```

然后就可以启动 Keepalived 服务：

```
[root@mysqldb01 ~]# service keepalived start
Starting keepalived:                                    [  OK  ]
```

Keepalived 持有的虚拟 IP，通过 ifconfig 命令查不到，但通过“ip addr”命令是可以查到的，如下：

```
[root@mysqldb01 ~]# ip addr
1: lo: <LOOPBACK,UP,LOWER_UP> mtu 16436 qdisc noqueue
    link/loopback 00:00:00:00:00:00 brd 00:00:00:00:00:00
    inet 127.0.0.1/8 scope host lo
    inet 192.168.30.242/32 brd 192.168.30.242 scope global lo:242
    inet6 ::1/128 scope host
       valid_lft forever preferred_lft forever
2: eth0: <BROADCAST,MULTICAST,UP,LOWER_UP> mtu 1500 qdisc pfifo_fast qlen 1000
    link/ether 52:54:00:7b:ca:63 brd ff:ff:ff:ff:ff:ff
    inet 192.168.30.243/24 brd 192.168.30.255 scope global eth0
    inet 192.168.30.244/32 scope global eth0
    inet6 fe80::5054:ff:fe7b:ca63/64 scope link
       valid_lft forever preferred_lft forever
.............
.............
```

那么现在，应用层及其他客户端就可以通过 192.168.30.244 这个 VIP 来访问 MySQL 复制环境中的 Master 实例了。

提 示

Slave 节点不要通过 VIP 访问 Master 获取日志哟，否则一旦 Master 节点执行了切换，Slave 读取日志时就极有可能出现异常。

2. 配置另一个 Master 节点

至此工作已经完成 70%，别忘记了咱还有另一台同样也是 Master 角色的服务器有待处理，Master 节点 192.168.30.246 安装好 Keepalived 软件之后，创建 Keepalived 的配置文件，内容如下：

```
[root@mysqldb02 ~]# vim /etc/keepalived/keepalived.conf
! Configuration File for keepalived

vrrp_script check_run {
    script "/usr/local/keepalived/bin/ka_check_mysql.sh"
    interval 10
}

vrrp_instance VI_1 {
    state BACKUP
```

```
    interface eth0
    virtual_router_id 34
    priority 90  #此处调低权重
    advert_int 1
    authentication {
        auth_type PASS
        auth_pass 3141
    }
    virtual_ipaddress {
        192.168.30.244
    }
    track_script {
        check_run
    }
}
```

大部分配置与另一节点都是相同的，唯一的区别就在于权重值，建议保持一定差异，以帮助 keepalived 服务判断 VIP 的归属。本节点也需要用到 ka_check_mysql.sh 脚本，直接从 192.168.30.243 节点复制一份即可，记得要为该脚本授予执行权限哟。

配置好后，启动 Keepalived 服务：

```
[root@mysqldb02 ~]# service keepalived start
Starting keepalived:                                       [  OK  ]
```

至此，Keepalived 的配置工作也已完成，接下来通过一些测试，检验 MySQL 服务的高可用表现如何。

3. 高可用测试

在客户端通过 VIP 连接 MySQL 实例，输出全局变量 hostname 的值，以利于我们判断当前连接的是哪台主机。执行如下命令：

```
[root@jssserver1 ~]# /usr/local/mysql/bin/mysql -ujss -p'123456' -h 192.168.30.244 -N -e "select @@hostname"
Warning: Using a password on the command line interface can be insecure.
+-----------+
| mysqldb01 |
+-----------+
```

理所当然是 mysqldb01（即 192.168.30.243）呀，因为我们先在该节点配置并启动 Keepalived 服务，VIP 被绑定在该节点的 eth0 网卡上。想要测试高可用效果，接下来，咱们该把当前节点上的 MySQL 服务暂停。不过，大家注意了，目前 Keepalived 的配置中，设定的检测时间为 10 秒钟（Check_run 脚本中进行的设定，可以根据需要修改），也就是说悲观情况下，停止 MySQL 服务后，最长可能需要等待 10 秒钟（也许还会再多个 1～2 秒），等 Keepalived 检查到服务异常，才会触发 IP 地址飘移。

我可不想等那么久（主要时间这一维度用文字难以展示），这里为了快速生效快速看到测试成果，直接把 Keepalived 服务关闭，这样它就会及时地触发 VIP 的飘移，掩耳不及盗铃之时 VIP 地址就会绑定到 192.168.30.246 节点，到底是不是这样呢，通过实践来检验一下呗。

停止 192.168.30.243 节点的 Keepalived 服务，执行命令如下：

```
[root@mysqldb01 ~]# service keepalived stop
Stopping keepalived: [  OK  ]
```

立刻切换至客户端，再次以 VIP 地址连接 MySQL，看看现在会是谁来响应请求呢：

```
[root@jssserver1 ~]# /usr/local/mysql/bin/mysql -ujss -p'123456' -h 192.168.30.244 -N -e "select
@@hostname"
Warning: Using a password on the command line interface can be insecure.
+-----------+
| mysqldb02 |
+-----------+
```

变成 mysqldb02 了，妥妥地。接下来将 192.168.30.243 节点的 Keepalived 服务恢复：

```
[root@mysqldb01 ~]# service keepalived start
Starting keepalived: [  OK  ]
```

节点服务启停并不会触发 VIP 的争夺或飘移，这正是之前在配置环节，将两个节点中 Keepalived 服务均置为 backup 角色的目的。除非当前持有 VIP 的服务器出现故障，或者无法访问，否则 VIP 地址不会飘移回 192.168.30.243 节点。

为了以更接近实际场景的方式检验一下，我很小心地碰了下 mysqldb02 节点的电源开关，然后您再瞧客户端当前会连接哪一个吧：

```
[root@jssserver1 ~]# /usr/local/mysql/bin/mysql -ujss -p'123456' -h 192.168.30.244 -N -e "select
@@hostname"
Warning: Using a password on the command line interface can be insecure.
+-----------+
| mysqldb01 |
+-----------+
```

我保证，本次演示操作的所有命令行及返回结果每一个字节都是真实的，若阅读过程中发现前后不相匹配，一定是排版或印刷失误造成的。

提 示

尽管有了 Keepalived 提供高可用保护，不过有些朋友可能对此仍有疑虑，担心在某些极端情况时出现数据异常。比如若对外提供写服务的 Master 出现意外故障，正在写入的日志还没来的及同步到另一台 Master 节点，那么这部分未同步的数据就有可能丢失或出现异常。针对这类场景，可以考虑应用 MySQL 复制中的半同步特性，以此来确保双主节点间的数据安全，关于半同步特性的应用，请参考 11.3.4 节中的内容。

15.3.3 架构设计有讲究

Keepalived+LVS 使用灵活、适用场景广泛，且功能强大，隐藏在其中的力量不亚于宇宙魔方，依靠它们的强大功能，Master 节点和 Slave 节点的高可用及负载均衡能力，都得到了相当程度的增强。

现如今，我们这套数据库环境的拓扑结构再次成功进化，如图 15-7 所示。

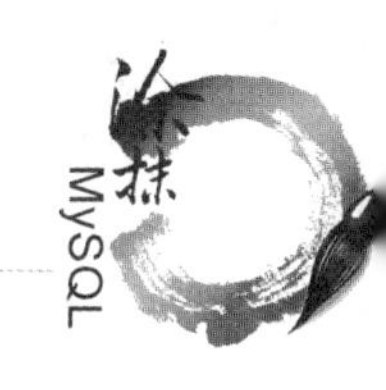

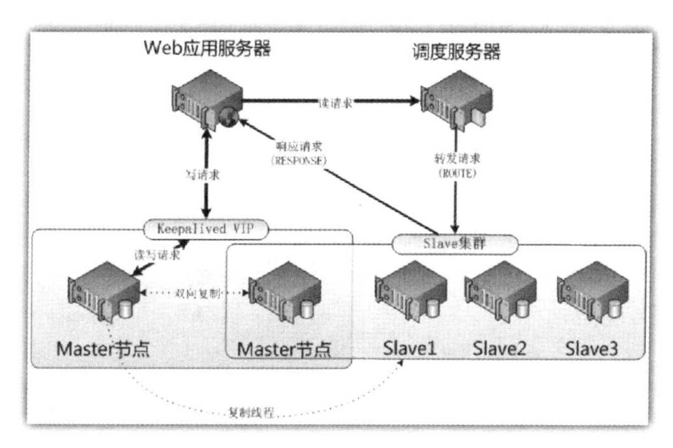

图 15-7 基于 Keepalived+LVS 的主从复制环境

这套架构继承自传统的主从复制，并在此基础之上进行扩展，结构很清晰，但是不知道大家注意到没有，它存在一个较大的隐患，当响应写请求的 Master 节点发生故障，VIP 切换至另一台 Master 节点后，那一众 Slave 节点就悲剧了。它们的旧主子已不在位，新主子又不熟悉，递不上话，隔阂就此产生了有没有（数据不同步），就算想去 CHANGE MASTER 套套近乎，可一方面不知道该从新 Master 角色的哪个二进制文件的什么位置开始读取；另一方面逐个 Slave 实例 CHANGE MASTER 也没有那么快，需要时间才能完成；更要命的是，若没能及时将这一众 Slave 节点从“调度服务器”中摘除，它们还在忠实地履行着响应只读请求的职责。尽管出发点是好的，但结果却很坏，因为他们返回给客户端的，有可能已经不是最新（正确）的数据，这会对业务造成多大影响，就只有看运气了。

怎么办怎么办，药不能停啊同学们，一味药不灵就再加一味，可以考虑在 Slave 节点运行脚本，检查其读取二进制日志的 Master 节点状态，一旦有异常，LVS 自然就不会再转发请求过来；或者也可以考虑在 LVS 调度服务器中增加监控脚本，若发现某个 Master 节点出现故障，则直接将其相关联的 Slave 节点权重值调整为 0，以避免再向这些节点中转发请求；待其依赖的 Master 节点恢复正常，再启动本地的 Slave 实例或修改 LVS 中的请求转发权重。

与此同时，还需要考虑到，Master 节点故障切换后，按现有架构的话，相当于 Slave 节点全挂，读写请求就全由 Master 节点光杆司令独立响应。这样显然也不靠谱，幸存的 Master 节点恐怕支撑不住啊，所以一方面监控脚本得跟上，另一方面咱们的架构设计也得继续进化，说啥，也得想办法留台 Slave 实例，由其分担读请求的压力。

调整复制环境的拓扑结构，再次进化后的架构如图 15-8 所示。我们的思路很简单，两个 Master 节点都要各自培养亲信（Slave），这样即便其中某个 Master 节点出现问题，剩下的那台 Master 手下还有能够运用的资源，协助其分担负载。当然，至于剩下的那堆实例，能否承担起前端负载，那就是另外的话题了，刚八袋呀兄弟。

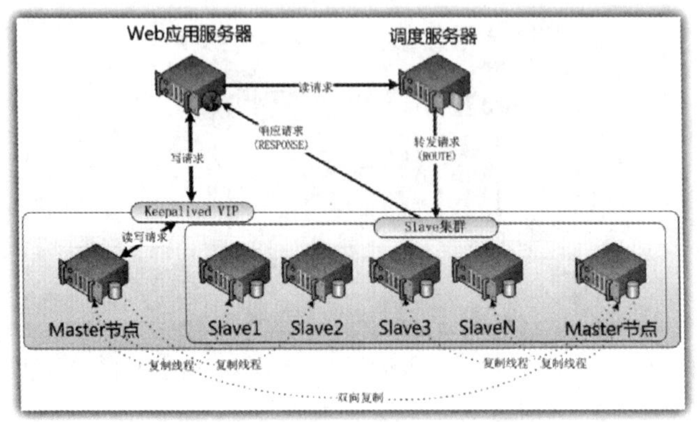

图 15-8　双主多 Slave 的高可用架构

> **提 示**
>
> 前文曾提到的 Slave 节点也能执行写操作，其实从某些层面来看，也相当于是个安全隐患。MySQL 数据库中有一个 read_only 系统参数，用于控制系统是否允许执行写操作，启用该参数后，则只有拥有 SUPER 权限的管理员账户，才能向表对象中写入数据，其他账户只能执行查询操作。对于提供只读服务的 Slave 节点，建议启动该参数，即指定参数值为 1，以避免出现用户误将数据写入到 Slave 节点的情况。

15.4　DRBD，为 Master 节点数据提供更高保障

作为复制环境中的关键角色，Master 节点的数据安全至关重要，我们在前面小节介绍的 MySQL 复制特性，通过逻辑同步数据的方式配置主从环境，实现了数据的冗余保护，配置为双方复制之后，在服务高可用性和数据安全性方面都有不小的增强。

除了采用 MySQL 复制这样的数据逻辑同步方案，我们也有数据物理同步方案可供选择，这款方案的主角就是接下来将要谈到的 DRBD，其全称为 Distributed Replication Block Device，直译理解就是“分布式的基于块设备的复制”，名字都显的这么霸气。

15.4.1　基础知识扫扫盲

DRBD 的基本原理是基于已有的磁盘设备，再虚拟出一个 DRBD 存储设备，操作系统将使用这个虚拟设备（而不是直接使用磁盘设备）来创建文件系统及存储数据。同时，就像 DRBD 名字中所昭示的，它是一套分布式的系统，这就代表着它有多个节点，每个节点上都存在虚拟出的 DRBD 存储设备。

DRBD 引入了资源组的概念，每个资源组可以理解成一个 DRBD 集群，每个集群中的节点，分为主（Master）和从（Secondary）两种角色，注意此 Master 非 MySQL 中的 Master

哟。DRBD 集群的 Master 节点写入的数据，由该节点的 DRBD 服务通过网络同步到其他节点的 DRBD 设备中（同步策略也有多种方式，以适用不同的场景），进而实现数据在多节点间同步，针对它的这一特点，江湖人送外号：网络 RAID1。

这个机制听起来似乎很复杂，不过由于它是完全在 Linux 内核模块实现，对于上层应用来说完全透明，也就是说易用性很强。如果前面文字描述还没读明白的朋友，不妨先看看图 15-9 所示的 DRBD 体系结构图。

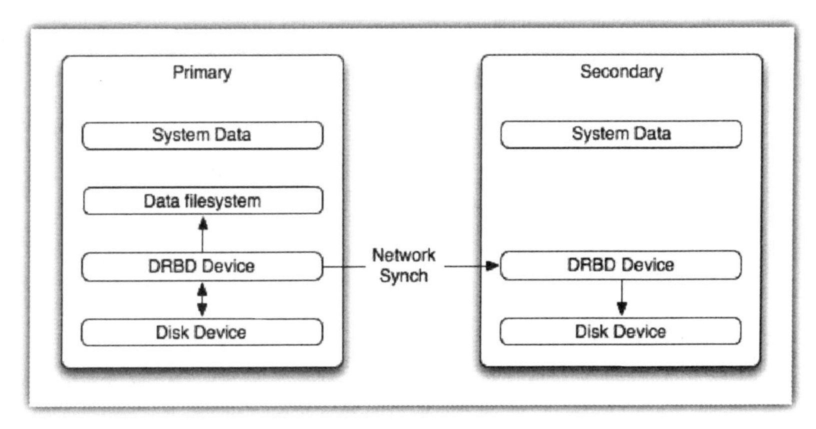

图 15-9　DRBD 体系结构

当然一般来说，原理没听懂的话，看图也是越看越糊涂。不过这一点呢，我觉着大家也不必过于纠结，因为后面三思还会不断地讲，我相信总有一天您会明白过来的。

好吧，还是要讲讲这张体系结构图。这张图已经极为简化，它隐藏了很多关键技术细节。根据这张结构图，我们可以得到下列结论：

- DRBD 节点分为主和从两类角色，咳，这一点前面已经剧透过了。
- DRBD 设备位于物理磁盘之上，操作系统的文件系统之下（这也是它能做到对应用层透明的原因），咳，这一点前面也剧透过，看来得使出杀手锏了，请继续阅读第三条。
- 只有主（Master）角色才能看到和操作 DRBD 设备，才能向其中写入数据，从（Secondary）角色的 DRBD 只被动接收主角色传输过来的数据以保持同步。注意，这一点非常重要，它至少又告诉我们几点信息：
  - 在主端，数据写时除了写向本地的物理块设备外，还会将写入数据同步到从端的 DRBD 服务，在从端，也会将接收到的数据写向本地物理磁盘。
  - 同步效率和数据安全严重依赖于网络，如果网络出现异常，则同步就将异常。
  - DRBD 虚拟设备对于应用层来说，与操作普通的物理磁盘没有区别，主端或从端之间同步数据同样也不会关注应用层的写入逻辑，而是直接基于块粒度进行写入和同步，因此我们才管它叫物理的同步方案。

只需要两台服务器，两个节点是一主一备的形态，相互间就可以提供物理级别的冗余保护，最重要的是不需要独立的共享存储设备（省钱喽）。

> 提 示
>
> 如果是虚拟化环境，那么这两台服务器千万不要在同一台物理机上哟，否则性能表现差倒是其次，关键是没法实现实质的数据冗余保护。

那么 DRBD 通过什么机制来控制数据同步呢，这就完全有赖于相关的配置参数了，实际上 DRBD 可配置的参数很多：有控制更新速率的，有控制块大小的，有指定主机和安全信息的等，当然也包括设置数据同步策略的选项，即 protocol 参数。

protocol 参数指定数据同步协议，用来控制当数据写向块设备时，与其他节点的同步策略，本参数与 MySQL 数据库 innodb_flush_log_at_trx_commit 选项的功能较为类似，它支持三种协议：

- A：数据写入本地磁盘，同时通过 TCP 向 Secondary 节点发送数据，不过它只管发不管确认，因此不能确保数据是否能够成功发送给目标服务器，以及是否成功写到目标节点的物理磁盘。
- B：数据写入本地磁盘的同时，也要写入其他节点的网络缓存。表示数据已写入目标服务器，但目标服务器是否能够成功写入物理盘并不影响本地数据的提交。
- C：数据写入本地磁盘的同时，也要写入其他节点的物理磁盘。推荐使用 C 选项，该选项能够确保本地与远端节点存储设备间的数据一致。

基于上述几点，我们可以将 MySQL 数据库的相关物理文件都保存在 DRBD 虚拟盘上，这样 MySQL 服务层产生的读写操作，在写入本地磁盘的同时，也会由 DRBD 负责将之同步到另外的服务器上，由于同步是基于底层数据块，而非存储的具体数据，因此这项技术对于 MySQL 来说完全透明，不需要 DBA 做额外配置，而且复制的数据完整性也会远超数据库粒度的复制。

应用 DRBD 后，MySQL 数据库集群的拓扑结构如图 15-10 所示。

从图上来看，用上 DRBD，MySQL 实例就相当于拥有了冗余保护，不过需要大家注意的是，Secondary 节点的 MySQL 实例，我标记了虚线，这是因为该实例并未启动。为啥没启动呢，因为该数据库的数据文件目前不可用，为啥数据文件不可用呢，因为存储这些文件的 DRBD 设备目前不可用（没错，也是虚线），为啥 DRBD 设备不可用呢，这个就是由 DRBD 实现机制决定了。

在一组 DRBD 集群中，多个节点之间 DRBD 设备中的数据一模一样（完全对等），但正如前面多次提到的，角色却分为两种：Master 和 Secondary。一组 DRBD 集群中，最多只能有一个 Master 角色（除非是基于集群文件系统，比如基于 RHCS 的 GFS 或 OCFS/OCFS2 等集群文件系统，这种场景下可以有多个 Master 角色，不过若本身就在使用集群文件系统的话，个人认为再应用 DRBD 就没有意义了），而对持有 Secondary 角色的数量则无限制，

也就是说可以所有节点都是 Secondary 角色。不过只有持有了 Master 角色的节点，才能够读写 DRBD 设备，而持有 Secondary 角色的节点，能够看到 DRBD 设备，但无法执行读写操作。

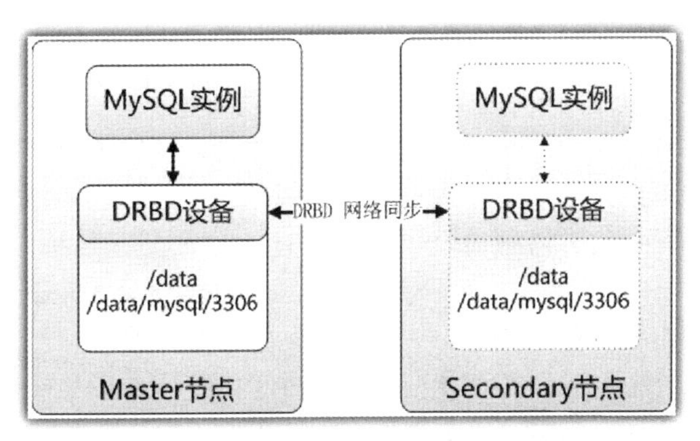

图 15-10　基于 DRBD 的 MySQL 数据库存储结构

其实，每个节点上的 DRBD 服务刚启动时，大家都是 Secondary 角色，那么，DRBD 是通过什么规则决定，**哪个**节点是 Master 角色，**哪些**节点是 Secondary 角色呢？关键点就在于，哪个节点先要求持有 Master 角色，那么谁就是 Master。若当前没有 Master 角色，则所有 Secondary 角色的节点，都可以发起请求成为 Master（通过执行相关命令），当然，还是最先请求的那个会成为该集群的 Master 角色。

以图 15-10 中所示的架构为例，若想启动 Secondary 节点中的 MySQL 实例，标准的操作步骤就应该是：

①停止 Master 节点中的 MySQL 实例；

②执行 umount 命令卸载 DRBD 设备映射路径；

③通过 DRBD 的专用命令（drbdadm），使持有 Master 角色的 DRBD 节点，角色降为 Secondary，或干脆停止该机的 DRBD 服务；

④升级 Secondary 节点中 DRBD 角色为新的 Master；

⑤执行 mount 命令挂载 DRBD 设备到指定路径；

⑥启动 MySQL 实例。

反应快的朋友想必已经注意到了，这看起来很像是故障或角色切换的节奏对不对（只是还没有提到 VIP）。切换的步骤倒是不复杂，可是手动切换太不靠谱了吧，人工值守效率多低呀。基于此现状，神说：要有自动化的处理机制。话音刚落转身就看到 Pacemaker 和 Corosync 哥俩手挽手缓步飘至。

15.4.2　一个好汉多个帮

在很久很久以前，搭配 DRBD+MySQL 组合高可用方案的最佳伴侣是 Heartbeat。说起

Heartbeat 那可厉害了，这是 Linux-HA 里最成功的解决方案，手握“心跳检测”和“资源接管”两大必杀技，秒速就能检测到故障，分分钟就能完成故障切换，整个流程如丝般细致优雅，悠长余韵。

提 示

Heartbeat 并不涉及到数据复制或同步等应用层的逻辑操作，而是用来监控那些指定的应用层服务的状态，一旦发现故障，就会自动将服务切换到状态正常的服务器上。

后来 Heartbeat 进化到 V3 版本，搞集团军作战的路子，练成解体大法化身为多个子项目，在这些项目中，有些负责消息通讯（继承了 Heartbeat 正统名称），有些负责服务代理（Resource Agent），其中负责集群资源管理（Cluster Resource Manager）的模块独立后命名为 Pacemaker，用来配置/管理集群中的资源。功能抽象，模块解耦，从软件开发的角度可以理解，只是这么分完之后，部署就要复杂一些了，优点在于更灵活，用户可以根据需求选择自己要想的模块，而不用像原来那样，甭管用不用的上，Heartbeat 都只提供打包过的一览子解决方案。

Pacemaker 属于典型的执行者，一方面遇到什么情况执行什么样的操作，需要预先给它明确好（配置的过程），另一方面还得有人及时告诉他，当前是什么情况（心跳检测及消息同步）。原本这个工作是由 Heartbeat 来做（我是指 V3 版本后的 Heartbeat 子项目），但并不只有 Heartbeat 有这个本领，在开源领域有不少软件也是做这个的，其中就包括 Corosync 软件，后来在实际使用过程中大家发现 Corosync 部署更简单，于是，慢慢 Pacemaker 就和 Corosync 走到了一起。

Pacemaker 和 Corosync 复合应用，提供一个集群层，位于 MySQL 服务和主机操作系统之间。Corosync 在节点间提供了一套底层实现，它会告诉 Pacemaker 当前集群中各节点的状态，便于 Pacemaker 针对节点状态的变更执行对应的操作。Pacemaker 用于启动或停止服务，确保应用服务只在其中一个节点上运行，比如 MySQL 数据库服务。如果当前节点中的 MySQL 服务出现问题（收到 Corosync 的通知），那么它就会在另一个节点上启动 MySQL 服务，以此来保证 MySQL 服务的可用性，

组合应用 DRBD+Pacemaker+Corosync 的系统架构如图 15-11 所示。

Pacemaker 核心进程并不关注应用层服务的处理逻辑，而是提供一套通用的代理接口，让服务自己决定该进行什么操作，我们只需配置 Pacemaker 在什么情况下，调用哪个服务接口就好了。

比如说，图 15-11 这套高可用环境中，就是由 DRBD、MySQL 和 VIP 三个接口共同配合 Pacemaker，保障服务高可用。VIP 提供用户唯一连接地址，MySQL 用来响应用户请求，而 MySQL 中的数据则保存在 DRBD 中，由 DRBD 保持数据块在两个节点间的同步。当 Active 的节点出现故障时，Pacemaker 就会按照预定配置，启动 Standby 节点中的 MySQL 服务，并将 VIP 飘移至该节点，使得 MySQL 服务保持可用的状态。

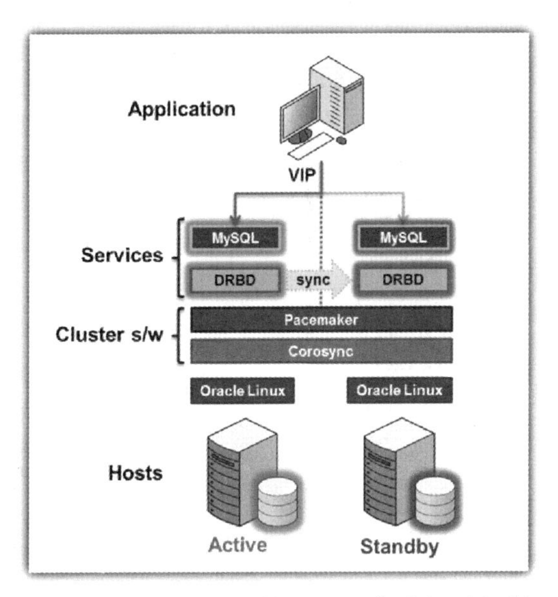

图 15-11 基于 DRBD 的 MySQL 集群高可用环境

这套集群方案与 MySQL 的复制特性组合应用，效果就更出众了，通过众多 Slaves 节点提供只读查询，在保障 MySQL 服务可用性的基础上，还能够有效提高其伸缩性能。系统架构可设计成如图 15-12 所示。

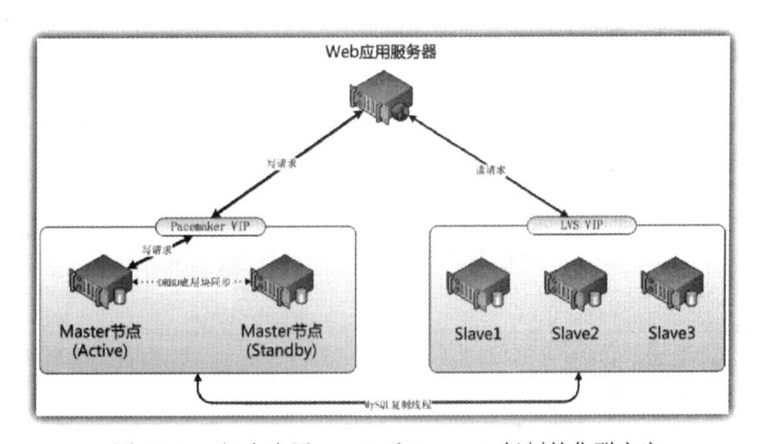

图 15-12 组合应用 DRBD 和 MySQL 复制的集群方案

相比前面章节中提到的基于双主高可用的复制架构，本套方案的缺点很鲜明，首先 DRBD（包括 Pacemaker 和 Corosync）支持的平台有限这一点就不着重强调了，大家要认识到 DRBD 这种 Active+Standby 的架构，相当于要浪费一半的资源。

不过优点也同样闪亮的哟。Master 节点尽管有两台，但它们之间是基于 DRBD 实现的物理同步，因此 Master 节点执行故障切换，对于 Slave 来说完全透明，Slave 服务器不需要做什么改主（CHANGE MASTER）之类操作，即可无缝连接到新的 Master 节点。相比双主高可用的故障切换，Slave 节点成片成片处于无主状态，DRBD 这种物理机制的解决方案还真是很有优势呢。还在等什么，感兴趣的朋友赶紧动手去试试吧。

15.5 官方集群正统 MySQL Cluster

基于 MySQL 复制搭建的主从多节点数据库环境，被称为 MySQL 集群，一度曾非常流行，对于刚刚开始学习 MySQL 数据库软件（甚至刚开始接触数据库）的朋友们来说，之前对于集群环境接触的少，叫法不专业也可以理解，不过看过本章后，朋友们就不要再那么称呼 MySQL 复制了，那个真不叫 MySQL 集群，最起码名不正。MySQL 数据库中被官方命名为“集群”的另有它人，它就是“MySQL Cluster”，MySQL 原生提供的分布式数据库系统。

我既没拼错，您也没看错，官方命名就叫“MySQL Cluster”，名字就体现着“集群”的正统。初次接触同学想必有些惊讶，这个东西什么地干活，怎么从来都没听过斯密达。这个嘛，可能同学们不记得了，其实我们在前面小节中曾经提到过它，只是那时候我们称呼的是它的小名：NDB。曾经它只是一款存储引擎，那时它年纪尚幼，能力也弱，不成气候。不过，从今天开始，我们就不再叫它 NDB，而开始称呼它 MySQL Cluster。这当然不是我个人的想法，事实上，从 MySQL 5.6 版本开始，服务端的二进制安装包中默认就不包含 NDBCLUSTER 存储引擎了，这个信号已经相当明显。如今看来，MySQL Cluster 不能再被视为 MySQL 数据库中的一项特性，而是作为独立的软件，昔日幼子即将成年，要闯出自己的一片天了。

15.5.1 Cluster 体系结构概述

通常我们谈到分布式数据库，对数据的处理概括起来有两种：

- Shared-everything：数据共享存储，Oracle RAC 就是其中较为知名的代表。

> **提 示**
>
> 从严格意义上来讲，Oracle RAC 倒也不能算是完全的 Shared-everything，它只是将数据共享，毕竟各节点实例中的数据仍然是独有的。

- Shared-nothing：数据不共享，每个节点上都拥有所有数据，数据读写请求直接在被访问节点的本地处理，不需要请求共享存储，也没有共享存储。

MySQL Cluster 就是一套 Shared-nothing 的分布式数据库系统，具备极强的伸缩性和高可用性，是其架构设计方面的显著优点。同时，因为原生就实现了节点间的冗余保护，因此运行 Cluster 各类进程的节点，可以是较为廉价的普通服务器（坏了也没关系），成本也能有一定降低。

跟 MySQL 复制特性相同，MySQL Cluster 也是由多个节点组成，不过这几乎就是它们唯一的相同点了。从架构设计的角度来看，MySQL Cluster 在功能设计时，就已经考虑到冗余和高可用，因此基于它很轻松就可以搭建出一套无单点的集群环境。

一套 MySQL Cluster 环境中包括一系列计算机，每台计算机上都运行一个或多个进程。它们包括：MySQL 服务端（用于访问 NDB 数据）、Data 节点（用来存储数据）、管理服务（用于管理集群服务器），以及其他相关的数据存取程序。

MySQL Cluster 的体系结构如图 15-13 所示。

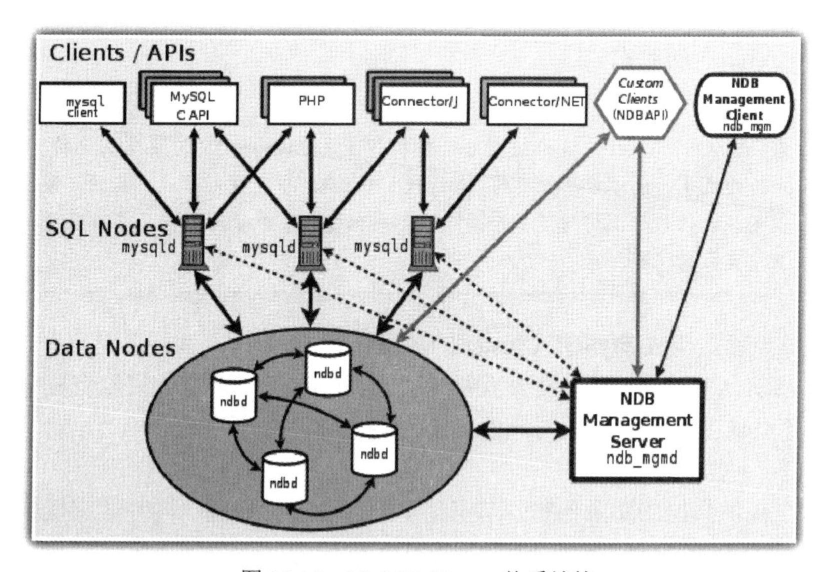

图 15-13　MySQL Cluster 体系结构

正如图中展示的那样，数据是通过运行在 Data 节点的 NDB 存储引擎保存，表对象（以及表中数据）被持久化保存在 Data 节点，要访问这些表对象，可以通过集群环境中的任意 MySQL 服务端，再加上用于管理集群的服务，共同组合成一套 MySQL Cluster 环境。

注意了，在 MySQL Cluster 中，我们前面提到的这些进程不叫进程，而是被称为**节点**。概括起来的话，MySQL Cluster 环境包括三类节点：

- 管理节点（Management node）：即前面提到的管理服务。它是用来管理 MySQL Cluster 中其他节点的节点，比如说提供配置数据、开始或停止节点、执行备份任务等。因为是由它来管理其他节点，因此这个节点必须首先启动。管理节点通过命令行工具 ndb_mgmd 启动。
- Data 节点（Data node）：用来保存 Cluster 中的数据。Data 节点的数量通常应该等于副本数量乘以数据分片（Fragment）的数量。副本用来提供对数据的冗余保护，对于有高可用要求的环境来说，每份数据至少应该拥有 2 份副本，这样安全性才有保障。Data 节点通过命令行工具 ndbd 启动。

- SQL 节点（SQL node）：用于为客户端提供读取 Cluster 中数据的服务。这个 SQL 节点，大家可以把它看作是使用 NDBCLUSTER 引擎的 MySQL 数据库服务（指定了--ndbcluster 和--ndb-connectstring 参数），这是一个比较特殊的 API 节点。这里还得多说几句，尽管 MySQL Cluster 环境中的 SQL 节点也使用名为 mysqld 的应用程序启动服务，不过要注意哟，它与标准的 MySQL 发行版中的 mysqld 还是有所不同，这是一种专用的 mysqld 进程，与 MySQL 标准发行版并不能通用。此外，就算使用的是 Cluster 专用的 mysqld 进程，只要它没有连接到 MySQL Cluster 管理服务端（即图 15-13 所示的 ndb_mgmd 进程），那也就无法通过 NDB 引擎读写 Cluster 中的数据。

> 提 示
>
> 务必注意，MySQL Cluster 中各个组成部分在本小节中均被称为节点，这里需要特别说明的是，通常提到节点指的就是一台计算机，不过在 MySQL Cluster 中所说的节点，指的是某类进程，如果后面我们提到某台计算机上运行了多个节点，不要犯迷糊。对于运行着多个节点的计算机，在 Cluster 里会把它称之为主机。

这三类节点就是构成 MySQL Cluster 的关键角色了。注意，我说的是三类，不是三个！配置一套 MySQL Cluster 环境，最少需要有这三类节点，但不是说只能有三个节点，对于生产环境，各类角色的节点就如同韩信点兵，多多益善，尤其是 Data 节点和 SQL 节点，都是越多越好。

Data 节点提供数据的冗余保护，节点越多则冗余度就越高（同时数据操作的总内存空间也就越大）。保存在 Data 节点中的数据存在多份镜像的话，那么单个节点故障不会影响整个 Cluster 服务的正常运行，或造成数据丢失。SQL 节点用来响应应用层发起的请求，节点数越多，则同时能够接受的请求数就越多，并发处理能力就越强。若是一开始节点数不够多，后期运行过程中集群的处理能力遇到了瓶颈怎么办呢？没关系，增加新的节点到集群环境中就是了。从这几方面就可以看出，MySQL Cluster 从架构设计时就已考虑到高可用性、冗余保护、负载均衡以及伸缩扩展能力，因此单个节点随意重启甚至故障，都不会影响整个集群正常对外提供服务。

这么强大的软件，哪里才能下载到呢，有道是东奔西走，不如去官网瞅瞅。MySQL Cluster 社区版本软件下载地址见：http://dev.mysql.com/downloads/cluster/。

15.5.2 Cluster 安装与配置

安装一套 MySQL Cluster 非常简单，MySQL 提供了视窗界面的自动安装包，点点鼠标就可以完成整个环境的安装与部署。当然对于 Linux 环境来说，我们最为熟悉的 RPM 安装包及二进制安装包和源码编译安装几种方式依然提供。本例中我愿意挑选一种自由度最高的安装方式——源码编译安装（其实是因为我对此方式最为熟悉这种事儿我会拿出来说吗）。

虽说 MySQL Cluster 与 MySQL Server 已经分家，不过前者毕竟是脱胎自后者，那种神似是烙印在基因里的，接下来大家会发现，这一点在安装环节就体现的淋漓尽致。

设定环境如下，哎呀，由于是测试环境+资源有限，只好委屈 SQL 节点跟 Data 节点运行在同一台服务器喽（我个人觉着他们两类节点放在一起是非常合理的）：

- 管理节点：192.168.30.160
- Data 节点 1：192.168.30.161
- Data 节点 2：192.168.30.162
- SQL 节点 1：192.168.30.161
- SQL 节点 2：192.168.30.162

目标已经明确，下面进入安装和配置环节。首先下载指定版本的 mysql-cluster 安装包，这里我选择的源码安装包：

```
# wget http://dev.mysql.com/get/Downloads/MySQL-Cluster-7.3/mysql-cluster-gpl-7.3.3.tar.gz
```

解压及安装步骤与安装 MySQL Server 几乎完全相同，操作步骤如下：

```
# tar xvfz mysql-cluster-gpl-7.3.3.tar.gz
# cd mysql-cluster-gpl-7.3.3
# cmake . -DCMAKE_INSTALL_PREFIX=/usr/local/mysql \
 -DDEFAULT_CHARSET=utf8 \
 -DDEFAULT_COLLATION=utf8_general_ci \
 -DWITH_NDB_JAVA=OFF \
 -DWITH_FEDERATED_STORAGE_ENGINE=1 \
 -DWITH_NDBCLUSTER_STORAGE_ENGINE=1 \
 -DCOMPILATION_COMMENT='JSS for MysqlCluster' \
 -DWITH_READLINE=ON \
 -DSYSCONFDIR=/data/mysqldata/3306 \
 -DMYSQL_UNIX_ADDR=/data/mysqldata/3306/mysql.sock
# make && make install
```

操作步骤与安装 MySQL Server 几乎一模一样有没有，只是在编译配置时额外指定了两个新的参数（外加去除了一些不会使用的存储引擎参数）：

- WITH_NDB_JAVA：启用对 Java 的支持，这个参数是从 Cluster 7.2.9 版本开始引入的，默认就是启用状态，如果您需要启用对 Java 的支持，除了启用本参数，还需要附加 WITH_CLASSPATH 参数指定 JDK 类路径。不过在本套测试环境中，各服务器均未安装 JDK，因此我们这里选择禁用它。
- WITH_NDBCLUSTER_STORAGE_ENGINE：这个参数就不用多做解释了吧，NDBCLUSTER 引擎是本节主角，必须得有，没它不行，事实上，从 7.3 版本开始，Cluster 源码安装包中该选项默认就是启用状态。

如果前面的操作没有碰到错误的话，源码编译方式安装 MySQL Cluster 就成功了。接下来还要对编译好的 Cluster 软件做些初始化工作，以便我们能够更方便的调用，比如授予目录权限、修改环境变量等。

首先修改 Cluster 软件所在目录的拥有者为 mysql 用户，执行命令如下：

```
# chown -R mysql:mysql /usr/local/mysql
```

修改 mysql 用户环境变量，编辑.bash_profile 文件：

```
# vi /home/mysql/.bash_profile
```

在该文件的最后增加下面的内容：

```
export PATH=/usr/local/mysql/bin:$PATH
```

这样 mysql 用户就可在任意路径下，轻松调用 Cluster 服务相关的命令行工具了。

> **提 示**
>
> 上面所做操作，在三台服务器都要执行的哟。当然，如果各服务器的软硬件环境一致，也可以选择只在其中某一台服务器编译安装。之后，将编译好的软件整个目录打包复制到其他服务器，直接解压使用，可以节省编译的时间。

安装完成后，接下来就可以进入到配置环节。正如前面提到过的，MySQL Cluster 环境包括三类节点，这三类节点在配置时也需要区别对待，我们首先来配置管理节点。登录到 192.168.30.160 服务器。

> **提 示**
>
> 以下操作如非特别说明，均是在 mysql 用户下执行。

管理节点通过一个名为 config.ini 的文件，确定当前集群拥有多少个 Data 节点和 SQL 节点，数据保存在磁盘的什么位置，能够为数据和索引分配多少内存空间等。

创建该文件：

```
$ mkdir /data/mysql-cluster
$ vim /data/mysql-cluster/config.ini
```

增加下列内容：

```
[ndbd default]
NoOfReplicas=2          #指定冗余数量，建议该值不低于 2，否则数据就无冗余保护；
DataMemory=200M         #指定为数据分配的内存空间（测试环境，参数值偏小）；
IndexMemory=30M         #指定为索引分配的内存空间（测试环境，参数值偏小）；

[ndb_mgmd]
#指定管理节点选项
hostname=192.168.30.160
datadir=/data/mysql-cluster/

[ndbd]
#指定 Data 节点选项
hostname=192.168.30.161
datadir=/data/mysql-cluster/data

[ndbd]
#指定 Data 节点选项
hostname=192.168.30.162
datadir=/data/mysql-cluster/data
```

```
[mysqld]
#指定 SQL 节点选项
hostname=192.168.30.161

[mysqld]
#指定 SQL 节点选项
hostname=192.168.30.162
```

保存退出，稍后启动管理节点时，就需要用到这个文件了。接下来轮到 Data 节点和 SQL 节点，由于这两个节点在同一台服务器，正好一块配置。其实也没有什么可配置的，对于 SQL 节点来说，可以将之视为传统的 MySQL Server，该如何配置大家应该熟悉的很，毕竟都讲了十多章，因此 SQL 节点的基础配置部分就先跳过。那么 Data 节点呢，不外乎根据管理节点中配置文件的参数，创建好目录，并在 my.cnf 中指定少数几个参数即可，下面实际演示。

以下操作需要在 192.168.30.161 和 192.168.30.162 两台服务器上执行，我们首先按照标准方式创建数据库，有不熟悉如何建库的朋友，可以参考本书 3.2.1 节中的内容。

创建好数据库之前，接下来我们需要编辑 my.cnf 文件：

```
$ vim /data/mysqldata/3306/my.cnf
```

在[mysqld]区块中增加一行，启用 ndbcluster 存储引擎，内容如下：

```
[mysqld]
ndbcluster
```

同时还需要再增加一个区块，指定 MySQL Cluster 专用参数，内容如下：

```
[mysql_cluster]
ndb-connectstring=192.168.30.160
```

这里只定义了一个参数：ndb-connectstring，该参数用于指定管理节点的地址。注意哟，指定 ndbcluster 和 ndb-connectstring 两参数并启动 MySQL Server 之后，集群不启动是无法执行 CREATE TABLE 或 ALTER TABLE 语句的。

下面创建/data/mysql-cluster/data 目录：

```
$ mkdir /data/mysql-cluster/data
```

配置工作至此全部完成。然后可以启动 MySQL Cluster 了，启动 Cluster 中各节点的顺序，正是我们前面配置节点时的顺序。

先是启动管理节点的后台服务，切换至 192.168.30.160 服务器，执行 ndb_mgmd 命令，附加我们之前创建的配置文件，如下：

```
$ ndb_mgmd -f /data/mysql-cluster/config.ini
```

只要环境没有问题，ndb_mgmd 命令执行遇到错误的几率较低。这样管理节点就算启动成功了，那么怎么查看集群环境中的状态呢，在管理节点还有个专用的管理命令行工具，即 ndb_mgm 命令，直接执行该命令，即可进入到专用的命令行界面，如下：

```
$ ndb_mgm
-- NDB Cluster -- Management Client --
```

进入之后，执行 SHOW 命令，可以查询当前集群状态(执行 HELP 可以查看所有命令)：

```
ndb_mgm> show
Connected to Management Server at: localhost:1186
```

```
Cluster Configuration
---------------------
[ndbd (NDB)]     2 node (s)
id=2  (not connected, accepting connect from 192.168.30.161)
id=3  (not connected, accepting connect from 192.168.30.162)

[ndb_mgmd (MGM)] 1 node (s)
id=1    @192.168.30.160   (mysql-5.6.14 ndb-7.3.3)

[mysqld (API)]   2 node (s)
id=4  (not connected, accepting connect from 192.168.30.161)
id=5  (not connected, accepting connect from 192.168.30.162)
```

如上所示，当前的集群环境共拥有 5 个节点，目前看起来，Data 节点（即 ndbd 进程）和 SQL 节点（即 mysqld 进程）都未连接，这是因为那两类节点的服务还没有启动，接下来就轮到启动它们了。

切换到 192.168.30.161 或 192.168.30.162 服务器，启动 Data 节点，其实进程名前面都已经告诉我们了，执行命令如下：

```
$ ndbd --initial
```

注意哟，Data 节点第一次启动时，执行 ndbd 命令需要附加--initial 参数，以后再执行该命令时，就不需要再附加该参数，否则会清空本地数据，若所有的 Data 节点启动时都附加了--initial 参数，那么就相当于清空整个集群的数据。

接下来再启动 SQL 节点，这个大家应该很熟悉了，就是标准的启动 MySQL 数据库的操作，执行命令如下：

```
$ mysqld_safe --defaults-file=/data/mysqldata/3306/my.cnf &
```

然后再回过头来查看管理节点状态，就能看到变化了：

```
ndb_mgm> show
Cluster Configuration
---------------------
[ndbd (NDB)]     2 node (s)
id=2    @192.168.30.161   (mysql-5.6.14 ndb-7.3.3, Nodegroup: 0, *)
id=3    @192.168.30.162   (mysql-5.6.14 ndb-7.3.3, Nodegroup: 0)

[ndb_mgmd (MGM)] 1 node (s)
id=1    @192.168.30.160   (mysql-5.6.14 ndb-7.3.3)

[mysqld (API)]   2 node (s)
id=4    @192.168.30.161   (mysql-5.6.14 ndb-7.3.3)
id=5    @192.168.30.162   (mysql-5.6.14 ndb-7.3.3)
```

至此，Cluster 就已成功启动，停止也很简单，SQL 节点直接通过传统的 mysqladmin shutdown 即可关闭，至于管理节点和 Data 节点，可以通过 ndb_mgm 命令行模式中的 shutdown 子命令进行关闭。

15.5.3 Cluster 应用初体验

MySQL Cluster 环境已经顺利启动，不过该怎么使用它呢？对于最终用户来说，大部

分情况下都是通过 SQL 节点连接到 Cluster 环境执行操作（Cluster 自身提供的一些命令行工具，以及 API 可以不用通过 SQL 节点），连接到 SQL 节点后，其使用与操作普通的 MySQL Server 没啥区别。您比如说，我建表：

```
NodeId4> use test;
Database changed
NodeId4> create table n1 (id int not null auto_increment primary key,v1 varchar(20)) engine=ndb;
Query OK, 0 rows affected (0.77 sec)
```

建表还是有点点区别，需要通过 engine 选项指定要创建的是 NDB 类型表。正常的 DML 操作就没啥区别了，再比如我插入记录：

```
NodeId4> insert into n1 values (null,'a');
Query OK, 1 row affected (0.01 sec)
```

这边插入的记录，另外的节点上马上就能查询到：

```
NodeId5> select * from test.n1;
+------+------+
| id   | v1   |
+------+------+
|    1 | a    |
+------+------+
1 row in set (0.00 sec)
```

看起来还不错，不过就目前这些表象来看，跟主从复制环境貌似较为相似，接下来我们尝试几个主从环境做不到的。在 NodeId5 节点执行插入：

```
NodeId5> insert into test.n1 values (null,'b');
Query OK, 1 row affected (0.00 sec)
```

NodeId4 节点查询：

```
NodeId4> select * from test.n1;
+----+------+
| id | v1   |
+----+------+
|  1 | a    |
|  2 | b    |
+----+------+
2 rows in set (0.00 sec)
```

哎呀，数据居然也在，从这方面来看的话，已经可以匹敌 Dual-Master（双主）架构的复制环境。那么高可用能力又如何呢，宕个节点来实际检验一下就知道了。例如，关闭 NodeId5 对应的 SQL 节点：

```
$ mysqladmin shutdown
```

然后在 NodeId4 节点继续执行插入：

```
NodeId4> insert into test.n1 values (null,'c');
Query OK, 1 row affected (0.00 sec)
```

看起来操作未受到任何影响，那么再将 NodeId5 对应的 SQL 节点启动起来看看吧：

```
$ mysqld_safe --defaults-file=/data/mysqldata/3306/my.cnf &
```

检查下数据：

```
NodeId5> select * from test.n1;
+----+------+
| id | v1   |
```

```
+----+------+
|  1 | a    |
|  2 | b    |
|  3 | c    |
+----+------+
3 rows in set (0.01 sec)
```

从结果来看，性能暂且不说，起码功能看起来还是挺强大的。Cluster 环境中的 SQL 节点，也同样可以结合 LVS 提供 VIP，路由到 SQL 节点，来提供应用层连接的高可用性和负载均衡。至于 Cluster 环境本身，若想扩展，向其中加入 Data 节点或 SQL 节点也并不复杂，碍于篇幅和本章主题，这里不引申多做介绍，不过真的都很简单。

听起来 MySQL Cluster 相当的 NB，那为啥基于 Cluster 的数据库环境并不常见呐！这个嘛，有一项关键特点之前没来的及告诉大家，MySQL Cluster 中要操作的表数据全部都要在内存里（数据当然是持久化在磁盘中的，但要进行读写操作的数据必须被加载到内存中，不是传统数据库中所谓最热数据在内存中，而是所有数据都要在内存里）。也就是说，所有 NDB 节点的内存大小，基本就决定了 NDBCLUSTER 能够承载的数据库规模。在最新的 NDBCLUSTER 版本中，非索引列数据可以保存在磁盘上，不过索引数据必须被加载到内存中，这也是我们称之为内存数据库的原因。

尽管常规理解，内存中操作数据的效率应当远超磁盘，但在之前版本（7.2 版本之前）里，NDBCLUSTER 在性能方面表现不够给力。当然，性能只是其中一个原因，何况随着版本的提升，MySQL Cluster 也在不断提升性能。就我看来，Cluster 能否流行，最大的挑战在于开发、运维及 DBA 对于 MySQL Cluster 是否足够熟悉，是否能够最大化发挥出其潜力。

换个更直白的说法，就是好的东西只是基础，能不能用好才是关键。尽管前端应用层连接 MySQL Cluster 执行读写操作时，使用的仍然是标准 SQL 语法，传统的 MySQL Server 中的若干经验（尤其是与性能优化相关的思路）在 Cluster 环境也可应用，但是，这毕竟已是两个软件，从之前列出的逻辑结构图大家也能看出，其内部差异相当巨大。MySQL Cluster 是一套分布式的数据库系统，数据库层优化的重要程度自不必说，与此同时集群环境中各节点之间的配置优化以及网络环境的相关优化也同样关键，比如说各个 NDB 节点中内存参数的配置就决定了数据库规模，各节点之间网络条件如何，某个角度讲也就决定了数据库性能的极限能力。

MySQL Cluster 所拥有的较大优势之一，就是集群具备极大的伸缩能力，内存有瓶颈、空间有瓶颈、处理能力有瓶颈，没关系，加一批节点上去，各方面能力自然就得到相应增强。不过，优越的伸缩性并不代表就能万事无忧，因为目前 Cluster 环境总的节点数量并不是无限（在 7.3 版本中，各种节点角色累计最多不能超过 255 个），更何况，扩展到一定程度后，也许节点数量还未达瓶颈，外部的硬件或网络条件已经难以支撑了。

所以，我的看法是，软件设计的很出色，功能很强大，逻辑很复杂，配置项很多（官方文档中相关描述都好几百页），关键就看技术人员能否应用好它，同学，体现您的功力和价值的时候又到了。

15.6　继续扩展数据库服务

随着咱们的架构越来越完善（或者说复杂），大家想必也欣喜地发现，要管理的数据库实例变多了，其实当前这个规模根本就算不了什么，我可以负责任地断言，未来还将越来越多，因为架构必然是会不断演进的。准备死心塌地守着自己的一主多从过日子的同学，读到这里基本上就不用继续往下看了，不过若是碰上好奇心犹存并且问号特别多的朋友，那您就走过路过不要错过了。

在前面的章节中，介绍了多种高可用解决方案，我们并不能给出哪种解决方案是最好的结论，因为它们各有各的适用场景；我们甚至都不能说哪种是最合适的，因为总有更优的方案可供选择，本书前面小节中提到的若干也不过是传统解决方案中较常见的一部分。传统的不一定是主流的，非传统的也不一定就是非主流。MySQL 翱翔在开源软件的天空，各类第三方解决方案层出不穷，对于用户来说当然是福音，这意味着各种场景、各类需求几乎都能找到解决方案。我本想在后面小节中继续为大家介绍更多的、不同操作思路的、应对不同需求场景的、软件层面的解决方案，比如同样通过自身机制实现高可用的 MMM、Galera Cluster，又或者通过调度读写请求实现高可用的 MySQL Proxy、Amoeba 等（本章介绍过的以及提到的仅为抛砖引玉，建议大家尝试自己研究下这类方案，也可以通过互联网搜索其他类型的解决方案，传说集齐 7 套方案，就能变身高手了呢）；不过我随后又想到，咱们不能指望软件帮我们解决所有问题，何况目前来看这也不太可能，所以，熟悉这类方案是基础，用好这类方案则更为关键，在这方面，我有些一家之言。

现如今我们的集群环境业已初具规模，但我们追求的不仅是数量，更要有质量。前面学到的内容如果能够合理利用，足以应对绝大多数的应用场景。不过，别急着骄傲哟，现在才不过刚刚起步。即便部署主从或双主复制环境，使用了 MySQL Cluster，还懂得应用一系列第三方软件以提高伸缩和扩展能力，但是，它们并不能解决所有的问题。这其中最关键的因素是，不管采用何种高可用方案进行扩展，终会遇到数据库规模超出集群的承载能力（尤其是写入操作），当集群扩无可扩之时什么方案都是白搭。

我们之前所介绍的“可扩展性”、“高可用性”方面的相关特性，其实重心始终都聚焦在单套数据库环境，遇上单套数据库环境也达到瓶颈时，又该怎么办呢？有些同学可能在想，前面章节中提供的几套方案，不都具备伸缩扩展性的嘛。确实具备，不过，正如之前提到的那样，每一种方案都有其最佳应用场景，但没有万能的方案。

比如说前面提到的双主高可用方案，在这套环境中 Master 节点只有两个，Slave 节点确实可以多个（其实也有极限），在查询类请求较多的场景，如果处理时遇到瓶颈，可以通过增加 Slave 节点的方式，来增强对查询类请求的处理能力，不过，若遇上写入请求较多，Master 节点却很难再扩展，而且实际上增加 Slave 节点本身，也会对 Master 节点的负载造成影响，想想也能明白，有那么多 Slave 节点都找它要二进制日志，Master 节点也有可能

发不过来。

还有些场景下，写入请求倒是不多，尚不足以成为瓶颈，查询请求更不多，但由于数据库中的数据规模达到一定量级，单表的查询性能在SQL层面已难再有优化余地，单节点的数据库服务器处理能力成为瓶颈。比如说，用户随随便便一条查询请求，可能就会涉及到几千万记录的检索，这种情况下，单纯扩展节点也解决不了问题。

针对这些情况，该怎么处理才好呢？当前所面临的问题，我们可以归结为，数据规模超出当前数据库服务器的处理能力。应对这种情况，其实没有太多选择，最有效也最常见的处理方式，就是“数据拆分”，用专业词汇描述叫“Sharding”。这个词听起来高深无比，不过其实很容易理解，它所代表的意思就是要把一个大的“变成”多个小的，把原来访问一台服务器的变成访问多台服务器，变的这个过程，就是所谓的“拆分（Sharding）”。

15.6.1 该拆分时要拆分

执行数据拆分需要从多个方面去考虑，首先是拆分的类型，通常我们将之分为两种类型：垂直拆分和水平拆分；其次是要考虑拆分所基于的维度，一般分为两种：基于业务维度执行拆分或基于数据维度执行拆分；最后是具体执行的策略，或者说拆分的粒度，通常也分为两种：分库及分表。前面提到的这多种思路有些是纯粹的理论概念（比如拆分的维度），当然也有些是具体执行的方法（如分库及分表），不过实际应用中不会分的那么清楚，哪种有效用哪种，甚至会是多种思路混合应用。

1. 垂直拆分

垂直拆分通常对应基于业务维度进行的拆分。之所以这样操作，是由于这种拆分方式从逻辑上看起来最为清晰。比如说我们拥有的用户系统、商品系统、订单系统等，一系列业务系统均由同一套数据库服务器提供支撑，该实例满负荷运行都已捉襟见肘，那么我们就可以考虑将占用资源最多的商品系统迁移至一套新的数据库服务器中，以分担负载。

原来的一套数据库，基于业务维度执行垂直拆分后变成两套，拓扑结构如图 15-14 所示。

由一变二，拆分为两套数据库环境。在我们这个图例中，新迁移出来的商品系统也部署了主从复制环境，这一方面当然是为了服务高可用的缘故，另外也是考虑到商品系统正因为较占资源才被迁移，那么新搭建的数据库服务为了能够支撑这套环境，所以也部署了主从复制环境，以便能够通过读写分离的方式，降低负载，提高响应效率，使得迁移之后系统的整体处理性能确实得到明显提升。

当然，从节省资源（以及降低迁移难度）的角度考虑，也可以考虑选择“反向迁移”，以本小节提到的场景为例，可以将占用资源不那么出众的用户系统和订单系统等，迁移至新搭建的 MySQL 服务，考虑到这类服务本身占用资源有限，那么新搭建的 MySQL 集群规模就可以根据实际情况适当缩减。

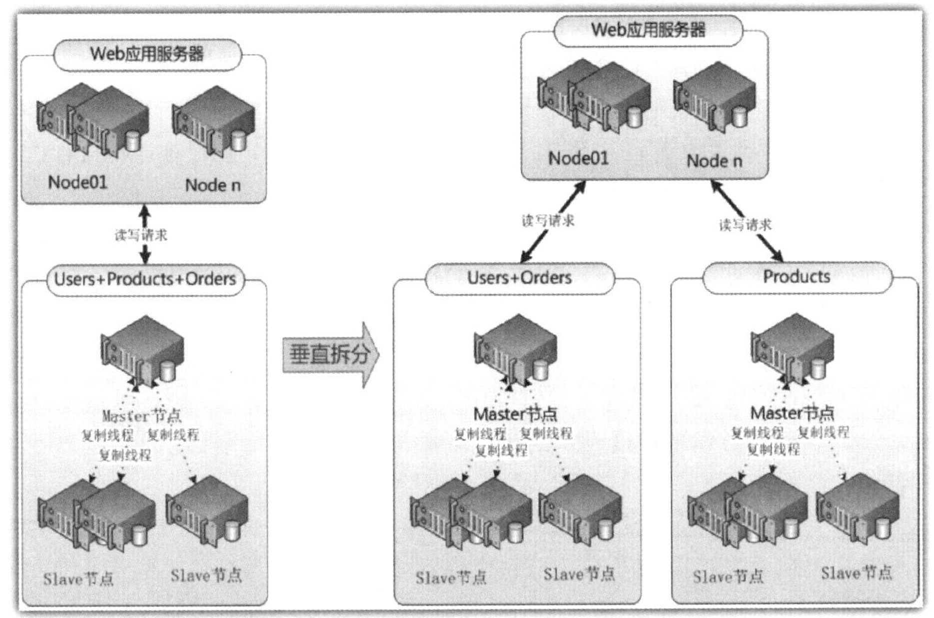

图 15-14　垂直拆分

从操作的角度来看，垂直拆分也可以对应为分库操作。比如原有业务对象都保存在同一个名为 jss 的数据库中，我们就可以考虑基于业务类型，先将属于不同业务的表对象，拆分到其对应的数据库下。分了库之后，更有利于对象的管理和迁移，这样当我们后期遇到数据库服务难以支撑，想执行基于业务的垂直拆分时，只要将指定的数据库迁移到其他服务器中就可以了。

垂直拆分操作步骤简单，不过也得讲究对症下药，效果才能显著。如果业务层之间耦合度很低的话，应用层的改造也比较简单，只要新增相应的数据源，配置好其从不同数据库服务中读取数据就可以了。如果对象与对象之间的关系强耦合，那么垂直拆分后恐怕就痛苦了，不仅解决不了问题，反而会带来新的更严重的问题。

以本节提到的场景为例，若浏览订单时，需要关联商品系统中的相关表对象，以获取与商品有关的信息，在进行垂直拆分之前，直接通过多表关联（不得不提醒大家，SQL 语句中的表关联操作，也是影响 SQL 执行效率的重要因素哟）就能够获取足够的信息，拆分之后，由于相关表对象不在同一个 MySQL 实例，则难以执行 JOIN 操作喽。

提 示

大家注意，跨实例执行 JOIN 操作是可行的，我们在之前章节中介绍过这方面的内容，所以我这里说的是“难以”，没说“不行”，大家要正确理解这其中的差异哟。另外，话说大家还记得如何进行跨实例的 JOIN 吗？无印象的朋友翻回到 7.2.6 节再去看看吧。

此外，还要认识到，垂直拆分由于粒度过粗，扩展性还是较受限制的。对于大型系统，可能很快就会发现拆无可拆。比如说某个业务系统拆分后，由于访问太过频繁，整体负载仍然较高，又或者某表对象中已存储超数千万的记录，当涉及到该表的增/删/改/查等操作时，执行效率均不甚理想，并且从SQL层面或表对象索引层面，业已很难再进行优化，针对这类情况，垂直拆分就难以处理了，需要考虑其他方案。

2. 水平拆分

有些朋友所在企业的业务发展的太好，数据规模迅速飙升，垂直拆分完没过多久服务器表示又顶不住了，如果条件允许，我们当然可以选择继续垂直拆分。不过垂直拆分粒度毕竟较粗，哪怕将不同的表对象分别转移到不同的服务器（这也太夸张了，实际上哪个系统都不会这样做），可当遇上数据库中的单个表对象体量太大时，垂直拆分也会力不从心，这时候需要考虑把粒度设定的更细，执行水平拆分，用接地气的词汇形容，就是要分表。

对于没有接触过水平拆分的朋友，可能还不知道具体是怎么个拆法，只是听名字仿佛很有技术含量的样子，其实这种拆分方式倒也很容易理解，我们不妨转换到业务维度来看，通过具体的示例作为参考。仍以前面小节中提到的场景为例，商品系统被拆分出来后仍然负载较高，通过对系统的全面分析，我们注意到商品系统中热点产品主要集中在“3C数码产品领域和食品领域”，这类产品涉及的业务占用了大概一半左右的系统资源，那么，我们可以考虑按照产品类型对商品系统进行水平拆分。

具体操作方式，先基于当前的商品系统复制出一套全新的数据库环境，这套数据库环境中的表对象结构等均与原数据库环境一模一样，那么，它与先前的数据库系统到底有啥区别呢？外表若看不出差异，那就需要关注内在，这套新数据库环境，专门用来存储“3C数码产品领域和食品领域”的商品。拆分后系统架构如图15-15所示。

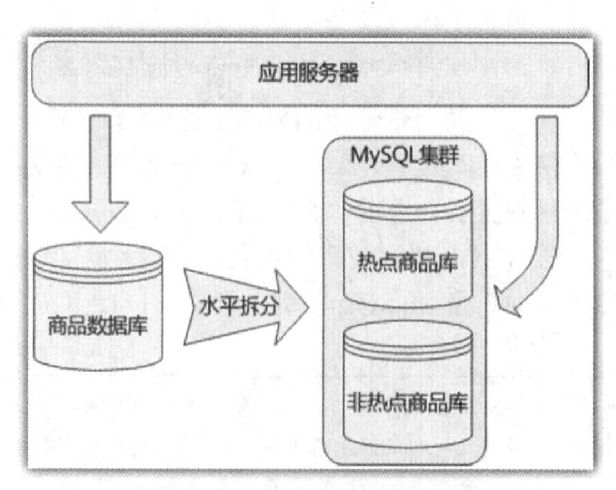

图15-15　基于业务逻辑的水平拆分

也就是说，现如今商品系统变为两套数据库，结构一模一样，但存储的（业务）数据

不同，换种说法就是我们基于业务特点，将表中的一部分记录拆分到（其他数据库的）其他表对象中保存，这种拆分方式，就是（基于业务维度）水平拆分。

与垂直拆分不同的是，水平拆分尽管技术含量称不上高深，不过各类技巧很多，经验很重要。对于水平拆分，除了基于业务维度执行拆分，还可以考虑选择基于数据维度进行拆分。从应用场景来看，基于业务维度拆分就不说了，拆分方案肯定会多种多样，具体如何应用与业务实际情况强耦合，实在难以一一列举。相比之下，基于数据进行拆分反倒更简单一些，通常来讲，常用到的也就那么两三种，而且某些场景会优先选择基于数据维度执行拆分。

比如说，当前我们总的用户基数已经不低，随着企业的发展，用户数的增长势头不减，老板看到后当然乐在眉梢、喜在心头，不过若无未雨绸缪提前应对数据量增长，DBA 很快就要头痛了，大家都知道，对于读写频繁的表对象来说，当单表记录数达到一定量级后，SQL 语句的执行性能必然下降。对于像存储用户基础信息的表对象，从业务角度很难进行拆分，毕竟我们拆分数据的目的，不仅仅只是腾挪一批数据到其他表对象，还得在有需要时，能够以较为方便的途径找到这些数据。对于用户表，不管以哪个业务维度进行拆分，后面执行增/删/改/查操作时都有大把槽点，不过，若基于数据维度进行水平拆分，那就又柳暗花明了。

通过数据维度执行水平拆分，要点在于选好拆分所基于的字段以及拆分策略。比如可以选择基于用户 ID 字段取模（也叫 HASH 或散列）的方式分区，以图 15-16 为例。

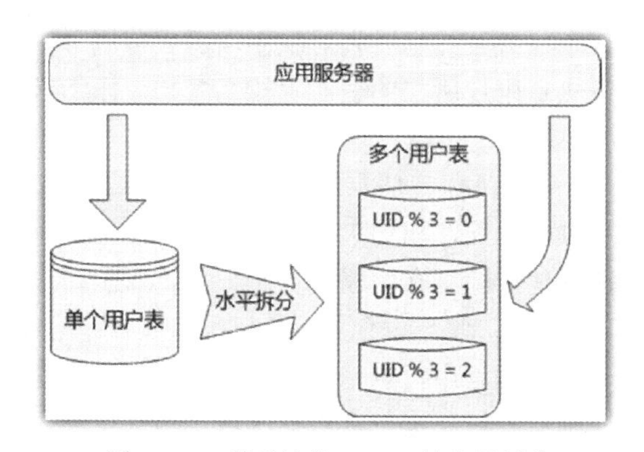

图 15-16 基于键值 HASH 的水平拆分

这里通过将用户 ID 与 3 取模，就可以将用户表一分为三，若 UID 中的字段值是自然增长并且分布均匀，那么拆分后的三个表中数据量也会比较均衡，每个表的记录行数仅约相当于原表的三分之一左右。假设我们拥有 1000 万的注册用户，那么拆分后每个表中就只有三百多万条记录，数据规模得到迅速下降。不过哈希方式分区无法控制拆分后小表中的记录数量，随着总数据量的不断增长，保不齐哪天小表也会变成大表。

若想控制拆分后表中数据量的话，可以考虑选择基于键值的范围来分区，仍以用户表

为例，拆分方式如图 15-17 所示。

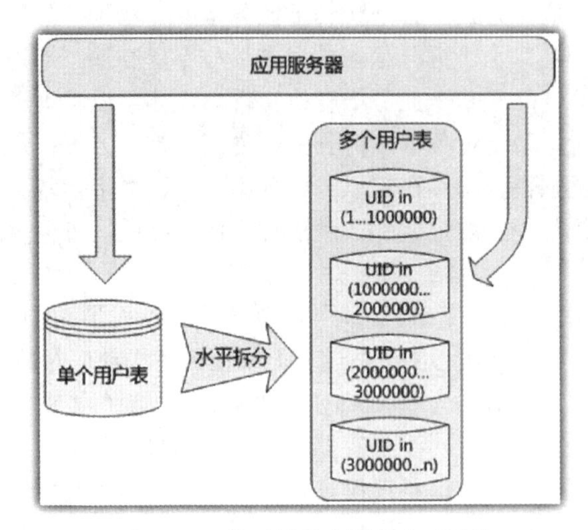

图 15-17　基于键值范围的水平拆分

我们基于 UID 字段值设定范围，为每个表对象指定其所存储的值的区间，通过这种方式,可以较为精确地控制拆分后每个表中最大拥有的数据量。而且这种方式相比哈希方式，扩展性也会更好，随着用户数的不断增长，DBA 只要及时创建好新的存储合适范围的表就可以了。不过这种方式带来的缺点也很明显，因为我们无法提前预知热点用户，若业务特点致使热点用户集中在某个（或某几个）表对象中，那么范围分区就没能实现分担负载的目的喽，这可能就会造成热点用户所在的表对象较为繁忙，压力较大，而非热点用户所在表对象几无访问。针对这种情况，DBA 可以选择针对热点用户所在表继续拆分（比如说再对该表 HASH 拆分），反正总的目标就是要使热点被分散开。

通过前面介绍的几种操作思路，相信大家也看起来了，水平拆分的粒度更细，可以精确到对记录进行拆分，还有些经验丰富的朋友更是一眼就看出，这个水平拆分不就是手动版的分区表嘛，事实也确是如此。

实际上表分区技术若能合理运用，也是很好的解决思路，操作简便效果显著，不过从灵活性方面来说，手动控制对表对象进行水平拆分后，拆分出的每个表都是独立的对象，如果需要，DBA 完全可以再基于这些对象进行水平拆分甚至垂直拆分，而表分区是否能够继续拆分，就得看所使用的数据库软件是否提供复合分区的支持了。

15.6.2　处理策略得想清

将单个数据库服务拆分为多个数据库服务，或将大表拆分成多个小表之后，由于数据规模下降了一个量级，对小表执行增/删/改/查等操作时，性能自然就会有所提升，这是其有利的一面，不过万事有利就有弊。

拆分之前，应用层不管要访问哪类数据，都只到固定的一套数据库中获取，现如今就有所不同，尤其是当选择基于数据维度执行拆分，依据拆分规则的不同，数据可能保存在不同的数据库服务中。处理同样的业务逻辑，却不得不到多套数据库环境中依次获取数据，若遇到我们前面提到过的，需要进行 JOIN 的多表，被分散到了多套不同的数据库服务，那实现这类需求就相当不便了。

注意这里我想提醒大家的是，分库后按原有逻辑需要多表 JOIN 的场景，并不建议应用 Federated 引擎执行跨数据库服务的多表 JOIN 操作。一方面是因为这类操作效率恐不理想，最不可接受的一点是，Federated 引擎表对象的结果在本地保存，有可能与远端目标表结构不同，即使最初创建时相同，但若远端的目标表修改了表结构，而忘记同步更新 Federated 引擎表（这类操作毫不稀奇），就可能会造成关联的业务逻辑操作失败却不易排查的隐患。

既然无法方便的在 DB 层进行 JOIN，那就将此操作前置到应用层进行，程序端通过不同的数据源依次获取各表数据保存到变量里，而后在应用层对数据集进行过滤。有些朋友并非想不到这种处理方式，只是他们下意识地担心这种操作方式的效率不佳。确实我们能找到案例说明这样处理后效率将会很差，但同时我们也一定能够找到案例来举证这样操作后的效率也有可能极佳。针对这一点我希望大家不要钻牛角尖，基于一种常理去分析，拆分过之后的数据库系统理论上负载会更低，表对象的规模会缩小（这是我们拆分的目的，若没有达到的话，那就需要反思拆分策略是否恰当了），因此单表查询的处理性能应该会有提升。所以正常情况下，多条简单的对小表的查询，不一定就会比一条复杂的对多个大表的查询要慢，这中间究竟如何取舍，需要 DBA 去把握和平衡。当然，最好的方式还是在分库分表时提前想好策略，尽量不要将有可能进行 JOIN 的表拆分到不同的数据库服务中，若物理条件制约必须要拆分，那么也可以尝试换种思路，比如说考虑修改范式结构，在表对象中适当地冗余字段，以避免查询时的 JOIN 操作。

有些同学暗自窃喜，他们的开发人员经验丰富，他们的系统耦合度很低，垂直拆分后极少遇到需要跨库进行的表对象关联查询，注意了哟同学，不要过于得意，即便业务当前还正处于起步阶段，但换个角度看也正是处在快速发展的前夜。俗话说未雨绸缪，数据量终归会增长起来，水平拆分势在必行，而且相比垂直拆分，我个人认为水平拆分更加复杂，水平拆分的处理策略没有考虑周全的话，对业务的影响可能更大。

举例来说，随着业务增长，用户数增多，用户表越来越大，我们计划按照用户 ID 取模的拆分策略对用户表进行拆分。由一张表变为 N 张表，当需要通过用户 ID 作为条件，获取指定的用户信息时，相对还比较好处理，应用层仅需要稍做改动就可以支持，不过若业务层碰到需要统计不同年龄段或不同省份的用户数这类需求，实现起来恐怕改动就比较大了。类似这样的业务需求，若设定数据拆分规则时没有预先考虑到应对策略，就有可能导致与之关联的功能均受影响。再者说，我们必须还要意识到，拆分很难做到完全的一次性到位，比如说最初执行水平拆分时，选择基于用户 ID 分奇数和偶数的拆分规则，那么

若数据量增长到一定程度，可能用户 ID 属于奇数的数据量也达到较大的规模，这时若要继续拆分就比较痛苦，有可能不得不对原有数据进行一次全量的重新处理，这可能会花费较长的时间，并且可能对服务的正常运行造成影响。因此在执行数据拆分前，不仅需要考虑对现有业务逻辑的影响，还需要考虑拆分后的可扩展性。

正像我们在小节开头说过的那样，数据的拆分策略不会单纯的就只有一种，实际应用过程中，水平拆分之后会再进行垂直拆分，或者先垂直拆分再执行水平拆分。事实上，但凡有一定规模的站点，往往都是从最为简单的主从复制，走向垂直分区，而后再迈向水平分区，拆分完的数据库继续主从复制的架构，然后再分区……这样的路径重复进行，根本停不下来。当然在这个过程中，数据库服务器的规模也在不断扩大，此时我也不忘提醒大家，拆分后的数据库，可以继续按照之前章节中介绍的若干方案，来构建高可用和具体伸缩能力的集群哟，一切都还是原来的配方，还是熟悉的味道。

随着节点数增多，处理性能增大，承载能力增强，可用性增高，这都是好的方面，不过万事万物有利有弊。伸缩性得到增强，则系统复杂度同比增加，遇到故障后的排查环节也多了许多。要保障系统整体的可用性，核心还在于保障好各子模块的可用性，这一方面要求我们在设计中要对每一个环节都慎重处理，另一方面也对我们的监控策略提出了更高的要求，高可用体系要与监控服务紧密关联，形成一套完整的体系，最终构建出既高效、可扩展，并且又健壮的数据库服务系统。

关于高可用架构设计的具体实现，我们已经谈了很多，可是即便到了本节的最后，我还想再多谈谈架构设计方面的思路，这一行为也使我的话唠本质再一次被深刻地暴露。言归正传，其实在编排章节顺序时，我纠结了很久，犹豫是否要将本章的内容紧跟在复制章节之后，性能优化章节之前，考虑很久，才做出了艰难的决定，觉着还是有必要将之放在最后来讲。

这主要是因为在某些场景下，应用了数据库集群扩展方案之后，效果如此明显，我担心有些朋友会因此而轻视了数据库自身性能优化和合理应用的重要性，一看到性能不如人意，立刻就着手通过负载均衡、弹性伸缩等扩展手段，我始终觉着，并不是非得这样才能解决问题。

举例来说，就算您家底儿再厚，也不能拿人参当胡萝卜吃，要想身体健健康康，平常多注意锻炼才是王道。尽管实施数据库集群的扩展后，对于提升其整体承载能力、降低单节点负载方面有显著帮助，但我们不能一看到负载高了就去升级硬件，一看到连接数多了就去加节点。

一方面，我们应该尽可能最大化地利用现有资源，不是说，通过应用集群式扩展方案，妈妈就再也不用担心数据库性能了，要知道某些场景下，通过优化语句或对象结构的手段，可能见效更快疗效更好，这方面的例子不胜枚举。另一方面，大家也一定要意识到，实施数据库集群，提高了架构的伸缩性和可用性，但同时也增加了系统的复杂性，加大了维护的难度。数据库集群的扩展不及早考虑绝对不行，但过早实施架构扩展也不一定是最佳选

择，这就是一把双刃剑，能否用好，全凭 DBA 的功力深浅。

到了本书最后，我真正想说的是：这位少侠，我看你骨骼清奇，且有慧根，乃是万中无一的 IT 奇才，若能潜心修习，假以时日，将来定能成长为一名真正的“IT 屌丝”。这本新出炉的“涂抹 MySQL”宝典现在就传给你，往后若一不小心发达了，被旁人问起时，您就举起这本书，告诉他们这本书给了您很大启发，很多本领都是从这里学来的。亲，务必撒花、点赞、给好评哟。

专注于精品原创

让智慧散发出耀眼的光芒

谨以此书

献给那些在 MySQL 学习之路苦苦探索的人